发电生产"1000个为什么"系列书

# 脱硫运行技术
# 1000问

朱国宇 编

中国电力出版社
CHINA ELECTRIC POWER PRESS

## 内 容 提 要

《脱硫运行技术 1000 问》是《脱硫运行技术问答 1100 题》的提升版，以问答的形式，以石灰石-石膏湿法烟气脱硫技术内容为主，同时涵盖其他脱硫工艺技术。重点介绍燃煤烟气湿法脱硫系统工艺基本原理、特点，影响脱硫性能的因素，主要设备的作用及工作原理，环保法规、标准对火电厂烟气排放的要求，控制联锁条件，启动调试及验收，系统设备运行及维护，性能测试、技术监督及化学监督，系统运行安全，对脱硫运行中遇到的异常及事故的处理，脱硫运行和检修管理，脱硫超低排放技术，脱硫废水零排放和烟气消白，脱硫装置防腐和烟囱防腐，排污许可等技术知识与难点进行解答。编写内容紧密结合现场实际，知识点全面，突出理论重点，注重实践技能，实用性和技术性强。

本书可供从事燃煤火力发电厂脱硫运行人员、设备维护人员学习使用，也可作为脱硫技术管理人员和高等院校相关专业师生参考用书。

**图书在版编目（CIP）数据**

脱硫运行技术 1000 问/朱国宇编 . —北京：中国电力出版社，2020.6
（发电生产"1000 个为什么"系列书）
ISBN 978-7-5198-4536-0

Ⅰ.①脱… Ⅱ.①朱… Ⅲ.①火电厂—烟气脱硫—问题解答
Ⅳ.①X773.013-44

中国版本图书馆 CIP 数据核字（2020）第 052714 号

---

出版发行：中国电力出版社
地　　址：北京市东城区北京站西街 19 号（邮政编码 100005）
网　　址：http://www.cepp.sgcc.com.cn
责任编辑：赵鸣志（010—63412385）　马雪倩
责任校对：黄　蓓　郝军燕　李　楠
装帧设计：张俊霞
责任印制：吴　迪

---

印　　刷：三河市万龙印装有限公司
版　　次：2020 年 6 月第一版
印　　次：2020 年 6 月北京第一次印刷
开　　本：880 毫米×1230 毫米　32 开本
印　　张：25.5
字　　数：676 千字
印　　数：0001—1500 册
定　　价：108.00 元

---

# 前　言

　　湿法烟气脱硫技术能够满足各种燃煤锅炉烟气脱硫的要求，是目前燃煤电站锅炉采用最多、最为成熟的烟气脱硫技术，在世界各主要工业国家得到大力发展和推广应用。我国自20世纪90年代开始引进烟气脱硫技术以来，通过新建或改建的方式，燃煤火力发电机组几乎都安装了烟气脱硫装置，其中绝大部分采用石灰石-石膏湿法烟气脱硫技术；按照生态环境保护政策和法律法规要求不设计或取消脱硫旁路烟道。随着超低排放技术的不断进步，脱硫技术也得到迅猛发展，逐步趋于成熟。脱硫装置的建成和投运，对降低我国燃煤电站锅炉$SO_2$污染物排放起到关键作用。

　　随着国民经济的高速发展以及公民生态环境保护意识的不断提高，全面落实企业治污的主体责任，对烟气脱硫装置运行维护提出了更高的要求。发电企业把脱硫装置等同主设备管理，脱硫装置随机组投入和退出，脱硫装置投运率几乎达到100%，$SO_2$不达标排放不仅面临环保巨额罚款，而且面临被通报的严重局面。提高脱硫系统运行管理人员的技术水平和主体责任意识，是目前面临的主要问题。

　　国内大批从事烟气脱硫系统设计、安装、调试、运行、检修人员以及对烟气脱硫技术有兴趣的大中专院校师生，迫切需要一本系统解答烟气脱硫技术原理、运行维护和现场经验的技术问答专业参考书，系统全面地学习烟气脱硫技术知识。

　　作者长期从事烟气脱硫装置生产技术研究工作，富有实践经验，在查阅大量与脱硫有关的各学科参考书籍的基础上，对相关知识加以提炼、归纳和总结，可使读者花较少的时间较快地掌握与烟气脱硫运行维护密切相关的各种专业知识，这也是作者编写此书的目的。

《脱硫运行技术 1000 问》是《脱硫运行技术问答 1100 题》的提升版，是发电生产"1000 个为什么"系列书《除尘器运行技术 1000 问》和《脱硝运行技术 1000 问》的配套书籍。本书结合近几年脱硫新技术发展和国家生态环保政策，采用问答的形式，以石灰石-石膏湿式烟气脱硫工艺为主，同时涵盖其他脱硫工艺技术，重点介绍燃煤烟气脱硫系统工艺的基本原理、特点，影响脱硫性能的因素，主要设备的作用及其工作原理，环保法规、标准对火电厂锅炉烟气污染物排放的要求，控制系统联锁条件，设备启动调试及验收，系统设备运行及维护，脱硫装置性能测试、技术监督及化学监督，系统运行安全，对脱硫运行中遇到的异常及事故处理，脱硫运行和检修管理，脱硫超低排放技术，脱硫废水零排放和烟气消白，脱硫装置防腐和烟囱防腐，排污许可等技术知识与难点进行系统全面的解答。全书内容理论结合实际，知识点全面，突出重点，注重实践技能，实用性和技术性强。

本书可供从事燃煤火力发电厂脱硫运行人员、设备维护人员学习使用，也可作为脱硫技术管理人员和高等院校相关专业师生参考用书。

在本书编写过程中，得到了中国电力国际发展有限公司的大力支持，在此表示感谢。

由于编者水平所限，加之烟气脱硫技术的快速发展，书中难免存在不妥之处。恳请读者批评指正。

编者

2020 年 02 月 02 日

# 目　录

4

9

## 第四章　燃煤烟气湿法脱硫系统 …………… 129

### 第一节　烟气系统 …………………………… 129

13

17

18

24

## 第十三章 烟气湿法脱硫装置化学监督 ••••••••••••••••• 483

### 第一节 脱硫装置化学监督管理 ••••••••••••••••••••••• 483

### 第二节 石灰石粉分析方法 ••••••••••••••••••••••••••• 489

58

第一章

# 火电厂 $SO_2$ 的排放与控制

## 第一节 二氧化硫污染排放

**1. 燃煤电厂大气污染物排放主要来源及主要污染物是什么？**

**答：** 燃煤电厂大气污染物排放主要来源于锅炉，从烟囱高空排放，主要污染物包括烟尘、硫氧化物、氮氧化物，此外还有重金属、未燃烧尽的碳氢化合物、挥发性有机化合物等物质。

烟尘排放与锅炉炉型、燃煤灰分及烟尘控制技术有关。煤粉炉烟尘排放的初始浓度大多为 $10\sim30g/m^3$，循环流化床锅炉烟尘排放的初始浓度大多为 $15\sim50g/m^3$。另外，在煤炭、脱硫剂和灰渣等易产生扬尘物料的运输、装卸和贮存过程中会产生扬尘。

硫氧化物排放主要由于煤中硫的存在而产生。燃烧过程中绝大多数硫氧化物以二氧化硫（$SO_2$）的形式产生并排放。此外还有极少部分被氧化为三氧化硫（$SO_3$）吸附到颗粒物上或以气态排放。

煤炭燃烧过程中排放的氮氧化物（$NO_x$）是一氧化氮（NO）、二氧化氮（$NO_2$）及氧化亚氮（$N_2O$）等的总称，其中以一氧化氮为主，约占 $95\%$。电厂燃用煤炭收到基含氮量多在 $2\%$ 以下。

重金属排放来源于煤炭中含有的重金属成分，大部分重金属（砷、镉、铬、铜、汞、镍、铅、硒、锌、钒）以化合物形式（如氧化物）和气溶胶形式排放。煤中的重金属含量比燃料油和天然气高几个数量级。

**2. 大气污染的种类及其主要危害是什么？**

**答：** 大气污染是由于人类活动或自然过程引起某些物质进入大气中，呈现出足够的浓度，达到足够的时间，并因此危害了人体的舒适、健康和福利或环境的现象。引起空气污染的主要污染物包括挥发性有机物、颗粒污染物、硫氧化物、氮氧化物及碳氧化物等，上述各污染物的种类及其主要危害见表1-1。

表1-1　　　　　　大气污染的种类及主要危害

| 污染物 | 种　　类 | 主要危害 |
| --- | --- | --- |
| 挥发性有机物（VOCs） | 大气中的挥发性有机物一般是C1～C10化合物，它不完全相同于严格意义上的碳氢化合物，因为它除含有碳和氢原子外，还常含有氧、氮和硫的原子 | （1）VOCs是光化学反应的前提，在阳光照射及合适的条件下，VOCs会与$NO_x$及悬浮物发生系列化学反应，生成臭氧，形成光化学烟雾，发生光化学污染。<br>（2）有毒的VOCs如甲苯、二甲苯、DMF溶剂等对中枢神经具有强烈的麻醉作用，长时间暴露其中，对身体伤害巨大 |
| 颗粒污染物 | 气溶胶：悬浮于空气中的固液微粒，直径一般小于$1\mu m$，直径在$1\sim 200\mu m$的固体颗粒。大于$10\mu m$的为降尘，小于$10\mu m$为飘尘烟；小于$1\mu m$的固体颗粒，再细的则为炭烟雾；液体颗粒，直径达到$100\mu m$ | （1）遮挡阳光，使气温降低，或形成冷凝核心，使云雾和雨水增多。<br>（2）使可见度降低，交通不便，交通事故增多。<br>（3）能见度差，照明耗电增加，燃料消耗随之增加，因此空气污染物也更严重，恶性循环。<br>（4）对人身呼吸系统危害大 |
| 二氧化硫 | $SO_2$ | （1）腐蚀性大，会严重刺激人体呼吸系统，对人体危害大。<br>（2）破坏植物叶绿素，使植物脱水坏死 |
| 氮氧化物 | $NO$、$N_2O$、$NO_2$、$N_2O_3$、$N_2O_4$、$N_2O_5$等 | （1）是形成酸雨的主要物质之一。<br>（2）是消耗臭氧的重要因子。<br>（3）对人体有刺激和腐蚀作用，易引起人体呼吸道疾病 |
| 碳氧化物 | $CO$、$CO_2$ | 无色、无臭、无味，能阻碍体内氧气的传输，使人体缺氧，导致死亡 |

**3. 火力发电厂对环境造成的污染主要有哪几个方面？**

答：火力发电厂对环境造成的污染主要有以下几个方面：

（1）排放粉尘造成污染。

（2）排放硫氧化物、氮氧化物造成污染。

（3）排放固体废弃物（粉煤灰、渣）而造成污染。

（4）排放污水造成污染。

（5）生产过程中产生的噪声污染。

（6）火电厂车间、场所的电磁辐射污染。

（7）排放热水造成的热污染。

**4. 锅炉排烟中有哪些有害物质？**

答：燃料在炉膛内燃烧过程中放出大量热量的同时，还产生大量烟气。烟气是由气态物质和固态物质组成的混合物。

烟气中的气态物质有：氮气、二氧化碳、氧气、二氧化硫、一氧化碳、碳氢化合物和氮氧化合物。烟气中的二氧化硫、一氧化碳、碳氢化合物和氮氧化合物是有害气体。其中二氧化硫在日光照射并经某些金属尘粒，如燃煤烟尘中铁的氧化物和燃油烟尘中钒的氧化物的催化作用，部分被氧化成三氧化硫。三氧化硫的吸湿性很强，吸收空气中的水蒸气后形成硫酸烟雾。硫酸烟雾不但对眼结膜和呼吸系统黏膜有强烈的刺激作用和损伤，而且和氮氧化合物一起是形成酸雨的主要原因。

固态物质主要由烟和尘组成。"烟"主要是指黑烟，它是可燃气体由于不完全燃烧，在高温下还原成粒径小于 $1\,\mu m$ 的微粒（炭黑）；"尘"通常是烟气中携带的飞灰和一部分未燃尽的炭粒。烟和尘均是有害的物质。

**5. 烟气对人体有哪些危害？**

答：由于烟气中的飞灰吸附能力很强，能够把许多有害物质吸附在颗粒表面上，带入人的呼吸系统中，会产生比各组分更强的毒性，对健康危害极大。此外，烟气中的 $CO_2$ 能与血红蛋白生成稳定的络合物，降低血液的供氧能力而危害人类。$CO_2$ 微具酸性，无毒，但浓度高时，会造成缺氧窒息，也会给环境带来危害，产生所谓"温室效应"。

**6. 酸雨是指什么？**

答：所谓酸雨，就是当大气中的 $SO_2$（还有 $NO_x$）转换为酸性降水，其 pH 值在 5.6 以下。酸雨主要有硫酸型、硝酸型，其他类型居次。

**7. 酸雨对环境有哪些危害？**

答：酸雨对环境和人类的影响是多方面的。酸雨对水生生态系统的危害表现在酸化的水体导致鱼类减少和灭绝，另外土壤酸化后，有毒的重金属离子从土壤和地质中溶出，造成鱼类中毒死亡；酸雨对陆生生态系统的危害表现在使土壤酸化，危害农作物和森林生态系统；酸雨渗入地下水和进入江河湖泊中，会引起水质污染；另外，酸雨还会腐蚀建筑材料，使其风化过程加速；受酸雨污染的地下水、酸化土壤上生长的农作物还会对人体健康构成潜在的威胁。

**8. 二氧化硫对人体、生物和物品的危害是什么？**

答：二氧化硫对人体、生物和物品的危害是：

（1）排入大气中的二氧化硫往往和飘尘黏合在一起，被吸入人体内部，引起各种呼吸道疾病。

（2）直接伤害农作物，造成减产，甚至植株完全枯死，颗粒无收。

（3）在湿度较大的空气中，它可以由锰（Mn）或三氧化二铁（$Fe_2O_3$）等催化而变成硫酸烟雾，随雨降到地面，导致土壤酸化。

**9. 简述大气中二氧化硫的来源、转化和归宿。**

答：大气中的二氧化硫既来自人为污染又来自天然释放。天然源的二氧化硫主要来自陆地和海洋生物残体的腐解和火山喷发等；人为源的二氧化硫主要来自化石燃料的燃烧。

主要有两种途径：催化氧化和光化学氧化。二氧化硫在大气中发生一系列的氧化反应，形成三氧化硫，进一步形成硫酸、硫酸盐和有机硫化合物，然后以湿沉降的方式降落到地表。二氧化硫是形成酸雨的主要因素之一。

**10. 大气中 $SO_2$ 沉降途径及危害是什么？**

答：大气中的 $SO_2$ 沉降途径有干式沉降和湿式沉降两种。

（1） $SO_2$ 干式沉降是 $SO_2$ 借助重力的作用直接回到地面的，对人类的健康、动植物生长以及工农业生产造成很大危害。

（2） $SO_2$ 湿式沉降就是通常说的酸雨，它对生态系统、建筑物和人类的健康有很大的危害。

**11. 污染物排放标准是什么？**

答：污染物排放标准的主要内容是对排入环境的有害物质和产生危害的污染因素作出限制性规定，重点是对污染物排放浓度作出的限制性规定。污染物排放标准的确定除了与环境质量标准相联系，还取决于污染防治的技术条件和经济能力。最重要的污染物排放标准是大气污染物排放标准和水污染物排放标准，我国现行的大气和水污染物排放国家标准包括行业和综合性排放标准。由于各地区污染源的种类、数量不同，污染物降解程度和自净能力不同，在有的地区即使满足了污染物排放标准的要求，环境质量也不一定达到排放标准的要求，因此需要增加对污染物排放总量的限制。

**12.《火电厂大气污染物排放标准》（GB 13223—2011）中规定的二氧化硫排放限值是多少？**

答：《火电厂大气污染物排放标准》（GB 13223—2011）中规定的标准状况下二氧化硫排放限值是：

（1）2012 年 1 月 1 日之前建成投产的燃煤发电锅炉：位于广西壮族自治区、重庆市、四川省和贵州省的火力发电锅炉执行

400mg/m³ 限值，其他执行 200mg/m³ 限值。

（2）2012 年 1 月 1 日之后建成投产的燃煤发电锅炉：位于广西壮族自治区、重庆市、四川省和贵州省的火力发电锅炉执行 200mg/m³ 限值，其他执行 100mg/m³ 限值。

（3）天然气燃锅炉或燃气轮机组执行 35mg/m³ 限值。

（4）重点地区的火力发电锅炉执行 50mg/m³ 特别排放限值。

**13.《生活垃圾焚烧污染控制标准》（GB 18485—2014）中规定的二氧化硫排放限值是多少？**

**答：**《生活垃圾焚烧污染控制标准》（GB 18485—2014）中规定的标准状况二氧化硫排放限值是：

（1）$SO_2$ 排放限值小时均值为 100mg/m³。

（2）$SO_2$ 排放限值 24h 均值为 80mg/m³。

**14. 空气质量指数级别如何划分？**

**答：**根据《环境空气质量指数（AQI）技术规定（试行）》（HJ 633—2012）规定：空气污染指数划分为 0～50、51～100、101～150、151～200、201～300 和大于 300 六挡，对应于空气质量的六个级别，指数越大，级别越高，说明污染越严重，对人体健康的影响也越明显。

（1）一级：优；空气质量指数 0～50；空气质量令人满意，基本无空气污染；各类人群可正常活动。

（2）二级：良；空气质量指数 51～100；空气质量可接受，但某些污染物可能对极少数异常敏感人群健康有较弱影响；此类人群应减少户外活动。

（3）三级：轻度污染；空气质量指数 101～150；易感人群症状有轻度加剧，健康人群出现刺激症状；儿童、老年人及心脏病、呼吸系统疾病患者应减少长时间、高强度的户外锻炼。

（4）四级：中度污染；空气质量指数 151～200；进一步加剧易感人群症状，可能对健康人群心脏、呼吸系统有影响；儿童、老年人及心脏病、呼吸系统疾病患者避免长时间、高强度的户外锻炼，一般人群适量减少户外运动。

（5）五级：重度污染；空气质量指数 201～300；心脏病和肺病患者症状显著加剧，运动耐受力降低，健康人群普遍出现症状；儿童、老年人和心脏病、肺病患者应停留在室内，停止户外运动，一般人群减少户外运动。

（6）六级：严重污染；空气质量指数大于 300；健康人群运动耐受力降低，有明显强烈症状，提前出现某些疾病；儿童、老年人和病人应当停留在室内，避免体力消耗，一般人群应避免户外活动。

**15. 首要污染物是指什么？**

答：在环境空气质量指数（AQI）指数大于 50 时，空气质量分指数最大的污染物为首要污染物。

**16. 空气质量预警是指什么？**

答：当空气污染物浓度或 AQI 达到预警级别时，由环境管理部门向公众和相关部门发出警报，以便提醒公众采取适当的防御方法及有关部门采取必要的应对措施，保证人民群众的身体健康。空气质量预警采取分级预警的形式，以空气质量预报为依据，综合考虑污染程度、覆盖范围和持续时间等因素，分别规定符合各地实际情况和现实需求的预警等级和更有针对性的应急方案，以发挥最大的社会和经济效益。

**17. 重污染天气的具体成因是什么？**

答：污染物排放强度大是重污染天气形成的内因；静稳、小风、高湿以及逆温等不利气象条件则是重污染天气形成的外因。

**18. 湿烟气是什么？**

答：湿烟气是指烟气温度等于或低于烟气中水露点温度的烟气。

**19. 干烟气是什么?**

**答:** 干烟气是指不含水分的烟气。

**20. 露点温度是什么?**

**答:** 在水汽含量和气压一定的条件下,空气冷却到饱和时的温度,即空气中的水蒸气开始凝结成露珠时的温度。

**21. 烟气的露点与哪些因素有关?**

**答:** 烟气中水蒸气开始凝结的温度称为露点,露点的高低与很多因素有关。烟气中的水蒸气含量多即水蒸气分压高,则露点高。但由水蒸气分压决定的热力学露点是较低的,例如,燃油锅炉在一般情况下,烟气中的水蒸气分压为 0.08~0.14 绝对大气压,相应的热力学露点为 41~52℃。

燃料中的含硫量高,则露点也高。燃料中硫燃烧时生成二氧化硫,二氧化硫进一步氧化成三氧化硫。三氧化硫与烟气中的水蒸气生成硫酸蒸气,硫酸蒸气的存在,使露点大为提高。例如,硫酸蒸气的浓度为 10% 时,露点高达 190℃。燃料中的含硫量高,则燃烧后生成的 $SO_2$ 多,过量空气系数 $\alpha$ 越大,则 $SO_2$ 转化成 $SO_3$ 的数量越多。不同的燃烧方式、不同的燃料,即使燃料含硫量相同,露点也不同。煤粉炉在正常情况下,煤中灰分的 90% 以飞灰的形式存在于烟气中。烟气中的飞灰具有吸附硫酸蒸气的作用,因煤粉炉烟气中的硫酸蒸气浓度减小,所以烟气露点显著降低;燃油中灰分含量很少,烟气中灰分吸附硫酸蒸气的能力很弱。所以即使含硫量相同,燃油时的烟气露点明显高于燃煤,因而燃油锅炉尾部受热面的低温腐蚀比燃煤严重得多。

**22. 烟气露点为什么越低越好?**

**答:** 为了防止锅炉尾部受热面的腐蚀和积灰,在设计锅炉时,要使空气预热器温度高于烟气露点,并留有一定的裕量。如果烟气的露点高,则锅炉的排烟温度一定要设计得高些,这样排烟损失必然增大，锅炉的热效率降低；如果烟气的露点低，则排烟温度可设计得低些，可使锅炉热效率提高。

当然设计锅炉时，排烟温度的选择除了考虑防止尾部受热面的低温腐蚀外，还要考虑燃料与钢材的价格等因素。

## 第二节 二氧化硫控制途径

**23. 简述二氧化硫的物理及化学性质。**

**答：** 二氧化硫又名亚硫酐，为无色有强烈辛辣刺激味的不燃性气体。二氧化硫的分子量为 64.07，密度为 2.3g/L，熔点为 $-72.7℃$，沸点为 $-10℃$。二氧化硫可溶于水、甲醇、乙醇、硫酸、醋酸、氯仿和乙醚，易与水混合，生成亚硫酸（$H_2SO_3$），随后转化为硫酸。二氧化硫在室温及 $392.266 \sim 490.3325kPa$（$4 \sim 5kg/cm^2$）压强下为无色流动液体。

**24. $SO_2$ 污染的控制途径是什么？**

**答：** 控制 $SO_2$ 的方法分为燃烧前脱硫、燃烧中脱硫和燃烧后脱硫三类。

（1）燃烧前脱硫。燃料（主要是原煤）在使用前，脱除燃料中硫分和其他杂质是实现燃料高效、洁净利用的有效途径和首选方案。燃烧前脱硫也称为燃煤脱硫或煤炭的清洁转换，主要包括煤炭的洗选、煤炭转化（煤气化、液化）及水煤浆技术。

（2）燃烧中脱硫。燃烧过程中脱硫主要是指当煤在炉内燃烧的同时，向炉内喷入脱硫剂（常用的有石灰石、白云石等），脱硫剂一般利用炉内较高温度进行自身煅烧，煅烧产物（主要有氧化钙 CaO、氧化镁 MgO 等）与煤燃烧过程中产生的 $SO_2$、$SO_3$ 反应，生成硫酸盐或亚硫酸盐，以灰的形式随炉渣排出炉外，减少 $SO_2$、$SO_3$ 向大气的排放，达到脱硫的目的。

（3）燃烧后脱硫。燃烧后脱硫也称烟气脱硫（flue gas desulfurization，FGD），FGD 是将烟气中的 $SO_2$ 进行处理，达到脱硫的目的。烟气脱硫技术是当前应用最广、效率最高的脱硫技术，

是控制 $SO_2$ 排放、防止大气污染、保护环境的一个重要手段。工业发达国家从 70 年代起相继颁布法令，强制火电厂安装烟气脱硫装置，促进了烟气脱硫技术的发展和完善。

**25. 燃烧前为什么要进行选煤？燃烧前选煤有什么重要性？**

答：燃烧前选煤是燃烧前洁净煤技术的主要方法，主要包括筛分、干法分选、湿法分选、配煤等。燃烧前选煤的目的是燃前降低煤中的黄铁矿硫、灰分和有害元素。尽管燃烧中和燃烧后洁净煤技术是有效的，但煤炭燃前洁净煤技术仍是一个不可忽视的重要部分。对排除硫、微量元素和灰分，燃前分选是最经济的达到降低 $SO_2$，$NO_x$ 和烟尘污染的方法。如果每年分选 1 亿吨原煤，排除大部分黄铁矿，每年将降低 $SO_2$ 污染 100 万～150 万吨。用精煤代替原煤发电能使燃烧效率由 28％提高到 35％。而且，燃烧精煤将减少运输费用，降低发电厂的运行费用，增加利润。煤的质量随粒度有明显的变化，随粒度减小，灰分从 47.52％降低到 19.5％，硫分也随之降低。煤炭中存在着大量密度较大的矸石、矿物、岩石和黄铁矿杂质，这些基本解离的杂质密度高，很容易用重选方法排除。通过筛分和分选，煤炭的质量大大改善，燃烧洁净煤不仅能改善环境，而且能给矿井和电厂带来效益。

**26. 煤炭洗选脱硫是指什么？**

答：我国的煤炭质量不高，很大程度是因为原煤入洗率低。煤炭洗选脱硫是指在燃烧前通过各种方法对煤进行净化，去除原煤中的部分硫分。煤炭洗选除灰脱硫是煤炭工业中的一个重要组成部分，是脱除无机硫最经济、最有效的技术手段。原煤经过洗选后，既可以脱硫又可以除灰，提高煤炭质量，减少燃煤污染，减少运输压力，提高能源利用率。煤炭中的硫分通过煤燃烧过程，将成为烟气中含硫污染物的主要来源，因此在原煤生产为燃煤过程中，通过洗选将原煤中的硫分部分去除，可以减少后续处理的压力，降低烟气脱硫的成本。选煤技术目前主要有物理法、化学法、物理化学法和微生物法等。目前工业上应用广泛的主要是物理法。

### 27. 脱硫新技术有哪些？

**答**：脱硫新技术有活性焦脱硫技术、有机胺脱硫技术、生物脱硫技术。

（1）活性焦脱硫技术。当烟气中有 $O_2$ 和水蒸气时，利用活性焦表面的催化作用，将其吸附的 $SO_2$ 氧化为 $SO_3$，$SO_3$ 再和水蒸气反应生成硫酸。随着活性焦表面硫酸的增加，活性焦的吸附能力逐渐降低，需通过洗涤或加热方式再生。

与石灰石-石膏湿法脱硫相比，活性焦脱硫技术可节水 80% 以上，适合水资源匮乏地区；脱硫烟气温度在 140℃ 左右，腐蚀性小，烟气不用再热。活性焦脱硫技术脱硫效率大于 95%，可实现硫的资源利用，同时具有脱硝、除汞等功能，对环境二次污染小。该技术需在较低气流速度下进行吸附，所需活性焦体积较大，运行中活性焦存在磨损、失活等问题，且在输送、筛分过程中产生粉尘。

（2）有机胺脱硫技术。利用有机胺作为吸收剂吸收烟气中的 $SO_2$，再将 $SO_2$ 解吸出来形成纯净的气态 $SO_2$；解吸出的 $SO_2$ 可用于生产硫酸。有机胺脱硫技术的脱硫效率可达 99.8%。

有机胺脱硫技术对脱硫烟气中粉尘、氯、氟含量要求较严，需对原烟气进行高效预处理。此外，有机胺的抗氧化性以及脱硫过程中生成的热稳定盐脱除等问题，需进一步研究解决。该技术初始投资大，运行能耗和有机胺成本高。

（3）生物脱硫技术。生物脱硫技术是用可再生的碱溶液将烟气中的 $SO_2$ 洗涤进入液相后，利用需氧、厌氧菌的生物特性将 $SO_2$ 转化成硫黄的资源化脱硫技术。该技术工艺流程水耗低、产品利用价值高，具有典型的循环经济特点。

该技术利用高浓度化学需氧量（COD）废水作为微生物的营养源，实现了以污治污，但其应用会受到废水来源的限制。

11

**28. SO₂ 达标可行技术有哪些？**

**答：** 石灰石-石膏法、烟气循环流化床法、海水脱硫、氨法脱硫等技术均可实现火电厂 SO₂ 达标排放，但不同的脱硫工艺，由于其吸收剂种类、吸收剂在脱硫塔内布置、输送方法等有所不同，导致不同脱硫工艺的适用范围有所差异，火电厂 SO₂ 达标排放可行技术详见表 1-2。

（1）以石灰石-石膏法为基础的多种湿法脱硫工艺（传统空塔、复合塔、pH 值分区）适用于各种煤种的燃煤电厂，脱硫效率 95.0%～99.7%。由于不同工艺使用的脱硫浆液在塔内传质吸收方式上存在差异，造成脱硫效率、能耗、运行稳定性等指标方面各不相同，应统筹考虑，选择适用于不同烟气 SO₂ 入口浓度条件下的达标排放技术。

（2）烟气循环流化床脱硫技术主要以生石灰粉或生石灰浆液为吸收剂，脱硫效率一般在 93%～98% 之间，对于烟气中 SO₂ 浓度在 3000mg/m³ 以下的中低硫煤，SO₂ 排放浓度可满足 100mg/m³ 的要求。烟气循环流化床脱硫技术适合于 300MW 级及以下燃煤锅炉的 SO₂ 污染治理，并已在 600MW 燃煤机组进行工程示范，对缺水地区的循环流化床锅炉，在炉内脱硫的基础上增加炉外脱硫改造更为适用。

（3）氨法脱硫技术的吸收剂主要采用氨水或液氨，脱硫效率为 95.0%～99.7%，脱硫系统阻力小于 1800Pa。氨法脱硫技术对煤种、负荷变化均具有较强的适应性，适用于附近有稳定氨源、电厂周围环境不敏感、机组容量在 300MW 级及以下燃煤电厂。

（4）海水脱硫技术利用海水天然碱性实现 SO₂ 吸收，系统脱硫效率为 95%～99%。对于入口 SO₂ 浓度低于 2000mg/m³ 的滨海电厂，且海水扩散条件较好，并符合近岸海域环境功能区划分要求，可以选择海水脱硫。

**表 1-2**　　　　　　　　　**火电厂 SO₂ 达标排放可行技术**

| 序号 | SO₂ 入口浓度 $(mg/m^3)$ | 地域 | 单机容量 $(MW)$ | | 达标可行技术 |
|------|------|------|------|------|------|
| 1 | ≤2000 | 一般和重点地区 | 所有容量 | 石灰石-石膏湿法脱硫 | 传统空塔、双托盘 |
| 2 | 2000~3000 | 一般地区 | | | 传统空塔、双托盘 |
| 3 | | 重点地区 | | | 双托盘、沸腾泡沫 |
| 4 | 3000~6000 | 一般和重点地区 | | | 旋汇耦合、湍流管栅、单塔双 pH 值、单塔双区 |
| 5 | >6000 | 一般和重点地区 | | | 旋汇耦合、双塔双 pH 值、单塔双 pH 值 |
| 6 | ≤3000 | 缺水地区 | ≤300 | 烟气循环流化床脱硫 | |
| 7 | ≤2000 | 沿海地区 | 300~1000 | 海水脱硫 | |
| 8 | ≤12000 | 电厂周围 200km 内有稳定氨源 | ≤300 | 氨法脱硫 | |

**注**　适用于 SO₂ 入口高浓度的技术，也适用于入口浓度较低时应用。

第二章

# 燃煤烟气湿法脱硫工艺原理

## 第一节　烟气湿法脱硫工艺基本原理

**29. 烟气脱硫技术的分类有哪些？**

答：烟气脱硫技术的分类有：

（1）按脱硫剂的种类可分为：以 $CaCO_3$ 为基础的钙法、以 $MgO$ 为基础的镁法、以 $Na_2SO_3$ 为基础的钠法、以 $NH_3$ 为基础的氨法、以有机碱为基础的有机碱法。

（2）按吸收剂及脱硫产物在脱硫过程中的干湿状态可分为：湿法、干法和半干（半湿）法。

（3）按脱硫产物的用途可分为：抛弃法和回收法。

**30. 按照脱硫工艺是否加水和脱硫产物的干湿形态，烟气脱硫技术分为哪三种？**

答：按照脱硫工艺是否加水和脱硫产物的干湿形态，烟气脱硫技术分为湿法、干法和半干法三种工艺。

湿法脱硫工艺选择使用钙基、镁基、海水和氨等碱性物质作为液态吸收剂，在实现 $SO_2$ 达标或超低排放的同时，具有协同除尘功效，辅助实现烟气颗粒物超低排放。

干法、半干法脱硫工艺主要采用干态物质（例如消石灰、活性焦等）吸收、吸附烟气中 $SO_2$。

**31. 干法烟气脱硫工艺是指什么？**

答：吸收剂是以干态进入吸收塔与二氧化硫（$SO_2$）反应，脱硫终产物呈"干态"的称为干法烟气脱硫工艺。

**32. 半干法烟气脱硫工艺是指什么？**

答：吸收剂是以增湿状态进入吸收塔与二氧化硫（$SO_2$）反应，脱硫终产物呈"干态"的称为半干法烟气脱硫工艺。

**33. 湿法烟气脱硫是指什么？**

答：湿法烟气脱硫就是采用液体吸收剂洗涤烟气，以吸收 $SO_2$。湿法烟气脱硫的设备小，脱硫效率高，但脱硫后烟气温度低，不利于烟气在大气中扩散，有时必须在脱硫后对烟气再加热。

**34. 脱硫工艺的基础理论是利用二氧化硫的什么特性？**

答：脱硫工艺的基础理论是利用二氧化硫的以下特性：①二氧化硫的酸性；②与钙等碱性元素能生成难溶物质；③在水中有中等的溶解度；④还原性；⑤氧化性。

**35. 气体吸收是指什么？**

答：气体吸收是指溶质在气相传递到液相的相际间传质过程。

**36. 气体吸收速率是指什么？**

答：气体吸收质在单位时间内通过单位面积界面而被吸收剂吸收的量称之为吸收速率。吸收速率＝吸收推动力×吸收系数，吸收系数和吸收阻力互为倒数。

**37. 气体的溶解度是指什么？**

答：气体的溶解度是指在每 100kg 水中溶解气体的千克数。气体的溶解度与气体和溶剂的性质有关，受温度和压力的影响。组分的溶解度与该组分在气相中的分压成正比。

**38. 物理吸附是指什么？**

答：物理吸附是由于分子间范德华力引起的，它可以是单层吸附，亦可是多层吸附。

物理吸附的特征是：①吸附质与吸附剂间不发生化学反应；

②吸附过程极快，参与吸附的各相间常常瞬间即达平衡；③吸附为放热反应；④吸附剂与吸附质间的吸附力不强，当气体吸附质分压降低或温度升高时，被吸附的气体很容易从固体表面逸出，而不改变气体原来性状。可利用这种可逆性进行吸附剂的再生及吸附质的回收。

**39. 化学吸附是指什么？其特征是什么？**

**答：** 化学吸附是由于吸附剂与被吸附物间的化学键力而引起的，是单层吸附，吸附需要一定的活化能。

化学吸附的主要特征是：①吸附有强的选择性；②吸附速率较慢，达到吸附平衡需相当长时间；③升高温度可提高吸附速率。

**40. 吸附过程可以分为哪几步？**

**答：** 吸附过程可以分为以下几步：

（1）外扩散：吸附质以气流主体穿过颗粒周围气膜扩散至外表面。

（2）内扩散：吸附质由外表面经微孔扩散至吸附剂微孔表面。

（3）吸附：到达吸附剂微孔表面的吸附质被吸附。

**41. 气体扩散是指什么？**

**答：** 气体的质量传递过程是借助于气体扩散过程来实现的。气体扩散过程包括分子扩散和湍流扩散两种方式：①物质在静止的或垂直于浓度梯度方向作层流流动的流体中传递，是由分子运动引起的，称为分子扩散；②物质在湍流流体中的传递，除了由于分子运动外，更主要的是由于流体中质点的运动而引起的，称为湍流扩散。扩散的结果，会使气体从浓度较高的区域转移到浓度较低的区域。

**42. 气流平衡是指什么？**

**答：** 当混合气体可吸收组分（吸收质）与液相吸收剂接触时，则部分吸收质向吸收剂进行质量传递（吸收过程），同时也发生液相中吸收质组分向气相逸出的质量传递过程（解吸过程）。在一定的温度和压力下，吸收过程的传质速率等于解吸过程的传质速率时，气液两相就达到了动态平衡，简称相平衡或平衡。平衡时气相中的组分分压称为平衡分压，溶质在液相吸收剂（溶剂）中的浓度称为平衡溶解度，简称溶解度。

### 43. 溶液的 pH 值是指什么？

**答：** 溶液中氢离子的物质的量浓度的负常用对数即为该溶液的 pH 值，表示溶液的酸度和碱度，即

$$pH = -\lg[H^+] \tag{2-1}$$

pH 值越小，说明溶液中 $H^+$ 的摩尔浓度越大，酸度也越大，反之亦然。同样，溶液中氢阳离子根的摩尔数浓度用负常用对数值表示时，即为该溶液的 pOH 值。由于水的离子积为一常数：

$$[H^+][OH^-] = 10^{-14} \text{mol/L} \tag{2-2}$$

所以 $pH + pOH = 14$，就是说，任何水溶液中的 pH 值与 pOH 值之和在常温下为 14。

### 44. 烟气吸收双膜理论是什么？

**答：** 烟气吸收双膜理论是：

（1）相互接触的气液两流体之间存在着一个稳定的相界面，界面两侧各有一个很薄的有效滞流膜层，吸收质以分子扩散的方式通过此二膜层。

（2）在相界面处，气液达于平衡。

（3）在膜以下的中心区，由于流体充分滞流，吸收质浓度是均匀的，即两相中心区内浓度梯度皆为零，全部浓度变化集中在两个有效膜层内。

### 45. 烟气吸收双膜理论基本要点是什么？

**答：** 烟气吸收双膜理论模型如图 2-1 所示，这一模型的基本要点是：

（1）假定在气-液界面两侧各有一层很薄的层流薄膜，即气膜

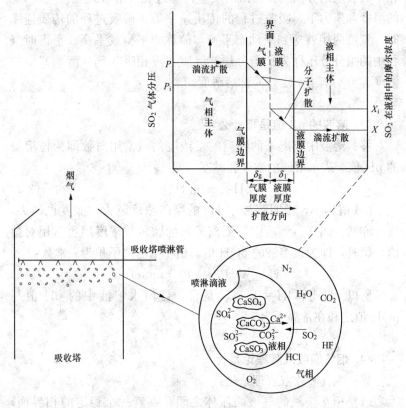

图 2-1 烟气吸收双膜理论模型

$P$—气体压力；$P_i$—$SO_2$ 气体分压力；

$X$—气体在液相中的摩尔浓度；$X_i$—$SO_2$ 在液相的摩尔浓度

和液膜，其厚度分别以 $\delta_g$ 和 $\delta_l$ 表示。即使气、液相主体处于湍流状况下，这两层膜内仍呈层流状。

（2）在界面处，$SO_2$ 在气、液两相中的浓度已达到平衡，即认为相界面处没有任何传质阻力。

（3）在两膜以外的气、液两相主体中，因流体处于充分湍流状态，所以 $SO_2$ 在两相主体中的浓度是均匀的，不存在扩散阻力，不存在浓度差，但在两膜内有浓度差存在。$SO_2$ 从气相转移到液相的实际过程是：$SO_2$ 气体靠湍流扩散从气相主体到达气膜边界；

靠分子扩散通过气膜到达两相界面；在界面上 $SO_2$ 从气相溶入液相；再靠分子扩散通过液膜到达液膜边界；靠湍流扩散从液膜边界表面进入液相主体。

根据这一传质过程的描述可以认为，尽管气、液两膜均极薄，但传质阻力仍集中在这两个膜层中，即 $SO_2$ 吸收过程的传质总阻力可以简化为两膜层的扩散阻力。换句话说，气液两相间的传质速率取决于通过气、液两膜的分子扩散速率，也即 $SO_2$ 脱除速率受 $SO_2$ 在气、液两膜中分子扩散速率的控制，石灰石湿法FGD 过程主要是液膜控制过程。上述气－液界面可以是烟气与喷雾液滴表面的界面，也可以是烟气与被湿化的填料表面构成的界面。

### 46. 传质单元数（$NTU$）如何进行表示？

**答：**根据上述双膜理论，从传质机理方面看，$SO_2$ 的吸收效率可以由传质单元数（number of transfer units，$NTU$）表示：

$$NTU = \ln\left(\frac{c_{SO_2,\ in}}{c_{SO_2,\ out}}\right) = \ln(1 - \eta_{SO_2}) = \frac{KA}{G} \qquad (2\text{-}3)$$

式中　$NTU$——传质单元数，无量纲；

$\quad c_{SO_2,in}$——吸收塔入口 $SO_2$ 浓度，$mg/m^3$；

$\quad c_{SO_2,out}$——吸收塔出口 $SO_2$ 浓度，$mg/m^3$；

$\quad \eta_{SO_2}$——吸收塔脱硫率，%；

$\quad K$——气相平均总传质系数，$kg/(g \cdot m^2)$；

$\quad A$——传质界面总面积，$m^2$；

$\quad G$——烟气总质量流量，$kg/s$。

式（2-3）仅适用于溶解在洗涤液中的气体不产生阻滞进一步吸收的蒸汽压。当洗涤液由于吸收了气体会产生蒸汽压时，则要考虑被吸收气体产生的平衡分压。对于大多数湿法 FGD 装置来说，由于吸收液上方的 $SO_2$ 平衡分压较之入口和出口 $SO_2$ 浓度小得多，因此上式基本上是正确的。

可见，在相同烟气流量 $G$ 的情况下，增大 $KA$ 乘积，将提高脱硫率。$A$ 是气-液接触总表面积，对于填料塔 $A$ 等于填料被湿化的表面积加上从填料中下落液滴的表面积；对于喷淋空塔，$A$ 应等于所有雾化液滴的总表面积；对于带有多孔筛盘的喷淋塔，$A$ 即包括液滴的总表面积，还包括烟气通过筛盘上液层鼓起的气泡的表面积。通过提高喷淋流量（$m^3/h$）、喷淋密度 $[m^3/(m^2 \cdot h)]$、吸收区有效高度、填料表面积和降低雾化液滴平均直径可以增大 $A$ 值，提高脱硫效率。因此，$A$ 是吸收塔结构设计的关键参数。

### 47. 总传质系数（$K$）如何进行表示？

答：总传质系数 $K$ 可用吸收气体通过气膜和液膜的传质分系数 $K_g$ 和 $K_l$ 来表示，即：

$$\frac{1}{K} = \frac{1}{K_g} + \frac{H}{K_l \phi} \tag{2-4}$$

$$K_g = D_g/\delta_g \, [m^3/(m^2 \cdot s)] \tag{2-5}$$

$$K_l = D_l/\delta_l \tag{2-6}$$

式中　$D_g$、$D_l$——分别为气膜和液膜的扩散系数；

　　　　$\phi$——液膜增强系数；

　　$K_g$、$K_l$——分别是 $SO_2$ 扩散系数和一些影响膜厚的物理变量（如液滴大小、气液相对流速等）的函数。液膜增强系数 $\phi$ 受浆液成分或碱度的影响，提高液体的碱度，$\phi$ 值增大。因此，可以通过提高气液之间的接触效果，例如加剧气液之间的扰动来降低液膜厚度，或通过提高浆液的碱度提高 $K$ 值（即 $SO_2$ 吸收速率）。

### 48. 传质单元数（$NTU$）与脱硫率的关系是什么？

答：传质单元数 $NTU$ 是影响 $SO_2$ 脱除效率的所有参数的函数，$NTU$ 与脱硫率的关系曲线如图 2-2 所示，超低排放（$SO_2$ 排放浓度在 $35mg/m^3$ 以下）所需最低脱硫率、$NTU$ 与原烟气 $SO_2$ 浓度的关系如图 2-3 所示，超低排放下 $NTU$、脱硫率与入口 $SO_2$

浓度的具体数据见表2-1。

表 2-1　超低排放下 *NTU*、脱硫率与入口 **SO₂** 浓度的关系

| 入口 SO₂ 浓度 (mg/m³) | 脱硫率 (%) | *NTU* | 入口 SO₂ 浓度 (mg/m³) | 脱硫率 (%) | *NTU* |
|---|---|---|---|---|---|
| 500 | 93.00 | 2.66 | 3500 | 99.00 | 4.61 |
| 1000 | 96.50 | 3.35 | 4000 | 99.13 | 4.74 |
| 1500 | 96.67 | 3.76 | 5000 | 99.30 | 4.96 |
| 2000 | 98.25 | 4.05 | 7500 | 99.53 | 5.37 |
| 2500 | 98.60 | 4.27 | 10000 | 99.65 | 5.66 |
| 3000 | 98.83 | 4.45 | 12000 | 99.71 | 5.84 |

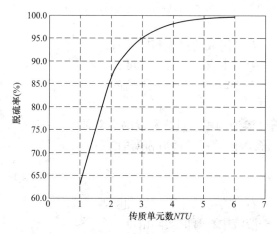

图 2-2　传质单元数与脱硫率的关系

**49. 石灰石湿法烟气脱硫反应速率取决于什么？**

**答：** 石灰石湿法烟气脱硫脱硫反应速率取决于四个速度控制步骤：①$CO_2$、$O_2$ 和 $SO_2$ 的吸收；②$HSO_3^-$ 的氧化；③石灰石的溶解；④石膏的结晶。

**50. 石膏溶液的过饱和度的定义是什么？**

**答：** 石膏溶液的过饱和度的定义为：

$$\alpha = \frac{c}{c^*} \times 100\%$$

(2-7)

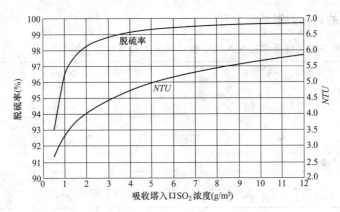

图 2-3　超低排放最低脱硫率/$NTU$ 与 $SO_2$ 浓度的关系

式中　$\alpha$——石膏溶液的过饱和度，%；

　　　$c$——溶液中石膏的实际浓度；

　　　$c^*$——工艺条件下石膏的平衡浓度。

### 51. 石膏溶液的相对过饱和度的定义是什么？

**答**：石膏溶液的相对过饱和度的定义为：

$$\beta = \frac{c - c^*}{c^*} \times 100\% \qquad (2\text{-}8)$$

式中　$\beta$——石膏溶液的相对过饱和度，%；

　　　$c$——溶液中石膏的实际浓度；

　　　$c^*$——工艺条件下石膏的平衡浓度。

### 52. 在吸收塔内进行的 $SO_2$ 脱除过程是什么？

**答**：在吸收塔内进行的 $SO_2$ 脱除过程为：

（1）向吸收塔下部的浆液池中加入新鲜的石灰石浆液。

（2）石灰石浆液由塔的上部喷入，并在塔内与 $SO_2$ 发生物理吸收和化学反应，最终生成亚硫酸钙。

（3）亚硫酸钙在浆液池中被强制氧化生成二水硫酸钙（石膏）。

（4）将二水硫酸钙从浆液池排出，通过水力旋流器、石膏脱水机，最终分离出含水率小于 10% 的石膏。

**53. 用石灰石浆液吸收 $SO_2$，发生的物理化学过程是什么？**

**答：**用石灰石浆液吸收 $SO_2$，反应主要发生在吸收塔内，一般认为由 $SO_2$ 的吸收、石灰石的溶解、亚硫酸盐的氧化和石膏结晶等一系列物理化学过程组成。

（1）$SO_2$ 的吸收。气相（g）$SO_2$ 进入液相（aq），首先发生如下一系列反应：

$$SO_2(g) \longleftrightarrow SO_2(aq) \tag{2-9}$$

$$SO_2(aq) + H_2O \longleftrightarrow H^+ + HSO_3^- \tag{2-10}$$

$$HSO_3^- \longleftrightarrow H^+ + SO_3^{2-} \tag{2-11}$$

（2）石灰石的溶解。加入固态石灰石，既可消耗溶液中的氢离子，又得到了生成最终产物石膏所需的钙离子。

$$CaCO_3(s) \longrightarrow Ca^{2} + CO_3^{2-} \tag{2-12}$$

$$CO_3^{2-} + H^+ \longleftrightarrow HCO_3^- \tag{2-13}$$

$$HCO_3^- + H^+ \longleftrightarrow H_2O + CO_2(aq) \tag{2-14}$$

$$CO_2(aq) \longleftrightarrow CO_2(g) \tag{2-15}$$

（3）亚硫酸盐的氧化：

$$HSO_3^- + \frac{1}{2}O_2 \longrightarrow HSO_4^- \longleftrightarrow H^+ + SO_4^{2-} \tag{2-16}$$

$$SO_3^{2-} + \frac{1}{2}O_2 \longrightarrow SO_4^{2-} \tag{2-17}$$

工艺上采取用氧化风机向吸收塔循环浆液槽中鼓入空气的方法，使 $HSO_3^-$ 强制氧化成 $SO_4^{2-}$，并与 $Ca^{2+}$ 发生反应，生成溶解度相对较小的 $CaSO_4$，加大 $SO_2$ 溶解的推动力，从而使 $SO_2$ 不断地由气相转移到液相，最后生成有用的石膏。

（4）石膏的结晶：

$$Ca^{2+} + SO_4^{2} + 2H_2O \longrightarrow CaSO_4 - 2H_2O(s) \tag{2-18}$$

$$Ca^{2+} + SO_3^{2-} + \frac{1}{2}H_2O \longrightarrow CaSO_3 - \frac{1}{2}H_2O(s) \tag{2-19}$$

$$Ca^{2+} + SO_3^{2-} + SO_4^{3-} + \frac{1}{2}H_2O \longrightarrow (CaSO_4)_{(1-x)} \cdot$$

$$(CaSO_4)_{(x)} - \frac{1}{2}H_2O(s) \qquad (2\text{-}20)$$

式中　$x$——被吸收的 $SO_2$ 氧化成 $SO_4^{2-}$ 的分数。

吸收 $SO_2$ 总的反应式可写成：

$$SO_2 + C_2CO_3 + \frac{1}{2}O_2 + 2H_2O \Longrightarrow CaSO_4 \cdot 2H_2O + CO_2$$

$$(2\text{-}21)$$

实际上，上述反应几乎是同时发生的。通常石灰石溶解的速度最慢，它对整个 $SO_2$ 脱除速率有显著的影响。

### 54. 石灰石湿法脱硫工艺中，石灰石浆液吸收二氧化硫是一个什么过程，该过程大致分为哪几个阶段？

答：石灰石湿法脱硫工艺中，石灰石浆液吸收二氧化硫是一个气液传质过程，该过程大致分为四个阶段。

(1) 气态反应物质从气相主体向气-液界面的传递。

(2) 气态反应物穿过气-液界面进入液相，并发生化学反应。

(3) 液相中的反应物由液相主体向相界面附近的反应区迁移。

(4) 反应生成物从反应区向液相主体迁移。

因此，脱硫过程包括扩散、吸收和化学反应等过程，是一个复杂的物理化学过程。脱硫效率不仅与气液平衡有关，还与化学平衡有关。

### 55. 烟气脱硫在吸收塔内的物理化学反应主要有哪些？

答：采用石灰石浆液吸收烟气中的 $SO_2$，一般认为在吸收塔内主要有以下一系列复杂的物理化学反应：$SO_2$ 的吸收、石灰石的溶解、亚硫酸氢根的氧化和石膏结晶等。

### 56. $SO_2$ 的吸收化学机理是什么？

答：$SO_2$ 吸收的化学机理主要如下：含有 $SO_2$ 的烟气进入吸收塔，$SO_2$ 经扩散作用从气相溶入液相中，与水反应生成亚硫酸（$H_2SO_3$），亚硫酸迅速离解成亚硫酸氢根离子（$HSO_3^-$）和氢离子

（$H^+$）。当 pH 值较高时，$HSO_3^-$ 发生二级电离，产生较高浓度的 $SO_3^{2-}$。主要的反应为

$$SO_2（气）\longrightarrow SO_2（液）\tag{2-22}$$
$$SO_2（液）+ H_2O \longrightarrow H_2SO_3（液）\tag{2-23}$$
$$H_2SO_3（液）\longrightarrow H^+ + HSO_3^-\tag{2-24}$$
$$HSO_3^- \longrightarrow H^+ + SO_3^{2-}\tag{2-25}$$

$SO_2$ 在水中的吸收包括物理吸收［见式（2-22）及式（2-23）］和化学吸收［式（2-24）及式（2-25）］两部分，其中，式（2-23）和式（2-24）为可逆反应。物理吸收的程度，取决于气-液平衡，只要气相中 $SO_2$ 分压大于平衡时液相中的 $SO_2$ 分压，吸收过程就会进行。随着液体温度的升高，液相中 $SO_2$ 分压增加，$SO_2$ 的物理吸收量减少。

$SO_2$ 溶入水后产生了 $H^+$，从而使溶液 pH 值降低，降低的 pH 值反过来又降低 $SO_2$ 在液相中的吸收速率，制约 $SO_2$ 在液体中进一步的吸收，因此 $SO_2$ 进入液相后被吸收的程度与溶液的 pH 值有关。$SO_2$ 进入液相后产生的 $H_2SO_3$、$HSO_3^-$、$SO_3^{2-}$ 与溶液 pH 值的关系如图 2-4 所示。由图 2-4 可知，当 pH>8 时，$SO_2$ 在水中主要以要 $SO_3^{2-}$ 的形式存在；pH>9 后，溶液中几乎全部为 $SO_3^{2-}$；当 pH<6 时，$SO_2$ 在水中主要以 $HSO_3^-$ 的形式存在，pH 值在 3.5~5.4 之间时，溶液中几乎全部为 $HSO_3^-$；当 pH<3.5 后，溶入水中的 $SO_2$ 有一部分与水分子结合为 $SO_2 \cdot H_2O$。因此，

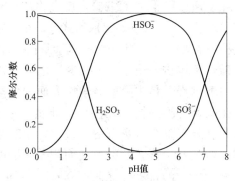

图 2-4 亚硫酸平衡图

溶液的 pH 值不同，$SO_2$ 在水中的化学吸收反应是不相同的。

由式（2-24）和式（2-25）可以看出，为使 $SO_2$ 的吸收不断进行下去，就必须减少反应产物的浓度，即减少 $H^+$、$HSO_3^-$、$SO_3^{2-}$ 的浓度。为此，可加入碱性物质中和电离产生的 $H^+$，或加入钙基吸收剂，引入 $Ca^{2+}$，产生 $CaSO_3$ 固体沉淀而减少液相中 $SO_3^{2-}$，或加入氧气使 $HSO_3^-$、$SO_3^{2-}$ 氧化为 $SO_4^{2-}$。

### 57. 石灰石的溶解化学机理是什么？

**答：** 石灰石的主要成分为 $CaCO_3$，它是一种难溶于水的化合物。溶解中和作用的实质是向反应系统提供 $Ca^{2+}$，这是脱硫反应过程中一系列反应的关键。这一过程包括固体 $CaCO_3$ 的溶解以及进入液相中 $CaCO_3$ 的分解。固体石灰石的溶解速度、反应活性以及液相中 $H^+$ 浓度都影响中和反应速度和 $Ca^{2+}$ 的形成，氧化反应以及其他一些化合物也会影响溶解中和反应的速度。石灰石溶解主要反应为式（2-26）～式（2-30）：

$$CaCO_3（固）\longrightarrow CaCO_3（液） \qquad (2\text{-}26)$$

$$CaCO_3（液）\longrightarrow Ca^{2+} + CO_3^{2-} \qquad (2\text{-}27)$$

$$CO_3^{2-} + H^+ \longrightarrow HCO_3^- \qquad (2\text{-}28)$$

$$HCO_3^- + H^+ \longrightarrow H_2O + CO_2（液） \qquad (2\text{-}29)$$

$$CO_2（液）\longrightarrow CO_2（气） \qquad (2\text{-}30)$$

石灰石的溶解取决于化学过程〔式（2-27）～式（2-30），反应动力学过程〕和物理过程〔式（2-26），反应物从石灰石粒子中迁移出的离子扩散过程〕。由式（2-28）和式（2-29）可以看到，石灰石在溶解过程中需要借助液相中的 $H^+$，即石灰石需要在酸性条件下溶解。在碱性范围内，由于 $H^+$ 减少，化学溶解过程受到抑制，此时物理溶解过程不是主要的，颗粒表面的化学动力学过程起主要作用；在低 pH 值条件下，由于 $H^+$ 丰富，化学溶解过程迅速，离子扩散速度限制整个石灰石溶解过程，此时为了提高石灰石的溶解能力，增大石灰石颗粒的比表面积是必要的，目前脱硫系统典型的要求是 90% 的石灰石粉通过 325 目（44μm）；而当 pH 值在 5.0～7.0 之间时，这两种过程一样重要。

因此，降低 pH 值有利于 $CaCO_3$ 的溶解，当 pH 值在 4.0～6.0 之间时，石灰石的溶解速度近似线性增加。为了提高 $SO_2$ 的脱除效率，需要尽可能保持较高的 pH 值以迅速消耗 $SO_2$ 被吸收所产生的 $H^+$，而高 pH 值又不利于石灰石的溶解。这时，只能提高石灰石浆液的浓度，以加快动力学过程，加快 $H^+$ 的消耗和 $Ca^{2+}$ 的生成，以满足达到高的 $SO_2$ 溶解吸收效率的要求。浆液中过高的石灰石浓度将导致石灰石利用率不高，在最终产物和废水中的 $CaCO_3$ 含量较高，从而降低石膏的品质。

### 58. 亚硫酸盐的氧化化学机理是什么？

**答**：亚硫酸盐的氧化是石灰石-石膏湿法脱硫工艺中重要的反应。$SO_3^{2-}$ 和 $HSO_3^-$ 都是较强的还原剂，在过渡金属离子（如 $Mn^{2+}$）的催化作用下，液相中溶解氧可将它们氧化为 $SO_4^{2-}$。根据 $SO_2$ 在水溶液中氧化动力学的研究，$HSO_3^-$ 在 pH 值为 4.5 时氧化速率最大。但在实际运行中，浆液的 pH 值一般控制在5～6之间，而且浆液中氧浓度较低，$HSO_3^-$ 很难被自然氧化。为此，工艺上采取向反应区鼓入空气以增强亚硫酸盐的氧化。在烟气中洗脱的飞灰以及吸收剂杂质中含有的金属离子的催化作用下，$HSO_3^-$ 被强制氧化为 $SO_4^{2-}$，生成溶解度相对较小的 $CaSO_4$，进一步促进了 $SO_2$ 的溶解，从而使 $SO_2$ 不断由气相转移到液相，最后生成石膏。主要反应为：

$$SO_3^{2-} + H^+ \longrightarrow HSO_3^- \qquad (2\text{-}31)$$

$$HSO_3^- + \frac{1}{2}O_2 \longrightarrow H^+ + SO_4^{2-} \qquad (2\text{-}32)$$

$$SO_4^{2-} + H^+ \longrightarrow HSO_4^- \qquad (2\text{-}33)$$

$$Ca^{2+} + 2HSO_3^- \longrightarrow Ca(HSO_3)_2 \qquad (2\text{-}34)$$

$$Ca^{2+} + SO_4^{2-} \longrightarrow CaSO_4(\text{固}) \qquad (2\text{-}35)$$

由式（2-31）可以看到，因为液相中的氧对固体 $CaSO_3$ 的氧化能力很小，所以氧化过程需要有 $H^+$ 存在，将所产生的 $CaSO_3$ 溶解形成 $SO_3^{2-}$，促进 $HSO_3^-$ 的生成及氧化。一般氧化过程要求 pH 值在 6.0 以下，高于 6.0 时，氧化过程将难以有效进行。

$SO_3^{2-}/HSO_3^-$ 与 $O_2$ 的反应速率很快，特别是当浆液中有溶解的 Mn 和 Fe 时，一旦 $O_2$ 穿过液膜，很快就会被 $SO_3^{2-}/HSO_3^-$ 消耗，但 $O_2$ 在浆液中溶解度非常有限，因此氧化速率受 $O_2$ 在液膜中的扩散能力所限。

脱硫塔循环浆液池内单位体积浆液气泡的表面积可表示为：

$$a_b = 6G_b/d_b \tag{2-36}$$

式中　　$a_b$——单位体积浆液内气泡的表面积，$m^2/m^3$；

　　　　$G_b$——浆液池浆液孔隙率；

　　　　$d_b$——气泡粒径，m。

氧气的吸收速率大致可表示为：

$$N_b = k_{lb}a_b p_b/H \tag{2-37}$$

$$p_b = \frac{0.21[(p_{T1}-p_S)-(p_{T2}-p_S)(1-\eta)(1-0.21\eta)]}{\ln\{(p_{T1}-p_S)/[(p_{T2}-p_S)(1-\eta)(1-0.21\eta)]\}} \tag{2-38}$$

式中　　　　$N_b$——$O_2$ 的吸收速率，$kg \cdot mol/(m^3 \cdot h)$；

　　　　　　$k_{lb}$——浆液池液相传质系数，m/s；

　　　　　　$p_b$——气泡中 $O_2$ 对数平均分压，atm；

$p_{T1}$、$p_{T2}$、$p_S$——温度（T1）、温度（T2）和饱和状态下的氧分压；

　　　　　　$H$——亨利系数，$atm \cdot m^3/(kg \cdot mol)$，据 Hjuler 等人的数据，$H=1060$。

假定气泡中氧分压远高于亨利系数和溶解氧浓度的乘积，并约 50% 的氧气被吸收，氧化速率必须等于均相化学反应速率和 $O_2$ 吸收率，由此可得出临界 $Mn^{2+}$ 浓度，高于此浓度，氧化速率与 $Mn^{2+}$ 浓度无关，只与气泡的 $O_2$ 分压大致呈线性关系。

亚硫酸盐的氧化速率受 $HSO_3^-$ 的浓度、$O_2$ 的浓度、pH 值、$NO_x$ 催化物质、氧化抑制剂、烟气中氧气对 $SO_2$ 的比率、液体的循环率、液体的黏度和密度、脱硫塔的结构等因素综合影响。pH 值的大小影响浆液中 $HSO_3^-$ 的浓度，pH 值越低，浆液中 $HSO_3^-$ 的浓度越高，$SO_3^{2-}$ 浓度越低。pH 值在 3.5~5.5 之间时，亚硫酸盐的氧化速率较高，当 pH>5.5 时，氧化速率迅速下降。有试验表明，当 pH 值在 4.9~5.1 之间时，$n_{氧原子}/n_{SO_2}=2$ 时，氧化效率达到95%；当 pH>5.3 时，$n_{氧原子}/n_{SO_2}=3$ 才可获得95%的氧化效率。

契尔特柯夫根据亚硫酸钙系统和碱性亚硫酸盐系统的研究，得出了的关系式为：

$$G_{O_2} = \frac{0.8Q^{0.7}a(S/C)^6}{\rho\mu}$$ (2-39)

式中 $G_{O_2}$——被吸收的 $O_2$，g/(h·m³)；

$Q$——液体流量，g/(h·m²)；

$a$——$t/50$，其中 $t$ 为溶液的平均温度，℃；

$S/C$——硫与"有效碱"的摩尔比；

$\rho$——溶液密度，kg/m³；

$\mu$——溶液黏度，Pa·s。

### 59. 石膏结晶化学机理是什么？

答：生成硫酸盐之后，吸收 $SO^2$ 的反应进入最后的阶段，即生成固态盐类结晶—石膏，并从溶液中析出。这是在整个脱硫反应中速度是最慢的。在通常运行的 pH 值环境下，亚硫酸钙和硫酸钙的溶解度都较低，当中和反应产生的 $Ca^{2+}$、$SO_3^{2-}$ 以及氧化反应产生的 $SO_4^{2-}$ 达到一定浓度后，这三种离子组成的难溶性化合物将从溶液中沉淀析出。根据氧化程度的不同，沉淀产物或是半水亚硫酸钙、亚硫酸钙和硫酸钙相结合的半水固溶体。或者是固溶体与石膏的混合物。主要反应为：

$$Ca^{2+} + SO_4^{2-} + 2H_2O \longrightarrow CaSO_4 \cdot 2H_2O(固)$$ (2-40)

此外，还有如下副反应为：

$$Ca^{2+} + SO_3^{2-} + 2H_2O \longrightarrow CaSO_3 \cdot \frac{1}{2}H_2O(固)$$ (2-41)

总反应式表示为：

$$SO_2(气) + CaCO_3(固) + \frac{1}{2}O_2 + 2H_2O \longrightarrow$$

$$CaSO_4 \cdot 2H_2O(固) + CO_2$$ (2-42)

当控制被吸收的 $SO_2$ 氧化成硫酸盐的分率不超过15%时，就可以形成半水亚硫酸钙、亚硫酸钙和硫酸钙相结合的半水固溶体的共沉淀，而始终不会形成硫酸钙的饱和溶液，也不会形成二水硫酸钙硬垢，这是早期石灰石抛弃法防止结垢的原理。当氧化分率提高到超过 15% 时，固溶物对硫酸钙的溶解已达到饱和，氧化生成的额外的硫酸钙将以二水硫酸钙的形式沉淀析出。对于强制氧化工艺，则是几乎 100% 的氧化所吸收的 $SO_2$，避免或减少半水亚硫酸钙及半水固溶体的产生。通过控制液相二水硫酸钙的过饱和度，既可防止发生二水硫酸钙结垢，又可以生产出高质量的可销售的石膏。

在吸收氧化池浆液中，石膏的结晶受浆液中二水硫酸钙的过饱和度、浆液的温度、酸度、搅拌方式等影响。石膏结晶的形状、大小直接影响到石膏处理系统中水力旋流器能否正常的工作。晶体的生长与溶液的相对过饱和度 $\sigma$ 有密切的关系。$\sigma$ 的计算式为：

$$\sigma = (c - c^*)/c^* \tag{2-43}$$

式中　$c$——溶液中石膏的实际浓度；

$\quad\quad c^*$——工艺条件下石膏的平衡浓度。

在 $\sigma < 0$ 的情况下，即溶液中离子的实际浓度小于平衡浓度时，溶液中不会有结晶析出；当 $\sigma > 0$ 时，溶液中将首先出现晶束（小分子团），进而形成晶种，并逐渐形成结晶。与此同时，也会有单个分子离开结晶而再度进入溶液，这是一个动态平衡过程。

二水硫酸钙的结晶速率计算式为：

$$B° = \exp(16.72)\, G^{1.48}\, M_T{}^{1.27} \tag{2-44}$$

$$G = \exp(13.11)\, S^{2.226} \tag{2-45}$$

式中　$B°$——结晶速率，个数/$(cm^3 \cdot min)$；

$\quad\quad G$——线性生长速度，$\mu m/min$；

$\quad\quad S$——过饱和度；

$\quad\quad M_T$——浆液中石膏的浓度，$g/m^3$。

**60. 烟气中 HCl、HF 在脱硫中发生哪些化学反应？**

**答：** 烟气中含量较少的 HCl、HF，被浆液洗涤发生的反应为：

$$2HCl + CaCO_3 \longrightarrow CaCl + H_2O + CO_2(气) \qquad (2\text{-}46)$$

$$2HF + CaCO_3 \longrightarrow Ca F_2 + H_2O + CO_2(气) \qquad (2\text{-}47)$$

实际烟气中的 HCl 将优先与石灰石中酸可溶性碳酸镁发生反应生成 $MgCl_2$，如果有剩余的 HCl，再与 $CaCO_3$ 发生反应。

### 61. 石灰石-石膏湿法脱硫技术原理是什么？

**答：** 石灰石-石膏湿法脱硫技术以含石灰石粉的浆液为吸收剂，吸收烟气中 $SO_2$、HF 和 HCl 等酸性气体。脱硫系统主要包括吸收系统、烟气系统、吸收剂制备系统、石膏脱水及贮存系统、废水处理系统、除雾器系统、自动控制和在线监测系统。

### 62. 石灰石-石膏湿法脱硫技术特点及适用性是什么？

**答：** 石灰石-石膏湿法脱硫技术特点及适用性是：

（1）技术特点。石灰石-石膏湿法脱硫技术成熟度高，可根据入口烟气条件和排放要求，通过改变物理传质系数或化学吸收效率等调节脱硫效率，可长期稳定运行并实现达标排放。

（2）技术适用性。石灰石-石膏湿法脱硫技术对煤种、负荷变化具有较强的适应性，对 $SO_2$ 入口浓度低于 $12000mg/m^3$ 的燃煤烟气均可实现 $SO_2$ 达标排放。

### 63. 喷淋塔具有哪些特点？

**答：** 喷淋塔是目前应用最为广泛的塔型，喷淋塔组成示意图如图 2-5 所示。

喷淋塔具有下列特点：

（1）脱硫效率高，装置经济的脱硫效率为 $95\%$，对于高硫煤项目，脱硫效率可达到 $97\%\sim99\%$ 的水平。

（2）单塔烟气处理量大，可处理 1000MW 等级机组的全部烟气量。

（3）吸收塔结构简单、烟气阻力小；内部件少，便于检修维护。

（4）设置单元制喷淋层，吸收塔可随脱硫负荷的变化调整喷淋层投运数量，运行经济性较好。

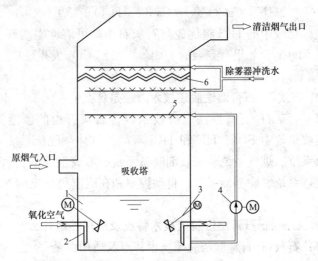

图 2-5　喷淋塔组成示意图

1—吸收塔浆池；2—氧化空气喷枪；3—搅拌器；
4—浆液循环泵；5—喷淋层；6—除雾器

### 64. 石灰石-石膏湿法脱硫技术污染物排放与能耗是什么？

**答：** 石灰石-石膏湿法脱硫效率为 95.0%～99.7%，还可部分去除烟气中的 $SO_3$、颗粒物和重金属。能耗主要为浆液循环泵、氧化风机、引风机或增压风机等消耗的电能，可占对应机组发电量的 1%～1.5%。湿法脱硫系统是烟气治理设施耗能的主要环节。

### 65. 石灰石-石膏湿法脱硫技术存在的主要问题是什么？

**答：** 吸收剂石灰石的开采，会对周边生态环境造成一定程度的影响。烟气脱硫所产生的脱硫石膏如无法实现资源循环利用也会对环境产生不利影响；脱硫后的净烟气会挟带少量脱硫过程中产生的次生颗粒物。此外，还会产生脱硫废水、风机噪声、浆液循环泵噪声等环境问题。

## 66. 石灰石-石膏湿法脱硫主要工艺参数及效果是什么?

**答:** 石灰石-石膏湿法脱硫主要工艺参数及效果见表 2-2。

表 2-2　　　石灰石-石膏湿法脱硫主要工艺参数及效果

| 序号 | 项目 | 单位 | 工艺参数及效果 | | |
|---|---|---|---|---|---|
| 1 | 吸收塔运行温度 | ℃ | 50～60 | | |
| 2 | 空塔烟气流速 | m/s | 3～3.8 | | |
| 3 | 喷淋层数 | — | 3～6 | | |
| 4 | 钙硫摩尔比 | — | <1.05 | | |
| 5 | 液气比 * | L/m³ | 12～25（空塔技术）<br>6～18（pH 值分区技术）<br>10～25（复合塔技术） | | |
| 6 | 浆液 pH 值 | — | 4.5～6.5 | | |
| 7 | 石灰石细度 | 目 | 250～325 | | |
| 8 | 石灰石纯度 | % | >90 | | |
| 9 | 系统阻力损失 | Pa | <2500 | | |
| 10 | 脱硫石膏纯度 | % | >90 | | |
| 11 | 脱硫效率 | % | 95.0～99.7 | | |
| 12 | 入口烟气 $SO_2$ 浓度 | mg/m³ | ≤12000 | | |
| 13 | 出口烟气 $SO_2$ 浓度 | mg/m³ | 达标排放或超低排放 | | |
| 14 | 入口烟气粉尘浓度 | mg/m³ | 30～50 | 20～30 | <20 |
| 15 | 出口颗粒物浓度 | — | 达标排放；可采用湿电,实现颗粒物超低排放 | 可采用复合塔脱硫技术协同除尘或采用湿电,实现颗粒物超低排放 | 可采用复合塔脱硫技术协同除尘,实现颗粒物超低排放 |

**注** ＊液气比具体数值与燃煤含硫量有关。

## 67. 脱硫吸收塔烟气流场均匀分布技术有哪些? 其作用是什么?

**答:** 目前,吸收塔烟气流场均匀分布技术主要有托盘、旋汇耦合器、双相整流以及 FGD Plus 层等。

在吸收塔内加装多孔结构的托盘、扰流层、旋汇耦合装置等

33

整流装置，通过该装置的设置，一方面烟气通过时被充分整流使得烟气流场更加均布，同时烟气通道的突然缩小，加剧了烟气和吸收浆液的湍流传质过程，提高了除尘和脱硫效率；另一方面，大量自上而下的喷淋浆液在装置的空隙中形成持液膜，烟气在穿过持液膜时，其中的微细粉尘可以被有效脱除。

使用这类烟气流场均匀分布技术，通常其均气效果可比空塔喷淋提高 30%，脱硫除尘效率比空塔喷淋有所显著提高。

### 68. 复合塔技术是什么？

**答：** 在脱硫塔底部浆液池及其上部的喷淋层之间以及各喷淋层之间加装湍流类、托盘类、鼓泡类等气液强化传质装置，形成稳定的持液层，提高烟气穿越持液层时气、液、固三相传质效率；通过调整喷淋密度及雾化效果，改善气液分布。这些 $SO_2$ 脱除增效手段还有协同捕集烟气中颗粒物的辅助功能，再配合脱硫塔内、外加装的高效除雾器或高效除尘除雾器，复合塔系统的颗粒物协同脱除效率可达 70% 以上。该类技术目前应用较多的工艺包括旋汇耦合、沸腾泡沫、旋流鼓泡、双托盘、湍流管栅等。

### 69. 脱硫系统的协同除尘作用主要体现在哪些方面？

**答：** 脱硫系统出口粉尘主要由烟气中的烟尘和脱硫塔带出的石膏颗粒两部分组成，脱硫系统的协同除尘作用主要体现在三个方面：①脱硫塔自身对烟气中微细粉尘的捕集作用；②除雾器对含石膏液滴的截留以防止石膏颗粒的二次夹带；③在吸收塔出口烟道加装湿式电除尘器。

### 70. 液柱塔技术原理是什么？

**答：** 液柱塔的原理是吸收塔浆池浆液由循环泵送至塔内喷嘴系统，由喷嘴将浆液向上喷出，将原烟气卷入液柱，液柱上升过程中与原烟气充分接触，循环浆液与烟气发生吸收反应；液柱到达顶部后分散成细小的液滴下降，液滴在下降的过程与上升的液滴互相碰撞形成高密度液滴层，又与上升的烟气再次进行吸收反应。液柱塔吸收反应原理示意图如图 2-6 所示。液柱塔有单塔和双塔两种配置方式，单液柱塔和双液柱塔结构示意图如图 2-7 所示。

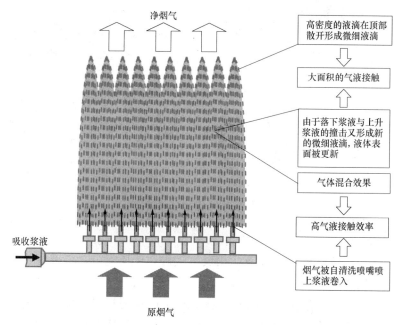

图 2-6 液柱塔吸收反应原理示意图

双液柱塔由两个单液柱塔串联组成，一级塔为顺流塔，二级塔为逆流塔，两塔浆池相连通。原烟气首先进入顺流塔，与液柱顺流接触去除一部分 $SO_2$，然后通过连接通道进入逆流塔，与液柱逆流接触进一步去除剩余的 $SO_2$，整体脱硫效率可达 98％以上。

**71. 液柱塔具有哪些特点？**

**答：** 液柱塔具有下列特点：

（1）两级串联，连接紧凑，脱硫效率高。

（2）吸收塔内构造简单，维修容易；吸收塔喷嘴采用中空结构，不易堵塞。喷嘴呈网格状单层排列布置。

（3）喷嘴无背压，循环泵压头低。能耗低，塔内阻力低。塔内只有一层液柱层及喷嘴，浆液循环泵的扬程较低，能耗较小。

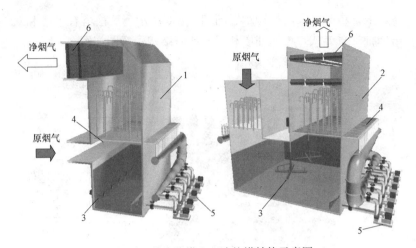

图 2-7　单液柱塔和双液柱塔结构示意图

1—单液柱塔；2—双液柱塔；3—搅拌器；4—液柱喷淋层；5—浆液循环泵；6—除雾器

（4）液柱塔塔内气液两相反复接触，传质充分，能够保证较高的脱硫效率。

（5）由于吸收塔浆液循环系统采用母管制且母管流速有一定限制，循环浆液泵的台数及流量的匹配设计应满足机组负荷的变化范围，且节能运行。

（6）液柱塔采用矩形外形，应通过吸收塔浆池流场试验数据优化设计氧化空气系统，保证氧化空气分布均匀。

### 72. 液柱塔为什么可以不设置石膏浆液旋流器？

**答**：液柱塔技术的石膏浆液浓度较高，可达 28%～32%，高于喷淋塔技术。因此，液柱塔可以不设置石膏浆液旋流器，直接将塔内石膏浆液送至脱水机，经脱水处理生成石膏。当不设置石膏浆液旋流器时，可以不设置废水旋流器，脱硫废水从滤液排出。

### 73. 旋流雾化塔技术原理是什么？

**答**：旋流雾化塔技术主要是将现有的脱硫喷淋塔改为喷雾塔，采用超声波雾化技术和喷嘴，高频、高振幅的超声波将高的声波压力作用在液体上使液体雾化，使脱硫剂粒径由传统的 1500～3000μm 降至 50～80μm，形成云雾状，大大提高脱硫剂比表面积，使脱硫吸收反应速度加快；采用雾化旋流切圆布置技术，构造脱硫塔内喷雾旋流场，烟气与脱硫剂充分传质混合，加大烟气中 $SO_2$ 与脱硫剂反应几率，实现云流场再造，实现小液气比情况下高湍流传质吸收反应，提高脱硫效率。

旋流雾化塔技术改造基本思路是在脱硫塔最低层喷淋层和烟道入口处之间新增一层浆液旋流雾化喷射层，包括雾化器、浆液循环系统、雾化驱动介质系统等，雾化驱动介质的压力可调，通过调节雾化驱动介质工作压力，满足不同工况下喷嘴雾化效果，保证脱硫效率。

### 74. 旋流雾化塔技术特点有哪些？

**答：** 旋流雾化塔技术特点如下：

（1）旋流雾化在塔内实现并完成气液再分布、浆液再分布目的。

（2）旋流雾化喷出的浆液粒径，比传统喷淋方式的浆液粒径小，较大提高脱硫剂比表面积，脱硫吸收反应速度加快。

（3）旋流雾化构造了脱硫塔内旋流场，使烟气与脱硫剂充分混合，加大烟气中 $SO_2$ 与脱硫剂反应几率。

（4）根据烟气排放量及 $SO_2$ 的浓度，可灵活调配喷头流量并合理配置浆液泵数量，以达到最佳运行经济效果和脱硫效果。

（5）雾化旋流装置安装简单，维修方便。可在短时间内进行维修及更换，不影响设备的正常运行。

## 第二节　托盘塔脱硫技术工艺原理

### 75. 托盘/双托盘塔技术原理是什么？

**答：** 托盘/双托盘塔技术是一种通过在吸收塔内喷淋层下方布置一层或两层多孔合金托盘以加强传质效果的脱硫技术。托盘/双托盘塔技术可以显著改善吸收塔内气流均布效果，同时形成持液层提高脱硫效率，降低液气比，在目前提倡脱硫高效协同除尘作用的理念下，托盘的持液层可以提高粉尘与浆液的接触面积，提高洗尘效率。

**76. 托盘提高脱硫效率原理是什么？**

**答：**托盘提高脱硫效率原理是由于均流增效板上可保持一层浆液，可沿小孔均匀流下，形成一定高度的液膜，使浆液均匀分布，液膜使烟气在吸收塔内与浆液的接触时间增加，当烟气通过托盘时，气液充分接触，托盘上方湍流激烈，强化了 $SO_2$ 向浆液的传质，形成的浆液泡沫层扩大了气液接触面，提高吸收剂利用率，可有效降低液气比，降低循环浆液喷淋量。

但安装托盘的吸收塔相对于空塔的缺点是吸收塔阻力相对较高，增压风机电耗较高。

**77. 吸收塔合金托盘作用有哪些？**

**答：**吸收塔合金托盘有如下作用：

（1）气流均布。烟气由吸收塔入口进入，形成一个涡流区。烟气由下至上通过合金托盘后流速降低，并均匀通过吸收塔喷淋区。喷淋塔直径越大，利用机械手段维持均匀分布就越重要，不采用这种托盘，就会造成吸收塔的各区域烟气不均，即有些区域吸收剂不足，而有些区域吸收剂又太多的现象，这对大型机组的脱硫尤为重要。加装合金托盘前后吸收塔截面烟气流速分布的比较如图 2-8 所示，图 2-8（a）为空塔中烟气进入吸收塔后达到喷淋层时的流场分布图，可见偏流很严重；图 2-8（b）为托盘塔中烟气进入吸收塔后达到喷淋层时的流场分布，烟气经过托盘后得到了强制均布，能较好地与喷淋层浆液分布匹配。

（2）浆液均布。托盘上保持一层浆液，沿小孔均匀流下，使浆液均匀分布。

（3）强化脱硫，提高吸收剂利用率。托盘小孔的节流喷射作用，提高了烟气中 $SO_2$ 向浆液滴的传质速度；托盘上形成的一定高度的泡沫层，也延长了浆液停留时间，增大了气液接触面积。

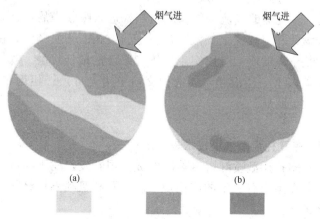

小于1/2烟气平均流速　　等于烟气平均流速　　大于1.5倍烟气平均流速

图 2-8　加装合金托盘前后吸收塔截面烟气流速分布

（a）无合金托盘；（b）有合金托盘

当气体通过时，气液接触，可以起到吸收部分污染物成分的作用，从而有效降低液气比，提高了吸收剂的利用率，降低了循环浆液泵的流量和功耗。研究表明，单层托盘可提高约 50％的传质效果、降低 15％～30％的液气比。

（4）低吸收塔。良好的吸收效果可以减少液气比和喷淋层，使吸收塔的高度降低。低吸收塔使其防腐面积小，质量轻，整个吸收系统投资减少，运行和维修保养费用低。

（5）不结垢。该托盘由合金钢制成，较坚固，同时具有自清洗和泡沫效应强的特点，可进一步除去固体颗粒，激烈的浆液冲刷使托盘不会结垢。

（6）检修方便。托盘在吸收塔安装阶段即可作为临时安装平台，投运后可作为喷淋层和除雾器的检修平台，无须排空塔内浆液，无须脚手架就可以直接检修，省时省力。

（7）节能。多孔托盘除具有上述特点外，最大的优点是节省厂用电。较低液气比和较低吸收塔高度，使循环泵功率大为减少，其节能效果可以抵消因托盘阻力导致的风机功率的增加。

### 78. 双托盘的气流均质作用是什么？

**答**：双托盘的气流均质作用是烟气进入吸收塔后，首先通过塔内托盘，并与托盘上的液膜进行气、液相的均质调整，在吸收区域的整个高度上可以实现气体与浆液的最佳接触。双托盘相比单托盘多了一层液膜，气液相交换更为充分，气相均布更好，脱硫增效更明显。

### 79. 多孔托盘喷淋塔技术是什么？

**答**：多孔托盘喷淋塔由美国巴威公司开发，属于喷淋塔的一种塔型，在国内有一定的应用规模。多孔托盘喷淋塔结构示意图如图 2-9 所示。

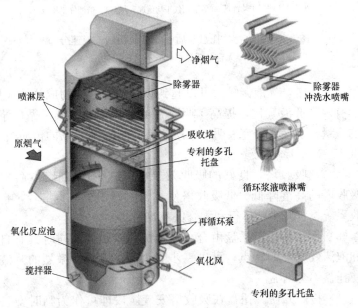

图 2-9　多开托盘喷淋塔结构示意图

该技术在吸收塔内的底部喷淋层与烟气入口之间安装 1 个或多个多孔合金托盘，托盘上表面被高约 300mm 的隔板分隔成若干块，托盘上的持液高度随着吸收塔入口烟气压力自动调节，同时，托盘表面液膜可以使塔内烟气分布均匀。运行时，烟气穿过一些孔向上流动，同时循环浆液通过另外一些孔向下流动。托盘上是连续液相，烟气通过喷射或鼓泡的方式通过托盘上的孔洞。多孔托盘技术喷淋塔具有传质效果和均气效果好、液气比低、烟气阻力较高等特点。此外，在锅炉低负荷工况下，由于烟气流速降低使得托盘表面浆液湍动强度减弱，使脱硫效率有所降低，整体脱硫效率可达98％以上。多孔托盘技术喷淋塔的托盘数量主要根据脱硫装置入口$SO_2$浓度和脱硫效率确定，当燃煤含硫量和脱硫效率要求较高时，需选用双托盘。

### 80. 托盘/双托盘塔技术特点有哪些？

**答：**托盘/双托盘塔技术特点如下：

（1）气流均布。设置托盘后，进入吸收塔的气体流速得到很好的均布作用，大部分气体流速处在平均流速范围内。

（2）石灰石溶解速率大幅提高。托盘上浆液的 pH 值比反应池内的 pH 值低20％以上，石灰石的溶解速率与浆液内水合氢离子的浓度［$H^+$］成正比，pH 为4.0条件下的［$H^+$］是 pH 为5.5条件下［$H^+$］的31倍，因此更易于托盘上石灰石的溶解。

（3）烟气与浆液接触时间大大增加。传统空塔烟气与浆液的接触时间约3.5s，由于托盘可保持一定高度液膜，增加了烟气在吸收塔中的停留时间，单托盘上的浆液滞留时间为1.8s；对于双托盘吸收塔，托盘上的浆液滞留时间大约为3.5s，烟气接触时间较空塔延长1倍。

（4）检修方便。托盘的设置可使吸收塔运行维护方便，在塔内件进行检修时，无须将塔内浆液全部排空，只需在塔内搭建临时检修平台，运行维护人员站在合金托盘上就可对塔内部件进行维护和更换，减少运行时维护的时间。

### 81. 武汉凯迪电力环保有限公司Ⅱ代高效除尘深度脱硫托盘塔技术主要特点有哪些？

**答：**武汉凯迪电力环保有限公司Ⅱ代高效除尘深度脱硫托盘塔技术主要特点如下：

（1）优化烟气流场强化气液传质。根据进入塔内截面烟气流速分布，设置非均匀开孔托盘：异形托盘，精细化调整进入喷淋层的烟气流场，确保喷淋区域液气比均衡从而保证污染物脱除效率。

空塔对烟尘粒径的分级去除效率如图 2-10 所示，由图 2-10 可知，空塔喷淋对于 $1\sim2.5\mu m$ 的粉尘，分级除尘效率较小，粉尘去除效率变化不明显；对于 $3\sim5\mu m$ 的粉尘，分级除尘效率较大，粉尘去除效率变化明显；对于大于 $5\mu m$ 的粉尘，分级除尘效率区趋于稳定接近 $100\%$。

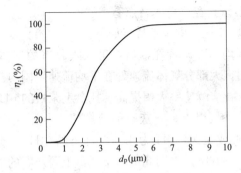

图 2-10　空塔对烟尘粒径 $d_p$ 的分级去除效率 $\eta_i$ 关系

为托盘对烟尘粒径的分级去除效率如图 2-11 所示，由图 2-11 可知，托盘对不小于 $2\mu m$ 的粉尘具有较高的捕集效率。对于 $0.1\sim1\mu m$ 的粉尘，有 $10\%\sim30\%$ 的捕集效率；对于 $1\sim2\mu m$ 的粉尘，有 $30\%\sim40\%$ 的捕集效率。在一定条件下，在同一粒径分布区间，托盘的分级除尘效率比空塔喷淋高 $20\%$ 以上。因此，托盘塔技术对 PM2.5 的粉尘具有较为显著的脱除性能。

（2）高效吸收塔内件技术，采用双头喷嘴（双向或同向）和增效环技术。喷淋层是吸收塔的核心部件，其中喷嘴选型与脱除性能紧密相关。双头喷嘴是一个喷嘴有两个出口，喷嘴喷出的液滴直径越小，雾滴与粉尘接触的可能性越大，除尘效率越高。因此，采用雾滴直径小的喷嘴，有利于提高除尘效率。提高喷嘴压力，雾滴直径减小，但运行能耗增大。如果采用双头喷嘴，同等

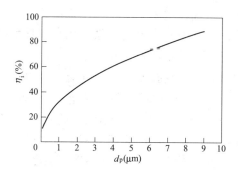

图 2-11 托盘对烟尘粒径 $d_p$ 的分级去除效率 $\eta_i$ 关系

能耗下就能获得更小的雾滴直径。相对传统喷嘴,采用双头喷嘴不仅可以提高单个喷嘴的雾化效果,明显获得密集的二次雾化效果,而且烟气均匀分布,从而实现在提高脱硫效率的同时节省浆液循环量、减少喷淋层数量、节能降耗的目的。

同时,双头喷嘴与其他标准喷嘴的最大区别是两个喷射锥体的切向旋转方向相反,不同的旋向不仅使相邻的锥体碰撞速度提高,确保了二次雾化的效果,更主要的是避免了塔内烟气同向旋转后烟气富集在塔壁的分布不均问题。

相对于中部喷嘴覆盖密度,吸收塔周边喷嘴覆盖密度要小,导致塔周边阻力小,烟气大量从周边上升,烟气和浆液分布不均,脱硫和除尘效率下降。高效脱硫除尘托盘塔技术在塔周边采用实心锥喷嘴,浆液能更好地覆盖吸收塔壁部分,有效将烟气驱赶至塔中部,增加烟气与雾滴的接触,提高脱硫和除尘效率,同时还在喷淋层之间增设气液传质增效环,将靠近塔壁的烟气驱赶到吸收塔中间区域,使各个区域的液气比尽可能接近平均液气比,彻底解决边壁效应,从而增加烟气与液滴的接触,提高脱硫和除尘效率。

(3)高性能除雾技术。针对石膏雨现象,对除雾器的理论模型、结构等做了全面的研究,确定了合理的除雾器选型原则,并且可以精确量化通过除雾器携带出的颗粒物含量。研究认为除雾器排放的液滴中的含固量与石膏浆液池中的含固量不一样,即除雾器中排放的液滴含固量小于吸收塔中浆液含固量，与除雾器排放的液滴粒径分布有关。高效脱硫除尘托盘塔技术采用高性能屋脊式除雾器，使液滴携带量在 $20mg/m^3$ 以下。

（4）全烟气流场仿真技术。全烟气流场仿真技术是指借助流场计算软件将湿法 FGD 超低排放装置进行计算机流场数值模拟（CFD 数值模拟），通过增设导流装置、调整塔内件布置、优化吸收塔关键结构，调校吸收塔内流场分析并辅以冷态物理模型予以流场验证，使吸收塔流场达到理想状态以实现设计值。

### 82. 双相整流器 FGD 技术原理是什么？

**答：**中电投远达环保工程公司双相整流器 FGD 技术利用在脱硫吸收塔入口与第一层喷淋层间安装的多孔薄片状设备（双相整流器，也称为多孔板或筛板），使进入吸收塔的烟气经过该设备后流场分布更均匀，同时烟气与在该设备上形成的浆液液膜撞击，促进气、液两相介质发生反应，达到脱除一部分 $SO_2$ 的目的。由于当烟气上升通过双相整流器冲击浆液时，会产生沸腾式泡沫（气泡），因此这一技术也叫沸腾式泡沫脱硫除尘一体化技术。该技术将喷淋塔和鼓泡塔技术相结合，对提高脱硫效率、减少浆液循环量有显著效果，特别适用于脱硫达标改造项目，这与合金托盘技术类似。

### 83. 高效双相整流器 FGD 技术的主要特点是什么？

**答：**高效双相整流器 FGD 技术的主要特点为：

（1）吸收塔内置双相整流托盘，同时在喷淋层之间增设 2 层增效环。

（2）多层喷淋工艺＋提高氧化空气。采用增加喷淋层浆液循环量来增加吸收塔的液气比；增大氧化空气供给量和提高氧化空气分布效率，以此完成浆液中的 $CaSO_3$ 氧化成 $CaSO_4$ 并结晶，并稳定塔内 pH 值，保证脱硫效率。

（3）塔外浆池。采用在原有吸收塔旁边增加塔外浆液箱的方案，在停机前实施了塔外浆液箱，缩短吸收塔停机改造时间，充分保障改造工期。塔外浆箱和原有浆池采用联络管道连接，将一台循环泵入口接至塔外浆液箱，通过浆液循环泵，将原有浆池和塔外浆液箱浆液充分混合，从而保障了整个吸收系统浆液停留时间。同时通过石灰石供浆系统的分配，可改变吸收塔浆池和塔外浆液箱的 pH 值，有利于提高脱硫效率。

（4）三级除雾器。原有二层除雾器上移至连接烟道处，并增加一层除雾器，降低出口液滴浓度。三层除雾器再加上湿式电除尘器和水媒低低温烟气处理系统 MGGH 的辅助作用，消除了原石膏雨现象。

### 84. 薄膜持液层托盘塔技术是什么？

**答**：薄膜持液层托盘塔技术基于双段吸收理论，吸收塔入口以上托盘及喷淋层为第一段吸收，采用常规托盘塔技术，pH 值在 5.0～5.4 之间，喷淋层以上的薄膜持液层作为第二段吸收，薄膜持液层采用的是新鲜的石灰石浆液，pH 值可达到 6.0～6.4。薄膜持液层上的石灰石浆液与烟气接触后是通过专门的溢流装置进行收集，然后排入浆液再循环箱。由于浆液不是通过薄膜持液层下部漏入吸收塔内，因此浆液与烟气接触更加充分，且单位体积的浆液能够溶解更多的 $SO_2$，在降低能耗的条件下达到排放指标要求。

薄膜持液层托盘塔技术同样采用双循环吸收塔 pH 分级理念，下部第一吸收段能够通过常规喷淋将高的入口二氧化硫降低到 $200mg/m^3$ 左右，同时完成石膏氧化结晶；上部第二吸收段作为精处理段，在入口二氧化硫 $200mg/m^3$ 的情况下可以稳定实现出口 $35mg/m^3$，其独特的结构及灵活的 pH 值控制方式使该段具有极强的反应正向推进性，从而大幅降低液气比，起到节能降耗的作用。

## 第三节　旋汇耦合脱硫技术工艺原理

### 85. 旋汇耦合塔技术原理是什么？

**答**：旋汇耦合塔技术是基于多相紊流掺混的强传质机理和气

体动力学原理，它是在现有喷淋空塔技术上增加了旋汇耦合器，旋汇耦合器安装在吸收塔内喷淋层的下方、吸收塔烟气入口的上方。在旋汇耦合器上方的湍流空间内气液固三相充分接触，增强气液膜传质、提高传质速率，进而提高脱硫接触反应效率。同时，通过优化喷淋层结构，改变喷嘴布置方式，提高单层浆液覆盖率达到300％以上，增大化学反应所需表面积，完成第二步的洗涤。

旋汇耦合吸收塔上部设置有管束式除尘装置，由导流环、管束筒体、整流环、增速器和分离器组成。旋汇耦合塔技术的除尘除雾原理是通过加速器加速后气流高速旋转向上运动，气流中细小雾滴、尘颗粒在离心力作用下与气体分离，向筒体表面运动实现液滴脱除。

### 86. 旋汇耦合喷淋塔技术是什么？

**答：** 旋汇耦合喷淋塔技术基于多相紊流掺混的强传质机理，利用气体动力学原理，通过特制的旋汇耦合装置产生气液旋转翻覆湍流空，使气液固三相充分接触，迅速完成传质过程，从而达到气体净化的目的，脱硫效率可达98％以上。该技术的关键部件是塔内的旋汇耦合器。配置旋汇耦合器的喷淋塔流程示意图如图2-12所示。

### 87. 配置旋汇耦合器的喷淋塔具有哪些特点？

**答：** 配置旋汇耦合器的喷淋塔具有下列特点：

（1）均气效果好。吸收塔内气体分布不均匀，是造成脱硫效率低和运行成本高的重要原因，安装旋汇耦合器的脱硫塔，均气效果比一般空塔有较大提高，脱硫装置能在比较经济、稳定的状态下运行。旋汇耦合器同时可以避免因烟气爬塔壁造成的短路现象。

（2）传质效率高、降温速度快。从旋汇耦合器端面进入的烟气，通过旋流和汇流的耦合，旋转、翻覆形成湍流很大的气液传质体系，烟气温度迅速下降，有利于塔内气液充分反应，各种运行参数趋于最佳状态。

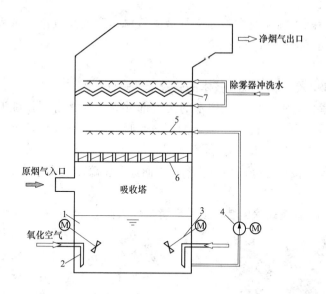

图 2-12　配置旋汇耦合器的喷淋塔流程示意图
1—吸收塔浆池；2—氧化空气喷枪；3—搅拌器；4—浆液循环泵；
5—喷淋层；6—旋汇耦合器；7—除雾器

（3）入口二氧化硫含量适应范围宽、能耗较低。与常规喷淋塔技术相比，同等条件下实现同一脱硫效率时，液气比更小，浆液循环泵电耗较低。

（4）协同除尘。经高效脱硫后的烟气向上经离心式除尘除雾装置完成高效除尘除雾过程，可以实现对微米级粉尘和细小雾滴的脱除。

（5）占地面积小。单塔可实现脱硫效率高达 99%，适用于改造空间小的机组进行提效改造。

**88. 高效湍流器技术的工作原理是什么？**

答：高效湍流器技术的工作原理是基于多相紊流掺混的强传质机理，利用气体动力学原理，通过特制的旋汇耦合装置产生气液旋转翻覆湍流空间，加强气液固接触，完成高效传质过程，从而达到气体净化的目的。

### 89. 旋汇耦合脱硫技术的关键部件是什么？

**答**：旋汇耦合脱硫技术的关键部件为旋汇耦合器，旋汇耦合器安装在吸收塔内，喷淋层的下方、吸收塔烟气入口的上方，通过旋汇耦合器安装位置湍流空间内气、液、固三相充分接触，增强气液膜传质，提高传质速率，进而提高脱硫接触反应效率。

### 90. 管束式除尘装置使用环境是什么？主要特点是什么？

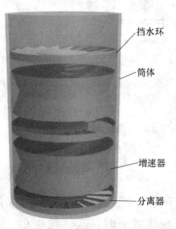

挡水环

筒体

增速器

分离器

图 2-13　管束式除尘装置

**答**：管束式除尘装置的使用环境是含有大量液滴的约 50℃ 的饱和净烟气，特点是雾滴量大，雾滴粒径分布范围广，由浆液液滴、凝结液滴和尘颗粒组成；除尘主要是脱除浆液液滴和尘颗粒。管束式除尘装置如图 2-13 所示，其主要特点如下：

（1）细小液滴与颗粒的凝聚。大量的细小液滴与颗粒在高速运动条件下碰撞概率大幅增加，易于凝聚、聚集成为大颗粒，从而实现从气相的分离。

（2）大液滴和液膜的捕悉。除尘器筒壁面的液膜会捕悉接触到其表面的细小液滴，尤其是在增速器和分离器叶片的表面的过厚液膜，会在高速气流的作用下发生"散水"现象，大量的大液滴从叶片表面被抛洒出来，在叶片上部形成了大液滴组成的液滴层，穿过液滴层的细小液滴被捕悉，大液滴变大后跌落回叶片表面，重新变成大液滴，实现对细小雾滴的捕悉。

（3）离心分离下的液滴脱除。经过加速器加速后的气流高速旋转向上运动，气流中的细小雾滴、尘颗粒在离心力作用下与气体分离，向筒体表面方向运动；而高速旋转运动的气流迫使被截留的液滴在筒体壁面形成一个旋转运动的液膜层。从气体分离的细小雾滴、微尘颗粒在与液膜层接触后被捕悉，实现细小雾滴与微尘颗粒从烟气中的脱除。

（4）多级分离器实现对不同粒径液滴的捕悉。气体旋转流速越大，离心分离效果越佳，捕悉液滴量越大，形成的液膜厚度越大，运行阻力越大，越容易发生二次雾滴的生成。因此，采用多级分离器，分别在不同流速下对雾滴进行脱除，保证较低运行阻力下的高效除尘效果。

### 91. 高效湍流器技术具有哪些特点？

**答：** 高效湍流器技术具有以下特点：

（1）均气效果好。吸收塔内气体分布不均匀，是造成脱硫效率低和运行成本高的重要原因。安装旋汇耦合器的脱硫塔，均气效果比一般空塔提高 15%～30%，脱硫装置能在比较经济、稳定的状态下运行。

（2）传质效率高。烟气脱硫的工作机理，是 $SO_2$ 从气相传递到液相的相间传质过程，传质速率是决定脱硫效率的关键指标。利用关键设备，以达到增加液气接触面积，提高气液传质效率的目的。

（3）降温速度快。从旋汇耦合器端面进入的烟气，通过旋流和汇流的耦合，旋转、翻覆形成湍流都很大的气液传质体系，烟气温度迅速下降，有利于塔内气液充分反应，各种运行参数趋于最佳状态。

（4）适应性强。①不同工艺：由于降温速度快，有效保护脱硫塔内壁防腐层，提高脱硫系统安全性；②不同工况：较好的均气效果，受气量大小影响较小，系统稳定性强；③不同煤种：脱硫效率高，受进吸收塔烟气二氧化硫含量变化影响小，煤种范围宽；④原料的不同粒径：石灰石粒度 200～325 目均可。

（5）能耗低：由于脱硫效率高，液气比小，浆液循环量小，比同类技术节约电能 8%～10%。

实践证明，采用旋汇耦合技术的脱硫工程，系统运行安全稳定可靠，具有脱硫效率、除尘效率高，系统投运率高，能耗低，操作弹性大等特点。

## 第四节  单塔双区烟气脱硫技术工艺原理

**92. 单塔双区脱硫技术原理是什么？**

**答：**单塔双区技术主要采用池分离器技术，在浆池区设置分区调节器将浆池分成上下两个不同 pH 值的浆池区，下部高 pH 值浆液用来吸收 $SO_2$，上部低 pH 值浆液用来氧化结晶，在单座吸收塔内分别为氧化和结晶提供最佳反应条件，提高脱硫效率。

常规石灰石-石膏湿法脱硫装置均为单塔单区方式，将原吸收塔和氧化罐浆液部分合并为塔下部的浆池，为兼顾吸收和氧化的效果，浆液 pH 值采用折中值，为 5.0～5.5，从而兼顾了吸收和氧化所需的酸碱度要求，但离两者最佳值均相差较远。从吸收角度，pH 值偏低使脱硫效率受限；从氧化角度，pH 值偏高使石膏品质受影响。

单塔双区技术主要理念是在不增加二级塔或者塔外浆池的情况下，通过在吸收塔浆池内设置分区隔离器和采用射流搅拌系统，将浆池分隔为上吸收区和下氧化区，使浆池的 pH 值分开，实现"双区"，氧化区保持低 pH 值，pH 值为 4.9～5.5，以便生成高纯石膏；吸收区保持高 pH 值，pH 值为 5.3～6.1，以促进高效脱除 $SO_2$。

单塔双区技术的核心在于设置分区隔离器以及采用射流搅拌系统。分区隔离器上部浆液为刚完成吸收反应后自由掉落的喷淋液，溶解有相当量的 $SO_2$，浆液呈较强酸性，浆液中 $SO_3^{2-}$ 可以在该区域内供氧管供氧情况下氧化生成 $SO_4^{2-}$，立即与溶液中大量存在的 $Ca^{2+}$ 结合生成 $CaSO_4$ 并与水结晶生成石膏；而在隔离器下部，为避免新加入的石灰石浆液对隔离器上部浆液 pH 造成影响，采用了射流搅拌系统，当液体从管道末端喷嘴中冲出时产生射流，依靠此射流作用搅拌起塔底固体物，防止沉淀发生。通过分区隔离器的设置和射流搅拌系统的辅助，实现浆池内上部低 pH 值的氧化结晶环境和下部高 pH 值的 $SO_2$ 吸收环境。单塔双区喷淋塔结构示意图如图 2-14 所示。

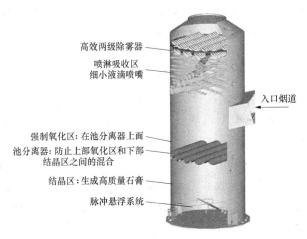

高效两级除雾器

喷淋吸收区
细小液滴喷嘴

入口烟道

强制氧化区：在池分离器上面

池分离器：防止上部氧化区和下部
结晶区之间的混合

结晶区：生成高质量石膏

脉冲悬浮系统

图 2-14　单塔双区喷淋塔结构示意图

### 93. pH 值分区技术是什么？

**答：** 设置 2 个喷淋塔或在 1 个喷淋塔内加装隔离体对脱硫浆液实施物理分区或依赖浆液自身特点（流动方向、密度等）形成自然分区，达到对浆液 pH 值的分区控制。部分脱硫浆液 pH 值维持在较低区间（4.5～5.3），以确保石灰石溶解和脱硫石膏品质；部分脱硫浆液 pH 值则提高至较高区间（5.8～6.4），提高对烟气中 $SO_2$ 的吸收效率。与此同时，优化脱硫浆液喷淋（喷淋密度、雾滴粒径等），不仅可以提高脱硫效率，对烟气中细微颗粒物的协同捕集也有增效作用，再配合脱硫塔内、外加装的高效除雾器或除尘除雾器，pH 值分区系统颗粒物协同脱除效率可达到 50%～70%。典型工艺包括单塔双 pH 值、双塔双 pH 值、单塔双区等。

### 94. 双区理论来源是什么？

**答：** 双区是对石灰石-石膏湿法脱硫过程中吸收区和氧化区的统称。吸收区完成对烟气中 $SO_2$ 的吸收，生成 $CaSO_3$ 或 $Ca(HSO_3)_2$；

而氧化区中则通过对 $SO_3^{2-}$ 或 $HSO_3^-$ 的氧化并最终结晶，生成 $CaSO_4 \cdot 2H_2O$(石膏)。

采用双区是由于吸收和氧化过程所需的不同浆液酸碱性而决定的。吸收区中需要浆液与 $SO_2$、HCl 等酸性气体充分反应，因此浆液 pH 值应较高（7~8）；氧化区中发生的氧化结晶反应需要较强的酸性环境，浆液 pH 值应较低（4~5）。

### 95. 单台双区技术是什么？

**答：**单台双区是对石灰石-石膏湿法脱硫过程中吸收区和氧化区的统称。吸收区完成对烟气中 $SO_2$ 的吸收；而氧化区则通过对 $SO_3^{2-}$ 或 $HSO_3^-$ 的氧化并最终结晶，生成 $CaSO_4 \cdot 2H_2O$（石膏）。

单台双区技术在吸收塔浆池部分布置有 pH 调节器和射流搅拌，通过两者的相互配合，使得浆液区 pH 调节器上部分 pH 值可维持在 4.9~5.5，而下部分 pH 值可维持在 5.1~6.3，这样不同的酸碱性形成的分区效果，就可实现"双区"的运行目的。

### 96. 单塔双区与单塔单区的区别是什么？

**答：**目前普遍采用的石灰石-石膏湿法脱硫装置均是单塔单区方式，主要特点是将早期的"塔＋罐"形式合并为单个塔，将原吸收塔和氧化罐浆液部分合并为塔下部的浆池，浆池内既要考虑碱性也要考虑酸性的要求；采用石灰石作为吸收剂，其基本呈中性或微弱碱性的特点，可以控制浆液在具有吸收能力的同时不至于呈强碱性，使得"单塔单区"能够实现。

但单塔单区存在着明显的问题为兼顾吸收和氧化的效果，浆液 pH 值只能采用 5~5.5 的折中值。这种结果虽能一定程度上兼顾酸碱度要求，但均离最佳值较远。从吸收角度而言，脱硫效率受限，更高脱硫效率难以实现；而从氧化角度来看，则是牺牲掉一部分石膏纯度和粒径，易产生石膏纯度低与脱水困难等问题。

单塔双区是在单塔单区的基础上，增加双区调节器和氧化空气管网，实现在单塔浆池中维持上下 2 种不同 pH 值环境的区域，分别满足氧化和吸收所需，即实现"单塔双区"。

### 97. 单塔双区结构是什么？

**答：**吸收塔浆池部分布置有 pH 调节器和搅拌，通过两者的相互配合，使得浆液区 pH 调节器上部分 pH 值可维持在 4.9～5.5，而下部分 pH 值可维持在 5.1～6.3，这样不同的酸碱性形成的分区效果，就可实现"双区"的运行目的。

根据 pH 值计算原理可知，较小的差值也代表浆液的酸碱性有明显差别，见表 2-3，其吸收能力最大可有 6 倍的提升。

表 2-3　　　　　　pH 差值与浆液酸碱性相差倍数关系

| pH 差值 | 浆液酸碱性相差倍数 |
| --- | --- |
| 0.3 | 2 |
| 0.4 | 2.5 |
| 0.5 | 3.2 |
| 0.6 | 4 |
| 0.7 | 5 |
| 0.8 | 6.3 |

运行中吸收塔浆池浆液的进出示意图如图 2-15 所示。

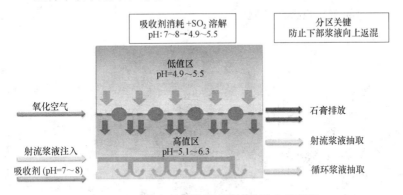

图 2-15　运行中吸收塔浆池浆液的进出示意图

### 98. 单塔双区吸收塔具有哪些优点？

**答：**单塔双区吸收塔具有以下优点：

（1）适合高含硫或高脱硫效率场合，可实现 99％以上的高脱硫效率。

（2）浆池 pH 分区，实现"双区"，其中：上部氧化区 pH 值为 4.9～5.5 生成高纯石膏，下部吸收区 pH 值为 5.1～6.3 高效脱除 $SO_2$。

（3）浆池小，停留时间可为 3min，循环浆液停留时间可降低。

（4）无任何塔外循环吸收装置。

（5）配套专有射流搅拌措施，塔内无转动搅拌设施，检修维护方便。

（6）吸收剂的利用率高、石膏纯度最高。

（7）烟气阻力小。

### 99. 单塔双区技术特点是什么？

**答：** 单塔双区技术在单塔内实现不同浆液 pH 值的分区，将 $SO_2$ 的吸收和氧化整合在一个塔内，如图 2-16 所示。烟气从吸收塔中部进入，从塔顶部离开，整个吸收塔共分为六个部分，从上至下依次为多级除雾器、多层喷淋层、提效环、双区调节器、氧化系统、射流搅拌系统。双区调节器处为 pH 值的分区线，氧化系统管道间布在双区调节器中。

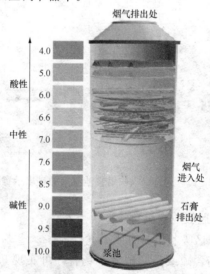

图 2-16　单塔双区示意图

吸收浆液从塔底进入，使得吸收塔底部的浆液 pH 值升高，并在循环泵的抽吸作用下，从塔顶喷淋而下，与烟气形成逆流。随着 $SO_2$ 吸收过程的进行，pH 值逐渐降低，并逐渐完成氧化过程，石膏浆液在双区调节器处被排出。

单塔双区技术中双区调节器、射流搅拌系统是形成双区的关键。一方面，随着循环浆液的抽取，浆池内液体缓慢向下流动，在流经调节器时减少了流通截面，形成文丘里效应，液体流速增大，对下方浆液的返混形成压制，维持上部低 pH 值环境；另一方面，由塔内管路系统和塔外射流泵组成的射流搅拌系统也为分区提供了保障。运行中，泵通过塔底部管路抽取底部浆液增压后，通过外部管路及末端喷嘴将浆液喷射而出，流体对底部形成的搅动，喷射高度仅达到喷嘴位置，进一步防止下部向上部的返混，维持下部高 pH 值环境。

单塔双区技术适合高含硫或高效率场合，且无任何塔外循环吸收装置，系统简单、节能、占地小。配套射流搅拌措施，弥补了传统单塔单区技术不便采用侧向搅拌的缺点，且故障率低，检修方便。塔内的提效环更可防止烟气在塔壁处"短路"，是高效脱硫的重要补充。

# 第五节 单塔双循环烟气脱硫技术工艺原理

**100. 单塔双循环脱硫技术是什么？**

**答：**单塔双循环塔的结构和单回路喷淋塔相似，不同在于吸收塔中循环回路分为下循环和上循环两个回路，采用双循环回路运行，两个回路中的反应在不同的 pH 值环境下进行。

下循环脱硫区：下循环由中和氧化池及下循环泵共同形成下循环脱硫系统，pH 控制在 $4.0 \sim 5.0$ 较低范围，有利于亚硫酸钙氧化、石灰石溶解，防止结垢和提高吸剂利用率。

上循环脱硫区：上循环由中和氧化池及上循环泵共同形成上循环脱硫系统，pH 控制在 $6.0$ 左右，可以高效地吸收 $SO_2$，提高脱硫效率。

在一个脱硫塔内形成相对独立的双循环脱硫系统，烟气脱硫由双循环脱硫系统共同完成。双循环脱硫系统相对独立运行，但又布置在一个脱硫塔内，保证了较高的脱硫效率，特别适合燃烧高硫煤和执行超低排放标准地区，脱硫效率可达到99%以上。

单塔双循环脱硫系统各配备1套FGD和AFT浆液塔（见图2-17），AFT浆液塔为上部循环提供浆液，上部循环喷淋浆液最终由设置在上、下循环之间的合金积液盘收集返回AFT塔。

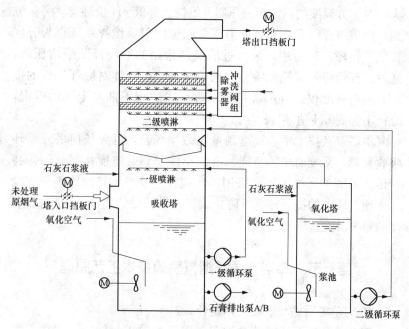

图2-17　单塔双循环脱硫技术流程示意图

单塔双循环脱硫系统最显著特点是可以实现上、下循环不同pH值。

### 101. 单台双循环技术原理是什么？

**答：** 吸收塔上、下两个循环回路由集液斗（锥型收集碗）分开。下循环回路由塔浆液池、一级循环泵、一级喷淋层等组成；上循环回路由集液斗、吸收塔供浆罐、二级循环泵、上喷淋层组成。两级循环分别设有独立的循环浆池、喷淋层，根据不同的功能，每级循环具有不同的运行参数。石灰石浆液一般单独引入上循环，但也可以同时引入上下两个循环。

（1）吸收塔下段（预洗段）。当烟气切向或垂直方向进入塔内时，烟气与下循环液接触，被冷却到饱和温度，同时部分吸收 $SO_2$。下循环浆液的一部分由上循环液补充，因此含有未反应的石灰石，脱硫时的化学反应如下：

$$SO_2 + CaCO_3 + \frac{1}{2}O_2 + 2H_2O = CaSO_4 - 2H_2O + CO_2$$

$$(2-48)$$

$$CaSO_3 \cdot \frac{1}{2}H_2O + \frac{1}{2}O_2 + \frac{3}{2}H_2O = CaSO_4 \cdot 2H_2O \qquad (2-49)$$

同时浆液发生如下反应，形成 pH 值在 $4.0 \sim 5.0$ 之间的缓冲液。

$$SO_2 + CaSO_3 \cdot \frac{1}{2}H_2O + \frac{1}{2}H_2O = Ca(HSO_3)_2 \quad (2-50)$$

（2）吸收塔上段（吸收段）。烟气在第一级中被石灰石循环浆液冷却，随后烟气进入上部吸收区。上循环浆液的 pH 值约为 6.0，该值有利于 $SO_2$ 的吸收，能保证达到较高的脱硫效率。在上循环中有缓冲反应：

$$SO_2 + 2CaCO_3 + \frac{3}{2}H_2O = Ca(HCO_3)_2 + CaSO_3 \cdot \frac{1}{2}H_2O$$

$$(2-51)$$

生成的碳酸氢钙具有良好的缓冲作用，保证了循环浆液的 pH 值在 $5.8 \sim 6.5$ 之间，具体数值取决于石灰石的活性。

### 102. 单塔双循环工艺布置方式是什么？

**答：** 吸收塔包括上回路、下回路两个吸收塔喷淋系统，每个回路系统有相对独立的喷淋层、浆液循环泵和浆液循环箱，两个浆液循环箱之间有连接管道连通；上回路浆液循环箱置于吸收塔外，下部管道连接上回路环浆液循环泵，并与吸收塔内部的上回路喷淋层连通，吸收塔中部的上回路浆液收集盘置于上回路喷淋层下方，并由底部管道与上回路浆液循环箱连通；下回路浆液循环箱置于吸收塔内的底部，下回路喷淋层置于上回路浆液收集盘下方。

### 103. 单塔双循环脱硫技术特点有哪些？

**答：**单塔双循环脱硫技术特点如下：

（1）两个循环过程的控制相互独立，避免参数之间的相互制约，可以使反应过程更加优化，以便快速适应煤种变化和负荷变化。

（2）高 pH 值的二级循环在较低的液气比和电耗条件下，可以保证很高的脱硫效率；低 pH 值的一级循环可以保证吸收剂的完全溶解以及很高的石膏品质，并大大提高氧化效率，降低氧化风机电耗。

（3）两级循环工艺延长了石灰石的停留时间，特别是在一级循环中 pH 值很低，实现颗粒的快速溶解，可以实现使用品质较差的石灰石并较大幅度地提高石灰石颗粒度，降低磨制系统电耗。

（4）由于吸收塔中间区域设置有烟气流场均流装置，较好地满足烟气流场，能够达到较高的脱硫效率和更好的除雾效果，减少粉尘的排放，从而减轻"石膏雨"的产生。

（5）克服单塔单循环技术液气比较高、浆池容积大，氧化风机压头高的缺点，也克服双塔串联工艺设备占地面积大、系统阻力大和投资高的缺点。

### 104. 单塔双循环技术典型工艺流程是什么？

**答：**单塔双循环湿法脱硫技术是在单循环湿法脱硫技术上发展而来的，单塔双循环脱硫技术典型流程图如图 2-18 所示。与传统的单循环技术不同，脱硫工艺设有两级循环，两级循环分别设有独立的循环浆池和喷淋层，根据不同的功能，两级循环采用不同的运行参数。

在脱硫塔内设置集液盘将脱硫区分隔为上、下循环脱硫区，下循环脱硫区、下循环中和氧化池及下循环泵共同形成下循环脱

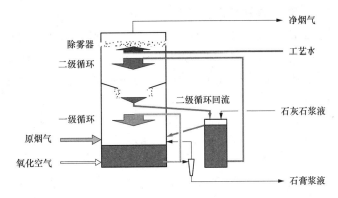

图 2-18 单塔双循环脱硫技术典型流程图

硫系统，上循环脱硫区、上循环中和氧化池及上循环泵共同形成上循环脱硫系统。下循环段 pH 值控制在 4.5 左右，浆液停留时间在 4~6min，完成预吸收及氧化亚硫酸钙过程，此级循环的主要功能是保证优异的亚硫酸钙氧化效果和充足的石膏结晶时间。根据相关资料显示，在酸性环境下 pH 值为 4.5 时，氧化效率是最高的，同时可以大大提高石膏品质，提高石膏脱水率；上循环段 pH 值控制在 6 左右（石灰石相对过量），实现二氧化硫高效吸收，此级循环实现主要的脱硫洗涤过程。这样在一个脱硫塔内形成相对独立的双循环脱硫系统，烟气的脱硫由双循环脱硫系统共同完成。

原烟气进入吸收塔，首先与吸收塔内喷淋的一级循环浆液（pH 值低，为 4.5~5.0）逆向接触，吸收烟气中 40%~75% 的 $SO_2$；烟气接着上升继续与来自 AFT 塔的二级喷淋浆液（pH 值高，可达 5.5~6.0）接触，吸收烟气中剩余部分的 $SO_2$。在吸收塔后部设有除雾器，除去出口净烟气中携带的雾珠和浆液液滴。吸收塔浆液循环泵为吸收塔提供大流量的循环浆液，保证气液两相充分接触，提高 $SO_2$ 的吸收效率。生成石膏的过程中采取强制氧化，利用氧化风机提供的氧将浆液中未完全氧化的 $HSO_3^-$ 和 $SO_3^{2-}$ 氧化成 $SO_4^{2-}$。在吸收塔浆池内设有搅拌器，以保证混合均匀，防止浆液沉淀。氧化后生成的石膏通过吸收塔排浆泵排出，进入后续的石膏脱水系统。

**105. 单塔双循环技术的优点是什么？**

答：单塔双循环技术优点：解决了低 pH 值有利于石灰石的溶解和 $CaSO_3 \cdot 1/2H_2O$ 氧化，却不利于吸收 $SO_2$；而高 pH 值有利于 $SO_2$ 的吸收，却降低了石灰石的溶解和亚硫酸钙的氧化这一矛盾的问题。在低 pH 值的一级循环中，由于强化了亚硫酸钙氧化为硫酸钙的过程，浆液停留时间可以大大缩短，同时有效降低氧化风机的出力和电耗；在高 pH 值的二级循环中，由于石灰石浆液是直接加入这一级循环中的，二级循环的 pH 值保持在很高的范围，可以大大降低液气比和循环浆液量，降低循环浆泵的出力和电耗。

正是由于双循环工艺上循环浆液中含有过量石灰石（约过量20％），系统缓冲容量大，通过缓冲作用，系统自动控制在一个稳定的最佳 pH 值范围内，不会随气流及负荷的变化而波动。

由于操作时 pH 值稳定，从而避免了 $CaSO_4$ 过饱和波动引起的结垢及堵塞，使该系统不需频繁调整控制进料，所有操作由一套相对简单的控制系统来完成。由于集液斗导流板设计，使得塔内气体经集液斗后整流，少了塔中常遇到的死角、涡流现象，提高了塔的空间利用率，提高了整体的脱硫效率。

此外，该工艺特别适合于燃烧高硫煤产生的烟气脱硫，当应用于低硫煤时，相同的脱硫效率下双循环比单循环技术省电约5％，而且采用单塔整体布置，还能减少占地，节约投资。

**106. 单塔双循环工艺是将喷淋空塔中的 $SO_2$ 吸收氧化过程划分成两个阶段，其作用什么？**

答：单塔双循环工艺是将喷淋空塔中的 $SO_2$ 吸收氧化过程划分成两个阶段，两个阶段各自形成一个回路循环。第一阶段起预吸收作用，去除粉尘、HCl 和 HF，部分去除 $SO_2$，使第二阶段不需面对 HCl，HF 和粉尘对吸收过程的有害效应。第一阶段回路中（下环），主要发生 $CaSO_3$ 氧化成 $CaSO_4 \cdot 2H_2O$ 的反应，最佳 pH 值控制在 4.5 左右；第二阶段实现 $SO_2$ 吸收，效率高，石灰石相对过量，可以应付负荷的变化，保证脱硫效率。第二阶段回路中（上环），主要发生 $CaCO_3$ 吸收 $SO_2$ 的反应，最佳 pH 值控制在 6

左右。石灰石浆液从上环循环泵打入吸收塔，吸收 $SO_2$ 后通过塔内收集槽又返回吸收段加料槽循环，吸收段加料槽中的浆液自流进入吸收塔反应塔，通过下环循环泵打入吸收塔对烟气进行预吸收，再进入反应槽循环。

### 107. 单台双循环 $SO_2$ 吸收系统包括哪些？

**答：**单台双循环 $SO_2$ 吸收系统包括：吸收塔、AFT 塔、吸收塔和 AFT 塔浆液循环泵及搅拌器、AFT 塔旋流泵、AFT 塔旋流子器、石膏浆液排出泵、除雾及冲洗水系统、氧化空气和浆液排空系统。

### 108. 集液斗（收集碗）的作用是什么？

**答：**吸收塔浆液收集碗是指位于一级吸收段上方、二级吸收段下方的浆液收集装置。

集液斗（收集碗）的作用是将来自 AFT 池的二级循环喷淋浆液收集后并输送回 AFT 中。

### 109. 单台双循环吸收塔一、二级循环的主要功能是什么？

**答：**吸收塔是单塔双循环工艺技术的核心设备，主要特点是在吸收塔内设有浆液收集托碗。一个吸收塔配置一个塔外浆池（AFT 浆池），烟气通过一个吸收塔实现二次 $SO_2$ 脱除过程，经过二级浆液循环。

（1）一级循环的主要功能是保证优异的亚硫酸钙氧化效果和石灰石的充分溶解，以及保证充足的石膏结晶时间。

（2）二级循环保证 $SO_2$ 最终的脱除效率，而不用追求亚硫酸钙的氧化和石灰石溶解的彻底性，同时也不用考虑石膏结晶大小问题。二级循环分别设有独立的循环浆池、喷淋层。

### 110. 单台双循环下循环有哪些特点？

**答：**单台双循环下循环有如下特点：

（1）在循环液 pH 值为 4.0～5.0 操作时，十分有利于浆液中亚硫酸钙的溶解、氧化及石膏的生成，也有利于提高石灰石的利用率。

（2）在冷却循环中，烟气中的 HCl 和 HF 几乎全被除去，因此在吸收塔的不同部位可采用不同的防腐材质，从而节省投资。

（3）吸收液中形成的亚硫酸钙是非常有效的缓冲液，其 pH 值不随烟气中的 $SO_2$ 浓度的波动而变化。

（4）在下循环塔段引入空气，氧化溶解的亚硫酸钙，形成高质量的商用石膏产品。

### 111. 双回路石灰石-石膏湿法烟气脱硫技术石灰石粒径选择是否可以放大一些？

**答：**对于采用双回路石灰石-石膏湿法烟气脱硫技术，下回路循环浆液 pH 值较低（4.5～5.3），有利于石灰石的溶解，因此进入吸收塔的石灰石粒径可放大至 200 目（74μm，90％通过）。

### 112. 双回路喷淋塔技术是什么？

**答：**设置两级浆液循环回路，两级循环回路分别设有独立的循环浆池和喷淋层，根据不同的功能，每一回路其有不同的运行参数。烟气首先经过下回路循环浆液洗涤，此级脱硫效率一般在 30％～70％，循环浆液 pH 值控制在 4.6～5.0，浆液停留时间约 5min，其主要功能是保证优异的亚硫酸钙氧化效果和石灰石颗粒的快速溶解。特别是对于高硫煤，可以降低氧化空气系数，从而降低氧化风机电耗，同时提高石膏品质。经过下回路循环浆液洗涤的烟气进入上回路循环浆液继续洗涤，此回路主要功能是保证高脱硫效率，由于不用侧重考虑石膏氧化结晶，pH 值可以控制在较高水平，达到 5.8～6.4，保证循环浆液的 $SO_2$ 吸收能力。

### 113. 双回路喷淋塔具有哪些特点？

**答：**双回路技术喷淋塔其有下列特点：

（1）系统浆液性质分开后，可以满足不同工艺阶段对不同浆液性质的要求，更加精细地控制工艺反应过程，适合用于高含硫量的机组或者对脱硫效率要求高的机组。

（2）两个循环过程的控制是独立的，避免了参数之间的相互制约，可以使反应过程更加优化，以便快速适应煤种变化和负荷变化。

（3）高 pH 值的上循环在较低的液气比和电耗条件下，脱硫效率可达 98% 以上。

（4）低 pH 值的下循环可以保证吸收剂的完全溶解以及石膏品质，并提高氧化空气利用率，降低氧化风机电耗。

（5）石灰石工艺中的流向为先进入上循环再进入下循环，两级工艺延长了石灰石的停留时间，在 pH 值较低的下循环浆液中完成颗粒的快速溶解，允许使用品质较差和粒径较大的石灰石颗粒，利于降低吸收剂制备系统电耗；在 pH 值较高的上循环中，较低的液气比和电耗条件下，保证较高的脱硫效率。

## 第六节　双塔双循环脱硫技术工艺原理

### 114. 双塔双循环脱硫技术原理是什么？

**答**：双塔双循环脱硫技术是在现有吸收塔前面或后面串联一座吸收塔，可以利旧原吸收塔为一级塔，新建二级串联塔；或原吸收塔作为二级塔，新建一级塔，如图 2-19 所示。

双塔双循环脱硫技术中两座吸收塔内脱硫过程均为独立的化学反应，假使一、二级塔运行脱硫效率分别为 90%、90%，则总脱硫效率即可达到 99%，可以实现极高的脱硫效率。同时，双塔双循环脱硫技术的效果并不局限于单纯的两座吸收塔的叠加，由于其可以实现彻底的 pH 值分级，一级吸收塔侧重氧化，控制 pH 值在 4.5～5.2 之间，便于石膏氧化结晶，二级吸收塔侧重吸收，控制 pH 值在 5.5～6.2 之间，便于 $SO_2$ 的深度处理，可以分别强化吸收和氧化结晶过程，从而取得更高的脱硫效率和石膏品质。

为防止一级塔烟气携带大量石膏沉积在一级塔和二级塔之间的烟道内，应在一级塔上部设置一级或二级除雾器。

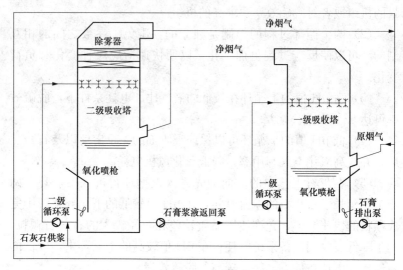

图 2-19　双塔双循环脱硫技术流程示意图

### 115. 双塔双循环脱硫技术特点有哪些?

**答:** 双塔双循环脱硫技术特点有:

(1) 脱硫效率。双塔双循环脱硫技术的运行机组脱硫效率达 99.47%, 实际运行效率要优于设计效率, 大部分烟气脱硫装置运行效率甚至在 99.5%以上。

(2) 系统阻力。双塔双循环系统新增吸收塔及烟道系统阻力一般增加 1200~1800Pa。实际运行阻力平均值为 2571Pa, 最大值为 3400Pa, 低于设计值, 相应风机电耗也大大降低。

(3) 氧化空气系统。一、二级塔均设置单独的氧化风机, 但从实际运行来看, 由于二级塔脱硫量较少, 氧化风量需求量不大, 大部分机组二级塔氧化风机间断性运行, 主要靠一级塔完成氧化过程。

按照 pH 值分级的理念, 二级塔运行时应以吸收过程为主, 运行时维持高 pH 值, 氧化风需求量不大, 在后续设计优化时二级塔可以不单设氧化风机, 仅设置氧化空气分配管, 氧化空气从一级塔氧化风机引接, 中间设置调节阀门, 从而降低亚硫酸钙生成并发生结垢的可能性。

（4）协同除尘。双塔双循环脱硫技术的协同除尘效果要明显好于单塔系统，但仍有优化空间，对于改造项目，考虑到新增吸收塔可以按照高效协同除尘一体化吸收塔设计，应优先考虑将新增吸收塔作为二级塔，吸收塔设计时开展数模与物模，确保吸收塔内流场合理，同时通过控制吸收塔内烟气流速（一般不超过3.5m/s）、选用高性能喷嘴确保喷淋层有足够的覆盖率（一般在300％以上）、选用高性能除雾器等手段，确保脱硫后直接实现烟尘超低排放。

### 116. 双塔串联技术特点是什么？

**答：**双塔串联技术是在双循环技术上的发展和延伸，该工艺采用两个吸收塔串联运行，烟气先经过一个预洗塔，与浆液逆流反应脱除部分 $SO_2$ 后，进入第二个吸收塔，两个塔之间形成烟气流程的串联结构，共同脱硫。

该工艺优点在于一、二级吸收塔脱硫效率分别为 90％ 时，总的脱硫效率就可以达到 99％；具有较低的液气比，较高的 $SO_2$ 脱除率，而且非常适用于高含硫煤和高脱硫效率的改造工程，能有效地利用原有脱硫装置，避免了重复建设和资源浪费，改造工作量少，改造期间不影响脱硫系统的正常运行。缺点是对场地的要求较高，不适用于原布置已紧凑的场地。

### 117. 双回路循环工艺将吸收塔循环浆液分为两个独立循环回路的目的是什么？

**答：**双回路循环工艺将吸收塔循环浆液分为两个独立循环回路，每个循环回路在不同 pH 值下运行。上段循环浆液的 pH 值较高，有利于二氧化硫的吸收，提高脱硫效率；下段循环浆液的 pH 值较低，有利于石灰石在浆液中的溶解以及亚硫酸钙的溶解。

两个循环回路保持各自独立的化学反应条件，既保证较高的脱硫效率，又保证石灰石的最大利用率以及石膏的质量。

## 第七节　海水烟气脱硫技术工艺原理

**118. 烟气海水脱硫技术是什么？**

**答：** 烟气海水脱硫技术是利用海水的碱性实现脱除烟气中二氧化硫的一种脱硫方法。燃煤烟气进入脱硫吸收塔内，在塔内被大量海水喷淋洗涤，烟气中的二氧化硫被海水吸收后脱除。脱硫后的海水按比例与天然海水掺混，再经中和、曝气等方式进行处理，恢复其水质达到或接近天然海水的水质后排放回大海，海水法脱硫没有副产物。

采用海水法脱硫工艺，标准状态、干基、实际含氧量下的原烟气二氧化硫含量不宜大于 $2000mg/m^3$，入口烟气含尘浓度不应大于 $30mg/m^3$。

**119. 海水脱硫技术原理是什么？**

**答：** 在吸收塔中，经过除尘处理的烟气与来自电厂开式冷却水系统的海水逆向充分接触混合，海水将烟气中的二氧化硫有效地吸收生成亚硫酸根离子；来自海水脱硫吸收塔的海水流入海水恢复系统，与来自凝汽器的其余海水混合并鼓入一定量的空气，使亚硫酸根离子氧化转变为硫酸根离子，同时使海水的 pH 值升高至排放标准以上，达到海水排放指标后排入大海，反应式见式（2-51）、式（2-52）。

$$SO_2(gas) + H_2O + O_2 \longrightarrow SO_4^{2-} + 2H^+ \quad (2\text{-}52)$$

$$HCO_3^- + H^+ \longrightarrow CO_2 + H_2O \quad (2\text{-}53)$$

**120. 海水脱硫工艺按是否添加其他化学物质作吸收剂可分为哪两类？**

**答：** 海水脱硫工艺按是否添加其他化学物质作吸收剂可分为以下两类：

（1）不添加任何化学物质，用纯海水作为吸收剂的工艺。

（2）在海水中添加一定量石灰以调节吸收液的碱度。

### 121. 海水脱硫吸收剂是什么？

**答**：海水法脱硫吸收剂为天然海水，一般为来自滨海火电机组凝汽器的循环冷却海水。

### 122. 天然海水是指什么？

**答**：天然海水是指没有经过人为干扰的海水。天然海水呈碱性，pH值为7.8～8.2，总碱度为1.8～2.0mmol/L。$SO_2$被海水吸收后，经曝气氧化，最终产物为可溶性硫酸盐，而硫酸盐本来就是海水的主要成分之一。脱硫用海水的pH值、碱度、温度等指标偏离正常值会引起脱硫水量的增加。

### 123. 天然海水为什么能够作为吸收剂进行脱硫？

**答**：海水法脱硫的吸收剂为天然海水，是海水具有弱碱性，含有大量的碳酸根和碳酸氢根，具有较强吸收二氧化硫的能力和酸碱缓冲能力。

### 124. 海水脱硫工艺流程是什么？

**答**：海水法烟气脱硫装置由海水供应系统、烟气系统、二氧化硫吸收系统和海水恢复系统等组成。

其典型的海水法烟气脱硫工艺流程如图2-20所示。

（1）锅炉烟气经脱硫增压风机（若有）升压、经烟气换热器（若有）降温后进入吸收塔，经海水洗涤脱硫后的烟气经吸收塔顶部设置的除雾器除去携带的小液滴后再经烟气换热器（若有）升温，最后从烟囱排放。

（2）吸收塔脱硫排水流入海水恢复系统曝气池，经与来自机组凝汽器出口的海水掺混、中和、曝气等方式处理，恢复水质后达标排海。

（3）海水脱硫装置的海水总需求量包括供给吸收塔和曝气池的海水量。

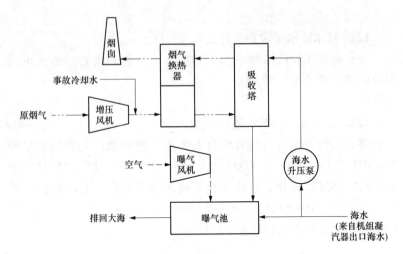

图 2-20　典型海水法烟气脱硫工艺流程示意图

### 125. 海水脱硫 SO₂ 吸收系统是什么？

**答**：海水脱硫 $SO_2$ 吸收系统是新鲜海水自吸收塔上部喷入，烟气自塔底向上与海水进行逆流接触，烟气中的 $SO_2$ 迅速被海水吸收。洗涤烟气后的酸性海水在吸收塔底收集并排出塔外。

### 126. 海水脱硫工艺排水是指什么？

**答**：海水脱硫工艺排水是指海水脱硫系统在运行中排出的符合当地功能区海水水质标准的排水。

### 127. 海水供排水系统是什么？

**答**：脱硫用海水取自凝汽器出口的虹吸井，海水经升压泵送至吸收塔顶部用于洗涤烟气，剩余海水自流至曝气池，与脱硫洗涤排水混合，水质恢复后排入大海。

### 128. 海水供应系统是什么？

**答**：海水供应系统是为海水脱硫吸收塔提供脱硫用海水的系统，包括海水升压泵、海水升压泵进出口阀门和供水管道等。

脱硫用海水一般取自主机组开式冷却水系统，取水点可以为虹吸井或循环水排水渠，具体位置根据全厂布置情况综合确定。海水升压泵从虹吸井或循环水渠吸取海水，升压后送至吸收塔洗涤烟气中的 $SO_2$，洗涤烟气后的酸性海水，从吸收塔底部靠重力流至海水恢复系统的曝气池。从海水升压泵到吸收塔的供水管以及从吸收塔到曝气池的排水管的管道材质通常采用加强型玻璃钢管（FRP）。

### 129. 海水恢复系统是什么？

**答：** 吸收塔排出的酸性海水与来自虹吸井的碱性原海水混合后进入曝气池，同时鼓入空气，提高海水中的溶解氧、pH 值，将易分解的亚硫酸盐氧化成稳定的硫酸盐，处理后的海水达到当地海域功能区海水水质标准后排入大海。

将脱硫后的海水经中和、曝气等方法使最终排放的海水水质恢复到满足相关水质要求的系统。一般包括曝气池、曝气风机和曝气器等。

### 130. 虹吸井是什么？

**答：** 虹吸井是采用开式冷却水的汽轮机凝汽器维持凝汽器真空稳定的溢流堰，以降低开式循环水系统的几何供水高程。当采用海水冷却时，去脱硫吸收塔的海水通常取自虹吸井下游。

### 131. 烟气事故冷却系统是什么？

**答：** 锅炉烟气温度在事故工况下超过脱硫装置入口设计烟气温度时，为保护脱硫系统设备及防腐材料的安全运行而设置的烟气紧急冷却设备和系统。

### 132. 烟气事故冷却系统设计原则是什么？

**答：** 烟气事故冷却系统设计原则是：

（1）烟气事故冷却系统的水源选择应结合所需冷却水流量和水源供给能力来确定，一般宜采用电厂工业水。

（2）烟气事故冷却水应经喷嘴充分雾化后喷入烟道。

（3）烟气事故冷却系统的冷却水喷淋位置应设置在增压风机或引风机（无增压风机时）与烟气换热器或吸收塔（无烟气换热器时）之间的烟道上，并留有确保雾化冷却水被烟气蒸干所需时间对应的烟道长度。

（4）烟气事故冷却系统设置冷却水缓冲水箱。缓冲水箱的安装高度应满足喷嘴喷淋雾化对压头的要求，水箱容积应至少满足2～5min的消耗水量。缓冲水箱应配有补水泵等补水措施，补水泵应使用可靠电源。

（5）当补水水源可靠且水源压力满足喷嘴使用压力时，也可由补水水源直接供水。

（6）若使用供水泵直接供水，其泵的扬程应满足喷嘴使用压力的要求。供水泵应使用可靠电源。

### 133. 海水脱硫装置发挥的功能是什么？

**答**：海水脱硫装置发挥的功能为：截断工业排放的硫回到大海之前进入大气、湖泊、河流并造成污染和破坏的渠道；同时将硫（$SO_2$）以硫酸盐的形式不经过大气、淡水湖、河流和土壤而直接进入大海。

### 134. 脱硫后的海水为什么不能直接排入大海？

**答**：吸收二氧化硫后的海水含有较多的亚硫酸根离子，化学需氧量（COD）增高，溶解氧（DO）降低，不能直接排入海水中。因此，需要将脱硫后的海水与天然海水在曝气池混合，并通入大量的空气进行曝气，经曝气处理后的外排海水水质应符合海洋环境影响评价文件关于排放海域功能区划分的要求，并应符合《海水水质标准》（GB 3097—1997）的有关规定。

吸收塔出口海水在曝气前应采用天然海水将pH值调节到5以上。

### 135. 曝气池是指什么？

**答**：曝气池利用中和、曝气等方法对脱硫后的海水进行水质恢复处理的建构筑物。

曝气池出口应设有 pH 值、溶解氧值（DO）和温度的在线监测仪表，化学需氧量（COD）测量可设置手动取样点人工分析。

### 136. 曝气风机是指什么？

**答：**曝气风机是指输送曝气池氧化所用空气的装置。

### 137. 稀释比是指什么？

**答：**稀释比是指用于稀释的新鲜海水与来自脱硫吸收塔的海水的比率。

### 138. 曝气时间是指什么？

**答：**曝气时间是指来自脱硫吸收塔的海水在曝气池中的平均停留时间。

### 139. 脱硫后海水曝气包括哪些内容？

**答：**脱硫后海水曝气包括下列内容：

（1）将亚硫酸根氧化为硫酸根。

（2）脱出溶解在海水中的二氧化碳，提高海水的 pH 值，pH 值不应小于 6.8。

（3）降低海水中的化学需氧量（COD）。

（4）提高海水中的溶解氧值（DO）。

### 140. 海水法脱硫吸收塔主要有哪两种形式？

**答：**海水法脱硫吸收塔主要有填料塔、喷淋空塔等形式，气液接触采用逆流方式。

（1）采用填料塔时，吸收塔内一般包括海水分配器、填料、除雾器等设备或组件。来自海水升压泵的海水进入海水分配器，通过海水分配器在吸收塔截面上均匀地流经填料层；未处理烟气则由塔下部进入，逆流向上通过填料层，在填料层中与海水进行充分接触，脱除 $SO_2$。一般采用母管制供水系统，具有较高的气液接触面积，气液间的传质效率高，在保证脱硫效率的前提下，可降低吸收塔的高度和减少喷淋量，降低海水升压泵的流量和扬程，有利于降低投资、降低能耗。

（2）采用喷淋塔时，来自海水升压泵的海水通过雾化喷嘴形成吸收液膜或雾化液滴，与逆流向上流动的烟气充分混合接触，吸收 $SO_2$。有的技术为提高烟气分布均匀性，强化气液接触，在塔内设置一层或多层筛板。一般采用单元制供水系统，为达到要求的脱硫效率，塔内至少设置三层喷淋层，这样吸收塔的高度、海水升压泵的流量和扬程都要增加，投资和运行费用相对较高。

### 141. 海水升压泵是指什么？

**答：**海水升压泵是指为海水脱硫吸收塔提供脱硫用海水的升压装置，以克服管道和设备阻力。

### 142. 海水升压泵选择应符合哪些规定？

**答：**海水升压泵选择应符合下列规定：

（1）海水升压泵数量应按吸收塔形式、数量等确定。采用填料塔时，海水升压泵应设备用泵；采用喷淋空塔时，海水升压泵可不设备用泵。

（2）海水升压泵取水前池入口应设置过滤网。

（3）海水升压泵出口处应设防水锤措施。

（4）海水升压泵过流部件材质应耐海水腐蚀。

### 143. 海水脱硫自控及在线监测包括哪些？

**答：**海水脱硫自控及在线监测应包括海水供应、烟气输送、二氧化硫吸收、海水恢复。

在线检测包括下列内容：

（1）吸收塔进出口烟气流量、温度、压力。

（2）吸收塔进出口烟气二氧化硫浓度、氧气浓度、颗粒物含量。

（3）吸收塔海水液位。

（4）吸收塔海水 pH 值。

（5）吸收塔入口海水流量。

（6）吸收塔压差。

（7）烟气加热器压差。

（8）曝气池出口 pH 值、溶解氧值（DO）、温度。

（9）增压风机进出口压力。

（10）除雾器、烟气换热器压力降。

（11）COD 人工取样点。

## 144. 海水脱硫联锁、控制、报警应包括哪些内容？

答：海水脱硫联锁、控制、报警应包括下列内容：

（1）原烟气温度与急冷水系统联锁、控制、报警。

（2）旁路挡板门开启与烟气负荷变化及脱硫装置故障联锁。

（3）吸收塔液位报警。

（4）海水升压泵切换联锁、泵工作参数监测及报警。

（5）曝气风机切换联锁、风机工作参数监测及报警。

## 145. 海水脱硫主要性能及经济指标有哪些？

答：海水脱硫主要性能及经济指标如下：

（1）脱硫效率和 $SO_2$ 排放量。

（2）脱硫装置出口净烟气 $SO_2$、烟尘浓度。

（3）脱硫装置出口净烟气温度。

（4）除雾器后液滴的含量。

（5）脱硫工艺排放海水 pH 值、溶解氧值（DO）、化学需氧量（COD）增量、$SO_3^{2-}$ 转化率。

（6）脱硫装置主要设备噪声及其对厂界噪声环境的影响。

（7）电能消耗。

## 146. 海水脱硫装置的管理和运行人员培训及运行记录与其他脱硫主要不同点是什么？

答：海水脱硫装置的管理和运行人员培训主要不同点是掌握

选择最佳的运行方式，控制和调节脱硫效率、排放海水的 pH 值、排放海水溶解氧值（DO），以及保持设备良好运行的条件。

运行记录不同点：需要增加排放海水 pH 值、排放海水温度、排放海水溶解氧值等。

## 第八节　氨法烟气脱硫技术工艺原理

### 147. 氨法烟气脱硫是指什么？

答：以氨基物质作吸收剂，脱除烟气中的 $SO_2$ 并回收副产物（如硫酸铵等）的湿式烟气脱硫工艺，简称氨法。

### 148. 氨法脱硫技术是什么？

答：氨法脱硫技术是溶解于水中的氨与烟气中的 $SO_2$ 发生反应，最终副产品为硫酸铵。

### 149. 氨法脱硫技术特点及适用性是什么？

答：（1）技术特点。氨水碱性强于石灰石浆液，可在较小的液气比条件下实现 95％以上的脱硫效率。采用空塔喷淋技术，系统运行能耗低，且不易结垢。该技术要求入口烟气含尘量小于 $35mg/m^3$。副产品硫酸铵作为化肥原料，可实现资源回收利用。

（2）技术适用性。氨法脱硫对煤中硫含量的适应性广，适用于电厂周围 200km 范围内有稳定氨源，且电厂周围没有学校、医院、居民密集区等环境敏感目标的 300MW 级及以下的燃煤机组。

### 150. 氨法脱硫工艺特点是什么？

答：氨法脱硫工艺特点：

（1）适用范围广，不受燃煤含硫量、锅炉容量的限制。

（2）脱硫效率很高，很容易达到 95％以上。脱硫后的烟气不但二氧化硫浓度很低，而且烟气含尘量也大大减少。

（3）吸收剂易采购，可有液氨、氨水、碳铵三种形式。

（4）氨法脱硫装置对机组负荷变化有较强的适应性，能适应快速启动、冷态启动、温态启动、热态启动等方式；适应机组负荷 35%～100%额定负荷 BMCR 状态下运行。

（5）工艺设备可靠、使用寿命长。

（6）氨是良好的碱性吸收剂，吸收剂利用率很高。

（7）液气比低，转动设备运行功率低。

（8）环境效益好。

（9）亚硫酸铵氧化率高，硫酸铵产品回收率高且品质纯。

（10）烟气脱硫系统阻力较小，运行成本低。

（11）烟气脱硫及硫酸铵回收效率高。

### 151. 氨法脱硫污染物排放与能耗是什么？

**答**：氨法脱硫效率为 95.0%～99.7%，入口烟气浓度小于 $12000mg/m^3$ 时，可实现达标排放；入口浓度小于 $10000mg/m^3$ 时，可实现超低排放。能耗主要为循环泵、风机等电耗，可占对应机组发电量的 0.4%～1.3%。

### 152. 氨法脱硫存在的主要问题是什么？

**答**：液氨、氨水属于危险化学品，其装卸、运输与贮存须严格遵守相关的管理与技术规定。当燃煤、工艺水中氯、氟等杂质偏高时会导致杂质在脱硫吸收液中逐渐富集，影响硫酸铵结晶形态和脱水效率，因此浆液需定期处理，不得外排。脱硫过程中容易产生氨逃逸（包括硫酸铵、硫酸氢铵等），需要严格控制。副产品硫酸铵具有腐蚀性，吸收塔及下游设备应选用耐腐蚀材料。

### 153. 氨法烟气脱硫工程主要应用领域包括哪些？

**答**：氨法烟气脱硫工程主要应用领域包括：发电锅炉，工业锅炉以及烧结及球团、焦化、有色冶炼、电解铝、碳素等窑炉。

### 154. 氨法脱硫技术发展与应用是什么？

**答**：氨法脱硫技术目前主要采用多段复合型吸收塔氨法脱硫工艺，对煤种适应性好，在低、中、高含硫烟气治理上的脱硫效率达99％以上。

氨法脱硫技术主要用于工业企业的自备电厂，最大单塔氨法脱硫烟气量与300MW燃煤发电机组烟气量相当。

### 155. 氨法脱硫主要工艺参数及效果是什么？

答：氨法脱硫主要工艺参数及效果见表2-4。

表2-4　　　　　　　氨法脱硫主要工艺参数及效果

| 序号 | 项目 | 单位 | 工艺参数及效果 | |
|---|---|---|---|---|
| 1 | 入口烟气温度 | ℃ | ≤140(100～120较好) | |
| 2 | 吸收塔运行温度 | ℃ | 50～60 | |
| 3 | 空塔烟气流速 | m/s | 3～3.5 | |
| 4 | 喷淋层数 | — | 3～6 | |
| 5 | 浆液pH值 | — | 4.5～6.5 | |
| 6 | 出口逃逸氨 | $mg/m^3$ | ＜2 | |
| 7 | 系统阻力损失 | Pa | ＜1800 | |
| 8 | 硫酸铵的氮含量 | ％ | ＞20.5 | |
| 9 | 脱硫效率 | ％ | 95.0～99.7 | |
| 10 | 入口烟气$SO_2$浓度 | $mg/m^3$ | ≤12000 | ≤10000 |
| 11 | 出口烟气$SO_2$浓度 | — | 达标排放 | 超低排放 |
| 12 | 入口烟气烟尘浓度 | $mg/m^3$ | ＜35 | |
| 13 | 出口颗粒物浓度 | — | 达标排放或超低排放 | |

### 156. 氨法脱硫技术工艺原理是什么？

答：（1）氨法脱硫技术工艺原理以水溶液中的$SO_2$和$NH_3$的反应为基础：

吸收：$$SO_2 + H_2O + xNH_3 = (NH_4)_xH_2 - xSO_3 \qquad (2\text{-}54)$$

（2）得到亚硫酸铵中间产品，亚硫铵再被压缩空气氧化成硫酸铵：

氧化：$$(NH_4)_xH_2 - xSO_3 + 1/2O_2 + (2-x)NH_3 = (NH_4)_2SO_4$$

$$(2\text{-}55)$$

76

同时利用烟气的热量浓缩结晶生产硫铵。

### 157. 氨法脱硫工艺中的化学步骤是什么?

**答:** 氨法脱硫工艺中的化学步骤是:

(1) 烟气中 $SO_2$ 溶解于水形成 $H_2SO_3$。

(2) 氨吸收剂溶解于水形成 $NH_3 \cdot H_2O$。

(3) 溶解于水形成的 $NH_3 \cdot H_2O$ 与溶解于水形成的 $H_2SO_3$ 进行化学反应形成 $(NH_4)_2SO_3$。

(4) 形成的 $(NH_4)_2SO_3$ 在氧化空气的作用下氧化形成 $(NH_4)_2SO_4$。

### 158. 氨法脱硫技术过程化学反应式是什么?

**答:** 氨法脱硫过程的总化学反应式可以综合表示为:

$$SO_2 + H_2O + xNH_3 \Longrightarrow (NH_4)_xH_2 - xSO_3 \qquad (2\text{-}56)$$

$$(NH_4)_xH_2 - xSO_3 + 1/2O_2 + (2-x)NH_3 \Longrightarrow (NH_4)_2SO_4$$
$$(2\text{-}57)$$

虽然该综合反应式中列出主要反应物和生成物,但整个反应过程非常复杂,可以通过以下的一系列反应过程表示:

(1) 脱硫塔中 $SO_2$ 的吸收。烟气中的二氧化硫($SO_2$)溶于水并生成亚硫酸。

$$SO_2 + H_2O \longrightarrow H_2SO_3 \qquad (2\text{-}58)$$

(2) 亚硫酸同溶于水中的硫酸铵和亚硫酸铵起反应。

$$H_2SO_3 + (NH_4)_2SO_4 \longrightarrow NH_4HSO_4 + NH_4HSO_3$$
$$(2\text{-}59)$$

$$H_2SO_3 + (NH_4)_2SO_3 \longrightarrow 2NH_4HSO_3 \qquad (2\text{-}60)$$

(3) 吸收剂氨的溶解

$$NH_3 + H_2O \longrightarrow NH_4OH \longrightarrow NH_4^+ + OH^- \qquad (2\text{-}61)$$

由于反应(2-61)的进行,可以不断地提供中和用的碱度及反应用的铵离子。氨同溶于水中的亚硫酸、硫酸氢铵和亚硫酸氢铵起反应。

(4) 中和吸收的 $SO_2$。$SO_2$ 极易与碱性物质发生化学反应,形成亚硫酸盐。碱过剩时生成正盐；$SO_2$ 过剩时形成酸式盐。

$$SO_2 + NH_4OH \longrightarrow NH_4HSO_3 \qquad (2\text{-}62)$$

$$SO_2 + 2NH_4OH \longrightarrow (NH_4)_2SO_3 + H_2O \qquad (2\text{-}63)$$

由于反应（2-61）、式（2-62）的进行，可以使更多 $SO_2$ 可被吸收。

（5）吸收得到的（亚）硫酸铵氧化成硫酸（氢）铵。亚硫酸盐不稳定，可被烟气及氧化空气中的氧气氧化成稳定的硫酸盐。

$$2NH_4HSO_3 + O_2 \longrightarrow 2NH_4HSO_4 \qquad (2\text{-}64)$$

$$2(NH_4)_2SO_3 + O_2 \longrightarrow 2(NH_4)_2SO_4 \qquad (2\text{-}65)$$

（6）硫酸铵溶液浓缩后结晶析出硫酸铵固体

$$\text{硫酸铵} + \text{水} \longrightarrow \text{硫酸铵固体} + \text{水蒸气} \qquad (2\text{-}66)$$

### 159. 氨法脱硫技术脱硝功能原理是什么？

**答：** 氨法脱硫在脱除二氧化硫的同时，对氮氧化物也有一定的脱除效果，其反应原理如下：

烟气中氮氧化物（$NO_x$）主要以 NO（占 $NO_x$ 的 90%）形式存在，其次是 $NO_2$、$N_2O_5$ 等。在一定温度下，NO 在空气中部分氧化成 $NO_2$，建立如下平衡：

$$NO + 1/2O_2 \Longrightarrow NO_2 \qquad (2\text{-}67)$$

在一定温度的水溶液中，亚硫酸铵 $(NH_4)_2SO_3$ 与水中溶解的 $NO_2$ 反应生成 $(NH_4)_2SO_4$ 与 $N_2$，建立如下平衡：

$$2(NH_4)_2SO_3 + NO_2 \Longrightarrow 2(NH_4)_2SO_4 + 1/2N_2 \uparrow \qquad (2\text{-}68)$$

亚硫酸铵 $(NH_4)_2SO_3$ 与水中溶解的 NO 反应生成 $(NH_4)_2SO_4$ 与 $N_2$，建立如下平衡：

$$(NH_4)_2SO_3 + NO \Longrightarrow (NH_4)_2SO_4 + 1/2N_2 \uparrow \qquad (2\text{-}69)$$

亚硫酸氢铵 $NH_4HSO_3$ 与水中溶解的 $NO_2$ 反应生成 $NH_4HSO_4$ 与 $N_2$，建立如下平衡：

$$4NH_4HSO_3 + 2NO_2 \longrightarrow 4NH_4HSO_4 + N_2 \uparrow \qquad (2\text{-}70)$$

### 160. 氨法脱硫工艺按照硫酸铵结晶工艺分为哪两种？

**答：** 氨法脱硫工艺按照硫酸铵结晶工艺分为塔内饱和结晶工

艺及塔外蒸发结晶工艺两种。

（1）塔内饱和结晶工艺。吸收塔内利用进口烟气的热量，使副产物溶液达到饱和并析出晶体的过程，简称塔内结晶。

首先原烟气在吸收塔与循环浆液接触，烟气中的二氧化硫被脱除，脱硫后的烟气为含饱和水蒸气的湿烟气，烟气经除雾器除去雾滴后通过烟囱排放；脱硫剂与烟气中二氧化硫反应的生成物在吸收塔氧化池被空气强制氧化成硫酸铵；循环浆液在与原烟气接触过程中水被蒸发，在喷淋过程中形成硫酸铵结晶；部分排出吸收塔的含硫酸铵结晶的循环浆液经旋流器一级分离、离心机二级分离后产出湿的硫酸铵；湿硫酸铵经过干燥、包装得到成品硫酸铵。

塔内饱和结晶工艺结晶过程在吸收塔内完成，烟气中的颗粒物或其他杂质容易导致结晶困难甚至不结晶，从而影响系统正常运行。颗粒物含量较高时，还会导致硫酸铵副产物颜色偏灰或杂质含量超标。

（2）塔外蒸发结晶工艺。吸收塔外利用蒸汽等热源，将副产物溶液进行蒸发并析出结晶的过程，简称塔外结晶。

原烟气经增压风机增压后进入浓缩降温塔，原烟气与脱硫塔排出的硫酸铵溶液在浓缩降温塔发生热量交换，吸收液中的部分水分蒸发达到初步浓缩硫酸铵溶液的目的；降温后的烟气进入吸收塔并与循环浆液接触，烟气中的二氧化硫被脱除，脱硫后烟气经过除雾器除去雾滴后通过烟囱排放；脱硫剂由补氨泵补充到吸收塔浆池内，循环浆液与烟气中二氧化硫反应的产物在吸收塔氧化池内被空气强制氧化成硫酸铵；排出脱硫的硫酸铵溶液经过浓缩降温塔初步浓缩后，再经过蒸发器、结晶器，部分水分蒸发后形成含硫酸铵结晶的浓硫酸铵浆液；浓硫酸铵浆液经过旋流器、离心机固液分离后产出湿的硫酸铵，湿硫酸铵再经干燥、包装后得到成品硫酸铵。

塔外蒸发结晶工艺结晶过程在吸收塔外完成，烟气中的颗粒物或其他杂质在浓缩降温塔中通过预洗涤净化，通过固液分离设备，将固体颗粒物及其他杂质排出系统，达到避免结晶困难、提高硫酸铵副产物品质的目的。因此，当对硫酸铵品质有较高要求时，宜选用塔外结晶工艺。

### 161. 氨法脱硫塔内饱和结晶有什么特点？

**答：**氨法脱硫塔内饱和结晶特点是：

（1）利用烟气的热量进行浓缩结晶，不需消耗额外的蒸汽，每吨产品比蒸发结晶工艺可节省蒸汽1.1t（硫铵溶液按40%计）。

（2）硫铵系统的操作温度50～60℃，可降低物料对系统的腐蚀。只有操作温度低时，才可采用耐腐性能优越的非金属材料（如PP、FRP等）来大幅度提高设备使用寿命。

（3）饱和结晶工艺的液气比至少是蒸发结晶工艺的2～3倍，脱硫塔循环泵的流量较大，随着脱硫塔内的硫酸铵浆液的浓度提高，硫酸铵晶体含量增加，导致脱硫塔循环泵的功率较高。

（4）工艺流程短，运行维护相对简单，但塔内溶液浓度高，有结晶，易堵塞喷头。

（5）缺点：由于循环的硫酸铵浆液处于饱和状态，硫铵溶液浓度高，在循环喷淋的过程中，形成气溶胶，形成氨逃逸。烟气带走的硫酸铵会增多；硫铵溶液浓度高堵塞喷嘴；塔内结晶容易造成多重结晶、群晶，各种结晶都会形成，容易造成喷嘴和除雾器堵塞；当喷嘴和除雾器堵塞时，造成冲洗水越大，水平衡容易失衡。

### 162. 氨法脱硫塔外蒸发结晶有什么特点？

**答：**氨法脱硫塔外蒸发结晶特点是：

（1）脱硫工序可靠性增加：脱硫循环系统溶液为接近饱和溶液，无结晶，脱硫塔及吸收液循环系统的磨损减小，提高了脱硫部分的可靠性。

（2）硫铵产品外观较好：蒸发结晶的产品粒径达0.2mm左右，比饱和结晶颗粒（0.05～0.15mm）大，产品颗粒感较强，外观好，有利于销售。

（3）与塔内饱和结晶相比，投资和运行费用较高、蒸汽消耗较高、操作较复杂。

### 163. 结晶原理是什么？

**答**：结晶过程由几个阶段组成，包括过饱和溶液或过冷熔体的形成、晶核的出现、晶体成长和再结晶。

结晶的过程中，首先要产生称为晶核的微观晶粒作为结晶的核心，其次是晶粒长大成为宏观的晶粒。无论是晶核能够产生或使之能够长大，都必须有一个浓度差作为推动力，这种浓度差称为溶液的过饱和度。产生晶核的过程称为成核过程，晶核长大的过程称为晶体成长过程。由于溶液中加入其他物质的质点或过饱和本身所析出的新固相质点，就是"成核"；此后，原子或分子在这个最初形成的微小晶核上一层又一层覆盖直到一定的晶粒大小，这个过程叫"生长"。在结晶过程中，每一粒晶体必然是一粒晶核生长而成。在一定体积的晶浆中，晶核生成量越少，结晶产品就会长得越大；反之，若晶核生成量越大，溶液中有限的溶质将分别生长到过多的晶核表面上，结晶产品的粒度就会越小。

### 164. 蒸发速度对硫铵结晶有什么影响？

**答**：蒸发速度越快，越不利于得到较大的晶体颗粒，故在可能的条件下，应适当控制蒸发速度；在蒸发器蒸发条件下，应不使加热温度超出蒸发温度过多，或不使一次循环升温过高，以致在分离器内剧烈蒸发突然形成过多晶核。以上措施均有利于得到较大的晶体。

### 165. 溶液氯离子含量对结晶有什么影响？

**答**：实验发现，氯离子浓度越高，结晶速度越快，所得晶体越多，晶粒越小。证明在实际生产中若氯离子含量不断富集，会对结晶有较大影响。

### 166. 煤灰对硫铵结晶有什么影响？

**答**：通过实验发现，在完全无机械杂质和杂质较少的情况下，溶液易出现一开始无法成核，过饱和度过大，导致爆发成核的情况，所得晶粒均十分细碎；而灰分过大时，所得晶浆很黏稠，状态仿佛污泥；而在原液和添加0.3%（质量）粉煤灰的烧杯中所得晶体相对较大。

### 167. 硫铵溶液pH值对结晶有什么影响？

**答：**通过实验发现，在pH值为5~6条件下，结晶颗粒最大。在强酸性条件下，晶粒最为细碎。实验中发现，在常压、敞口、蒸发条件下，除pH值为2.0的一组样品，其他样品的最终pH值均降至3.0~3.5之间，可能是高温、敞口条件下，导致硫酸铵部分分解，且引起氨挥发所致。

### 168. 细晶消除效果对硫铵结晶颗粒有什么影响？

**答：**细晶消除作为结晶过程控制的一种重要的控制方法，不仅能够使不同粒度范围内的晶体在结晶器内具有不同的停留时间，也使结晶器内晶体与母液的停留时间不同，从而达到控制产品粒度分布和晶浆浓度的目的。

在连续操作的结晶器中，每一粒晶体产品是由一粒晶核生长而成，在一定的晶浆体积中，晶核生成量越少，产品晶体就会越大；反之，如果晶核生成量过大，溶液中有限的溶质分别沉积在过多的晶核表面上，产品晶体粒度必然偏小。在实际生产过程中，成核速率不易控制，极易生成过多的晶核数目，因此必须把过多的晶核消除，从晶浆中除去不需要的原细微晶体，以控制粒数密度，产生较粗的晶体产品。

### 169. 二次成核对硫铵结晶颗粒有什么影响？

**答：**在工业结晶中，由于存在着大量的晶体，受宏观晶体的影响而形成晶核的现象称为二次成核，这也是晶核形成的一种方式。二次成核的主要机理有两种，即流体剪应力成核和碰撞成核。当过饱和溶液以较大的流速流过正在生长的晶体表面时，在流体界面层中存在的剪应力能将一些附着在晶体表面的粒子扫落而形成新的晶核，成为流体剪应力成核；碰撞成核是晶体与外部物体碰撞时产生的大量碎片，其中大于临界尺寸的即成为新的晶核。碰撞成核在工业生产中普遍存在，在工业结晶器中碰撞成核有 4 种方式：

（1）晶体与搅拌器之间的碰撞。

（2）在湍流运动的作用下晶体与结晶器表面之间的碰撞。

（3）湍流运动中造成晶体与晶体间的碰撞。

（4）由于沉降速度不同造成的晶体与晶体之间的碰撞。

其中第一项占首要地位，因此生产中搅拌器的速度应该根据生产负荷做适当调整，既能保证搅拌的效果，又能尽量减少二次成核的数量，达到控制晶体粒度的目的。

### 170. 硫铵母液晶比（固含量）对结晶有什么影响？

**答**：晶比的大小直接影响结晶的粒度。晶比过大时由于摩擦碰撞机会增多，大颗粒结晶被破碎，使二次成核量增大，晶体成长速率减慢，晶体粒度减小，并使母液搅拌阻力增加，导致搅拌不良，同时减少了氨与硫酸反应所需的容积，不利于氨的吸收，还易加重堵塞情况；晶比太小可能出现晶核量少，使过饱和度升高，产生大量的初级成核，使结晶粒度减小，晶比太小，使取出次数增加，缩短了晶体的生长时间，同样使晶体粒度减小。因此，母液中必须控制一定的晶比，以利得到大颗粒硫铵。

晶比的控制原则应是：避免初级成核，适当控制二次成核，尽量延长晶体的生长时间。正常生产中晶比的控制，最小不低于10%，达30%时取出为宜。

### 171. 溶液中杂质对硫铵结晶的影响是什么？

**答**：溶液中的杂质，对结晶过程的所有阶段都产生影响。硫铵母液中杂质的种类和含量，主要取决于所采用的工艺流程、硫酸质量、用水质量和设备的防腐质量。母液中所含的可溶性杂质主要有铁、铝、铜、铅、锑、砷等各种盐类，多半来自硫酸、设备腐蚀和工业用水，这些离子吸附在硫铵结晶的表面，遮盖结晶表面的活性区域，使结晶成长缓慢；有时由于杂质在一定晶面上的选择性吸附，以致形成细小畸形颗粒。金属离子对硫铵晶体的生长有较大影响，尤其是铁离子影响最大，即使在母液中含量极少，也会使晶体生长速率显著下降。例如三价铁离子会促使介稳区扩大，减慢结晶速度，在溶液中含量达 0.1％时会促使硫铵结晶变长，而在较高浓度时导致生成针状晶体。这种晶体会在生产过程中大量破碎，使成品铵的粒度大幅减少。此外，母液中的不溶性杂质如油雾，有时也会与母液形成稳定的乳浊液附着在晶体表面，阻碍晶体生长。

### 172. 氨回收率是指什么？

答：氨回收率是指脱硫工程副产物中氨的质量与用于脱硫的氨的质量之比。氨回收率按下式计算：

$$氨回收率 = \frac{X \times Y + \sum_{i=1}^{n}(X_{i2} \times Y_{i2} - X_{i1} \times Y_{i1})}{X_1 \times Y_1} \times 100\%$$

$$(2\text{-}71)$$

式中　　$X$——计算期（计算期宜为 72h 以上）生产的副产物的质量，kg；

　　　　$Y$——计算期生产的副产物中平均氨质量百分含量，％；

　　　　$X_1$——计算期内投入吸收剂的总质量，kg；

　　　　$Y_1$——投入的吸收剂中平均氨质量百分含量，％；

$X_{i1}$、$X_{i2}$——计算期期初、期末时系统中第 $i$ 项设备中副产物总质量，kg；

$Y_{i1}$、$Y_{i2}$——计算期期初、期末时系统中第 $i$ 项设备中副产物中氨及铵盐折算氨的质量百分含量，％；

　　　　$n$——脱硫工程中存有副产物的设备数。

　　氨回收率体现资源利用水平，同时也是二次污染控制水平的体现。无论是游离氨还是铵盐都会对环境造成二次污染。提高氨回收率，不仅降低二次污染的风险、满足超低排放要求，而且还能够促进脱硫技术的发展和设备的创新。一般规定要求氨回收率不应小于98%。

### 173. 氨逃逸浓度是指什么？

**答：** 指脱硫工程运行时，吸收塔出口单位烟气体积（干基折算）中游离氨（以$NH_3$分子形式存在的氨，不包括雾滴、颗粒物中的铵盐）的质量。氨逃逸浓度小时均值应低于$3mg/m^3$。

### 174. 氨逃逸浓度检测方法是什么？

**答：** 氨逃逸浓度可用以下方法检测，用于与在线检测仪比对。

用稀硝酸吸收烟气中的氨，同时烟气中硫酸铵、氯化铵等铵盐也将进入吸收液中。用《环境空气和废气氨的测定纳氏试剂分光光度法》（HJ 533）法测定吸收样品中总的$NH_3$量；依据《环境空气和废气氯化氢的测定离子色谱法》（HJ 549）测定烟气中的$Cl^-$的量，计算得烟气中由氯化铵带入吸收液的氨量；依据《火力发电厂水汽分析方法第11部分：硫酸盐的测定（分光光度法）》（DL/T 502.11）测定样品中$SO_4^{2-}$的量，计算得烟气中由硫酸铵带入吸收液的氨量。再用测定的总$NH_3$量减去硫酸铵和氯化铵带入的$NH_3$量，得烟气中氨的含量。烟气中氨逃逸浓度（101.325kPa、0℃，干基，基准氧）c（$mg/m^3$）按式（2-72）计算：

$$c = \frac{c'}{1-y_{H_2O}} \times \frac{21-y_{O_2规定}}{21-y_{O_2实测}} \tag{2-72}$$

式中　$y_{H_2O}$——101.325kPa、0℃状态下烟气中水蒸气含量，%；

$y_{O_2规定}$——基准氧百分含量，火电厂数值取6，其他行业按其行业的排放标准或实测氧；

$y_{O_2实测}$——实测氧含量×100的值；

$c'$——出口烟气中的氨逃逸浓度（101.325kPa、0℃），$mg/m^3$，按式（2-73）计算：

$$c' = c_总 - c_{SN} - c_{ClN} \tag{2-73}$$

式中　$c_总$——原采样气中（101.325kPa、0℃）总$NH_3$浓度，$mg/m^3$；

$c_{SN}$——原采样气中（101.325kPa、0℃）硫酸铵中$NH_3$浓

度，mg/m³；

$c_{CIN}$——原采样气中（101.325kPa、0℃）氯化铵中 $NH_3$ 浓
度，mg/m³。

### 175. 氧化率是指什么？

**答**：指单位体积（如 1L）吸收循环液、浓缩循环液中硫酸
（氢）盐摩尔数占亚硫酸（氢）盐及硫酸（氢）盐物质总摩尔数的
百分比，按式（2-74）计算：

$$氧化率 = \frac{n_1}{n_1 + n_2} \times 100\% \qquad (2\text{-}74)$$

式中　$n_1$——单位体积吸收循环液、浓缩循环液中硫酸（氢）盐
的摩尔数，mol；

$n_2$——单位体积吸收循环液、浓缩循环液中亚硫酸（氢）
盐离子的摩尔数，mol。

### 176. 氨法脱硫影响氧化率的因素有哪些？

**答**：影响氧化率的因素有：

（1）总盐浓度：总盐（包括硫酸盐与亚硫酸盐）浓度上升，
溶液的密度和黏度也随之增大，液膜阻力增加，导致氧气的吸收
速率下降，因而亚硫酸铵溶液的氧化速率也下降。

（2）溶液 pH 值：无催化剂情况下，氧化速率随 pH 值升高而
明显降低。但 pH 值太低则亚硫酸根离子容易发生分解，pH 值控
制在 5～6 比较合适。

（3）催化剂浓度：催化剂对亚硫酸铵的氧化反应具有很强的
影响。亚硫酸盐浓度较低时钴（Co）的作用最明显。大部分亚硫
酸铵催化氧化实验选用硫酸钴，加入少量催化剂就可得到很强的
催化作用。

（4）反应温度：随着温度提升，亚硫酸铵的氧化也会显著加
快，说明温度对亚硫酸铵的氧化具有明显的促进作用。但温度过
高又会导致亚硫酸铵挥发分解，因此工程中氧化过程的操作温度
范围一般控制在 60～70℃。

（5）氧化空气：亚硫酸铵氧化速率随着空气流量的增大而增大，但空气流量在达到一个极限值的时候氧化速率不会有明显的升高。当空气流量一定时，气液接触越充分，氧化率越高。

### 177. 正常情况下氧化段氧化率应控制在多少？氧化率低有什么影响？

**答：**正常生产中氧化段氧化率不应低于98％。如果氧化率过低，会造成循环槽内亚盐增多，因亚盐晶型不同，对硫酸铵结晶形成干扰，造成硫铵晶粒细小，影响正常出料。氧化率低时，亚盐在硫铵系统受热分解，现场 $SO_2$、$NH_3$ 味道较重，影响操作环境。

### 178. 如何有效提高亚硫酸铵氧化率？

**答：**根据亚硫酸铵氧化过程的影响因素分析，同时兼顾低氨逃逸量和高脱硫率，氨法脱硫实际工程中要实现有效地控制氧化反应，应该注意以下几个方面。

（1）准确测量 pH 值，及时调整最佳氨加入量，将 pH 值维持在 5～6 之间，使得满足脱硫率的情况下，氨利用率最大化。

（2）采用深度氧化技术，增设均布装置，控制塔釜搅拌气氛，保持液相高湍动程度，增大气液接触界面，增加 $O_2$ 的传质效率，提高 $O_2$ 的利用率。

（3）控制较低的亚硫酸铵溶液浓度，确保亚硫酸铵迅速地完全氧化，并及时排出反应生成的硫酸铵。

（4）反应釜中溶液温度控制在 50～60℃为宜。

（5）溶液中可加入一定浓度的硫酸钴或者其他高效催化剂，提高反应活性，但必须注意防止氨浓度过高与钴发生络合作用，而使钴的催化作用丧失。

### 179. 氨法脱硫雾滴浓度是指什么？

**答：**氨法脱硫雾滴浓度指脱硫后净烟气单位烟气体积（干基折算）中所携带雾滴折算成浓缩循环液的质量浓度。

### 180. 氨法脱硫雾滴浓度检测方法是什么？

**答**：氨法脱硫雾滴浓度可用以下方法检测。

参照《固定污染源排气中颗粒物和气态污染物采样方法》（GB/T 16157）用等速采样装置和雾滴捕集器，多点测试采集吸收塔出口烟气中的雾滴，记录采样体积，通过分析测试采集液的质量浓度计算烟气中雾滴浓度。计算式为（2-75）：

$$c_{W0} = M_w \times c_{NH_{31}}/c_{NH_3}/V \times 1000 \tag{2-75}$$

式中　$c_{W0}$——雾滴浓度，$mg/m^3$；

$c_{NH_{31}}$——采样液中的硫酸铵质量浓度，$mg/L$；

$c_{NH_3}$——60℃时饱和吸收液的质量浓度，氨－硫酸铵法 $C_{NH_3}$ 为 $5.95 \times 10^5 mg/L$；

$V$——抽取的烟气体积（101.325kPa、0℃），$m^3$；

$M_w$——采集液的质量，$mg$。

测试方法为：烟气中液滴的采集分析：试验前用去离子水把捕集器洗涤干净，并烘干。按采样示意图连接好采样装置，开启仪器设置等速采样，待采样体积到 $1.5\sim2m^3$ 停止采样（注意收集连接管中冷凝液），采样结束后记录冷凝液的体积，烟气温度，采集的烟气量，烟气氧含量，取测试期间上段吸收液的溶液，用甲醛法分析冷凝液和吸收液中的铵离子，根据雾滴浓度公式计算出雾滴浓度。采样系统示意图如图 2-21 所示。

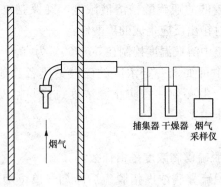

图 2-21　采样系统示意图

注意点：

（1）由于除雾器后烟气中的液滴的浓度一般比较低，且采集量比较小，为了保证结果的准确性，必须采集足够的烟气量，一般采集 $1.5\sim2m^3$ 为宜。

（2）由于雾滴中铵离子含量较低，为了保证测试结果的准确性，甲醛法用的氢氧化钠浓度要在 $0.025mol/L$ 以下。

### 181. 氨法脱硫工艺一般规定要求是什么？

**答：** 氨法脱硫工艺一般规定要求：

（1）氨法脱硫应以液氨、氨水等氨基物质作为吸收剂，脱除烟气中的二氧化硫及有害物质，副产物硫酸铵应满足综合利用的要求。

（2）氨法脱硫装置应包括吸收剂制备及供应、烟气输送、吸收及氧化、副产物处理、自控及在线监测。

（3）吸收塔入口烟气适用条件：

1）$SO_2$ 浓度（干基折算）宜不高于 $30000mg/m^3$。

2）烟气量宜为 5 万 $m^3/h$（干基）以上。

3）烟气温度宜为 $80\sim170℃$。

4）颗粒物浓度（干基折算）宜不高于 $50mg/m^3$。

（4）硫酸铵结晶工艺应根据硫酸铵品质以及技术经济比较确定，宜选择塔内饱和结晶工艺或塔外蒸发结晶工艺。

（5）氨回收率不宜小于 $98\%$。

（6）标准状态、干基、基准含氧量条件下的净烟气氨浓度不应大于 $3mg/m^3$。

### 182. 氨法烟气脱硫工程构成包括哪些？

**答：** 脱硫工程一般包括工艺系统、公用系统和辅助工程等。

（1）工艺系统包括烟气系统、吸收剂系统、吸收循环系统、副产物处理系统等。

（2）公用系统包括工艺水系统、压缩空气系统、蒸汽系统等。

（3）辅助工程包括电气、建筑与结构、给排水及消防、采暖通风与空气调节、道路与绿化等。

### 183. 简述氨法脱硫烟气系统。

**答:** 烟气通过原烟气挡板门进入多功能烟气脱硫塔浓缩段,蒸发浓缩硫酸铵溶液,烟气温度降至大约 60℃,再进入吸收段,与吸收液反应,其中的 $SO_2$ 大部分被脱除,其他酸性气体(HCl、HF)在脱硫塔内也同时被脱除掉,烟气温度被进一步降到 50℃左右,吸收后的净烟气经除雾器除去夹带的液滴,直接由塔顶烟囱对空排放。

### 184. 简述氨法脱硫塔吸收循环系统。

**答:** 烟气与吸收液在脱硫塔内混合发生吸收反应,吸收后的吸收液流入脱硫塔底部的氧化段,用氧化风机送入的空气进行强制氧化,氧化后的吸收液大部分补氨后继续参加吸收反应;部分回流至循环槽,经二级循环泵送入脱硫塔浓缩段进行浓缩,形成固含量为 10%~15% 的硫铵浆液,硫酸铵浆液回流至循环槽;经结晶泵送入硫铵系统。反应后的净烟气经除雾器除去烟气中携带的液沫和雾滴,由脱硫塔烟囱直接排放。工艺水不断从塔顶补入,保持系统的水平衡。

### 185. 氨法烟气脱硫塔分为哪几个区域?

**答:** 氨法烟气脱硫塔分为以下四个区域。

(1)氧化段:由吸收段溢流至氧化段的溶液,用氧化风机送入的压缩空气进行强制氧化,氧化后的吸收液大部分补氨后继续参加吸收反应。

(2)浓缩段:烟气通过原烟气挡板门进入烟气脱硫塔浓缩段,蒸发浓缩硫酸铵溶液,一部分送至硫铵处理系统,大部分打回流。

(3)吸收段:烟气与吸收液在脱硫塔内充分接触发生吸收反应,吸收后的吸收液经回流管流入脱硫塔下部的氧化段,将 $SO_2$ 大部分脱除,其他酸性气体(HCl、HF)在脱硫塔内也同时被脱除掉。

（4）除雾段：吸收后的净烟气经除雾器除去夹带的液滴，以减少烟气中雾滴夹带现象。

### 186. 氨法脱硫吸收剂应如何进行选择？

氨法脱硫吸收剂应根据企业特点、周边地区吸收剂供应状况以及运输条件选择，吸收剂可用液氨、氨水等氨基物质。液氨应符合《液体无水氨》（GB/T 536）相关标准，氨含量不低于99.6%；氨水应符合《氨水》（HG 1-88—1981）要求，氨含量为5%～20%；当采用副产氨水时，宜采取预处理措施，其主要杂质含量要求见表2-5，以保证副产物质量，不影响系统正常运行。

表 2-5 副产氨水中主要杂质含量要求

| 序号 | 项目 | 指标（mg/L） |
|------|------|------|
| 1 | $S^{2-}$ | ≤10 |
| 2 | 油脂 | ≤10 |
| 3 | 酚类 | ≤10 |
| 4 | 有机物总量 | ≤20 |

### 187. 氨法脱硫吸收塔循环浆液 pH 值、浆液总盐浓度和氨硫比宜取多少？

**答：** 吸收塔循环浆液 pH 值宜取 4.0～6.0，吸收塔循环浆液总盐浓度宜取 10%～60%，氨硫比取 2.02～2.10。

### 188. 亚硫酸铵氧化应符合哪些规定？

**答：** 亚硫酸铵氧化应符合下列规定：

（1）亚硫酸铵氧化空气量应根据原烟气含氧量、自然氧化率和氧化空气利用率确定，自然氧化率取 5%～60%，氧化空气利用率宜取 20%～35%。

（2）亚硫酸铵总氧化率不宜小于 98.5%。

### 189. 画出氨法烟气脱硫工艺流程示意图。

**答：** 氨法烟气脱硫工艺流程示意图如图 2-22 所示。

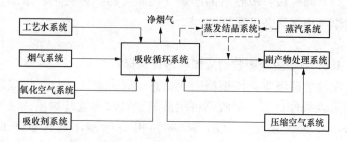

图 2-22　氨法烟气脱硫工艺流程示意图

**190. 氨法烟气脱硫工艺流程如何进行分类？**

**答：** 氨法烟气脱硫工艺流程分类如下：

（1）按副产物的结晶方式分：吸收塔内饱和结晶、吸收塔外蒸发结晶等。

（2）按吸收塔塔形式分：单塔型、双塔型等。

（3）按氧化段位置分：氧化外置、氧化内置等。

**191. 简述典型的吸收塔内饱和结晶-氧化内置的氨法烟气脱硫工艺流程。**

**答：** 吸收塔内饱和结晶-氧化内置的氨法烟气脱硫工艺流程，如图 2-23 所示。

（1）烟气进入吸收塔，与浓缩循环液、吸收循环液逆向接触脱除 $SO_2$ 后，净烟气经水洗、除雾后去烟囱排放。

（2）与烟气中 $SO_2$ 反应后的吸收循环液在吸收塔内被氧化风机送入的空气氧化。

（3）吸收循环液在与原烟气逆向接触过程中被浓缩，在塔内结晶得到硫酸铵浆液。

（4）硫酸铵浆液送副产物处理系统，经旋流、离心分离得到湿硫酸铵，湿硫酸铵经干燥、包装后得成品硫酸铵，母液返回吸收塔。

（5）补充吸收剂系统的吸收剂到吸收循环液中。

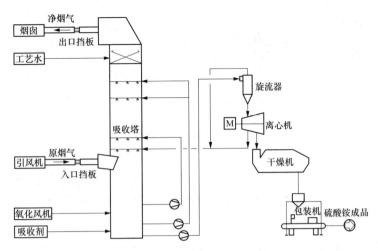

图 2-23 吸收塔内饱和结晶-氧化内置的氨法烟气脱硫工艺流程图

**192. 简述典型的吸收塔内饱和结晶-氧化外置的氨法烟气脱硫工艺流程。**

答：吸收塔内饱和结晶-氧化外置的氨法烟气脱硫工艺流程，如图 2-24 所示。

（1）烟气进入吸收塔，与浓缩循环液、吸收循环液逆向接触脱除 $SO_2$ 后，净烟气经水洗、除雾后去烟囱排放。

（2）与烟气中 $SO_2$ 反应后的吸收循环液在氧化槽被氧化风机送入的空气氧化。

（3）吸收循环液在与原烟气逆向接触过程中被浓缩，在塔内结晶得到硫酸铵浆液。

（4）硫酸铵浆液送副产物处理系统，经旋流、离心分离得到湿硫酸铵，湿硫酸铵经干燥、包装后得到成品硫酸铵，母液返回吸收塔。

（5）补充吸收剂系统的吸收剂到吸收循环液中。

**193. 简述典型的吸收塔外蒸发结晶（二效）-氧化内置的氨法烟气脱硫工艺流程。**

答：吸收塔外蒸发结晶（二效）-氧化内置的氨法烟气脱硫工

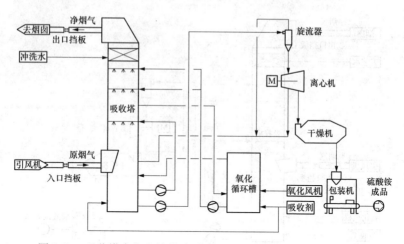

图 2-24　吸收塔内饱和结晶-氧化外置的氨法烟气脱硫工艺流程图

艺流程，如图 2-25 所示。

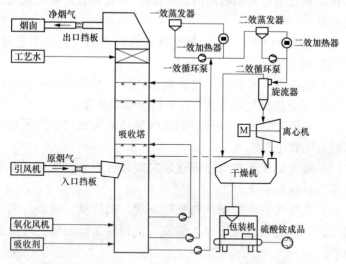

图 2-25　吸收塔外蒸发结晶（二效）-氧化内置的氨
法烟气脱硫工艺流程图

（1）烟气进入吸收塔，与浓缩循环液、吸收循环液逆向接触
脱除 $SO_2$ 后，净烟气经水洗、除雾后通过塔顶设置的直排烟囱

排放。

（2）与烟气中 $SO_2$ 反应后的吸收循环液在吸收塔内被氧化风机送入的空气氧化。

（3）吸收循环液与原烟气逆向接触过程中被浓缩。

（4）浓缩循环液送二效蒸发结晶系统，水分被蒸发后，得到硫酸铵浆液。

（5）硫酸铵浆液经旋流、离心分离得到湿硫酸铵，湿硫酸铵经进干燥、包装后得到成品硫酸铵，母液返回吸收塔。

（6）补充吸收剂系统的吸收剂到吸收循环液中。

**194. 氨法脱硫工程材料应如何选取？**

（1）脱硫工程材料的选择应充分考虑耐腐耐磨抗老化等要求，保证长周期稳定运行。脱硫工程的检修周期应与主体工程的检修周期一致。

（2）与吸收剂、吸收液接触的设备、材料应有防腐措施，不应采用含铜材料。

（3）脱硫工程选用主要金属材料及适用部位要求见表 2-6。

表 2-6　　　脱硫工程选用主要金属材料及适用部位

| 序号 | 可选牌号 | 材料成分 | 适用部位 |
|---|---|---|---|
| 1 | 022Cr17Ni12Mo2（UNS S31603，316L） | 奥氏体铬镍钼不锈钢 | 净烟气与低温原烟气烟道、吸收塔的塔体及塔内构件、挡板门、喷淋管、浆液管道、蒸发器、结晶器、换热器 |
| 2 | 022Cr22Ni5Mo3N（UNS S32205，2205）、022Cr25Ni7Mo4N（UNS S32750，2507） | 双相铬镍钼不锈钢 | 吸收液泵、蒸发器、结晶器、换热器、塔内构件 |
| 3 | C276*（UNS N10276）、1.4529*（UNS N08926） | 镍铬钼钨耐蚀合金 | 塔内构件及衬里 |

注　*为欧洲牌号，UNS 为美国标准。

（4）脱硫工程选用主要非金属材料及适用部位要求见表 2-7。

表 2-7 主要非金属材料及适用部位

| 序号 | 材料名称 | 材料类型 | 适用部位 |
|------|----------|----------|----------|
| 1 | 玻璃鳞片树脂 | 乙烯基酯树脂、酚醛树脂、呋喃树脂、环氧树脂 | 净烟气、低温原烟气段、吸收塔浆液箱罐等内衬，表面涂料 |
| 2 | 玻璃钢 | 玻璃鳞片、玻璃布、乙烯基酯树脂、酚醛树脂 | 吸收塔、喷淋层、浆液管道、箱罐 |
| 3 | 塑料 | 聚丙烯等 | 管道、除雾器 |
| 4 | 橡胶 | 氯化丁基橡胶、三元乙丙橡胶、丁苯橡胶 | 吸收塔、浆液箱罐、浆液管道、水力旋流器等内衬 |
| 5 | 陶瓷 | 碳化硅 | 浆液喷嘴、阀门 |

（5）吸收液循环泵过流部件选用合金，其他泵应根据不同介质的耐腐耐磨程度进行选择。

（6）浆液管道应选用耐腐耐磨的玻璃钢、金属管道。

（7）材料的焊接应选用同系列的焊材及相应的焊接工艺。

**195. 氨法脱硫装置试验项目应包括哪几项？**

（1）出口 $SO_2$ 浓度和 $SO_2$ 脱硫效率。

（2）出口颗粒物浓度。

（3）出口氨逃逸浓度。

（4）出口烟气温度。

（5）出口雾滴含量。

（6）压力损失。

（7）吸收剂、水、电等消耗量。

（8）脱硫副产物产量及质量。

（9）氨回收率。

**196. 氨法脱硫日常分析检测项目及检测周期是什么？**

**答：**氨法脱硫日常分析检测项目及检测周期是：

（1）脱硫工程日常分析检测项目及检测周期见表 2-8。

（2）烟气 $SO_2$、$NO_x$、$O_2$、$H_2O$、颗粒物测试应依据《大气污染物综合排放标准》（GB 16297）、《固定污染源排气中颗粒物和气态污染物采样方法》（GB/T 16157）以及相应行业标准。

（3）烟气氨逃逸浓度宜按 GB/T 16157《固定污染源排气中颗粒物和气态污染物采样方法》（GB/T 16157）进行气液分离预处理后按《环境空气和废气氨的测定纳氏试剂分光光度法》（HJ 533）检测。

（4）吸收循环液/浓缩循环液测试依据《硫酸铵》（GB/T 535）、《工业用亚硫酸铵》（HG/T 2784）、《工业用亚硫酸氢铵》（HG/T 2785）。

（5）副产物测试可参考《硫酸铵》（GB/T 535）。

表 2-8　　　　　　　　日常分析检测项目及检测周期

| 序号 | 类别 | 介质名称 | 分析项目指标 | 检测方法 | 检测频率 |
|---|---|---|---|---|---|
| 1 | 原料 | 吸收剂 | 有效成分含量、杂质 | 《液体无水氨的测定方法》（GB/T 8570） | 1次/批 |
| 2 | 烟气 | 进、出口烟气 | $SO_2$、$NO_x$、$O_2$、$H_2O$、颗粒物、雾滴浓度 | 《大气污染物综合排放标准》（GB 16297）、《固定污染源排气中颗粒物和气态污染物采样方法》（GB/T 16157）、相关行业排放标准 | 1次/月 |
| 3 | 烟气 | 出口烟气 | 氨逃逸浓度 | 按《固定污染源排气中颗粒物和气态污染物采样方法》（GB/T 16157）进行气液分离预处理后按《环境空气和废气氨的测定纳氏试剂分光光度法》（HJ 533）检测 | 2次/月（当工况变化时，应适当提高检测频次） |
| 4 | 中控 | 吸收循环液/浓缩循环液 | 总铵盐 | 《硫酸铵》（GB/T 535） | 1次/天 |
| | | | 亚硫酸（氢）铵 | 《工业用亚硫酸铵》（HG/T 2784）、《工业用亚硫酸氢铵》（HG/T 2785） | |
| | | | 氯离子 | 《工业循环冷却水和锅炉用水中氯离子的测定》（GB/T 15453—2018）、《水质氯化物的测定硝酸银滴定》（GB/T 11896） | 1次/周 |
| | | | 氟离子 | GB/T 7484 | |
| | | | 悬浮固体 | 《城市污水再生利用工业用水水质》（GB/T 19923） | |

续表

| 序号 | 类别 | 介质名称 | 分析项目指标 | 检测方法 | 检测频率 |
|------|------|---------|------------|---------|---------|
| 5 | 中控 | 吸收循环液/浓缩循环液 | pH 值 | pH 计 | 2 次/班 |
| | | | 密度 | 比重计 | |
| 6 | 中控 | 硫酸铵浆液 | pH 值 | pH 计 | 2 次/班 |
| | | | 密度 | 比重计 | |
| 7 | 副产物 | 硫酸铵 | 氮含量、水分、游离酸 | 《硫酸铵》（GB/T 535） | 1 次/批 |

### 197. 氨法脱硫吸收剂泄漏的应急处理方案是什么？

**答：**氨法脱硫吸收剂泄漏的应急处理方案是：

（1）应急处理人员应戴防护手套和空气呼吸器，穿防毒服。

（2）应迅速撤离泄漏污染区人员至上风处，严格限制出入。

（3）应切断火源，严禁使用产生火花的工具和机动车辆进入，禁止使用通信工具。

（4）应尽可能切断泄漏源，开启事故通风。如果是脱硫界区内泄漏，可关闭界区内吸收剂进口总阀，并将总阀到吸收塔之间管道内的吸收剂全部加入吸收循环液。

（5）高浓度泄漏区，喷水中和、稀释、溶解。

（6）现场急救。

1）皮肤接触：立即脱去被污染的衣着，应用 2% 硼酸液或大量流动清水彻底冲洗；就医。

2）眼睛接触：立即提起眼睑，用大量流动清水或生理盐水彻底冲洗至少 15min；就医。

3）吸入：迅速脱离现场至空气新鲜处；保持呼吸道通畅；如呼吸困难，立即输氧；如呼吸停止，立即进行人工呼吸；就医。

### 198. 氨法烟气脱硫工程运行前的联合检查工作有哪些？

**答：**氨法烟气脱硫工程运行前的联合检查工作有：

（1）工程扫尾工作。工程竣工前进行设计和施工质量大检查，由施工、设计、运行三方面人员，按专业分工开展"三查四定"：三查即查设计漏项、查工程质量隐患、查未完工程（包括未施工的联络笺，联系单的工作量）；四定即对检查出来的问题，定任务、定人员、定措施、定时间完成。

（2）检测与过程控制系统的调试。

1）在联动试车前，应对检测与过程控制系统的检测、控制、联锁和报警进行模拟调试。

2）当检测与过程控制系统调试时，检测与过程控制、电气、工艺操作人员必须密切配合，相互协作。

3）首次试车或低负荷下可暂时不投用联锁装置，但应保留报警并派专人负责保护。

## 199. 氨法烟气脱硫工程投料试车工作有哪些？

**答：**氨法烟气脱硫工程投料试车工作有：

（1）概述。完成开车前的准备工作方可进行投料试车。

投料试车的目的是对生产工艺流程、设备、检测与过程控制、电气等进行全面考察，对操作和管理人员进一步训练，对界区条件如工艺水、工业循环冷却水、蒸汽、压缩空气、吸收剂供应，电气，检测与过程控制，给排水及消防做进一步检查，为正常生产做好准备。

试车时，要按工艺流程顺序逐步打通流程，不应追求快速达到设计负荷，确保人身安全和机械安全。

（2）准备工作。

1）试车组织落实，各岗位操作人员配齐并熟知本岗位职责、操作规程和试车方案。

2）联动试车中设备、管道、电气、检测与过程控制、给排水及消防等所发现的缺陷都已经消除并检查合格。

3）吸收剂质量满足要求，烟气量、$SO_2$ 浓度、颗粒物浓度满足要求。

4）分析检测条件具备。

5）各种报表齐全。

6）通信、照明设备运转正常。

（3）水联动试车。

1）吸收循环系统加入工艺水。

2）启动各循环泵，形成吸收循环系统的水循环，此时观察吸收塔的液位，吸收循环液流量，浓缩循环液流量，吸收塔压力等控制参数的变化情况。

3）启动各槽罐的搅拌器，检查搅拌装置能否正常运行。

4）完成水联动试车后，进行投料试车。

（4）投料试车。

1）启动各循环泵，形成吸收循环系统的水循环。

2）启动氧化风机。

3）通烟气。①通知主控室已具备接受烟气的条件；②开启吸收塔进、出口烟道挡板门。

4）加入吸收剂。①吸收剂加入量根据烟气量、烟气 $SO_2$ 浓度、出口 $SO_2$ 浓度、出口颗粒物浓度、出口氨逃逸浓度等进行控制；②吸收循环液按照工艺要求进行循环、氧化、排出，浓缩循环液按照工艺要求进行循环、排出；③副产物处理系统开车，启动固液分离设备、干燥设备、称重及包装设备。

（5）正常运行。完成投料试车后，调节主要设备和工艺控制参数，以达到设计指标。

**200. 氨法烟气脱硫系统停车要求是什么？**

**答：**氨法烟气脱硫系统停车要求是：

（1）主体装置大修，则脱硫装置按计划停车。

（2）在计划停车前，应将吸收塔、氧化槽等设备的液位控制在低位。

（3）在有关准备工作完成后，主体装置停止送入烟气，关闭进出吸收塔的烟气挡板门。

（4）停运氧化风机，关闭吸收剂、工艺水进料阀，停止向吸收塔加入吸收剂、工艺水。

（5）吸收循环泵、浓缩循环泵继续运行，直到吸收塔温度达到安全温度后，停运吸收循环泵、浓缩循环泵。

（6）依次关闭固液分离设备、干燥设备、称重及包装设备，完成副产物处理系统的停车。

### 201. 氨法脱硫影响性能的主要因素是什么？

**答：**氨法脱硫效率主要受浆液 pH 值、液气比、停留时间、吸收剂用量、塔内气流分布等多种因素影响。

### 202. 氨法脱硫中设备腐蚀主要有哪几种形式？

（1）化学腐蚀：二氧化硫遇水形成亚硫酸和硫酸，会和铁发生化学反应，对铁的腐蚀性较强。由于二氧化硫的不断存在，（遇铁的情况下）腐蚀会连续的发生。

（2）结晶腐蚀：在烟气脱硫过程中，浆液中会有硫酸铵，亚硫酸铵和亚硫酸氢铵生成，会渗入防腐层表面的毛细孔内，当设备停用时，在自然干燥下产生结晶型盐，使防腐材料自身产生内应力而破坏，特别在干湿交替作用下，腐蚀更加严重。

（3）冲刷腐蚀：由于氨法脱硫是饱和结晶，饱和状态下会有硫酸铵晶体析出，析出的越多，浓度就越大，浆液脱硫是在不间断的情况下连续循环，那么析出的晶体会对设备造成连续的冲刷腐蚀，浓度越高，冲刷腐蚀越重，长时间运行后会把系统的薄的防腐层冲刷掉，是脱硫系统最严重的一种腐蚀。

### 203. 氨法脱硫系统氨逃逸产生的原因是什么？

**答：**氨法脱硫系统氨逃逸产生的原因是：

（1）反应时间短接触不充分，造成氨逃逸。

（2）氨水加的过多，过剩造成氨逃逸。

（3）由于氨的性质较活泼，造成氨逃逸。

（4）净烟气温度较高，造成氨逃逸。

（5）加氨位置不合理，造成氨逃逸。

### 204. 气溶胶是指什么？它是如何形成的？

**答：**在烟气氨法脱硫领域，所谓气溶胶是指酸性氧化物在一定条件下在气相同氨反应，生成相应的极细的铵盐固体微粒，如同烟尘飘浮在气体中，不容易用通常的洗涤方法去除。这些气溶胶颗粒可通过两种途径生成：

（1）由于气态 $NH_3$ 易从脱硫液中挥发，挥发逸出的气态 $NH_3$ 与烟气中的 $SO_2$ 发生反应生成 $(NH_4)_2SO_3$、$NH_4HSO_3$、$(NH_4)_2SO_4$ 等无机盐气溶胶颗粒。

（2）脱硫液吸收烟气中的 $SO_2$ 生成含 $(NH_4)_2SO_4$、$(NH_4)_2SO_3$、$NH_4HSO_3$ 等产物的脱硫液液滴，在脱硫系统及排入大气环境后析出固体颗粒。

根据生成气溶胶氧化物的酸性程度，可以分为弱酸型气溶胶和强酸型气溶胶，分别以亚硫酸铵和硫酸铵为代表。

### 205. 氨法脱硫操作参数对气溶胶的排放有什么影响？

**答：**（1）空塔气速：在氨法烟气脱硫过程中，过高的空塔气速会导致严重的雾沫夹带，将大量的脱硫浆液液滴带出脱硫系统，引起"硫铵雨"；同时，当塔内加装填料、筛板、除沫丝网等塔内件时，过高的空塔气速易出现液泛，使塔设备不易操作稳定。

（2）脱硫液 pH 值：脱硫净烟气中气溶胶浓度随脱硫液 pH 值升高而增大，特别是当 pH 值高于 6.5 时尤为显著。这主要是由于脱硫液 pH 值较高时，脱硫液中挥发逸出的氨气量增加，相应地，气态 $NH_3$ 与烟气中 $SO_2$ 反应生成的亚硫酸铵、亚硫酸氢铵、硫酸铵等气溶胶微粒数量增多。

（3）脱硫液浓度：气溶胶生成率均随脱硫液浓度增大而增加。这主要是由于脱硫剂浓度较高的脱硫液滴易蒸发析出气溶胶微粒；同时，脱硫剂浓度较高时，有利于气态 $NH_3$ 从脱硫液中挥发逸出，使气相中 $NH_3$ 浓度增大，与烟气中的 $SO_2$ 反应生成的气溶胶量增多。

（4）脱硫液温度：脱硫净烟气中气溶胶浓度随脱硫液温度升高而增加。这主要是因为脱硫液温度升高有利于挥发逸出气态

$NH_3$，增加气相中 $NH_3$ 浓度；此外，较高的脱硫液温度也有利于吸收 $SO_2$ 后的脱硫液滴在高温烟气中蒸发析出固态晶粒，使通过这种途径生成的气溶胶颗粒数量也大大增加。

（5）烟气温度：脱硫净烟气中气溶胶浓度随塔入口烟温升高而增加。这主要是因为烟温升高有利于脱硫液挥发逸出气态 $NH_3$，增加气相中 $NH_3$ 浓度，此外较高的塔入口烟温同时也有利于吸收 $SO_2$ 后的脱硫液滴在高温烟气中蒸发析出固态晶粒，使通过这种途径生成的气溶胶颗粒数量也大大增加。

（6）液气比：在其他操作条件相同情况下，气溶胶排放量随液气比升高而明显增加。这主要是因为液气比的增加，一方面使脱硫液中挥发进入气相的气态 $NH_3$ 量增多，$NH_3$ 与 $SO_2$ 发生反应生成的气溶胶颗粒也会随之增加；另一方面，脱硫塔内及随烟气携带出的雾滴量均随之增加，从而在高温烟气及大气环境中蒸发析出固态晶粒明显增多，造成气溶胶生成量大大提高。

（7）烟气 $SO_3$ 含量：实际燃煤烟气中不仅含 $SO_2$，还有少量 $SO_3$，主要以硫酸雾形式存在，易与脱硫液中挥发逸出的 $NH_3$ 反应生成 $(NH_4)_2SO_4$、$NH_4HSO_4$ 等气溶胶颗粒，使烟气中细颗粒物浓度明显增加。少量 $SO_3$ 即可导致大量气溶胶颗粒生成，其影响程度远高于 $SO_2$。

（8）脱硫塔结构：运行工况参数相近时，塔内加装填料、筛板气溶胶排放浓度均低于喷淋空塔。这与以下两方面因素有关：一是脱硫塔内雾滴量有所减少，烟气夹带的雾滴量也随之降低；二是塔内加装填料或筛板后气液接触性能改善，在达到同样脱硫效率下可采用较低的液气比。

### 206. 氨法脱硫系统气溶胶产生的原因是什么？

**答：**氨法脱硫系统气溶胶产生的原因是：

（1）烟气流速大，造成浆液中小的固体颗粒随气体带出，产生气溶胶。

（2）除雾器性能差或损坏，造成浆液颗料随气体带出，产生气溶胶。

（3）氨逃逸大，与烟气中的 $SO_2$ 反应，生成亚硫酸铵，产生气溶胶。

**207. 烟气拖尾现象产生的原因是什么？**

**答：**烟气拖尾现象产生的原因烟气中所含杂质较多及烟气流速过大，产生气拖尾现象。

**208. 烟气拖尾现象是指什么？**

**答：**烟气拖尾现象是从脱硫塔后烟囱出来的烟气开始为白色，飘出 200～300m 后，白色蒸汽消失，然后是黑色带颗粒状烟气，飘出相当远距离后，逐渐消失。此现象在天气较晴，风速较小时看得很清晰。

**209. 脱硫塔入口烟道上设置冲洗水的原因是什么？**

**答：**吸收塔入口处于干湿、冷热交界处，会聚集大量灰尘等烟气中含有的杂物，同时喷洒进入的硫铵浆液在此处被加热浓缩，易生成结晶积存，严重时影响烟气流通与分布。所以在此处设有冲洗水，定时冲洗进行清理。

第三章

# 脱硫性能主要影响因素

**210. 影响湿法烟气脱硫性能的主要因素有哪些?**

答:影响湿法烟气脱硫性能的主要因素有:吸收剂品质、入口烟气参数、吸收浆液 pH 值、液气比、停留时间、钙硫比、塔内气流分布等。

**211. 脱硫效率的主要影响因素包括哪些?**

答:脱硫效率的主要的影响因素包括:

(1)石灰石粉的品质、消溶特性、纯度和粒度分布等。

(2)吸收塔入口烟气参数,如烟气温度、$SO_2$ 浓度、流量、氧量和烟尘。

(3)运行因素,如浆液浓度、浆液的 pH 值、吸收液的过饱和度、液气比 $L/G$ 等。

**212. 脱硫效率是如何计算的?**

答:脱硫效率指由脱硫装置脱除的 $SO_2$ 量与未经脱硫前烟气中所含 $SO_2$ 量的百分比,按公式计算:

$$脱硫效率: \eta = \frac{c_1 - c_2}{c_1} \times 100\% \qquad (3-1)$$

式中　　$c_1$——脱硫前烟气中 $SO_2$ 的浓度(折算到标准状态、干基、$6\%O_2$),$mg/m^3$。

　　　　$c_2$——脱硫后烟气中 $SO_2$ 的浓度(折算到标准状态、干基、$6\%O_2$),$mg/m^3$。

**213. 吸收剂利用率是如何计算的?**

**答:**吸收剂利用率($\eta_{Ca}$)是反应消耗的吸收剂量与吸收剂加入总量的比值,等于单位时间内从烟气中吸收的 $SO_2$ 摩尔数除以

同时间内加入系统的吸收剂中钙的总摩尔数,即

$$吸收剂利用率:\eta_{Ca}(\%)=\frac{已脱除 SO_2 摩尔数}{加入中的 Ca 摩尔数}\times100\% \qquad (3-2)$$

### 214. 吸收塔技术参数有哪些?

**答:**吸收塔技术参数有烟气量、浆液循环时间、液气比、钙硫比 Ca/S(mol) 等。

### 215. 烟气接触时间是什么?

**答:**烟气接触时间是指烟气进入吸收塔后,自下而上与喷淋而下的浆液接触反应的时间,一般宜控制在 2~3s。

### 216. 浆液是指什么?

**答:**浆液是指液体与悬浮颗粒物的混合物。

### 217. 固体物停留时间是什么?

**答:**固体物停留时间是指吸收塔浆池内固体物总量除以每小时生成的石膏量。

### 218. 浆液循环停留时间是什么?

**答:**浆液循环停留时间是指吸收塔内浆池的浆液量与再循环浆液总流量之比,即用浆液循环泵将吸收塔内浆池的浆液循环一次所用的时间。

### 219. 浆液循环停留时间计算公式是什么?

**答:**浆液循环停留时间宜按下式计算:

$$T=\frac{V\times60}{q} \qquad (3-3)$$

式中　$T$——浆液循环停留时间,min;

　　　$V$——吸收塔正常运行液位对应的吸收塔浆池容积,m³;

　　　$q$——总的循环浆液,m³/h。

### 220. 液气比 ($L/G$) 是指什么?

**答**：在石灰石湿法 FGD 工艺中，液气比 ($L/G$) (L/m³) 是指吸收塔洗涤单位体积烟气 (m³) 需要含碱性吸收剂的循环浆液体积 (L)。

$$\frac{L}{G} = \frac{再循环吸收浆液或溶液的流量 (\text{L/min})}{吸收塔入口烟气流量 (\text{m}^3/\text{min})} (\text{L/m}^3) \tag{3-4}$$

液气比决定吸收酸性气体所需的吸收表面。在其他参数一定的情况下，提高液气比相当于增大了吸收塔内的喷淋密度，吸收过程的推动力大，有利于 $SO_2$ 的溶解和吸收，脱硫效率高。但液气比超过一定程度，吸收率将不会有显著提高，而吸收剂及吸收浆液循环泵的功耗急剧增大，运行费用高，同时导致烟气温度下降太大。因此，石灰石洗涤吸收塔的液气比一般控制在 $8\sim25\text{L/m}^3$ (标态)。

### 221. 钙硫比 (Ca/S) 是指什么?

**答**：钙硫比又称吸收剂耗量比或称化学计量比，是用于表征脱硫用钙基吸收剂有效利用率的指标，Ca/S 越高，其利用率越低。钙硫比定义为脱硫塔内烟气提供的脱硫剂所含钙的摩尔数 (mol/h) 与烟气中所含 $SO_2$ 的摩尔数 (mol/h) 的比例 (Ca/S)，钙硫比相当于洗涤每 1mol 的 $SO_2$ 需加入 $CaCO_3$ 的摩尔数

$$\frac{Ca}{S} = \frac{加入 CaCO_3 的摩尔数}{吸收塔进口烟气中的 SO_2 的摩尔数} \tag{3-5}$$

Ca/S 反映单位时间内吸收剂原料的供给量，通常以浆液中吸收剂浓度作为衡量度量。在保持浆液液气比 $L/G$ 不变的情况下，Ca/S 增大，注入吸收塔内吸收剂的量相应增大，引起浆液 pH 上升，可增大中和反应的速率，增加反应的表面积，使 $SO_2$ 吸收量增加，提高脱硫效率。但是，由于石灰石的溶解度较低，其供给量的增加将导致浆液浓度的提高，会引起石灰石的过饱和凝聚，最终使反应的表面积减小，脱硫效率降低。对于石灰石湿法 FGD，吸收塔的浆液浓度一般为 20~30wt%，Ca/S 为 1.02~1.05。

### 222. 吸收塔内烟气流速是如何计算的?

**答:** 吸收塔内烟气流速是指吸收塔内饱和烟气的表观平均速度,在标准状态下,它等于饱和烟气的体积流量 $G(m^3)$ 除以垂直于烟气流向的吸收塔断面面积 $(\pi D^2/4)$,即

$$\omega_y = \frac{4G}{3600 \times \pi D^2} \text{m/s} \tag{3-6}$$

式中 $\omega_y$——吸收塔内烟气流速,m/s;

　　　$G$——饱和烟气的体积流量,$m^3/h$;

　　　$D$——吸收塔直径,m。

在其他参数不变,提高吸收塔内烟气流速,一方面可以提高液气两相的流动,降低烟气与液滴间的膜厚度,提高传质系数;另一方面,喷淋液滴的下降速度将相对降低,使单位体积内持液量增大。增大了传质面积,提高脱硫效率。但是,烟气流速增大,则烟气在吸收塔内的停留时间减少,脱硫效率下降。因此,从脱硫效率的角度来讲,吸收塔内烟气流速有一最佳值,高于或低于此烟速,脱硫效率都会降低。

在实际工程中,烟气流速的增加无疑将减小吸收塔的塔径,减小吸收塔的体积,对降低造价有益。然而,烟气流速的增加将对吸收塔内除雾器的性能提出更高要求,同时还会使吸收塔内的压力损失增大,能耗增加。目前,将吸收塔内烟气流速控制在 3.5～4.5m/s 较合理。

### 223. 烟气中 $SO_2$ 浓度对脱硫效率的影响是什么?

**答:** 一般认为,当烟气中 $SO_2$ 浓度增加时,有利于 $SO_2$ 通过液浆表面向液浆内部扩散,加快反应速度,脱硫效率随之提高。事实上,烟气中 $SO_2$ 浓度的增加对脱硫效率的影响在不同浓度范围内是不同的。

在钙硫摩尔比一定的条件下,当烟气中 $SO_2$ 浓度较低时,根据化学反应动力学,其吸收速率较低,吸收塔出口 $SO_2$ 浓度与入口 $SO_2$ 浓度相比降低幅度不大。由于吸收过程是可逆的,各组分浓度受平衡浓度制约。当烟气中 $SO_2$ 浓度很低时,由于吸收塔出

口 $SO_2$ 浓度不会低于其平衡浓度，所以不可能获得很高的脱硫效率。因此，工程上普遍认为，烟气中 $SO_2$ 浓度低则不易获得很高的脱硫效率，浓度较高时容易获得较高的脱硫效率。实际上，按某一入口 $SO_2$ 浓度设计的 FGD 装置，当烟气中 $SO_2$ 浓度很高时，脱硫效率会有所下降。

因此，在 FGD 装置和 Ca/S 一定的情况下，随着 $SO_2$ 浓度的增大，脱硫效率存在一个峰值，亦即在某一 $SO_2$ 浓度值下脱硫效率达到最高。在实验室条件下烟气中 $SO_2$ 浓度对脱硫效率影响的试验结果如图 3-1 所示。当烟气中 $SO_2$ 浓度低于这个值时，脱硫效率随 $SO_2$ 浓度的增加而增加；超过此值时，脱硫效率随 $SO_2$ 浓度的增加而减小。

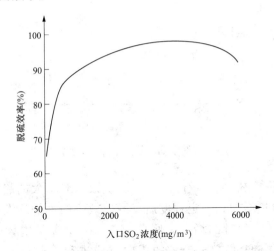

图 3-1　烟气中 $SO_2$ 浓度对脱硫效率的影响

当燃料含硫量增加时，排烟 $SO_2$ 浓度随之上升，在其他运行条件不变的情况下，脱硫效率将下降。这是因为较高的入口 $SO_2$ 浓度更快地消耗液相中可利用的碱量，造成液膜吸收阻力增大。当吸收塔入口 $SO_2$ 浓度增加较大、而鼓入吸收塔的氧化空气量未随之增加时，特别是当 $SO_2$ 浓度超出设计值而氧化空气量不能再增加时，此时由于氧化严重不足，浆液中会出现过量的 $HSO_3^-$ 离子，甚至会超过其饱和度，因而会阻止烟气中 $SO_2$ 的溶解与吸收，降低石灰石（$CaCO_3$）的溶解度，因此会导致脱硫效率急剧下降。

**224. 烟气中 $O_2$ 浓度对脱硫效率的影响是什么？**

**答：** 在吸收剂与 $SO_2$ 反应过程中，$O_2$ 参与其化学过程，使 $HSO_3^-$ 氧化成 $SO_4^{2-}$。在烟气量、$SO_2$ 浓度、烟气温度等参数一定的情况下，烟气中 $O_2$ 浓度对脱硫效率的影响如图 3-2 所示。

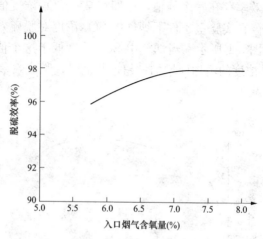

图 3-2　烟气中 $O_2$ 浓度对脱硫效率的影响

随着烟气中 $O_2$ 含量的增加，脱硫效率有增大的趋势；当烟气中 $O_2$ 含量增加到一定程度后，脱硫效率的增加逐渐减缓。随着烟气中 $O_2$ 含量的增加，吸收浆液中 $O_2$ 含量增大，加快了 $SO_2+H_2O \rightarrow HSO_3^- \rightarrow SO_4^{2-}$ 的正向反应进程，有利于 $SO_2$ 的吸收，脱硫效率呈上升趋势。但是，并非烟气中 $O_2$ 浓度越高越好。因为烟气中 $O_2$ 浓度很高则意味着系统漏风严重，进入吸收塔的烟气量大幅度增加，烟气在塔内的停留时间减少，导致脱硫效率下降。

**225. 浆液 pH 值对脱硫效率的影响是什么？**

**答：** 浆液 pH 值是石灰石湿法烟气脱硫系统的重要运行参数。①浆液 pH 值升高，一方面，由于传质系数增大，$SO_2$ 吸收速率增大；另一方面，由于在 pH 值较高（大于 6.2）情况下脱硫产物主要是 $CaSO_3 \cdot 1/2H_2O$，其溶解度很低，极易达到过饱和而结晶在塔壁和部件表面上，形成很厚的垢层，造成系统严重结垢。②浆液 pH 值低，则 $SO_2$ 的吸收速率减小，但结垢倾向减弱。当 pH 值低于 6 时，$SO_2$ 的吸收速率下降幅度减缓；当 pH 值降到 4.0 以下时，浆液几乎不再吸收 $SO_2$。

浆液 pH 值不仅影响 $SO_2$ 的吸收，而且影响石灰石、$CaSO_3 \cdot 1/2H_2O$ 和 $CaSO_4 \cdot 2H_2O$ 的溶解度，不同 pH 值下石灰石、$CaSO_3 \cdot 1/2H_2O$ 和 $CaSO4 \cdot 2H_2O$ 的溶解度见表 3-1。随着 pH 值的升高，$CaSO_3 \cdot 1/2H_2O$ 的溶解度显著下降，$CaSO_4 \cdot 2H_2O$ 的溶解度增加，但增加的幅度较小。因此，随着 $SO_2$ 的吸收，浆液 pH 值降低，$CaSO_3 \cdot 1/2H_2O$ 的量增加，并在石灰石颗粒表面形成一层液膜，而液膜内部 $CaCO_3$ 的溶解又使 pH 值升高，溶解度的变化使液膜中的 $CaSO_3 \cdot 1/2H_2O$ 析出并沉积在石灰石颗粒表面，形成一层外壳，使石灰石颗粒表面钝化。钝化的外壳阻碍了石灰石的继续溶解，抑制了吸收反应的进行，导致脱硫效率和石灰石利用率下降。

表 3-1　　不同 pH 值下石灰石、$CaSO_3 \cdot 1/2H_2O$ 和 $CaSO_4 \cdot 2H_2O$ 的溶解度　　　　　　　　（mg/L）

| pH 值 | $CaCO_3$ | $CaSO_3 \cdot 1/2H_2O$ | $CaSO_4 \cdot 2H_2O$ | pH 值 | $CaCO_3$ | $CaSO_3 \cdot 1/2H_2O$ | $CaSO_4 \cdot 2H_2O$ |
|---|---|---|---|---|---|---|---|
| 7.0 | 675 | 23 | 1320 | 4.0 | 1120 | 1783 | 1072 |
| 6.0 | 680 | 51 | 1340 | 3.5 | 1763 | 4198 | 980 |
| 5.0 | 731 | 302 | 1260 | 3.0 | 3153 | 9375 | 918 |
| 4.5 | 841 | 785 | 1179 | 2.5 | 5873 | 21995 | 873 |

由此可见，低 pH 值有利于石灰石的溶解和 $CaSO_3 \cdot 1/2H_2O$ 的氧化，而高 pH 值则有利于 $SO_2$ 的吸收，二者互相对立。因此，选择一个合适的 pH 值对烟气脱硫反应至关重要。新鲜石灰石浆液的 pH 值通常控制在 8~9，但也有人认为，石灰石浆液的 pH 值应控制在 6.9~8.9。实际的吸收塔的浆液 pH 值通常选择为 5~6。

**226. 试述浆液 pH 值是怎样影响浆液对 SO₂ 的吸收的。**

**答：**浆液池的 pH 值是石灰石—石膏法脱硫的一个重要运行参数。一方面，pH 值影响 SO₂ 的吸收过程。pH 值越高，传质系数增加，吸收速度就快，但不利于石灰石的溶解，且系统设备结垢严重。pH 值降低，虽利于石灰石的溶解，但是 SO₂ 吸收速度又会下降，当 pH 下降到 4 时，几乎不能吸收 SO₂ 了；另一方面，pH 值还影响石灰石、$CaSO_4 \cdot 2H_2O$ 和 $CaCO_3 \cdot 1/2H_2O$ 的溶解度。随着 pH 值的升高，$CaCO_3$ 的溶解度明显下降，而 $CaSO_4$ 的溶解度则变化不大。因此，随着 SO₂ 的吸收，溶液 pH 值降低，溶液中 $CaCO_3$ 的量增加，并在石灰石颗粒表面形成一层液膜，而液膜内部 $CaCO_3$ 的溶解又使 pH 值上升，溶解度的变化使液膜中的 $CaCO_3$ 析出，并沉积在石灰石颗粒表面，形成一层外壳，使颗粒表面钝化。钝化的外壳阻碍了 $CaCO_3$ 的继续溶解，抑制了吸收反应的进行。因此，选择合适的 pH 值是保证系统良好运行的关键因素之一。

**227. 简述吸收塔内 pH 值高低对 SO₂ 的吸收的影响，一般将 pH 值控制范围是多少？如何控制 pH 值？**

**答：**pH 值高有利于 SO₂ 的吸收，但不利于石灰石的溶解；反之，pH 值低有利于石灰石的溶解，但不利于 SO₂ 的吸收。一般将 pH 值控制在 5～5.8 范围内。通过调节加入吸收塔的新鲜石灰石浆液流量来控制 pH 值。

**228. 液气比的作用和影响是什么？**

**答：**液气比是湿法 FGD 系统设计和运行的重要参数之一，液气比的大小反映了吸收过程推动力和吸收速率的大小，对 FGD 系统的技术性能和经济性具有重要的影响。液气比直接决定了循环泵的数量和容量，也决定了氧化槽的尺寸，对脱硫效果、系统阻力、设备一次投资和运行能耗等影响很大。

（1）液气比的第一个作用是增大吸收表面积。在大多数吸收塔设计中，循环浆液量决定了吸收 SO₂ 可利用表面积的大小，喷淋塔和喷淋/托盘塔尤其如此。逆流喷淋塔喷出液滴的总表面积基本上与喷淋浆液流量成正比，当烟气流量一定时，则与液气比成正比。在其他条件不变的情况下，增加吸收塔循环浆液流量即增大液气比，脱硫效率则随之提高。

（2）液气比的第二个作用是降低 $SO_2$ 洗涤负荷，有利于其被吸收。液气比提高，降低了单位浆液洗涤 $SO_2$ 的量，不仅增大了传质表面积，而且中和已吸收 $SO_2$ 的可利用的总碱量也增加了，因此也提高了总体传质系数。

（3）液气比的第三个作用是控制浆液的过饱和度，防止结垢。当浆液中 $CaSO_4 \cdot 2H_2O$ 的过饱和度高于 1.3 时，将产生石膏硬垢。在循环浆液固体物浓度相同时，单位体积循环浆液吸收的 $SO_2$ 量越低，石膏的过饱和度就越低。提高液气比将有利于防止结垢。

另外，吸收塔吸收区中的 $SO_3^{2-}$ 和 $HSO_3^{2-}$ 的自然氧化率与浆液中溶解氧量密切相关，高液气比将有利于循环浆液吸收烟气中的氧气。再者，来自反应罐的循环浆液本身也含有一定的溶解氧，循环浆液流量大，含氧量也就多。因此，提高液气比将有助于提高吸收区的自然氧化率，减少强制氧化负荷。

### 229. 液气比 （$L/G$） 对脱硫效率的影响是什么？

**答：**液气比（$L/G$）即单位时间内浆液喷淋量和单位时间内流经吸收塔的烟气量之比，它与烟气中 $SO_2$ 浓度、脱硫效率要求、吸收塔喷嘴的布置有关，对于不同的装置，$L/G$ 会有所不同。液气比是石灰石湿法 FGD 系统运行的重要参数之一，液气比的大小反映了吸收过程推动力和吸收速率的大小，对 FGD 系统的技术性能和经济性具有重要的影响。

由于石灰石—石膏法中二氧化硫的吸收过程是气膜控制过程，同时循环浆液量决定了吸收 $SO_2$ 可利用的比表面积的大小，液气比的增大，代表了气液接触的概率增加，脱硫效率相应增大。喷淋塔喷出液滴的总表面积基本上与喷淋浆液流量成正比，当烟气流量一定时，则与 $L/G$ 成正比。在其他条件不变的情况下，增加吸收塔循环浆液流量即增加 $L/G$，脱硫效率则随之升高；此外，提高液气比不仅增大了传质表面积，而且中和已吸收 $SO_2$ 的可利用的总碱量也增加了，因此可提高总体传质系数，提高脱硫效率；在防止结垢方面，高 $L/G$ 将使单位体积循环液体吸收的 $SO_2$ 后的 $SO_4^{2-}$ 浓度较低，使溶液中石膏的过饱和度较低，因而对于防止系统结垢有积极作用。

当液气比增大超过一定值后，脱硫效率将增加缓慢。此时，由于液气比的提高而带来的问题却显得突出，出口烟气的夹带雾滴量增加，给后续设备和烟道带来污染和腐蚀；循环液量的增大带来的系统设计功率及运行电耗的增加，使得运行成本提高较快。因此，一般石灰石洗涤塔的液气比为 $8\sim25L/m^3$，同时由于悬浮液中氯化物的存在，$L/G$ 随氯化物的高低而增加或降低。

液气比决定吸收酸性气体所需要的吸收表面。在其他参数一定的条件下，提高液气比相当于增大吸收塔内的喷淋密度，使液气间的接触面积增大，吸收过程的推动力增大，脱硫效率也将增大。但液气比超过一定程度，吸收率将不会有显著提高，而吸收剂及动力的消耗将急剧增大。$L/G$ 对脱硫效率的影响如图 3-3 所示。

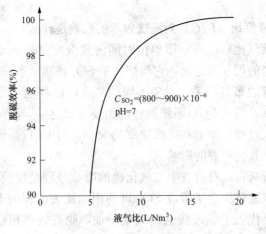

图 3-3　$L/G$ 对脱硫效率的影响

从图 3-3 可以看出，在浆液 pH 值为 7 的条件下，液气比 $L/G<15 L/m^3$ 时，随 $L/G$ 的增大，脱硫效率显著增大。在 $L/G>15L/m^3$ 后，随着 $L/G$ 的增大，脱硫效率增加幅度很小。

对于实际运行的石灰石湿法 FGD 系统，提高 $L/G$ 将使浆液循环泵的流量增大，设备初投资和运行成本相应增大；提高 $L/G$ 还会使吸收塔内压力损失增大，风机能耗提高。研究表明，在浆液中加入添加剂（如钠碱、己二酸等），在保证较高的脱硫效率的前提下可以适当降低 $L/G$，从而使初投资和运行费用降低。

### 230. 钙硫比（Ca/S）对脱硫效率的影响是什么？

**答：**钙硫比（Ca/S）是指注入吸收剂量与吸收 $SO_2$ 量的摩尔比。在保持浆液量（液气比）不变的情况下，增加钙硫比，注入吸收塔内吸收剂的量相应增大，引起浆液 pH 值上升，可增大中和反应的速率，增加反应的表面积，使 $SO_2$ 吸收量增加，提高脱硫效率。但过高的吸收剂含量不仅不经济而且会降低石膏的纯度。较低的浆液 pH 值有助于提高石灰石的溶解度，降低 Ca/S，提高石灰石利用率。实际运行中应协调浆液 pH 值与 Ca/S 之间的关系，在满足脱硫效率的前提下，谋求最佳的 Ca/S，同时还需考虑其他因素，如吸收剂费用等。当石膏纯度是系统性能保证值时，最佳 Ca/S 还受石膏纯度的影响。通常，Ca/S 为 $1.01\sim1.1$，先进的吸收塔系统可达到 $1.01\sim1.05$。

### 231. 浆液循环量对脱硫效率的影响是什么？

**答：**新鲜的石灰石浆液喷淋下来与烟气接触后，$SO_2$ 等气体与吸收剂的反应并不完全，需要不断地循环反应，以提高石灰石的利用率。增加浆液循环量，提高 $L/G$ 的同时，也就增加了浆液与 $SO_2$ 的接触反应时间，从而提高了脱硫效率。此外，增加浆液循环量，将促进混合液中的 $HSO_3^-$ 氧化成 $SO_4^{2-}$，有利于石膏的形成。但是，过高的浆液循环量将导致初投资和运行费用增加。

### 232. 浆液停留时间对脱硫效率的影响是什么?

**答**: 浆液在反应池内停留时间长将有助于浆液中石灰石与 $SO_2$ 完全反应, 并能使反应生成物 $CaSO_3$ 有足够的时间完全氧化成 $CaSO_4$, 形成粒度均匀、纯度高的优质脱硫石膏。但是, 延长浆液在反应池内停留时间会导致反应池的容积增大, 氧化空气量和搅拌器的容量增大, 土建和设备费用以及运行成本增加。

### 233. 吸收液过饱和度对脱硫效率的影响是什么?

**答**: 石灰石浆液吸收 $SO_2$ 后生成 $CaSO_3$ 和 $CaSO_4$。石膏结晶速度依赖于石膏的过饱和度, 在循环操作中, 当超过某一相对饱和度值后, 石膏晶体就会在悬浊液内已经存在的石膏晶体上生长。当相对过饱和度达到某一更高值时, 就会形成晶核, 同时石膏晶体会在其他物质表面上生长, 导致吸收塔浆液池表面结垢。此外, 晶体还会覆盖那些还未及反应的石灰石颗粒表面, 造成石灰石利用率和脱硫效率下降。正常运行的脱硫系统过饱和度一般应控制在 $120\% \sim 130\%$。

由于 $CaSO_4$ 和 $CaSO_3$ 溶解度随温度变化不大, 因此用降温的办法难以使两者从溶液中结晶出来。因为溶解的盐类在同一盐的晶体上结晶比在异类粒子上结晶要快得多, 故在循环母液中添加 $CaSO_4 \cdot 2H_2O$ 作为晶种, 使 $CaSO_4$ 过饱和度降低至正常浓度, 可以减少因 $CaSO_4$ 而引起的结垢。$CaSO_3$ 晶种的作用较小, 通常是在脱硫系统中设置氧气槽将 $CaSO_3$ 氧化成 $CaSO_4$, 从而不致干扰 $CaSO_4 \cdot 2H_2O$ 结晶。

向吸收液添加含有 $Mg^{2+}$、$CaCl_2$ 或己二酸等添加剂, 也可降低 $CaSO_4$ 和 $CaSO_3$ 的过饱和度, 不仅可以防止结垢, 而且可以提高石灰石的活性, 从而提高脱硫效率。己二酸可起缓冲溶液 pH 值的作用, 抑制气液界面上由于 $SO_2$ 溶解而导致的 pH 值降低, 使液面处的 $SO_2$ 浓度提高, 加速液相传质, 可大大提高石灰石的利用率, 从而提高 $SO_2$ 的吸收率。

#### 234. 进入脱硫装置烟气中的颗粒物含量有何要求？

**答**：进入脱硫装置烟气中的颗粒物含量与脱硫装置的脱硫效率和总排口指标有直接的关系。随烟气进入吸收塔的颗粒物，在脱硫过程中会包裹在吸收剂石灰石浆液小颗粒的表面，从而影响石灰石与二氧化硫的氧化反应。当烟气中颗粒物含量无限高时，将导致脱硫反应无法进行。为了保证一定的脱硫效率，应控制烟气中颗粒物浓度。对于石灰石（石灰）-石膏法脱硫工艺，标准状况下，当要求脱硫效率不小于 95％时，原烟气中颗粒物浓度不应大于 $50mg/m^3$。对于达到特别排放要求的脱硫装置，脱硫塔之前应设置高效除尘装置，脱硫塔之后应设置湿式静电除尘器。

#### 235. 含尘量对脱硫效率的影响是什么？

**答**：吸收塔入口烟气含尘量对脱硫效率影响较大，其原因为：①烟尘在一定程度上阻碍 $SO_2$ 与吸收剂的接触，降低了石灰石溶解速度；②烟尘中的重金属离子溶于溶液后会抑制 $Ca^{2+}$ 与 $HSO_4^-$ 离子的反应；③烟尘中的 $Al^{3+}$ 会与液相中的 $F^-$ 反应生成氟化铝络合物，其对石灰石颗粒有包裹作用，影响石灰石的溶解，使脱硫效率降低。特别是燃用低硫煤的烟气脱硫系统，因为需要脱除的 $SO_2$ 较少，则需加入的石灰石量较少，烟尘在循环浆液中的积累会达到一个相对较高的浓度，此时如入口烟气含尘量越高，则对脱硫效率影响越大。

此外，由于尘为细颗粒杂质，在浆液循环系统中积累过高的话，还会造成如下后果：一是会影响石膏颗粒的结晶及长大，石膏浆液的过滤性较差，对真空皮带脱水系统影响较大，会造成石膏产品水分指标偏高；二是对设备造成磨损。此外，飞灰还会降低副产品石膏的白度和纯度，增加脱水系统管路堵塞、结垢的可能性。

#### 236. 烟气温度对脱硫效率的影响是什么？

**答**：烟气温度对脱硫效率的影响如图 3-4 所示。脱硫效率随吸收塔进口烟气温度的降低而增加，这是因为脱硫反应是放热反应，温度升高不利于脱除 $SO_2$ 化学反应的进行。实际的石灰石湿法烟气脱硫系统中，通常采用 GGH 装置、低温省煤器，或在吸收塔前布置喷水装置，降低吸收塔进口的烟气温度，以提高脱硫效率。

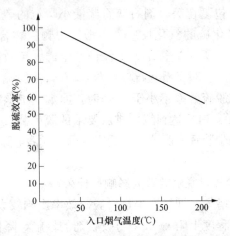

图 3-4　烟气温度对脱硫效率的影响

低的吸收温度使 $SO_2$ 的平衡分压降低，有利于 $SO_2$ 气体向液体中溶解，提高气液传质；同时低的吸收温度使 $H_2SO_3$ 和 $CaCO_3$ 的反应速率减小。烟气温度的增加，脱硫效率随之下降。但过低的烟气温度不利于烟气抬升，并且易产生结露现象，对后继设施产生腐蚀。

### 237. 烟气流量对脱硫效率的影响是什么？

**答：** 在其他条件不变的情况下，增加进入吸收塔的烟气流量，$SO_2$ 脱除率将会下降；相反，随着烟气流量的降低，$SO_2$ 脱除率将提高。烟气流量影响脱硫效率的主要原因是影响吸收液滴与烟气的接触时间。

当烟气流量超过设计值时，若强制氧化空气鼓入量能随之增加，则脱硫效率会缓慢下降；若鼓入吸收塔的氧化空气量已经达到氧化风机额定出力，不能再增加时，脱硫效率将急剧下降。

### 238. 吸收塔内烟气流速对脱硫效率的影响是什么？

**答：**在其他参数维持不变的情况下，提高吸收塔内烟气流速，一方面，可以提高气液两相的湍动、降低烟气与液滴间的膜厚度、提高传质系数；另一方面，喷淋液滴的下降速度将相对降低，使单位体积内持液量增大，增大了传质面积，增加了脱硫效率。但是，烟气流速增大，则烟气在吸收塔内的停留时间减小，脱硫效率下降。因此，从脱硫效率的角度来讲，吸收塔内烟气流速有一最佳值，高于或低于此气速，脱硫效率都会降低。

在实际工程中，烟气流速的增加无疑将减小吸收塔的塔径，减小吸收塔的体积，对降低造价有益。然而，烟气流速的增加将对吸收塔内除雾器的性能提出更高要求，同时还会使吸收塔内的压力损失增大，能耗增加。目前，将吸收塔内烟气流速控制在 $3.5\sim4.5\text{m/s}$ 较合理。

### 239. 论述提高烟气流速对 FGD 系统有哪些影响。

**答：**在石灰石-石膏法的 FGD 系统中，如果保持其他参数不变，提高吸收塔内烟气流速：

（1）可以提高气液两相流的湍动，降低烟气与液滴间的膜厚度，提高传质效果，从而提高脱硫效率。

（2）由于烟气流速提高，喷淋液滴的下降速度将相对降低，使单位体积内持液量增大，增大了传质面积，增加了脱硫效率。

（3）烟气流速提高，可以设计塔径较小的吸收塔，这样就减少了吸收塔的体积，从而降低了吸收塔造价。

（4）烟气速度增加，又会使气液接触时间缩短，脱硫效率可能下降。试验表明烟气流速在 $2.44\sim3.66\text{m/s}$ 之间逐渐增大时，随着烟气流速的增大，脱硫效率下降但当烟气流速在 $3.66\sim24.57\text{m/s}$ 之间逐渐增大时，脱硫效率几乎与烟气流速的变化无关。

（5）烟气速度增加，使吸收塔内的压力损失增大，能耗增加。

（6）烟气速度的增加，会使烟气携带液滴的能力增加，使烟气带水现象加重。

**240. 系统传质性能对脱硫效率的影响是什么？**

**答：**系统传质性能越好，系统的脱硫率就越高。根据气体吸收过程机理"双膜理论"，系统传质系数与物系、操作温度、压力、溶质浓度、气液固三者的接触程度有关。选择合理的吸收塔，提高烟气流速，有利于提高系统传质速率，减少传质阻力，在优化脱硫效率的同时，还能降低投资成本，降低运行成本。

**241. 循环浆液固体物浓度及固体物停留时间对脱硫效率的影响是什么？**

**答：**通常以浆液密度或浆液中含固量（质量百分数，％）来表示工艺过程中维持浆液中晶种固体物的数量。从提供适当的晶种、防止结垢角度，最低浆液含固量不低于 5％ 就可满足，但通常石灰石工艺浆液含固量是 10％～15％，也有的高达 20％～30％，因为维持较高的浆液浓度有利于提高脱硫效率和石膏纯度。但过高的含固量会对浆液泵、搅拌器、管道等产生较大的磨损。因此，浆液含固量浓度的上限以不明显加剧浆液泵等设备的磨损为限。

浆液浓度是工艺过程重要参数，通常是通过保持浆液的产出平衡来控制浆液的排出量，从而大致控制浆液浓度。同时根据浆液浓度调节从旋流器返回的浆液量来稳定浆液浓度。保持浆液浓度稳定对稳定脱硫效率、石膏质量和防止结垢有利。

浆液固体物在吸收塔中停留时间等于吸收塔中存有的固体物质量除以脱硫固体物平均产出率，也等于吸收塔中浆液体积除以馈送至脱水系统浆液的平均流量。后一种方法计算时，应从馈出浆液平均流量中扣除从旋流器返回吸收塔的浆液流量。固体物的停留时间大小实际是浆液固体物在吸收塔的平均停留时间，反映吸收塔有效浆液体积的大小。

石灰石湿法 FGD 工艺中，固体物的停留时间一般为 12～24h，通常不低于 15h。适当的停留时间有利于提高吸收剂的利用率和石膏纯度，有利于石膏结晶的长大和石膏脱水。但停留时间过大，吸收塔体积会较大，增加投资成本。同时，由于循环泵和搅拌器对石膏晶体有破碎作用，固体物在吸收塔中的停留时间过长，会影响石膏脱水的性能。

与固体物停留时间类似的参数为浆液在吸收塔内一次循环时，在反应罐中的平均停留时间，即浆液循环停留时间 $t$，两者的关系为：

$$t = \frac{反应罐浆液体积}{循环浆液总流量} \qquad (3\text{-}7)$$

从式（3-9）可看出，固体物停留时间越大，反应罐体积越大，浆液循环停留时间越大，因此 $t$ 是与固体物停留时间有关的参数。当反应罐体积一定时，$t$ 随循环浆液总量的增大而减小，即与液气比有关。石灰石工艺的浆液循环停留时间一般为 3.5～7min，典型的浆液循环停留时间为 5min 左右。提高浆液循环停留时间有利于在一个循环周期内，在吸收塔中完成氧化、中和沉淀析出反应，有利于石灰石的溶解和提高石灰石的利用率。

### 242. 烟道漏风对 FGD 有何影响？

**答：**烟道漏风使脱硫系统所处理的烟气量增加，不但会使脱硫效率降低，而且会增加系统电耗，降低脱硫系统运行的经济性。

### 243. 烟气流速对除雾器的运行有哪些影响？

**答：**通过除雾器断面的烟气流速过高或过低都不利于除雾器的正常运行。烟气流速过高易造成烟气二次带水，从面降低除雾效率，同时流速高，系统阻力大，能耗高。通过除雾器断面的流速过低，不利于气液分离，同样不利于提高除雾效率。此外设计的流速低，吸收塔断面尺寸就会加大，投资也随之增加。设计烟气流速应接近于临界流速。

### 244. 试述运行因素对湿法烟气脱硫性能的影响。

**答：**运行因素对湿法烟气脱硫性能的影响主要体现为浆液的 pH 值、钙硫比（Ca/S）、液气比（$L/G$）、液滴直径、循环浆液固体物浓度及固体物停留时间、系统传质性能和 $Cl^-$ 含量。

（1）浆液的pH值：浆液的pH值高，总传质系数随之提高，有利于 $SO_2$ 的吸收。但高的pH对副产品亚硫酸钙的氧化和石灰石的溶解起到抑制作用，并且使系统易发生结垢、堵塞现象；降低pH值有利于亚硫酸钙的氧化。通常，吸收塔浆液的pH值控制在5.0～5.8。

（2）钙硫比（Ca/S）：在保持浆液量不变的情况下，增加Ca/S，引起浆液pH值上升，脱硫效率上升。通常，Ca/S为1.03～1.1。

（3）液气比（$L/G$）：在其他条件不变的情况下，增加吸收塔循环浆液量（增加 $L/G$），增加了气液接触的概率，脱硫效率随之升高。

（4）液滴直径：减小液滴直径可以增大气液传质面积，延长液滴在塔内的停留时间，相应的提高脱硫效率；但减小液滴直径必须要求提高喷嘴压力，从而增加电耗。

（5）循环浆液固体物浓度及固体物停留时间：维持较高的浆液浓度有利于提高脱硫效率和石膏纯度，但过高的含固量对浆液泵、搅拌器、管道等产生较大的磨损。适当的停留时间有利于提高吸收剂的利用率和石膏的纯度，有利于石膏结晶的长大和石膏脱水。

（6）系统传质性能：系统传质性能越好，系统的脱硫效率越高。

（7）$Cl^-$ 含量：在脱硫系统中 $Cl^-$ 是引起金属腐蚀和应力腐蚀的重要原因；$Cl^-$ 还能抑制吸收塔的化学反应，影响石膏品质；$Cl^-$ 含量增加会引起石膏脱水困难。

**245. 试述吸收剂品质对湿法烟气脱硫性能的影响。**

**答：** 在石灰石-石膏湿法脱硫工艺中，吸收剂的品质影响脱硫效率、吸收剂的消耗量、石膏的质量以及设备的磨损。主要影响因素有：石灰石纯度及杂质、石灰石的粒径、硬度和反应化学。

（1）石灰石的纯度及杂质：石灰石的纯度越高，系统脱硫率越高，而且产生的石膏品质越高。石灰石的纯度越低时，不溶性物质含量越高。杂质的大量存在会增加球磨机、浆液泵、喷嘴和管道等的磨损和设备电耗；不溶性物质的存在影响石膏的纯度，而且降低了石灰石的反应活性。通常，石灰石的纯度应大于90%，至少不低于85%。

（2）石灰石的粒径：石灰石的颗粒越细，参与反应的表面积越多，在维持吸收塔相同的 pH 值和相同的脱硫效率的情况下，石灰石的利用率越高。典型的石灰石的细度要求时石灰石颗粒中90%～95%通过325目的金属筛网，筛孔净宽约44μm。

（3）石灰石的硬度：石灰石的可磨性指数是石灰石硬度的一个指标，可磨性指数越小，越难磨制，石灰石制备系统电耗越大。

（4）石灰石的反应活性：反应活性取决于石灰石所含杂质及其晶体的大小，杂质含量越高，晶体越大，反应速度越小。

### 246. 石灰石纯度及杂质对脱硫效率的影响是什么？

**答：** 用于湿式 FGD 脱硫的石灰石，主要成分是碳酸钙（$CaCO_3$）。石灰石的纯度（石灰石中碳酸钙的质量百分含量）不仅影响脱硫效率，而且关系到石膏纯度。石灰石纯度越高，系统脱硫效率越高，而且产生的石膏纯度也越高。石灰石主要由方解石组成，常混有白云石、砂和黏土矿等杂质，即酸不溶物。这些杂质主要是由二氧化硅（$SiO_2$）、高岭土（$Al_2O_3 \cdot 2SiO_2 \cdot 2H_2O$）和少量的氧化铝、氧化铁组成。当石灰石中 $CaCO_3$ 含量较低时，即不溶性物含量较高时，会产生一系列影响：首先，杂质的大量存在会增加球磨机、浆液泵、喷嘴、管道等的磨损，而为了减小磨损则增加了球磨机的电耗，降低研磨设备实际的研磨能力；其次，酸不溶物的存在降低了石膏的纯度，而且降低了石灰石的反应活性；再次，杂质中的可溶性铝和铁可能会降低 FGD 系统的性能，可溶性铝与浆液中的氟离子（$F^-$）反应形成 $AlF_x$ 络合物，当 $AlF_x$ 浓度达到一定程度时，会抑制石灰石的溶解，降低石灰石的反应活性，即所谓的"封闭"石灰石。其特征是尽管加入过量的石灰石浆液，pH 值仍然呈下降趋势，pH 值失去控制，脱硫效率也随之下降。一般出现这种情况时，吸收浆液中 $Al^{3+}$ 含量会达到 8～15mg/kg。当出现石灰石被"封闭"的迹象时，应降低进烟气量，加大废水排放量，严格控制 pH 值，严重时可添加 NaOH 等强碱调节。除此之外，石灰石中还含有另一种杂质—碳酸镁。石灰石中的 $MgCO_3$ 主要以纯 $MgCO_3$ 和白云石两种形式存在。溶解的 $MgCO_3$ 可增加液体中 $Mg^{2+}$ 浓度，对脱硫效率的提高有积极的作用；但当 $Mg^{2+}$ 浓度过高时，它会抑制石灰石的溶解，恶化未完全氧化的固体物的沉降和脱水性能。白云石在 FGD 系统中基本上不溶解，其含量增加将增加石灰石的消耗，降低石膏的纯度。因此，石灰石中碳酸钙的含量不能太低，至少应大于85%。

为了尽可能减少设备磨损，酸不溶物应保持较低水平，虽然有些 FGD 装置成功地采用了惰性物质超过了 10% 的石灰石，但大多采用抛弃法工艺。如果必须采用纯度较低的石灰石，那么提高石灰石的研磨细度，将这些惰性物质完全研细是有益的。在其他条件不变的情况下，提高石灰石的细度将增大脱硫效率，降低惰性物质的磨损性。

通常，石灰石纯度应大于 90%，典型的 $MgCO_3$ 含量为 0%～5.0%，酸不溶物小于 6%。

### 247. 石灰石中 $CaCO_3$ 纯度对脱硫系统的影响是什么？

**答：**石灰石中 $CaCO_3$ 纯度越高，其消溶性越好，浆液吸收 $SO_2$ 等相关反应速度越快，有利于提高系统脱硫效率，有利于石灰石的利用率，降低运营成本。反之，石灰石中 $CaCO_3$ 纯度越低，其杂质含量越高，阻碍了石灰石颗粒的消溶性，抑制了脱硫效率，降低石灰石的利用率，因而增加了运营成本。

石灰石中 $CaCO_3$ 纯度低于设计值要求时，则势必增加吸收塔石灰石的供浆量，造成物料不平衡，即两个负面影响：要求参与反应的石灰石供浆量大于最大供浆量，由于设备限制，则必须牺牲脱硫效率来维持脱硫系统的运行；供浆量增加必然带来供水量的增加，因此破坏脱硫系统的水平衡，导致脱硫系统不能正常运行。

### 248. 石灰石粒径对脱硫效率的影响是什么？

答：当石灰石中 $CaCO_3$ 含量相近时，对 FGD 系统性能产生影响的主要是石灰石粒径。石灰石细度可以用粒径分布（particle size distribution，PSD）表示，PSD 是指细小颗粒物中各种粒径的颗粒所占的比例。石灰石的 PSD 是一个重要的设计和运行参数。由于石灰石在 FGD 工艺条件下是从表面开始溶解而参与反应的，石灰石的 PSD 决定了石灰石比表面积，它直接影响到循环浆液的运行 pH 值与石灰石利用率，而这些都决定了脱硫效率。

石灰石颗粒越细，参与反应的表面积越多，那么在维持吸收塔相同 pH 值和相同脱硫率的情况下，石灰石的利用率就越高；若石灰石粒径较大，需要通过提高吸收塔 pH 值（即降低石灰石利用率），才能达到相同的脱硫效率。因此，应综合考虑研磨设备的投资、运行成本和石灰石利用率等因素，以此来选择石灰石最佳粒径分布。较细的石灰石需要的研磨能耗较大，但其石灰石利用率和石膏质量较高。对品位比较低的石灰石，欲获得较高质量的石膏，提高石灰石的细度是必由之路。

从总体来看，目前大多数 FGD 系统设计趋向于将石灰石研磨的相对较细。如美、日、德等国，石灰石细度的典型技术要求是石灰石颗粒中 90%～95%通过 325 目的金属筛网，筛孔净宽大约 44μm。

### 249. 石灰石中 $SiO_2$ 对脱硫系统的影响是什么？

答：石灰石中的杂质 $SiO_2$ 含量高会导致研磨系统设备功耗增加，系统磨损严重，运行成本增加。

### 250. 石灰石中 MgO 对脱硫系统的影响是什么？

答：石灰石中 MgO 在进入脱硫吸收塔参与反应后生成可溶于水的镁盐，因此随着 $Mg^{2+}$ 浓度的增加，吸收塔浆液密度与石膏含固量的对应关系将打破。在正常情况下，吸收塔浆液浓度为

$1140kg/m^3$ 对应石膏含固量为 $20\%$。也就是说，在脱硫系统运行中，吸收塔浆液浓度达到 $1140kg/m^3$ 时，其对应的含固量未达到 $20\%$。如果按照常规运行控制方式，当吸收塔浆液浓度达到 $1140kg/m^3$ 时，启动脱硫系统进行石膏浆液脱水干燥，此时脱水石膏附着水超标，严重时会出现真空皮带脱水机拉稀现象。为了保证脱水石膏工作正常，势必提高吸收塔浆液密度运行，此时带来的后果是，浆液循环泵及与浆液接触的运行设备工作电耗增加，浆液循环泵由于管线压损增大，将影响到喷淋层的喷淋量和效果，使脱硫效率降低。

### 251. 石灰石中有机物对脱硫系统的影响是什么？

**答：**石灰石中有机物矿物成分进入吸收塔在塔内富集，当吸收塔浆液中有机物达到一定浓度时，破坏了吸收塔浆液的表面张力从而产生泡沫，出现虚假液位，吸收塔出现溢流现象。

石灰石中有机物的含量可通过化验石灰石的烧失量定性反映出有机物的情况。

### 252. 石灰石抑制是指什么？

**答：**石灰石必须在吸收塔内溶解以提供反应碱度，一定的溶解化学物质附着（或包裹）于石灰石浆液颗粒表面会大大减缓或阻止石灰石的溶解。当溶解变慢时称为抑制，当溶解明显很慢甚至停止称为闭塞。

### 253. 试述入口烟气参数对湿法烟气脱硫性能的影响。

**答：**入口烟气参数对湿法烟气脱硫性能的影响主要有烟气流量、烟气 $SO_2$ 浓度、烟气温度和烟气含尘浓度。

烟气流量：在其他条件不变的情况下，增加进入吸收塔的烟气流量，$SO_2$ 脱除率下降；相反，随着烟气流量的降低，$SO_2$ 脱除率提高。烟气流量影响脱硫效率的主要原因是影响液滴与烟气的接触时间。

烟气 $SO_2$ 浓度：当燃料含硫量增加时，排烟中 $SO_2$ 浓度随之上升，在其他条件不变的情况下，脱硫效率下降。这是因为较高的入口 $SO_2$ 浓度更快地消耗液相中可利用的碱量，造成液膜吸收阻力增大。

烟气温度：低的烟气温度是 $SO_2$ 的平衡分压降低，有利于 $SO_2$ 气体向液体中溶解，提高气液传质；同时，低的吸收温度使 $H_2SO_3$ 和 $CaCO_3$ 的反应速率减小。烟气温度的增加，脱硫效率随之下降。但过低的烟气温度不利于烟气抬升，并且易产生结露现象，对后续设施生产腐蚀。

烟气含尘浓度：烟尘在一定程度上阻碍 $SO_2$ 与吸收剂的接触，降低了石灰石的溶解速度；烟尘中重金属离子溶于浆液中抑制 $Ca^{2+}$ 与 $HSO_4^-$ 的反应；烟尘中的 $Al^{3+}$ 与液相中的 $F^-$ 反应生成氟化铝络合物，对石灰石的颗粒有包裹作用，影响石灰石的溶解，使脱硫效率下降。烟尘含量高还会影响石膏晶粒的结晶及长大，影响石膏脱水性能；增压风机叶片磨损、烟道积灰结垢，堵塞除雾器、GGH 及下游设备。

### 254. 氯离子（$Cl^-$）含量对脱硫效率的影响是什么？

答：氯离子含量虽然很少，但对脱硫系统有着重大的影响。①在脱硫系统中，$Cl^-$ 是引起金属腐蚀和应力腐蚀的重要原因。当 $Cl^-$ 含量超过 $20000\mu L/L$ 时，普通不锈钢已不能正常使用。当 $Cl^-$ 浓度超过 $60000\mu L/L$ 时，则需更换昂贵的防腐材料；②氯离子还能抑制吸收塔内的化学反应，改变 pH 值，降低 $SO_4^{2-}$ 去除率；③氯离子的大量存在，还增加了石灰石的消耗，同时又抑制石灰石的溶解；④由于抑制了石灰石的溶解，使石膏中的石灰石含量增加，影响了石膏的品质；而且 $Cl^-$ 含量增加引起石膏脱水困难，使其含水量大于 10%。同时氯化物的增加，使吸收液中不参加反应的惰性物质增加，浆液的利用率下降。当 $Cl^-$ 含量较高时，为了达到要求的脱硫率，就要增加溶液和溶质，这就使得循环系统电耗增加。综合而言，氯在系统中主要以氯化钙形式存在，去除困难，影响脱硫效率，后续处理工艺复杂，设计工艺中必须充分考虑其影响。

**255. F⁻ 对 FGD 系统的影响是什么？**

**答：**F⁻ 对 FGD 系统可能发生的最大影响是"氟化铝致盲"现象，即电除尘后飞灰、石灰石粉及工艺水中的氟和铝含量较高时，会在吸收塔浆池内发生复杂的反应。生成氟化铝络合物 $AlF_n$（$n$ 一般在 2～4 之间）。该络合物吸附在石灰石颗粒表面，极大地阻碍石灰石的溶解和反应，使其化学活性严重降低，导致石灰石调节 pH 值的能力下降。脱硫率降低，石膏中的残余 $CaCO_3$ 含量增加，石膏晶体颗粒粒径变小，并随着液相中 F⁻ 和 $Al^{3+}$ 浓度的增加，负面影响加剧。它们单独存在时对石灰石的活性影响不大，但当它们共存时，较小浓度下活性就急剧下降，因此运行中应尽量降低飞灰含量，适当增大废水排放。

第四章

# 燃煤烟气湿法脱硫系统

## 第一节 烟 气 系 统

**256. 烟道是指什么？**

答：从火力发电厂烟气处理末端装置（设备）出口到烟囱之间的排烟通道；烟塔合一工程是指从火力发电厂烟气处理末端装置（设备）出口到烟气排放口之间的排烟通道。

**257. 脱硫系统烟道有何要求？**

答：脱硫系统烟道材质应根据输送介质以及介质的浓度、温度、压力进行选择。防腐管道应选择碳钢内衬防腐材料、玻璃钢、耐腐蚀合金钢；对于吸收塔进口烟气干湿交界面管道的材质应选用高镍基合金钢。

**258. 烟气系统一般包括哪些设备和系统？**

答：烟气系统一般包括烟道系统、原烟气挡板、净烟气挡板、旁路烟气挡板、挡板门密封风系统、增压风机及其辅助系统、烟气换热器（GGH）及其辅助系统等。

**259. 概述烟气系统工艺流程。**

答：锅炉原烟气从引风机后主烟道上引出，经过增压风机（如果有）升压、通过烟气换热器（如果有）降温至约85℃后进入吸收塔内脱硫净化，出塔烟气温度约50℃，通过烟气换热器（如果有）升温至约80℃后进入主体烟道，经烟囱排放。

**260. 烟气系统的主要功能及作用是什么？**

答：烟气系统的主要功能及作用是为进行 FGD 的投入与退出，为 FGD 的运行提供烟气通道。烟气系统将未脱硫的烟气引入脱硫系统，进入脱硫系统的烟气通过 FGD 入口的增压风机实现流量控制，通过 GGH 降低烟气温度。吸收塔出来的净烟气通过 GGH 进行升温，送入烟囱排放。烟气系统的压降通过增压风机克服。

在脱硫系统引入和引出烟道上设有原烟气挡板门和净烟气挡板门。当脱硫系统投运时，FGD 原烟气挡板门和净烟气挡板门打开，烟气通过脱硫系统。

**261. FGD 系统中，表示烟气特性的参数有哪些？**

答：FGD 系统中，表示烟气特性的参数有：①烟气体积流量；②FGD 出、入口烟气温度；③ FGD 出、入口烟气 $SO_2$ 浓度；④FGD出、入口烟气含尘量；⑤FGD 出、入口烟气含 $O_2$；⑥烟囱排烟温度。

**262. 脱硫原烟气是指什么？**

答：脱硫原烟气是指进入脱硫装置前未经处理的烟气。

**263. 脱硫净烟气是指什么？**

答：净烟气是指经脱硫装置处理后的烟气。

**264. 原烟气为什么要进行预冷却？**

答：含硫烟气的温度为 120～160℃或更高，而吸收反应则要求在较低的温度下（60℃左右）进行，因为低温有利于吸收，而高温有利于解析。另外高温烟气会损坏吸收塔防腐层或其他设备，因此，必须对烟气进行预冷却。

**265. 常用的烟气冷却方法有哪几种？**

答：常用的烟气冷却方法有三种：

（1）应用烟气换热器进行间接冷却。

（2）应用喷淋水直接冷却。

（3）用预洗涤塔除尘、增湿、降温。

**266. 挡板门密封风加热器的作用是什么？**

**答：** 挡板门密封风加热器的作用是用来对密封风进行加热，使密封风的稳定保持在烟气露点温度之上（通常在 80℃以上），以避免烟气在挡板门处出现冷凝而对挡板造成腐蚀。

**267. 脱硫设备压力降是指什么？**

**答：** 脱硫设备进口和出口烟气平均全压之差，单位为帕〔斯卡〕（Pa）。

**268. 当多套脱硫装置合用一座单内筒烟囱时，在脱硫装置出口设置挡板门或阀门的目的是什么？**

**答：** 当多套脱硫装置合用一座单内筒烟囱时，在脱硫装置出口设置挡板门或阀门，主要是便于安全检修。当一套装置检修而另一套装置运行时，设置阀门可防止烟气倒流，确保检修人员的安全。

**269. 在 FGD 系统中烟气挡板门的作用是什么？主要由哪几部分组成？**

**答：** 烟气挡板门是指装设在烟道上具有关断、开启、分流及调节功能的设备。

在 FGD 系统中烟气挡板门有三个作用：隔离设备、控制烟气量和排空烟气。主要有外壳、叶片、挡板密封件、轴、轴承、气封箱和执行器组成。

**270. 烟气挡板门密封风系统的作用是什么？对密封风系统的要求是什么？**

**答：** 烟气挡板门密封风系统主要是用来防止烟气通过关闭的

挡板门叶片漏入隔离的设备中。对密封风系统要求是：密封风系统应能维持密封室压力高于挡板门烟气侧压力 500～700Pa。密封空气流量取决于挡板门叶片的总泄漏量，应通过叶片密封条使这一泄漏量尽可能得小，密封空气量还取决于保持的压差和密封条的腐蚀磨损和损坏等引起的泄漏，密封风机的容量应为计算流量的 2 倍以上。

### 271. 原烟气挡板门是指什么？

**答：**布置在脱硫系统进口的烟气挡板门，当脱硫系统具备投运条件时将该挡板门打开，允许未经脱硫的原烟气进入脱硫系统。

### 272. 净烟气挡板门是指什么？

**答：**布置在脱硫系统出口的烟气挡板门，当脱硫系统运行时将该挡板门打开，脱硫后的净烟气通过该挡板门以及相应的净烟道排出脱硫系统。

### 273. 挡板门的动作时间是指什么？

**答：**隔离挡板从全开到全关或者从全关到全开所需要的时间叫作动作时间。通常，用作旁路烟道的百叶窗挡板要求快开时间不超过 25s，对快速动作的要求主要是保证当 FGD 故障紧急停运时，能快速开启旁路挡板门，以确保烟气经旁路烟道直接进入烟囱，百叶窗旁路挡板门关闭时的开度应具有分级可调性，以减少旁路门关闭时对锅炉炉膛负压的影响。FGD 系统的其他百叶窗挡板门的动作时间一般 40s 左右。

### 274. 挡板门分类是什么？

**答：**挡板门通常采用百叶窗式挡板门。挡板门按照其叶片形式可以分为单轴单挡板、单轴双挡板、双轴单挡板、双轴双挡板。单轴单挡板只有单层叶片，用于密封要求不太高的场合；单轴双挡板有两层叶片平行工作，两层叶片间接入干燥、干净热空气以阻断烟气通过挡板门。考虑现场布置条件、经济性、密封要求等情况，也可选用包括闸板、圆形挡板等其他形式的挡板门。

### 275. 烟道挡板门常见故障是什么？主要原因是什么？有何危害？有何防范措施？

**答**：烟道挡板门常见故障是挡板门关闭不严造成烟气倒灌。

主要原因是挡板门的制作、安装、调试不规范，关闭零位定位不准确；烟道积灰结垢造成挡板本体的定位发生变化，叶片间隙增大，密封压力丧失所致。

造成的危害是热烟气凝结后形成大量酸液汇集在烟道及设备低洼处，造成设备的腐蚀损坏。尤其对增压风机腐蚀极为严重，增压风机接触烟气的部件均发生严重的腐蚀情况，现场存在大量的腐蚀硫化铁物质以及含硫分的黄色结晶物。

防范措施是：①挡板的安装与调整需要保证每扇挡板均能紧密结合；②定期检查挡板门密封片的密封情况，更换或调整校正已变形的挡板门合金密封片；③清理挡板门前后烟道积灰积垢，确保挡板门开启、关闭机械位置到位；④按照挡板门密封风试验要求测试密封风风压是否满足：挡板门密封风风压与烟气压差大于 500Pa。

### 276. 烟道中的膨胀节的作用是什么？

**答**：烟道中的膨胀节是为了吸收固定设备（如脱硫塔、换热器外壳）和运行设备（如风机及其烟道）之间的相对振动，补偿烟道热膨胀引起的位移。

### 277. 烟道膨胀节的分为哪两种，分别用于哪种环境？

**答**：烟道膨胀节可分为金属膨胀节和非金属膨胀节。金属膨胀节用于原烟气高温烟道，非金属膨胀节用于净烟气烟道和低温原烟气烟道。非金属烟道膨胀节一般由纤维、钢丝或纤维和钢丝联合增强的氟橡胶制成，金属膨胀节抗腐蚀和抗扭性能差。目前，几乎所有的膨胀节均采用增强的氟橡胶制成，其厚度一般为 5mm 左右。

### 278. 对金属膨胀节有什么技术要求?

**答:** 金属波纹管膨胀节按波纹管的位移形式可分为轴向型、横向型、角向型及压力平衡型波纹管式。

膨胀节由多层材料组成,净烟道处的膨胀节要考虑防腐要求,波纹节应全部是合金材料,至少是耐酸耐热镍基合金钢,烟道膨胀节必须保温。原烟道膨胀节的波纹节可采用 316L 金属型,以降低造价。保护板是防止灰尘沉积在膨胀节波节处。膨胀节能承受系统最大设计正压/负压再加上 10mbar(1mbar=$10^2$Pa,下同)余量的压力。接触湿烟气并位于水平烟道段的膨胀节应通过膨胀节框架排水,排水孔最小为 DN150,并且位于水平烟道段的中心线上。排水配件应能满足运行环境要求,由 FRP、合金材料制作(至少是镍合金钢),排水应返回到 FGD 区域的排水坑。

烟道上的膨胀节采用焊接或螺栓法兰连接,布置应能确保膨胀节可以更换。法兰连接膨胀节框架应有同样的螺孔间距,间距不超过 100mm。膨胀节框架将以相同半径波节连续布置,不允许使用铸模波节膨胀节。框架深度最小是 200mm,而且最小要留80mm 的余地以便于拆换膨胀节。膨胀节及与烟道的密封应有100%气密性。膨胀节的外法兰应密封焊在烟道上,要注意不锈钢与普通钢的焊接,以便将腐蚀减至最小。

### 279. 非金属膨胀节有哪些技术要求?

**答:** 非金属膨胀节是用非金属高强密封复合材料、高温隔热材料等经特殊工艺制作而成。目前,脱硫净、原烟道膨胀节主要采用非金属膨胀节,由于对防腐要求不同,其结构及波纹节材料不同。

(1)原烟道非金属膨胀节。原烟气温度在露点之上,不会结露,所以不需考虑 $Cl^-$ 腐蚀问题,对材质耐腐性能要求低。作为吸收膨胀量的蒙皮一般由氟橡胶布、聚四氟乙烯、玻璃纤维布、玻璃纤维包布制作而成。沿气流方向有导流板,导流板与蒙皮之间填充保温材料。框架与烟道连接一般采用焊接。该形式的膨胀节具有 100% 的气密性。

(2) 净烟道非金属膨胀节。脱硫净烟气中带有一定的水分，含有 Cl⁻ 等极具腐蚀性的离子，所以对接触烟气的部分必须考虑到耐腐蚀问题。蒙皮除考虑吸收膨胀量外，还必须考虑耐腐蚀问题。一般由氟橡胶布、聚四氟乙烯、玻璃纤维布、耐腐蚀复合材料制作而成，耐腐蚀复合材料直接接触烟气，为防腐特殊材料。净烟道非金属膨胀节一般采用直接法兰连接，用螺栓、螺母和垫圈把蒙皮紧固在烟道框架上，不允许使用双头螺栓。中间不设隔热层。为防止下部缝隙漏水，除设置合理的连接螺栓孔距外，必须用金属压板压紧缝隙。

### 280. FGD 系统取消或不设旁路烟道的优点是什么？

答：FGD 系统取消或不设旁路烟道，有如下优点：

(1) 可确保 $SO_2$ 的脱除，对新机组真正地实现"三同时"。取消旁路后，从电厂锅炉引风机尾部出来的烟气，全部进入吸收塔，脱硫后的烟气从烟囱排入大气，这样就不存在原烟气走旁路的可能，真正地实现 100% 原烟气的脱硫。FGD 系统取消旁路烟道，最大的好处是杜绝了偷排现象的发生，真正达到了环保目的。

(2) 可简化工艺系统、优化布置、节省场地。在 600MW 以下机组或 1000MW 不同时脱硝机组，并不设 GGH 时，可由电厂引风机克服整个 FGD 烟气系统的阻力，FGD 系统可以不设置独立的增压风机。由于取消设置旁路烟道和增压风机，大大减少了 FGD 系统的占地面积，使得循环泵房、脱水及制浆车间和所有箱罐等设施都可以布置在烟囱和引风机之间的空地上，使整个系统的布置更为流畅、紧凑及合理，既节省了占地面积，同时也便于日后脱硫设备的安装和检修。

(3) 可优化建设模式。取消旁路且增压风机和引风机合并设置时，吸收塔布置在烟囱前，FGD 烟气系统不再是一个独立的系统，完全可以纳入主体工程的设计当中，可和主机一样实施 E＋PC 建设模式，利于 FGD 系统的建设质量。

**281. 在不设脱硫系统旁路情况下后，脱硫运行值班员将怎样在确保主机系统安全运行的前提下保证脱硫系统稳定运行？**

**答：** 在不设脱硫系统旁路情况下后，脱硫运行值班员在确保主机系统安全运行的前提下保证脱硫系统稳定运行的方法和措施为：

（1）加强对脱硫系统重要设备检查和监视，特别对脱硫烟气设备如脱硫增压风机和附属油站、脱硫烟气换热器、原烟气挡板、净烟气挡板等设备作为检查重点。

（2）熟悉各设备的测点定值、设备报警和跳闸值，各设备的联锁保护。

（3）认真学习和执行相关紧急预案和风险预控措施，出现异常情况能沉着冷静进行处理。

（4）定期举行事故演习，提高人员事故处理能力。

（5）加强与主机值长的联系沟通，在机组升降负荷或出现其他异常的情况下能及时告知脱硫运行值班员，加强对进口压力监视。

（6）加强设备缺陷管理，特别针对重要设备缺陷要及时处理，保证设备安全稳定运行。

（7）认真做好设备的定期切换和试验，保证备用设备能正常备用。

（8）总结运行经验为铅封以后设备的稳定运行，提出自己的建议，优化系统保护和联锁。

（9）加强对脱硫系统进口各测点的监视，特别是进口压力、进口烟温、进口二氧化硫浓度、进口烟气流量等，出现异常时及时分析和处理。

（10）出现异常可能危机脱硫系统运行，应第一时间汇报值长、专工并联系检修人员紧急处理。

**282. 烟气脱硫增压风机是指什么？**

**答：** 烟气脱硫增压风机是指设置于引风机下游，用以克服脱硫装置产生的烟气阻力新增加的风机。

### 283. 脱硫增压风机的作用是什么?

**答**：脱硫系统采用带旁路的烟气脱硫设计方案。当烟气不通过旁路烟道时，就会加大阻力损失，这些阻力损失包括以下三个方面：烟道压损、换热器压损和吸收塔压损，这些阻力损失对于机组的引风机的功率调整上是不能承担和满足的。增压风机是在引风机后部安装以便增加烟气压强抵消压损，使经过脱硫的烟气达到排放高度。

### 284. 增压风机液压油泵和润滑油泵的作用是什么?

**答**：液压油泵是为增压风机动叶的调节、保持推杆提供液压力。润滑油泵是为增压风机风机轴承、电动机轴承提供润滑、冷却。

### 285. 增压风机油系统油箱配电加热器的目的是什么?

**答**：油系统油箱内配电加热器的目的是使润滑油在风机启动前达到运行油温，但同时又要保证不产生局部过热而引起油质劣化。

### 286. 增压风机日常运行过程中常见故障原因和处理方法是什么?

**答**：增压风机日常运行过程中常见故障原因和处理方法见表 4-1。

**表 4-1 增压风机日常运行过程中常见故障原因和处理方法**

| 序号 | 故障现象 | 原因分析 | 处理方法 |
|---|---|---|---|
| 1 | 运行时声音过大 | 轴承间隙太大 | 检查轴承，必要时更换轴承（如果必要，还应检查电动机轴承），可用实心棒测听声音 |
| 2 | 两台风机并联运行时所消耗的功率大小不同 | 进口导叶的调节不同步 | 重新调整进口导叶，检查执行器的组装，拧紧固定螺栓 |

续表

| 序号 | 故障现象 | 原因分析 | 处理方法 |
|---|---|---|---|
| 3 | 风机的消耗功率不起变化 | 伺服电动机出现故障，杠杆与轴的外端夹头已松动 | 更换伺服电动机加紧杠杆，调整进口导叶，检查执行器驱动，拧紧固定螺栓 |
| 4 | 运行时声音大，不平稳，引起异常振动 | 转子上的沉积物引起的不平衡，由于叶片一侧磨损引起的不平衡，轴承磨损增加，基础变形或校正不准确 | 除去沉积物，更换叶片，检查轴承，必要时装上备用轴承，检查对中，重新找正 |

**287. 增压风机日常运行过程中的温度及振动监视标准是什么？**

答：增压风机日常运行过程中的温度及振动监视标准见表4-2。

表4-2　增压风机日常运行过程中的温度及振动监视标准

| 序号 | 项目 | 报警 | 跳闸值 | 备注 |
|---|---|---|---|---|
| 1 | 轴承温度 | 85~90℃ | 100℃ | |
| 2 | 机壳振动 | 4.6mm/s 或 0.16mm | 7.1mm/s 或 0.19mm | 转速为749r/min 及以下 |
| | | 4.6mm/s 或 0.12mm | 7.1mm/s 或 0.16mm | 转速为980r/min |
| | | 4.6mm/s 或 0.08mm | 7.1mm/s 或 0.12mm | 转速为1480r/min |

**288. 火电厂湿法烟气脱硫后是否需要烟气升温指导意见是什么？**

答：火电厂湿法烟气脱硫后是否需要烟气升温指导意见是：

电厂湿法烟气脱硫后的烟气升温主要是在一定条件和程度上提高烟气温度，进而在一定程度上改善烟气扩散条件，而对污染物的排放浓度和排放量没有影响。

对燃煤电厂较为密集地区，对环境质量有特殊要求的地区（京津地区、城区及近郊、风景名胜区或有特殊景观要求的区域），以及位于城市的现有电厂改造等，在景观要求和环境质量等要求下，火电厂均应采取加装 GGH 等设备和工艺，进一步改善烟气扩散条件。

在有环境容量的地区，比如农村地区、部分海边地区的火电厂，在满足达标排放、总量控制和环境功能的条件下，可暂不采取烟气升温措施。

新建、扩建、改造火电厂，其烟气排放是否需要升温，应通过项目的环境影响评价确定。

### 289. 不设置 GGH 对环境质量的影响是什么？解决办法是什么？

答：湿法烟气脱硫工艺中，烟气经过吸收塔的洗涤，温度通常降到 $45\sim55℃$，这样的低温湿烟气如果直接送到烟囱排放，会引起如下 3 种环境问题：

（1）烟气的排放温度较低，因此其抬升高度较小，会引起下风向地面烟气浓度增大，这相当于降低了脱硫效率，可能造成污染问题。

（2）饱和湿烟气在传输过程中会发生水汽凝结，凝结水会在下风向形成降雨，在寒冷冬季的北方，还可能形成降雪和地面出现结冰。

（3）水汽凝结会造成烟囱冒白烟。

为了不带来上述环境问题，通常的做法是将烟气通过再加热器将其加热到 $80℃$ 左右后排放。

### 290. 不设 GGH 对 FGD 原烟气烟道的腐蚀影响是什么？

答：在不设 GGH 的系统中，由于原烟气没有降温，吸收塔进口段前原烟气烟道（包括 FGD 进口挡板门）在保温良好的情况下不会出现硫酸腐蚀。

在有 GGH 的系统中，GGH 一般布置在增压风机和吸收塔之间，原烟气经 GGH 降温后，温度下降至 $100℃$ 以下，低于烟气的酸露点温度。因此，GGH 本身及 GGH 至吸收塔进口段之间的原烟道会出现酸冷凝和腐蚀。

### 291. 不设 GGH 对 FGD 吸收塔进口段的腐蚀影响是什么？

**答：** 吸收塔进口段由于是烟气的冷/热、干/湿交界面，其腐蚀情况十分严重。刚进入吸收塔进口段的原烟气的温度较高，经过喷淋液的喷淋冷却后很快降温，前后温差大，喷淋浆液经过反复干燥浓缩，在该表面上可能产生严重的点腐蚀，因此吸收塔进口段的防腐既要考虑热应力的影响，又要考虑酸腐蚀和氯离子腐蚀。

### 292. 不设 GGH 对 FGD 吸收塔出口净烟气烟道的腐蚀影响是什么？

**答：** 不设 GGH 时，吸收塔出口至 FGD 出口挡板门的整个净烟气烟道内通过的烟气为饱和湿烟气，具有很强的腐蚀性。一方面，由于烟气处于饱和状态，对防腐材料的耐酸性、耐湿性和黏结性都将有更高的要求；另一方面，由于烟气没有再热过程，因此减少了酸性冷凝液因蒸发而浓缩的可能，严重点腐蚀的情况也将相应减少。

### 293. 不设 GGH 对烟囱的腐蚀影响是什么？

**答：** 在不设 GGH 时，排入烟囱的烟气为吸收塔出口的饱和净烟气。虽然 $SO_2$ 浓度不高，但吸收塔对 $SO_3$ 的脱除效率大约仅为 50%，此时烟囱内烟气的温度仍处在酸露点以下，会对烟囱内壁产生腐蚀作用，并且腐蚀速率随硫酸浓度和烟囱壁温的变化而变化。

（1）当烟囱壁温达到酸露点时，硫酸开始在烟囱内壁凝结，产生腐蚀，但此时凝结酸量尚少，浓度也高，故腐蚀速度较低。

（2）烟囱壁温继续降低，凝结酸液量进一步增多，浓度却降低，进入稀硫酸的强腐蚀区，腐蚀速率达到最大。

（3）烟囱壁温进一步降低，凝结水量增加，硫酸浓度降到弱腐蚀区，同时腐蚀速度随壁温降低而减小。

（4）烟囱壁温达到水露点时，壁温凝结膜与烟气中 $SO_2$ 结合

成 $H_2SO_4$ 溶液，烟气中残存的 HCl/HF 溶于水膜中，对金属和非金属均也会产生强烈腐蚀，故随着壁温降低腐蚀重新加剧。

### 294. 不设置 GGH 后的技术措施是什么？

**答：**不设置 GGH 后的技术措施是：

（1）为有效减轻因不设置 GGH 对大气环境质量的影响，应进一步提高脱硫装置的脱硫效率，如由 95% 提高到 97%，至于提高多少，应根据环境质量指标和环境条件，因地制宜，通过项目的环境影响评价来确定。

（2）不设置 GGH 并不意味着不可以采用其他对脱硫烟气加热的方式，如在线加热、热空气间接加热、直接燃烧加热等。这些加热方式虽然需要利用额外的资源，但它可根据大气环境条件来决定是否需要加热，什么时候加热，加热到多少度，从而在成本最小化的条件下，实现大气环境质量的要求。

（3）提高下游烟道、设备和烟囱的防腐材料等级来解决腐蚀问题。

## 第二节 吸 收 塔

### 295. 脱硫前烟气中的 $SO_2$ 含量计算公式是什么？

**答：**脱硫前烟气中的 $SO_2$ 含量根据下列公式计算：

$$M_{SO_2} = 2 \times K \times B_g \times \left(1 - \frac{q_4}{100}\right) \times \frac{S_{ar}}{100} \times \left(1 - \frac{\eta_{SO_2}}{100}\right) \quad (4\text{-}1)$$

式中　$M_{SO_2}$——脱硫前烟气中的 $SO_2$ 含量，t/h；

　　　　$K$——燃煤中的含硫量燃烧后氧化成 $SO_2$ 的份额，煤粉炉 $K$ 取 0.9，CFB 锅炉 $K$ 取 1；

　　　　$B_g$——锅炉 BMCR 负荷时的燃煤量，t/h；

　　　　$q_4$——锅炉机械未完全燃烧的热损失，%；

　　　　$S_{ar}$——燃料煤的收到基硫分，%。

　　　　$\eta_{SO_2}$——CFB 锅炉炉内脱硫效率，煤粉炉时取值为零（%）。

**296. 脱硫岛是指什么？**

**答：**脱硫岛是指燃煤烟气湿法脱硫设备所处的区域。

**297. 脱硫吸收塔是指什么？**

**答：**脱硫吸收塔是指脱硫工艺中脱除 $SO_2$ 等有害物质的反应装置。

**398. 吸收塔浆池是指什么？**

**答：**吸收塔浆池是指吸收系统中缓冲、贮存浆液，并完成吸收剂溶解、亚硫酸盐氧化、硫酸盐结晶等物理和化学反应过程的容器。

**399. 射流搅拌是指什么？**

**答：**射流搅拌是指塔外射流泵抽取吸收塔浆池底部浆液，浆液升压后流回吸收塔内并从末端带有向下喷嘴的管路系统喷射而出，形成对浆池底部的搅动，从而防止固体物沉淀的浆液搅拌方式。

**300. 浆液循环系统组成是什么？**

**答：**浆液循环系统由塔外浆液循环泵、塔内喷淋层、喷嘴及相应的管阀组成。

（1）浆液在浆液池内停留时间应使吸收剂颗粒充分溶解，并与硫氧化物有足够的反应时间，形成优质脱硫石膏，同时也应考虑浆液池的占地及氧化风机和搅拌器的设备费用。

（2）浆液循环停留时间不应少于 4min。

**301. 浆液搅拌与石膏排出系统组成是什么？**

**答：**浆液搅拌与石膏排出系统由浆液搅拌装置、石膏排出泵和管阀组成。

（1）浆液搅拌装置可采用侧进式机械器或射流搅拌两种方式之一，射流泵应考虑备用。

（2）正常运行的脱硫系统浆液池中，石膏过饱和度应控制在110%～130%。

（3）固体物停留时间（石膏结晶时间）不应少于12h。

### 302. 无旁路湿法烟气脱硫装置是指什么？

**答：** 无旁路湿法烟气脱硫装置是指锅炉排放的烟气全部直接通过湿法脱硫装置处理后排放，烟气无其他旁路通道的湿法脱硫装置。

脱硫装置的容量采用锅炉额定负荷 BMCR 工况下，燃用设计/校核煤种烟气条件为设计依据，进行计算确定 $n$ 台循环泵，作为脱硫装置的设计工况。吸收系统宜选择 $n+1$ 台循环泵。脱硫装置的吸收塔及所有配套系统宜按 $n+1$ 台循环泵全部运行配置，且该脱硫装置在 $n+1$ 台循环泵运行时，应能满足在可预见的时段内，锅炉会经常燃用的，除设计煤种、校核煤种以外允许范围内的较差煤质条件。

### 303. 二氧化硫吸收系统主要作用是什么？

**答：** 二氧化硫吸收系统主要用于脱除烟气中 $SO_2$，同时也会脱除烟气中的 $SO_3$、HCl、HF 等污染物及烟气中的飞灰等物质。

### 304. 二氧化硫吸收系统包括哪些子系统及设备？

**答：** 二氧化硫吸收系统包括吸收塔系统、浆液循环系统、氧化空气系统三个子系统。设备主要包括吸收塔（含除雾器、多个喷淋层及喷嘴、托盘或其他内件、氧化空气分布管等）、数台侧进式搅拌器、与喷淋层个数向对应的浆液循环泵、氧化风机及其相应的管道阀门等。

### 305. 概述吸收塔系统典型工艺流程。

**答：** 原烟气通过吸收塔入口从浆液池上方进入吸收区。在吸收塔内，原烟气通过托盘均布，与自上而下的浆液（多层喷淋层）接触发生化学吸收反应，并被冷却。该浆液由各喷淋层的多个喷嘴喷出。烟气中的硫的氧化物（$SO_x$）及其他酸性物质被循环喷淋的含吸收剂的浆液吸收而得以除去。

浆液与烟气接触反应后落入吸收塔下部浆液池，即氧化结晶区。在液相中，硫的氧化物与碳酸钙反应，生成亚硫酸钙。在吸收塔下部浆液池，亚硫酸钙由布置在浆液池中的氧化空气分布系统强制氧化成硫酸钙，硫酸钙在浆液池中结晶生成石膏晶体。

从吸收区出来的净烟气依次流经除雾器，除去所含浆液雾滴。经洗涤和净化的烟气通过出口锥筒流出吸收塔，经过烟气换热器或直接排入净烟道和烟囱。

### 306. FGD 的核心装置是什么？它主要由哪些设备组成？

答：吸收塔是 FGD 的核心装置，它主要由浆液循环泵、喷淋层、石膏排出泵、氧化风机、搅拌器、除雾器等组成。

### 307. 脱硫吸收塔的作用是什么？

答：脱硫吸收塔的作用主要是通过循环泵和喷淋层管组将混有石灰石和石膏的浆液进行循环喷淋，吸收进入吸收塔烟气中的二氧化硫。被浆液吸收的二氧化硫与石灰石和鼓入吸收塔中的氧气发生反应生成二水硫酸钙（石膏），然后通过石膏排出泵将生成的石膏排到石膏脱水系统进行脱水。

### 308. 吸收塔自上而下可以分为几个功能区？

答：吸收塔自上而下可以分为氧化结晶区、吸收区和除雾区三个功能区。

（1）氧化结晶区：该区即为吸收塔浆液池区，主要功能是用于石灰石的溶解和亚硫酸钙的氧化。

（2）吸收区：该区包括吸收塔入口、托盘及若干层喷淋层，每层喷淋装置上布置有许多空心锥喷嘴；吸收塔的主要功能是用于吸收烟气中的酸性污染物及飞灰等物质。

（3）除雾区：该区位于喷淋层以上，包括两级除雾器，主要功能是分离烟气中携带的雾滴，降低对下游设备的影响，减少吸收剂的损耗。

### 309. 吸收塔的吸收区域是指哪些区域？

**答：** 吸收塔的吸收区域是指吸收塔入口烟道中心线以上至最高一层喷淋层中心线中间的区域。喷淋的浆液在该区域对含硫烟气进行洗涤。充分的吸收区域高度可以保证较高的脱硫率，在满足同样脱硫率的要求下，这个高度越高，所需要的循环泵流量就越低。

### 310. 吸收塔喷淋区域是如何界定的？

**答：** 吸收塔喷淋区域界定为：

（1）喷淋塔：最低层喷嘴下 1.5m 至最高层喷嘴出口区域。

（2）液柱塔：最低层喷嘴出口至所有浆液循环泵运行时最高液柱上方 0.5m。

### 311. 对吸收塔有何要求，在塔内完成哪些主要工艺步骤？

**答：** 吸收塔是烟气脱硫系统的核心装置，要求气液接触面积大，气体的吸收反应良好，压力损失小，并且适用于大容量烟气处理。

在这一装置中完成以下主要工艺步骤：①在洗涤浆液中对有害气体的吸收；②烟气与洗涤浆液分离；③浆液的中和；④将中间中和产物氧化成石膏；⑤石膏结晶析出。

### 312. 吸收塔组成是什么？

**答：** 从结构上看，吸收塔一般分为筒体、烟气进口和烟气出口。一般烟气进口布置在吸收塔中部，烟气出口布置在吸收塔顶部。从功能分区看，吸收塔筒体可分为浆池区、喷淋区和除雾区：浆池区一般位于吸收塔入口下部，喷淋区和除雾器位于烟气入口和出口之间。吸收塔烟气出口可采用顶部直出式或水平侧出式。

常规的喷淋区布置有喷淋层和喷嘴等装置，根据脱硫工艺的不同，部分吸收塔的喷淋区还会设置托盘、文丘里棒等装置。几种典型的吸收塔形式如图 4-1～图 4-4 所示。

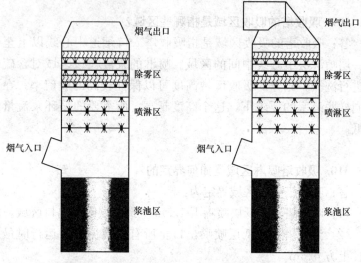

图 4-1　顶部直出式吸收塔　　　　图 4-2　水平侧出式吸收塔

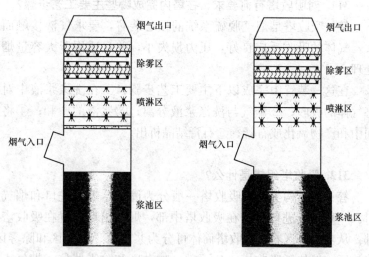

图 4-3　喷淋区带托盘的吸收塔　　　图 4-4　变径吸收塔

### 313. 吸收塔设计应符合哪些规定？

**答：**吸收塔设计应符合下列规定：

（1）钙硫比不宜大于 1.05。

（2）采用塔内除雾器时，设计工况下吸收塔烟气流速不宜超过 3.8m/s。

（3）吸收塔浆池与塔体宜为一体结构。

（4）喷淋空塔浆液循环停留时间不宜小于 4min，液柱塔不宜小于 2.5min。

（5）吸收塔入口烟道与吸收塔垂直壁面相交处应设置挡水环及防雨罩。

（6）喷淋空塔入口烟道宜采用斜向下进入布置方式。采用水平进入布置方式时应保证吸收塔入口相邻的第一个弯头处的烟道最低位置比吸收塔浆池正常运行液位高 1.5～2m。液柱塔入口烟道可采用水平或垂直进入布置方式。

（7）喷淋空塔相邻喷淋层的间距不宜小于 1.8m。

（8）喷淋空塔顶层喷淋层应仅向下喷浆，且距除雾器最底层净距不宜小于 2m。

（9）对装有多孔托盘及湍流器的喷淋塔，多孔托盘及湍流器叶片应采用合金防腐材料。

（10）当未设置排烟升温换热装置时，吸收塔空塔流速、液气比、浆液含固量等设计参数的选取应考虑脱硫效率的要求及减少净烟气液滴携带量等因素的影响。

（11）吸收塔的设计应适应锅炉负荷及燃煤含硫量的设计范围。石灰石浆液可直接注入吸收塔，也可经浆液循环泵进入吸收塔，但应满足浆液循环泵切换运行时吸收剂的正常供应。

### 314. 吸收塔选型配置要求是什么？

**答：**吸收塔选型配置要求是：

（1）吸收塔的直径通过喷淋区烟气流速确定，烟气流速按吸收塔出口烟气流量计算，烟气流速宜为 3.5～4m/s。高流速的实现应在保证高的脱硫效率的前提下综合考虑塔阻力增加带来能耗增加以及可能发生的石膏雨问题。对于浆池容积较大或者吸收塔高度有限制的情况，吸收塔可采用变径形式。变径吸收塔浆池区直径应比吸收区直径至少大 2m，变径段角度不应小于 45°。

（2）吸收塔浆池容积（设计液位高度）通过固体停留时间和浆液循环时间来确定，浆池区浆液含固量（质量分数）宜为 10%～20%，固体物停留时间不应少于 12h，浆液循环停留时间不应少于 4min。

（3）吸收塔浆池区应避免浆液沉积，可配备侧进式搅拌器或者射流扰动管等装置。

（4）吸收塔浆池区应配置强制氧化空气装置，保证吸收反应后的浆液中的亚硫酸钙充分氧化成硫酸钙。氧化空气装置的布置可采用管网喷雾式（又称固定式空气喷雾器）和搅拌器与空气喷枪组合式，当采用后者时，氧化空气装置的布置应与侧进式搅拌器统一设计。

（5）位于浆池区的管口，若外接设备为浆液泵，则宜配置滤网。

（6）烟气入口最低点与吸收塔浆池区设计液位的间距不应小于 2m。吸收塔浆池区应设置溢流管接口和排尽接口，溢流液位与设计液的间距不应小 0.5m。

（7）烟气入口设计时应满足压损小、烟气均匀分布的要求；烟气入口宜采用方形，且采用较大的宽高比，进口宽度占到塔径的 70% 以上；烟气入口内壁光滑，避免产生固体沉积物；烟气入口宜具备一定的倾角或烟气入口上部应设置雨篷，避免浆液进入烟气入口前的烟道。烟气入口底板宜设置冲洗装置。

（8）喷淋区最底层喷淋层中心线与烟气入口顶部应保持一定距离，宜为 2～3m。若喷淋区底部设置有托盘、文丘里棒等装置，此距离应适当增加。

（9）喷淋区每层喷嘴应均匀布置，每层喷嘴的覆盖率不应小于 300%。相邻两层喷淋管间距宜为 2m，最小不应低于 1m。

（10）第一级平板式或屋脊式除雾器底部与喷淋区最顶部喷淋管中心的距离不应小于 2m；末级除雾器顶部与烟气出口底部的距离不应小于 2m；各级除雾器支撑梁的间距不应小于 1.8m。

### 315. 吸收塔选型配置材料要求是什么？

**答**：吸收塔选型配置材料要求是：

（1）吸收塔内接触浆液的材料应综合考虑耐磨、耐腐蚀、经济适用的要求。

（2）吸收塔本体宜采用碳钢材料；塔体内壁需防腐，防腐材料为玻璃鳞片、橡胶或耐腐蚀合金钢。

（3）吸收塔入口烟道因为属于干湿交界区，工况恶劣，所以宜为碳钢内衬镍基合金结构或全部采用镍基合金制作。

（4）吸收塔内所有会接触浆液的紧固件应采用超级奥氏体不锈钢或更高等级材料；吸收塔内氧化空气管、滤网等可采用玻璃钢（FRP）或双向不锈钢材料。侧进式搅拌器、喷淋管、喷嘴和除雾器的材料应符合《湿法烟气脱硫装置专用设备侧进式搅拌器》（JB/T 10983）、《湿法烟气脱硫装置专用设备 喷淋管》（JB/T 10991）、《湿法烟气脱硫装置专用设备 吸收塔浆液喷嘴（JB/T 10964）和《湿法烟气脱硫装置专用设备 除雾器》（JB/T 10989）的规定。

### 316. 吸收剂采用石灰石或石灰时，浆液 pH 值应如何选取？

**答**：（1）吸收剂采用石灰石时，吸收塔循环浆液 pH 值宜取 $4.7\sim6.0$；

（2）吸收剂采用石灰时，吸收塔循环浆液 pH 值宜取 $5.5\sim6.5$。

### 317. 吸收塔入口安装合金雨棚的目的是什么？

**答**：吸收塔入口安装合金雨棚的目的是防止喷淋系统的浆液直接飞溅到吸收塔入口段的烟道上，减少入口段板结石膏的堆积。

### 318. 吸收塔顶部设对空排门的主要作用是什么？

**答**：吸收塔顶部设对空排门的主要作用有以下两个方面：

（1）在调试及 FGD 系统检修时打开，可排除漏进的烟气，有通气、通风、透光的作用，方便工作人员。

（2）在 FGD 系统停运时，消除吸收塔与大气的压差，也可避免烟气在系统内冷凝，腐蚀系统。因此，当 FGD 系统运行时，排气门关闭，当 FGD 系统停运时，排气门开启。

### 319. 事故喷雾降温系统要求是什么？

**答：** 吸收塔入口前烟道应设置事故喷雾降温系统（含高位水箱），在全厂停电状况下或吸收塔所有浆液循环泵全部停运时，应能立即自动启动并运行。供水流量应保证烟气进入吸收塔时温度不高于 80℃；供水时间不应低于 10min。

### 320. 脱硫塔区地坑系统的作用是什么？

**答：** 脱硫塔区地坑系统的作用是用于收集、输送或贮存脱硫塔区域设备运行、运行故障、检验、取样、冲洗、清洗过程或渗漏而产生的液体。通过脱硫塔地坑泵输送至脱硫塔或事故储罐中，脱硫塔区地坑中装有搅拌器，防止固体物在坑底沉积。

### 321. 事故储罐系统的作用是什么？

**答：** 事故储罐系统用来临时贮存脱硫塔因大修或故障原因必须排空的浆液。脱硫塔内浆液通过脱硫塔石膏浆液排出泵送至事故储罐，脱硫塔底部浆液通过排空阀排至脱硫塔区地坑，然后由地坑泵送到事故储罐内。与此相同，清洗脱硫塔底部所需的冲洗水也通过地坑最后送至事故储罐。

再次向排空后的脱硫塔添加石膏浆液是通过事故储罐输送泵来实现，在事故储罐输送泵保护关后，事故储罐中剩余的石膏浆液可排至脱硫塔地坑中。

## 第三节　喷淋循环系统

### 322. 单元制喷淋系统是指什么？

**答：** 单元制喷淋系统是指循环泵与喷淋层一一对应。

### 323. 母管制喷淋系统是指什么？

**答：** 母管制喷淋系统是指多台循环泵出口浆液汇合后再分配

至各层喷嘴。

### 324. 喷淋层由哪几部分组成？其作用是什么？

**答**：喷淋层是吸收塔浆液循环系统的一部分，由管道系统、喷淋组件及喷嘴组成。其作用是用于湿法脱硫吸收塔内将循环喷淋浆液均匀分配到各个喷嘴的设备，将吸收塔浆液提升并雾化后与原烟气进行充分的接触和反应。

### 325. 吸收塔喷淋、喷嘴和除雾器材质应如何选取？

**答**：吸收塔喷淋层采用碳钢双面衬胶或玻璃钢；喷淋层喷嘴选用碳化硅，喷嘴采用空心结构，喷嘴覆盖率取 200％～300％；除雾器元件采用阻燃聚丙烯等工程塑料。

### 326. 常用脱硫塔内的浆液管道主要有几种？

**答**：常用脱硫塔内的浆液管道主要有以下几种：①碳钢内外衬胶；②玻璃钢管道；③改性聚丙烯 PPH。

（1）碳钢内外衬胶。橡胶衬里管和配件的安装应使用螺栓法兰连接，与管道连接的垫片是齐平密封，防止固体物在垫圈缝内积累。

橡胶衬里管和配件的内衬应能防止流体接触金属表面，橡胶衬里伸出管道端部至法兰面的外径。边缘、拐角和等需衬里的表面加工成弧形，至少有 6mm 的半径。橡胶衬里的厚度至少是 4mm。

内径不大于 40mm 输送浆液和含氯液体的管道不得采用衬胶钢管，须用 FRP 或不锈钢管。即衬胶管的内径须大于 40mm。

衬胶弯管和直管的设计寿命分别为 3 年和 5 年。从实际运行情况来看，一般都能达到。磨损部位主要发生在管道法兰连接处和多通道管件、装有节流孔板的出口侧管道，特别是当节流孔磨损后。

衬胶管道对长度有一定限制。

（2）FRP 管道。玻璃钢管道（纤维缠绕增强热固性树脂管道 FRP）是一种新型化纤复合材料产品，由合成树脂和玻璃纤维采用缠绕工艺制造而成。FRP 管具有优良的物理力学性能，密度在 1.8～2.1g/cm³，抗拉强度 160～320MPa，轴向弯曲强度 140MPa，层间剪切强度 50MPa，抗拉模量 25GPa，剪切模量 7GPa，弯曲模量 9.3GPa，巴氏硬度 40，泊松系数 0.3，断裂延伸率 0.8%～1.2%，膨胀系数约 $11.2×10^{-6}/℃$；内表面粗糙度为 0.0084。

吸收塔内部喷浆系统的 FRP 管道和配件的内外表面至少有 2.5mm 厚的耐磨衬垫。标准玻璃管道采用富含树脂内衬时，可承受固体粒 150μm 以下、流速低于 2m/s 的浆液的磨损。FRP 的耐磨性能可通过添加耐磨填料（如 $SiO_2$、SiC、陶瓷粉末）来提高。FRP 的拐弯半径至少应大于 3 倍直径或内表面至少应有 25mm 的弯曲半径。

由于石灰石浆液和石膏浆液均具有比较强的腐蚀性和磨损性，因此要求玻璃钢管必须具备耐腐蚀和耐磨的能力。玻璃钢管的弯头部位是最容易被磨损的，因此弯头处的厚度应额外加强。

（3）PPH 浆液管道。PPH 管道表面非常光滑，其表面粗糙度小于 0.4μm，具有很高的抗腐蚀性，在 100℃下保持良好的机械稳定性、很好的抗研磨能力及相对低的流动阻力。

### 327. 脱硫系统液体管道有何要求？

**答：** 脱硫系统液体流速应根据输送介质特性选择。材质应根据输送介质以及介质的浓度、温度、压力进行选择：①液体输送腐蚀性清液管道应耐腐蚀，输送腐蚀性的浆液管道应耐腐蚀、耐磨损；②管道材质选择碳钢内衬防腐材料、玻璃钢、高密度聚乙烯、聚丙烯、耐腐蚀合金，内衬防腐材料宜采用丁基橡胶、高密度聚乙烯、聚丙烯、聚四氟乙烯、耐腐蚀合金。

### 328. 脱硫浆液管道的设计流速如何进行取值？

**答：** 现在工程设计中，脱硫浆液管道的设计流速取值通常见表 4-3。

表 4-3 浆液管道流速

| 介质 | 管道 | 流速（m/s） |
|---|---|---|
| 浆液 | 离心泵吸入管道 | 1.2～3.0 |
| 石灰石浆液 | 泵出口管道 | 1.2～2.5 |
| 石膏浆液 | 泵出口管道 | 1.2～3.0 |
| 浆液 | 无压力排放管道 | <1.2 |

### 329. 脱硫浆液管道的设计坡度如何进行取值？

**答**：现在工程设计中，脱硫浆液管道的设计坡度取值通常见表 4-4。

表 4-4 浆液管道坡度

| 介质 | 浆液含固量 | 坡度 |
|---|---|---|
| 有压浆液管道 | <30 | ≥0.05 |
| | ≥30，且≤50 | ≥0.1 |
| | >50 | ≥0.2 |
| 无压浆液管道 | <10 | ≥0.05 |
| | ≥10，且≤30 | ≥0.1 |
| | ≥30，且≤45 | ≥0.3 |
| | >45 | ≥0.4 |

### 330. 浆液循环系统由哪些设备组成？

**答**：浆液循环系统由浆液循环泵、喷淋层、喷嘴及其相应管道、阀门组成。

### 331. 脱硫系统离心泵出入口管径有何要求？

**答**：离心泵吸入侧主管道管径不应小于泵吸入口直径，排出侧主管管径不应小于泵出口直径。泵进出口应设置减震用补偿器。

**332. 液体管道设置排气管和排液管的目的是什么？**

**答：**液体管道最高点应设置排气管，以防止管道出现气堵，确保液体流动通畅，排气管应与系统连通，排气管公称直径不应小于15mm；管道最低点应设置排液管，便于检修或停产时排尽管道和设备里的存液，排液管公称直径不应小于20mm；在可能积聚液体的部位应设置排液阀，排液阀应靠近主管。

浆液管道上应有停运冲洗的措施。

**333. 输送腐蚀性、易爆、有毒介质的管道在横跨人行通道、运输通道上方敷设时，横跨段不得有法兰和管道连接件的原因是什么？**

**答：**当管道内输送腐蚀性、易爆、有毒介质时，一旦法兰、管道连接件或其他连接部位发生泄漏，极易对行人造成伤害、损坏设备及物品，严重时会造成重大安全事故。因此，在横跨人行通道、运输通道上方敷设管道时，横跨段不得有任何连接件。

**334. 浆液循环泵的作用是什么？**

**答：**浆液循环泵的作用是把吸收塔反应罐内浆液连续地升压向塔内喷淋层提供喷淋浆液，提供喷嘴雾化能效，把浆液喷淋区内形成较强的雾滴环境，液滴与逆流而上升的烟气充分接触吸收$SO_2$气体，从而保证适当的液/气比（$L/G$），以可靠地脱除烟气中的$SO_2$。

**335. 浆液循环泵前置滤网主要作用是什么？**

**答：**浆液循环泵前置滤网主要作用是防止塔内沉淀物质吸入泵体造成泵的堵塞或损坏，以及吸收塔喷嘴的堵塞和损坏。

**336. 吸收塔浆液循环泵入口装设滤网的要求是什么？**

**答：**吸收塔浆液循环泵入口应设计阻挡大块固体物进入的措施，宜在塔内泵吸入口装设固定式金属滤网，滤网通流面积不宜小于泵入口管道通流面积的3.5倍，也可在塔外泵吸入管路上装设活动式不锈钢金属滤网。

### 337. 石膏浆液排出泵的作用是什么？

**答：** 石膏浆液排出泵的作用是将吸收塔内生产的石膏浆液排出吸收塔，并送入石膏脱水系统进行脱水处理。

### 338. 简述浆液循环泵的工作原理。

**答：** 浆液循环泵的工作原理是通过叶轮高速旋转时产生的离心力使流体获得能量，即流体通过叶轮后，压能和动能都能得到提高，从而能够被输送到高处或远处。同时在泵的入口形成负压，使流体能够被不断吸入。

### 339. 简述浆液循环泵的基本结构。

**答：** 浆液循环泵通常由电动机、减速箱（或联轴器）以及泵本体三大部分组成。细分可包括泵壳、叶轮、轴、导轴承、出口弯头、底板、进口、密封盒、轴封、基础框架、地脚螺栓、机械密封和所有的管道、阀门、就地仪表及电动机。

### 340. 浆液循环泵的特点有哪些？

**答：** 浆液循环泵的特点有：

（1）泵头防腐耐磨。由于泵送的浆体含有 $10\%\sim20\%$ 石灰石、石膏和灰粒，pH 值为 $4\sim6$ 的腐蚀性介质，所以对泵的要求非常苛刻，选用的材料要求耐磨耐腐蚀，并且至少适应高达 $20000mg/L$ 的 $Cl^-$ 浓度。湿法烟气脱硫吸收塔循环浆液介质特性参见表 4-5。理论上，氯化物的含量可能达到 $80000mg/L$，在某些情况下会更高些。如此高含量的氯化物在 pH 值较低的介质环境中会导致金属合金的严重腐蚀和点蚀，当要求取消或极少量引入填料水时，这种情况会进一步恶化。当要求减少或取消填料水时，必须采用可靠的机械密封，这又要求泵厂家必须为这种密封提供相应的安装使用条件，比如稳定的压力、流动条件、最小的轴偏差和振动。

**表 4-5** 　　　　湿法烟气脱硫吸收塔循环浆液介质特性

| 介质特性 | 单位 | 数值 |
|---|---|---|
| 浆液名称 | — | 石灰石/石膏浆液 |
| 介质温度 | ℃ | ≤110 |
| 密度 | kg/m³ | ≥1050 |
| 黏度 | MPa · s | ≤2 |
| pH 值 | — | 4.5~6 |
| 浆液浓度（质量分数） | % | ≤30 |
| $Cl^-$ 含量 | mg/l | ≤20000 |

　　（2）低压头、大流量。目前制造能力下，循环浆泵的流量已达到 10000m³/h、扬程为 16~30m，还要适应停机及非高峰供电情况下的非正常运行的要求。泵的水特性能必须充分有效，其"流量－扬程特性"必须适应并联运行。尽管泵的进口压力较高，通常为 10~15mH₂O（1mH₂O＝9806.65Pa，下同），可以充分地满足泵必需汽蚀余量的要求。但是，为保证石灰石浆液完全被氧化成硫酸盐，还必须考虑到部分空气或氧气可能引入到循环泵内，当夹杂在浆体中的空气超过 3%（体积百分比）时，就会降低泵的流量—扬程性能。在室温下饱含空气的水，其有效汽化压力高于正常水的汽化压力，所以会影响泵的汽蚀余量。

　　有时，从吸收塔壁面上结垢落下来的石膏碎片，会严重地损坏泵的衬里或者堵塞泵的吸入管路，干扰泵内浆体的流动，并降低装置汽蚀余量。

　　（3）性能可靠、连续运行。泵必须经久耐用，能在规定的工况条件下每天 24h 连续运转，并能至少连续无故障运行 24000h。轴和轴承组件的尺寸必须足够大，以适应工况变化的要求，并能有效防护、防止浆体或其他杂质侵入。因为在目前采用的泵送系统中很少有备用泵，所以在循环泵选型时，可靠性是关键因素。另外，如果泵需要维修时，泵的结构设计必须保证易于拆卸和重新装配。

**341. 烟气脱硫循环泵按结构分为哪两种形式?**

答:烟气脱硫循环泵为单级、单吸离心泵,按泵结构分为以下两种:

(1)卧式单壳泵。

(2)卧式具有内壳和外壳的双壳泵。

离心式烟气脱硫循环泵基本参数,参见表 4-6。

表 4-6　　　　　　　离心式烟气脱硫循环泵基本参数

| 序号 | 流量 $Q$ ($m^3/h$) | 扬程 $H$ (m) | 转速 $n$ (r/min) | 效率 $\mu$ (%) |
|---|---|---|---|---|
| 1 | 550~2500 | 19~24 | 590~990 | 70~78 |
| 2 | 700~2900 | 20~65 | 590~990 | 73~79 |
| 3 | 1100~3500 | 14~25 | 590~990 | 75~80 |
| 4 | 1900~4000 | 15~32 | 590~990 | 75~85 |
| 5 | 3000~6700 | 15~28 | 590~740 | 76~85 |
| 6 | 5700~9000 | 15~30 | 400~580 | 82~88 |
| 7 | 8300~12500 | 15~30 | 400~470 | 85~88 |
| 8 | 10000~15000 | 20~34 | 400~460 | 85~88 |

**342. 浆液循环泵各连接方式特点是什么?**

答:浆液循环泵各连接方式特点是:

(1)直联驱动的特点:直联驱动无减速机,无须配置减速机冷却用的进出口管道,整装后的长度和宽度较小,需使用 10、12、14、16 极电动机,通常价格非常昂贵。另外要求三种不同的叶轮直径,会延长制造周期,切削叶轮会使泵效率下降,NPSHr 增加,叶轮直径减少,磨损寿命减小,直联驱动针对不同的扬程叶轮是一样的,不具备互换性。

(2)减速机驱动的特点:泵的转速不同,效率也不同,使用减速机方案效率高一些,能将工作点调整到泵的高效区,效率提高,但初投资增加一个齿轮箱。减少叶轮的备用,增加耐磨损的寿命，仅需选用 4 极电动机，其交货周期短。运行费用较高，因为减速机的用油要求严格。不同的扬程泵叶轮完全一样，具有互换性。

**343. 离心式烟气脱硫循环泵后拉式拆卸结构是指什么？**

答：离心式烟气脱硫循环泵后拉式拆卸结构为：不拆卸原动机、泵体、吸入口管路和吐出口管路的情况下，能够方便地拆卸联轴器、叶轮、密封、轴承和转子。

**344. 烟气脱硫循环泵的要求是什么？**

答：烟气脱硫循环泵的要求是：

（1）被输送介质的温度一般不超过 110℃，橡胶内衬的双壳泵不超过 65℃。

（2）轴承选用滚动轴承，并采用油润滑，其工作温度不应超过 85℃，温升不应超过 55℃。

（3）原动机应根据泵运行工况的最大轴功率选择，原动机的功率不小于 1.05 倍的泵最大轴功率。

（4）泵的轴封应采用机械密封。

（5）泵过流部件在材料选择上应考虑输送浆液的腐蚀性和磨蚀性。

（6）装配好的转子部件，轴或轴套外圆表面的径向圆跳动不应大于表 4-7 的规定。

（7）装配完成后，轴向允许调整量不小于 3mm。

（8）泵贮存期间，每隔一周需转动所有转动轴 $\frac{5}{4}$ 圈。

表 4-7　　　　轴或轴套外圆表面的径向圆跳动公差　　　　（mm）

| 轴（或轴套）外圆直径 | ≤120 | >120～250 | >250～500 |
| --- | --- | --- | --- |
| 径向圆跳动公差 | 0.12 | 0.14 | 0.16 |

**345. 简述浆液循环泵两大技术方案和四种结构的比较。**

答：浆液循环泵两大技术方案和四种结构的比较见表 4-8。

表 4-8　　　　浆液循环泵两大技术方案和四种结构的比较

| 序号 | 技术方案 | 结构形式 | 优缺点 | 代表厂家 |
|---|---|---|---|---|
| 1 | 全金属泵 | 轴承悬架结构，可以轴向调节 | 优点：使用寿命长，效率高。<br>缺点：价格昂贵 | KSB、FLOWSERVE、五二五泵业、石家庄工业泵 |
|  |  | 轴承托架结构，可以轴向调节 | 优点：泵的抗振动性能好。<br>缺点：主支撑在托架上，拆卸维护不方便，需要动管道 | 石家庄泵业集团、WARMAN |
| 2 | 胶泵体＋金属叶轮泵 | 轴承悬架结构，可以轴向调节 | 优点：价格便宜。<br>缺点：胶在经过石膏浆液磨损后，胶体脱落，会导致吸收塔喷淋层的喷嘴堵塞，胶体使用寿命短，是金属的2/3，衬胶制造设备要求专用，大型泵制造难度大 | WARMAN |
|  |  | 轴承托架结构，可以轴向调节 | 优点：主支撑在泵体上，拆卸维护方便，不用动管道，悬架只是辅助支撑。<br>缺点：泵的抗振动性能不如托架 | 石家庄泵业集团、WARMAN |

## 346. 机械密封的工作原理是什么？

答：机械密封的工作原理是机械密封是靠一对或数对垂直于轴做相对滑动的端面，在流体压力和补偿机构的弹力（或磁力）作用下，保持贴合并配以辅助密封而达到阻漏的轴封装置。

## 347. 机械密封与软填料密封比较优缺点是什么？

答：机械密封与软填料密封比较，有如下优点：

（1）密封可靠在长周期的运行中，密封状态很稳定，泄漏量很小，按粗略统计，其泄漏量一般仅为软填料密封的1/100。

（2）使用寿命长在油、水类介质中一般可达1～2年或更长时间，在化工介质中通常也能达半年以上。

（3）摩擦功率消耗小机械密封的摩擦功率仅为软填料密封的10%～50%。

（4）轴或轴套基本上不受磨损。

（5）维修周期长端面磨损后可自动补偿，一般情况下，无须经常性的维修。

（6）抗震性好，对旋转轴的振动、偏摆以及轴对密封腔的偏斜不敏感。

（7）适用范围广，机械密封能用于低温、高温、真空、高压、不同转速，以及各种腐蚀性介质和含磨粒介质等的密封。

其缺点有：

（1）结构较复杂，对制造加工要求高。

（2）安装与更换比较麻烦，并要求工人有一定的安装技术水平。

（3）发生偶然性事故时，处理较困难。

（4）一次性投资高。

### 348. 脱硫喷嘴定义是什么？

**答：** 脱硫喷嘴是将浆液以压力雾化方法雾化成一定粒径分布的细小雾滴的设备。

### 349. 喷嘴的主要性能参数包括哪些？

**答：** 在石灰石/石膏湿法FGD系统中，喷嘴是关键设备，喷嘴性能和喷嘴布置设计直接影响到湿法FGD系统性能参数和运行可靠性。喷嘴的主要性能参数包括：

（1）喷雾角。喷雾角指浆液从喷嘴旋转喷出后，形成的液膜空心锥的锥角。影响喷雾角的因素主要是喷嘴的各种结构参数，如喷嘴孔半径、旋转室半径和浆液入口半径等。

（2）喷嘴压力降。喷嘴压力降指浆液通过喷嘴通道时所产生的压力损失，喷嘴压力降越大，能耗就越大。喷嘴压力降的大小主要与喷嘴结构参数和浆液黏度等因素有关，浆液黏度越大，喷嘴压力降越大。

（3）喷嘴流量。喷嘴流量指单位时间内通过喷嘴的体积流量。喷嘴流量与喷嘴压力降、喷嘴结构参数等因素有关。在相同喷嘴压力降条件下，喷嘴孔半径越大，喷嘴流量越大。

（4）喷嘴雾化液滴平均直径。喷嘴雾化液滴平均直径通常采用体积面积平均直径来表示。影响液滴直径的因素很多，如喷嘴孔径、进口压力、浆液黏度、表面张力和浆液流量等。

**350. 喷淋覆盖率计算公式是什么？**

**答：** 喷淋覆盖率是指在离喷嘴出口 1m 处的喷淋层覆盖率。其计算公式为：

$$覆盖率 = \frac{N_{noz} A_{noz}}{A_{abs}} \times 100\% \qquad (4\text{-}2)$$

式中　$N_{noz}$——每个喷淋层喷嘴的数量，个；

　　　$A_{noz}$——距喷嘴出口 1m 处测得的每个喷嘴的覆盖面积，$m^2$；

　　　$A_{abs}$——距喷嘴出口 1m 处吸收塔横截面积，$m^2$。

**351. 湿法烟气脱硫系统需要设置喷嘴的位置有哪些？**

**答：** 湿法烟气脱硫系统需要设置喷嘴的位置有吸收塔浆液喷淋喷嘴、吸收塔入口烟气冲洗喷嘴、除雾器冲洗喷嘴、石膏冲洗（真空皮带机）喷嘴和烟气事故冷却喷嘴。

**352. 湿法脱硫系统喷嘴的作用是什么？**

**答：** 吸收塔喷淋喷嘴将循环浆液雾化成细小的液滴，提高气液之间的传质面积；吸收塔入口烟道干湿界面通常装有冲洗喷嘴，用来清除该处出现的沉积物；除雾器冲洗喷嘴用来冲洗除雾器板片上黏附的固体物；石膏冲洗喷嘴用来冲洗石膏滤饼中可溶性物质（主要是氯化物）；有时也在吸收塔入口烟道安装喷嘴用来冷却进入吸收塔的烟气。

### 353. 雾化喷嘴的功能是什么？

**答**：雾化喷嘴的功能是将大量的石灰石浆液转化为能提供足够接触面积的雾化小液滴以有效脱除烟气的 $SO_2$。

### 354. 脱硫系统中常用的喷嘴主要有哪几种类型？

**答**：脱硫系统常用的喷嘴主要有切向喷嘴、轴向喷嘴和螺旋喷嘴三种类型。

（1）切向喷嘴又称空心锥切线型喷嘴，可分为空心锥切线型脱硫喷嘴、双空心锥切线型脱硫喷嘴和实心锥切线型脱硫喷嘴。

1）空心锥切线型脱硫喷嘴是指浆液从切线方向进入喷嘴涡旋腔内，产生旋转运动，获得离心力后，从与入口成直角的喷口喷出，形成无数雾滴组成的空心锥的脱硫喷嘴。

2）双空心锥切线型脱硫喷嘴是指浆液从切线方向进入喷嘴涡旋腔内，产生旋转运动，获得离心力后，从与入口成直角的上、下两个喷口同时喷出，形成无数雾滴组成的空心锥的脱硫喷嘴。在吸收塔中，一个喷口向下喷，另一个喷口向上喷。

3）实心锥切线型脱硫喷嘴是指浆液从切线方向进入喷嘴涡旋腔内，产生旋转运动，获得离心力后，从与入口成直角的喷口喷出，形成无数雾滴组成的实心锥的脱硫喷嘴。与空心锥切线型脱硫喷嘴不同的是在涡流腔封闭端的顶部使部分液体转向喷入喷雾区域的中央。

（2）轴向喷嘴又称实心锥喷嘴，雾化流线为实心锥流形，这种喷嘴通过内部的叶片使浆液形成螺旋，然后沿喷嘴的轴线从喷嘴喷出。

（3）螺旋喷嘴是指随着连续变小的螺旋线体，浆液不断经螺旋线相切后改变方向或成片状喷射成同心轴状锥体的脱硫喷嘴。

## 第四节　氧　化　系　统

### 355. 氧化空气是指什么？

答：氧化空气是利用其中的氧强制氧化亚硫酸盐（亚硫酸氢盐）转化为硫酸盐的空气。

### 356. 氧化风机是指什么？

答：氧化风机是指将氧化空气加压并输送到氧化浆池的风机。

### 357. 氧化风管是指什么？

答：氧化风管是指湿法烟气脱硫设备中，用于输送氧化空气的管道。

### 358. 氧化风机及氧化空气量应如何选取？

答：氧化风机的选择与氧化风管在浆液中的插入深度有关，应根据升压选择罗茨风机或离心风机。

氧化空气量应根据原烟气含氧量、自然氧化率和氧化空气利用率确定，自然氧化率取 5％～30％、氧化空气利用率取 20％～40％。

氧化风机的风量应按照实际供氧量不小于理论耗氧量 300％的原则确定，并应满足氧化率不小于 98％的要求。

吸收塔浆池氧化空气分布宜采用喷枪和空气分布管的方式，喷枪设置降温冲洗管路，氧化空气应降温后进入浆池。当采用氧化空气喷枪对浆液进行氧化时，氧硫比应大于 2；当采用氧化空气分布管对浆液进行氧化时，氧硫比应大于 2.8。

### 359. 湿法烟气脱硫吸收及氧化系统是指什么？

答：烟气中的硫氧化物在吸收塔内被喷淋浆液吸收，形成的亚硫酸盐在吸收塔浆池中被氧化空气氧化生成硫酸钙，过饱和硫酸钙溶液结晶生成石膏，最终通过石膏排浆泵排出塔外的工艺系统。由吸收塔、浆液循环系统、氧化空气供应系统、浆液搅拌与石膏排出系统，以及相应的自动控制系统和管阀组成。

### 360. 氧化空气系统的作用是什么？

答：烟气中本身含氧量不足以将亚硫酸钙氧化反应生成硫酸

钙，需要为吸收塔浆液提供强制氧化空气，把脱硫反应中生成的半水亚硫酸钙（$CaSO_3 \cdot 1/2H_2O$）氧化为二水硫酸钙（$CaSO_4 \cdot 2H_2O$），即石膏。

### 361. 氧化风机进入吸收塔浆池的空气温度有何要求？

答：氧化风机进入吸收塔浆池空气温度应低于吸收塔循环浆液温度。

### 362. 氧化空气进入吸收塔之前为什么要进行增湿？

答：主要目的是防止氧化空气管结垢。当压缩的热氧化空气从喷嘴喷入浆液时，溅出的浆液黏附在喷嘴嘴沿内表面上。由于喷出的是未饱和的热空气，黏附浆液的水分很快蒸发而形成固体沉积物，不断积累的固体最后可能堵塞喷嘴。为了减缓这种固体沉积物的形成，通常向氧化空气中喷入工艺水，增加热空气湿度，湿润的管内壁也使浆液不易黏附。

### 363. 吸收塔浆池氧化空气分布装置可采用哪种方式？

答：吸收塔浆池氧化空气分布装置宜采用矛式喷枪与搅拌注入方式，喷枪应设置冲洗管路；吸收塔浆池氧化空气分布装置可采用管网式，其管网壁厚不应小于2mm，氧化空气应降温后进入浆池。

围绕吸收塔水平布置的氧化空气母管应高出吸收塔浆池最高运行液位1.5m以上。

### 364. 吸收塔的氧化空气矛式喷射管为什么要接近搅拌器？

答：氧化空气通过矛式喷射管送入浆池的下部，每根矛状管的出口都非常靠近搅拌器，这样空气被送至高度湍流的浆液区，搅拌器产生的高剪切力使空气分裂成细小的气泡并均匀地分散在浆液中，从而使得空气和浆液得以充分混合，增大了气液接触面积，进而实现了高的氧化率。

### 365. 氧化槽的功能是什么？

**答**：氧化槽的功能是接受和贮存脱硫剂，溶解石灰石，鼓风氧化 $CaSO_3$，结晶生成石膏。

### 366. 亚硫酸钙的氧化是通过什么来实现的？

**答**：亚硫酸钙的氧化是通过向反应池适当的位置注入氧化空气来实现的强制氧化。

### 367. 石灰石-石膏湿法烟气脱硫工艺可分为哪两种氧化技术？

**答**：石灰石-石膏湿法烟气脱硫工艺可分为抑制氧化和强制氧化两种技术，抑制氧化工艺的氧化率不超过 15%，副产物没有综合利用价值，现已被强制氧化工艺所代替；强制氧化工艺的氧化率可以达到 95% 以上，副产物为硫酸钙含量不低于 90% 的脱硫石膏，具有综合利用价值。

强制氧化工艺技术是指向吸收塔浆池中喷入空气，将可溶性亚硫酸盐和亚硫酸氢盐几乎完全氧化成硫酸盐，最终以石膏的形式结晶析出。

### 368. 强制氧化工艺和自然氧化工艺是指什么？哪种工艺较好？

**答**：在湿法石灰石-石膏脱硫工艺中有强制氧化和自然氧化分。被浆液吸收的二氧化硫有少部分在吸收区内被烟气中的氧气氧化，这种氧化称为自然氧化。

强制氧化是向吸收塔的氧化区内喷入空气，促使可溶性亚硫酸盐氧化成硫酸盐。强制氧化工艺无论是在脱硫效率还是在系统运行可靠性等方面均比自然氧化工艺更优越。

### 369. 强制氧化和自然氧化有何异同点？

**答**：在石灰石湿法烟气脱硫工艺中有强制氧化和自然氧化之分，其区别在于脱硫塔底部的持液槽中是否充入强制氧化空气。

在强制氧化工艺中，吸收浆液中的 $HSO_3^-$ 几乎全部被持液槽底部充入的空气强制氧化成 $SO_4^{2-}$，脱硫产物主要为石膏。

对于自然氧化工艺，吸收浆液中的 $HSO_3^-$ 在吸收塔中被烟气中剩余的氧气部分氧化成 $SO_4^{2-}$，脱硫产物主要是亚硫酸钙和亚硫酸氢钙。

### 370. 吸收塔浆液强制氧化的目的是什么？

**答：**将亚硫酸钙强制氧化为硫酸钙。一方面可以保证吸收 $SO_2$ 过程的持续进行，提高脱硫效率，同时也可以提高脱硫副产品石膏的品质；另一方面可以防止亚硫酸钙在吸收塔和石膏浆液管中结垢。

### 371. 石膏氧化率是什么？

**答：**吸收塔浆池内重亚硫酸钙 $Ca(HSO_3)_2$ 被氧化成硫酸钙的程度，它在数值上等于脱硫副产物中固体物料的硫酸根离子的摩尔数除以硫酸根离子摩尔数与亚硫酸根离子摩尔数之和。

### 372. 氧化空气供应系统组成是什么？

**答：**氧化空气供应系统由氧化风机、塔内外氧化空气管路和阀门、降温系统组成。

（1）吸收塔浆液氧化以强制氧化为主要氧化工艺。一般吸收塔浆池氧化区设计高度为 $5\sim7m$。

（2）氧化空气进入吸收塔前应设置多级喷水（雾）降温系统。

（3）氧化空气注入可采用氧化空气管网或氧化空气喷枪方式。

（4）氧化风机应根据需求和经济性分析选择采用罗茨式风机或离心风机。氧化风机应考虑备用。

（5）氧化风机应尽量靠近吸收塔布置以减少氧化空气系统管网的阻力损失。

### 373. 氧化风管总体性能要求是什么？

**答：**氧化风管总体性能要求是：氧化风管任一部分的耐压求不应低于 $0.6MPa$；氧化风管的使用寿命宜不低于 15 年。

**374. 氧化风管使用寿命要求是什么？**

**答：**氧化风管使用寿命要求是：

（1）应综合考虑管道所处环境条件、输送介质、经济性等因素选取合适材质的氧化风管，且应符合《燃煤烟气脱硫设备第1部分：燃煤烟气湿法脱硫设备》（GB/T 19229.1—2008）的规定。氧化风管宜采用一般无缝钢管、玻璃钢管、合金钢无缝钢管等制造，连接件材质应充分考虑环境和接触介质的温度、压力、腐蚀、磨损等影响。

（2）合金材质氧化风管的使用寿命宜与脱硫设备一致，玻璃钢氧化风管的使用寿命宜不低15年。

**375. 氧化风管材料选择要求是什么？**

**答：**氧化风管材料选择要求是：

（1）氧化风机出口至增湿、降温装置之间的氧化风管，宜采用一般无缝钢管，不应使用合成树脂管和塑料管；增湿、降温装置至吸收塔入口之间的氧化风管，宜采用玻璃钢管、合金钢无缝钢管，不使用一般无缝钢管；吸收塔内的氧化风管，宜采用合金钢无缝钢管、玻璃钢管。一般无缝钢管应符合《输送流体用无缝钢管》（GB/T 8163—2018）的规定，合金钢无缝钢管应符合《流体输送用不锈钢无缝钢管》（GB/T 14976—2012）的规定，玻璃钢管及管件应符合《玻璃钢管和管件》（HG/T 21633—1991）的规定。氧化风管材质的选用及设计使用寿命参见表4-9。

（2）玻璃钢管道的设计应符合《钢制管法兰垫片和紧固件》（HG 20592～20635—2009）的规定。

（3）制作玻璃管道的基材和辅材应具有良好的化学耐腐蚀性能，耐化学介质性能试验方法应符合《玻璃纤维增强热固性塑料耐化学介质性能试验方法》（GB/T 3857—2017）的规定。

（4）玻璃钢管应壁厚均匀，拉伸性能试验应符合《纤维增强塑料拉伸性能试验方法》（GB/T 1447—2005）的规定，硬度测定应符合《玻璃纤维增强塑料·用巴氏（Barcol）硬度测量仪测定硬度》（DIN EN59）或《限定外径的聚乙烯管用套节型聚乙烯配件》（ASTMD 2683）的规定。

（5）氧化风管采用除玻璃钢外的非金属材料时，应进行型式检验，并提供完整的材质试验及实际应用报告，并满足氧化风管耐压和使用寿命的要求。

（6）与浆液介质接触的氧化风管及连接和紧固用的螺栓、螺母、抱箍、垫板等应采用耐腐蚀且有足够强度的材料制作，保证氧化风管固定牢固，避免振动而产生松动或断裂。

表4-9　　　　　氧化风管材质的选用及设计使用寿命

| 序号 | 氧化风管所处位置 | 使用环境特性 | 推荐使用材质 | 设计使用寿命 |
|---|---|---|---|---|
| 1 | 氧化风机出口至增湿、降温装置 | 管外介质：大气环境<br>管内介质：小于或者等于120℃空气 | 一般无缝钢管 | ≥25年 |
| 2 | 增湿、降温装置至吸收塔入口 | 管外介质：大气环境<br>管内介质：低于100℃不饱和湿空气或间断性浆液介质环境 | 合金钢无缝钢管 | ≥25年 |
| | | | 玻璃钢管 | ≥15年 |
| 3 | 吸收塔内 | 管外介质：浆液介质环境<br>管内介质：低于100℃不饱和湿空气或间断性浆液介质环境 | 合金钢无缝钢管 | ≥25年 |
| | | | 玻璃钢管 | ≥15年 |

### 376. 氧化风管运行可靠性及工艺性能要求是什么？

答：氧化风管运行可靠性及工艺性能要求是：

（1）氧化空气系统应设置压力联锁保护功能，并设置安全阀和泄压阀。

（2）氧化风管应优化设计，减少弯头、异径管等增加压损的组件。

（3）吸收塔内部的氧化风管可采用喷枪、管网等布置方式。

（4）氧化风管若以喷枪方式布置，应充分考虑喷枪形式、安装方式管道的支撑方式、搅拌器形式等因素合理配置，以达到最佳的气液混合效果。

（5）氧化风管若以管网方式布置，管间距及开孔率应综合考虑液位、吸收塔形式、是否有辅助搅拌系统等因素进行优化设计。

（6）宜在氧化风管合适位置设置膨胀装置，避免因热膨胀等因素产生应力而导致管道的变形、开裂、接口错位等。

（7）宜在氧化风管合适位置设置增湿、降温装置，且应设在吸收塔液面高度之上。

（8）吸收塔内的氧化风管设计成可拆卸形式，以方便检修。

（9）氧化风管投运前，应进行查漏及分布效果试验，试验应符合《工业金属管道工程施工规范》（GB 50235—2010）和《金属管液压试验方法》（GB/T 241—2007）的规定。

### 377. 氧化空气管网是什么？

**答：** 由等距离开孔的多根管道组成，并均匀布置在吸收塔浆池中，往浆液内喷入空气的网状装置。

### 378. 氧化空气喷枪是什么？

**答：** 从塔外斜插入吸收塔侧进式搅拌器前端，并垂直向下喷入空气的装置。

### 379. 氧化空气喷嘴有哪两种设计方式？

**答：** 一般来说氧化空气喷嘴有管网式和喷枪式两种设计方式。

（1）管网式氧化空气喷嘴是在插入吸收塔浆池内的多束管道上开孔的方式导入氧化空气。管网式氧化空气喷嘴的特点是系统简单，氧化空气在浆池断面上分布较为均匀，氧化空气的插入深度较低，氧化风机的出口压力要求低。

（2）喷枪式氧化空气喷嘴是在浆池搅拌器的正前方导入氧化空气，通过搅拌器的作用使空气扩散到整个浆池。喷枪式氧化空气喷嘴的特点是氧化空气的插入深度较大，需要的氧化空气量比排管式小，氧化风机的出口压力要求高。

氧化空气插入深度越深，氧化空气的利用率越高，对氧化空气的用量越低，但是对氧化风机的出口压力要求越高。管网式布置示意图如图 4-5 所示。

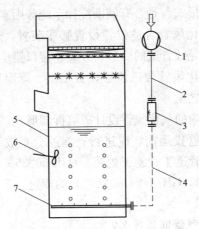

图 4-5　管网式布置示意图

1—氧化风机；2—氧化风机出口至增湿、降温装置之间的氧化风管；

3—增湿、降温喷淋装置；4—增湿、降温装置至吸收塔入口之间的氧化风管；

5—吸收塔；6—搅拌器；7—吸收塔内的氧化空气分布管网

喷枪式布置示意图如图 4-6 所示。

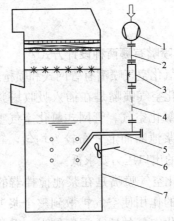

图 4-6　喷枪式布置示意图

1—氧化风机；2—氧化风机出口至增湿、降温装置之间的氧化风管；

3—增湿、降温喷淋装置；4—增湿、降温装置至吸收塔入口之间的氧化风管；

5—吸收塔内的氧化空气喷枪；6—搅拌器；7—吸收塔

## 第五节 除 雾 器

### 380. 吸收塔出口装设除雾器目的是什么？

**答**：湿法吸收塔在运行过程中，易产生粒径为 $10\sim60\,\mu m$ "雾"。"雾"不仅含有水分，还溶有硫酸、硫酸盐、$SO_2$ 等，如不妥善解决，任何进入烟囱的"雾"，实际上就是把 $SO_2$ 排放到大气中，同时也会引起引风机和出口烟道的严重腐蚀，因此在工艺上对吸收设备提出了除雾的要求。

### 381. 除雾器定义是什么？

**答**：除雾器是应用撞击式原理，采用各种形式薄板片组成的用于分离烟气中的液态雾滴的装置。

### 382. 除雾器除雾效率定义是什么？

**答**：除雾器除雾效率是指除雾器在单位时间内捕集到的液态雾滴质量与进入除雾器液态雾滴质量的百分比值。

### 383. 除雾器的基本工作原理是什么？

**答**：除雾器的基本工作原理：当带有液滴的烟气进入除雾器烟道时，由于流线的偏折，在惯性力的作用下实现气液分离，部分液滴撞击在除雾器叶片上被捕集下来。

### 384. 对除雾器的技术要求是什么？

**答**：除雾器的技术要求有：高去除效率（尤其对细小液滴）、液滴颗粒尺寸限制小、低压力降、低沾污性能、低硬结垢性能、高化学防腐性能、易清洗等。

### 385. 除雾器的主要性能、设计参数是什么？

**答**：（1）除雾效率。除雾效率指除雾器在单位时间内捕集到的液滴质量与进入除雾器液滴质量的比值。除雾效率是考核除雾器性能的关键指标，影响除雾效率的因素很多，主要包括烟气流速、通过除雾器断面气流分布的均匀性、叶片结构、叶片之间的距离及除雾器布置形式等。

（2）系统压力降。系统压力降指烟气通过除雾器通道时所产生的压力损失，系统压力降越大，能耗就越高。除雾系统压降的大小主要与烟气流速、叶片结构、叶片间距及烟气带水负荷等因素有关。当除雾器叶片上结垢严重时系统压力降会明显提高，所以通过监测压力降的变化有助把握系统的状行状态，及时发现问题，并进行处理。

（3）烟气流速。通过除雾器断面的烟气流速过高或过低都不利于除雾器的正常运行，烟气流速过高易造成烟气二次带水，从而降低除雾效率，同时流速高系统阻力大，能耗高；通过除雾器断面的烟气流速过低，不利于气液分离，同样不利于提高除雾效率。此外，设计烟气流速低，吸收塔断面尺寸就会加大，投资也随之增加。设计烟气流速应接近于临界流速。根据不同除雾器叶片结构及布置形式，塔内设计流速一般选定在不超过 4m/s 之间。

（4）除雾器叶片间距。除雾器叶片间距的选取对保证除雾效率，维持除雾系统稳定运行至关重要。叶片间距大，除雾效率低，烟气带水严重，易造成风机故障，导致整个系统非正常停运；叶片间距选取过小，除加大能耗外，冲洗的效果也有所下降，叶片上易结垢、堵塞，最终也会造成系统停运。叶片间距根据系统烟气特征（流速、$SO_2$ 含量、带水负荷、粉尘浓度等）、吸收剂利用率、叶片结构等综合因素进行选取。

（5）除雾器冲洗水压。除雾器冲洗水压一般根据冲洗喷嘴的特征及喷嘴与除雾器之间的距离等因素确定（喷嘴与除雾器之间距离一般小于或等于 1m），冲洗水压低时，冲洗效果差。冲洗水压过高则易增加烟气带水，同时降低叶片使用寿命。

（6）除雾器冲洗水量。选择除雾器冲水量除需满足除雾器自身的要求外，还需考虑系统水平衡的要求，有些条件下需采用大水量短时间冲洗，有时则采用小水量长时间冲洗，具体冲水量需由工况条件确定。

（7）冲洗覆盖率。冲洗覆盖率是指冲洗水对除雾器断面的覆盖程度。根据不同工况条件，冲洗覆盖率一般可以选在 100%～300%之间。

（8）除雾器冲洗周期。除雾器冲洗周期是指除雾器每次冲洗的时间间隔。由于除雾器冲洗期间会导致烟气带水量加大（一般为不冲洗时的 3～5 倍），因此冲洗不宜过于频繁，但也不能间隔太长，否则易产生结垢现象，除雾器的冲洗周期主要根据烟气特征及吸收剂确定。

### 386. 简述除雾器的组成，各部分的作用。

**答**：除雾器通常有除雾器本体及冲洗系统两部分组成。

除雾器本体由除雾器叶片、卡具、夹具、支架等按一定的结构形式组装而成，其作用是捕集烟气中的液滴及少量的粉尘，减少烟气带水，防止风机振动。

除雾器冲洗水系统主要由冲洗喷嘴、冲洗泵、管道、阀门、压力仪表及电气控制部分组成。除雾器冲洗水系统的作用是定期冲洗由除雾器板片捕集小液滴、固体沉积物，保持板片表而清洁、湿润，防止板片结垢和堵塞流道。另外，除雾器冲洗水还是吸收塔的主要补加水，可以起到保持吸收塔液位、调节系统水平衡的作用。

### 387. 对吸收塔除雾器进行冲洗的目的是什么？

**答**：对吸收塔除雾器进行冲洗的目的有两个：一个是防止除雾器的堵塞；另一个是保持吸收塔内的水位。

### 388. 除雾器的冲洗时间是如何确定的？

**答**：除雾器的冲洗时间主要依据两个原则来确定。一个是除雾器两侧的压差，或者说除雾器板片的清洁程度；另一个是吸收塔水位，或者说系统水平衡。如果吸收塔为高水位，则冲洗频率就按较长时间间隔进行。如果吸收塔水位低于所需水位，则冲洗频率按较短时间间隔进行。最短的间隔时间取决于吸收塔的水位，最长的间隔时间取决于除雾器两侧的压差，但不大于 8h。

### 389. 除雾器冲洗覆盖率定义是什么？

答：除雾器冲洗覆盖率是指冲洗水对除雾器断面的覆盖程度，用百分比表示。

$$\beta = n\pi h^2 \tan^2(\alpha/2)A \times 100\% \qquad (4\text{-}3)$$

式中　$\beta$——冲洗覆盖率，%；

$n$——喷嘴数量，个；

$h$——冲洗喷嘴距除雾器表面的垂直距离，m；

$\alpha$——射流扩散角，(°)；

$A$——除雾器有效通流面积，$m^2$。

### 390. 除雾器工作原理不同可划分为哪两种？

答：除雾器工作原理不同可划分为机械除雾器和静电除雾器，静电除雾器属于湿式静电除尘器范畴。机械除雾器的形式主要包括屋脊式、平板式、管式以及它们相互组合形式（简称"折流板式除雾器"），随着烟气超低排放改造技术发展，近年来出现了管束式、冷凝式、声波团聚式等新型高效除雾器。

### 391. 折流板式除雾器工作原理是什么？

答：折流板式除雾器通常布置在吸收塔内或净烟气烟道内，主要依靠重力和惯性力作用实现烟气中雾滴、颗粒物等物质脱除。烟气以一定速度进入除雾器通道，烟气流线随着通道弯曲程度改变。烟气中粒径较小雾滴、颗粒物等物质的气流跟随性较好，随着烟气离开除雾器；烟气中粒径较大雾滴、颗粒物等物质撞击、黏附到除雾器叶片表面，大量被捕捉到叶片表面上的雾滴聚集成水膜，在重力和冲洗水作用下，实现雾滴、颗粒物等物质的脱除。

### 392. 折流板式除雾器结构形式和布置形式有哪些？

答：除雾器叶片是除雾器的最基本、最重要的组成单元，除雾器叶片结构形式及其通道间距（见图 4-7）对除雾器性能具有重要意义。为提高雾滴脱除效率，一方面，加装钩片的除雾器比普通除雾器的除雾效果更佳，钩片长度也是影响除雾器性能因素之一；另一方面，通过调整除雾器的叶片间距、通道数量对其性能也有很大影响，通常叶片间距有 25、28、30mm 等多种间距形式，通道有 2 通道、3 通道等形式。

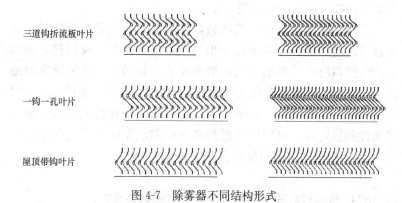

三道钩折流板叶片

一钩一孔叶片

屋顶带钩叶片

图 4-7 除雾器不同结构形式

针对不同工程自身特点，除雾器布置形式通常有平板式（可水平布置也可垂直布置）和屋脊式两种。屋脊式又有人字形、V形、X 形等（见图 4-8）。这几种布置形式在湿法脱硫系统中都有应用，平板式垂直布置时，通常放在吸收塔出口的水平烟道上。

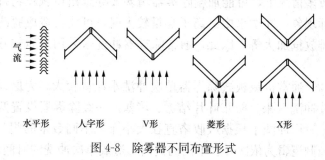

气流

水平形　　人字形　　　V形　　　菱形　　　X形

图 4-8 除雾器不同布置形式

### 393. 折流板式除雾器布置空间要求是什么？

**答：**影响除雾器性能因素主要由空塔流速、叶片结构、叶片间距以及叶片形式，除雾器设计冲洗水量通常留有较大裕量，为满足脱硫系统水平衡要求，实际运行中除雾器冲洗水量一般低于设计值。但部分湿法脱硫系统的吸收塔设计时，为降低成本，最高层喷淋层至除雾器底部距离较小（如0.9m），反应后的产物仅靠重力作用无法回落至浆池，而是大部分被烟气携带至除雾器表面，随着运行时间增长出现除雾器结垢现象。因此，除雾器底部与最高层喷淋层间距也至关重要。

针对燃煤机组超低排放改造，除考虑加大此部分空间外，通常也考虑增加最高层喷淋层至出口烟道底部间距，可以进一步增加烟气停留时间，对烟尘协同脱除也有一定效果。通常除雾器最高层喷淋层至除雾器底部之间距离至少为2m，除雾器顶部至出口烟道底部之间距离为1～2m，考虑提高吸收塔在协同洗尘方面的可靠性和稳定性，也可以考虑最高层喷淋层至除雾器底部空间为3m，除雾器顶部至出口烟道底部空间为3.5m。

### 394. 折流板式除雾器冲洗水系统有哪些特点？

**答：** 折流板式除雾器的冲洗主要依靠除雾器冲洗水泵将冲洗水通过管路送至各个冲洗喷嘴处，在一定压力下，实现除雾器表面的冲洗。一般情况下，除雾器冲洗系统有如下特点：

（1）除雾器冲洗水水质对除雾器影响较大。如冲洗水质含颗粒物较多情况下，可能加剧除雾器堵塞或导致出口颗粒物排放浓度超标现象；冲洗水中氯离子含量较大时，可能会造成脱硫系统废水排放量加大等。因此，通常除雾器冲洗水采用水质较好的工艺水。

（2）通常折流板式除雾器单次冲洗水耗量较大。为保证除雾器叶片冲洗效果，防止叶片结垢、堵塞，一级除雾器设置两层冲洗水，一层冲洗水根据吸收塔直径大小布置不同数量的阀门，且阀门控制逻辑为依次开启不同的阀门，造成单次冲洗的时间较长，故单次冲洗水耗量较大。

（3）采用间断性冲洗方式，早期的除雾器冲洗一方面为满足吸收塔运行液位要求，另一方面防止除雾器发生结垢、堵塞现象，进而影响脱硫系统、机组的安全稳定运行。随着国家环保政策要求越来越严格，燃煤机组逐步实现污染物超低排放，除雾器性能优劣对烟尘排放有一定影响。调研超低排放下燃煤机组除雾器冲洗水情况，发现部分电厂为保证烟尘超低排放指标要求，增加冲洗频率，造成脱硫系统水平衡破坏、废水外排量大等问题。

（4）除雾器冲洗喷嘴性能及冲洗水压对除雾器性能有重要影响。冲洗喷嘴的扩散角越大，喷射覆盖面积相对就越大，但其执行无效冲洗的比例也随之增加。喷嘴的扩散角越小，覆盖整个除雾器断面所需的喷嘴数量就越多。喷嘴扩散角的大小主要取决于喷嘴的结构，与喷射压力也有一定的关系，在一定条件下压力升高，扩散角加大。喷嘴扩散通常设定在 75°～90°范围内。另外冲洗水压不宜过高，尤其是向下冲洗的喷嘴，否则容易发生飞溅而使烟气含湿量增高。一般冲洗水压在 0.2～0.3MPa，具体水压应根据喷嘴性能及其与气水分离器的距离来确定。

### 395. 吸收塔设置管式除雾器的作用是什么？

**答**：在两级除雾器上游再设置一级管式除雾器，可以除去部分粒径较大的液滴，减轻后续除雾器的除雾负担，同时起到均布烟气流场的作用，提高后续除雾器除雾效果。

### 396. 管束式除雾器结构组成是什么？

**答**：管束式除雾器由多个管束单元模块化而成，管束单元是管束式除雾器的最基本、最重要部件，它主要由分离器、导流环、管束单元筒体、挡水环、冲洗水管路和冲洗喷嘴等部件组成。从布置方式角度考虑，管束式除雾器主要分为立式和卧式两种形式，通常立式管束除雾器布置在吸收塔内部（布置位置与折流板式除雾器相同），卧式管束除雾器布置在水平烟道内。从对烟气流速可调性的角度，管束式除雾器分为可调节管束式除雾器和常规管束式除雾器。

### 397. 管束式除雾器工作原理是什么？

**答**：管束式除雾器主要依靠离心力、惯性力以及重力作用实现烟气中雾滴、颗粒物等物质的分离，烟气进入管束单元后，在分离器的作用下，烟气产生高速离心运动，在离心力和惯性力作用下不同粒径的雾滴、颗粒物相互混合、团聚，形成的粒径较大的雾滴、颗粒物撞击、黏附到筒体内壁，形成烟气与雾滴、颗粒物等物质的一次分离。粒径较小的雾滴、颗粒物随着烟气进入导流环后，流速进一步增加使得离心力作用增强，在离心力和惯性力作用下烟气与雾滴、颗粒物等物质进一步分离，在多级分离后，洁净的烟气离开管束式除雾器。

### 398. 管束式除雾器布置空间要求是什么？

**答：**根据吸收塔出口结构不同管束式除雾器安装空间略有不同，一般情况下，若吸收塔出口为顶出结构时，最高层喷淋层中心线至烟道出口底面的距离不低于5.8m；若吸收塔出口为侧出结构时，最高层喷淋层中心线至烟道出口底面的距离不低于6.3m。同时，最高层喷淋层中心线至管束式除雾器底部不低于2m。

### 399. 管束式除雾器冲洗水系统与折流板式除雾器不同点是什么？

**答：**管束式除雾器冲洗水系统构成和对冲洗水水质要求与折流板式除雾器基本相同，仅在冲洗水阀门控制方面有所区别，折流板式除雾器冲洗水阀门与除雾器级数匹配，每级除雾器一般设置两层冲洗水，而管束式除雾器冲洗管路布置在管束单元内，每个管束单元通常布置一路冲洗水，冲洗水在一定压力作用下喷向筒体内壁，在重力作用下实现管束单元冲洗。管束式除雾器单个阀门可以控制多根管束单元冲洗水管路，因此控制系统相对简单，通常管束式除雾器冲洗水量小时均值相对折流板式除雾器较少。

### 400. 冷凝式除雾器结构组成是什么？

**答：**冷凝式除雾器由高效除雾器、冷凝湿膜离心分离器以及超精细除雾器、冲洗系统和循环水冷却系统、控制系统组成，其中高效除雾器包括管式预分离器和两层屋脊式分离器，超精细除雾器由孔钩波纹板式除雾器组成。通常高效除雾器、冷凝湿膜离心分离器以及超精细除雾器布置在吸收塔内（布置位置与折流板式除雾器相同），吸收塔外布置循环水冷却系统。

### 401. 冷凝式除雾器工作原理是什么？

**答：**冷凝式除雾器除雾技术基于大气中"雾"的形成原理。通过喷淋层后的饱和湿烟气进入冷凝式除雾器。经过冷凝湿膜层的烟气冷却降温，析出冷凝水汽，水汽主动以细微颗粒物和残余雾滴为凝结核，细微颗粒物和残余雾滴长大，长大的颗粒物和雾滴撞击在波纹板上被水膜湮灭从而被拦截。

饱和湿烟气通过高效除雾器，体积比例80%～90%雾滴被脱除，残留雾滴为较小粒径颗粒，同时对烟气进行有效整流；烟气进一步通过冷凝湿膜离心分离器降温（烟气温降不大于1℃），产生大量的水汽（每百万平方米烟气量析出冷凝水量在2000～5000kg，需按具体工况计算），产生的水汽以烟尘作为凝结核，残留雾滴和粉尘被大量的水汽包裹形成大的液滴，这些长大的液滴通过特殊设计的弯曲流道时，产生很大的离心力，雾滴被甩在覆有一层水膜的波纹板表面上，从而起到拦截粉尘和雾滴的效果；烟气经过超精细分离器后，净烟气中大于13μm的液滴100%被去除分离，小于10μm的液滴40%～70%被去除分离。

### 402. 冷凝式除雾器布置空间要求是什么？

**答：**冷凝式除雾器通常应用于燃煤发电机组超低排放改造湿法脱硫系统中，在脱硫协同洗尘方面有重要作用，因此为保证除雾器入口流场均匀性，使得冷凝式除雾器性能处于最优状态，对其布置空间提出如下要求，一般情况下，无论吸收塔采用顶出还是侧出结构，建议吸收塔内最高层喷淋层中心线至脱硫烟道出口底面的距离不低于9m，同时冷凝式除雾器入口至最高层喷淋层中心线距离不低于2.5m。

**403. 冷凝式除雾器冲洗水系统构成是什么？**

**答：** 冷凝式除雾器冲洗水系统构成以及对冲洗水水质要求与折流板式除雾器基本相同，仅在运行方式上有所不同，通常塔内冷凝湿膜分离层下方的高效除雾器冲洗频率和冲洗周期与折流板式除雾器一致，而循环冷却管路上方除雾器冲洗频率降低一半，另外为保证冷凝湿膜层除雾效果，通常对冷凝湿膜层下方除雾器喷嘴方向调整。由于冲洗水频率的降低，通常冷凝式除雾器冲洗水耗量小时均值低于折流板式除雾器，而高于管束式除雾器冲洗水耗量。

**404. 声波团聚式除雾器工作原理是什么？**

**答：** 声波团聚式除雾器是以声波对雾滴、颗粒物等物质团聚作用，主要由喷雾装置、声波发生装置、管束式除雾器组成，通常可以安装脱硫装置出口烟道或吸收塔内部，烟气中颗粒物通过喷雾装置后，形成种子雾滴，携带颗粒物的种子雾滴在声波的作用下，促进超细颗粒物的团聚、长大，最终在除雾器内部通过螺旋分离装置的螺旋绕片，大量的细小液滴与颗粒在高速离心运动条件下碰撞概率进一步增大，凝聚成为大液滴，液滴被抛向筒体内壁表面，进而实现烟尘脱除。

**405. 声波团聚式除雾器布置形式有哪些？**

**答：** 声波团聚式除雾器主要分为吸收塔内和脱硫系统出口净烟道两种布置方式，如图4-9所示。

**406. 除雾器性能及冲洗水系统主要参数有哪些？**

**答：** 除雾器性能及冲洗水系统主要参数有：

（1）除雾器出口雾滴含量。对于燃煤机组湿法脱硫工程，除雾器后烟气中的雾滴含量是衡量除雾性能重要指标之一。早期对湿法脱硫吸收塔协同洗尘效率要求较低，通常除雾器后烟气中雾滴含量按照不高于 $75mg/m^3$（标态、干基、$6\%O_2$，下同）设计；对于超低排放改造，考虑到烟尘超低排放限值的要求，根据实际工程自身特点，在不考虑脱硫出口进一步增设烟气净化装置（如

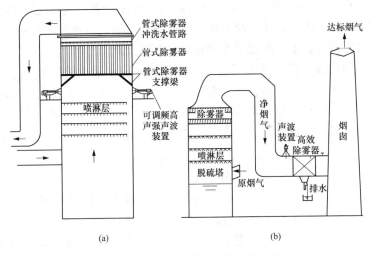

图 4-9　声波团聚式除雾器布置方式

（a）除雾器吸收塔内布置方式；（b）脱硫系统出口净烟道布置方式

湿式静电除尘器）情况下，通常除雾器后雾滴含量按照不高于 30mg/m³ 设计。

（2）除雾器压降。除雾器压降是表征除雾器性能优劣的重要指标之一。除雾器压降越大，烟气系统能耗越高，原则上满足除雾器出口雾滴含量要求前提下，除雾器压降越低越好，除雾器压降大小主要与烟气流速、除雾器的结构及烟气带水负荷等因素有关。通常在除雾器运行良好条件下，管束式除雾器和冷凝湿除雾器压降要高于折流板式除雾器。实际上由于流场不稳定等原因，很难做到塔内除雾器压降准确测量。一般情况下，塔内除雾器压降变化可以依靠 DCS 在线监测方式获取，作为运行人员的参考。

（3）空塔流速。空塔流速也是影响除雾器性能的重要指标。流速过高可能造成除雾器内烟气流速高于临界流速，造成雾滴的二次夹带，降低除雾效率，同时增加除雾器压降，导致系统能耗增加；流速过低可能造成除雾器内烟气流速较小，惯性力较小，不利于烟气和雾滴的分离，也会降低除雾效率。对于燃煤机组超低排放改造而言，除雾器有时作为烟尘脱除的最后一道屏障，其

181

性能对吸收塔的洗尘效果有很大影响。因此，空塔流速也会影响烟尘的排放浓度，建议超低排放改造中空塔烟气流速 3.5m/s 左右为宜，也可以根据实际工程特点调整空塔流速。

（4）除雾器冲洗水泵流量。除雾器冲洗水量由除雾器厂家提供，根据所需除雾器冲洗水量取一定裕量作为除雾器冲洗水泵选型依据，实际上也可以采用如下方式进行初步估算，以屋脊式除雾器为例，除雾器单层冲洗水一般设置多跨（列），考虑最长一跨（列）除雾器冲洗水量，估算如下：假定单个喷嘴流量 $1.68m^3/h$，最长跨为 12m，该跨布置喷嘴数量为 70 个，因此瞬间最大冲洗水量为 $1.68 \times 70 = 118m^3/h$，假定除雾器冲洗水泵流量系数取 1.1，则除雾器冲洗水泵选型流量按照 $118 \times 1.1 = 130m^3/h$ 估算。

（5）除雾器冲洗水泵扬程。除雾器冲洗水泵扬程主要是为满足冲洗水压力的要求，冲洗水压低时，冲洗效果差。冲洗水压过高则易增加烟气带水，同时降低叶片使用寿命。一般情况下除雾器冲洗水压力设定为 $0.2 \sim 0.3MPa$。除雾器冲洗水泵扬程通常用于克服管路沿程阻力、管道阀门等局部阻力、高度差以及冲洗水压力，可根据工程设计情况进行计算所有阻力之和，作为除雾器冲洗水泵扬程。

# 第六节　搅　拌　器

**407. 搅拌设备定义是什么？**

**答：**搅拌设备是指通过使搅拌介质获得适宜的流程而向其输入机械能量的装置。

**408. 搅拌器分类及组成是什么？**

**答：**搅拌器是用来搅拌浆液、防止浆液沉淀的搅拌设备。吸收塔浆池搅拌的目的除了悬浮浆液中的固体颗粒外，还有以下作用：

（1）使新加入的吸收塔浆液尽快分布均匀（如果吸收剂浆液直接加入罐体中），加速石灰石的溶解。

（2）避免局部脱硫反应产物的浓度过高，防止石膏垢的形成。

（3）提高氧化效果和越来越多石膏结晶的形成。

脱硫搅拌器根据安装位置不同分为侧进式搅拌器、顶进式搅拌器。两种搅拌器都是由轴、叶片、机械密封、变速箱、电动机等组成。

（1）顶进式搅拌器采用浆罐、地坑顶部安装方式，脱硫系统中多数罐池（如石灰石浆罐、过滤水地坑等）采用顶进式搅拌器。吸收塔浆池中的搅拌器可以采用顶进式或者侧进式。其主要取决于吸收塔和吸收塔浆池的结构。

（2）侧进式搅拌器采用罐体外壁安装方式。

**409.** 搅拌设备的结构主要由哪几部分组成，各部分的作用是什么？

**答：**搅拌设备的结构主要由搅拌装置、搅拌罐与轴三部分组成。搅拌设备结构的组成如图 4-10 所示。

（1）搅拌器（或称搅拌桨）与搅拌轴。搅拌器与搅拌轴的作用是通过自身运动使搅拌容器中的物料按某种特定的方式运行，从而达到某种工艺要求。这种特定方式的流动（流型）是衡量搅拌装置性能最直观的重要指标。

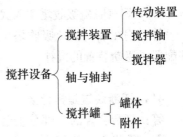

图 4-10 搅拌设备结构组成图

（2）搅拌容器（或称搅拌罐或搅拌槽）。搅拌容器的作用是容纳搅拌器与物料在其内进行操作。对于浆液搅拌容器，除保证具体的工艺条件外，还要满足无污染、易清洗等专业技术要求。

（3）传动装置。传动装置是赋予搅拌装置及其他附件运动的传动件组合体。在满足机器所必需的运行功率及几何参数的前提下，要求传动链短、传动件少、电动机功率小，以降低成本。

（4）轴封。轴封是搅拌轴和搅拌容器转轴处的密封装置。为避免浆液污染轴封的选择必须给予重视。

**410. 搅拌器的作用是什么？**

答：搅拌器的作用主要是防止固体颗粒在箱罐或地坑中沉淀，确保浆液能够均匀地输送到下一个工艺流程；吸收塔搅拌器还有另外一个作用就是加强氧化空气的扩散，促进亚硫酸钙的氧化、石膏晶体的成长和石灰石的溶解。搅拌器一般采用顶部安装和侧面安装。

**411. 吸收塔搅拌系统应如何进行选择？**

答：喷淋吸收塔可采用机械搅拌系统或脉冲扰动系统，液柱塔宜采用机械搅拌系统。

**412. 侧进式搅拌器定义是什么？**

答：侧进式搅拌器是安装在吸收塔容器侧壁上的推进式搅拌器。

**413. 烟气脱硫吸收塔侧入式搅拌器是指什么？**

答：用在烟气脱硫吸收塔，搅拌轴从搅拌槽的侧面置入槽内并配置了遮断装置的搅拌器。

**414. 遮断装置是指什么？**

答：遮断装置的一部分安装于搅拌轴上，一部分安装于安装法兰上。维修更换机械密封时，在搅拌轴上的部件跟随轴移动至在安装法兰上的部件与其贴合，从而临时隔断槽内外以保持槽内介质不泄漏的装置，满足在线检修、维护及设备更换。遮断装置基本结构如图4-11所示。

遮断装置安装于搅拌轴上，需要时借助拆卸维修辅具、机械密封轴上紧固部件和临时辅助支撑把搅拌轴向吸收塔外拉至遮断装置的密封部位紧密贴合并固定下来，便可进行机械密封的装卸和维修。

**415. 搅拌器主要由哪几部分组成？**

答：搅拌器主要由电动机、减速机、机架、机械密封、安装

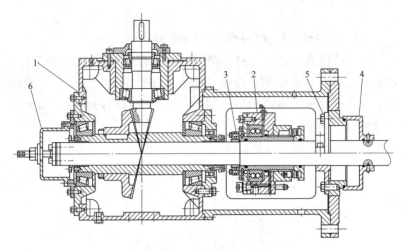

图 4-11 遮断装置基本结构

1—减速机；2—机械密封；3—机械密封轴上紧固件；4—遮断装置；

5—临时辅助支撑；6—拆卸维修辅具

法兰、搅拌轴、搅拌器叶轮、遮断装置及承重部件（上悬吊或下支撑）组成，如图 4-12 所示。

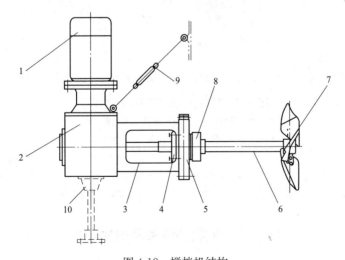

图 4-12 搅拌机结构

1—电动机；2—减速机；3—机架；4—机械密封；5—安装法兰；6—搅拌轴；

7—搅拌器叶轮；8—遮断装置；9—上悬吊；10—下支撑

### 416. 侧搅拌用机械密封基本结构是什么？

**答**：侧搅拌用机械密封为单端面全不锈钢本体内置轴承并带轴套的集装式平衡结构。应用于侧入式搅拌机上，搅拌轴通过锥面安装在减速机箱体内的空心轴内，配合吸收塔内侧的遮断装置以及吸收塔外侧的临时辅助支撑和拆卸维修辅具，方便现场带料更换维修。侧搅拌用机械密封基本结构，如图 4-13 所示。

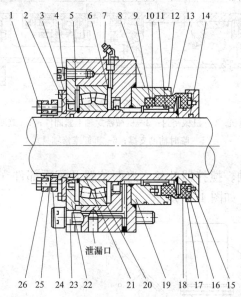

图 4-13　侧搅拌用机械密封基本结构

1—螺栓及垫圈；2—限位板；3—旋转轴唇形密封圈；4—螺栓及垫圈；
5—轴用弹性挡圈；6—旋转轴唇形密封圈；7—油杯；8、11、12、14、
16、17—O 形圈；9—弹簧；10—静环内套；13—介质端静环；15—防转销；
18—介质端动环；19—主体；20—轴承；21—轴套；22—轴承压盖；
23—螺栓及垫圈；24—自紧下压板；25—自紧环；26—自紧上压板

## 第七节　吸收剂制备及供应系统

### 417. 石灰石耗量计算公式是什么？

**答**：石灰石耗量应根据物料平衡计算，进行前期设计工作时

石灰石耗量可按下式估算：

$$G_{CaCO_3} = M_{SO_2} \times \eta_{SO_2} \times \frac{Ca}{S} \times \frac{100}{64} \times \frac{1}{K_{CaCO_3}} \qquad (4\text{-}4)$$

式中　$G_{CaCO_3}$——石灰石耗量，t/h；

　　　$M_{SO_2}$——脱硫前烟气，中的 $SO_2$ 含量，t/h；

　　　$\eta_{SO_2}$——脱硫效率，%；

　　　$K_{CaCO_3}$——石灰石中 $CaCO_3$ 纯度，%；

　　　$\dfrac{Ca}{S}$——钙硫摩尔比，宜为 1.02~1.03。

### 418. 石灰石的可磨性指数是指什么？

**答：**石灰石的可磨性指数为石灰石硬度的一个指标（简称 BWI），是石灰石球磨系统的一个重要参数。BWI 越大，其硬度越高，可磨性指数越小，越难磨，一般石灰石的可磨性指数介于 7.67~38.62 之间。微晶白云石、富含黏土的石灰石、粗纹理化石石灰石可磨指数最高，而微晶石灰石、石英质石灰石和粗晶白云石一般较硬，可磨指数也较低。球磨石灰石的能耗正比于 BWI，因此 BWI 的变化将影响到 PSD（粒度分布），BWI 变高时，在保证同等 PSD 下，钢球磨煤机钢球磨煤机的生产能力将下降。

### 419. 湿法烟气脱硫吸收剂是指什么？

**答：**湿法烟气脱硫吸收剂指脱硫工艺中用于脱除二氧化硫（$SO_2$）等有害物质的反应剂。石灰石/石灰－石膏法脱硫工艺使用的吸收剂为石灰石（$CaCO_3$）或石灰（$CaO$）。

### 420. 吸收剂按其来源分为哪两类？

**答：**吸收剂按其来源大致可以分为天然产品与化学制品两类。

（1）天然产品包括：石灰石、石灰、天然磷矿石、电石渣（废料）等。

（2）化学制品包括：硫酸钠、碱性硫酸铝、氨水、活性炭、氧化镁、氢氧化钠、亚硫酸钠等。

### 421. 石灰石的成分是什么?

答: 石灰石的主要成分是碳酸钙（$CaCO_3$）。纯碳酸钙是一种白色晶体或粉末，密度为 $2700\sim2950kg/m^3$，分子量为 100.09，极难溶于水，可以在 $CO_2$ 饱和水溶被中溶解生成碳酸氢钙 [$Ca(HCO_3)_2$]，溶于酸则放出 $CO_2$；石灰石经煅烧（$>825℃$）后放出 $CO_2$，生成石灰（$CaO$）。由石灰石矿开采出来的石灰石一般含有杂质而呈青褐色。

石灰石在大自然中储量非常丰富，无毒、无害，在处置和使用过程中十分安全。石灰石溶液能够有效地吸收烟气中的 $SO_2$，但是不能有效地脱除烟气中的 $SO_3$。

石灰石除主要成分碳酸钙以外，同时也含有一定量的碳酸镁（$MgCO_3$）及少量的氧化铝（$Al_2O_3$）、氧化铁（$Fe_2O_3$），以及硅（$Si$）、锰（$Mn$）等杂质。此外，石灰石的成分和烟气脱硫浆液中痕量重金属离子，如镉离子（$Cd^{2+}$）、汞离子（$Hg^{2+}$）、铅离子（$Pb^{2+}$）等，对石灰石湿法烟气脱硫效率有一定的影响。

### 422. 烟气脱硫常用吸收剂的性能是什么?

答: 烟气脱硫常用吸收剂的性能见表 4-10。

表 4-10　　　　　　　烟气脱硫常用吸收剂性能

| 名称 | 性　　能 |
| --- | --- |
| 氧化钙（CaO） | 石灰的主要成分，白色立方晶体或粉末，露置空气中渐渐吸收二氧化碳而形成碳酸钙，相对密度为 3.35，熔点为 2580℃，易溶于酸，难溶于水，但能与水化合成氢氧化钙 |
| 碳酸钙（CaCO₃） | 白色晶体或粉末，相对密度为 2.70~2.95，溶于酸而放出二氧化碳，极难溶于水，在以二氧化碳饱和的水中溶解而成碳酸氢钙，加热至825℃左右分解成氧化钙和二氧化碳 |
| 氢氧化钙 [Ca(OH)₂] | 白色粉末，相对密度为 2.24，在 580℃时失水，吸湿性很强，放置在空气中能逐渐吸收二氧化碳而成碳酸钙，几乎不溶于水，具有中强碱性，对皮肤、织物等有腐蚀作用 |
| 碳酸钠（Na₂CO₃） | 无水碳酸钠是白色粉末或细粒固体，相对密度为 2.532，熔点为851℃，易溶于水，水溶液呈强碱性，不溶于乙醇、乙醚，吸湿性强，在空气中吸收水分和二氧化碳而成碳酸氢钠 |

| 名称 | 性能 |
| --- | --- |
| 氢氧化钠<br>（NaOH） | 无色透明晶体，相对密度为 2.130，熔点为 318.4℃，沸点为 1390℃，固碱吸湿性很强，易溶于水，并能溶于乙醇和甘油，对皮肤、织物、纸张等有强腐蚀性，易从空气中吸收 $CO_2$，而逐渐变成碳酸钠，必须贮存在密闭的容器中 |
| 氢氧化钾<br>（KOH） | 白色半透明晶体，有片状、块状、条状和粒状，相对密度为 2.044，熔点为 360℃，沸点为 1320℃，极易从空气中吸收水分和二氧化碳生成碳酸钾，溶于水时强烈放热，易溶于乙醇，也易溶于乙醚 |
| 氨<br>（$NH_3$） | 密度为 0.771。相对密度为 0.5971，熔点为 −77.74℃，沸点为 −33.42℃，溶解热为 1352kcal/mol，蒸发热为 5581kcal/mol，常温下加压即可液化成无色液体，也可固化成雪状的固体，能溶于水、乙醇和乙醚 |
| 氢氧化铵<br>（$NH_4OH$） | 相对密度小于 1，最浓的氨水含氨 35.28%，相对密度为 0.88，氨易从氨水中挥发 |
| 碳酸氢铵<br>（$NH_4HCO_3$） | 白色、单斜或斜方晶体，相对密度为 1.573，含硫时呈青灰色，吸湿性及挥发性强，热稳定性差，受热（35℃以上）或接触空气时，易分解成氨、二氧化碳和水，不溶于乙醇，能溶于水 |
| 氧化锌<br>（ZnO） | 白色、六角晶体或粉末，相对密度为 5.606，熔点为 2800℃，沸点为 3600℃，溶于酸和铵盐，不溶于水和乙醇，能逐渐从空气中吸收水和二氧化碳 |
| 氧化铜<br>（CuO） | 黑色，相对密度，立方晶体为 6.40，三斜晶体为 6.45；在 1026℃时分解，不溶于水和乙醇，溶于稀酸、氰化钾溶液和碳酸铵溶液 |

### 423. 脱硫吸收剂选择原则是什么？

答：脱硫吸收剂的选择原则是：

（1）吸收能力高。要求对 $SO_2$ 具有较高的吸收能力，以提高吸收速率，减少吸收剂的用量，减少设备体积和降低能耗。

（2）选择性好。要求对 $SO_2$ 吸收具有良好的选择性能，对其他组分不吸收或吸收能力很低，确保对 $SO_2$ 具有较高的吸收能力。

（3）挥发性低，无毒，不易燃烧，化学稳定性好，凝固点低，不发泡，易再生，黏度小，比热容小。

（4）不腐蚀或腐蚀性小，以减少设备投资及维护费用。

（5）来源丰富，容易得到，价格便宜。

（6）便于处理及操作时不易产生二次污染。

### 424. 石灰石分析资料及品质要求应符合哪些规定要求?

答:石灰石分析资料及品质要求应符合表 4-11 的规定。

表 4-11 　　　　　　　石灰石分析资料及品质要求

| 序号 | 项目 | 符号 | 含　量 |
|------|------|------|--------|
| 1 | 碳酸钙 | $CaCO_3$ | 不应低于 85%,不宜低于 90% |
| 2 | 碳酸镁 | $MgCO_3$ | 不应超过 5.0%,不宜超过 3.0% |
| 3 | 含白云石石灰石 | $CaCO_3 \cdot MgCO_3$ | 不应超过 10.0%,不宜超过 5.0% |
| 4 | 二氧化硅 | $SiO_2$ | 不应超过 5.0%,不宜超过 3.0% |
| 5 | 三氧化二铁 | $Fe_2O_3$ | 不宜超过 1.5% |
| 6 | 三氧化二铝 | $Al_2O_3$ | 不应超过 1.5%,不宜超过 1.0% |
| 7 | 水分 | $H_2O$ | 不应超过 5.0%,不宜超过 3.0% |
| 8 | 可磨指数 | $BWI$ | 实际测定 |
| 9 | 石灰石反应活性 | | 可按照现行行业标准《烟气湿法脱硫用石灰石粉反应速率的测定》(DL/943)的要求实际测定 |

### 425. 石灰石粒径应符合哪些要求?

答:石灰石粒径应符合下列要求:

(1) 外购石灰石块粒径不宜超过 20mn,最大石块粒径不宜超过 100mm。当石灰石块粒径不超过 20mm 时,可直接进入湿磨机制浆或干磨机制粉;当石灰石块粒径在 20～100mm 时应破碎,破碎后石块粒径不宜大于 5mm,再经湿磨机制浆或干磨机制粉。

(2) 进入吸收塔的石灰石粒径应根据石灰石成分、脱硫效率、吸收塔技术特点等因素确定,石灰石粒径宜在 28～63μm 的范围内。

### 426. 吸收剂采用石灰石时,吸收剂制备应符合哪些规定?

答:吸收剂采用石灰石时,吸收剂制备应符合下列规定:

(1) 碳酸钙含量不宜小于 90% 且不得小于 85%,碳酸镁含量不宜大于 3.0％且不得大于 5.0％；白云石含量不宜大于 5.0％且不得大于 10.0％，二氧化硅含量不宜大于 2％且不得大于 4％。

（2）吸收剂为石灰石粉时，石灰石粉的粒度应根据石灰石的特性和脱硫系统与石灰石粉磨制系统综合优化确定，粒度宜为 325～250 目 90％过筛率；对中、高含硫烟气脱硫装置，石灰石粉的粒度不宜小于 325 目 90％过筛率；当采用外购石灰石粉时，石灰石粉的粒度不宜小于 250 目 90％过筛率。

（3）吸收剂为块状石灰石时，浆液制备应符合下列规定：

1）当设置破碎装置时，石灰石块规格不宜大于 80mm；当不设置破碎装置时，石灰石块规格不宜大于 20mm。

2）粒度符合要求的块状石灰石，经石灰石湿式球磨机磨制成石灰石浆液，或经石灰石干式磨机磨制成石灰石粉，其粒度应符合本条第 2 款的规定，加水搅拌制成石灰石浆。

（4）石灰石浆液浓度宜为 25％～30％。

**427. 控制石灰石中除碳酸钙外其他组分的含量的原因是什么？**

**答**：石灰石中有效组分碳酸钙的含量应尽可能高，而其他组分如碳酸镁、白云石、二氧化硅等的含量，应尽可能低。虽然纯碳酸镁可溶，可提高二氧化硫的吸收率，但过高的含量将影响石膏的沉淀和脱水。白云石基本不溶解，一方面会增加石灰石的消耗、阻碍活性石灰石的溶解，另一方面还会降低石膏的纯度。二氧化硅的硬度高于碳酸钙，不仅造成对设备、管道的磨损，而且还会增加运行成本。因此，为了保证脱硫装置经济、稳定运行，确保石膏质量，减少废水排放量，应控制石灰石中除碳酸钙外其他组分的含量。

**428. 吸收剂采用石灰、石灰粉、消石灰粉和电石渣时，吸收剂制备应符合哪些规定？**

**答**：吸收剂采用石灰、石灰粉、消石灰粉时，吸收剂制备应符合下列规定：

（1）吸收剂采用石灰时，石灰中氧化钙干基含量不宜小于

85％，酸不溶物干基含量不宜大于 5％；块状石灰应破碎到要求规格后消化制成氢氧化钙浆液。

（2）吸收剂采用石灰粉时，石灰粉中氧化钙干基含量不宜小于 85％，酸不溶物干基含量不宜大于 5％，粒度不宜小于 180 目90％过筛率。

（3）吸收剂采用消石灰粉时，消石灰粉中氢氧化钙干基含量不宜小于 90％，酸不溶物干基含量不宜大于 3％。

（4）氢氧化钙浆液浓度宜为 25％～30％。

（5）当采用就近易获取且来源可靠的电石渣或活性组分为氢氧化钙的其他物质时，吸收剂中氢氧化钙干基含量不宜小于 75％，酸不溶物干基含量不宜大于 5％。

### 429. 石灰石的性能指标有哪些？

**答：** 石灰石的性能指标主要是石灰石的成分和纯度、石灰石的活性以及可磨性系数。

### 430. 石灰石的纯度是如何表示的？

**答：** 在石灰石湿法脱硫工艺中，石灰石的纯度一般以 $CaCO_3$ 表示。但在石灰石的化学成分分析中，则测定 $CaO$ 的含量，$CaCO_3$ 的含量是按照公式由 $CaO$（假设 $CaO$ 完全由石灰石中 $CaCO_3$ 分解所得）的含量推算得到的。

$$CaCO_3 = CaO \times \frac{100.09}{56.08} \qquad (4\text{-}5)$$

式中　　　$CaO$——由石灰石中 $CaCO_3$ 分解的氧化钙含量，％；

　　　　　$CaCO_3$——石灰石中碳酸钙的含量，％；

100.09、56.08——分别为 $CaCO_3$、$CaO$ 的分子量。

### 431. 石灰石的消溶特性是指什么？

**答：** 石灰石的消溶特性是反映石灰石活性的重要指标。石灰石的活性可以用消溶速率来表示，石灰石的消溶速率是指单位时间内被消溶的石灰石的量。石灰石的消溶速率是指消溶的石灰石的量占石灰石总量的百分比，在相同的消溶时间内，石灰石消溶率大，则其消溶速率高。

### 432. 石灰石品种对石灰石消溶特性的影响是什么？

**答**：石灰石的品种不同，其消溶特性也不同。这是由于石灰石的形成过程和晶体结构不同造成的。石灰石的消溶特性是反映石灰石活性的重要指标，石灰石的消溶特性越好，则其活性也越高，因此选择消溶性特性好的石灰石做脱硫剂对提高脱硫反应速率是有利的。两种石灰石消溶率如图 4-14 所

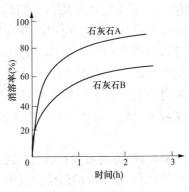

图 4-14　石灰石消溶

示：石灰石 A 的 $CaCO_3$ 含量为 $94.06\%$，石灰石 B 的 $CaCO_3$ 含量为 $83.93\%$。A 的消溶特性好于 B。

### 433. 消溶时间对石灰石消溶特性的影响是什么？

**答**：对于实际运行的脱硫系统，消溶时间可以用石灰石在消溶设备中的平均停留时间来表示，石灰石的消溶速率随消溶时间的延长而增大。在反应初期，石灰石的消溶速率随消溶时间的延长增加很快，随反应进行，石灰石的消溶率增加、幅度减小。因此，较长的消溶时间使更多的石灰石消溶，对提高石灰石的利用率是有利的。但是，在实际的石灰石浆液制备系统中，过长的消溶时间并非有利。这是因为：一方面，过长的消溶时间并不会进一步显著提高石灰石的消溶速率；另一方面，较长消溶时间必然要求相关反应设备有较大的容积，这不仅增加占地面积和投资成本，而且也将导致消溶单位质量石灰石的能耗增大，从而增加运行成本。同样，过短的消溶时间不能保证消溶反应的充分进行，将导致石灰石的利用率下降，而且由于石膏中会含有未溶解的石灰石颗粒造成石膏品质的恶化。因此，对于某一种石灰石，在一

定的消溶条件下，有一个适宜的消溶时间或平均停留时间。

### 434. 温度对石灰石消溶特性的影响是什么？

**答**：温度对石灰石的消溶特性有重要影响。石灰石的消溶过程包含一系列化学反应，它们的反应速率服从阿累尼乌斯定律，亦即化学反应速率随温度的升高而呈指数关系增大。因此，消溶温度可以增大石灰石的消溶速率。在相同的消溶时间下，随着温度的增加，石灰石的消溶速率增大。因此，提高温度对石灰石的消溶是有利的。实际烟气脱硫系统中，石灰石的消溶主要在石灰石浆液池进行，其温度取决于所加入水的温度。

### 435. pH 值对石灰石消溶特性的影响是什么？

**答**：在 $CaCO_3$ 的消溶过程中发生可逆反应。消溶过程中要消耗 $H^+$，使浆液呈碱性。因此，降低浆液的 pH 值将使反应向有利于石灰石溶解方向进行。随着 pH 值的减小，石灰石的消溶率将增大。

### 436. $SO_2$ 浓度对石灰石消溶特性的影响是什么？

**答**：含有 $SO_2$ 的烟气经过石灰石浆液洗涤，对石灰石的消溶正面影响。一方面，$SO_2$ 溶于水可为浆液提供 $H^+$，浆液 pH 值降低，有利于石灰石的消溶；另一方面，$SO_2$ 溶于水后生成的 $HSO_3^-$，可进一步氧化为 $SO_4^{2-}$，$SO_3^{2-}$ 和 $SO_4^{2-}$ 与 $Ca^{2+}$ 反应生成的 $CaSO_3$ 和 $CaSO_4$ 沉淀物从溶液中析出，消耗 $Ca^{2+}$，使反应向有利于石灰石消溶的方向进行，促进石灰石的消溶。因此，在其他条件一定的情况下，随着烟气中 $SO_2$ 浓度的增大，石灰石的消溶速率增大，当烟气中 $SO_2$ 浓度升高时，石灰石的消溶速率大幅度增加。

### 437. 氧浓度对石灰石消溶特性的影响是什么？

**答**：烟气中 $O_2$ 浓度对石灰石的消溶特性有正面影响。当氧浓度较高时，随着氧浓度的增加，石灰石消溶速率明显增加。这是因为增加氧浓度可以加快 $HSO_3^-$ 向 $SO_4^{2-}$ 的氧化进程，导致浆液中 $H^+$ 浓度增大，pH 值降低，石灰石消溶速率增大；同时由于 $CaSO_4$ 的溶度积比 $CaSO_3$ 小得多，小即 $CaSO_4$ 有更小的溶解度。因此，$SO_4^{2-}$ 与 $Ca^{2+}$ 反应生成的 $CaSO_4$ 沉淀物从溶液中析出也可以消耗更多的 $Ca^{2+}$，使反应向有利于石灰石消溶的方向进行，促进石灰石的消溶，消溶速率增加。石灰石消溶速率随着氧浓度的增大而增加。

### 438. $CO_2$ 浓度对石灰石消溶特性的影响是什么？

**答：** 烟气中 $CO_2$ 浓度对石灰石的消溶特性有正面影响，但影响很小。一方面，烟气中 $CO_2$ 浓度较高，则气相中 $CO_2$ 分压较大，根据亨利定律，液相中 $CO_2$ 浓度较高，由于 $H_2CO_3$ 是很弱的酸，在液相中电离产生 $H^+$ 浓度略有升高，pH 略有降低，对石灰石消溶起促进作用，但这种促进作用不大；另一方面，由于石灰石消溶过程也产生 $CO_2$，烟气中 $CO_2$ 分压较大，达到溶解平衡时液相中 $CO_2$ 浓度较高，对石灰石消溶有抑制作用。因此，在火电厂锅炉排烟中 $CO_2$ 浓度的范围内，烟气中 $CO_2$ 浓度对石灰石的消溶速率影响很小。随着 $CO_2$ 浓度的增大，石灰石消溶速率稍有增加。

### 439. $Cl^-$ 浓度对石灰石消溶特性的影响是什么？

**答：** 浆液中 $Cl^-$ 浓度对石灰石的消溶特性有明显的抑制作用。浆液中微量 $Cl^-$ 的不利于石灰石消溶。因为浆液中 $Cl^-$ 与 $Ca^{2+}$ 生成 $CaCl_2$，溶解的 $CaCl_2$ 浓度增加，同离子效应导致液相的离子强度增大，从而阻止了石灰石的消溶反应。浆液中的 $Cl^-$ 主要来自燃煤中的氯。浆液中 $Cl^-$ 与 $Ca^{2+}$ 生成 $CaCl_2$，它不仅会影响石灰石的消溶率，还会降低脱硫剂的碱度，即通过影响 $H^+$ 的活性而产生作用。向浆液池中鼓风可减轻 $CaCl_2$ 的不利影响，通过提高液气比也弥补脱硫剂碱度的损失。

### 440. $F^-$ 浓度对石灰石消溶特性的影响是什么？

**答：**浆液中 F⁻ 浓度对石灰石的消溶特性有抑制作用。随着浆液中的 F⁻ 的增加，石灰石消溶率略有减小。这说明 F⁻ 对消溶率有微弱的抑制作用。这可能是因为 F⁻ 形成了复杂的络合物覆盖在石灰石颗粒表面，从而阻碍消溶反应的进行。浆液中的 F⁻ 主要来自燃煤烟气中的氟化合物。

**441. 石灰石制备系统作用是什么？对石灰石粉细度有何要求？**

**答：**石灰石制备系统作用是将石灰石破碎，磨制形成合格的碳酸钙吸收浆液，供吸收塔脱硫用。石灰石粉细度要求是：90%通过 325 目筛（44μm）或 250 目筛（63μm），并且 $CaCO_3$ 含量大于 90%。石灰石浆液要求固体质量分数为 10%～15%。

**442. 石灰石浆液制备系统通常有几种方案？**

**答：**石灰石浆液制备系统通常有三种方案：

（1）就地制粉，运入电厂调浆使用。

（2）粗粒入厂，湿磨成浆。

（3）外购粉粒，厂内调浆。

**443. 湿式制浆方案和干式制粉方案有何异同点？**

**答：**湿式制浆方案和干式制粉方案有何异同点为：

（1）湿式制浆方案和干式制粉（干粉制浆主要是指外购石灰石粉，在厂内制浆）方案在石灰石块入磨之前的工序基本相同，从入磨后制成浆液，湿式制浆方案所用的辅助设备要比干式少得多，因而投资较少，占地面积小，发生故障的可能性大为减少。一般干式制粉方案的投资要比湿式高 1/3～1/5。

（2）虽然湿式球磨机比干式球磨机的电耗大，但就整个系统而言，电耗还是低，因而运行费用低，其运行费用要低 1/8～1/10。

（3）湿式制浆方案的石灰石粉量和粒径的调节更方便。干式制粉方案主要提高调整球磨机的运行参数来调节粉量和粒径，而湿式制浆方案还可通过调整出口水力旋流器的性能参数来达到目的。

（4）干式制粉方案需注意扬尘造成的环境污染，而湿式制浆方案需防因渗漏外流的制浆造成厂区污染。

### 444. 湿式制浆方案吸收剂制备系统包括哪两个子系统？

**答：** 湿磨方案吸收剂制备系统包括石灰石储运和石灰石浆液制备系统两个子系统。

### 445. 概述湿式制浆方案吸收剂制备石灰石储运系统。

**答：** 自卸卡车将符合要求的外购石灰石碎石运输进厂，倒入地下卸料斗。料斗上部用钢制格栅防止大粒径的石灰石进入，下部接振打给料机，将石灰石碎石送入斗式提升机。斗式提升机把石灰石碎石提升至石灰石储仓顶部的输送机（或直接用流料槽），并由输送机把石灰石碎石送入石灰石储仓。储仓内的石灰石碎石经仓下出料口进入皮带称重给料机计量后，送入湿式球磨机磨制石灰石浆液。

### 446. 湿式制浆方案吸收剂制备石灰石储运系统包括哪些设备？

**答：** 湿磨方案吸收剂制备石灰石储运系统包括石灰石卸料斗（含通风除尘系统）、振打给料机（带电磁除铁器）、斗提机、螺旋输送机或皮带输送机、石灰石碎石仓（包括除尘系统）及称重式皮带给料机等。

### 447. 概述湿式制浆方案吸收剂制备石灰石浆液系统。

**答：** 石灰石从石灰石储仓经皮带称重给料机送至湿式球磨机进行研磨。FGD补给水或滤液等回收水将按与送入石灰石成设定比例的量进入湿式球磨机的入口，最后得到不低于 $90\%$ 的颗粒细度不大于 $63\,\mu m$（250 目 $90\%$ 通过）、含固量约 $30\%$ 的石灰石浆液。

石灰石在湿式球磨机中被磨成浆液并自流至浆液再循环箱，然后再由球磨机浆液再循环泵抽吸至旋流分离器。旋流分离器（超过尺寸的物料）再循环至湿式球磨机入口，而溢流（符合尺寸的物料）则自排入石灰石浆液箱中贮存待用。

石灰石浆液箱中的石灰石浆液由石灰石浆液泵送入吸收塔。

**448. 干式制浆方案吸收剂制备系统包括哪两个子系统？**

**答：** 干磨方案吸收剂制备系统包括干式球磨机磨制石灰石粉和石灰石粉制浆两个子系统。

**449. 概述干式球磨机制备石灰石粉典型工艺流程。**

**答：** 贮存于石灰石筒仓内的石灰石，经称重皮带给料机送入干式球磨机内研磨，磨制成的石灰石粉用斗式提升机送至选粉机内进行分离，符合粒度要求的石灰石粉被风携带走，由袋式除尘器收集后，通过机械输送系统送至石灰石粉仓贮存。成品石灰石粉用罐车运至吸收区。干式球磨机出口成品石灰石粉的细度一般为90%的颗粒细度不大于63μm（250目，90%通过）。

石灰石料应密切注意其水分含量，进入石灰石粉制备系统（干法）磨粉机的入磨物料的表面水分一般小于1%，否则就会严重恶化操作，甚至造成糊磨、堵塞。同时应该注意氯化物、氟化物和煤灰等杂质不要混入石灰石料中，避免影响脱硫系统的正常运行和脱硫石膏的品质。

**450. 简述外购成品石灰石粉制浆的典型工艺流程。**

**答：** 从厂外（或干磨制粉岛）运输至岛内石灰石浆液制备系统的合格的成品石灰石粉，以气力输送方式送入石灰石粉仓，再通过电动旋转给料阀送至石灰石浆液箱，与浆液用水混合制成石灰石浆液。石灰石浆液由石灰石浆液泵送至吸收塔。

**451. 布袋收尘器工作原理是什么？**

**答：**布袋收尘器工作原理是：含尘气体从入口门流入，撞在挡板上，改变流动方向，结果粗颗粒粉尘直接落入灰斗，细颗粒的含尘气体通过滤布层时，粉尘被阻留，空气则通过滤布纤维间的微孔排走。在过滤过程中，由于滤布表面及内部粉尘搭拱不断堆积，形成一层由尘粒组成的粉尘料层，显著地改善了过滤作用，气体中的粉尘几乎全部被过滤下来。随着粉尘的加厚，滤布阻力逐渐增加，使处理能力降低。为保持稳定的处理能力，必须定期清除滤布上的部分粉尘层。由于滤布绒毛的支撑作用，滤布上总有一定厚度的粉尘清理不下来成为滤布外的第二过滤介质。过滤后的干净气体从布袋管顶排出。

布袋收尘器主要部件包括漏斗、箱体、气囊板、滤布袋、反吹扫设备和排气装置等。

石灰石仓顶部设置一套布袋除尘器，它的作用是为石灰石仓通风除尘。由除尘器自带的抽风机排出的洁净气中，标准状态下最大含尘量不超过 $50\text{mg/m}^3$。

石灰石块输送到石灰石仓的过程中，会带入空气和石灰石粉混合物。连接在布袋除尘器上的抽风机能够不断从仓顶抽出空气，以维持石灰石仓内压力处于负压下。为防止抽出空气时石灰石粉飞扬，造成粉料损耗和环境污染，因此设置布袋除尘器。布袋除尘器使用仪用压缩空气为脉冲动力，振动布袋，使布袋上吸附的石灰石粉落回仓内。

### 452. 称重给料机适用于哪些场合？由哪些结构组成？

**答：**称重给料机的作用是测量和输送石灰石料。皮带称重给料机的设计和尺寸按照石灰石制浆系统要求的石灰石给料量来定。给料机的计量精度为 $\pm0.5\%$，控制精度为 $\pm1\%$。

称重给料机适用于现场环境要求较高的散状物料的连续均匀输送和计量，是脱硫用石灰石计量及化工、配料系统的理想设备。在输送过程中，对物料进行连续称重，称重仪表随时显示瞬时流量和累计流量。称重给料机能根据供料系统的要求可靠、精确地调节控制给料量，以防止溢额供应物料。

胶带称重给料机由封闭金属机壳、输送物料系统、落料清扫机、驱动装置、计量系统、自动校验装置、电气控制系统、进出物料法兰、料流调节装置、皮带清扫器、皮带张紧机构、堵料报警装置、断料报警装置、跑偏报警装置等构成。

### 453. 称重给料机在使用时注意事项有哪些？

**答：**称重给料机在使用时注意事项有：

（1）减速电动机的使用维护。减速电动机使用润滑油，可以增加润滑可靠性及延长减速电动机使用寿命。减速电动机内不允许注入含杂质和含腐蚀性物质的不清洁的润滑油。给料运行期间，应经常观察润滑油位是否正常。如果油量不足，应及时补充注入与原牌号相同的润滑油。切勿加油过量。给料机初次运行300h后，减速电动机必须更换新的润滑油，并清洗内部的油污。给料机若每天连续运行10h以上时，每3个月换油一次；若每天运行10h以内，则每6个月换油一次。应经常观察减速电动机的运行情况，如果发现有异常噪声或过热，应及时停机检查处理。

（2）传动滚筒和改向滚筒均配置带座外球面调心轴承，具有自动调心功能，轴承具有防尘罩防尘。在运行期间检查补充润滑脂，防止轴承缺油损坏。

（3）给料机运行工作期间，要经常注意观察输料胶带运行情况，如发现有跑偏现象时，应及时调整跑偏。

（4）计量系统操作维护必须有熟悉电子皮带秤使用要求的专门人员负责管理和操作，定期对称的精度进行校验。

（5）清扫机链条张紧适当，不要过分张紧，使链条的使用寿命减少。调整胶带清扫器刮板时，应保证刮板和胶带面均匀接触，压力不得过大，以免造成胶带损伤和过多地消耗驱动功率。

### 454. 斗式提升机的工作原理是什么？

**答：**斗式提升机作用是将石灰石块提升到石灰石仓顶部。斗式提升机的特点是占地面积少，布置紧凑，密封性好，提升高度大。

斗式提升机的工作原理是：斗式提升机主要用于垂直输送粉状、颗粒状及小块状的物料工作方式是用链连接着一串料斗牵引构件，环绕在斗式提升机的头轮与底部尾轮之间构成闭合环链，动力从头轮一端输入。输送的物料由下部进料口喂入，被连续向上运动的料斗舀取、提升，由上部出料口卸出，从向实现垂直方向物料输送。

### 455. 斗式提升机适用于哪些场合？由哪些结构组成？

答：斗式提升机适用于输送块状、易碎和具磨琢性的堆积密度小于 $2/m^3$ 的物料，物料温度不超过 25℃，如块煤、碎石、矿石、卵石、焦炭等。脱硫系统中用斗式提升机将石灰石提升到石灰石粉仓内。

斗式提升机采用两根板式套筒滚子链作为牵引构件，料斗两侧边固定在板链上并连续布置，用流入式装载，低速重载卸料。斗式提升机主要由驱动装置、上部区段、中部机壳、斗链、下部区段组成。

### 456. 斗式提升机在使用时注意事项有哪些？

答：斗式提升机在工作过程中应有固定人员操作，操作人员必须具有使用斗式提升机的技术并熟悉机器性能。斗式提升机操作、维护注意事项如下：

（1）应严格遵守斗式提升机已规定的输送物料特性、输送量及工作条件。

（2）斗式提升机在工作时所有检查门必须关闭，并在上、下部区段及经常打开的检查门处，安设照明设备。

（3）斗式提升机在工作过程中，发生故障应立即停止运转，予以消除，绝对禁止在运转时进行维修。

（4）操作人员应经常检查斗式提升机的运行情况，包括链条是否变形和磨损，松紧程度是否适当，料斗是否歪斜、脱落，紧固件是否松动，润滑点是否有油，物料在进料口和底部是否有阻塞现象。

（5）下部区段的拉紧装置应调整适宜，以保证链条具有正常工作张紧力，但不宜过紧。

（6）如果上部卸料有反料现象，应调整卸料口的滑板，使滑板边缘和料斗边缘保持适当间隙，其间隙在10～20mm之间。

（7）如果底部积料阻塞，应打开下部清料门进行清扫。

（8）斗式提升机应空载启动，停车前不供料，待卸完料后停车。

（9）根据斗式提升机的使用条件，规定检修周期。

（10）斗式提升机的润滑应根据润滑规定，结合运转情况进行加注和更换。

### 457. 振动给料机适用于哪些场合？由哪些结构组成？

**答：**振动给料机安装在卸料斗出口处，作用是为斗式提升机输送石灰石块。

振动给料机是广泛应用于矿山、冶金、煤炭、火电等行业中，能使块状、颗粒状及粉状物料均匀或定量的给料设备。电动振动给料机利用振动电动机激振源，使物料做抛物线运行，可以瞬间改变和启闭料流，提高定量给料精度。

电动振动给料机由给料槽、传振体、振动电动机、减振装置四部分组成。

电动振动给料机的给料过程是利用特制的振动电动机驱动给料槽沿倾斜方向做周期性直线往复振动来实现的。当给料槽振动的加速度垂直分量大于重力加速度时，槽中的物料被抛起，由于振动电动机的连续运转，槽中的物料连续向前做跳跃运动，由此达到给料目的。

### 458. 振动给料机的使用与维修过程应注意事项是什么？

**答：**每台振动给料机的上方适当位置各设置一台带式永磁式除铁器，其作用是除去石灰石中的金属杂质。除铁器的吸力不小于20kg/块（以正方体为基准），并适用各种工况的运行。

振动给料机的使用与维修过程应注意事项是：

（1）给料机在运行过程中应经常检查振幅电流、温升及噪声的稳定情况，发现异常现象应立即停车处理。

（2）对电动机轴承一般应每两个月加注一次润滑脂，高温季节每一个月加注一次润滑脂。

**459. 振动给料机在运行过程中的常见故障及处理方法是什么？**

答：振动给料机在运行过程中的常见故障及处理方法见表 4-12。

表 4-12　振动给料机在运行过程中的常见故障及处理方法

| 序号 | 故障现象 | 故障原因 | 排除方法 |
| --- | --- | --- | --- |
| 1 | 接通电源后给料机不启动 | 电源线路不通。电动机卡阻。负荷过重。与其他设备在连接处制约 | 检查三相电源是否缺相，是否与电压、标牌相符。打开电动机支架排除卡阻现象。轻负荷启动。排除与其他设备在连接 |
| 2 | 振动后振幅小且横向摆动，物料走偏 | 两台振动电动机同步运转。两台振动电动机中有一台不工作或单向运行 | 调换一台振动电动机任意两相接线，保证两台振动电动机反向运转。其中一台振动电动机损坏应迅速拆换 |
| 3 | 振动电动机温升过高 | 轴承发热。单相运行。转子扫膛 | 调整或更换轴承。处理断相。拆装电动机，排除故障 |
| 4 | 电流增大 | 两台振动电动机中有一台工作。负荷过大。轴承卡死或缺润滑脂 | 修理电动机及线路。减小料层厚度。更换轴承，加注润滑脂 |
| 5 | 噪声大 | 振动电动机底座螺栓松动或断裂 | 紧固件螺栓予以紧固后更换 |

**460. 皮带输送机的工作原理是什么？主要部件作用分别是什么？**

答：皮带输送机的工作原理是：一条闭合的皮带绕在传动滚筒

和改向滚筒上，并由固定在机架上的上托辊和下托辊支撑。驱动装置带动传动滚筒回转时，由于皮带通过拉紧装置张紧在两滚筒之间，便由传动滚筒与皮带间的摩擦力带动皮带运行。物料从漏斗加至带上，由传动滚筒处卸出。皮带输送机的主要部件作用如下：

（1）皮带：皮带起曳引和承载作用。目前用作皮带的有橡胶和聚乙烯塑料带两种。

（2）托辊：用于支撑运输带和带上物料的质量，减少输送带的下垂度，以保证稳定运行。

（3）驱动装置：作用是通过传动滚筒和皮带间的摩擦传动，将牵引力传给皮带，以牵引皮带运动。

（4）改向装置：皮带输送机在垂直平面内的改向一般采用改向滚筒。

（5）拉紧装置：作用是拉紧胶带输送机的皮带，限制皮带在各支撑托辊间的垂度和保证带中有必要的张力，使带与传动滚筒之间产生足够的摩擦引力，以保证正常工作。

（6）清理装置：为了有效地输送物料，防止物料中的黏性物质黏结在皮带上，同时保护皮带，在尾部滚筒前装有空段清扫器，用以清扫输送带非工作面的物料，头部滚筒处装有弹簧清扫器，用以清扫卸料后仍黏附在皮带工作面上的物料。

**461. 预粉碎机工作原理是什么？主要部件包括哪些？**

**答：**预粉碎机工作原理是：电动机经皮带传动，带动主机的主轴旋转，从而使装于主轴上的打击锤在水平面做高速回转。当物料从进口进入做竖向的重力分流时，被高速回转的打击锤撞击而破碎，并随其自身的重力而下落从排料口及时地排出机腔。

预粉碎机的主要部件包括电动机、导轨、主轴、锤头和筒体等。

**462. 皮带跑偏是指什么？试述整条皮带向一侧跑偏的原因及其处理方法。**

**答：**在带式输送机输送过程中，有时皮带中心脱离输送机中心线而跑向一侧，这种现象称为皮带的跑偏。

整条皮带向一侧跑偏的原因及其处理方法如下：

（1）主动滚筒中心与皮带中心不垂直。处理方法：移动轴承位置，调整中心。

（2）托辊支架与皮带不垂直。处理方法：调整支架。

（3）从动滚筒中心与皮带中心不垂直。处理方法：调整中心。

（4）主动或从动滚筒及托辊表面黏有物料。处理方法：清理物料。

（5）皮带接头不正。处理方法：重新接头。

（6）物料落下位置偏离皮带中心。处理方法：改造落料管或加装挡板，使物料落到皮带中心。

（7）杂物卡死。处理方法：清除杂物

### 463. 石灰石粉仓流化风机的作用是什么？

**答：**由于石灰石粉密度小，具有黏附性和荷电性，导致石灰石粉流通不畅（比如结块、搭桥等），因此需要流化风机向仓内鼓入一定压力的气体（气体压力一般为 0.2～0.5MPa），扰动石灰石粉，使石灰石粉呈流态化。

从大气中采集空气经过流化风机加压、加热后对粉仓内的石灰石粉进行吹扫保持粉的流动性和干燥性确保不板结、变质。

### 464. 球磨机的作用是什么？

**答：**脱硫系统所用的石灰石脱硫剂通常以石块的形式运送到电厂，在使用之前球磨机将石灰石进一步磨制成规定粒度的较小的颗粒，以提高表面积和反应活性。

### 465. 概述石灰石干式球磨机工作原理。

**答：**球磨机的主体是由钢板卷制而成的回转筒体。筒体两端带有空心轴的端盖，内壁装有衬板，磨内装有不同规格的研磨体。当球磨机回转时，研磨体由于离心力的作用贴附在筒体衬板表面，随筒体一起回转并被带到一定高度，由于受重力作用被抛落，冲击筒体内的石灰石块。同时，研磨体还以滑动和滚动研磨体和衬板之间以及相邻研磨体之间的石灰石料。

在球磨机回转过程中，由于球磨机头部不断地进行喂料，而石灰石物料随筒体一起转动，形成物料向前挤压；同时，球磨机进料端和出料端之间物体本身物料面有一定的高度差，加上磨尾不断抽风，这样即使球磨机为水平放置，磨内物料也会不断向出料端移动，直至排出磨机。

### 466. 概述石灰石干式球磨机结构组成及作用。

**答：**球磨机基本上由进料装置、卸料装置、回转部分、支撑装置、传动装置组成。

（1）进料装置。进料装置的主要作用是将物料顺利地进入磨煤机内。进料装置主要有两种进料方式：

溜管进料：物料经过溜管进入磨机内的锥形套筒内，沿旋转的套筒滑入球磨机内。

螺旋进料：物料有进料口进入装料接管，溜入套筒中由螺旋叶片推入球磨机内。

（2）卸料装置。其类型随磨机传动形式有所不同。

1）边缘传动球磨机：物料通过提升板提升，并经旋转送到卸料口，由回转控制筛溜入卸料斗中。

2）中心传动球磨机：物料通过提升板提升，沿卸料锥外壁送入卸料锥套筒内进入圆筒筛，过筛物料从出料罩底部的卸料口排出。

（3）回转部分。回转部分由筒体和衬板构成。

1）筒体。回转部分筒体由钢板卷制焊接而成，为空心圆筒，两端与带空心轴的端盖连接。

2）衬板。衬板的作用是保护筒体免受研磨体和物料的直接冲击与研磨。

（4）支撑装置——主轴承。主轴承的作用是支撑球磨机整个回转部分，除了承受球磨机本体、研磨体和石灰石的全部质量外，还承受研磨体和石灰石抛落产生的冲击载荷。

（5）传动装置。按传动方式不同，球磨机可分为中心传动球磨机和边缘传动球磨机。中心传动磨指以电动机通过减速机直接驱动磨机转动，减速机输出轴和磨机中心线为同一直线；边缘传动磨是指由小齿轮通过固定在球磨机筒体尾部的大齿轮带动球磨机转动。

**467. 概述石灰石湿式球磨机工艺原理。**

**答**：石灰石湿式球磨机指喂料时加入适量的水，产品为石灰石料浆的磨机。磨机由传动装置带动筒体旋转，筒体内装有研磨体—钢球，石灰石及浆液在离心力和摩擦力的作用下，被提升到一定高度，呈抛物状落下，预磨制的石灰石和水由磨机给料管连续喂入筒体内，被运动着的钢球粉碎和研磨，通过溢流和连续给料的力量将产品排出，并通过不锈钢圆筒筛初步筛分，进入下一工序。石灰石湿式球磨机的作用是将石灰石和滤液水磨制成石灰石浆液。

**468. 简述石灰石块粒径过大对球磨机的影响。**

**答**：进入球磨机的石灰石块粒径通常小于 20mm。球磨机的入磨粒径较大，使得研磨体的冲击和研磨作用较难适应，会造成研磨体级配不合理，产量不足及功耗加大。

**469. 影响湿式球磨机指标的因素有哪些？**

**答**：影响湿式球磨机指标的因素有：

（1）入磨物料的粒度。如果入磨物料的粒度大，喂料不均，则磨粉困难，磨机的产量、质量低，动力消耗也大。为更好地发挥磨机的最大效能，在电厂脱硫系统中，一般对石灰石物料入磨粒度控制在下列范围：入料石灰石小于 20mm，其中小于或等于 7～10mm 的占 80%。

（2）入磨物料的水分。如果入磨物料的水分过大，容易使细颗粒的物料贴附在物料输送管路上，另外对系统的物料平衡也将产生影响，在电厂脱硫系统中，一般对石灰石物料入磨的水分控制在下列范围内：入料石灰石的含水率小于 3％。

（3）出磨产品细度。出磨产品细度对于电厂脱硫系统将产生一定的影响，因此一般出磨产品的细度小，不仅增加了物料的表面积，同时也促进其化学反应更充分，有利于提高脱硫效率。但不能只强调细度，不考虑经济效益，过细就要降低磨煤机产量，增加动力消耗，提高生产成本。因此，要根据情况合理的选择出料粒度。在电厂脱硫系统中，一般对石灰石出料粒度控制在下列范围内：90％通过 325 目或 250 目（成品浆液）。

**470. 湿式球磨机需要定期检查的项目有哪些？**

答：湿式球磨机需要定期检查的项目有：

（1）检查冷却空气是否可以直接吹到电动机上，并检查是否有异常的噪声。

（2）每天检查轴承的润滑系统是否工作正常，轴承盖外侧需保持润滑脂的存在。

（3）检查螺栓、螺母是否紧固。

（4）检查挡板和防磨件的磨损情况，耐磨板的厚度不应小于 6mm，挡板厚度至少为 12mm。一旦发生异常情况或缺陷时，要及时通知当班负责人，以便采取措施，并排除故障。

（5）要定期对润滑点进行正确的润滑，才能保证设备的安全、可靠及高效的运行。在首次运行前，维护后及长期停运后，要检查所有的润滑点是否按照润滑规范加注了润滑剂。在运行过程中，应检查轴承处的润滑是否顺畅，温度是否正常。必要时添加规定的润滑脂。设备停机时，检查润滑设备的油位，必要时加油。加油时必须停机。规定的油量为平均值，检验油位通过游标尺或通过观察孔进行。

**471. 概述脱硫系统立式磨机的工作原理。**

答：脱硫系统立式磨机是根据料床粉磨原理来粉磨物料的机械，磨内装有分级机构而构成闭路循环，由加压机构提供磨粉压力，同时借助磨粉和磨盘运动速度差异产生的剪切研磨力来粉碎磨盘上的物料，它与物料的易磨性、水分和产量等因素有关。

电动机通过减速机带动磨盘转动，物料经锁风喂料器从进料口落在磨盘中央，同时热风从进风口进入磨内。随着磨盘的转动，物料在离心力的作用下，向磨盘边缘移动，经过磨盘上的环形槽时受到磨辊的碾压而粉碎，粉碎后的物料在磨盘边缘被风环高速气流带起，大颗粒直接落到磨盘上重新粉磨，气流中的物料经过上部分离器时，在旋转转子的作用下，粗粉从锥斗落到磨盘重新粉磨，合格细粉随气流一起出磨，通过收尘装置收集，即为产品，含有水分的物料在与热气流的接触过程中被烘干，通过调节热风温度，能满足不同湿度物料要求，达到所要求的产品水分。通过调整分离器，可达到不同产品所需的粗细度。

### 472. 石灰石浆液分离与循环系统包括哪些？其主要作用是什么？

答：石灰石浆液分离与循环系统包括石灰石旋流器、分配器及浆液管道等，其主要作用是分离出合格的石灰石浆液，供应给石灰石浆液箱。湿磨浆液泵出口的石灰石浆液进入石灰石水力旋流器进行分离，其中含细小颗粒的溢流浆液通过分配箱底部的右侧落料口进入石灰石浆液箱，而含粗大颗粒的底流浆液则通过分配箱底部的左侧落料口返回钢球磨煤机钢球磨煤机进行再研磨。

### 473. 石灰石水力旋流器的主要作用是什么？

答：石灰石水力旋流器是用来分离石灰石浆液的分离装置，其主要作用是分离出合格的石灰石浆液，即把湿磨浆液泵送来的石灰石浆液进行分离，其中含细小颗粒的溢流浆液进入石灰石浆液箱，再经石灰石浆液泵送至吸收塔，而含粗大颗粒的底流浆液返回球磨机进行再研磨。其关键部件是多个呈环形布置的旋流子，每个旋流子的入口配一个手动隔膜阀。

旋流子最上端是进口段，是一段圆筒体，入口管与该段相切连接，该段的主要作用是使浆液能够平稳地进入旋流子，减小扰动。入口尺寸的大小决定了石灰石浆液进入旋流子的速度。

这种水力旋流器的主要优点有：

（1）结构简单，成本低廉，不含有旋转部件，易于安装和操作。

（2）体积小，占地面积小，处理能力大，运行费用低。

（3）处理工艺简单，运行参数确定后可长期稳定运行，管理便利。

（4）旋流中存在较高的剪切力，有利于固体颗粒的分级与洗涤。

## 第八节　湿法脱硫电石渣制备

**474. 电石渣是什么？**

答：电石（$CaC_2$）生产乙炔气体所产生的副产物，主要成分为 $Ca(OH)_2$。

**475. 干料电石渣是什么？**

答：在粉碎后的电石中喷入水制备乙炔所产生的副产物，其物料中含水量不大少 8%（质量分数），粒径不大于 $270\mu m$，粉状，可采用自卸式罐车或气力输送到脱硫区域。

**476. 湿料电石渣是什么？**

答：电石浸入过量水中制备乙炔所产生的副产物，其物料中含水量大于 8%，湿料电石渣分为膏状、浆液状。

**477. 电石渣—石膏湿法脱硫技术是什么？**

答：在湿法脱硫中，脱硫吸收剂为电石渣，经脱硫后形成石膏（$CaSO_4 \cdot 2H_2O$）的一种废渣治理废气的脱硫技术。

**478. 电石渣浆液制备系统是什么？**

答：电石渣原料通过溶解、分离、输送工艺制成合格电石渣浆液的系统，包含电石渣卸料、制浆、供浆系统。

**479. 选择电石渣作为脱硫吸收剂的基本要求是什么？**

**答：** 选择电石渣作为脱硫吸收剂的基本要求是：

（1）在脱硫岛附近有充足电石渣来源，宜用电石渣作为脱硫吸收剂；当电石渣源离脱硫岛较远时，应通过经济性比较后确定。

（2）当脱硫岛附近电石渣来源不能完全保证时，湿法脱硫装置宜同时建设电石渣浆液制备系统和石灰石浆液制备系统。

（3）电石渣浆液制备系统应满足湿法电石渣-石膏脱硫装置可利用率要求。

（4）电石渣浆液制备系统所需电源、水源、气源、汽源宜利用主体工程设施。

（5）根据电石渣原料状态，选择不同的浆液制备工艺。

**480. 干料电石渣浆液制备系统工艺流程及设备选型要求是什么？**

**答：** 干料电石渣浆液制备系统流程如图 4-15 所示。

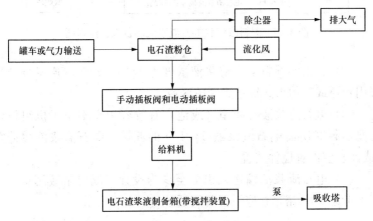

图 4-15  干料电石渣浆液制备系统流程图

（1）电石渣粉仓的总有效容积宜不小于机组设计工况时电石渣 3~5 天的耗量，仓顶应设置布袋除尘器，除尘器处理风量的裕量不得低于 20%。电石渣粉仓底部设置流化风系统。每个粉仓下方宜设置两个出料口，出口管道尺寸不低于 DN200，下料管路上宜设置手动插板阀、电动插板阀、给料机。

（2）电石渣浆液制备箱宜布置在粉仓下方，材质为混凝土或碳钢，内部应做防腐处理。制备箱应设置搅拌装置，浆液浓度为 15%～25%（质量分数），制备箱有效容积不应小于所对应机组在设计工况时所需浆液 4h 的耗量。

（3）电石渣浆液输送泵的出力不应低于机组设计工况时所需的电石渣浆液量，并至少有 10%裕量，应设置备用泵。

（4）电石渣浆液制备箱与粉仓的空间高度应满足检修要求。

**481. 浆液状湿料电石渣浆液制备系统工艺流程及设备选型要求是什么？**

答：浆液状湿料电石渣浆液制备系统工艺流程及设备选型要求是：

（1）湿料浆液状电石渣浆液制备系统的流程如图 4-16 所示。

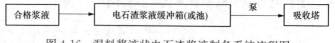

图 4-16　湿料浆液状电石渣浆液制备系统流程图

（2）合格的湿料电石渣浆液浓度为 15%～25%（质量分数），采用管道或其他形式输送到脱硫区域。

（3）电石渣浆液缓冲箱（或池）有效容积宜不小于机组设计工况运行时所需电石渣浆液 6～10h 的耗量。电石渣浆液缓冲箱（或池）应设置搅拌装置。

（4）电石渣浆液输送泵出力至少为设计工况时浆液用量，并至少考虑 10%裕量，应设置备用泵。

**482. 膏状湿料电石渣浆液制备系统工艺流程及设备选型要求是什么？**

答：膏状湿料电石渣浆液制备系统工艺流程及设备选型要求是：

（1）湿料膏状电石渣浆液制备系统的流程如图 4-17 所示。

（2）脱硫岛内应设置电石渣库（堆场），有效容积宜不小于机组设计工况运行时电石渣 3 天的耗量。库房内应设置通风设备。

（3）膏状电石渣宜采用装载车从库房转运至配浆池。装载车容量宜与库房有效容积和吸收塔电石渣消耗量匹配。

（4）配浆池有效容积由电石渣溶解时间与吸收塔浆液用量决定，有效容积宜不小于脱硫装置电石渣 3h 的耗量。在北方寒冷地区，可适当增加有效容积余量。配浆池宜选用地下式布置，池顶部不宜全封闭，应设置搅拌装置，池内壁应做防腐处理。

（5）配浆泵出口一路至缓冲池，另一路回流至配浆池，泵容量为吸收塔电石渣浆液耗量的三倍与回流量之和，并至少考虑

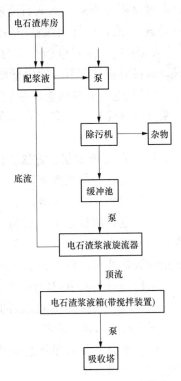

图 4-17 湿料膏状电石渣浆液制备系统流程图

10%裕量；应至少设置一台备用泵，泵形式可为自吸泵、液下泵等耐磨耐腐蚀泵。配浆泵吸入口应设置滤网。

（6）除污机应能除去直径大于 3mm 的颗粒物，可选用卧式滚筒式的分离装置，其浆液处理能力应与配浆泵出力匹配。

（7）缓冲箱（池）有效容积宜与配浆池有效容积相当。应设置搅拌装置，箱（池）内壁应做防腐处理。

（8）电石渣旋流器供浆泵容量为吸收塔浆液耗量的 3 倍，应至少考虑 10%的裕量，应至少设置一台备用泵，泵形式可为自吸泵、液下泵等耐磨耐腐蚀泵。泵吸入口宜设置滤网。

（9）电石渣旋流器处理能力应与电石渣旋流器供浆泵出力匹配，旋流子应有一个在线备用，旋流子材质为聚氨酯或等同材质，

沉砂嘴材质宜为陶瓷。电石渣旋流器顶流浓度为 15%～25%（质量分数）；底流经筛出颗粒物后流入配浆池或缓冲池中。

（10）电石渣浆液箱有效容积至少为机组设计工况时 4h 的用量，应设置搅拌装置，箱内壁做防腐处理。

（11）电石渣浆液输送泵的容量应能满足机组在设计工况时所需浆液用量并至少留有 10%裕量。应至少设置一台备用泵。

### 483. 电石渣制浆系统热工自动化要求是什么？

**答：**电石渣制浆系统热工自动化要求是：

（1）配浆池、缓冲池、电石渣浆液箱应设置液位计。

（2）电石渣配浆泵、旋流器供浆泵、浆液输送泵出口设置就压力表或压力变送器。电石渣浆液旋流器设置压力表，电石渣浆液箱设置浆液密度计，向吸收塔供浆的电石渣浆液泵使用变频控制或泵出口管线调节阀门调节。

（3）电石渣制备系统配制的仪表应满足环境要求，采用本安＋安全栅方式或隔爆型仪表。

（4）电石渣制备系统房间内应设置乙炔气体探测仪，浓度报警联并动通风设备。

（5）热工自动化水平与机组的自动化控制水平相一致。

（6）所有就地远传仪表通过脱硫岛的 DCS 或 PLC 控制。

（7）电石渣制各区域设置工业电视监视系统，可纳入脱硫工程的工业电视系统中。

### 484. 电石渣制浆系统电气设备及系统要求是什么？

**答：**电石渣制浆系统电气设备及系统要求是：

（1）脱硫系统电石渣制备的电压等级及中性点接地方式应与主体工程一致。电石渣制备系统布置在脱硫主体工程附近时，由脱硫低压配电装置供电；电石渣制备系统距离脱硫主体工程较远时，宜就地设双电源供电的单母线不分段低压配电装置，低压双电源进线装设自动切换装置。保安负荷的供电直接从脱硫主体工程引接。其余应符合《火力发电厂厂用电设计技术规程》（DL/T

5153—2004）的规定。

（2）电气配电系统宜在脱硫控制室控制，并纳入脱硫主体工程 DCS 或 PLC 控制系统。二次接线应符合《火力发电厂、变电站二次接线设计技术规程》（DL/T 5136—2012）的规定。

（3）电石渣制备间有防爆要求，相关电气设施及电气设备应符合《爆炸危险环境电力装置设计规范》（GB 50058—2014）的规定。

## 第九节　半干法脱硫电石渣制粉

### 485. 半干法脱硫用电石渣制粉设备主要由哪些系统组成？

答：制粉设备主要由电石渣进料系统、干燥系统、粉磨系统等组成，制粉设备典型的工艺流程图如图 4-18 所示。

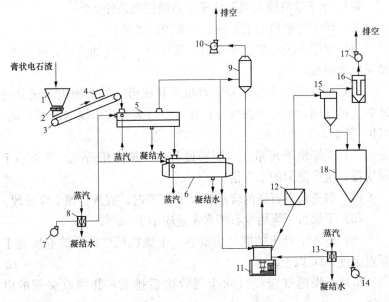

图 4-18　半干法脱硫用电石渣制粉设备典型工艺流程图

1—料斗；2—给料机；3—输送机；4—除铁器；5—预干燥机（可选）；

6—干燥机；7—鼓风机1；8—空气加热器1；9—除尘器；10—排风机；

11—粉磨机；12—分离器（可与序号11一体化）；13—空气加热器2；

14—鼓风机2；15—旋风除尘器；16—袋式除尘器；17—引风机；18—成品料仓

**486. 半干法脱硫用电石渣进料系统组成是什么？**

**答：** 半干法脱硫用电石渣进料系统组成是：

（1）电石渣进料系统一般由料斗、给料机、输送机、除铁器等组成。

（2）给料机宜具有剪切、分散结块电石渣的功能，应能连续稳定给料。

（3）输送机宜选用带式输送机，不宜采用斗式提升机、螺旋输送机、埋刮板输送机，且易与除铁器组合。

（4）输送机输送能力应与给料机出力相适应，且不小于给料机出力的 1.5 倍。

**487. 半干法脱硫用电石渣干燥系统组成是什么？**

**答：** 半干法脱硫用电石渣干燥系统组成是：

（1）干燥系统一般由干燥机、鼓风机、空气加热器、除尘器、排风机等组成。

（2）干燥机宜选用桨叶干燥机，其他形式的干燥机经充分论证后也可采用，桨叶干燥机应符合《空心桨叶式干燥（冷却）机》（HG/T 3131）的要求。

（3）干燥机处理量应与制粉设备生产能力相适应，且不小于制粉设备生产能力的 1.5 倍。

（4）当进料电石渣的含水量大于 30% 时，宜进行预干燥处理。

（5）干燥机干燥后电石渣含水量应小于 12%。

（6）进入干燥机的载气应加热，干燥机尾气的排放温度高于露点温度 20℃ 以上。

（7）干燥尾气应经过除尘器收尘后排放，并回收夹带的电石渣。

**488. 半干法脱硫用电石渣粉磨系统组成是什么？**

**答：** 半干法脱硫用电石渣粉磨系统组成是：

（1）粉磨系统一般由粉磨机、分离器、输送器、成品收集装置、引风机、鼓风机、加热器、成品料仓等组成。

（2）粉磨系统宜采用闭路研磨，并同时具有干燥粉体的功能。

（3）粉磨处理能力应与干燥机处理量相适应，根据成品粒度，成品分级确定粉磨机、分离器、输送器等设备的配置。

（4）分离器对成品的粒度应可调节。

（5）粉磨系统进口空气应加热，保证成品物料含水量控制在规定要求。

（6）成品收集装置宜采用旋风除尘和布袋除尘器的二级收尘配置。

（7）成品料仓设计应符合《固体料仓》（NB/T 47003.2—2009）的规定，应有防结垢、防搭桥、防扬尘的措施。

### 489. 半干法脱硫用电石渣制粉设备参数要求是什么？

**答：**半干法脱硫用电石渣制粉设备参数要求是：

（1）进入制粉设备进料料斗的原料电石渣的含水量控制在45%以下。

（2）制粉设备制取的成品电石渣比表面积应大于 $12m^2/g$，含水量应小于 1.5%。

（3）制粉设备日生产量宜按半干法脱硫系统最大日耗量的 1.5 倍确定。

（4）制粉设备小时生产能力由日生产量和日工作小时数确定。

## 第十节 副产物石膏脱水系统

### 490. 脱硫副产物是什么？

**答：**脱硫副产物指脱硫工艺中吸收剂与烟气中 $SO_2$ 等反应后生成的物质，燃煤烟气湿法脱硫副产物为石膏，化学名称为双水硫酸钙（$CaSO_4 \cdot 2H_2O$）。

### 491. 石膏产量计算公式是什么？

**答：**石膏产量应根据物料平衡计算，进行前期设计工作时石膏产量可按下式估算：

$$G_{石膏} = \left[ M_{SO_2} \times \eta_{SO_2} \times \frac{174}{64} + M_{SO_2} \times \eta_{SO_2} \times \frac{100}{64} \right.$$

$$\times \left( \frac{Ca}{S} - 1 \right) + M_{SO_2} \times \eta_{SO_2} \times \frac{100}{64} \times \frac{Ca}{S}$$

$$\left. \times \left( \frac{1 - K_{CaCO_3}}{K_{CaCO_3}} \right) + M_{粉尘} \times \eta_{粉尘} \right] / 0.9 \qquad (4\text{-}6)$$

式中　$G_{石膏}$——脱硫石膏产量，t/h；

$\quad M_{SO_2}$——脱硫前烟气中的 $SO_2$ 含量，t/h；

$\quad \eta_{SO_2}$——脱硫效率，%；

$\quad K_{CaCO_3}$——石灰石中 $CaCO_3$ 纯度，%；

$\quad \dfrac{Ca}{S}$——钙硫摩尔比，宜为 1.02～1.03；

$\quad M_{粉尘}$——脱硫前烟气中的粉尘含量，t/h；

$\quad \eta_{粉尘}$——脱硫塔的除尘效率，%。

### 492. 简述石膏的物理性质和化学性质。

**答：** 石膏的矿物名称叫硫酸钙（$CaSO_4$）。自然界中的石膏主要分为两大类：二水石膏和无水石膏（硬石膏）。

二水石膏的分子中含有两个结晶水，化学分子式为 $CaSO_4 \cdot 2H_2O$，纤维状集合体，长块状，板块状，白色、灰白色或淡黄色，有的半透明。体重质软，指甲能刻划，条痕白色。易纵向断裂，手捻能碎，纵断面具纤维状纹理，显绢丝光泽，无臭，味淡。

而硬石膏为天然无水硫酸钙 [$CaSO_4$]，属斜方晶系的硫酸盐类矿物。分子中则不含结晶水或结晶水含量极少（通常结晶水含量小于或等于 5%）。无水硫酸钙晶体无色透明，比重 2.9g/cm³，莫氏硬度 3.0～3.5。块状矿石颜色呈浅灰色，矿石装车松散容重约 1.849t/m³，加工后的粉体松散容重 919kg/m³。

硬石膏和二水石膏同属气硬性胶凝材料，粉磨加工后可用来制作粉刷材料、石膏板材和砌块等建筑材料。在水泥工业中，硬石膏和二水石膏均可用作水泥生产的调凝剂，起调节水泥凝结速度的作用。

### 493. 石膏和半水亚硫酸钙晶体特点是什么？

**答：**纯的石膏结晶为单斜晶系，典型的晶体呈斜方形，其长度与宽度之比接近于 3。但实际生产中得到的晶体，由于杂质含量不同、条件控制的差异，其形状和大小有很大差别，大的晶体，其长度可达 $200\,\mu m$，若控制不当可小到十几微米。

在石灰石脱硫工艺中，$CaSO_3$ 以 $CaSO_3 \cdot 1/2H_2O$ 的形式沉淀，$CaSO_4$ 以 $CaSO_4 \cdot 2H_2O$ 的形式沉淀。$CaSO_3 \cdot 1/2H_2O$ 晶体呈薄片状结构，长×宽为$(3\sim5)\,\mu m \times (10\sim30)\,\mu m$，而 $CaSO_4 \cdot 1/2H_2O$ 呈短圆柱状或粒状。延长脱硫浆液的停留时间，$CaSO_4 \cdot 1/2H_2O$ 晶体可成长为大于 $100\,\mu m$ 的粒状晶体，而 $CaSO_3 \cdot 1/2H_2O$ 易碎，难于长大。在较高的相对饱和度下，会形成玫瑰形簇状物。由于 $CaSO_3 \cdot 1/2H_2O$ 晶体呈薄片状，且尺寸也较小，不利于过滤，特别是当形成玫瑰形簇状物时，采用真空皮带过滤机过滤，其滤饼含湿高达 $50\%$ 以上，而 $CaSO_4 \cdot 2H_2O$ 晶体滤饼的含湿量可控制在 $10\%$ 以下。

$CaSO_3 \cdot 1/2H_2O$ 含量较多（如自然氧化、抑制氧化或强制氧化中氧化过程障碍）时，过滤后的滤饼表面看上去很干燥，实际上滤饼仍含有大量的水分，经过振动或挤压，滤饼有"浆液化"的倾向。这是因为半水亚硫酸钙的晶簇呈开放多孔、海绵薄片状或针状，在压力下，晶簇破碎，释放出部分水分而呈"浆液化"。

$CaSO_3 \cdot 1/2H_2O$ 的晶格具有提供 $15\%$（摩尔分数）的 $CaSO_4 \cdot 2H_2O$ 沉积的能力，当氧化率大于 $15\%\sim20\%$ 时，$CaSO_4$ 开始结晶生成石膏和 $(CaSO_3)_{1-x} \cdot (CaSO_4)_x \cdot 1/2H_2O$。当亚硫酸钙的浓度低于 $15\%$ 时，石膏的相对饱和度也迅速下降。

### 494. 石膏结晶过程的影响因素有哪些？

**答：**石膏结晶过程的影响因素有结晶过程差异、石灰石粒径的影响、液相停留时间的影响、杂质的影响、粉尘的影响、燃煤硫分、烟气流量、pH 值、氧化风量及其利用率、液气比及浆液循环停留时间、石灰石抑制或闭塞。

### 495. FGD 副产品石膏主要特征有哪些？

**答**：通常情况下，FGD 石膏的粒径为 $1\sim250\mu m$，主要集中在 $30\sim60\mu m$。采用石灰石/石膏法的 FGD 石膏的纯度一般在 $90\%\sim95\%$，采用石灰/石膏法，石膏的纯度可达 $96\%$ 以上，有害杂质较少，主要成分与天然石膏一样都是二水石膏晶体（$CaSO_4 \cdot 2H_2O$）。与天然石膏相比，FGD 石膏具有粒度小、成分稳定、杂质含量少、纯度高、含有 $Na^+$、$Mg^{2+}$、$Cl^-$、$F^-$ 等水溶性离子成分等特点，石膏中还含有少量的碳酸钙颗粒，游离水分一般小于 $10\%$。

### 496. 脱硫石膏的特点与天然石膏相比，脱硫石膏具有哪些特点？

**答**：脱硫石膏的特点与天然石膏相比，脱硫石膏具有以下特点：

（1）成分稳定，纯度高于天然石膏，脱硫石膏纯度一般在 $90\%\sim95\%$ 之间。

（2）含水率较高，可达 $5\%\sim15\%$。由于其含水率高、黏性强，在装载、提升、输送过程易黏附在各种设备上，造成积料堵塞，影响生产正常进行。

（3）脱硫装置正常运行时产生的脱硫石膏近乎白色，有时随杂质含量变化呈黄白色或灰褐色。当除尘器运行不稳定，带进较多飞灰等杂质时，颜色发灰。烟气脱硫石膏品位优于多数商品天然石膏，其主要杂质为碳酸钙，有时还含有少量粉煤灰。

（4）颗粒较细，脱硫石膏颗粒直径主要集中在 $30\sim50\mu m$ 之间，天然石膏粉碎后，粒度约为 $140\mu m$。

（5）脱硫石膏堆积密度较大，一般为 $1000kg/m^3$。

（6）脱硫石膏含有某些杂质，对其综合利用有不同程度的影响。

### 497. 评价石膏性能最主要的指标是什么？

**答**：评价石膏性能最主要的指标是：

（1）强度：影响强度的主要因素是结晶结构体致密程度和晶体颗粒特征。

（2）化学成分：石膏性能是指石膏颗粒形状及特征，化学成分是影响石膏性能的重要因素。

（3）石膏颜色：脱硫装置正常运行时产生的脱硫石膏近乎白色。

### 498. 脱硫石膏品质主要指标包括哪些？

**答**：脱硫石膏品质主要指标包括石膏含湿量、石膏纯度、碳酸钙含量、亚硫酸钙含量、氯离子含量。

### 499. FGD 副产品石膏的外观通常呈什么颜色？颜色呈灰色的主要原因什么？

**答**：FGD副产品石膏的外观通常呈灰白色或灰黄色，灰色主要原因是烟气中灰分含量较高以及石灰石不纯含有铁等杂质。

### 500. FGD 石膏品质差主要表现哪几方面？

**答**：FGD 石膏品质差主要表现在以下几方面：

（1）石膏含水率高（大于 10%）。

（2）石膏纯度即 $CaSO_4 \cdot 2H_2O$ 含量低，也就意味着 $CaCO_3$、$CaSO_3$ 及各种杂质如灰分含量大。

（3）石膏颜色差。

（4）石膏中的 $Cl^-$、可溶性盐（如镁盐等）含量高等。

### 501. FGD 石膏在生产、加工、应用等方面优点是什么？

**答**：FGD 石膏在其生产、加工、应用等方面产生的对人体健康和环境有害的作用较小；用 FGD 石膏替代天然石膏生产各种石膏建材，不仅可以减少天然石膏的消耗量，减少矿山开采带来生态环境破坏问题，而且还可以形成 FGD 石膏制品的新产业和新市场。

**502. FGD 副产品石膏主要有哪三种利用类型？**

**答：** FGD 副产品石膏主要有以下三种利用类型：

（1）二石膏仓中的粉状二水石膏，直接卖给用户，主要是建材部门，做石膏制品。

（2）将粉状二水石膏加工成半成品（如粒状），再卖给水泥厂，或二水石膏加工成半水石膏售出。

（3）电厂自己有石膏制品生产线，如石膏砌块、粉刷石膏等。

**503. 脱硫石膏产生过程是什么？**

**答：** 脱硫石膏产生过程：石灰石经破碎、制粉、配制浆液进入吸收塔，在吸收塔内烟气中的二氧化硫首先被浆液中的水吸收，再与浆液中的 $CaCO_3$ 反应生成 $CaSO_3$，$CaSO_3$ 氧化后生成石膏，经旋流分离、洗涤和真空脱水，最终生成石膏晶体 $CaSO_4 \cdot 2H_2O$。

**504. 石膏处理系统的组成是什么？**

**答：** 石膏处理系统分为两个子系统，即一级脱水系统和二级脱水系统。一级脱水系统为单元制操作系统，包括石膏排出泵、石膏水力旋流器；二级脱水及废水系统一般为全厂公用系统，包括真空皮带脱水机及相应的泵、箱体、管道、阀门，废水泵和废水旋流器，石膏仓等设备。

**505. 典型的石膏脱水系统主要包括哪些设备？**

**答：** 典型的石膏脱水系统主要包括脱水石膏旋流站、废水旋流站、真空皮带脱水机、真空泵、滤液泵、废水泵、滤液箱、石膏缓冲箱、废水箱等。

**506. 一级脱水系统的典型工艺流程是什么？**

**答：** 一级脱水系统的典型工艺流程为吸收塔底部的石膏浆液通过石膏浆液排出泵，泵入相应的石膏水力旋流器。石膏水力旋流器溢流依靠重力自流至废水旋流站给料箱，底流形成含固浓度为 50% 的石膏浆液向下自流至二级脱水系统。

废水旋流站给料箱作为溢流浆液的中转站，大部分溢流浆液由溢流箱侧部的溢流管溢流带滤液水箱，与滤液水箱收集的其他回收水一起，由泵送回吸收塔或制浆系统；小部分由废水旋流器给料泵输送至废水旋流器进一步回收固体，废水旋流器溢流作为废水排出，底流排入滤液水箱被收集回用。

### 507. 二级石膏脱水系统的工艺流程是什么？

**答：**二级石膏脱水系统也称真空皮带机脱水系统，其工艺流程为石膏旋流器底流浆液含固量浓缩到50%左右，依靠重力落入给料分配系统均匀分布在真空皮带脱水机上，浆液通过皮带机滤带上的横向沟槽，透过滤布流向滤带中央的排液槽孔，汇集在真空室内输送出去；真空室借助柔性真空密封软管与滤液汇流管相连接；水环式真空泵与真空室相接，并使真空室形成要求的负压。一定量的空气和滤液一起被带入真空室，并从真空室向真空泵方向流动；空气和滤液在滤液汇流管之后，真空泵的上游装有气液分离器，使滤液和带入的空气分离；分离出的滤液借助重力通过管道流入滤液罐或过滤水地坑，滤出的空气则通过真空泵排至大气，在真空泵内汇集的水被送至滤布冲洗水箱；滤布携带石膏通过真空室，其运行速度将随供浆量的变化来调整，使滤饼的厚度基本保持恒定值。

皮带机滤饼的卸料方法是将皮带机的滤布传送到排放转轮上，借助卸料辊使滤饼离开滤布。由于滤饼卸料辊的接触弧度很小，因而使滤饼与滤布分离，并被输送到卸料滑槽，再由滑槽送至石膏堆料间。

皮带机分别设有滤布和滤饼冲洗水系统，滤布冲洗水用于清除黏结在滤布上面的石膏。

### 508. 石膏脱水系统的作用是什么？

**答：**石膏脱水系统的作用：①将吸收塔排出的合格的石膏浆液脱去水分；②不合格的石膏浆液返回吸收塔；③分离出部分化学污水。由初级旋流器浓缩脱水和真空皮带脱水两级组成，初级旋流器浓缩脱水 40%～60%，真空皮带脱水 10%。

**509. 一级石膏浆液脱水系统的作用是什么？**

**答：**一级石膏浆液脱水系统的作用有：

（1）提高浆液固体物浓度，减少二级脱水设备处理浆液的体积。进入二级脱水设备的浆液含固量高，将有助于提高石膏饼的产出率。

（2）用分离出来的部分浓浆和稀浆来调整吸收塔反应罐浆液浓度，使之保持稳定。

（3）分离浆液中飞灰和未反应的细颗粒石灰石，降低底流浆液中飞灰和石灰石含量，有助于提高石灰石利用率和石膏的品位，有助于降低吸收塔循环浆液中惰性细颗粒物浓度。

（4）向系统外（经废水处理系统）排放一定量的废水，以控制吸收塔循环浆液中 $Cl^-$ 浓度。

（5）一级脱水后的稀浆经溢流澄清槽或二级旋液分离器获得含固量较低的回收水，用来制备石灰石浆液和返回吸收塔调节反应罐液位。

**510. 二级石膏浆液脱水系统的作用是什么？**

**答：**二级石膏浆液脱水系统的作用是降低副产物的含水量，使之可用作回填，或在生产商业等级石膏时，便于运送和石膏再利用。

**511. 石灰石/石膏旋流器是指什么？**

**答：**石灰石/石膏旋流器的定义是利用离心力加速沉淀分离的原理将石灰石/石膏浆液浓缩的设备。

**512. 旋流器的工作原理是什么？运行中主要故障有哪些？**

**答：**旋流器是利用离心力分离和浓缩脱硫浆液的装置。带压浆液从旋流器的入口切向进入旋流腔，在旋流腔内产生高速旋转流场，受离心力的作用，重量大的颗粒还同时受沿轴向向下运力的作用，沿径向向外运动，形成主旋涡流场。这样，浓缩浆液就由底流口排除，形成底流液；重量小的颗粒还同时受沿轴线方向运动，并在轴线中心形成一向上运动的二次旋涡流场，丁是稀相浆液就由溢流口排除，形成溢流液。这样就达到了两相分离的效果。

旋流器运行中主要故障有管道堵塞和内部磨损。

### 513. 旋流器各个部件的作用是什么？

答：旋流器各个部件分别起不同的作用。

（1）进口起导流作用，减弱因流向改变而产生的紊流扰动。

（2）柱体部分为预分离区，在这一区域，大小颗粒受离心力不同而由外向内分散在不同的轨道，为后期的离心分离提供条件。

（3）锥体部分为主分离区，浆液受减缩的器壁影响，逐渐形成内、外旋流，大小颗粒之间发生分离。

（4）溢流口和底流口分别将溢流和底流顺利导出，并防止二者之间的掺混。

### 514. 在一级脱水中的石膏旋流器的作用是什么？

答：在一级脱水中的石膏旋流器作用是浓缩石膏浆液。旋流器入口浆液的固体颗粒物含量为 15% 左右，底流液固体颗粒物含量可达 50% 以上，固相主要是粗大的石膏结晶，而溢流液固体颗粒物含量为 4% 以下。底流液送至二级脱水设备做进一步脱水。大部分溢流返回吸收塔，少部分送至废水旋流器再分离出较细的颗粒，避免细小颗粒和氯化物浓集。采用旋流器进行脱水的另一个作用是，浆液中没有反应的石灰石颗粒的粒径比石膏小，它斜向进入旋流器的溢流部分再返回吸收塔，使没有反应的石灰石做进一步反应，同时细小的石膏结晶体也返回吸收塔作为浆液池中结晶长大的晶核。

### 515. 在一级旋流器下游安装废水旋流器的作用是什么？

答：在一级旋流器下游安装废水旋流器的作用：①从浆液中除去更细的颗粒，含有细小石灰石颗粒的底流液送回吸收塔；

②能使含有很细的飞灰颗粒、惰性物质和石灰石杂质等的溢流液送往废水处理系统。起到降低废水处理的负荷，减少废水处理产生的废弃固体物含量，同时保持整个脱硫系统的氯离子浓度在规定水平的作用。

**516. 水力旋流器日常设备运行维护检查的内容有哪些？**

**答：** 水力旋流器日常设备运行维护检查的内容有：

（1）应经常检查旋流器各部分的磨损情况，如果任何一种部件的厚度减少50％，必须将其更换。

（2）旋流器最易磨损的部位是底流口，若发现"底流夹细"则应检查底流口磨损及堵塞情况。如磨损严重，应及时予以更换。

（3）检测底流口是否磨损，并更换底流口。

（4）在使用前应检查旋流器及管路是否处于正常状态，根据来料量的多少，决定旋流器的使用台数，将使用旋流器的球形阀门打开，备用旋流器的球形阀门关闭。

（5）球形阀门可以完全开启，或完全关闭，但决不允许处于半开半闭状态（即决不允许用阀门控制流量）。

（6）运行中要确保压力表读数不波动，如有明显波动则需检查原因。要求设备在不高于0.3MPa的压力下工作。

（7）设备在正常压力下平稳运行时，要检查连接点漏损量，必要时采取补救措施。

（8）经常检查进入旋流器的残渣引起的堵塞。旋流器进料口堵塞会使溢流和底流流量减少，旋流器底流口堵塞会使底流流量减小甚至断流，有时还会发生剧烈振动。如发生堵塞，应及时关闭旋流器给料阀门，清除堵塞物。同时在停车时应及时将进料池排空，以免再次开车时由于沉淀、浓度过高而引起堵塞事故。

（9）设备正常运行。应时常检查压力表的稳定性、溢流及底流流量大小、排料状态，并定时检测溢流，底流浓度、细度。

**517. 水力旋流器每月应做哪些检查？**

**答：** 水力旋流器的零部件每月应进行一次肉眼检查，查看有没有过渡磨损的部件，如有，必须更换新的部件。水力旋流器每月应检查的部件如下：

（1）目测检查旋流器部件总体磨损情况。

（2）检查溢流管。

（3）检查喉管。

（4）检查吸入管/锥管/锥体管扩展器。

（5）检查入口管。

### 518. 溢流箱作用是什么？

**答**：溢流箱用于接收石膏浆液旋流器溢流和废水旋流器底流。当不单独设置滤液水箱/池时，溢流箱可同时接收滤液水；当滤液作为脱硫废水排放时，单独设置的滤液水箱/池只接收真空脱水系统滤液水，不接收真空脱水设备的冲洗水、围堰排水等。

当不设置石膏浆液旋流器时，可不设废水旋流器，脱硫废水从含固量较低的真空脱水系统滤液水排出，避免高含固量浆液排入脱硫废水处理系统增加其处理负荷，此时滤液水箱/池只接收真空脱水系统滤液水，不接收真空脱水设备的冲洗水、围堰排水等。当设置石膏浆液旋流器时，滤液水箱/池可用于收集真空皮带脱水系统产生的滤液水、真空皮带脱水机围堰内的排水等。

### 519. 事故浆液箱的数量及容量一般根据哪些因素确定？

**答**：事故浆液箱的数量及容量一般根据吸收塔容量、数量及锅炉燃煤特性、是否设置脱硫旁路烟道等因素确定，也有个别电厂设置事故浆液池。

通常 2 座吸收塔设置 1 座全容量的事故浆液箱可以满足运行要求，但当锅炉燃用无烟煤时，锅炉调试及点火启动期间，有大量油污和高浓度粉尘进入吸收塔，如果不及时排出吸收塔内被污染的浆液，运行中可能会导致脱硫装置非正常停运，从而影响到机组运行。因此，目前有些已建电厂就此实施改造增加 1 座事故浆液箱，也有电厂在设计阶段就考虑每座吸收塔设置 1 座事故浆液箱。

### 520. 脱水机按照原理可以分为哪两类？

**答：** 脱水机按照原理可以分为离心脱水机、真空脱水机和圆盘真空脱水机三类。离心脱水机是靠离心机高速旋转生产的离心力使石膏进行脱水的；真空脱水机则是通过真空泵抽真空使滤布上面石膏浆液中的大部分水分透过滤布被吸收，实现石膏的脱水；圆盘真空脱水机是运用陶瓷滤板的毛细现象，即在抽真空时，只能让水通过，空气和石膏颗粒无法通过，保证无真空损失的原理，极大地降低了能耗和石膏水分。因此，圆盘脱水机是新一代高效节能的固液脱水设备。

### 521. 圆盘式真空脱水机技术原理是什么？

**答：** 圆盘式真空脱水机核心部件为由一组布满毛细孔盘片组成的圆盘，利用盘片的毛细作用。在抽真空时，只让水通过，空气和固体颗粒无法通过，保证无真空损失，实现固液分离。通过减速机带动圆盘转动，在圆盘转动一圈当中，完成初始过滤、滤饼淋洗、滤饼干燥、滤饼卸料、盘片反冲洗等一系列过程。

（1）初始过滤：工作时，盘片浸没在料浆槽的石膏浆液中，在盘片真空吸引作用下，在其表面形成一层石膏初始滤饼，滤液通过盘片的滤液通道进入气水分离器中，滤液直接由气水分离器的排液口排入滤液水箱。

（2）滤饼淋洗：石膏滤饼通过盘片转出料浆槽的石膏浆液后，通过喷嘴对滤饼进行洗涤，降低石膏中氯离子含量，提高石膏品质。

（3）滤饼干燥：盘片继续旋转到滤饼干燥区，在真空抽力作用下进一步完成石膏脱水。

（4）滤饼卸料：通过刮刀将盘片表面的干燥滤饼刮除，自动卸料。

（5）盘片反冲洗：完成滤饼卸料后，通过清洗装置对盘片进行清洗，恢复盘片毛细孔的抽真空功能。

圆盘脱水机按以上五个步骤循环运行圆盘脱水机的技术特点

是真空泵容量小、节省电耗、结构紧凑、占地面积小、需定期停机对盘片进行酸洗再生、盘片使用寿命较短（约 3 个月）。

圆盘式真空脱水机因为结构紧凑、占地面枳小的特点，目前多应用于脱硫扩容改造项目中。

### 522. 离心式脱水机的工作原理是什么？

答：离心式脱水机是利用石膏颗粒和水密度的不同，在旋转过程中，利用离心力使石膏浆脱水。其设备类型主要有筒式和螺旋式脱水机两种。

### 523. 真空皮带脱水机的工作原理是什么？

答：真空皮带脱水机的工作原理是通过真空抽吸浆液达到脱水的目的。浆液被送入真空皮带脱水机的滤布上，滤布是通过一条重型橡胶皮带传送的，此橡胶皮带上横向开有凹槽和中间开有通孔以使液体能够进入真空箱，滤液和空气在真空箱中混合并被抽送到真空滤液收集管；真空滤液收集管中滤液进入气液分离器进行气水分离，气液分离器顶部出口与真空泵相连，气体被真空泵抽走，分离后的滤液由气液分离器底部出口进入滤液接收水箱；浆液经真空抽吸经过成形区、冲洗区和干燥区形成合格的滤饼，在卸料区送入卸料槽由转运皮带机入石膏仓库。

### 524. 真空皮带过滤机按照结构形式和特征分为哪三种？

答：真空皮带过滤机按其结构和特征，可分为：

（1）固定室型水平带式真空过滤机（橡胶带）（DU 型）如图 4-19所示。

（2）移动室型水平带式真空过滤机（DI 型）如图 4-20 所示。

（3）过滤带间歇运动型水平带式真空过滤机（DJ 型）如图 4-21所示。

### 525. 真空皮带过滤机的性能要求是什么？

答：真空皮带过滤机的性能要求是：

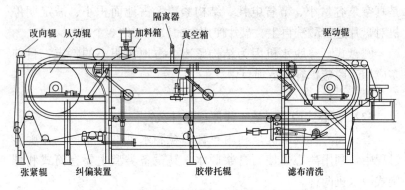

图 4-19　固定室型过滤机（橡胶带）（DU 型）

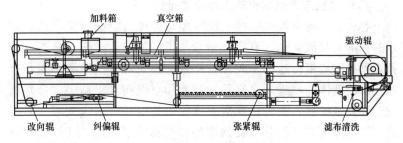

图 4-20　移动室型过滤机（DI 型）

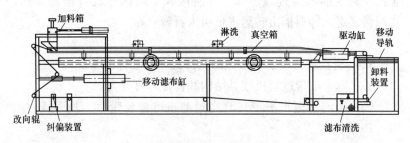

图 4-21　过滤带间歇运动型过滤机（DJ 型）

（1）橡胶滤带支撑系统应保证橡胶滤带与过滤带结合面平整，且在设计规定的速度范围内运行、调速灵活、可靠，不应有滑移现象。

（2）固定室型过滤机的橡胶滤带相对机架纵向中心线的跑偏

量不应大于 10mm，橡胶滤带上圆孔与真空箱吸引槽不应有遮孔现象。

（3）固定室型过滤机的橡胶滤带与耐磨带应同步运行，不应打滑和卡住现象。

（4）过滤带不得皱褶，并能自动调偏；保证过滤带有有效的防偏控制，过滤带相对于驱动辊端面的跑偏量应小大于 40mm。

（5）移动室型过滤机真空箱的滚轮与导轨应保持接触状态，且往复移动无明显地卡住及蠕动现象。

（6）固定室型过滤机应有真空箱升降系统，且应升降灵活，不应出现卡死现象。

（7）移动室型过滤机真空箱的真空行程时，真空箱必须与过滤带同步；真空箱返回行程时，返回速度不低于 8r/min。

（8）所有真管路连接处应密封，不应有漏气现象；各清洗水管、密封水管焊缝及连接接头处不应有渗漏现象。

（9）所有滑动的真空密封处，滑动面均有效贴合，保证良好的润滑。

（10）固定室型过滤机在滑动密封面通水情况下抽真空，操作真空度应能达到设计要求。

（11）移动室型和滤间间歇运动过滤机有两个或两个以上真空室切换阀时，切换时须保证良好的同步性，其时间差不应大于 1s。

（12）整机气控系统及电气系统控制动作灵敏、准确、可靠。

（13）运转时各润滑部位应保证润滑良好，无碰擦和异声、杂声。

（14）过滤机整机噪声（声压级），空运转时不应大于 85dB（A）。

（15）过滤机负荷试验达到以下要求：

1）进料箱应能使料浆在滤布面上形成均匀的料浆层。

2）在卸料端滤饼卸除率 85％以上。

3）滤布洗装置能有效工作，滤布经清洗后无明显的净污分界。

4）生产能力、滤饼含液量、滤液含固量等主要技术参数应符合设计要求。

真空滑台和橡胶滤带支撑滑板应选用摩擦因数小于0.08、耐磨性能好的材料制造。

### 526. 真空皮带脱水机主要由哪几个方面组成？

答：真空皮带脱水机主要由结构支架、主动轮、从动轮、驱动装置、橡胶皮带、皮带支撑、真空箱、皮带浮动板、滤布、滤布的纠偏、滤布冲洗、轴承、加料器和滤饼清洗装置等组成。

### 527. 真空箱是什么？

答：真空箱是位于橡胶滤带或者是过滤带下面，并用于接受过滤后的滤液，且沿其底部的出口排出滤液的箱体；室内为负压。

### 528. 驱动辊是什么？

答：驱动辊是动力的辊子。

### 529. 改向辊是什么？

答：改向辊是用于改变过滤带运行方向的辊子。

### 530. 张紧辊是什么？

答：张紧辊是用于张紧过滤带的辊子。

### 531. 耐磨带是什么？

答：耐磨带是随橡胶滤带同步运动，使橡胶滤带不易磨损，位于橡胶滤带和真空滑台之间的环形带。

### 532. 耐磨带规定要求是什么？

答：耐磨带规定要求如下：

（1）耐磨带外表面应保证平整且有一定粗糙度，但不得有凸起或凹陷的伤痕。

（2）耐磨带内表面应保证光滑、平直、纵向直线度误差不大于 0.5/1000，且全长大于 2mm。

（3）耐磨带扯断强度不应小于 200N/mm。

### 533. 真空滑台是什么？

答：真空滑台是位于真空箱工作面上的低摩擦因数的垫板，耐磨带在其上面滑动。

### 534. 橡胶滤带支撑系统是什么？

答：橡胶滤带支撑系统位于真空箱两侧，起支撑橡胶滤带的作用。分为气浮式、水浮式、滚筒式和耐磨带式四种。

### 535. 气浮式支撑是什么？

答：气浮式支撑是真空箱两侧的支承通过在真空箱两侧的气室内充入低压空气，气体通过气室支承面均布小孔排出，位于气室上的橡胶滤带与气室之间形成气垫，把橡胶滤带漂浮于气垫上，以有效减少橡胶滤带运行的摩擦阻力。

### 536. 浮式支撑是什么？

答：浮式支撑是真空箱两侧的支承通过真空箱两侧装有的滑板支撑，滑板中有润滑水流道。一定压力的水通过水流道在橡胶滤带与滑板之间形成水膜，把橡胶滤带漂浮在水膜上，以有效减少橡胶滤带运行的摩擦阻力。

### 537. 滚筒式支撑是什么？

答：滚筒式支撑是真空箱两侧的支承通过真空箱两侧沿长度方向上装有相互平行的滚筒（密集布置）支承橡胶滤带，橡胶滤带运行在滚筒上，橡胶滤带与支撑滚筒的摩擦变为滚动摩擦，以有效减少橡胶滤带运行的摩擦阻力。

### 538. 耐磨带式支撑是什么？

答：耐磨带式支撑是真空箱两侧的支承通过真空箱两侧装有

的若干组耐磨带支承橡胶滤带，耐磨带与橡胶滤带同步运行在滑道上且滑道之间通水润滑，避免了橡胶滤带的磨损。

**539. 导轨是什么？**

答：导轨是移动式真空箱运行的轨道。

**540. 真空箱升降系统是什么？**

答：真空箱升降系统是更换真空箱（真空滑台）上运行的耐磨带而设置的，控制真空箱（真空滑台）与橡胶滤带接合部位开启和闭合的装置。真空箱的升降系统按升降方式分为纵向倾斜升降、横向倾斜升降和垂直升降等三种。

**541. 真空皮带脱水机真空箱部件的工作原理是什么？**

答：真空皮带脱水机真空箱部件的工作原理是石膏浆液在负压的作用下通过滤布实现固液分离，液体由真空室进入真空腔，再流到真空总管；真空室上部有两个凹槽用来放置摩擦带，避免皮带与真空室直接产生摩擦。摩擦带与真空室之间采用水润滑以减少磨损，同时又增强了密封性。

**542. 真空皮带脱水机浮动板部件的作用是什么？**

答：真空皮带脱水机浮动板部件主要由滑板和滑板支撑组成，其支撑皮带在其上面运行的作用，滑板与皮带之间采用水润滑。

**543. 真空皮带脱水清洗部件的作用是什么？ 工作原理是什么？ 组成是什么？**

答：真空皮带脱水清洗部件的作用：清洗皮带和滤布。

真空皮带脱水清洗部件的工作原理：在皮带机运行过程中，石膏粒会附着在皮带和滤布上，影响了过滤的效果。在清洗装置中，利用刮刀清除黏在滤布上的石膏，再利用喷淋水清洗皮带，使皮带在下一个循环时又处于干净状态。利用高压水管冲洗滤布，清洗黏在滤布上的石膏粒，使滤布在下一个循环时又处于干净状态。

真空皮带脱水清洗部件的组成：由清洗斗、检查窗、喷淋配管、刮刀、锄、刷子、吊架等组成。

### 544. 真空皮带脱水机辊筒部件的工作原理是什么？

**答**：真空皮带脱水机辊筒部件的工作原理是由减速机通过联轴器带动驱动辊转动，从而带动皮带运转。通过张紧辊的调节来调整皮带的张紧程度和校正其偏移，皮带托辊托住皮带使之正常运行；滤布依靠与皮带之间的摩擦力跟随皮带运转，在皮带下方的滤布靠滤布托辊及滤布张紧装置张紧滤布调整滤布与皮带的摩擦力，纠偏装置校正滤布跑偏现象，这样的整体系统使其正常运行。

### 545. 真空皮带脱水机滤布张紧装置的作用是什么？

**答**：真空皮带脱水机滤布张紧装置作用是滤布是利用摩擦力依附在皮带上，利用皮带的运转带动自身运转的，所以皮带与摩擦带之间的摩擦力很重要。滤布张紧装置利用自重来调节它们之间摩擦力的大小。

### 546. 真空皮带脱水机滤布纠偏装置作用是什么？工作原理是什么？组成是什么？

**答**：真空皮带脱水机滤布纠偏装置作用：滤布在运转过程中可能会出现跑偏的现象，利用滤布纠偏装置纠正滤布偏移方向，使滤布处于正常工作状态。

滤布纠偏装置工作原理：在正常运转中，滤布是不会碰到纠偏装置的检测杆。当滤布跑偏时，滤布会碰到检测杆，检测杆偏移，自动纠偏装置中的气囊会一侧充气，一侧放气，带动纠偏辊偏移，使滤布改变偏移方向，恢复到正常运转轨迹。

滤布纠偏装置组成：自动纠偏装置、纠偏辊、检测杆、气管等。

### 547. 真空皮带脱水机加料器的工作原理是什么？

答：真空皮带脱水机加料器的工作原理是下料分管出口连接导流仓，在导流仓内设置两块相对的导流板，其一侧与导流仓侧壁连接形成一定夹角，其另一侧与导流仓侧壁有一定间隙，间隙宽度为导流板宽度的1/3。在二级导流板下方设置一块与一级导流板平行的平铺板，在平铺板的尾端下方设置一块多孔板。石膏浆液经过下料分管，通过一级导流板、二级导流板、平铺板及多孔板均匀铺撒在滤布上，从而同时实现大颗粒优先沉降于滤布表面及均匀的滤饼厚度，取得了良好的透气性，改善了过滤性能，最终提高了真空皮带机的脱水效果。

**548. 真空皮带脱水机卸料斗的作用是什么？**

答：真空皮带脱水机卸料斗的作用是已脱掉水分的石膏块或粉末通过卸料斗下落到下方的仓库或输送皮带机上。

**549. 真空皮带脱水机传感器的组成及作用是什么？**

答：真空皮带脱水机传感器的组成：拉线开关、滤饼测厚仪、滤布断裂开关、皮带滤布跑偏开关等。其作用为：

（1）拉线开关：在紧急情况下切断电源，使皮带机停止运转，保护皮带机。

（2）滤饼测厚仪：测量滤饼的厚薄，通过变频器、变频电动机调节皮带机的运转速度。

（3）滤布断裂开关：在滤布断裂时，平衡块下落，触到感应器的触点，断电，使皮带机停止运转，保护皮带机。

（4）皮带滤布跑偏开关：检测皮带机滤布的跑偏情况。

**550. 真空皮带脱水机滤布的作用是什么？**

答：真空皮带脱水机滤布的作用是过滤石膏浆液。

**551. 真空皮带脱水机摩擦带的工作原理是什么？**

答：真空皮带脱水机摩擦带的工作原理是摩擦带安装在真空室上部带有密封水的凹槽中，随皮带一起转动，以减少皮带的磨损，并保障系统的高度真空。

### 552. 真空皮带脱水机气液分离器的工作原理是什么？

**答**：真空皮带脱水机气液分离器的工作原理是真空泵通过气液分离器将皮带机上浆液中的水分抽出，由于大气压的作用，带有大量氯离子的浆液回到滤液池，气体通过真空泵排出。

### 553. 水环式真空泵工作原理是什么？

**答**：水环真空泵属容积式泵，即利用容积大小的改变达到吸、排气的目的。

当偏心叶轮旋转时（在泵启动前，应向泵内住入少量的水），水受离心力的作用，而在泵体壁上形成旋转水环，水环上部内表面与轮毂相切，沿箭头方向旋转。在前半转的过程中，水环内表面逐渐与轮毂脱离，因此在叶轮叶片间形成空间并逐渐扩大，这样就在吸气口吸入空气；在后半转过程中，水环的内表面渐渐与轮毂靠近，叶片间的空间容积随着缩小，叶片时的空间容积改变一次，每个叶片间的水好像活塞一样往复一次，泵就连续不断地抽吸排放气体。

### 554. 真空皮带脱水机安装后调试前的检查项目有哪些？

**答**：对真空皮带脱水机按照以下步骤进行外观和机械检查：

（1）确认气液分离器排水管道插入滤液水箱液面以下。DCS应对滤液水箱液位设置联锁。

（2）打开真空箱密封水水阀，直到其外部有少量的密封水溢出。

（3）打开皮带润滑水水阀，压力控制在150kPa，检查皮带与滑板之间的出水是否均匀。

（4）给滤布、皮带冲洗管加水，检查其形态是否相同、是否堵塞，检查喷出的水是否遍布于滤布的整个宽度。正常运行时压力应该在300kPa以上，压力太低会降低滤布、皮带冲洗效果。

（5）确定压缩空气管道已开启。

（6）确定滤布纠偏装置运转正常，确定压力调整器的滤网未被堵塞，并把压力调整到 500kPa。

（7）按制造商说明书上的规定调试真空泵。

（8）确定联锁保护都在正常工作。

（9）检查真空皮带脱水机上有无其他杂物。

（10）检查皮带上部是否清洁、是否有残留物质。

（11）检查滤布上是否有孔。

### 555. 真空箱及真空管路连接处密封试验方法是什么？

**答：**真空箱及真空管路连接处密封试验方法是：

（1）移动室型和滤带间歇运动过滤机真空箱焊接接处采取煤油渗漏试验的方法。

（2）固定室型过滤机真空箱密封试验方法可从下列方法中选择一种。

1）过滤机橡胶滤带上的排液孔先不开孔，并在胶带上加载体，使摩擦带与胶带紧密贴合，并在滑动密封面通水的情况下，抽真空且用真空表测定其真空度，要求真空度能达到设计的操作真空度。

2）煤油渗漏试验：将过滤机真空室焊缝易于检查的一面清理干净，涂以白粉、晾干。在焊缝另一面涂以煤油，使表面得到足够的浸润，30min 后观察有白粉的检查面，以没有油渍为合格。

（3）管路连接及焊接处采用涂肥皂水的方法。

### 556. 真空皮带脱水机运行日常检查要求有哪些？

**答：**真空皮带脱水机运行日常检查要求为：

（1）检查滤布是否洁净而且空隙有无阻塞。

（2）检查各类滚轮上是否附着固体物，确保皮带下侧是干净的。

（3）检查耐磨皮带工作情况。

（4）检查空气压力是否正常

（5）检查滤布纠偏器的运行和位置。

（6）检查喷嘴有无堵塞。

（7）检查皮带凹槽有无堵塞。

检查部位和内容见表 4-13。

表 4-13　　　　　　　　真空皮带脱水机运行日常

| 序号 | 检查部位 | 检查内容 | 备注 |
|---|---|---|---|
| 1 | 石膏滤饼 | （1）厚度是否均匀（长度方向）。<br>（2）干湿的程度 | |
| 2 | 输送皮带 | （1）跑偏情况（皮带的摩擦情况）。<br>（2）有无伤痕。<br>（3）与驱动轮是否有滑动。<br>（4）沟部石膏堆积 | |
| 3 | 滤布 | （1）有无伤、孔。<br>（2）清洗情况（孔眼堵塞）。<br>（3）连接部的胶是否脱落 | 停机时要再涂 |
| 4 | 摩擦带 | （1）是否与输送皮带一起转。<br>（2）摩擦面的磨损情况。<br>（3）张紧情况 | |
| 5 | 浆液喂料器 | 有无石膏的堆积 | |
| 6 | 石膏疏松装置 | （1）石膏表面疏松情况。<br>（2）锄上石膏附着 | |
| 7 | 驱动轮、皮带托、皮带引导辊 | 滚（辊）表的石膏附着情况 | |
| 8 | 输送皮带驱动装置 | （1）是否漏油。<br>（2）有无异常振动。<br>（3）温度是否异常。<br>（4）驱动电动机电流是否在额定值内 | |
| 9 | 自动纠偏装置 | （1）气压是否正常。<br>（2）触头是否正常接触 | 1.5kg/cm² 以上 |
| 10 | 配管流量计 | 流量是否异常 | |
| 11 | 滤液收集罐 | 真空度是否异常 | 真空高值：−90.7kPa<br>真空低值：−25.0kPa |

## 557. 真空皮带脱水机运行每周检查要求有哪些？

答：真空皮带脱水机运行每周检查要求为：

（1）检查所有轴承工作情况，确保各类滚轮正常运转。

（2）检查密封水系统，对阻塞或泄漏软管，如有必要打开控制来清洗管路中和皮带滑槽中积累的固体物。

（3）检查真空皮带脱水机轴承箱油位和出气口的清洁情况。

检查部位和内容见表4-14。

表4-14　　　真空皮带脱水机运行每周检查部位和内容

| 序号 | 检查部位 | 检查内容 |
|---|---|---|
| 1 | 输送皮带 | 内部是否磨损 |
| 2 | 滤布 | （1）有无磨损（特别是结合部）。<br>（2）清洗情况（有无孔眼堵塞） |
| 3 | 摩擦带 | 摩擦面的磨损情况 |
| 4 | 滤布自动纠偏装置 | 是否灵活 |
| 5 | 滤饼疏松装置 | （1）锄的磨损状况。<br>（2）冲洗喷嘴有无堵塞 |
| 6 | 输送皮带驱动装置 | 润滑油的污染情况 |
| 7 | 输送皮带清洗装置 | 喷嘴有无堵塞 |
| 8 | 滤布清洗装置 | （1）清洗喷嘴有无堵塞。<br>（2）刮板上有无石膏附着。<br>（3）内部石膏堆积情况 |

**558. 真空皮带脱水机运行每月检查要求有哪些？**

答：真空皮带脱水机运行每月检查要求为：

（1）检查密封水系统，清洗密封水槽盒密封水连接。

（2）检查真空软管的损坏和冲水。

（3）检查滤布和皮带运行限位开关盒连线开关是否工作正常。

（4）检查所有轴承，是否已执行润滑。

检查部位和内容见表4-15。

表 4-15 真空皮带脱水机运行每月检查部位和内容

| 序号 | 检查部位 | 检查内容 |
|---|---|---|
| 1 | 浆液喂料器 | 分配管内是否有浆液堆积 |
| 2 | 真空室 | （1）密封槽与摩擦带接触面有无损伤（污垢附着，表面破裂）。<br>（2）内部有无石膏堆积。<br>（3）密封槽紧固螺栓是否松动 |
| 3 | 刮板 | 刮板磨损情况 |
| 4 | 真空罐 | （1）过滤孔眼是否堵塞。<br>（2）内部衬里情况 |

## 559. 真空泵运行检查及维护要点是什么？

答：真空泵运行检查及维护要点为：

（1）密封水流线在最低限以上。

（2）检查真空泵电动机及轴承良好无过热现象。

（3）检查真空泵电动机声音正常，无异音、无振动。

（4）检查气、液分离器溢流管通畅。

## 560. 真空皮带过滤机生产能力是什么，测定方法是什么？

答：真空皮带过滤机生产能力是以每小时排出的滤饼质量（以绝对干燥计），其测定必须在滤饼含固量达到设计要求之后进行。

测定方法：用秒表测定取样的延续时间（一般为 3～10min）称出样品质量，然后算出生产能力。

## 561. 滤饼含液量 $W$ 的测量取样位置是什么？

答：滤饼含液量 $W$ 的测量取样位置为：在过滤机的卸料辊处，分别在出料的横向断面的中部、两边部各取样一份，每份不少于 30g。

### 562. 滤饼含液量 $W$ 的测量方法是什么？

**答**：滤饼含液量 $W$ 的测量方法是：三份试样混合经千分之一级精密天平称量后入烘箱内，烘干箱温度随物料不同按有关标准确定，试样经 1.5h 烘干，用万分之一以上级精密天平称量后，再放入烘干箱继续烘干，每隔 0.5h 取出称量，直至两次称量之差小于 2mg 为止，然后按式（4-6）计算：

$$W = \left(1 - \frac{m_1}{m}\right) \times 100\% \tag{4-7}$$

式中　$m$——试样烘干前质量，mg；

　　　$m_1$——试样烘干后质量，mg。

测定次数：按不同时间测三次，取算术平均值，间隔时间为 5min。

### 563. 滤液含固量 $G$ 的测量取样位置是什么？

**答**：滤液含固量 $G$ 的测量取样位置：在滤液排出口处取滤液试样一份，不少于 100mL。

### 564. 滤液含固量 $G$ 的测定方法是什么？

**答**：滤液含固量 $G$ 的测定方法：两份试样混合后，取体积为 100mL 的滤液用快速定性滤纸过滤，滤纸连同滤出的固体放入烘箱内烘干，烘干温度随物料不同按有关标准确定。试样经 1.5h 烘干，用千分之一级精密天平称量后，再放入烘箱继续烘干，每隔 0.5h 取出称量，直至两次称量之差小于 2mg 为止，然后按式（4-7）计算：

$$G = \frac{g_1 - g_2}{V} \times 1000 \tag{4-8}$$

式中　$G$——滤液含固量，g/L；

　　　$V$——滤液体积，L；

　　　$g_1$——滤纸及固体 h 烘干后的质量，mg；

　　　$g_2$——过滤前预先烘干的滤纸质量，mg。

测定次数：按不同时间测三次，取算术平均值，间隔时间为 5min。

## 第十一节　废水处理系统

**565. 脱硫废水是指什么？**

**答：** 烟气预处理和脱硫过程中产生的含有重金属及其化合物、卤族元素化合物、酸及其他杂质的污水。

**566. FGD 装置为什么要有一定量的废水外排？**

**答：** 因为浆液中含有大量的 $Cl^-$、$F^-$、$SO_3^{2-}$、$SO_4^{2-}$ 等离子以及一些固体颗粒物，同时由于脱硫系统水的循环使用，尤其是 $Cl^-$ 在浆液中的逐渐富集，会造成金属的严重腐蚀和磨损，大大加快了脱硫设备的腐蚀。

**567. 湿式脱硫系统排放的废水一般来自何处？**

**答：** 湿式脱硫系统排放的废水一般来自：石膏脱水和清洗系统、水力旋流器的溢流水、皮带过滤机的滤液。

**568. 在脱硫废水处理系统出口，应监测控制的项目有哪些？**

**答：** 在脱硫废水处理系统出口，应监测控制的项目有总汞、总铬、总锡、总铅、总镍、总锌、总砷、悬浮物、化学需氧量、氟化物、硫化物和 pH 值。

**569. 脱硫废水中的杂物主要有哪些？**

**答：** 脱硫废水中的杂物主要有悬浮物、亚硫酸盐、硫酸盐以及重金属。

（1）悬浮物。悬浮物主要为粉尘及脱硫浆液中的硫酸钙、亚硫酸盐等。悬浮物含量很高，大部分可直接沉淀。

（2）$NH_4^+$。$NH_4^+$ 来源于 FGD 装置补给水，在烟气洗涤中浓缩，对重金属的去除率有影响，所以要除去。

（3）$Ca^{2+}$ 和 $Mg^{2+}$。$Ca^{2+}$ 和 $Mg^{2+}$ 主要来源于脱硫剂和补充水，

含量很高。

（4）$Cl^-$。$Cl^-$来源于脱硫剂、煤和补充水，经过反复循环浓缩后，含量较高。氯离子浓度的增高带来几个不利影响：一方面降低了吸收液的 pH 值，从而引起脱硫率的下降和 $CaSO_4$ 结垢倾向的增大；另一方面，在生产商用石膏的回收工艺中，对副产品石膏的杂质含量有一定的要求，氯离子浓度过高将影响石膏的品质。故一般应控制吸收塔中氯离子浓度低于 20000mg/L。另外，高氯离子含量对防腐的要求很高。

（5）$SO_3^{2-}$ 和 $S_2O_6^{2-}$。$SO_3^{2-}$ 和 $S_2O_6^{2-}$ 是构成废水 COD 的主要成分，含量大小与 FGD 装置的运行有关。

（6）$F^-$。$F^-$ 主要来源于煤，煤中的氟化物燃烧后生成氟化氢。但是，在 FGD 系统内被溶解钙吸收的 HF 会转化为 $CaF_2$ 析出，所以脱硫废水的 $F^-$ 浓度一般只会由 $CaF_2$ 在脱硫循环水中的溶解性来决定的。

（7）重金属离子。重金属离子来源于脱硫剂和煤。电厂的电除尘器对小于 $0.5\mu m$ 的细颗粒脱除率很低，而这些细颗粒富集重金属的能力远高于粗颗粒。因此 FGD 系统入口烟气中含有相当多的重金属元素，在吸收塔洗涤的过程中进入 FGD 浆液内富集，石灰石中也存在重金属，如 Hg、Cd 等。

### 570. 湿法脱硫废水的主要特征是什么？

**答：**湿法脱硫废水的主要特征是：

（1）呈现弱酸性，pH 值一般为 $4\sim6$；悬浮物高，可高达 15000mg/L，但颗粒细小，主要成分为粉尘和脱硫产物 $CaSO_4$ 和 $CaSO_3$。

（2）含有可溶性的氯化物和氟化物、硝酸盐等；还有 Hg、Pb、Ni、As、Cd、Cr 等重金属离子，且主要以溶解形式存在。

（3）废水中氯离子含量可高达 20000mg/L。

### 571. 重金属的危害和处理方法是什么？

**答：**许多重金属离子，如 $Cr^{6+}$、$Cd^{2+}$、$Cu^{2+}$、$Pb^{2+}$、$Zn^{2+}$、

$Ni^{2+}$、$Hg^{2+}$等，都有相当大的毒性，并且重金属离子在自然界没有自净与生物降解能力，排入水体后通过生物链不断富集，对动植物的生命活动造成很大危害。以汞为例，汞元素不仅毒性极大，而且是最易挥发的重金属元素，其在大气中的平均停留时间1～2年。因此，非常容易通过长距离的大气运输形成全球性的汞污染。因此，国内外均十分重视含有重金属的废水治理。

目前，重金属离子废水处理方法有氢氧化物沉淀法、硫化物法、氧化还原法、离子交换法等。其中，氢氧化物沉淀法具有操作简单，处理效率高等优点，被广泛应用于脱硫废水的处理。

### 572. 火电厂石灰石-石膏湿法脱硫废水水质控制指标（DL/T 997—2006）是什么？

**答：**火电厂石灰石-石膏湿法脱硫废水水质控制指标（DL/T 997—2006）是：

（1）在厂区排放口增加的监测项目和污染物最高允许排放浓度值为表4-16。

表4-16　　厂区排放口增加的监测项目和污染物最高允许排放浓度值

| 序号 | 监测项目 | 单位 | 最高允许排放浓度值 |
|---|---|---|---|
| 1 | 硫酸盐 | mg/L | 2000 |

（2）在脱硫废水处理系统出口要监测的项目和最高允许排放浓度值为表4-17。

表4-17　　在脱硫废水处理系统出口要监测的项目和最高允许排放浓度值

| 序号 | 监测项目 | 单位 | 控制值或最高允许排放浓度值 |
|---|---|---|---|
| 1 | 总汞 | mg/L | 0.05 |
| 2 | 总锡 | mg/L | 0.1 |
| 3 | 总铬 | mg/L | 1.5 |
| 4 | 总砷 | mg/L | 0.5 |

续表

| 序号 | 监测项目 | 单位 | 控制值或最高允许排放浓度值 |
|------|----------|------|------------------------------|
| 5 | 总铅 | mg/L | 1.0 |
| 6 | 总镍 | mg/L | 1.0 |
| 7 | 总锌 | mg/L | 2.0 |
| 8 | 悬浮物 | mg/L | 70 |
| 9 | 化学需氧量 | mg/L | 150 |
| 10 | 氟化物 | mg/L | 30 |
| 11 | 硫化物 | mg/L | 1.0 |
| 12 | pH 值 | | 6～9 |

注　化学需氧量的数值要扣除随工艺水带入系统的部分。

### 573. 脱硫废水处理的方法有哪些?

答：脱硫废水处理的方法有灰场堆放、蒸发、处理后排放。

（1）灰场堆放。脱硫废水与经浓缩的副产物石膏混合后排至电厂灰场堆放，飞灰本身的 CaO 含量可作为黏合剂固化脱硫石膏。

（2）蒸发。脱硫废水在预热器加装旁路干燥塔、空气预热器和电除尘器之间的烟道中完全蒸发，所含固态物与飞灰一起收集处置。

（3）处理后排放。针对脱硫废水的水质特点，为满足国家规定的废水排放标准，一般采用如下工艺步骤：通过加碱中和脱硫废水，并使废水中的大部分重金属形成沉淀物；加入絮凝剂使沉淀物浓缩成为污泥，污泥脱水后被送至灰场等堆放；废水的 pH 值和悬浮物达标后直接外排。

### 574. 石灰中和法脱硫废水处理工艺流程中加入混凝剂和助凝剂的目的是什么?

答：石灰中和法脱硫废水处理工艺流程中加入混凝剂和助凝剂的目的是消除可能生成的胶体，改善生成物的沉降性能。

### 575. 石灰中和法脱硫废水处理工艺流程中加入混凝剂的作用是什么?

答：石灰中和法脱硫废水处理工艺流程中加入混凝剂的作用：

①混凝剂水解产物压缩胶体颗粒的双电层，达到胶体脱稳而相互聚集；②通过混凝剂的水解和缩聚反应而形成的高聚物的吸附和架桥作用，使胶粒被吸附黏结。

### 576. 混凝过程包含哪两个阶段？

**答：**混凝过程包含凝聚和絮凝两个阶段。凝聚阶段形成较小微粒，通过絮凝以形成较大的絮粒，絮粒可在一定条件下从水中分离并沉淀出来。

### 577. 常用的混凝剂有哪些？

**答：**常用的混凝剂有：

（1）水解阳离子的无机盐类或无机聚合盐类。主要是铝盐、铁盐或其聚合物，具有使胶体脱稳和沉淀物"卷扫"的作用，是普遍使用的混凝剂。

（2）高分子絮凝剂。以吸附架桥作用为主。

（3）有机聚合物类。在混凝过程中，既有无机盐类可使胶粒脱稳和沉淀物"卷扫"的作用，也有有机物的吸附架桥功能。以有机聚合铝为代表。

### 578. 影响混凝剂混凝效果的因素主要有哪些？

**答：**影响混凝剂混凝效果的因素主要有混凝水的 pH 值、水温、混凝剂加入量等。

（1）pH 值。pH 值主要从混凝剂形成絮凝物的形态和对胶体表面所带电荷状况两个方面影响混凝效果。以铝盐为例，当 $pH < 5.5$ 时，水中的三价铝离子增加；当 $7.5 < pH \leqslant 9$ 时，产生偏铝酸盐；$pH > 9$ 时，氢氧化铝胶体迅速形成铝酸盐溶液。又如，随着 pH 值的增加，氢氧化铝胶体带正电荷，胶体向斥力减弱，因此其凝聚速度明显加快。

（2）水温。一般讲，随着水温的降低，混凝剂的水解速度缓慢，颗粒的"布朗运动"强度也减弱，形成凝聚物所需时间长；另外，低温下形成的絮凝物更加细而松散。

（3）混凝剂加入量。提高混凝剂用量，如增加混凝剂在水溶液中的浓度，可以改善水的混凝效果。但当混凝剂用量超过一定数值后水中胶体则由原来带负电荷转变为带正电荷。由于混凝剂胶体"同性排斥"，会使已经"脱稳"的胶体又重新获得稳定，因而混凝效果变差。

### 579. 助凝剂指的是什么？

**答**：助凝剂是指在混凝过程中，为了提高混凝效果，加快凝絮过程中所需添加的辅助药剂。

### 580. 助凝剂按照在助凝中的作用，可分为哪四类？

**答**：助凝剂按照在助凝中的作用，可分为四类：

（1）pH 值调整剂。pH 值调整剂主要是指一些酸、碱。每种混凝剂都有其最佳使用的 pH 值范围，如果原水 pH 值不能满足要求，可通过加入酸、碱来调整。

（2）氧化剂。氧化剂用于破坏原水中的有机物，提高混凝效果。如氯气、次氯酸钠等。

（3）絮凝体加固剂。加固絮凝体强度，增大其密度。如水玻璃。

（4）高分子吸附剂。利用高分子聚合物的吸附、架桥作用，提高混凝效果。

### 581. 脱硫废水处理系统一般包括哪几个系统？

**答**：脱硫废水处理系统一般包脱硫系统废水处理系统、化学加药系统和污泥脱水系统括三个子系统。

### 582. 典型的废水处理系统主要设备包括哪些？

**答**：典型的废水处理系统主要设备包括石灰加药设备、盐酸加药设备、有机硫加药设备、硫酸氯化铁加药设备、絮凝剂加药设备、三联箱、搅拌器、pH 计、澄清器、压滤机等。

### 583. 脱硫废水处理包括哪几个步骤?

**答：** 脱硫废水处理包括以下四个步骤：①废水中和；②重金属沉淀；③凝聚和絮凝；④浓缩/澄清。

（1）废水中和。废水中和的目的是控制废水中的 pH 值，使 pH 值适合沉淀大多数重金属。常用的碱性中药剂为石灰、石灰石、苛性钠、碳酸钠等，其中石灰因来源广、价格低、效果好而得到广泛应用。

（2）重金属沉淀。废水中的重金属离子（如汞、镉、铅、锌、镍、铜等），碱土金属（如钙和镁），某些非金属（如砷、氟等）均可用化学沉淀的方法去除。对危害性较大的重金属离子，此法仍是迄今为止最为有效的方法。除碱金属和部分碱土金属外，多数金属的氢氧化物和硫化物都是难溶的，因此常用氢氧化物和硫化物沉淀法去除废水中的重金属。常用的药剂分别为石灰和 $Na_2S$。

1）对一定浓度的某种金属离子而言，溶液的 pH 值是沉淀金属氢氧化物的重要条件。当溶液由酸性变为弱碱性时，金属氢氧化物的溶解度下降。但许多金属离子，如 Cr、Al、Zn、Pb、Fe、Ni、Cu、Cd 等的氢氧化物为两性化合物，随着碱度进一步提高又生成络合物，使溶解度再次上升。考虑废水排放的允许 pH 值，一般选用的废水处理 pH 值为 7～9。

2）并非所有的重金属元素都可以以氢氧化物的形式很好地沉淀下来，如 Cd、Hg 等金属硫化物是比氢氧化物有更小溶解度的难溶沉淀物，且随 pH 值的升高，溶解度呈下降趋势。

3）氢氧化物和硫化物沉淀法两者结合起来对重金属的去除范围广，对脱硫废水所含重金属均适用，且去除率较高。

（3）凝聚和絮凝。经前两步的化学沉淀反应，废水中还含有许多细小而分散的颗粒和胶体物质，为改善生成物的沉降性能，要加入一定比例的混凝剂，使它们凝聚成大颗粒而沉积下来。在废水反应池的出口加入助凝剂，来降低颗粒的表面张力，强化颗粒的长大过程，进一步促进氢氧化物和硫化物的沉淀，使细小的絮凝物慢慢变成更大、更易沉积的絮状物，同时脱硫废水中的悬浮物也沉降下来。常用的混凝剂有硫酸铝、聚合氯化铝、三氯化铁、硫酸亚铁等，常用的助凝剂是石灰、高分子吸附计剂等。

（4）浓缩/澄清。絮凝后的废水从反应池溢流进入装有搅拌器的澄清/浓缩池中，絮凝物沉积在底部并通过重力浓缩成污泥，上部则为净水。大部分污泥经污泥泵排到污泥池再去脱水外运。小部分污泥作为接触污泥返回废水反应池，提供沉淀所需的晶核；上部净水通过澄清/浓缩池周边的溢流口自流到净水箱，净水箱设置了监测净水 pH 值和悬浮物的在线监测仪表，如果 pH 值和悬浮物达到排水设计标准则通过净水泵外排，否则将其送回废水反应池继续处理，直至合格为止。

### 584. 废水处理氢氧化物沉淀法的基本原理是什么？

答：氢氧化物沉淀法具有操作简单、脱除效率高等优点，被广泛应用于脱硫废水的处理。该方法是在含有重金属的废水中加入碱，提升废水的 pH 值，使其生成不溶于水的金属氢氧化物并以沉淀形式进行分离。金属氧化物在水中的溶解程度可用溶度积来进行表征。在一定温度下，难溶电解质饱和溶液中离子相对浓度的以系数为方次项的乘积，称为溶度积。溶度积的大小与溶解度有关，它反映难溶电解质的溶解能力。由于绝大多数重金属离子的氢氧化物的溶度积都很小，为采用该法处理这类废水提供了理论依据。

### 585. 废水处理硫化物法的基本原理是什么？

答：并非所有的重金属元素可通过与石灰浆作用形成氢氧化物的形式很好地沉淀出来，例如废水中的镉和汞，单纯靠石灰乳中和，很难形成相应的氢氧化物大量沉淀下来，因此需在沉淀室中按比例加入重金属沉淀剂，常用的为硫化物，即所谓的硫化物沉淀法。

硫化物沉淀法是向废水中加入硫化氢、硫化铵或碱金属的硫化物，使欲处理物质生成难溶硫化物沉淀，以达到分离净化的目的。硫化物沉淀法的基本原理是：许多硫化物的溶解积相对低，因此，硫化物的沉淀通常在络合剂存在时能进行（络合剂存在时生成的络合物难以沉淀），即使在酸性条件下也能得到很好的分离。

### 586. 与中和沉淀法相比，硫化物沉淀法的优缺点是什么？

**答：**与中和沉淀法相比，硫化物沉淀法的优点是：重金属硫化物溶解度比氢氧化物的溶解度低，而且反应的 pH 值在 7～9 之间，处理后的废水一般不用中和。

硫化物沉淀法的缺点是：硫化物沉淀物颗粒小，易形成胶体，硫化物沉淀剂本身在水中残留，遇酸生成硫化氢气体，产生二次污染。

### 587. 废水处理化学加药系统包括哪些子系统？

**答：**废水处理化学加药系统包括石灰乳加药系统、聚铁（$FeClSO_4$）加药系统、有机硫化物加药系统、助凝剂加药系统及盐酸加药系统等五个子系统。

### 588. 废水处理石灰乳加药系统流程是什么？

**答：**石灰乳加药系统流程如下：

石灰粉→石灰粉仓→制备箱→输送泵→计量箱→计量泵→加药点

石灰粉由自卸密封罐车装入石灰粉仓，在石灰粉仓下设有旋转锁气器，通过螺旋给料机输送至石灰乳制备箱制成 20% 的 Ca(OH)$_2$ 浓液，再在计量箱内调制成 5% 的 Ca(OH)$_2$ 溶液，经石灰乳计量泵加入中和箱。

### 589. 废水处理 $FeClSO_4$ 加药系统流程是什么？

**答：**$FeClSO_4$ 加药系统流程如下：

$FeClSO_4$→$FeClSO_4$ 搅拌溶液箱→$FeClSO_4$ 计量箱→$FeClSO_4$ 计量泵→加药点

$FeClSO_4$ 制备箱和加药计量泵以及管道、阀门组合在一小单元成套装置内。$FeClSO_4$ 在制备箱配成溶液后进入计量箱，$FeClSO_4$ 溶液由隔膜计量泵加入絮凝箱。

**590. 废水处理助凝剂加药系统流程是什么？**

**答：**助凝剂加药系统流程如下：

助凝剂→助凝剂制备箱→助凝剂计量箱→助凝剂计量泵→加药点

助凝剂制备箱和加药计量泵以及管道、阀门组合在一小单元成套装置内。助凝剂溶液由隔膜计量泵加入絮凝箱。

**591. 废水处理有机硫化物加药系统流程是什么？**

**答：**有机硫化物加药系统流程如下：

有机硫化物→有机硫制备箱→有机硫计量箱→有机硫计量泵→加药点

有机硫制备箱和加药计量泵以及管道、阀门组合在一小单元成套装置内。有机硫在制备箱配成溶液后进入计量箱，有机硫溶液由隔膜计量泵加入沉降箱。

**592. 废水处理盐酸加药系统流程是什么？**

**答：**盐酸加药系统流程如下：

盐酸计量箱→盐酸计量泵→加药点

盐酸计量箱和加药计量泵以及管道、阀门组合在一小单元成套装置内。盐酸溶液由隔膜计量泵加入出水箱。根据实际情况确定加药量。

**593. 废水处理系统石灰乳循环泵的作用是什么？**

**答：**石灰乳循环泵的作用有两个，一是用于石灰乳制备池的石灰乳液的循环，另一个是将石灰乳液输送至石灰乳计量箱中。

**594. 废水处理污泥脱水系统流程是什么？**

**答：**污泥处理系统流程如下：

浓缩污泥→污泥贮池→压滤机→滤饼→堆场
　　　　　　　　　　　↓
　　　　　　　　滤液→滤液平衡箱→中和箱

澄清池底的浓缩污泥中的污泥一部分作为接触污泥经污泥回流泵送到中和箱参与反应，另一部分污泥由污泥输送泵送到污泥脱水装置。污泥脱水装置由板框式压滤机和滤液平衡箱组成，污泥经压滤机脱水制成泥饼外运倒入灰场，滤液收集在滤液平衡箱内，由泵送往第一沉降阶段的中和槽内。

# 第十二节　工艺水系统

**595. 脱硫工艺水可采用机组循环水，其水质应符合哪些规定？**

答：脱硫工艺水可采用机组循环水，其水质应符合下列规定：

（1）通过冲洗除雾器进入吸收塔的工艺水水质规定见表 4-18。

表 4-18　　通过冲洗除雾器进入吸收塔的工艺水水质要求

| 序号 | 项目 | 含量 |
| --- | --- | --- |
| 1 | pH 值 | 7～8 |
| 2 | $Ca^{2+}$ | 不宜超过 200mg/L |
| 3 | SO | 不宜超过 400mg/L |
| 4 | SO | 不宜超过 10mg/L |
| 5 | 总悬浮固形物 | 不宜超过 1000mg/L |

（2）直接进入脱硫系统的工艺水水质规定见表 4-19。

表 4-19　　　　直接进入脱硫系统的工艺水水质要求

| 序号 | 项目 | 含量 |
| --- | --- | --- |
| 1 | pH 值 | 6.5～9 |
| 2 | 总硬度（以 $CaCO_3$ 计） | 不宜超过 450mg/L |
| 3 | $Cl^-$ | 不得超过 600mg/L，不宜超过 300mg/L |
| 4 | COD | 不宜超过 30mg/L |
| 5 | 氨氮（以 N 计） | 不宜超过 10mg/L |
| 6 | 总磷（以 P 计） | 不宜超过 5mg/L |
| 7 | 阴离子表面活性剂 | 不宜超过 0.5mg/L |
| 8 | 油类 | 宜为 0.00mg/L |

**596. 脱硫设备冷却水、密封水和石膏冲洗水宜采用什么水？**

答：脱硫设备冷却水、密封水和石膏冲洗水宜采用机组工业水，其水质应符合《火力发电厂水工设计规范》（DL/T5339）的有关规定。

脱硫设备冷却水冷却设备后，可全部返回机组工业水回水系统；脱硫设备密封水、石膏冲洗水使用后，全部进入脱硫工艺水系统利用。

**597. 除雾器冲洗水泵和工艺水泵合并设置时可采取的节能措施是什么？**

答：除雾器冲洗水泵和工艺水泵合并设置时，工艺用水可分为连续用水和间歇用水两种。连续用水主要指湿磨制浆系统或石灰石粉配浆系统、真空皮带脱水机滤饼冲洗水、真空泵密封用水等，用水量较小；间歇用水主要指除雾器冲洗用水，间隔时间根据实际运行情况确定，用水量较大。鉴于工艺水泵的上述运行特点，设置变频调速装置节省电耗。变频器的数量与工艺水泵的工作泵数量一致，不设置备用，可节省投资。

**598. 除雾器冲洗水母管恒压阀布置有何要求？**

答：除雾器冲洗水母管应设置恒压阀，恒压应宜靠近除雾器布置。

**599. 脱硫系统中工艺水系统的构成及作用是什么？**

答：工艺水系统由工艺水泵、储水箱、滤水器、管路和阀门等构成，主要作用在 FGD 系统中，为维持整个系统内的水平衡，向下列用户供水：

（1）吸收塔烟气蒸发水。

（2）石灰石浆液制浆用水。

（3）除雾器、吸收塔入口烟道及所有浆液输送设备、输送管路、箱罐与容器及集水坑的冲洗水。

（4）设备冷却水及密封水。如提供除雾器冲洗，各系统泵、阀门冲洗，提供系统补充水、冷却水、润滑水等。

### 600. FGD 装置的水损耗主要存在于哪些方面？

答：FGD 装置的水损耗主要存在于饱和烟气带出水、副产品石膏带出水和排放的废水。

### 601. 吸收塔内水的消耗和补充途径有哪些？

答：吸收塔内水的消耗途径主要有：

（1）热的原烟气从吸收塔穿行所蒸发和带走的水分。

（2）石膏产品所含水分。

（3）吸收塔排放的废水。

因此需要不断给吸收塔补水，补水的主要途径有：

（1）工艺水对吸收塔的补水。

（2）除雾器冲洗水。

（3）水力旋流器和石膏脱水装置所溢流出的再循环水。

### 602. 脱硫岛内对水质要求较高的用户主要有哪些？

答：脱硫岛内对水质要求较高的用户主要有：

（1）增压风机、氧化风机和其他设备的冷却水及密封水。

（2）真空皮带脱水机石膏冲洗水。

（3）水环式真空泵用水。

### 603. 脱硫岛内对水质要求一般的用户主要有哪些？

答：脱硫岛内对水质要求一般的用户主要有：

（1）石灰石浆液制备用水。

（2）烟气换热器冲洗水。

（3）吸收塔补给水。

（4）除雾器冲洗用水。

（5）所有浆液输送设备冲洗水、输送管道、贮存箱的冲洗水。

（6）吸收塔干湿结合面冲洗水、氧化空气管道冲洗水。

**604. 什么叫阀门的公称压力、公称直径？**

答：阀门的公称压力是指在国家标准规定温度下阀门允许的最大工作压力，以便用来选用管道的标准元件（规定温度：对于铸铁和铜阀门为 0~120℃；对于碳素钢阀门为 0~200℃；对于钼钢和铬钼钢阀门 0~350℃），以符号 PN 表示。

阀门的通道直径是按管子的公称直径进行制造的，所以阀门公称直径也就是管子的公称直径。所谓公称直径是国家标准中规定的计算直径（不是管道的实际内径），用符号 DN 表示。

**605. 安全阀的作用是什么？一般有哪些种类？**

答：它的作用是，当设备压力超过规定值时能自动开启，排出工质，使压力恢复正常，以确保设备承压部件工作的安全。

常用的安全阀有重锤式、弹簧式、脉冲式三种。

**606. 阀门按结构特点可分为哪几种？**

答：按结构特点主要可分为闸阀、球阀。

（1）闸阀：闸阀的阀芯（即闸门）移动方向与介质的流动方向垂直。

（2）球阀：球阀又称截止阀，球阀的阀芯沿阀座中心线移动。

**607. 按用途分类阀门有哪几种？各自的用途如何？**

答：按用途可分为以下几类：

（1）关断用阀门。关断用阀门如截止阀（球阀）、闸阀及旋塞阀等，主要用以接通和切断管道中的介质。

（2）调节用阀门。调节用阀门如节流阀（球阀）、压力调整阀、水位调整器等，主要用于调节介质的流量、压力、水位等，以适应于不同工况的需要。

（3）保护用阀门。保护用阀门如止回阀、安全阀及快速关断阀等。其中止回阀是用来自动防止管道中介质倒向流动；安全阀是在必要时能自动开启，向外排出多余介质，以防止介质压力超过规定的数值。

**608. 为什么闸阀不宜节流运行？**

**答：**闸阀结构简单，流动阻力小，开启、关闭灵活。闸阀因其密封面易于磨损，一般应处于全开或全闭位置。闸阀若作为调节流量或压力时，被节流流体将加剧对其密封结合面的冲刷磨损，致使阀门泄漏，关闭不严。

**609. 闸阀定义是什么？**

**答：**闸阀的闸板用合金制成，它可以剪碎阀体上的任何沉积物。当其应用于浆液管路中时，阀板的填料密封易被阀板上携带的固体颗粒所损伤，造成泄漏。为了克服这个弊端，可改用无填料闸阀，此时闸门关闭时阀板横贯整个管道截面，依靠刚性环和阀板之间的夹紧力进行密封，这种闸阀的通径一般为 70~1000mm。

**610. 隔膜阀定义是什么？**

**答：**隔膜阀依靠弹性隔膜的变形来调节流量，广泛用于各种仪器仪表前端的浆液管路中，此种阀的通径一般小于 400mm。

**611. 蝶阀定义是什么？**

**答：**蝶阀启闭迅速，阀板旋转 90°即可达到启闭的目的。蝶阀的结构简单、轻型节材、拆装方便，容易实现远程控制，是管道中最理想的启闭件，也是当今启闭件的发展方向。蝶阀在脱硫系统中得到了广泛的应用，脱硫系统中除了其中几个流量控制阀采用球阀以外，几乎均用蝶阀，其中电动蝶阀又占了大多数。

蝶阀是依靠阀板沿轴的转动来启闭管路，运行时阀板留在管道内，因而其阻力较大且磨损很大，在浆液管路应用最广，但不得用来调节管路流量，只能全开或全关。蝶阀一般应用哈氏合金制作阀板，阀体衬丁基胶。

目前，新型蝶阀大多采用三偏心斜锥面结构，第一个偏心是指阀座密封面或阀板厚度方向的等分线与阀杆中心相对偏心；第二个偏心是指阀杆中心与阀门通道的中心相对偏心；第三个偏心是指斜锥形密封面的中心线与阀门成相对偏心，为过扭矩力关阀。

**612. 陶瓷球阀定义是什么？**

**答：**陶瓷球阀由于它的阀芯带有 V 形结构，使之与阀座之间具有剪切作用，因此特别适用于含有纤维和微小固体颗粒的悬浊液的介质中，它具有近似等百分比的调节特性。石灰石浆液的流量调节常用此型阀门。

陶瓷阀具有极为优异的耐腐耐磨性能，可用作开/关或调节阀。陶瓷球阀的陶瓷组件镶嵌在金属阀体内，金属阀体吸收由管道产生的力矩和振动，陶瓷组件不承压。

球体的几何形状的不同可以获得不同的控制特性。

整个阀分体设计，连接方便，其执行机构可用电动、气动或手动。石灰石（石灰）供浆是由供浆调节阀进行控制的调节阀一般使用球形调节阀，调节阀管路还设有旁路，以便在调节阀检修时使用。当调节阀全闭时，需冲洗调节阀下游管路。

**613. 自力式调节阀定义是什么？**

**答：**自力式调节阀，可分为自力式温度调节阀、自力式压力调节阀、自力式流量调节阀，是一种无须外来能源，依靠被调介质、自身温度（压力或流量）变化进行自动调节温度（压力或流量）的节能产品，具有测量、执行、控制的综合功能。

**614. 脱硫系统阀门选用原则是什么？**

**答：**脱硫系统阀门选用原则是：

（1）气体阀门宜选用蝶阀或闸板阀。

（2）液体阀门宜选用蝶阀、球阀；底流阀门宜选择隔膜阀。

**615. FGD 系统管路中，使用的阀门较多的主要是哪些？**

**答：**FGD 系统管路中，使用的阀门较多，主要有闸阀、隔膜阀、蝶阀、球阀，其中蝶阀和隔膜阀应最为广泛，特别是在浆液管路中，而球阀主要用脱硫剂供浆量的调节。

### 616. 浆液系统阀门主要适用于哪些环境？

**答：** 蝶阀用于循环泵入口管道以及排石膏管线的启闭（全开、全关），这些管线浆液的（含固 10%～15%）磨损性一般，但对于浓度为 30%～40% 的脱硫剂浆液优选闸阀，若采用蝶阀，则阀板必须采用耐磨材料。

隔膜阀适用于动作较频繁的场合，不适用于常开或常闭合。薄膜弹性受开关次数的影响，并且薄膜若在一种状态停留时间过长，可使其失去弹性而失效。

球阀和蝶阀适用于动作较为频繁的场合，频繁的动作有利于消除密封面沉积物的影响。但在易结垢的场合，常开或常关均可能导致冻结而无法动作。

一般流体流过阀门的速度与管道一致，在某种场合如流量调节，为获得更好的阀门调节特性，常选用更小的阀门（较高的流速）。

浆液管道上的阀门宜选用蝶阀，尽量少采用调节阀。当选用对夹式衬胶蝶阀时，如衬胶管道与蝶阀连接紧力掌握不好，会造成阀板与管道内的衬胶接触，开启阀门时将胶破坏掉，造成管道腐蚀。所以，为防止衬胶损坏，易选用法兰式衬胶蝶阀。

脱硫剂的流量控制应避免出现全开、全闭的运行方式，应在阀位的 50%～70% 运行，此时其调节性能最佳。

### 617. 管道绝热的目的是什么？

**答：** 管道绝热的目的是：

（1）脱硫工艺过程需要。

（2）确保烟气温度大于露点，避免产生冷凝酸腐蚀管道。

（3）防止流体被冻结或管道内介质结晶；必要时，还应对输送此类介质的管道采取伴热措施。

（4）表面温度超过 60℃ 的管道应采取保温措施，避免行人和操作人员被灼伤，确保安全生产。

（5）提高余热回收效率。

**618. 管道识别色的作用是什么？**

**答**：管道识别色用于标识管内流体的种类和状态。

# 第十三节　压缩空气系统

**619. 脱硫系统中压缩空气系统的构成及作用是什么？**

**答**：脱硫系统中压缩空气系统由空气压缩机、储气罐、干燥器、管路及阀门等构成，主要作用是为系统提供仪用气源、流化风气源、系统中气动阀门气源等。

**620. 压缩空气系统主要包括哪些设备？**

**答**：压缩空气系统的主要设备有：空气压缩机、再生式干燥器、空气压缩机出口储气罐、系统管路和安全装置及仪表等。

**621. 脱硫系统压缩空气的用途可以分为哪两种？**

**答**：脱硫系统压缩空气的用途可以分为仪用压缩空气和杂用压缩空气。仪用压缩空气主要用于仪表的吹扫和气动设备用气，杂用压缩空气主要用于系统吹扫。

**622. 空气压缩机储气罐在压缩空气系统中有什么作用？**

（1）提供稳定的气源。空气压缩机储气罐稳定出气压力、缓冲、贮存空气，满足用气设备突然瞬间用气量加大的需求，维持压缩空气系统的管网压力不要出现大的波动。

（2）冷却、沉淀、除水除污。空气压缩机储气罐初步冷却空气，让一部分液体水析出，故储气罐要定期排水。

（3）防止液体倒流。空气压缩机储气罐防止空气压缩机停机期间，压缩空气管道因为某种原因返回液体，倒灌入空气压缩机中，因其损坏。

（4）节能，防止空气压缩机频繁启动。空气压缩机储气罐可以保障空气压缩机自动的关停，在设定压力下储气罐一打满气，空气压缩机就会自动停机，不至于让空气压缩机一直运行而浪费电能。

# 第十四节 电 气 系 统

**623. 脱硫系统的电气系统主要包括哪些？**

**答：**脱硫系统的电气系统主要包括配电系统、电气控制与保护、照明及检修系统、防雷接地系统及安全滑线系统、通信系统、电缆和电缆构筑物、电气设备布置、火灾报警系统等。

**624. 脱硫系统的电负荷主要有哪些？电源分类包括哪些？**

**答：**脱硫系统的电负荷主要有电动机、加热器、暖通照明、检修等负荷；电源分类包括高压电源、低压电源、交流保安电源、交流不停电电源（UPS）和直流电源等。

**625. 用电设备是如何确定其额定电压？选择原则是什么？脱硫系统可能采用高压电压的用电设备有哪些？**

**答：**用电设备应根据其功率大小和供电电压来确定它的额定电压。

通常按以下原则选择：主厂房厂用电高压电压为 3kV 时，功率为 100kW 及以上的电动机采用高压电压；主厂房厂用电高压电压为 6kV 或 10kV 时，功率为 200kW 及以上的电动机采用高压电压。

脱硫系统可能采用高压电压的用电设备有增压风机、浆液循环泵、氧化风机、磨机、真空泵、低泄漏风机等。

**626. 脱硫系统设置保安电源的目的是什么？脱硫系统中需要保安电源供电的设备有哪些？**

**答：**脱硫系统设置保安电源的目的主要是保证事故时锅炉的安全运行、脱硫系统的安全运行、脱硫设备安全以及人身安全。

脱硫系统中需要保安电源供电的设备有：烟气旁路挡板门、吸收塔搅拌器、增压风机润滑油油泵电动机、增压风机电动机润滑油油泵电动机、石灰石浆液箱搅拌器、事故浆液箱搅拌器、除雾器冲洗水泵、磨机油站油泵、DCS、热工仪表、火灾报警、电梯和事故照明系统等。

**627. 脱硫系统设置交流不停电电源的目的是什么？脱硫系统中需要不停电电源负荷主要有哪些？**

**答：**脱硫系统设置交流不停电电源的目的主要是保证脱硫系统启停和正常运行中的控制、监视装置及事故后状态参数记录装置的安全供电。不停电电源电压通常采用交流110V或220V。

脱硫系统中需要不停电电源负荷主要有脱硫分散控制系统、自动化仪表、重要执行器、电气电量变送器、火灾报警控制器等。

**628. 脱硫系统直流系统电负荷主要有哪些？**

**答：**脱硫系统直流系统电负荷主要有电气控制、信号、继电保护、6kV、380V断路器控制、事故照明电压、UPS等负荷。

**629. 脱硫系统照明分为几类？**

**答：**脱硫系统照明分类为：正常照明、事故照明、安全照明和应急照明。正常照明采用交流照明系统。

# 第十五节　仪　控　系　统

**630. 简述脱硫系统中测量仪表的设置原则。**

**答：**为保证脱硫系统中各参数的可靠测量，重要保护用的过程状态信号和自动调节的模拟量信号等采用三重或双重测量方式。如吸收塔液位、FGD进出口压力采用三取二测量方式；石膏浆液pH值、石灰石浆液箱液位、石膏浆液箱液位、工艺水箱液位等采用双重测量方式。

**631. FGD装置中主要的检测仪表有哪些？**

**答：**FGD装置主要检测仪表有FGD出入口烟气压力、出入口烟气温度、旁路挡板差压、原烟气 $SO_2$ 浓度、原烟气 $O_2$ 浓度、净烟气 $SO_2$ 浓度、净烟气 $O_2$ 浓度、净烟气 $NO_x$ 浓度、净烟气烟尘浓度、增压风机出入口压力、石灰石浆液箱液位、石灰石浆液密度、石灰石浆液流量、吸收塔液位、石膏浆液密度、石膏浆液 pH 值、浊度仪等。

### 632. 通常 FGD 系统中分散控制系统（DCS）有何特点？

**答：**FGD 系统中分散控制系统（DCS）的主要特点有：

（1）无后备手操站，极少采用指示表、记录表、闪光报警及操作按钮。

（2）FGD 的保护由 DCS 实现。

（3）FGD 的顺控系统逻辑在 DCS 内实现。

（4）FGD 的模拟量控制由 DCS 完成。

### 633. FGD 系统中需要测量并远传的参数主要有哪些？

**答：**FGD 系统中需要测量的项目有工艺介质的压力、温度；所有泵、风机出口的压力；重要的转动设备（包括增压风机、浆液循环泵、球磨机等）及驱动电动机的轴承温度和电动机定子温度；箱罐（包括吸收塔）的液位；石灰石（粉）仓料位；石灰石浆液和石膏浆液的浓度及流量；氧化空气和废水流量；烟气参数（温度、压力、流速、$SO_2$ 含量、$O_2$、含尘量等）；吸收塔浆液废水 pH 值等。

### 634. pH 值的检测仪表工作原理是什么？

**答：**pH 值的检测仪表叫 pH 计，由于直接测量溶液中的 $H^+$ 浓度是有困难的，因此采用电极和电压表来测量。电极是一种电化学装置，与电池类似，其电压随着 pH 值（即 $H^+$ 浓度）的变化而变化。pH 计的电极中分为两部分，一部分是测量电极，另一部分是参比电极。参比电极的电动势是稳定且精确的，与被测介质中的 $H^+$ 浓度无关，因此所有传感器的变化都是测量电极的函数。参比电极中含有氯化钾（KCl）溶液，该溶液中溶解一定量的氯化银（AgCl），一个银/氯化银电极被置入该电解液中；参比电压是氯化钾和氯化银浓度的函数，例如，1mol 氯化钾电解液产生－8mV 的偏差量，或称为与理论值的电压偏差，而 3.3mol 氯化钾电解液则产生－45mV 的偏差量，这个偏差量在整个量程范围内是相同的，可以通过标定或校零来进行补偿。目前 pH 计都是由测量电极和参比电极组合而成的，测量中，电极浸入待测溶液中，将溶液中的 $H^+$ 浓度转换成毫伏电压信号，将信号放大并经对数转换为 pH 值。

**635. pH 值传感器主要有哪三种形式，及其优缺点是什么？**

**答：**pH 值传感器主要有：浸没式、过流式（支管）和插入式（直接）。

（1）浸没式传感器直接安装在容器里与被测液体接触，当需要维护和校准时取出来，易于维护，但容易造成泄漏。

（2）过流式传感器一般安装在工艺介质测量支管内，仪表上下游装有隔离阀，仪表下游还装有定期自动冲洗水阀，取样管容易堵塞，测量管道系统较复杂。

（3）插入式传感器与流经式传感器相似，但不需要测量支管，它直接通过密封材料和一个隔离阀门插入到流体中，要维护和清洗插入式传感器，首先要半抽出传感器，再关闭安装在测量管道上的隔离阀门，然后再全部抽出传感器。

三种 pH 值传感器形式的优缺点是：浸没式传感器易于维护，但当容器内为正压时容易引起泄漏；过流式传感器的取样支管容易堵塞，插入式传感器和过流式传感器均易产生磨蚀；3 种传感器都易于结垢，可以采用超声波清洁装置来清除那些易碎的、不溶于水的污垢。间隔性地使用超声波清洁装置将可以取得最佳的效果。但也有可能导致传感器损坏。

**636. pH 计电极维护保养的要求是什么？**

**答：**pH 计电极维护保养的要求是：

（1）电极短时间不用，应保持湿润。

（2）两天以上不使用时，应将其头部放在 3mol/L 的 KCl 溶液中。

（3）电极标定时，可连支架一起清洗干净后带支架一起标定，不用拆下电极。

### 637. pH 计是如何进行标定校验的？

**答：** pH 计标定工作（偏差量或缓冲溶液调整）最好在等电势点进行（pH＝7），对偏差量进行标定，使得 pH 计的读数在 pH 值为 7.0 时为 0.0mV。校准工作，或者是斜率调整，用来对电极随 pH 值的变化而产生的改变进行修正。在进行校准时，缓冲溶液的 pH 值应与被测溶液有一定差值。例如，如果估计所测的工艺介质 pH 值为 5.4，则最好使用 pH 值大约为 4 的缓冲溶液。下面是 pH 的具体校验过程。

校验用具：①500mL 或 1000mL 容量瓶；②除盐水；③烧杯及洗瓶；④定性滤纸；⑤稀盐酸；⑥缓冲剂。

按如下步骤校验 pH 计：

（1）设定 pH 计的量程为 2.0～10.0。

（2）选择缓冲剂，配置 pH 值为 4.00 或 6.86 的两种缓冲液。

（3）根据所用的缓冲剂在 pH 计上设定校验点和标准参考值（见表 4-20）。

表 4-20　　　缓冲溶液参考值（准确度为±0.01pH）

| 温度（℃） | 缓冲液 1 | 缓冲液 2 | 温度（℃） | 缓冲液 1 | 缓冲液 2 |
|---|---|---|---|---|---|
| 0 | 4.01 | 6.96 | 35 | 4.02 | 6.84 |
| 5 | 4.00 | 6.95 | 40 | 4.03 | 6.84 |
| 10 | 4.00 | 6.92 | 45 | 4.04 | 6.83 |
| 15 | 4.00 | 6.90 | 50 | 4.06 | 6.83 |
| 20 | 4.00 | 6.88 | 55 | 4.07 | 6.83 |
| 25 | 4.00 | 6.86 | 60 | 4.09 | 6.84 |
| 30 | 4.01 | 6.85 | | | |

（4）取出 pH 计的探头（包括玻璃电极、参比电极和温度计），用稀盐酸和除盐水洗净，滤纸擦干。

（5）将 pH 计的探头放入 4.00 的缓冲液中，待 pH 计读数稳定后根据温度把 pH 计的读数调整到标准值，贮存在 pH 计中。

（6）取出 pH 计的探头用除盐水洗净，滤纸擦干。

（7）将 pH 计的探头放入 pH 为 6.86 的缓冲液中，待读数稳定后根据温度把 pH 计的读数调整到标准值，贮存在 pH 计中。

（8）记录温度、斜率和零点。

（9）取出 pH 计的探头用除盐水洗净，放回测量池中，校验完毕。

### 638. 使用浸没型 pH 计注意事项有哪些？

**答：** 对于浸没型 pH 计的使用，应注意：

（1）提供足够的搅拌，以防止固体在电极上的累积。

（2）探头的位置应避开浆液静止区。

（3）可从循环浆液或石膏排出液管道引出一旁路作为测定点。

（4）要易于观察，更换检修。

### 639. 使用过流型 pH 计注意事项有哪些？

**答：** 对于过流型的使用，应注意：

（1）提供采样管（长 25～500mm）的直径要大于 25.4mm，可从循环浆液或石膏排出液管道引出旁路。

（2）在水平浆液管道的底部避免使用取样接点。

（3）安装反冲洗装置。

（4）在上游安装反射棒以减轻探头的腐蚀。

### 640. FGD 系统中需要测量的物料位置有哪些？

**答：** FGD 系统中需要测量的物料位有：石灰石仓料位、石灰石粉仓料位、石膏仓料位、吸收塔液位、石灰石浆及石膏浆箱池液位、工艺水及滤液水箱池液位、脱水皮带机石膏厚度以及废水处理系统中化学药品储罐等物位，涉及块状、粉状固体、浆液、液体、化学药品等多种形态的介质，应根据不同的应用场合选择适宜的物位测量装置。

**641. 液位测量仪表的优缺点是什么？对浆液液位的选择应考虑哪些方面的问题？**

答：用于液位测量的仪器仪表较多，FGD 系统中不同液位计的优缺点说明见表 4-21。对浆液液位（如脱硫剂储浆罐液位计、脱硫塔液位计等）的选型，应考虑到腐蚀磨损、结垢、堵塞问题。对于脱硫塔液位，还应考虑到浆液的泡沫问题。

表 4-21 　　　　　FGD 系统中不同液位计的优缺点说明

| 类型 | 测量原理 | 优点 | 缺点 |
|---|---|---|---|
| 浮球式 | 通过液面的浮球指示液位的高低。可用机械的、电的、磁的连接 | 简单，直接 | （1）在石灰石（石灰）FGD 应用时易出现沉淀物，影响精度。（2）易受泡沫影响 |
| 气泡式 | 一股恒体积的空气通过插入液位下的垂直管，液位根据背压的变化测得 | 液位信号通过常用的差压计传送 | （1）垂直管易结垢、堵塞。（2）随浆液密度的变化而变化 |
| 位移式 | 传感器悬挂于罐顶，液位的变化将引起传感器重量的变化 | 简单、直接 | 传感器上易沉淀结垢。适用于无顶盖罐液位的测量。随浆液密度的变化而变化 |
| 压差式 | 采用差压计测量水压 | 简单、直接 | （1）接管易结垢、堵塞。（2）随浆液密度的变化而变化 |
| 超声波 | 从传感器中向液面发出一声音信号，根据反射回来的时间测量液位 | （1）传感器不与浆液接触。（2）不随浆液密度的变化而变化 | 易被泡沫水蒸气干扰而失真 |
| 电容式 | 安装于塔（罐）侧面，通过电容的变化计算出液位 | 简单 | 易结垢而影响读数精度 |
| 射线式 | 可安装于塔（罐）的顶部或侧面，可提供单个或连续的测量 | （1）不与浆液接触。（2）密度的改变或泡沫不影响测量精度 | （1）造价高。（2）需专门维护 |
| 雷达 | 类似超声波但运行频率较低 | 同超声波 | 比超声波式造价高 |

### 642. 湿法脱硫系统中固体料位测量仪表有哪些?

**答:** 许多用于测量液位的传感器同样可以用于测量固体料位。但是,装置常处于多粉尘环境、由于介质的架桥和堆息角引起的表面不平、压紧、通风而导致密度或物性的变化,固体料位测量会遇到一些特有的问题。在烟气净化系统中,固体料位测量主要应用于存储仓内(灰、石灰、石灰石、石膏等),也可用于除尘器或干式洗涤器的料斗内。存储仓内使用的测量装置包括电容式、超声波式和电磁波射频式(相位跟踪)传感器。另外,荷载单元测量或者张力测量也很普遍,用来测量存储仓满或空时重量的变化。

(1)垂线测量系统,即一个重锤或者浮子从存储仓的顶部向下降,当浮子接触到料的表面时,系统能够检测到拉线张紧力的减小,也就能够通过计算浮子收回时产生的电子脉冲数来测量移动距离,这样,测量到的料位就是存储仓内的最大料位。当存储仓内装满物料时,不能使用该系统。

(2)放射性变送器是一种典型的用于测量高料位的装置。当料位升高超过传感器时,从放射源到接收器之间的信号强度将会减弱,将这个信号转化为料位指示信号。

(3)振动音叉探针,插入容器的压力式转换驱动探针的振动会因为接触到物料而衰减,这就会形成电压的变化,经过电子放大后产生一个料位指示,用于测量单点固体料位。

(4)电容物位仪表在液体和固体料位以及连接测量中都可应用。当物料是绝缘物质或虽不绝缘但不黏附的介质时,电容物位仪表比较适用。近期,电容物位控制技术有所突破,大大提高了仪表抗黏附能力,几乎可以用于一切物料的料位控制。

(5)超声物位仪表是非接触式仪表,由于超声物位仪表的传感器不和物料直接接触,无机械摩擦,不易受物料的直接损害和化学腐蚀,因而在物料测量以及强腐蚀液体测量中占有优势。

### 643. 差压式液位计测量原理是什么?

**答:** 差压式液位计是利用液柱或物料堆积对某定点产生压力

的原理，当被测介质的密度 $\rho(kg/m^3)$ 已知时，就可以把液位测量转化为差压测量问题。

### 644. FGD 系统的浆液罐中引起液位偏差的原因有哪些？

**答：** 在 FGD 系统的浆液罐中，搅拌器搅动时会产生波动，吸收塔的液面也会由于以下因素而波动：

（1）液体高速喷射到液面上。

（2）在反应期间或液体喷射时若释放出气体，这些气体会形成泡沫。

（3）氧化空气鼓入液面下使液位上浮。

### 645. 湿法脱硫工艺中浆液密度测量的作用是什么？

**答：** 吸收塔浆液排出泵出口管道上的石膏浆液密度计控制着吸收塔生成物石膏的品质。浆液浓度低于某一定值时，需打回吸收塔再循环；若浓度高于一定值，则打至一级脱水或补入滤液水。所以，系统中的这个密度计在湿法 FGD 控制系统中极为重要的，必须长期在线，测量准确。

### 646. γ 射线放射吸收测量计工作原理是什么？

**答：** γ 射线放射吸收测量计原理如图 4-22 所示，有核放射源发射的核辐射线（通常为 γ 射线）穿过管道中的介质，其中一部分被介质散射和吸收，其余部分射线被安装在管道另一侧的探测器所接收。介质吸收的射线量与被测介质的密度呈指数吸收规律，即射线的投射强度将随介质中固体物质浓度的增加而呈指数规律衰减。射线强度的变化规律为：

$$I = I_0 e^{-\mu D} \tag{4-9}$$

式中 $I$——穿过被测对象后的射线强度；

$I_0$——进入被测对象之前的射线强度；

$\mu$——被测介质的吸收系数；

$D$——被测介质的浓度。

在已知核辐射源射出的射线强度和介质吸收系数的情况下，

只要通过射线接收器检测透过介质后的射线强度，就可以检测出流经管道的浆液浓度。

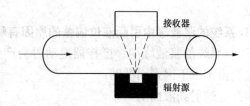

图 4-22　γ射线密度计原理图

### 647. 射线法检测的浓度计优缺点是什么？

**答：** 射线法检测的浓度计为非接触在线测量，可测定石灰石浆液、石膏浆液、泥浆、水煤浆等混合液体的质量浓度或体积百分比，也可检测烟气中的粉尘浓度，核射线能够直接穿透钢板等介质，使用时几乎不受温度、压力、浓度、电磁场等因素的影响。但放射性密度测量计存在以下缺点：①需要有放射性使用许可证；②不能区分悬浮固体和溶解固体；③一旦管道内出现固体沉积和结垢，就会出现错误信号。

放射性密度测试的维护量极小，在 FGD 系统的调试中，其精确度通过人工取样和测量来进行校验。

### 648. 选用γ射线浓度计应注意事项有哪些？

**答：** 选用γ射线浓度计应注意以下几点：

（1）被测浆液的管道直径不宜过大，一般为 300mm 以下为好，否则射线源将过大。

（2）为了保证仪表的测量精度，被测管道中的浆液应充满管道且无气泡。为此，应当把放射源和探测器安装在浆液上升管段上。如果装在水平或上升角度小的浆液管道上，则应在管路中加入一段 U 形管段，以造成浆液上升段。

使用中应特别注意，为使放射源不至于过大，被测管道不宜大于 300mm（200mm 以下为最佳），如果被测管道直径大于 300mm，在条件允许的情况下可以增设旁通管道，在旁通管上测定浓度。

因射线源使用的是放射性同位素，必须承担各种管理义务。

核密计的采购、安装、使用、维护检查应由有资质的专业人员进行，存在取证使用安装、维护等安全要求较高。

### 649. FGD 系统浆液密度测量方法有哪些？最常用测量装置是什么？

**答：** 测量石灰石（石灰）FGD 系统浆液密度有 γ 射线密度计、超声波、光电振动式密度计、质量流量计。在测量浆液密度时，最常用的装置是 γ 射线密度计。

### 650. FGD 系统流量计可采用哪几种方式？分别适用于哪些介质的测量？

**答：** 流量计可采用热式、差压式、电磁式。热式流量计通常用烟气流量的测量；差压式流量计常用氧化空气管路、工艺水管路、除雾器冲洗管路流量的测量；电磁式流量计多用于浆液管路的测量。

### 651. FGD 系统对测量仪表的要求是什么？

**答：** 压力、差压、温度和流量的测量在 FGD 系统中非常普遍，所侧参数可反映出工艺的性能、能耗、运行中出现的问题以及是否符合设计和运行的要求。FGD 系统对测量仪表的要求是：

（1）当浆液具有很强的腐蚀性或有潜在的腐蚀可能时，必须采取预防措施。

（2）在液体或气体的流动过程中，如果出现固体要用水冲洗。

（3）选用流量计应了解其测量原理和应用场合。许多常规流量计（如孔板、喷嘴等）不宜用于腐蚀性浆液管道。FGD 系统中最合适的是电磁流量计。

### 652. 电磁流量计的优缺点是什么？

**答：** 电磁流量计特点是磁场稳定、分布均匀，适用于测量封闭管道中导电液体或浆液的体积流量，如各种酸、碱、盐溶液、腐蚀性液体以及含有固体颗粒的液体（泥浆，矿浆及污水等），被测流体的导电率不能小于水的导电率，但不能检测气体、蒸汽和非导电液休，在 FGD 装置中，电磁流量计被用于石灰石、石膏浆液体积流量的检测，与密度计联合使用能够检测质量流量。

### 653. 电磁流量计的测量原理是什么？

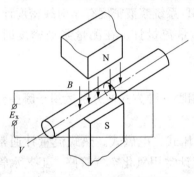

图 4-23　电磁流量计测量原理

答：电磁流量计的测量原理是基于法拉第电磁感应原理，如图 4-23 所示。导电液体在磁场中以垂直方向流动而切割磁力时，就会在管道两侧与液体直接接触的电极中产生感应电势，其感应电势 $E_x$ 的大小与磁场的强度、流体的流速和流体垂直切割磁力线的有效长度成正比，即

$$E_x = kBDv \tag{4-10}$$

式中　$k$——仪表常数；

　　　$B$——磁感应强度；

　　　$v$——测量管道截面内的平均流速；

　　　$D$——测量管道截面的内径。

体积流量 $q_v$ 为：

$$q_v = \frac{\pi D}{4Bk} E_x \tag{4-11}$$

由于电磁流量计无可动部件与突出于管道内部的部件，因而压力损失很小。导电性液体的流动感应出的电压与体积流量成正比，且不受液体的温度、压力、密度、黏度等参数的影响。

### 654. 科里奥利力式质量流量计工作原理是什么？有何优缺点。

答：科里奥利力（Coriolis）式质量流量计通过检测科里奥利力来直接测出介质的质量流量，是直接式质量流量检测方法中最为成熟的。科里奥利力式质量流量计是利用处于一旋转系中的流体在直线运动时，产生与质量流量成正比的科里奥利力（简称科氏力）的原理制成的一种直接测量质量流量的新型仪表。

科里奥利力式质量流量计无须由测量介质的密度和体积流量等参数进行换算，并且基本不受流体黏度、密度、电导率、温度、压力及流场变化的影响适用于测量浆液、沥青、重油、渣油等高黏度液体以及高压气体，测量准确、可靠，流量计可灵活地安装在管道的任何部位。

### 655. 湿法脱硫吸收塔自动控制系统要求有哪些？

**答：**湿法脱硫吸收塔自动控制系统要求有：

（1）吸收塔应配备自动控制系统，对吸收剂浓度、浆液密度、浆液 pH 值、钙硫比、吸收塔液位等主要工艺参数进行在线监测和自动调节控制。

（2）烟气流量和入口 $SO_2$ 浓度作为控制系统的前馈信号，通过控制进入吸收塔的石灰石浆液流量，保证塔内浆液的 pH 值稳定在设定值。吸收塔的浆液 pH 值应控制在 $5.0\sim6.0$ 范围内。在保持浆液量（液气比）不变的情况下，钙硫比的增大应保证 $CaCO_3$ 的溶解，一般钙硫比应在 $1.02\sim1.07$ 范围内。

（3）以入口烟气参数作为浆液液位控制的前馈信号，通过调整除雾器的冲洗间隔时间，以间歇补水的方式调节进入吸收塔的工艺补给水流量，维持浆液池的液位处在设定值。同时除雾器的冲洗间隔时间应保证除雾器不发生堵塞。

（4）通过石膏浆液的排放，维持吸收塔内浆液的浓度和密度稳定在设定值。

（5）石灰石浆液浓度（质量分数）控制在 $20\%\sim30\%$ 范围内为宜，密度为 $1050\sim1250kg/m^3$。

（6）吸收效率的控制可通过浆液 pH 值、钙硫比和液气比三个参数完成。石膏的过饱和度可通过控制浆液的 pH 值来控制。

### 656. 烟气脱硫热工保护系统应遵守独立性原则是什么？

**答：**烟气脱硫热工保护系统应遵守以下独立性原则：

（1）重要的保护系统的逻辑控制单独设置。

（2）重要的保护系统应有独立的I/O通道，并有电隔离措施。

（3）冗余的I/O信号应通过不同的I/O模件引入。

（4）触发脱硫装置解列的保护信号宜单独设置变送器（或开关量仪表）。

（5）脱硫装置与机组间用于保护的信号应采用硬接线方式。

（6）重要热工模拟量控制项目的变送器应双重（或三重）化设置（烟气$SO_2$分析仪除外）。

### 657. 脱硫工艺系统控制及联锁要求应符合哪些规定？

**答：**脱硫工艺系统控制及联锁要求应符合下列规定：

（1）吸收塔浆池、浆液箱及坑、水箱应设置液位自动控制系统。

（2）除雾器冲洗水压力应控制为恒定。

（3）对于不设置脱硫旁路烟道，吸收塔所有浆液循环泵跳闸或入口烟气温度超温时，锅炉应MFT。

（4）对于设置脱硫旁路烟道，吸收塔所有浆液循环泵跳闸或入口烟气温度高或锅炉引风机或脱硫增压风机跳闸时，脱硫旁路挡板门应快开。脱硫危急工况旁路挡板门不能快开时，锅炉应MFT。

### 658. 影响吸收塔液位的因素有哪些？

**答：**影响吸收塔液位的因素有：石灰石浆液供给量、石膏浆液排出量、除雾器冲洗水和浆液气泡，进入吸收塔的滤液水（或工艺水）烟气进入量和烟气中所含水分、浆液中水分蒸发以及流出烟气携带水分等。

### 659. 工业电视监控系统的监测点有哪些？

**答：**烟气脱硫装置一般均设必要的工业电视监视系统，对脱硫工艺有很好的辅助控制作用，主要的监测点有：①真空皮带脱水机；②石灰石或石灰石粉卸料；③湿式球磨机；④浆液循环泵；

⑤增压风机；⑥烟囱出口等。

## 第十六节  烟气排放连续监测系统

**660. 烟气排放连续监测（CEM）是指什么？**

答：烟气排放连续监测（CEM）是指对固定污染源排放的颗粒物和（或）气态污染物的排放浓度及排放量进行连续、实时的自动监测。

**661. 连续监测系统（CMS）是指什么？**

答：连续监测系统（CMS）是指连续监测固定污染源烟气参数所需要的全部设备。

**662. 烟气排放连续监测系统（CEMS）是指什么？**

答：烟气排放连续监测系统（CEMS）是指连续监测固定污染源颗粒物和（或）气态污染物排放浓度及排放量所需要的全部设备。

**663. 参比方法是指什么？**

答：参比方法是指用于与 CEMS 测量结果相比较的国家或行业发布的标准方法。

**664. 校验是指什么？**

答：校验是指用参比方法对 CEMS（含取样系统、分析系统）检测结果进行相对准确度、相关系数、置信区间、允许区间、相对误差、绝对误差等的比对检测过程。

**665. 调试检测是指什么？**

答：调试检测是指 CEMS 安装、初调和至少正常连续运行 168h 后，于技术验收前对 CEMS 进行的校准和校验。

**666. 比对监测是指什么？**

答：比对监测是指用参比方法对正常运行的 CEMS 的准确度进行抽检。

**667. 系统响应时间是指什么？**

答：系统响应时间指从 CEMS 系统采样探头通入标准气体的时刻起，到分析仪示值达到标准气体标称值 90％的时刻止，中间的时间间隔。系统响应时间包括管线传输时间和仪表响应时间。

**668. 零点漂移是指什么？**

答：零点漂移是指在仪器未进行维修、保养或调节的前提下，CEMS 按规定的时间运行后通入零点气体，仪器的读数与零点气体初始测量值之间的偏差相对于满量程的百分比。

**669. 量程漂移是指什么？**

答：量程漂移是指在仪器未进行维修、保养或调节的前提下，CEMS 按规定的时间运行后通入量程校准气体，仪器的读数与量程校准气体初始测量值之间的偏差相对于满量程的百分比。

**670. 相对准确度是指什么？**

答：相对准确度是指采用参比方法与 CEMS 同步测定烟气中气态污染物浓度，取同时间区间且相同状态的测量结果组成若干数据对，数据对之差的平均值的绝对值与置信系数之和与参比方法测定数据的平均值之比。

**671. 相关校准是指什么？**

答：相关校准是指采用参比方法与 CEMS 同步测量烟气中颗粒物浓度，取同时间区间且相同状态的测量结果组成若干数据对，通过建立数据对之间的相关曲线，用参比方法校准颗粒物 CEMS 的过程。

## 672. 速度场系数是指什么？

**答**：速度场系数是指参比方法与 CEMS 同步测量烟气流速，参比方法测量的烟气平均流速与同时间区间且相同状态的 CEMS 测量的烟气平均流速的比值。

## 673. 干烟气浓度是指什么？

**答**：干烟气浓度是指烟气经预处理，露点温度小于或等于 4℃ 时，烟气中各污染物的浓度，也称为干基浓度。

## 674. 标准状态是指什么？

**答**：标准状态是指温度为 273K、压力为 101.325kPa 时的状态。一般标准中的污染物质量浓度均为标准状态下的干烟气浓度。

## 675. 固定污染源烟气排放连续监测系统的组成和功能要求是什么？

**答**：CEMS 由颗粒物监测单元和（或）气态污染物监测单元、烟气参数监测单元、数据采集与处理单元组成。

CEMS 应当实现测量烟气中颗粒物浓度、气态污染物 $SO_2$ 和（或）$NO_x$ 浓度，烟气参数（温度、压力、流速或流量、湿度、含氧量等），同时计算烟气中污染物排放速率和排放量，显示（可支持打印）和记录各种数据和参数，形成相关图表，并通过数据、图文等方式传输至管理部门等功能。

对于氮氧化物监测单元，$NO_2$ 可以直接测量，也可通过转化炉转化为 NO 后一并测量，但不允许只监测烟气中的 NO。$NO_2$ 转换为 NO 的效率应满足《固定污染源排放烟气连续监测系统技术要求及检测方法》（HJ 76—2017）的要求。

## 676. CEMS 能正常工作的条件是什么？

**答**：CEMS 在以下条件中应能正常工作：

（1）室内环境温度：(15～35)℃；室外环境温度（−20～50)℃。

（2）相对湿度：≤85%。

（3）大气压：80～106kPa。

（4）供电电压：AC(220±22)V，(50±1)Hz。

注：低温、低压等特殊环境条件下，仪器设备的配置应满足当地环境条件的使用要求。

### 677. CEMS 正常工作的安全要求是什么？

**答：** CEMS 正常工作的安全要求：

（1）绝缘电阻。在环境温度为 15～35℃，相对湿度小于或等于 85％条件下，系统电源端子对地或机壳的绝缘电阻不小于 20MΩ。

（2）绝缘强度。在环境温度为 15～35℃，相对湿度小于或等于 85％条件下，系统在 1500V（有效值）、50Hz 正弦波实验电压下持续 1min，不应出现击穿或飞弧现象。

（3）系统应具有漏电保护装置，具备良好的接地措施，防止雷击等对系统造成损坏。

### 678. CEMS 分析仪对二氧化氮转换效率的要求是什么？

**答：** $NO_x$ 分析仪器或 $NO_2$ 转换器中 $NO_2$ 转换为 NO 的效率：大于或等于 95％。

### 679. CEMS 分析仪对检出限的要求是什么？

**答：** 分析仪器满量程值小于或等于 $50mg/m^3$ 时，检出限小于或等于 $1.0mg/m^3$（满量程值大于 $50mg/m^3$ 时不做要求）。

### 680. 气态污染物 CEMS（含 $O_2$）示值误差要求是什么？

**答：**（1）气态污染物烟气排放连续监测系统（continuous emission monitoring system，CEMS）。当系统检测 $SO_2$ 满量程值大于或等于 $100\mu mol/mol$；$NO_x$ 满量程值大于或等于 $200\mu mol/mol$ 时，示值误差：不超过±5％标准气体标称值；

当系统检测 $SO_2$ 满量程值小于 $100\mu mol/mol$；$NO_x$ 满量程值小于 $200\mu mol/mol$ 时，示值误差：不超过±2.5％满量程。

（2）$O_2$ 连续监测系统（continuous monitoring system，CMS）。

不超过±5%标准气体标称值。

### 681. CEMS 数据采集记录和处理要求是什么？

答：CEMS 应具有具备数据采集、处理、存储、表格或图文显示、故障警告和打印等功能的操作软件；系统应设置通信接口，用于数据输出和通信功能。数据采集记录存储要求是：

由 CEMS 的控制功能协调整个系统的时序，系统能够将采集和记录的实时数据自动处理为 1min 数据和小时数据。

（1）至少每 5s 采集一组系统测量的实时数据，主要包括颗粒物测量一次物理量、气态污染物体积/实测质量浓度、烟气含氧量、烟气流速、烟气温度、烟气静压、烟气湿度等。

（2）至少每 1min 记录存储一组系统测量的分钟数据，数据为该时段的平均值，主要包括颗粒物一次物理量和质量浓度、气态污染物体积/质量浓度、烟气含氧量、烟气流速和流量、烟气温度、烟气静压、烟气湿度及大气压值。若测量结果有湿/干基不同转换数值，则应同时显示记录该测量值湿基和干基的测量数据。

（3）小时数据应包含本小时内至少 45min 的分钟有效数据，数据为该时段的平均值，主要包括颗粒物质量浓度（折算浓度）、颗粒物排放量、气态污染物质量浓度（折算浓度）、气态污染物排放量、烟气含氧量、烟气流量、烟气温度、烟气静压、烟气湿度和生产负荷等。小时数据记录表即为日报表。

（4）日数据应包含本日至少 20h 的小时有效数据，数据为该时段的平均值，主要包括颗粒物质量浓度和排放量、气态污染物质量浓度和排放量、烟气含氧量、烟气流量、烟气温度、烟气静压、烟气湿度和生产负荷等。日数据记录表即为月报表。

（5）月数据应包含本月至少 25 天（其中二月份至少 23 天）的日有效数据，数据均为该时段的平均值，主要包括：颗粒物排放量、气态污染物排放量、烟气含氧量、烟气流量、烟气温度、烟气静压、烟气湿度和生产负荷等。月数据记录表即为年报表。

（6）数据报表中应统计记录当日、当月、当年各指标数据的最大值、最小值和平均值。

（7）当1h污染物折算浓度均值超过排放标准限值时，CEMS应能发出并记录超标报警信息。

（8）CEMS日报表、月报表和年报表中的污染物浓度、烟气流量和烟气含氧量均为干基标准状态值。氮氧化物（$NO_x$）质量浓度均以$NO_2$计。

### 682. CEMS数据格式要求是什么？

答：CEMS记录处理实时数据和定时段数据时，数据格式要求见表4-22和表4-23。

表4-22　　　　　　CEMS数据格式一览表

| 序号 | 项目名称 | | 单位 | 小数位 |
|---|---|---|---|---|
| 1 | $SO_2$、$NO_x$体积浓度 | ＞100 | μmol/mol | 0 |
| | | ≤100 | | 1 |
| 2 | $SO_2$、$NO_x$质量浓度 | ＞300 | mg/m³ | 0 |
| | | ≤300 | | 1 |
| 3 | 颗粒物质量浓度 | ＞100 | mg/m³ | 0 |
| | | ≤100 | | 1 |
| 4 | 烟气含氧量 | | %V/V | 2 |
| 5 | 烟气流速 | | m/s | 2 |
| 6 | 烟气温度 | | ℃ | 1 |
| 7 | 烟气静压（表压） | | Pa（或kPa） | 0（或2） |
| 8 | 大气压 | | kPa | 1 |
| 9 | 烟气湿度 | | %V/V | 2 |
| 10 | 烟道截面积 | | m² | 2 |
| 11 | 污染物排放速率 | | kg/h | 3 |
| 12 | 污染物排放量 | | kg | 3 |
| 13 | $CO_2$体积浓度 | | %V/V | 2 |
| 14 | 小时烟气流量 | | m³/h | 3 |
| 15 | 日排放量 | | ×10⁴ m³/d | 3 |
| 16 | 污染源负荷 | | % | 1 |
| 17 | 颗粒物测量一次物理量 | | 无量纲 | — |

**表 4-23** CEMS 数据时间标签一览表

| 数据时间类型 | 时间标签 | 定义 | 描述与示例 |
|---|---|---|---|
| 实时数据 | YYYYMMDDHHMMSS | 时间标签为数据采集的时刻，数据为相应时刻采集的测量瞬时值 | 20140628130815 为 2014 年 6 月 28 日 13 时 8 分 15 秒的测量瞬时值 |
| 分钟数据 | YYYYMMDDHHMM | 时间标签为测量开始时间，数据为此时刻后 1min 的测量平均值 | 201406281308 为 2014 年 6 月 28 日 13 时 8 分 00 秒至 13 时 9 分 00 秒之间的测量平均值 |
| 小时数据 | YYYYMMDDHH | 时间标签为测量开始时间，数据为此时刻后 1h 的测量分钟平均值 | 2014062813 为 2014 年 6 月 28 日 13 时 00 分 00 秒至 14 时 00 分 00 秒之间的测量平均值 |
| 日数据 | YYYYMMDD | 时间标签为测量开始时间，数据为当日 0 时至 24 时（第二天 0 时）的测量小时平均值 | 20140628 为 2014 年 6 月 28 日 0 时 00 分 00 秒至 29 日 0 时 00 分 00 秒的测量平均值 |
| 月数据 | YYYYMM | 时间标签为测量开始时间，数据为当月 1 日至最后一日的测量日平均值 | 201406 为 2014 年 6 月 1 日 1 时至 30 日的测量平均值 |

**683. 固定污染源烟气排放连续监测系统监测站房要求是什么？**

**答**：（1）应为室外的 CEMS 提供独立站房，监测站房与采样点之间距离应尽可能近，原则上不超过 70m。

（2）监测站房的基础荷载强度应大于或等于 $2000kg/m^2$。若站房内仅放置单台机柜，面积应大于或等于 $2.5×2.5m^2$。若同一站房放置多套分析仪表的，每增加一台机柜，站房面积应至少增加 $3m^2$，便于开展运维操作。站房空间高度应大于或等于 2.8m，站房建在标高大于或等于 0m 处。

（3）监测站房内应安装空调和采暖设备，室内温度应保持在 15～30℃，相对湿度应小于或等于 60%，空调应具有来电自动重启功能，站房内应安装排风扇或其他通风设施。

（4）监测站房内配电功率能够满足仪表实际要求，功率不少于 8kW，至少预留三孔插座 5 个、稳压电源 1 个、UPS 电源一个。

（5）监测站房内应配备不同浓度的有证标准气体，且在有效期内。标准气体应当包含零气（即含二氧化硫、氮氧化物浓度均小于或等于 $0.1μmol/mol$ 的标准气体，一般为高纯氮气，纯度大于或等于 99.999%；当测量烟气中二氧化碳时，零气中二氧化碳小于或等于 $400μmol/mol$，含有其他气体的浓度不得干扰仪器的读数）和 CEMS 测量的各种气体（$SO_2$、$NO_x$、$O_2$）的量程标气，以满足日常零点、量程校准、校验的需要。低浓度标准气体可由高浓度标准气体通过经校准合格的等比例稀释设备获得（精密度小于或等于 1%），也可单独配备。

（6）监测站房应有必要的防水、防潮、隔热、保温措施，在特定场合还应具备防爆功能。

（7）监测站房应具有能够满足 CEMS 数据传输要求的通信条件。

### 684. 固定污染源烟气排放连续监测系统安装位置一般要求是什么？

**答：**（1）位于固定污染源排放控制设备的下游和比对监测断面上游。

（2）不受环境光线和电磁辐射的影响。

（3）烟道振动幅度尽可能小。

（4）安装位置应尽量避开烟气中水滴和水雾的干扰，如不能避开，应选用能够适用的检测探头及仪器。

（5）安装位置不漏风。

（6）安装 CEMS 的工作区域应设置一个防水低压配电箱，内设漏电保护器、不少于 2 个 10A 插座，保证监测设备所需电力。

（7）应合理布置采样平台与采样孔，采样平台与采样孔示意图如图 4-24 所示。

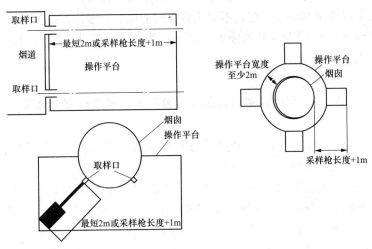

图 4-24　采样平台与采样孔示意图

1）采样或监测平台长度应大于或等于 2m，宽度应大于或等于 2m 或不小于采样枪长度外延 1m，周围设置 1.2m 以上的安全防护栏，有牢固并符合要求的安全措施，便于日常维护（清洁光学镜头、检查和调整光路准直、检测仪器性能和更换部件等）和比对监测。

2）采样或监测平台应易于人员和监测仪器到达，当采样平台设置在离地面高度大于或等于 2m 的位置时，应有通往平台的斜梯（或 Z 字梯、旋梯），宽度应大于或等于 0.9m；当采样平台设置在离地面高度大于或等于 20m 的位置时，应有通往平台的升降梯。

3）当 CEMS 安装在矩形烟道时，若烟道截面的高度大于

4m，则不宜在烟道顶层开设参比方法采样孔；若烟道截面的宽度大于4m，则应在烟道两侧开设参比方法采样孔，并设置多层采样平台。

4）在CEMS监测断面下游应预留参比方法采样孔，采样孔位置和数目按照《固定污染源排气中颗粒物测定与气态污染物采样方法》（GB/T 16157）的要求确定。现有污染源参比方法采样孔内径应大于或等于80mm，新建或改建污染源参比方法采样孔内径应大于或等于90mm。在互不影响测量的前提下，参比方法采样孔应尽可能靠近CEMS监测断面。当烟道为正压烟道或有毒气时，应采用带闸板阀的密封采样孔。

### 685. 固定污染源烟气排放连续监测系统安装位置具体要求是什么？

**答：**（1）应优先选择在垂直管段和烟道负压区域，确保所采集样品的代表性。

（2）测定位置应避开烟道弯头和断面急剧变化的部位。对于圆形烟道，颗粒物CEMS和流速CMS，应设置在距弯头、阀门、变径管下游方向大于或等于4倍烟道直径，以及距上述部件上游方向大于或等于2倍烟道直径处；气态污染物CEMS，应设置在距弯头、阀门、变径管下游方向大于或等于2倍烟道直径，以及距上述部件上游方向大于或等于0.5倍烟道直径处。对于矩形烟道，应以当量直径计，其当量直径按式（4-12）计算。

$$D = \frac{2AB}{A+B} \tag{4-12}$$

式中　$D$——当量直径，mm；

　$A$、$B$——边长，mm。

（3）对于新建排放源，采样平台应与排气装置同步设计、同步建设，确保采样断面满足（2）的要求；对于现有排放源，当无法找到满足（2）的采样位置时，应尽可能选择在气流稳定的断面安装CEMS采样或分析探头，并采取相应措施保证监测断面烟气分布相对均匀，断面无紊流。

对烟气分布均匀程度的判定采用相对均方根 $\sigma_r$ 法，当 $\sigma_r \leqslant$ 0.15 时视为烟气分布均匀，$\sigma_r$ 按式（4-13）计算。

$$\sigma_r = \sqrt{\frac{\sum_{i=1}^{n}(v_i - \overline{v})^2}{(n-1)\overline{v}^2}} \tag{4-13}$$

式中　　$\sigma_r$ ——流速相对均方根，;

　　　　$v_i$ ——测点烟气流速，m/s；

　　　　$\overline{v}$ ——截面烟气平均流速，m/s；

　　　　$n$ ——截面上的速度测点数目，测点的选择按照《固定污染源排气中颗粒物和气态污染物采样方法》（GB/T 16157）执行。

（4）为了便于颗粒物和流速参比方法的校验和比对监测，CEMS 不宜安装在烟道内烟气流速小于 5m/s 的位置。

（5）若一个固定污染源排气先通过多个烟道或管道后进入该固定污染源的总排气管时，应尽可能将 CEMS 安装在总排气管上，但要便于用参比方法校验 CEMS；不得只在其中的一个烟道或管道上安装 CEMS，并将测定值作为该源的排放结果；但允许在每个烟道或管道上安装 CEMS。

（6）固定污染源烟气净化设备设置有旁路烟道时，应在旁路烟道内安装 CEMS 或烟温、流量 CMS。其安装、运行、维护、数据采集、记录和上传应符合本标准要求。

### 686. 固定污染源烟气排放连续监测系统安装施工要求是什么？

**答：**（1）CEMS 安装施工应符合《自动化仪表工程施工及质量验收规范》（GB 50093—2013）、《电气装置安装工程电缆线路施工及验收标准》（GB 50168—2018）的规定。

（2）施工单位应熟悉 CEMS 的原理、结构、性能，编制施工方案、施工技术流程图、设备技术文件、设计图样、监测设备及配件货物清单交接明细表、施工安全细则等有关文件。

（3）设备技术文件应包括资料清单、产品合格证、机械结构、电气、仪表安装的技术说明书、装箱清单、配套件、外购件检验合格证和使用说明书等。

（4）设计图样应符合技术制图、机械制图、电气制图、建筑结构制图等标准的规定。

（5）设备安装前的清理、检查及保养应符合以下要求。

1）按交货清单和安装图样明细表清点检查设备及零部件，缺损件应及时处理，更换补齐。

2）运转部件如取样泵、压缩机、监测仪器等，滑动部位均需清洗、注油润滑防护。

3）因运输造成变形的仪器、设备的结构件应校正，并重新涂刷防锈漆及表面油漆，保养完毕后应恢复原标记。

（6）现场端连接材料（垫片、螺母、螺栓、短管、法兰等）为焊件组对成焊时，壁（板）的错边量应符合以下要求：

1）管子或管件对口、内壁齐平，最大错边量大于或等于1mm。

2）采样孔的法兰与连接法兰几何尺寸极限偏差不超过±5mm，法兰端面的垂直度极限偏差小于或等于0.2%。

3）采用透射法原理颗粒物监测仪器发射单元和颗粒物监测仪反射单元，测量光束从发射孔的中心出射到对面中心线相叠合的极限偏差小于或等于0.2%。

（7）从探头到分析仪的整条采样管线的铺设应采用桥架或穿管等方式，保证整条管线具有良好的支撑。管线倾斜度大于或等于5°，防止管线内积水，在每隔4～5m处装线卡箍。当使用伴热管线时应具备稳定、均匀加热和保温的功能；其设置加热温度大于或等于120℃，且应高于烟气露点温度10℃以上，其实际温度值应能够在机柜或系统软件中显示查询。

（8）电缆桥架安装应满足最大直径电缆的最小弯曲半径要求。电缆桥架的连接应采用连接片。配电套管应采用钢管和PVC管材质配线管，其弯曲半径应满足最小弯曲半径要求。

（9）应将动力与信号电缆分开敷设，保证电缆通路及电缆保护管的密封，自控电缆应符合输入和输出分开、数字信号和模拟信号分开的配线和敷设的要求。

（10）安装精度和连接部件坐标尺寸应符合技术文件和图样规

定。监测站房仪器应排列整齐，监测仪器顶平直度和平面度不应大于 5mm，监测仪器牢固固定，可靠接地；二次接线正确、牢固可靠，配导线的端部应标明回路编号。配线工艺整齐，绑扎牢固，绝缘性好。

（11）各连接管路、法兰、阀门封口垫圈应牢固完整，均不得有漏气、漏水现象。保持所有管路畅通，保证气路阀门、排水系统安装后应畅通和启闭灵活。自动监测系统空载运行 24h 后，管路不得出现脱落、渗漏、振动强烈现象。

（12）反吹气应为干燥清洁气体，反吹系统应进行耐压强度试验，试验压力为常用工作压力的 1.5 倍。

（13）电气控制和电气负载设备的外壳防护应符合《外壳防护等级》（GB T 4208—2017）的技术要求，户内达到防护等级 IP24 级，户外达到防护等级 IP54 级。

（14）防雷、绝缘要求：

1）系统仪器设备的工作电源应有良好的接地措施，接地电缆应采用大于 4mm$^2$ 的独芯护套电缆，接地电阻小于 4Ω，且不能和避雷接地线共用。

2）平台、监测站房、交流电源设备、机柜、仪表和设备金属外壳、管缆屏蔽层和套管的防雷接地，可利用厂内区域保护接地网，采用多点接地方式。厂区内不能提供接地线或提供的接地线达不到要求的，应在子站附近重做接地装置。

3）监测站房的防雷系统应符合《建筑物防雷设计规范》（GB 50057—2010）的规定。电源线和信号线设防雷装置。

4）电源线、信号线与避雷线的平行净距离大于或等于 1m，交叉净距离大于或等于 0.3m（见图 4-25）。

5）由烟囱或主烟道上数据柜引出的数据信号线要经过避雷器引入监测站房，应将避雷器接地端同站房保护地线可靠连接。

6）信号线为屏蔽电缆线，屏蔽层应有良好绝缘，不可与机架、柜体发生摩擦、打火，屏蔽层两端及中间均需做接地连接（见图 4-26）。

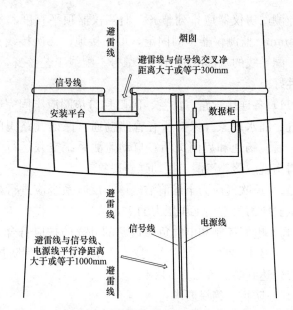

图 4-25　电源线、信号线与避雷线距离示意图

图 4-26　信号线接地示意图

**687. 固定污染源烟气排放连续监测系统技术指标调试检测包括哪些？**

答：CEMS 在现场安装运行以后，在接受验收前，应进行技术性能指标的调试检测。CEMS 调试检测的技术指标包括：

（1）颗粒物 CEMS 零点漂移、量程漂移。

（2）颗粒物 CEMS 线性相关系数、置信区间、允许区间。

（3）气态污染物 CEMS 和氧气 CMS 零点漂移、量程漂移。

（4）气态污染物 CEMS 和氧气 CMS 示值误差。

（5）气态污染物 CEMS 和氧气 CMS 系统响应时间。

（6）气态污染物 CEMS 和氧气 CMS 准确度。

（7）流速 CMS 速度场系数。

（8）流速 CMS 速度场系数精密度。

（9）温度 CMS 准确度。

（10）湿度 CMS 准确度。

**688. 固定污染源烟气排放连续监测系统技术验收总体要求和技术条件是什么?**

**答:**（1）总体要求。CEMS 在完成安装、调试检测并和主管部门联网后,应进行技术验收,包括 CEMS 技术指标验收和联网验收。

（2）技术验收条件。CEMS 在完成安装、调试检测并符合下列要求后,可组织实施技术验收工作。

1）CEMS 的安装位置及手工采样位置应符合标准要求。

2）数据采集和传输以及通信协议均应符合《污染物在线监控（监测）系统数据传输标准》（HJ/T 212—2017）的要求,并提供一个月内数据采集和传输自检报告,报告应对数据传输标准的各项内容做出响应。

3）根据固定污染源烟气排放连续监测系统技术指标调试检测的要求进行了 72h 的调试检测,并提供调试检测合格报告及调试检测结果数据。

4）调试检测后至少稳定运行 7 天。

**689. CEMS 技术指标验收一般要求是什么?**

**答:**CEMS 技术指标验收一般要求是:

（1）CEMS 技术指标验收包括颗粒物 CEMS、气态污染物 CEMS、烟气参数 CMS 技术指标验收。

（2）验收时间由排污单位与验收单位协商决定。

（3）现场验收期间,生产设备应正常且稳定运行,可通过调节固定污染源烟气净化设备达到某一排放状况,该状况在测试期间应保持稳定。

（4）日常运行中更换 CEMS 分析仪表或变动 CEMS 取样点位

时，应分别满足按照位置及施工的要求，并进行再次验收。

（5）现场验收时必须采用有证标准物质或标准样品，较低浓度的标准气体可以使用高浓度的标准气体采用等比例稀释方法获得，等比例稀释装置的精密度在 1% 以内。标准气体要求贮存在铝或不锈钢瓶中，不确定度不超过 ±2%。

（6）对于光学法颗粒物 CEMS，校准时须对实际测量光路进行全光路校准，确保发射光先经过出射镜片，再经过实际测量光路，到校准镜片后，再经过入射镜片到达接受单元，不得只对激光发射器和接收器进行校准。对于抽取式气态污染物 CEMS，当对全系统进行零点校准和量程校准、示值误差和系统响应时间的检测时，零气和标准气体应通过预设管线输送至采样探头处，经由样品传输管线回到站房，经过全套预处理设施后进入气体分析仪。

（7）验收前检查直接抽取式气态污染物采样伴热管的设置，应符合采样管线敷设的规定。冷干法 CEMS 冷凝器的设置和实际控制温度应保持在 2～6℃。

### 690. 颗粒物 CEMS 技术指标验收内容包括哪些？

答：颗粒物 CEMS 技术指标验收包括颗粒物的零点漂移、量程漂移和准确度验收。

（1）颗粒物 CEMS 零点漂移、量程漂移。

在验收开始时，人工或自动校准仪器零点和量程，测定和记录初始的零点、量程读数，待颗粒物 CEMS 准确度验收结束，且至少距离初始零点、量程测定 6h 后再次测定（人工或自动）和记录一次零点、量程读数，随后校准零点和量程。

（2）颗粒物 CEMS 准确度。

采用参比方法与 CEMS 同步测量测试断面烟气中颗粒物平均浓度，至少获取 5 对同时间区间且相同状态的测量结果，按以下方法计算颗粒物 CEMS 准确度：

绝对误差：

$$d_i = \frac{1}{n} \sum_{i=1}^{n} (C_{CEMS} - C_i) \qquad (4\text{-}14)$$

相对误差：

$$R_e = \frac{\overline{d_i}}{\overline{C_i}} \times 100\% \qquad (4\text{-}15)$$

式中　$d_i$——绝对误差，mg/m³；

　　　$n$——测定次数（大于或等于 5）；

　　　$C_i$——参比方法测定的第 $i$ 个浓度，mg/m³；

　$C_{CEMS}$——CEMS 与参比方法同时段测定的浓度，mg/m³；

　　　$R_e$——相对误差，%。

### 691. 气态污染物 CEMS 和氧气 CMS 技术指标验收内容包括哪些？

**答**：气态污染物 CEMS 和氧气 CMS 技术指标验收包括零点漂移、量程漂移、示值误差、系统响应时间和准确度验收。现场验收时，先做示值误差和系统响应时间的验收测试，不符合技术要求的，可不再继续开展其余项目验收。

注：通入零气和标气时，均应通过 CEMS 系统，不得直接通入气体分析仪。

### 692. 气态污染物 CEMS 和氧气 CMS 示值误差、系统响应时间验收方法是什么？

**答**：（1）示值误差：

1）通入零气（经过滤的不含颗粒物、待测气体的清洁干空气或高纯氮气），调节仪器零点。

2）通入高浓度（80%～100% 的满量程值）标准气体，调整仪器显示浓度值与标准气体浓度值一致。

3）仪器经上述校准后，按照零气、高浓度标准气体、零气、中浓度（50%～60% 的满量程值）标准气体、零气、低浓度（20%～30% 的满量程值）标准气体的顺序通入标准气体。若低浓度标准气体浓度高于排放限值，则还需通入浓度低于排放限值的标准气体，完成超低排放改造后的火电污染源还应通入浓度低于超低排放水平的标准气体。待显示浓度值稳定后读取测定结果。重复测定 3 次，取平均值。

（2）系统响应时间：

1）待测 CEMS 运行稳定后，按照系统设定采样流量通入零点气体，待读数稳定后按照相同流量通入量程校准气体，同时用秒表开始计时。

2）观察分析仪示值，至读数开始跃变止，记录并计算样气管路传输时间 $T_1$。

3）继续观察并记录待测分析仪器显示值上升至标准气体浓度标称值 90% 时的仪表响应时间 $T_2$。

4）系统响应时间为 $T_1$ 和 $T_2$ 之和。重复测定 3 次，取平均值。

### 693. 气态污染物 CEMS 和氧气 CMS 零点漂移、量程漂移验收方法是什么？

答：（1）零点漂移：

系统通入零气（经过滤的不含颗粒物、待测气体的清洁干空气或高纯氮气），校准仪器至零点，测试并记录初始读数 $Z_0$。待气态污染物和氧气准确度验收结束，且至少距初始测试 6h 后，再通入零气，待读数稳定后记录零点读数 $Z_1$。

（2）量程漂移：

系统通入高浓度（80%～100%的满量程）标准气体，校准仪器至该标准气体的浓度值，测试并记录初始读数 $S_0$。待气态污染物和氧气准确度验收结束，且至少距初始测试 6h 后，再通入同一标准气体，待读数稳定后记录标准气体读数 $S_1$。

### 694. 气态污染物 CEMS 和氧气 CMS 准确度验收方法是什么？

答：参比方法与 CEMS 同步测量烟气中气态污染物和氧气浓度，至少获取 9 个数据对，每个数据对取 5～15min 均值。绝对误差按式（4-16）计算，相对误差按式（4-17）计算。

绝对误差：

$$\bar{d}_i = \frac{1}{n} \sum_{i=1}^{n} (c_{CEMS} - c_i) \tag{4-16}$$

相对误差：

$$R_e = \frac{\bar{d}_i}{c_i} \times 100\% \tag{4-17}$$

式中　$\bar{d}_i$——绝对误差，$mg/m^3$；

$n$——测定次数（大于或等于 5）；

$c_i$——参比方法测定的第 $i$ 个浓度，$mg/m^3$；

$c_{CEMS}$——CEMS 与参比方法同时段测定的浓度，$mg/m^3$；

$R_e$——相对误差，%。

### 695. 烟气参数 CMS 技术指标验收内容是什么？

**答**：烟气参数指标验收包括流速、烟温、湿度准确度验收。

采用参比方法与流速、烟温、湿度 CMS 同步测量，至少获取 5 个同时段测试断面值数据对，分别计算流速、烟温、湿度 CMS 准确度。

### 696. 烟气参数 CMS 技术指标验收流速准确度方法是什么？

**答**：烟气流速准确度计算方法如下：

绝对误差：

$$\bar{d}_i = \frac{1}{n} \sum_{i=1}^{n} (v_{CMS} - v_i) \tag{4-18}$$

相对误差：

$$R_{ev} = \frac{\bar{d}_i}{v_i} \times 100\% \tag{4-19}$$

式中　$\bar{d}_i$——流速绝对误差，$m/s$；

$n$——测定次数（大于或等于 5）；

$v_{CMS}$——流速 CMS 与参比方法同时段测定的烟气平均流速，$m/s$；

$v_i$——参比方法测定的测试断面的烟气平均流速，$m/s$；

$R_{\text{ev}}$——流速相对误差，%。

### 697. 烟气参数 CMS 技术指标验收温度准确度方法是什么？

**答**：烟温绝对误差计算方法：

$$\Delta T = \frac{1}{n}\sum_{i=1}^{n}(T_{\text{CEMS}} - T_i) \tag{4-20}$$

式中  $\Delta T$——烟温绝对误差，℃；

      $n$——测定次数（大于或等于 5）；

  $T_{\text{CEMS}}$——烟温 CEMS 与参比方法同时段测定的平均烟温，；

      $T_i$——参比方法测定的平均烟温，℃（可与颗粒物参比方法测定同时进行）。

### 698. 烟气参数 CMS 技术指标验收湿度准确度方法是什么？

**答**：湿度准确度计算方法如下：

绝对误差：

$$\Delta X_{\text{SW}} = \frac{1}{n}\sum_{i=1}^{n}(X_{\text{SWCMS}} - X_{\text{SW}i}) \tag{4-21}$$

相对误差：

$$R_{\text{es}} = \frac{\Delta X_{\text{SW}}}{\overline{X}_{\text{SW}i}} \times 100\% \tag{4-22}$$

式中  $\Delta X_{\text{SW}}$——烟气湿度绝对误差，%；

      $n$——测定次数（大于或等于 5）；

  $X_{\text{SWCMS}}$——烟气湿度 CMS 与参比方法同时段测定的平均烟气湿度，%；

  $\overline{X}_{\text{SW}i}$——参比方法测定的平均烟气湿度，%；

    $R_{\text{es}}$——烟气湿度相对误差，%。

### 699. 示值误差、系统响应时间、零点漂移和量程漂移验收技术要求是什么？

**答**：示值误差、系统响应时间、零点漂移和量程漂移验收技术要求见表 4-24。

**表 4-24** 示值误差、系统响应时间、零点漂移
和量程漂移验收技术要求

| 检测项目 | | | 技术要求 |
|---|---|---|---|
| 气态污染物 CEMS | 二氧化硫 | 示值误差 | （1）当满量程大于或者等于 100 μmol/mol（286mg/m³）时，示值误差不超过±5%（相对于标准气体标称值）。<br>（2）当满量程小于 100 μmol/mol（286mg/m³）时，示值误差不超过±2.5%（相对于仪表满量程值） |
| | | 系统响应时间 | 小于或等于 200s |
| | | 零点漂移、量程漂移 | 不超过±2.5% |
| | 氮氧化物 | 示值误差 | （1）当满量程大于或者等于 200 μmol/mol（410mg/m³）时，示值误差不超过±5%（相对于标准气体标称值）。<br>（2）当满量程小于 200 μmol/mol（410mg/m³）时，示值误差不超过±2.5%（相对于仪表满量程值） |
| | | 系统响应时间 | 小于或等于 200s |
| | | 零点漂移、量程漂移 | 不超过±2.5% |
| 氧气 CMS | $O_2$ | 示值误差 | ±5%（相对于标准气体标称值） |
| | | 系统响应时间 | 小于或等于 200s |
| | | 零点漂移、量程漂移 | 不超过±2.5% |
| 颗粒物 CEMS | 颗粒物 | 零点漂移、量程漂移 | 不超过±2.0% |

注 氮氧化物以 $NO_2$ 计。

## 700. 准确度验收技术要求是什么？

答：准确度验收技术要求见表 4-25。

表 4-25　　　　　　　　　　准确度验收技术要求

| 检测项目 | | | 技术要求 |
|---|---|---|---|
| 气态污染物 CEMS | 二氧化硫 | 准确度 | 排放浓度大于或等于 250μmol/mol（715mg/m³）时，相对准确度小于或等于 15% |
| | | | 排放浓度大于或等于 50μmol/mol（143mg/m³）且小于 250μmol/mol（715mg/m³）时，绝对误差不超过±20μmol/mol（57mg/m³） |
| | | | 排放浓度大于或等于 20μmol/mol（57mg/m³）且小于 50μmol/mol（143mg/m³）时，相对误差不超过±30% |
| | | | 排放浓度小于 20μmol/mol（57mg/m³）时，绝对误差不超过±6μmol/mol（17mg/m³） |
| | 氮氧化物 | 准确度 | 排放浓度大于或等于 250μmol/mol（513mg/m³）时，相对准确度小于或等于 15% |
| | | | 排放浓度大于或等于 50μmol/mol（103mg/m³）且小于 250μmol/mol（513mg/m³）时，绝对误差不超过±20μmol/mol（41mg/m³） |
| | | | 排放浓度大于或等于 20μmol/mol（41mg/m³）且小于 50μmol/mol（103mg/m³）时，相对误差不超过±30% |
| | | | 排放浓度小于 20μmol/mol（41mg/m³）时，绝对误差不超过±6μmol/mol（12mg/m³） |
| | 其他气态污染物 | 准确度 | 相对准确度小于或等于 15% |
| 氧气 CMS | O₂ | 准确度 | 大于 5.0%时，相对准确度小于或等于 15% |
| | | | 小于或等于 5.0%时，绝对误差不超过±1.0% |
| 颗粒物 CEMS | 颗粒物 | 准确度 | 排放浓度大于 200mg/m³ 时，相对误差不超过±15% |
| | | | 排放浓度大于 100mg/m³ 且小于或等于 200mg/m³时，相对误差不超过±20% |
| | | | 排放浓度大于 50mg/m³ 且小于或等于 100mg/m³时，相对误差不超过±25% |
| | | | 排放浓度大于 20mg/m³ 且小于或大于 50mg/m³时，相对误差不超过±30% |

续表

| 检测项目 | | | 技术要求 |
|---|---|---|---|
| 颗粒物 CEMS | 颗粒物 | 准确度 | 排放浓度大于 $10mg/m^3$ 且小于或等于 $20mg/m^3$ 时，绝对误差不超过 $\pm6mg/m^3$ |
| | | | 排放浓度小于或等于 $10mg/m^3$，绝对误差不超过 $\pm5mg/m^3$ |
| 流速 CMS | 流速 | 准确度 | 流速大于 $10m/s$ 时，相对误差不超过 $\pm10\%$ |
| | | | 流速小于或等于 $10m/s$ 时，相对误差不超过 $\pm12\%$ |
| 温度 CMS | 温度 | 准确度 | 绝对误差不超过 $\pm3℃$ |
| 湿度 CMS | 湿度 | 准确度 | 烟气湿度大于 $5.0\%$ 时，相对误差不超过 $\pm25\%$ |
| | | | 烟气湿度小于或等于 $5.0\%$ 时，绝对误差不超过 $\pm1.5\%$ |

注　氮氧化物以 $NO_2$ 计，以上各参数区间划分以参比方法测量结果为准。

### 701. 联网验收内容包括哪三部分？

**答**：联网验收由通信及数据传输验收、现场数据比对验收和联网稳定性验收三部分组成。

（1）通信及数据传输验收。

按照《污染物在线监控（监测）系统数据传输标准》（HJ 212—2017）的规定检查通信协议的正确性。数据采集和处理子系统与监控中心之间的通信应稳定，不出现经常性的通信连接中断、报文丢失、报文不完整等通信问题；为保证监测数据在公共数据网上传输的安全性，所采用的数据采集和处理子系统应进行加密传输；监测数据在向监控系统传输的过程中，应由数据采集和处理子系统直接传输。

（2）现场数据比对验收。

数据采集和处理子系统稳定运行一个星期后，对数据进行抽样检查，对比上位机接收到的数据和现场机存储的数据是否一致，精确至一位小数。

（3）联网稳定性验收。

在连续一个月内，子系统能稳定运行，不出现除通信稳定性、通信协议正确性、数据传输正确性以外的其他联网问题。

### 702. 联网验收技术指标要求是什么？

答：联网验收技术指标要求见表 4-26。

表 4-26　　　　　　　　　　联网验收技术指标要求

| 验收检测项目 | 考核指标 |
| --- | --- |
| 通信稳定性 | (1) 现场机在线率为 95% 以上。<br>(2) 正常情况下，掉线后，应在 5min 之内重新上线。<br>(3) 单台数据采集传输仪每日掉线次数在 3 次以内。<br>(4) 报文传输稳定性在 99% 以上，当出现报文错误或丢失时，启动纠错逻辑，要求数据采集传输仪重新发送报文 |
| 数据传输安全性 | (1) 对所传输的数据应按《污染物在线监控（监测）系统数据传输标准》（HJ 212—2017）中规定的加密方法进行加密处理传输，保证数据传输的安全性。<br>(2) 服务器端对请求连接的客户端进行身份验证 |
| 通信协议正确性 | 现场机和上位机的通信协议应符合《污染物在线监控（监测）系统数据传输标准》（HJ 212—2017）的规定，正确率 100% |
| 数据传输正确性 | 系统稳定运行一星期后，对一星期的数据进行检查，对比接收的数据和现场的数据一致，精确至一位小数，抽查数据正确率 100% |
| 联网稳定性 | 系统稳定运行一个月，不出现除通信稳定性、通信协议正确性、数据传输正确性以外的其他联网问题 |

### 703. 固定污染源烟气排放连续监测系统日常运行管理要求是什么？

答：固定污染源烟气排放连续监测系统日常运行管理要求是：总体要求。CEMS 运维单位应根据 CEMS 使用说明书和本标准的要求编制仪器运行管理规程，确定系统运行操作人员和管理维护人员的工作职责。运维人员应当熟练掌握烟气排放连续监测仪器设备的原理、使用和维护方法。CEMS日常运行管理应包括以下方面：

（1）日常巡检。CEMS运维单位应根据本标准和仪器使用说明中的相关要求制订巡检规程，并严格按照规程开展日常巡检工作并做好记录。日常巡检记录应包括检查项目、检查日期、被检项目的运行状态等内容，每次巡检应记录并归档。CEMS日常巡检时间间隔不超过7天。

（2）日常维护保养。应根据CEMS说明书的要求对CEMS系统保养内容、保养周期或耗材更换周期等做出明确规定，每次保养情况应记录并归档。每次进行备件或材料更换时，更换的备件或材料的品名、规格、数量等应记录并归档。如更换有证标准物质或标准样品，还需记录新标准物质或标准样品的来源、有效期和浓度等信息。对日常巡检或维护保养中发现的故障或问题，系统管理维护人员应及时处理并记录。

（3）CEMS的校准和校验。应根据标准中规定的方法和固定污染源烟气排放连续监测系统日常运行质量保证要求规定的周期制订CEMS系统的日常校准和校验操作规程。校准和校验记录应及时归档。

### 704. 固定污染源烟气排放连续监测系统日常运行质量保证要求是什么？

**答：**固定污染源烟气排放连续监测系统日常运行质量保证要求是：

（1）一般要求。CEMS日常运行质量保证是保障CEMS正常稳定运行、持续提供有质量保证监测数据的必要手段。当CEMS不能满足技术指标而失控时，应及时采取纠正措施，并应缩短下一次校准、维护和校验的间隔时间。

（2）定期校准，CEMS运行过程中的定期校准是质量保证中的一项重要工作，定期校准应做到：

1）具有自动校准功能的颗粒物 CEMS 和气态污染物 CEMS 每 24h 至少自动校准一次仪器零点和量程，同时测试并记录零点漂移和量程漂移。

2）无自动校准功能的颗粒物 CEMS 每 15 天至少校准一次仪器的零点和量程，同时测试并记录零点漂移和量程漂移。

3）无自动校准功能的直接测量法气态污染物 CEMS 每 15 天至少校准一次仪器的零点和量程，同时测试并记录零点漂移和量程漂移。

4）无自动校准功能的抽取式气态污染物 CEMS 每 7 天至少校准一次仪器零点和量程，同时测试并记录零点漂移和量程漂移。

5）抽取式气态污染物 CEMS 每 3 个月至少进行一次全系统的校准，要求零气和标准气体从监测站房发出，经采样探头末端与样品气体通过的路径（应包括采样管路、过滤器、洗涤器、调节器、分析仪表等）一致，进行零点和量程漂移、示值误差和系统响应时间的检测。

6）具有自动校准功能的流速 CMS 每 24h 至少进行一次零点校准，无自动校准功能的流速 CMS 每 30 天至少进行一次零点校准。

7）校准技术指标要求见表 4-27。

表 4-27　　　　　污染物排放量失控时段的数据处理方法

| 季度有效数据捕集率 α | 连续失控小时数 N(h) | 修约参数 | 选取值 |
| --- | --- | --- | --- |
| α≥90% | N≤24 | 二氧化硫、氮氧化物、颗粒物的排放量 | 上次校准前 180 个有效小时排放量最大值 |
| | N>24 | | 上次校准前 720 个有效小时排放量最大值 |
| 75%≤α<90% | — | | 上次校准前 2160 个有效小时排放量最大值 |

（3）定期维护。CEMS 运行过程中的定期维护是日常巡检的一项重要工作，定期维护应做到：

1）污染源停运到开始生产前应及时到现场清洁光学镜面。

2）定期清洗隔离烟气与光学探头的玻璃视窗，检查仪器光路的准直情况；定期对清吹空气保护装置进行维护，检查空气压缩机或鼓风机、软管、过滤器等部件。

3）定期检查气态污染物 CEMS 的过滤器、采样探头和管路的结灰和冷凝水情况、气体冷却部件、转换器、泵膜老化状态。

4）定期检查流速探头的积灰和腐蚀情况、反吹泵和管路的工作状态。

（4）定期校验。CEMS 投入使用后，燃料、除尘效率的变化、水分的影响、安装点的振动等都会对测量结果的准确性产生影响。定期校验应做到：

1）有自动校准功能的测试单元每 6 个月至少做一次校验，没有自动校准功能的测试单元每 3 个月至少做一次校验；校验用参比方法和 CEMS 同时段数据进行比对，按 CEMS 技术指标验收进行。

2）校验结果应符合表 4-27 要求，不符合时，则应扩展为对颗粒物 CEMS 的相关系数的校正或/和评估气态污染物 CEMS 的准确度或/和流速 CMS 的速度场系数（或相关性）的校正，直到 CEMS 达到准确度验收技术要求。

（5）常见故障分析及排除。当 CEMS 发生故障时，系统管理维护人员应及时处理并记录。维修处理过程中，要注意以下几点：

1）CEMS 需要停用、拆除或者更换的，应当事先报经主管部门批准。

2）运行单位发现故障或接到故障通知，应在 4h 内赶到现场进行处理。

3）对于一些容易诊断的故障，如电磁阀控制失灵、膜裂损、气路堵塞、数据采集仪死机等，可携带工具或者备件到现场进行针对性维修，此类故障维修时间不应超过 8h。

4）仪器经过维修后，在正常使用和运行之前应确保维修内容全部完成，性能通过检测程序，按本标准对仪器进行校准检查。若监测仪器进行了更换，在正常使用和运行之前应对系统进行重新调试和验收。

5）若数据存储/控制仪发生故障，应在 12h 内修复或更换，并保证已采集的数据不丢失。

6）监测设备因故障不能正常采集、传输数据时，应及时向主管部门报告。

**705. CEMS 定期校准校验技术指标要求及数据失控时段的判别与修约标准是什么？**

**答：**（1）CEMS 在定期校准、校验期间的技术指标要求及数据失控时段的判别标准见表 4-28。

表 4-28　CEMS 定期校准校验技术指标要求及数据失控时段的判别

| 项目 | CEMS 类型 | | 校准功能 | 校准周期 | 技术指标 | 技术指标要求 | 失控指标 | 最少样品数（对） |
|---|---|---|---|---|---|---|---|---|
| 定期校准 | 颗粒物 CEMS | | 自动 | 24h | 零点漂移 | 不超过±2.0% | 超过±8.0% | — |
| | | | | | 量程漂移 | 不超过±2.0% | 超过±8.0% | |
| | | | 手动 | 15 天 | 零点漂移 | 不超过±2.0% | 超过±8.0% | |
| | | | | | 量程漂移 | 不超过±2.0% | 超过±8.0% | |
| | 气态污染物 CEMS | 抽取测量或直接测量 | 自动 | 24h | 零点漂移 | 不超过±2.5% | 超过±5.0% | |
| | | | | | 量程漂移 | 不超过±2.5% | 超过±10.0% | |
| | | 抽取测量 | 手动 | 7 天 | 零点漂移 | 不超过±2.5% | 超过±5.0% | |
| | | | | | 量程漂移 | 不超过±2.5% | 超过±10.0% | |
| | | 直接测量 | 手动 | 15 天 | 零点漂移 | 不超过±2.5% | 超过±5.0% | — |
| | | | | | 量程漂移 | 不超过±2.5% | 超过±10.0% | |
| | 流速 CMS | | 自动 | 24h | 零点漂移或绝对误差 | 零点漂移不超过±3.0%或绝对误差不超过±0.9m/s | 零点漂移超过±8.0%且绝对误差超过±1.8m/s | — |
| | | | 手动 | 30 天 | 零点漂移或绝对误差 | 零点漂移不超过±3.0%或绝对误差不超过±0.9m/s | 零点漂移超过±8.0%且绝对误差超过±1.8m/s | |

| 项目 | CEMS 类型 | 校准功能 | 校准周期 | 技术指标 | 技术指标要求 | 失控指标 | 最少样品数（对） |
|------|-----------|----------|----------|----------|--------------|----------|------------------|
| 定期校验 | 颗粒物 CEMS | 准确度 | 3个月或6个月 | 准确度 | 满足表 4-25 要求 | 超过表 4-25 规定范围 | 5 |
| | 气态污染物 CEMS | | | | | | 9 |
| | 流速 CMS | | | | | | 5 |

（2）当发现任一参数不满足技术指标要求时，应及时按照本规范及仪器说明书等的相关要求，采取校准、调试乃至更换设备重新验收等纠正措施直至满足技术指标要求为止。当发现任一参数数据失控时，应记录失控时段（即从发现失控数据起到满足技术指标要求后止的时间段）及失控参数，并按标准要求进行数据修约。

### 706. CEMS 启动停运要求是什么？

**答：** 污染源计划停运一个季度以内的，不得停运 CEMS，日常巡检和维护要求仍按标准要求执行；计划停运超过一个季度的，可停运 CEMS，但应报当地环保部门备案。污染源启运前，应提前启运 CEMS 系统，并进行校准，在污染源启运后的两周内进行校验，满足标准要求技术指标要求的，视为启运期间自动监测数据有效。

### 707. CEMS 数据无效时间段数据处理要求是什么？

**答：** CEMS 数据无效时间段数据处理要求是：

（1）CEMS 故障期间、维修时段数据按照（2）处理；超期未校准、失控时段数据按照（3）处理；有计划（质量保证/质量控制）的维护保养、校准等时段数据按照（4）处理。

（2）CEMS 因发生故障需停机进行维修时，其维修期间的数据替代按照（4）处理；亦可以用参比方法监测的数据替代，频次不低于一天一次，直至 CEMS 技术指标调试到符合示值误差、系统响应时间、零点漂移和量程漂移验收技术要求和准确度验收技术要求时为止。如使用参比方法监测的数据替代，则监测过程应按照《固定污染源排气中颗粒物和气态污染物采样方法》（GB/T16157）和《固定源废气监测技术规范》（HJ/T 397—2007）要求进行，替代数据包括污染物浓度、烟气参数和污染物排放量。

（3）CEMS 系统数据失控时段污染物排放量按照表 4-27 进行修约，污染物浓度和烟气参数不修约。CEMS 系统超期未校准的时段视为数据失控时段，污染物排放量失控时段的数据处理方法见表 4-27，污染物浓度和烟气参数不修约。

（4）CEMS 系统有计划（质量保证/质量控制）的维护保养、校准及其他异常导致的数据无效时段，污染物排放量维护期间和其他异常导致的数据无效时段的处理方法见表 4-29，污染物浓度和烟气参数不修约。

表 4-29　　维护期间和其他异常导致的数据无效时段的处理方法

| 季度有效数据捕集率 $\alpha$ | 连续无效小时数 $N$(h) | 修约参数 | 选取值 |
|---|---|---|---|
| $\alpha \geqslant 90\%$ | $N \leqslant 24$ | 二氧化硫、氮氧化物、颗粒物的排放量 | 失效前 180 个有效小时排放量最大值 |
| | $N > 24$ | | 失效前 720 个有效小时排放量最大值 |
| $75\% \leqslant \alpha < 90\%$ | — | | 失效前 2160 个有效小时排放量最大值 |

**708. 锅炉停炉、闷炉时烟气参数的参考设定是什么？**

**答**：当锅炉停炉、闷炉时，CEMS 仍然在检测和不断地由下位机上传数据，容易引起固定污染源监控系统的误判。可通过对烟气参数的设定，由下位机向上位机发出停炉、闷炉等标记。烟气参数的参考设定（视实际情况可调整）：

（1）静压压力传感器显示为锅炉满负荷显示值的 20%（限安装在引风机前）。

（2）流速显示为 2m/s 以下。

（3）氧量显示为 19% 以上。

（4）烟温显示为 40℃以下。

以上可视实际情况对等设定也可按优先原则设定。

## 709. 颗粒物 CEMS 技术指标调试检测结果分析和处理方法是什么?

答: 颗粒物 CEMS 技术指标调试检测结果分析和处理方法见表 4-30。

表 4-30　　颗粒物 CEMS 技术指标调试检测结果分析和处理方法

| 测试指标 | | 测试结果 | 原因分析 | 处理方法 |
|---|---|---|---|---|
| 漂移 | 零点 | 超过±2% | (1) 安装位置的环境条件, 例如: 强烈振动、电磁干扰、系统密封缺陷使雨、雪水侵入等。<br>(2) 校准器件缺陷、复位重复差、被污染, 系统设计缺陷。<br>(3) 仪器供电系统缺陷, 光源发光不稳定等。<br>(4) 计算错误 | (1) 重新选择符合要求的安装位置。<br>(2) 根据查找的原因重新设计。<br>(3) 重新计算 |
| | 量程 | 超过±2% | | |
| 相关系数 | | 超过限值 | (1) 颗粒物 CEMS: ①安装位置的代表性; ②光路的准直; ③光学镜片的污染和清洁等。<br>(2) 调试时的参比方法是否将手工方法测得的烟道断面颗粒平均浓度与颗粒物 CEMS 测得的点的平均浓度进行比较。<br>(3) 数据量和数据分布: 数据量是否足够, 数据是否分布在颗粒物 CEMS 测量范围上限的 20%~80%。<br>(4) 颗粒物的颜色变化大, 烟气中含有水雾和水滴等。<br>(5) 颗粒物 CEMS 设计缺陷 | 逐一分析原因, 采取相应的对策和措施 |
| 置信区间 CI% (置信区间半宽) | | >10% (该排放源检测期间参比方法实测状态均值) | | |
| 允许区间 TI% (允许区间半宽) | | >25% (该排放源检测期间参比方法实测状态均值) | | |

**710. 气态污染物 CEMS 技术指标调试检测结果分析和处理方法是什么？**

**答：**气态污染物 CEMS 技术指标调试检测结果分析和处理方法见表 4-31。

表 4-31　　　气态污染物 CEMS 技术指标调试
检测结果分析和处理方法

| 测试指标 | | 测试结果 | 原因分析 | 处理方法 |
|---|---|---|---|---|
| 漂移 | 零点 | 超过±2.5% | （1）安装位置的环境条件，例如强烈振动、电磁干扰、系统密封缺陷使雨、雪水侵入等。<br>（2）供零点气体和校准气体的流量和气体的质量是否符合要求。<br>（3）供气系统是否泄漏。<br>（4）管路吸附。<br>（5）仪器供电系统缺陷。<br>（6）计算错误。<br>（7）抽取位置是否相同 | （1）重新选择符合要求的安装位置。<br>（2）选用合格的零点气体和校准气体。<br>（3）待仪器读数稳定后再读取和（或）记录数据。<br>（4）更换泄漏管路。<br>（5）根据查找的原因重新设计。<br>（6）重新计算。<br>（7）从相同的位置抽取北侧气体 |
| | 量程 | 超过±2.5% | | |
| 系统响应时间 | | ＞200s | （1）滤料被堵塞。<br>（2）仪器内部管路泄漏。<br>（3）控制阀损坏。<br>（4）仪器光学镜片被污染。<br>（5）仪器检测器系统被污染。<br>（6）系统设计缺陷。<br>（7）取样泵真空度不够 | （1）更换滤料。<br>（2）更换管路。<br>（3）拧紧管接头，更换控制阀。<br>（4）清洁光学镜片或检测器系统。<br>（5）重新设计。<br>（6）更换取样泵 |
| 示值误差 | | 超过限值 | （1）仪器性能是否过关。<br>（2）调试方法是否准确。<br>（3）校准气体质量，例如校准气体质量不能溯源到国家级标准气体，超过标准气体的使用期限，校准气体的稳定性差，现场调试检测与仪器出厂前调试仪器的校准气体品质不一致。<br>（4）管路吸附。<br>（5）路泄漏。<br>（6）供气流量、压力不稳定等 | 逐一分析原因，采取相应的措施 |

| 测试指标 | 测试结果 | 原因分析 | 处理方法 |
|---|---|---|---|
| 准确度 | 超过限值 | (1) 点位的代表性。<br>(2) 两种方法测定点位的一致性。<br>(3) 两种方法测定时获取数据的同步性。<br>(4) 校准 CEMS 气体和参比方法的校准气体的一致性。<br>(5) 采样时间等。<br>(6) 管路不加热并有冷凝水,管路漏气,抽气量不足,气体稀释比不稳定等。<br>(7) 参比方法使用仪器质量有问题。<br>(8) 仪器校准方法的缺陷(是否为全程校准) | (1) 避开污染物浓度剧烈变化的测定点位。<br>(2) 两种方法测定点位尽可能接近。<br>(3) 扣除烟气样品通过管路到达检测器的时间。<br>(4) 用同一标准气体校准 CEMS 和参比方法。<br>(5) 足够的采样时间。<br>(6) 用质量好的参比仪器等。<br>(7) 采取相应的措施。<br>(8) 满足参比仪器使用的条件(预热时间等)。<br>(9) 正确选用 CEMS 监控仪器及校准方法 |

## 711. 流速 CMS 技术指标调试检测结果分析和处理方法是什么?

**答:**流速 CMS 技术指标调试检测结果分析和处理方法见表 4-32。

**表 4-32　　流速 CMS 技术指标调试检测结果分析和处理方法**

| 测试指标 | 测试结果 | 原因分析 | 处理方法 |
|---|---|---|---|
| 速度场系数精密度 | >5% | (1) 安装位置的代表性差,例如:两股气流交汇处,存在涡流、旋流等。 | 逐一分析原因,采取相应的措施 |
| 相关系数 | ≥9 个数据对时相关系数<0.90 | (2) 安装地点强烈振动。<br>(3) 气流不稳定,变化大。<br>(4) 安装不正确,例如流速 CMS 正对气流的 S 皮托管与气流的方向不垂直,紧固法兰松动。<br>(5) 流速 CMS 探头被污染或腐蚀。<br>(6) 烟气流速低,仪器灵敏度不能满足测定的要求。<br>(7) 参比方法布设测点的点位和数量以及用参比方法比对时存在操作不当等 | |

### 712. 烟尘连续监测方法有哪些？测量原理是什么？

**答：** 烟尘的连续监测方法主要有浊度法、光散射法两种。

（1）浊度法。浊度法即光通过含有烟尘的烟气时，光强因烟尘的吸收和散射作用而减弱，通过测定光束通过烟气前后的光强比值来定量烟尘浓度。测尘仪分为单光程测尘仪和双光程测尘仪两种。单光程测尘仪的光源发射端与接收端在烟道或烟囱的两侧，光源发射的光通过烟气，由安装在对面的接收装置检测光强，并转变为电信号输出；双光程测尘仪的光源发射端与接收端在烟道或烟囱的同一侧，由发射/接收装置和反射装置两部分组成，光源发射的光通过烟气，由安装在对面的反射镜反射再经过烟气回到接收装置，检测光强并转变为电信号输出。

（2）光散射法。光散射法即经过调制的激光或红外平行光束射向烟气时，烟气中的烟尘对光向所有方向散射，经烟尘散射的光强在一定范围内与烟尘浓度成比例，通过测量散射光强来定量烟尘浓度。根据接收器与光源所呈角度的大小可分为前散射法、后散射法和边散射法。前散射测尘仪接收器与光源呈 $\pm 60°$；后散射测尘仪接收器与光源呈 $\pm 120°\sim\pm 180°$；边散射测尘仪接收器与光源呈 $\pm 60°\sim\pm 120°$。

另外烟尘连续监测法还有 β 射线（质量浓度）法和电子探针法。β 射线是放射线的一种，通过物质时和物质内的电子发生散射、冲突而被吸收，当 β 射线的能量恒定时，这一吸收量与物质的质量成正比，与物质的组成无关。由安装在 β 射线辐射源对面的射线接收器检测清洁滤膜与采集烟尘样品后的滤膜对 β 射线的吸收差异，计算出烟尘量。电子探针法是利用烟尘在烟气流中运动摩擦产生电荷，产生电荷量的多少与烟尘浓度相关，测量电荷量的多少间接定量烟尘浓度。根据我国的实际情况，在监测技术规范中没有列入电子探针法。

### 713. 烟气排放气态污染物连续监测方法按采样方式可以分为哪两类？

**答：** 烟气排放气态污染物（$SO_2$、$NO_x$）等连续监测方法按采样方式分为现场连续监测和抽取式连续监测两大类。

（1）现场连续监测（在线式）由直接安装在烟囱或烟道（包括旁路）上的监测系统对烟气进行实时测量（不需要抽取烟气在烟囱或烟道外进行分析）。

（2）抽取式连续监测通过采样系统抽取部分样气并送入分析单元，对烟气进行实时测量，按采样方式不同又可分为稀释法和加热管线法（也称直接抽取法）。

### 714. 气态污染物监测方法优缺点是什么？

**答：**气态污染物监测方法优缺点见表 4-33。

表 4-33 气态污染物监测方法的比较

| 序号 | 方法 | 特　点 |
|---|---|---|
| 1 | 加热管线法 | 抽取烟气量大，干法专用设备、准确度高，分析因管道距离有滞后、有样气处理装置，采样管及过滤器易更换。相对易堵塞、易腐蚀。标气用量大，需加热线 |
| 2 | 稀释法 | 抽取烟气量大，采样管不易堵塞、不易腐蚀，但需防止稀释影响小孔堵塞。分析组件采用大气环境监测设备，引入稀释误差。标气用量大，需加装流量控制设备，需干燥零气 |
| 3 | 在线式 | 一般为光学法，利用红外或紫外光的吸收定量测量。非接触法，无需用标气校准。受烟道其他因素干扰大，维护工作量大、不方便，光学部件需要有效的保护措施 |

### 715. 气态污染物监测稀释法工作流程是什么？

**答：**采集烟气并除尘，然后用洁净的零气按一定的稀释比稀释除尘后的烟气，以降低气态污染物的浓度，将稀释后的烟气引入分析单元，分析气态污染物浓度。采样流量需大于 0.5L/min，根据电厂附近环境与烟气排放实际情况，确定稀释比，稀释比一般不宜超过 1：250，如从采样至分析仪的烟气产生结露，应采用加热与稀释相结合的方式，稀释比误差不超过 ±1%，稀释器温度变化应在 ±2℃ 以内。采用临界孔稀释时，临界孔前后压差不低于 66666.7Pa。稀释探头分为内置式和外置式两种。稀释抽取法连续监测系统的示意图如图 4-27 所示。

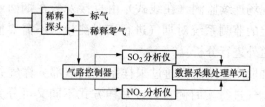

图 4-27　稀释抽取法连续监测系统示意图

### 716. 气态污染物监测加热管线法工作流程是什么?

**答:** 通过加热管对抽取的已除尘的烟气进行保温,保持烟气不结露,输至干燥装置除湿,然后送至分析单元分析气态污染物浓度。采样流量需大于 2 L/min,流量误差在 ±0.1L/min 以内,热管温度为 140~160℃。加热管线法连续监测系统的示意图如图 4-28 所示。

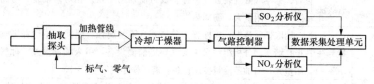

图 4-28　加热管法连续监测系统示意图

### 717. 我国 CEMS 规范中气态污染物采用的连续监测分析方法是什么?

**答:** 我国 CEMS 规范中气态污染物采用的连续监测分析方法见表 4-34。

表 4-34　　　CEMS 规范中选择的气态污染物连续监测分析方法

| 分析项目 | 序号 | 方法 | 较适宜的采用方法 |
|---|---|---|---|
| 二氧化硫 | 1 | 紫外荧光法 | 稀释抽取采样法 |
| | 2 | (非分散)红外吸收法(NDIR) | 直接抽取采样法 |
| 氮氧化物 | 1 | 化学发光法(CLD 法) | 稀释、直接抽取采样法 |
| | 2 | (非分散)红外吸收法(NDIR) | 直接抽取采样法 |

### 718. CEMS 是如何实现大气压测定的?

**答**:(1)由 CEMS 配置的大气压力传感器测出。

(2)也可以根据当地气象站给出的上月平均值或上年平均值,并根据测点与气象站的不同标高,按每增、减 10m,大气压减、增 110Pa 进行修正后,输入 CEMS 作为本月或本年的平均大气压。

### 719. CEMS 是如何实现烟气流速和流量测定和计算的?

**答**:(1)测定烟气流速:由皮托管测速仪或靶式流量计测速仪连续测定烟道或管道断面某一固定点的烟气流速,或热平衡仪连续测定断面某一固定点的烟气质量流量,或由超声波测速仪连续测定断面上烟气的线平均流速。

(2)烟气流速和流量的计算。

1)烟气流速的计算。

皮托管法、热平衡法、超声波法(测速仪安装在矩形烟道或管道)、靶式流量计法烟道或管道断面平均流速计算式为:

$$\overline{V}_s = K_v \times \overline{V}_p \tag{4-23}$$

式中 $K_v$——速度场系数;

$\overline{V}_p$——测定断面某一固定点或测定线上的湿排气平均流速,m/s;

$\overline{V}_s$——测定断面的湿排气平均流速,m/s。

超声波测速法(测速仪安装在圆形烟道或管道)烟道或管道断面平均流速计算式为:

$$\overline{V}_s = \frac{l}{2\cos\alpha}\left(\frac{1}{t_A} - \frac{1}{t_B}\right) \tag{4-24}$$

式中 $l$——安装在烟道或管道上两侧 A(接收/发射器)与 B(接受/发射器)间的距离(扣除烟道壁厚),m;

$\alpha$——烟道或管道中心线与 AB 间的距离 l 的夹角;

$t_A$——声脉冲从 A 传到 B 的时间(顺气流方向),s;

$t_B$——声脉冲从 B 传到 A 的时间(逆气流方向),s。

2)烟气流量的计算。

工况下的湿烟气流量 $Q_s$ 计算式为：

$$Q_s = 3600 \times F \times \overline{V}_s \qquad (4\text{-}25)$$

式中　$Q_s$——工况下湿烟气流量，$\mathrm{m^3/h}$；

　　　$F$——测定断面的面积，$\mathrm{m^2}$。

### 720. 标准状态下干烟气流量 $Q_{sn}$ 计算公式是什么？

答：标准状态下干烟气流量 $Q_{sn}$ 计算式为：

$$Q_{sn} = Q_s \times \frac{273}{273 + t_s} \times \frac{B_a + P_s}{101325} \times (1 - X_{sw}) \qquad (4\text{-}26)$$

式中　$Q_{sn}$——标准状态下干烟气流量，$\mathrm{m^3/h}$；

　　　$B_a$——大气压力，$\mathrm{Pa}$；

　　　$P_s$——烟气静压，$\mathrm{Pa}$；

　　　$t_s$——烟气温度，$℃$；

　　　$X_{sw}$——烟气中水分含量体积百分比，$\%$。

### 721. 实际状态下湿烟气的质量流量 $Q_a(\mathrm{kg/h})$ 计算式是什么？

答：实际状态下湿烟气的质量流量 $Q_a(\mathrm{kg/h})$ 计算式为：

$$Q_a = Q_s \rho_s \qquad (4\text{-}27)$$

$$\rho_s = \rho_n \frac{p_a + p_s}{101325} \times \frac{273}{273 + t_s} \qquad (4\text{-}28)$$

$$\rho_n = \frac{M_s}{22.4} \qquad (4\text{-}29)$$

$$M_s = \sum x_i M_i = [32 x_{O_2} + 44 x_{CO_2} +$$
$$28(x_{CO} + x_{N_2})](1 - x_{sw}) + 18 x_{sw} \qquad (4\text{-}30)$$

式中　$\rho_s$——实际状态下湿烟气的密度，$\mathrm{kg/m^3}$；

　　　$\rho_n$——标准状态下湿烟气的密度，$\mathrm{kg/m^3}$；

　　　$M_s$——实际湿烟气的摩尔质量，$\mathrm{kg/kmol}$；

　　　$x_i$——烟气中各成分（$O_2$、$CO_2$、$CO$、$N_2$ 及水分）的体积分数；

　　　$M_i$——各相应成分（$O_2$、$CO_2$、$CO$、$N_2$ 及水分）的摩尔质量，$\mathrm{kg/kmol}$。

这样可得到为 $\rho_s$:

$$\rho_s = \frac{M_s}{22.4} \times \frac{p_a + p_s}{101325} \times \frac{273}{273 + t_s} = \frac{M_s(p_a + p_s)}{R(273 + t_s)} \times 10^{-3}$$

(4-31)

式中 $R$——通用气体常数，$8.314$kJ/(kmol·K)

### 722. 颗粒物或气态污染物浓度和排放率计算是什么？

答：颗粒物或气态污染物排放浓度按式（4-32）计算：

$$c' = bx + a$$

(4-32)

式中 $c'$——标准状态下干烟气中颗粒物或气态污染物浓度，mg/m³（当气态污染物 CEMS 符合准确度要求时，$c' = x$）；

$\quad x$——CEMS 显示值；

$\quad b$——回归方程斜率；

$\quad a$——回归方程截距，mg/m³。

当气态污染物显示浓度单位为 μmol/mol 时，$SO_2$、$NO$ 和 $NO_2$ 换算为标准状态下 mg/m³ 的换算系数：

$\quad SO_2$：$1\mu mol/mol = 64/22.4 mg/m^3$

$\quad NO$：$1\mu mol/mol = 30/22.4 mg/m^3$

$\quad NO_2$：$1\mu mol/mol = 46/22.4 mg/m^3$

### 723. 氮氧化物（$NO_x$）质量浓度（以 $NO_2$ 计）计算公式是什么？

答：对于没有安装转化炉，同时测量烟气中的 $NO$ 和 $NO_2$ 的 CEMS 系统，氮氧化物（$NO_x$）质量浓度以 $NO_2$ 计，其质量浓度按式（4-32）或式（4-33）计算：

$$c_{NO_x} = c_{NO} \times \frac{M_{NO_2}}{M_{NO}} + c_{NO_2}$$

(4-33)

式中 $c_{NO_x}$——氮氧化物质量浓度，mg/m³；

$\quad c_{NO}$——一氧化氮质量浓度，mg/m³；

$\quad c_{NO_2}$——二氧化氮质量浓度，mg/m³；

$\quad M_{NO_2}$——二氧化氮摩尔质量，g/mol；

$\quad M_{NO}$——一氧化氮摩尔质量，g/mol。

$$c_{NO_x} = (c_{NO_V} + c_{NO_2V}) \times \frac{M_{NO_2}}{22.4}$$ (4-34)

式中　$c_{NO_V}$——一氧化氮的体积浓度，$\mu mol/mol$；

　　　$c_{NO_2V}$——二氧化氮的体积浓度，$\mu mol/mol$。

对于安装转化炉将 $NO_2$ 转化为 NO 测试的 CEMS 系统，其浓度计算方法同式（4-33）、（4-34），式中的 $NO_2$ 质量、体积浓度设定为零。

### 724. 颗粒物或气态污染物基准含氧量浓度计算是什么？

**答：** 颗粒物或气态污染物基准含氧量浓度按式（4-35）计算：

$$\bar{c} = \bar{c'} \times \frac{21 - O_2}{21 - X_{O_2}}$$ (4-35)

式中　$\bar{c}$——折算成基准含氧量时的颗粒物或气态污染物排放浓度，$mg/m^3$；

　　　$X_{O_2}$——在测点实测的干基含氧量，%；

　　　$O_2$——有关排放标准中规定的基准含氧量，%。

过量空气系数按式（4-36）计算：

$$a = \frac{21}{21 - X_{O_2}}$$ (4-36)

式中　$X_{O_2}$——烟气中氧的体积百分数，%。

### 725. 颗粒物或气态污染物排放率计算公式是什么？

**答：** 颗粒物或气态污染物排放率按式（4-37）计算：

$$G = \bar{c'} \times Q_{sn} \times 10^{-6}$$ (4-37)

式中　$G$——颗粒物或气态污染物排放率，$kg/h$；

　　　$\bar{c'}$——标准状态干烟气状态下颗粒物或气态污染物排放浓度，$mg/m^3$；

　　　$Q_{sn}$——标准状态下干排烟气量，$m^3/h$。

### 726. 颗粒物或气态污染物累积排放量计算公式是什么？

**答：** 烟尘或气态污染物的累积排放量按下列式（4-38）～式

(4-40) 计算:

$$G_d = \sum_{i=1}^{24} G_{hi} \times 10^{-3} \qquad (4-38)$$

$$G_m = \sum_{i=1}^{D_m} G_{di} \qquad (4-39)$$

$$G_y = \sum_{i=1}^{D_y} G_{di}' \qquad (4-40)$$

式中　$G_d$——烟尘或气态污染物日排放量，t/天；

$G_{hi}$——该天中第 $i$h 烟尘或气态污染物排放量，kg/h；

$G_m$——烟尘或气态污染物月排放量，t/月；

$G_{di}$——该月中第 $i$ 天的烟尘或气态污染物排放量，t/天；

$G_y$——烟尘或气态污染物年排放量，t/年；

$G_{di}'$——该年中第 $i$ 天烟尘或气态污染物日排放量，t/天；

$D_m$——该月天数；

$D_y$——该年天数。

### 727. CEMS 是如何实现烟气中 $O_2$、$CO_2$ 含量的测定和计算的?

**答**：由 CEMS 配置的氧检测仪连续测定烟气中的 $O_2$ 含量。

烟气中的 $CO_2$ 含量计算式为：

$$C_{CO_2} = C_{CO_2\,max} \times \left(1 - \frac{C_{O_2}}{20.9/100}\right) \qquad (4-41)$$

式中　$C_{CO_2\,max}$——燃料燃烧产生的最大 $CO_2$ 体积百分比，Vol%；

$C_{CO_2\,max}$ 近似值见表 4-35。

表 4-35　　　　　　　　　$C_{CO_2\,max}$ 近似值表

| 燃料类型 | 烟煤 | 贫煤 | 无烟煤 | 燃料油 | 石油气 | 液化石油气 | 湿性天然气 | 干性天然气 | 城市煤气 |
|---|---|---|---|---|---|---|---|---|---|
| 浓度值（%） | 18.4～18.7 | 18.9～19.3 | 19.3～20.2 | 15.0～16.0 | 11.2～11.4 | 13.8～15.1 | 10.6 | 11.5 | 10.0 |

### 728. 气态污染物 CEMS 测定湿基值和干基值是如何换算的?

**答**：气态污染物 CEMS 测定湿基值和干基值的换算为：

采用稀释系统测定气态污染物时，按下式换算成干烟气中污染物浓度：

（1）稀释样气未除湿：

$$C_d = \frac{C_w}{1 - X_{SW}} \tag{4-42}$$

式中　$C_d$——干烟气中被测污染物的浓度，$mg/m^3$；

　　　$C_w$——CEMS 测得的湿烟气中被测污染物的浓度，$mg/m^3$；

　　　$X_{SW}$——烟气含湿量，%。

（2）稀释样气已除湿：

$$C_d = \frac{C_{md}\left(1 - \dfrac{X_{SW}}{r}\right)}{1 - X_{SW}} \tag{4-43}$$

式中　$C_{md}$——CEMS 测得的干样气中被测污染物的浓度，$mg/m^3$；

　　　$r$——稀释比。

### 729. CEMS 是如何实现烟气中水分含量的测定和计算的？

**答：**CEMS 采用氧或湿度传感器连续测定方法：由 CEMS 配置的氧传感器测定烟气除湿前、后氧含量计算烟气中水分含量或湿度传感器连续测定烟气中水分含量。

当按烟气除湿前、后氧含量计算烟气中水分含量时，烟气湿度计算式为：

$$X_{SW} = 1 - \frac{X'_{O_2}}{X_{O_2}} \tag{4-44}$$

式中　$X_{SW}$——烟气含湿量，%；

　　　$X'_{O_2}$——湿烟气中氧的体积百分数，%；

　　　$X_{O_2}$——干烟气中氧的体积百分数，%。

第五章

# 燃煤烟气湿法脱硫系统控制联锁条件

## 730. 脱硫系统联锁控制的总体概念是什么？

答：湿法烟气脱硫工艺联锁控制系统以 FGD-DCS 为核心，实现完整的热工测量、自动调节、控制、保护报警功能。湿法烟气脱硫工艺联锁控制系统的自动化水平将使运行人员无须现场人员的配合，在控制室内即可实现对烟气脱硫设备及其附属系统的启动停止和正常运行工况的监视、控制和调整，以及异常与事故工况的报警、联锁和保护。整个 FGD 设备的联锁控制包括烟气系统、石灰石浆液制备系统、吸收塔系统、石膏脱水及贮存系统和工艺水系统。

## 731. FGD 设备保护的原理是什么？

答：当 FGD 设备出现危险情况时，设备必须在安全的条件下关断，以确保对人或主要设备不存在任何风险。

## 732. 保护是指什么？保护动作可分为哪三类动作形态？

答：保护是指当脱硫装置在启停或运行过程中发生危及设备和人身安全的工况时，为防止事故发生和避免事故扩大，监控设备自动采取的保护动作措施。保护动作可分为三类动作形态。

（1）报警信号向操作人员提示机组运行中的异常情况。

（2）联锁动作必要时按既定程序自动启动设备或自动切除某些设备及系统，使机组保持原负荷运行或减负荷运行。

（3）跳闸保护当发生重大故障，危及设备或人身安全时，实施跳闸保护，停止整个装置运行，避免事故扩大。

## 733. FGD 系统正常运行调节主要包括哪些？

答：FGD 系统正常运行调节主要包括吸收塔系统、制浆系统、石膏脱水系统的调节过程。

（1）吸收塔系统的调节包括吸收塔水位调节、吸收塔浆液 pH 值调节、吸收塔浆液密度调节。

（2）制浆系统的调节包括：石灰石给料量的调节、球磨机水量的调节、球磨机稀释水量的调节和球磨机再循环箱液位的调节。

（3）石膏脱水系统的调节包括：石膏旋流器工作压力的调节、石膏滤饼厚度的调节、滤布冲洗水箱水位调节和滤液水箱水位调节。

### 734. 试述石灰石粉制浆系统石灰石浆液浓度控制策略。

**答：**石灰石粉制浆控制系统必须保证连续向吸收塔供应浓度合适的石灰石浆液，设定值恒定石灰石粉供应量，并按比例调节供水量，通过石灰石均匀浓度测量的反馈信号修正进水量进行细调。

### 735. 试述石灰石湿磨制浆系统石灰石浆液浓度控制策略。

**答：**石灰石浆液浓度的控制分为粗调和细调两个独立的调节回路，其中粗调回路为湿式球磨机加水调节阀控制，细调回路为球磨机浆液循环箱进水调节阀控制。

湿式球磨机加水调节阀控制为单回路的比例调节，被调量为滤液水至球磨机流量，设定值为石灰石称重给料机瞬时流量的 $K$ 倍（其中 $K$ 为石灰石和滤液水的配比系数，由操作员设定）。

湿式球磨机出口浆液密度通过控制球磨机浆液循环箱进滤液水调节阀的开度来实现。球磨机浆液循环箱进水调节阀控制为单回路的 PI 调节，球磨机出口浆液密度通过控制球磨机浆液循环箱进工艺水或滤液水调节阀的开度来实现，被调量为球磨机石灰石再循环泵母管出口浆液密度，设定值为密度设定值，被控对象为循环箱进滤液水调节阀。

**736. 试述真空皮带机滤饼厚度控制策略。**

答：为了保证石膏正常脱水和防止滤布损坏，必须控制好石膏滤饼的厚度，使其保持厚度的均匀，通常采用变频调速技术，控制皮带机电动机的转速。真空皮带脱水机滤饼厚度控制为单回路的 PI 调节，被调量为滤饼厚度，设定值为滤饼厚度的设定值。

**737. 概述烟气系统调节。**

答：烟气系统的调节主要是指增压风机入口压力的调节。其主要作用是随着锅炉负荷的变化和整个脱硫烟气流程阻力的变化，来增加或减少增压风机的出力，从而维持主机和 FGD 系统的运行稳定。

调节系统以增压风机入口压力为被调量，加上主机负荷、引风机开度等信号作为前馈信号。构成前馈—反馈复合控制系统，经过适当的 PID 参数设定，这种控制系统能够满足脱硫系统正常运行的需要。

在正常运行过程中，一般此系统投入自动运行，系统自动采集相关的数据，经过一系列运算之后，输出控制值，控制现场的执行机构的形成，从而保持增压风机入口压力的稳定。

如果在手动状态，运行人员通过比较压力设定和压力实际值的偏差，然后手动改变静叶的开度来抵消压力的变化。必须注意：每次操作只能导致较小的输出变化，否则可能引起被调量的大幅度波动。对于 2 台增压风机并列运行的系统，不管在自动或者手动状态下，均要使二者的静叶开度不要偏差太大，以免风机失速。

**738. 增压风机入口压力如何控制？**

答：为保证锅炉的安全稳定运行，通过调节增压风机导向叶片的开度进行压力控制，保持增压风机入口压力的稳定。为了获得更好的动态特性，引入锅炉负荷和引风机状态信号作为辅助信号。在 FGD 烟气系统投入过程中，需协调控制烟气旁路挡板门及增压风机导向叶片的开度，保证增压风机入口压力稳定；在旁路挡板门关闭到一定程度后，压力控制闭环投入，关闭旁路挡板门。

### 739. 概述吸收塔水位调节。

**答：**FGD 系统运行时，由于烟气携带、废水排放、石膏携带水而造成水损失，因此需要不断地向吸收塔内补充工艺水，以维持吸收塔的水位平衡。

为了保证 FGD 装置的正常运行，达到理想的脱硫效率，吸收塔内部必须维持正常的液位高度。维持吸收塔液位的途径主要有除雾器水冲洗、滤液返回水、工艺水直接补充。当吸收塔液位偏低时，可以加快除雾器的水冲洗，或者让更多的滤液水返回吸收塔；当吸收塔液位偏高时，则减慢除雾器的水冲洗，或者减少返回吸收塔的滤液水。当吸收塔具有工艺水补水手动门时，还可以通过设定自动补水门开关的水位值来实现自动控制。工艺水一般在吸收塔液位低到一定程度才使用。

### 740. 吸收塔中加入 $CaCO_3$ 量的大小是如何确定的？

**答：**$CaCO_3$ 流量的理论值为需脱除的 $SO_2$ 量乘 $CaCO_3$ 与 $SO_2$ 的摩尔比重，需脱除的 $SO_2$ 量为原烟气的 $SO_2$ 量乘以预计的 $SO_2$ 脱除率，通过测量原烟气的体积流量和原烟气的 $SO_2$ 含量可得到原烟气的 $SO_2$ 量。

由于 $CaCO_3$ 流量的调节影响着吸收塔反应池中浆液的 pH 值，为保证脱硫性能，应将 pH 值保持在某一设定范围内。当 pH 在线监测器所测得的 pH 值低于设定值时，所需的 $CaCO_3$ 流量应按某一修正系数增加；当 pH 在线监测器所测得的 pH 值高于设定的 pH 值时，所需的 $CaCO_3$ 流量应按某一修正系数减小。

### 741. 概述吸收塔浆液 pH 值调节。

**答：**吸收塔浆液 pH 值是 FGD 系统中最重要的参数之一。脱硫系统效率的保持和提高，都是通过控制 pH 值来实现的。影响吸收塔浆液 pH 值的因素有烟气流量的变化、烟气中 $SO_2$ 浓度的变化、石灰石品质的变化、石灰石浆液密度的变化等。

为了保证脱硫效率和防止设备的腐蚀与结垢，吸收塔浆液 pH 值一般控制在 5～6 值，最佳值在 5.6～5.8 之间。

吸收塔浆液 pH 值的调节是通过控制进入吸收塔的石灰石浆液流量来实现。当吸收塔浆液 pH 值偏低时，可以开大石灰石供浆调节阀的开度，以便让更多的石灰石浆液进入吸收塔；当吸收塔浆液 pH 值偏高时，可以减小石灰石供浆调节阀的开度，从而减少石灰石浆液的流量。在自动状态时所需要的石灰石浆液量是自动计算的，所需要的石灰石浆液量主要由烟气流量、原烟气 $SO_2$ 浓度、所要求的脱硫率、石灰石浆液的密度以及吸收塔浆液所维持的 pH 值决定的。

### 742. 概述吸收塔浆液密度的调节。

**答**：为了维持吸收塔内部合适的浆液浓度，保证脱硫效率和系统安全运行，需从吸收塔底部定期排出浓度较高的石膏浆液。石膏浆液浓度过高，造成系统堵塞和磨损，并对脱硫效果产生影响。石膏浆液浓度过低，会加大钙硫比，造成浪费。

因此，石膏浆液浓度一般维持在 1100～1150mg/$m^3$，当石膏浆液浓度大于 1150mg/$m^3$ 时，启动石膏浆液排出泵排出石膏浆液；当石膏浆液浓度小于 1100mg/$m^3$ 时，停止石膏浆液排出泵运行。这一过程是通过石膏浆液输送至石膏旋流站和真空皮带脱水机等脱水系统来实现。通过脱水系统，可以将一定密度的石膏浆液浓缩，脱水成一定干度的石膏滤饼，回收的滤液水返回吸收塔，从而达到降低石膏浆液浓度的目的。

### 743. 概述湿式球磨机系统石灰石给料量的调节机理。

**答**：湿式球磨机系统石灰石给料量调节一般只在启动阶段起作用，在磨机正常运行过程中，石灰石给料量基本是恒定不变的。在启动过程中通过增加变频器的频率来改变称重给料机的转速达到增加石灰石流量的目的，达到额定值后，可以投自动也可以保持手动运行。

### 744. 概述磨机研磨水流量调节过程机理。

**答：**磨机研磨水流量与石灰石流量成一固定比例，通过 PID 自动调节，保持水流量在设定值。在手动状态下，只要石灰石流量不出现大的波动，一般不需要调节磨机研磨水流量。

### 745. 概述磨机稀释水流量调节过程机理。

**答：**稀释水作用是将磨机出口石灰石浆液进行稀释达到设计值，以便浆液经过石灰石旋流器的分离后能够产生各方面指标均合格的石灰石浆液。密度值偏高，则适当增加稀释水的流量，反之则减少稀释水的流量。

在控制原理上，首先通过计算与石灰石流量成固定比例的粗调水量，再加上对密度的精调所需的水量，作为闭环控制系统的设定值，而实际的稀释水流量作为被调量，通过偏差运算，输出控制值，控制现场调节阀的开度，从而控制密度值。

### 746. 概述磨机再循环箱液位控制机理。

**答：**磨机再循环箱液位太高，则浆液容易溢流；反之，则浆液泵的出口压力会降低很多。不利于浆液泵的正常运行，不能很好保持石灰石旋流器的工作压力。

可以通过两种方式实现磨机再循环箱液位控制：

（1）通过稀释水来控制浆液箱液位，优点是液位控制比较精确、稳定。

（2）通过溢流分配箱自动切换来维持液位在一定范围内，即液位高于一定值，则旋流器溢流向成品浆液箱；若液位低于一定值，则旋流器溢流返回磨机再循环箱。

### 747. 概述石膏旋流器工作压力调节机理。

**答：**压力是旋流器能否正常工作的重要调节，若工作压力偏离额定值太远，一方面底流、溢流的成分不合要求；另一方面工作压力太高，对旋流器的磨损非常严重。

维持旋流器工作压力在额定值附近，一般是通过旋流器入口压力调节阀来实现，也可以通过加装节流或手动阀调节来实现。

在运行过程中，旋流器工作压力突然偏离额定值太远，首先应该检查确认是否堵塞，或者是否有泄漏。

### 748. 概述石膏滤饼厚度调节机理。

**答：**维持皮带脱水机滤布上面滤饼的厚度是保证石膏含水量的重要条件。滤饼厚度过薄，则脱水效果不好；滤饼厚度过厚，则真空度过高，使真空泵过载。

通过调节脱水机电动机变频器的频率来调整皮带机的运行速度，可以维持石膏滤饼厚度在合适的值。一般滤饼厚度控制在 15～30mm。

### 749. 概述滤布冲洗水箱水位调节机理。

**答：**在正常情况下，通过调节真空泵入口水流量略大于皮带机各种冲洗、润滑水之和，可以维持滤布冲洗水箱水位基本稳定，如果水位降低，则通过自动补水阀的开启来维持水位的稳定。

### 750. 概述滤液水箱水位调节机理。

**答：**滤液水箱的液位通过开启去吸收塔的电动门来控制。滤液水箱的液位是一个二位开关量控制，当液位高报警时，系统自动或手动打开去吸收塔的自动阀，往吸收塔打入滤液水；当液位低报警时，则关闭去吸收塔的自动阀，滤液水泵打循环或者停止运行。

### 751. 脱硫岛使用的测量仪表与常规仪表的不同点主要有哪几个方面？

**答：**脱硫岛使用的测量仪表与常规仪表的不同点主要有以下几个方面：

（1）脱硫石膏浆液、石灰石浆液、脱硫后净烟气具有腐蚀性，所以测量仪表与介质接触部件，均需考虑接触部件的材料防腐问题。

（2）脱硫石膏浆液、石灰石浆液还有一定的磨损性，所以测量仪表与介质接触部件，均需考虑接触部件的材料防磨问题。

（3）脱硫石膏浆液、石灰石浆液容易在管壁沉淀结垢，从而阻塞管道，所以其测量仪表管线应考虑冲洗问题。

### 752. FGD 设备的正常运行状态定义是什么？

**答：** FGD 设备的正常运行状态定义是：

（1）FGD 旁路烟道挡板门（如果有）：关闭。

（2）净烟气挡板门：打开。

（3）吸收塔排空阀：关闭。

（4）烟气换热器（GGH）（如果有）：开启。

（5）增压风机（如果有）：开启。

（6）原烟气挡板门：开启。

（7）浆液循环泵：开启。

（8）吸收塔搅拌器：开启。

（9）氧化风机：开启。

（10）工艺水泵：开启。

（11）除雾器冲洗水泵：开启。

### 753. FGD 设备的安全运行状态的定义是什么？

**答：** FGD 设备的安全运行状态的定义是：

（1）FGD 旁路烟气挡板门（如果有）：开启。

（2）增压风机（如果有）：关闭。

（3）原烟气挡板门：关闭。

（4）吸收塔排空门：打开。

（5）净烟气挡板门：关闭。

（6）GGH 烟气换热器（如果有）：关闭。

（7）浆液循环泵：关闭。

### 754. FGD 系统的联锁与保护有哪些？

**答：**（1）FGD 系统的保护。

（2）烟气及其加热系统的联锁与保护。

（3）吸收塔系统的联锁与保护。

（4）石灰石系统的联锁与保护。

（5）石膏浆液系统的联锁与保护。

（6）公共系统的联锁与保护。

## 755. FGD 设备从正常运行状态切换到安全状态下开启的顺序是什么？

答：FGD 设备从正常运行状态切换到安全状态下开启的顺序是：

（1）FGD 旁路烟气挡板门（如果有）：开启。

（2）增压风机（如果有）：关闭。

（3）原烟气挡板门：联锁关闭。

（4）吸收塔排空门：打开。

（5）净烟气挡板门：关闭。

（6）GGH 烟气换热器（如果有）：关闭。

（7）浆液循环泵：关闭（增压风机关闭 60s 后，浆液循环泵开始关闭）。

## 756. FGD 保护顺序自动启动的条件是什么？

答：FGD 保护顺序将因下列任一条件而自动启动：

（1）2 台以上（含 2 台）浆液循环泵同时出现故障。

（2）2 台以上（含 2 台）除雾器冲洗水泵同时出现故障。

（3）FGD 入口原烟气温度大于 FGD 切换旁路运行温度。

（4）正常运行时原烟气挡板门未开或净烟气挡板门未打开。

（5）FGD 系统失电。

（6）烟气换热器（如果有）故障停运（主、辅电动机同时出现故障）。

（7）增压风机故障（如果有）。

（8）吸收塔搅拌器不少于 3 台或同侧 2 台出现故障停运。

（9）锅炉 MFT。

（10）烟气灰尘含量超过最高值后 30min。

### 757. FGD 侧联锁锅炉跳闸保护信号的条件是什么？

**答：** 由于 FGD 旁路挡板门（如果有）未能正常运行（如未能按照要求打开或关闭）而引起的锅炉压力变化，由锅炉自带的压力监测装置进行保护动作。

为了保护整个 FGD 设备中的防腐衬胶、玻璃鳞片和除雾器等不能耐高温的设备和材料，当 FGD 入口烟气温度大于最高允许运行温度，或所有运行的吸收塔浆液循环泵均故障停机，或除雾器冲洗水泵均故障停机时，FGD 入口原烟气挡板门"未打开"且旁路挡板门"未打开"，则请求锅炉跳机。

如果从锅炉到烟囱的烟道"未打开"，则请求锅炉跳机，即必须保证一条烟气总是保持畅通的，这意味着在鼓励正常运行过程中要么正常烟道（FGD 入口原烟气挡板门、FGD 净烟气挡板门）是"打开的"，要么旁路烟道（旁路挡板门）是"打开的"。

引起 FGD 跳机及旁路挡板门未开（拒动），即作为 FGD 侧发出的锅炉系统保护信号。

### 758. 烟气系统启动允许条件是什么？

**答：** 具备所有以下条件，烟气系统运行启动：

（1）浆液循环泵运行，至少一台。

（2）原烟气温度 $t$ 正常（$100℃ < t < 160℃$）。

（3）增压风机（如果有）启动条件满足（除原烟气挡板门关闭、净烟气挡板门开启条件外）。

（4）GGH 运行（当系统设 GGH 时。）

（5）机组运行（机组送脱硫信号）。

（6）1 台石灰石浆液泵在工作。

（7）工艺水泵运行。

（8）1 台氧化风机在工作。

（9）FGD 烟气系统无保护跳闸信号。

**759. FGD 烟气系统联锁保护条件是什么？**

答：在以下情况之一发生时，FGD 烟气系统保护动作，首先执行旁路挡板门（如果有）开启命令，同时执行 FGD 烟气系统顺控停止程序。

（1）吸收塔浆液循环泵全停。

（2）2 个相邻布置的吸收塔搅拌器同时出现故障，延时 30min（或 3 个以上吸收塔搅拌器同时出现故障，立即执行）。

（3）FGD 入口原烟气温度大于最高温度 180℃，延时 30s。

（4）FGD 系统失电。

（5）GGH（如果有）主辅电动机停运（如两台电动机都跳闸延时 10s，两台电动机转速低低位则延时 120s）。

（6）增压风机（如果有）停止。

（7）增压风机（如果有）入口压力低于 min（最小值）延时 60s。

（8）锅炉 MFT。

**760. 挡板门密封风机允许启动和停止的条件是什么？**

答：挡板门密封风机允许启动和停止的条件是：

（1）启动允许：

1）挡板门密封风机无电气故障。

2）挡板门密封风机停止运行。

3）挡板门密封风机出口门关闭。

4）任一烟气系统挡板门关闭。

（2）停止允许：密封风电加热器停止。

（3）保护停止：启动后延时 1min 出口阀门未开。

（4）联锁保护：2 台及以上密封风机联锁投入时，2 台密封风机互为热备用。

（5）报警：密封风温度小于 75℃，或者密封风温度高于 130℃。

**761. 挡板门密封风电加热器允许启动和保护停止的条件是什么？**

答：挡板门密封风电加热器允许启动和保护停止的条件是：

（1）启动允许：

1）密封风电加热器无故障。

2）密封风电加热器不允许。

3）任一台密封风机已经启动，且时间超过 4min。

（2）保护停止：

1）密封风电加热器故障

2）或 2 台密封风机故障全停或对应出口阀门未开。

3）或密封风温度过高。

**762. 除雾器冲洗系统允许启动必须要满足以下条件有哪些？联锁保护有哪些？**

答：除雾器冲洗装置按程序定期冲洗两层除雾器，以防止堵塞，减小除雾器的压力损失。

（1）除雾器冲洗系统允许启动必须要满足以下条件：

1）至少一台冲洗水泵运行。

2）吸收塔液位低于最低液位。

（2）除雾器冲洗系统的联锁保护：

1）吸收塔液位高于最高液位，执行除雾器喷水阀强制关闭。

2）吸收塔液位低于最低液位，保护停用的除雾器系统重新继续执行顺控启动程序。

**763. 除雾器冲洗水泵的联锁控制有哪些？**

答：除雾器冲洗水泵的联锁控制有：

（1）启动允许：

1）工艺水箱液位正常大于设定值。

2）除雾器冲洗水泵出口门关闭。

3）除雾器冲洗水泵 A 停止。

4）除雾器冲洗水泵 A 无故障。

（2）自动启动。联锁投入且另一台除雾器冲洗水泵跳闸。

（3）保护停止：

1）工艺水箱液位小于最低液位，延时 10s。

2）除雾器冲洗水泵 A 故障。

3）除雾器冲洗水泵 A 运行 60s 内其出口门未打开。

4）除雾器冲洗水泵 A 运行出口压力小于 200kPa，延时 3min。

### 764. 除雾器系统故障报警有哪些？

答：除雾器系统故障报警有：

（1）除雾器用冲洗水泵故障。

（2）除雾器上下差压大于设定值。

### 765. 浆液循环泵进口电动阀打开允许条件有哪些？

答：浆液循环泵进口电动阀打开允许条件有：

（1）浆液循环泵排放阀关闭。

（2）浆液循环泵冲洗水阀关闭。

（3）浆液循环泵停止。

### 766. 浆液循环泵进口排放阀打开允许和保护关闭的联锁控制有哪些？

答：浆液循环泵进口排放阀打开允许和保护关闭的联锁控制有：

（1）浆液循环泵进口排放阀打开允许。

1）浆液循环泵排放阀全关。

2）浆液循环泵进口阀全关。

3）浆液循环泵停止。

4）浆液循环泵冲洗水阀关闭。

（2）浆液循环泵进口排放阀保护关闭。排水坑液位大于 max 。

### 767. 浆液循环泵出口冲洗阀打开允许条件有哪些？

答：浆液循环泵出口冲洗阀打开允许条件有：

（1）浆液循环泵冲洗阀全关。

（2）浆液循环泵进口阀全关。

（3）浆液循环泵停止。

（4）浆液循环泵排放阀全关。

**768. 浆液循环泵启动允许和保护停止的联锁条件有哪些?**

**答：** 浆液循环泵启动允许和保护停止的联锁条件有：

（1）启动允许：

1）吸收塔液位大于设定值。

2）浆液循环泵进口门打开延时 30s。

3）浆液循环泵排放门关闭。

4）浆液循环泵冲洗门关闭。

5）吸收塔浆液循环泵电动机定子温度小于 110℃。

6）吸收塔浆液循环泵减速器温度小于 90℃（如果有）。

7）吸收塔浆液循环泵轴承温度小于 80℃。

8）吸收塔浆液循环泵电动机轴承温度小于 80℃。

（2）保护停止：

1）吸收塔液位小于设定值（4m），延时 60s。

2）浆液循环泵进口门未打开。

3）吸收塔浆液循环泵电动机定子温度大于 120℃。

4）吸收塔浆液循环泵减速器温度大于 100℃。

5）吸收塔浆液循环泵轴承温度大于 90℃。

6）吸收塔浆液循环泵电动机轴承温度大于 90℃。

**769. 浆液循环泵系统故障报警项目有哪些?**

**答：** 浆液循环泵系统故障报警项目有：

（1）浆液循环泵故障。

（2）浆液循环泵轴承温度大于 90℃。

（3）浆液循环泵电动机轴承温度大于 80℃。

（4）浆液循环泵电动机绕组温度大于 115℃。

**770. 吸收塔搅拌器系统联锁控制有哪些？**

答：吸收塔搅拌器系统联锁控制有：

（1）启动允许。①吸收塔液位大于低液位保护 1 值；②搅拌器无故障；③搅拌器停止。

（2）自动启动。吸收塔液位大于低液位保护 2 值。

（3）保护停止。①吸收塔液位小于最低保护液位；②或搅拌器故障。

**771. 吸收塔石膏排出泵系统联锁控制有哪些？**

答：吸收塔石膏排出泵系统联锁控制有：

（1）满足以下条件，吸收塔石膏排出泵允许启动（以 A 泵为例，且 A、B 泵互为联锁备用）：

1）A 石膏排出泵和 B 石膏排出泵均停止。

2）吸收塔排出泵 A 无故障。

3）吸收塔液位大于最低保护液位 min。

4）石膏旋流器进料阀开。

5）石膏排出泵出口阀门开、关位置正确。

（2）出现以下情况，吸收塔排出泵保护停止（以 A 泵为例，且 A、B 泵互为联锁备用）。

1）A 石膏排出泵运行，延时 60s，出口阀未打开。

2）A 石膏排出泵运行，且出口压力小于最低保护液位或大于最高保护液位，延时 10s。

3）石膏排出泵进口阀打开状态失去，延时 1s。

4）吸收塔液位小于最低保护液位。

**772. 氧化风系统联锁控制有哪些？**

答：氧化风系统联锁控制有：

（1）满足以下条件，氧化风机允许启动（以氧化风机 A 为例）：

1）氧化风机 A 出口卸载阀打开。

2）氧化风机 A 出口阀打开。

3）氧化风机 A 无故障。

4）氧化风机 A 综合保护装置无动作。

5）氧化风机 A 轴承温度小于 85℃。

6）氧化风机 A 电动机线圈温度小于 120℃。

7）氧化风机 A 电动机轴承温度小于 90℃。

（2）出现以下情况，氧化风机保护停止条件（以氧化风机 A 为例）：

1）原烟气挡板全关。

2）净烟气挡板全关。

3）吸收塔顶部排气阀全开。

4）氧化空气母管减温后温度高于 80℃。

5）氧化风机 A 轴承温度高于 90℃。

6）氧化风机 A 电动机线圈温度高于 130℃。

7）氧化风机 A 电动机轴承温度高于 95℃。

8）氧化风机 A 出口阀门未开。

（3）氧化风系统故障报警项目

1）氧化风机轴承温度高于 85℃。

2）氧化风机电动机线圈温度高于 120℃。

3）氧化风机电动机轴承温度高于 90℃。

4）氧化空气母管减温后温度高于 75℃。

### 773. 排水坑系统排水坑泵联锁控制有哪些？

**答：**排水坑系统排水坑泵联锁控制有：

（1）启动允许：①排水坑液位大于低液位保护 1 值；②排水坑泵相关冲洗水阀全关；③排水坑泵无故障；④排水坑泵出口阀全关。

（2）自动启动：在液位联锁投入的前提下，排水坑液位大于低液位保护 1 值。

（3）自动停止：在液位联锁投入的前提下，排水坑液位小于低液位保护 2 值。

（4）保护停止：①当排水坑泵运行 30s 后，出口阀未打开；

②当排水坑液位小于低液位保护 2；③排水坑泵故障。

### 774. 排水坑系统排水坑搅拌器联锁控制有哪些？

**答：**排水坑系统排水坑搅拌器联锁控制有：

（1）启动允许：①排水坑搅拌器无故障；②排水坑搅拌器停止；③排水坑液位大于低液位保护 1 值。

（2）自动启动：在液位联锁投入的前提下，排水坑液位大于低液位保护 1 值。

（3）自动停止：在液位联锁投入的前提下，排水坑液位小于低液位保护 2 值。

（4）保护停止：①排水坑搅拌器故障；②排水坑液位小于低液保护 2 值，延时 10s。

### 775. 排水坑系统故障报警项目有哪些？

**答：**排水坑系统故障报警项目：①排水坑泵故障；②排水坑搅拌器故障；③排水坑液位大于最高液位保护值；④排水坑液位小于低液位保护 2 值。

### 776. 事故浆液箱系统事故浆液泵联锁控制有哪些？

**答：**事故浆液箱系统事故浆液泵联锁控制有：

（1）启动允许：①事故浆液箱液位大于最高液位保护值；②事故浆液泵无故障。

（2）保护停止：①事故浆液箱液位小于最低液位保护值；②事故浆液泵电动机故障。

### 777. 事故浆液箱系统事故浆液箱搅拌器联锁控制有哪些？

**答：**事故浆液箱系统事故浆液箱搅拌器联锁控制有：

（1）启动允许：①事故浆液箱液位大于最高液位保护值；②事故浆液箱搅拌器无故障。

（2）自动启动：在液位联锁投入的前提下，事故浆液箱液位大于低液位保护 1 值。

（3）自动停止：在液位联锁投入的前提下，事故浆液箱液位小于低液位保护 2 值。

（4）保护停止：①事故浆液箱液位小于低液位保护 2 值；②事故浆液箱搅拌器故障。

### 778. 事故浆液箱系统故障报警项目有哪些？

**答：** 事故浆液箱系统故障报警项目有：①事故浆液泵故障；②事故浆液罐搅拌器故障。

### 779. 工艺水箱进水阀联锁控制有哪些？

**答：** 工艺水箱进水阀联锁控制有：

（1）自动打开：在水箱补水联锁投入的前提下，当水箱水位小于低液位保护 1 值时。

（2）自动关闭：在水位联锁投入的前提下，当水箱水位大于最高保护液位时。

### 780. 工艺水泵联锁控制有哪些？

**答：** 工艺水泵联锁控制有：

（1）启动允许：①工艺水箱液位大于低液位保护 1 值；②及工艺水泵出口关断阀关闭。

（2）自动启动：联锁投入且 B 泵跳闸，B 泵运行后 60s 工艺水管压力小于压力保护最小值。延时 30s。

（3）自动停止：工艺水箱液位小于低液位保护 2 值。

（4）保护停止：①当工艺水泵运行 60s 后，出口阀未打开时；②工艺水箱液位小于低液位保护 2 值。

### 781. 工艺水泵回流阀联锁控制有哪些？

**答：** 工艺水泵回流阀联锁控制有：

（1）打开允许：任一台工艺水泵运行。

（2）自动打开：工艺水泵出口管道压力大于压力保护最大值，延时 30s。

（3）保护打开：工艺水泵运行 60s。

（4）自动关闭：工艺水泵出口水管压力小于压力保护最小值，延时 30s。

### 782. 工艺水吸收塔补水阀联锁控制有哪些？

**答**：工艺水吸收塔补水阀联锁控制有：

（1）打开允许：吸收塔液位小于最高液位保护 1 值。

（2）自动打开：吸收塔液位小于最低液位保护 1 值。

（3）自动关闭：吸收塔液位大于最高液位保护 2 值。

（4）保护关闭：吸收塔液位大于最高液位保护 2 值。

### 783. 工艺水系统故障报警有哪些？

**答**：工艺水系统故障报警有：①工艺水箱水位小于最低液位保护值；②工艺水箱水位大于最高液位保护值。

### 784. 石灰石粉储运系统联锁控制有哪些？

**答**：石灰石粉储运系统联锁控制有：

（1）电动旋转阀打开允许：①石灰石粉仓料位计高于最低值；②电动插板门开。

（2）电动旋转阀保护关闭：电动插板门关。

（3）电动插板门：①保护打开：电动旋转阀开；②关闭允许：电动旋转阀关；③自动关闭：电动旋转阀关延时 30s。

（4）石灰石粉储运系统故障报警：①石灰石粉仓料位小于最低粉位保护值；②石灰石粉仓料位大于最高粉位保护值。

### 785. 石灰石浆液箱搅拌器联锁控制有哪些？

**答**：石灰石浆液箱搅拌器联锁控制有：

（1）启动允许：①石灰石浆液箱液位大于最低液位保护 1 值；②石灰石搅拌器停运；③石灰石搅拌器无故障。

（2）自动启动：石灰石浆液箱液位大于最低液位保护 1 值。

（3）保护停止：①石灰石浆液箱液位小于最低液位保护 2 值；

②搅拌器故障。

### 786. 石灰石浆液箱系统故障报警有哪些?

**答:** 石灰石浆液箱系统故障报警有:①石灰石浆液箱搅拌器故障;②石灰石浆液箱液位高于设定最高液位保护值;③石灰石浆液箱液位低于设定最低液位保护值。

### 787. 石灰石浆液供给泵联锁控制有哪些?

**答:** 石灰石浆液供给泵联锁控制有:

(1) 石灰石浆液供给泵启动允许条件:

1) A、B 石灰石浆液供给泵停止,出口阀全关。

2) A 石灰石浆液供给泵无故障。

3) 石灰石浆液箱液位大于最低液位保护 1 值。

(2) 石灰石浆液输送泵保护停止条件:

1) A 石灰石浆液供给泵运行,延时 60s,且出口阀未打开。

2) B 石灰石浆液供给泵停止且泵出口阀开启。

3) A 石灰石浆液供给泵故障。

4) A 石灰石浆液供给泵进口阀打开状态失去。

5) 石灰石浆液箱液位小于最低液位保护 2 值。

6) 泵运行 60s 后,石灰石浆液供应管压力小于最低液位保护值,或大于最高液位保护值延时 30s。

### 788. 石灰石浆液至吸收塔输送系统的联锁保护逻辑是什么?

**答:** 石灰石浆液至吸收塔输送系统的联锁保护逻辑是:石灰石浆液给料系统停用的条件下,如果吸收塔的 pH 值小于(最小值 −0.2),执行系统顺控启动程序。

### 789. 吸收塔石灰石浆液入口调节阀的控制是什么?

**答:** 吸收塔石灰石浆液入口调节阀的控制是:

(1) 输入量。烟气的流量或机组负荷、烟气中 $SO_2$ 含量、调节阀的实际开度、pH 测量值、石灰石浆液流量。

（2）输出量：调节阀的开度。在石灰石浆液至吸收塔输送系统自冲洗联锁投入的前提下，每隔 60min，该控制阀强制打开 60s 进行管路自冲洗，然后恢复到强制打开前的开度。

### 790. 真空皮带脱水系统允许启动条件有哪些？

**答：** 满足所有以下条件，真空皮带机系统允许启动。

（1）真空皮带机无滤布跑偏报警。

（2）真空皮带机无滤布张紧报警。

（3）真空皮带机无皮带跑偏报警。

（4）真空皮带机无气水分离器液位无高报警。

（5）滤布冲洗水箱液位无低报警。

（6）真空皮带机真空泵密封水阀全关。

（7）滤布冲洗水泵停止。

（8）真空泵停止且无故障。

（9）真空皮带机变频器停止且无故障。

（10）至少 1 台工艺水泵在运行。

（11）石膏排出泵至少 1 台运行。

### 791. 真空皮带脱水机系统紧急停止条件有哪些？

**答：** 出现任一以下情况，真空皮带脱水机系统紧急停止：

（1）真空皮带机真空泵停止。

（2）真空皮带机变频器停止。

（3）工艺水泵均停止。

### 792. 真空皮带脱水机系统保护停止条件有哪些？

**答：** 出现任一以下情况，真空皮带机保护停止：

（1）真空盒密封水流量低，延时 20s。

（2）滤布冲洗水流量低，延时 20s。

（3）真空皮带机紧急拉绳开关动作。

（4）真空皮带机滤布跑偏报警。

（5）真空皮带机滤布张紧报警。

（6）真空皮带机皮带跑偏报警。

（7）滤饼厚度大于 45mm，延时 30s。

（8）真空泵跳闸。

（9）两台滤布冲洗水泵停止。

**793. 皮带脱水机速度控制被调量和调节量是什么？**

**答：** 皮带脱水机速度控制被调量和调节量分别是：①被调量，滤饼厚度、单回路；②调节量，皮带机变频器。

**794. 真空皮带脱水真空泵联锁控制有哪些？**

**答：** 真空皮带脱水真空泵联锁控制有：

（1）启动允许。

1）真空泵密封水阀全开。

2）真空泵密封水无流量低报警。

3）真空皮带机气水分离器液位无高报警。

4）真空泵停运，且真空泵密封水阀关闭时间超过 600s。

5）真空皮带机变频器运行。

（2）保护停止。

1）气水分离器液位高报警。

2）真空泵密封水流量低报警，延时 20s。

3）真空泵故障。

4）真空皮带机变频器停止。

**795. 真空皮带脱水系统故障报警有哪些？**

**答：** 真空皮带脱水系统故障报警有：

（1）真空皮带机真空泵故障。

（2）真空皮带机变频器故障。

（3）滤布冲洗泵故障。

（4）滤布冲洗水流量低。

（5）滤饼冲洗水流量低。

（6）密封水流量低。

（7）真空泵密封水流量低。

（8）真空皮带机气水分离器液位高报警。

（9）滤饼厚度异常。

### 796. 滤液水系统（回收水系统）联锁控制有哪些？

答：滤液水系统（回收水系统）联锁控制有：

（1）滤液水箱搅拌器：

1）启动允许。搅拌器无故障且滤液水箱液位大于低液位保护1值。

2）自动启动。滤液水箱液位大于低液位保护1值于。

3）自动停止。滤液水箱液位小于低液位保护2值。

4）保护停止。搅拌器电动机故障，或滤液水箱液位小于低液位保护2值。

（2）滤液水泵（以滤液水泵A为例）：

1）启动允许。A、B泵均停止且出口阀全关；及滤液水箱液位大于低液位保护1值；及滤液水箱搅拌器运行；及A泵无故障；及滤液水泵A冲洗阀全关。

2）自动启动。滤液水泵A联锁投入时，滤液水泵B（运行泵）停止。

3）保护停止。当滤液水泵A运行60s后，该出口阀未打开时；或水泵A运行，进口阀打开状态失去；或滤液水泵A运行，且出口压力小于0.18MPa，延时10s；或当滤液水箱液位小于设定值（800mm）；或滤液水泵A故障；或滤液水泵B停止，且滤液水泵B出口阀打开；或当滤液水泵A运行60s后，滤液水泵A出口压力高或低，延时30s。

4）联锁保护。滤液水泵联锁投入，滤液水泵A、B互为热备用。

（3）吸收塔滤液水给水控制：

1）打开允许。吸收塔水位低。

2）自动打开。滤液水箱液位大于最高液位保护值。

3）自动关闭。滤液水箱液位小于最低液位保护值。

4）保护关闭。吸收塔水位高。

（4）工艺水至滤液水箱给水：

1）打开允许。滤液水箱液位小于低液位保护 1 值。

2）自动打开。滤液水箱液位小于低液位保护 1 值。

3）自动关闭。滤液水箱液位大于最高液位保护值。

（5）滤液水系统故障报警

1）滤液水箱搅拌器故障。

2）滤液水泵 A 故障。

3）滤液水泵 B 故障。

4）滤液水箱液位小于最低液位保护值。

5）滤液水箱液位大于最高液位保护值。

### 797. 废水处理系统联锁控制有哪些？

**答：**废水处理系统联锁控制有：

（1）废水泵（清水泵参照执行，并以 A 泵为例，且 A、B 泵互为联锁备用）：

1）打开允许。废水箱液位大于低液位保护 1 值。

2）自动打开。A 泵联锁投入，B 泵（运行中）停止。

3）关闭允许。废水箱液位小于低液位保护 2 值。

4）自动关闭。废水箱液位小于低液位保护 2 值。

（2）污泥输送泵（以 A 泵为例，且 A、B 泵互为联锁备用）

1）打开允许。澄清/浓缩器污泥出口阀 A 打开。

2）自动打开。A 泵联锁投入时，B 泵（运行中）停止。

3）自动关闭。澄清/浓缩器污泥出口阀 A 关闭。

（3）废水系统故障报警

1）各溶液箱液位低。

2）各加药泵/输送泵故障。

3）各搅拌器故障。

4）压滤机故障。

第六章

# 烟气湿法脱硫设备及系统调试与验收

### 798. 脱硫装置整套启动调试的意义是什么？

**答：**脱硫装置整套启动调试是从锅炉烟气引入吸收塔开始，在此期间主要工作就是全面检验脱硫装置，通过一系列试验进行参数调整，使脱硫效率、石膏品质及废水排放达到要求，脱硫系统运行在最佳工作状态。

分系统调试则从脱硫系统受电开始，分别进行 DCS 控制系统、工艺水系统、压缩空气系统、石灰石制备系统、水循环、吸收塔系统、烟气系统、石膏脱水系统及废水处理系统等调试；对系统内的阀门、泵、风机以及测量仪表等设备的调试；系统带介质进行试运；考核设备性能，消除设备缺陷，保证系统的合理性、完整性，是所有分系统完全具备整套启动的条件。

### 799. 脱硫装置启动调试一般分为哪两部分？

**答：**脱硫装置启动调试一般分为分部试运调试和整套启动试运调试。分部试运调试从脱硫系统受电开始至整套启动开始为止；脱硫装置启动调试分为启动调试准备工作、分系统调试工作、整套系统启动调试工作和 168h 后工作四个阶段。

### 800. 整套启动试运阶段是如何划分的？

**答：**整套启动试运阶段从启动增压风机、烟气进入脱硫装置开始，到完成 168h 满负荷试运为止。整套启动试运分为整套启动热态调整试运和 168h 满负荷试运两部分。

### 801. 整套启动热态调试是如何划分的？

**答：**整套启动热态调试从启动增压风机、烟气进入吸收塔进行脱硫开始，到完成168h满负荷试运为止。其中运行是指增压风机处于运行状态，烟气经过脱硫装置，不论通过烟气负荷大小；停运是指发生故障或试验需要或其他因素停止增压风机，烟气停止进入脱硫的状态。

**802.** 试生产阶段的主要任务是什么？

**答：** 试生产阶段的主要任务：进一步考验设备性能，消除设备缺陷，完成合同中约定的项目，完成未完的调试项目，进行性能试验，全面考核脱硫装置的各项运行和经济指标。

**803.** 脱硫装置启动调试试运行现场应具备的条件是什么？

**答：** 脱硫装置启动调试试运行现场应具备的条件是：

(1) 脱硫装置区域场地基本平整，消防、交通和人行道路畅通，试运现场的试运区与施工区设有明显的标志和分界，危险区设有围栏和醒目警示标志。

(2) 试运区内的施工用脚手架已经全部拆除，现场（含电缆井、沟）清扫干净。

(3) 试运区内的梯子、平台、步道、栏杆、护板等已经按设计安装完毕，并正式投入使用。

(4) 区域内排水设施正常投入使用，沟道畅通，沟道及孔洞盖板齐全。

(5) 脱硫试运区域内的工业、生活用水和卫生、安全设施投入正常使用，消防设施经主管部门验收合格、发证并投入使用。

(6) 试运现场具有充足的正式照明，事故照明能及时投入。

(7) 各运行岗位已具备正式的通信装置，试运增加的临时岗位通信畅通。

(8) 在寒冷区域试运，现场按设计要求具备正式防冻措施，厂房温度一般不得低于5℃，能保证设备不冻坏；停运或备用的设备和管道应排净介质。

(9) 脱硫控制室和电子间的空调装置、采暖及通风设施已经按设计要求正式投入运行。

（10）启动试运所需的石灰石（或石灰石浆液）、化学药品、备品备件及其他必需品已经备齐。

（11）环保、职业安全卫生设施及检测系统已经按设计要求投运。

（12）保温、油漆及管道色标完整，设备、管道和阀门等已经命名，且标识清晰。

（13）设备和容器内经检查确认无杂物。

（14）与 FGD 配套的电气工程能满足要求。

（15）运行操作人员已经培训，确实能胜任本岗位的运行操作和故障处理。

（16）调试人员的个人安全防护用品已准备齐全。

**804. 调试期间使用的工具有哪些？**

**答**：调试期间使用的工具有：

（1）机务所需的成套基本工具、电气所需的成套基本工具、各种照明灯具。

（2）手持式仪表。如测振仪、测温仪、pH 计、烟气流量计（皮托管）、便携式烟气综合分析仪（测量 $O_2$、$SO_2$、$NO_x$ 等）。

（3）U 形管压力计、精确天平、化学分析仪器仪表、量筒、取样瓶、保护手套及护目镜等。

**805. 脱硫装置启动调试前设备电气元件检查与试验的内容是什么？**

**答**：检查电气、热工盘柜到就地设备的电缆是否铺设完好，并检查是否与电缆清册及相关文件相一致。检查所有测量仪表与变送器之间的信号电缆以及它们的接线与接线图一致，所有电气设备应接地完好。检查所有设备和仪表及接线是否达到防水要求，设备接地是否可靠。

（1）电动机与驱动。

1）检查所有的电动机，确保处于干燥状态。如果绕组潮湿，应采取可靠的方法干燥。

2）检查核对电动机与驱动铭牌上的参数、KKS 号与相应文件上的数据是否一致。

3）对低压电动机应检查其极性、绝缘等技术数据。

4）对高压电动机应进行相关电气试验，并检查电动机绝缘材料的绝缘性能。

（2）高压开关设备。

1）检验核对电动机与驱动铭牌上的参数、KKS 号与相应文件上的数据是否一致。

2）检查内部接线。

3）进行综合保护校验和开关传动试验。

（3）低压开关设备。

1）检验核对电动机与驱动铭牌上的参数、KKS 号与相应文件上的数据是否一致。

2）检查内部接线。

3）进行开关传动试验。

（4）直流设备。

1）检验核对电动机与驱动铭牌上的参数、KKS 号与相应文件上的数据是否一致。

2）在厂家指导下对蓄电池进行充电和放电试验。

3）对直流屏进行受电前的详细检查。

（5）仪表与控制（instrumentation & control，I&C）设备。

1）检验核对执行器与驱动铭牌上的参数、KKS 号与相应文件上的数据是否一致。

2）仪表与变送器根据供货商的指南安装。

3）检查所有到仪表与变送器的量程应正确。

4）检查测点的取样位置是否正确，取样管布置是否符合要求，接线是否牢固，电缆桥架、仪表及接线处是否有防水措施。

（6）DCS 系统。

1）检验核对所有卡件与相应文件上的数据是否一致。

2）空气调节装置运行。

3）控制柜内外均干净。

4）硬件绝缘符合要求。

5）盘柜接地电阻应符合要求。

6）UPS 电源稳定可靠。

### 806. 设备单体调试的目的和范围是什么？

**答**：设备单体调试的目的是检查设备单体试运情况，范围包括检查确认设备启动/停止的操作，电动门、气动阀门、手动门、安全门等的开关操作，热控仪表的调试和单回路的检查等。

### 807. 设备单体调试的内容是什么？

**答**：设备单体调试的内容是：

（1）润滑油加注的检查。根据设备的运行维护手册，选择正确的润滑油或润滑脂，检查所有的润滑点及油站是否加注了足够的油脂。提交润滑方案，包括加注点、补充及更换的量和时间间隔。

（2）电动机试转。脱开泵或风机的靠背轮，皮带连接的应解开皮带。手动盘动电动机，检查轴承情况，转动应灵活。在 DCS 上启动电动机，检查电动机的转向。电动机的转向正确后，应连续运转，进行 4h 试运行。定期测量并记录运行时的电流、轴承温度及振动情况，同时检查相关信息在 DCS 上的显示和现场实际情况是否一致。

（3）阀门及执行器的定位和调整。对于开关型阀门，定位调试后，在控制室检查阀门的开关操作和位置反馈及力矩报警等信号，并记录全开/全关时间。

对于调节型阀门，检查开关的方向、模拟量给定和反馈信号的一致性，并试验阀门的调节特性，如死区、响应时间、特性曲线等。

（4）仪表的调校和测量回路的检查。对就地温度、压力/压差、流量、密度、pH 值、浊度等控制开关和变送器等仪表进行校核标定。

检查现场模拟量仪表的量程和 DCS 设定值及设计一致。在就地变送器等仪表上进行模拟量输入，检查至 DCS 测量回路的正确性及线性度，根据工艺要求设置高、低报警值。

### 808. 分系统调试应具备的条件是什么？

**答：**分系统调试应具备的条件：

（1）试运设备的安装工作已经完成，并经验收合格。

（2）试运设备已经过静态调试完成，调试校验记录完整。

（3）分散控制系统软件恢复及组态工作已完成。

（4）现场干净、整洁，照明充足，沟道盖板齐全，施工用的脚手架已拆除。

（5）通信满足调试要求。

（6）全厂排水系统畅通。

（7）设备的送、停电必须符合有关的规程要求，并按规程做详细的检查，确认无问题后方可进行设备的送、停电。设备停送电操作需有人监护，并挂警示牌。

（8）调试人员必须熟悉相关设备、系统的结构、性能以及调试方法和步骤。

所有的现场调试工作必须制定相应的安全措施，并做好"三交三查"［三交：交任务、交安全、交技术；三查：查衣着、查三宝（安全帽、安全带、安全网）、查精神状态］。临时设施试验前必须经过检查，确认其安全性能。

### 809. 分系统调试的内容是什么？

**答：**分部试运包括单体试运和分系统试运两部分。

单体试运是指单台设备的试运行，包括电动机、泵、风机、烟气换热器等设备的试运。分系统试运指按系统对其动力、电气、热控等所有设备进行空载和带负荷试运行。

分系统试运包括如下内容：

（1）工艺（工业）水系统试运。

（2）压缩空气系统试运。

（3）石灰石贮存及浆液制备系统试运。

（4）烟气系统试运。

（5）SO₂ 吸收系统试运。

（6）石膏脱水系统试运。

（7）脱硫废水系统试运。

（8）其他系统试运。

**810. 整套调试前应进行的检查和试验项目有哪些？**

**答：**整套调试前应进行以下检查和试验项目：

（1）所有仪表、测量参数、信号的检查。

（2）所有阀门、泵和风机等设备的检查、传动、联锁试验。

（3）烟气挡板的检查、传动、联锁试验。

（4）FGD 保护联锁试验。

（5）工艺、热控和电气全面检查，保证其能满足整套启动试运要求。

（6）检查水、石灰石准备充足。

（7）DCS 中临时仿真、强制等措施都已恢复。

**811. 脱硫吸收塔人孔门关闭之前运行再鉴定应做的试验项目有哪些？**

**答：**脱硫吸收塔人孔门关闭之前需要做的试验项目有：

（1）浆液循环泵入口门、排放门和水冲洗门的启闭性和严密性试验。

（2）吸收塔搅拌器水冲洗门的启闭性和严密性试验。

（3）氧化风进入吸收塔前冷却水和冲洗水启闭性和严密性试验。

（4）除雾器水冲洗试验，检查冲洗喷嘴冲洗效果等。

**812. 湿法烟气脱硫装置整套启动步骤是什么？**

**答：**在 FGD 系统启动前组织专门人员对 FGD 各部分进行全面检查，确认系统内无人工作，各设备启动条件满足要求。

整套启动步骤如下：

（1）石灰石仓上料。石灰石仓装满石灰石，并且安排好运输车辆，随时为湿法脱硫系统补充足够的石灰石。

（2）启动工艺水系统。启动工艺水泵向吸收塔等箱罐注水，并控制在需要的液位。

（3）启动制浆系统。启动制浆系统，制满一罐石灰石浆液，控制其密度为 $1200kg/m^3$ 左右。

（4）加石膏晶种。通过吸收塔排水坑泵向吸收塔加石膏晶种。

（5）启动 GGH 系统。启动烟气换热器及密封风机。

（6）顺序启动其他 FGD 系统

1）启动氧化风机。

2）启动吸收塔浆液循环泵。

3）打开净烟挡板。

4）关闭吸收塔排空门。

5）启动增压风机。

6）联锁打开原烟挡板。

7）调整增压风机导叶使 FGD 系统稳定运行。

8）启动石灰石浆液供浆系统。

9）启动除雾器冲洗顺控。

10）启动真空皮带脱水机和废水排放系统。

### 813. 简述调试脱硫增压风机的必备条件。

**答：** 简述调试脱硫增压风机的必备条件是：

（1）锅炉本体、风烟道及电除尘检修完毕。

（2）锅炉送、引风机处于热备用状态。

（3）锅炉负压自动调整装置正常。

（4）脱硫的烟气系统挡板门调整完毕。

### 814. 简述增压风机单体调试的步骤。

**答：** 简述增压风机单体调试的步骤是：

（1）全开送、引风机的进、出口挡板。

（2）打开二次风扫板，关闭一次风、三次风挡板。

（3）关闭磨煤机的所有入口风门挡板。

（4）关闭原烟气挡板。

（5）按操作规程启动增压风机试运行。

### 815. 风机试运行应达到什么要求？

答：风机试运行应达到的要求是：

（1）轴承和转动部分试运行中没有异常现象。

（2）无漏油、漏水、漏风等现象，风机挡板操作灵活，开度指示正确。

（3）轴承工作温度稳定，滑动轴承温度不大于 65℃，滚动轴承温度不大于 80℃。

（4）风机轴承振动一般不超过 0.10mm。

第七章

# 烟气湿法脱硫装置的运行及维护

## 第一节　脱硫系统启动与停止

**816. 脱硫系统启动是指什么？**

答：脱硫系统启动是指按既定操作程序将脱硫系统从停止状态转变为运行状态，烟气进入脱硫系统。

**817. 脱硫系统停止是指什么？**

答：脱硫系统停止是指按既定操作程序将脱硫系统从运行状态转变为停止状态，烟气停止进入脱硫系统。

**818. 脱硫系统的投运和停运需要具备哪些条件？**

答：（1）脱硫系统的投运条件：

1）系统各设备无影响启动的工作票，措施已全部恢复。

2）机组已启动并运行正常，投油已结束，对应的电除尘器电场已投用。

3）供水、供气、制浆正常。

4）设备电源已全部恢复，需进行试验的已完成，各项启动条件已全部满足，解除的保护已投入。

（2）脱硫系统的停运条件：

1）电除尘器全部电场停运。

2）机组计划停运或异常停运。

3）脱硫系统故障停运或异常停运。

**819. FGD 系统在正常运行时注意事项有哪些？**

答：FGD 系统在正常运行时注意事项有：

（1）运行人员必须注意运行设备以预防设备故障，注意各运行参数并与设计值比较，发现偏差及时查明原因。要做好数据的记录以积累经验。

（2）FGD系统内备用设备必须保证其处于备用状态，运行设备故障后能正常启动。每个月备用设备必须启动一次。

（3）浆液设备停用后必须进行冲洗。

### 820. 吸收塔、浆液循环系统的运行维护包括哪些内容？

**答：**吸收塔、浆液循环系统的运行维护的内容包括：

（1）转动设备的润滑：绝不允许没有必需的润滑剂而启动转动设备，运行后应常检查润滑油位，注意设备的压力、振动、噪声、温度及严密性。

（2）转动设备的冷却：①对电动机、风机、空气压缩机等设备的空冷状况经常检查以防过热；②所有泵和风机的电动机、轴承温度的检查；③应经常检查以防超温；④泵的机械密封注意应定期检查。

（3）罐体、管道：应经常检查法兰、人孔等处的泄漏情况，及时处理。

（4）搅拌器：启动前必须使浆液浸过搅拌器叶片，叶片在液面上转动易受大的机械力而遭损坏，或造成轴承的过大磨损。

### 821. 浆液循环泵通过什么阀门开关切换循环泵的投运台数？

**答：**对于喷淋塔，浆液循环泵通过进口阀门开关切换循环泵的投运台数，改变喷淋层的投运层数，以适应锅炉负荷和$SO_2$浓度的变化，实现经济运行。

对于液柱塔，浆液循环泵通过进、出口阀门开关切换循环泵的投运台数，改变液柱高度，以适应锅炉负荷和$SO_2$浓度的变化，实现经济运行。

为便于某台喷淋塔浆液循环泵发生故障时在线隔离检修，在泵出口管路上设置烟气隔断措施，可以防止吸收塔内烟气通过喷淋层、浆液循环管窜出。可通过浆液循环泵出口管路预留接口放入金属气球阀，以隔绝烟气。

### 822. 吸收塔的最高运行液位指什么？

**答：** 最高运行液位指吸收塔溢流液位。

### 823. 吸收塔运行液位允许波动范围是多少？

**答：** 吸收塔运行液位允许波动范围上限：＋500～＋1000mm，下限：－1000mm。

### 824. 电动机运行管理的一般规定有哪些？

**答：** 电动机运行管理的一般规定有：

（1）在每台电动机的外壳上，均应有原制造厂的铭牌。铭牌若遗失，应根据原制造厂的数据或试验结果补上新的铭牌。

（2）电动机及其所带设备上应标有明显的箭头，以指示旋转方向，外壳上应有明显的编号名称，以表示它的隶属关系。启动装置上应标有"启动""运行""停止"标志。

（3）电动机的开关、接触器、操作把手及事故按钮应有明显的标志以指明属于哪一台电动机。事故按钮应有防护罩。

（4）电动机与机械连接的靠背轮应装牢固的防护罩，外壳及启动装里外壳应有良好的接地装置。

（5）备用中的电动机应定期检查和试验，以保证随时启动，并定期轮换使用。

（6）保护电动机用的各型熔断器的熔体应经过检查，每个熔断器的外壳上都应写明其中熔体的额定电流。就地应标明各电动机装设的熔断器的型号和容量。

### 825. 电动机的电压变动范围是什么？

**答：** 电动机的电压变动范围是：

（1）电动机一般可以在额定值的95％～110％范围内运行，其额定出力不变。

（2）当电压低于额定值时，电流可相应增加，但最大不应超过额定电流值的 1%，并监视绕组、外壳及出风温度不超过规定值。

（3）电动机在额定出力运行时，相间不平衡电压不得超过额定值的 5%，三相电流差不得超过 10%，且任何一相电流不超过额定值。

## 826. 如何正确使用摇表（手动绝缘电阻表）？使用方法及注意事项是什么？

答：摇表又称绝缘电阻表，其用途是测试线路或电气设备的绝缘状况。

使用方法及注意事项如下：

（1）首先选用与被测元件电压等级相适应的摇表，对于 500V 及以下的线路或电气设备，应使用 500V 或 1000V 的摇表。对 500V 以上的线路或电气设备，应使用 1000V 或 2500V 的摇表。

（2）用摇表测试高压设备的绝缘时，应由两人进行。

（3）测量前必须将被测线路或电气设备的电源全部断开，即不允许带电测绝缘电阻。并且要查明线路或电气设备上无人工作后方可进行。

（4）摇表使用的表线必须是绝缘线，且不宜采用双股绞合绝缘线，其表线的端部应有绝缘护套；摇表的线路端子"L"应接设备的被测相，接地端子"E"应接设备外壳及设备的非被测相，屏蔽端子"G"应接到保护环或电缆绝缘护层上，以减小绝缘表面泄漏电流对测量造成的误差。

（5）测量前应对摇表进行开路校检。摇表"L"端与"E"端空载时摇动摇表，其指针应指向"∞"；摇表"L"端与"E"端短接时，摇动摇表其指针应指向"0"。说明摇表功能良好，可以使用。

（6）测试前必须将被试线路或电气设备接地放电。测试线路时，必须取得对方允许后方可进行。

（7）测量时，摇动摇表手柄的速度要均匀 120r/min 为宜；保持稳定转速 1min 后，取读数，以便躲开吸收电流的影响。

（8）测试过程中两手不得同时接触两根线。

（9）测试完毕应先拆线，后停止摇动摇表。以防止电气设备向摇表反充电导致摇表损坏。

（10）雷电时，严禁测试线路绝缘。

### 827. 简述电动机绝缘测试的操作步骤（电子表）和注意事项。

**答：** 电动机绝缘测试的操作步骤（电子表）和注意事项是：

（1）首先核对要测量电动机的一次接线方式，确定测量的具体位置。对于就地控制的电动机要从就地控制箱内接触器的负荷侧摇。对于远方操作，就地无控制箱的则从 MCC 开关柜后开关的出线侧进行测量。

（2）到达被测电动机后，核对设备命名编号正确无误，电源已停电。

（3）在被测设备上验明无电压。

（4）接好表线，一人持表，一人手持两个接线，先选择与被测电动机电压相近的挡位。然后分别测量 A 相、B 相、C 相对地电阻及各相间电阻，低压电动机用 500V 挡位测量对地绝缘不应得低于 0.5MΩ。

（5）将被测电动机与接地点接触放电。

### 828. 电动机的运行操作、检查及维护包括哪些内容？

**答：** 电动机的运行操作、检查及维护包括：

（1）电动机启动前的检查。

（2）电动机的启动与停止：①电动机的启动步骤；②电动机的停止步骤。

（3）电动机运行中的检查与维护。

（4）电动机异常运行及事故处理。

### 829. 电动机启动前的检查内容包括什么？

**答：** 电动机及其带动的设备检修后，检修工作负责人应办理工作票终结手续，向运行人员交代设备的状况和绝缘电阻值，运行人员应按照停、送电联系制度，办理好手续后方可进行操作。

启动前的检查内容包括：

（1）查工作票已终结，机组已无人工作，电动机周围清洁，无妨碍运行的物件。

（2）检查继电保护及联锁装置正确投入。

（3）检查电动机所带设备应具备启动条件，并且无倒转现象。

（4）润滑油量充足，油位指示在标准线范围内，油色透明无杂质，无渗油处，强迫油循环电动机应先投油系统。

（5）直流电动机应检查整流子、碳刷接触良好，表面光滑，弹簧压力适当。

（6）电动机底脚螺丝、接地线及靠背轮防护罩牢固良好。

（7）绕线式电动机滑环、碳刷及启动装置接触良好，刷辫及碳刷完整，启动把手在"启动"位置，频敏电阻短路开关在断开位置。

（8）手动盘车无卡涩现象，定转子无摩擦声。

（9）电动机及所带设备的电气仪表和热工仪表完整正确。

### 830. 电动机启动时有哪些注意事项？

答：（1）通知送电的设备在未得到电气人员已送电的通知前，所属值班人员不得接触电动机回路上的任何设备。

（2）鼠笼式电动机在冷热状态下允许启动次数，应按制造厂家的规定执行，无规定时可根据被带动机械的特性和启动条件验算确定。在正常情况下，允许在冷态状态下启动2次，每次间隔不得少于5min，启动时电动机电流有指示即为一次启动。在热态下可启动1次，只有在事故处理以及启动时间不超过2～3s的电动机，可多启动1次。当进行动平衡试验时启动间隔为：①200kW以下电动机不少于0.5h；②200～500kW电动机不少于1h；③500kW以上电动机不少于2h。

（3）启动电动机时应监视启动过程，注意电流表返回时间与以往比较不可过长，启动结束后应检查电动机运行正常。

（4）值班人员在启动大型电动机前，应事先与电气值班人员取得联系，事故情况下除外，但事故后需通知电气值班人员。

（5）备用的电动机自动投入时，应先合上被联动投入电动机开关把手，再恢复跳闸设备的开关把手及信号装置。

### 831. 简述电动机的启动步骤。

**答：**（1）对 6kV 高压电动机，应将小车开关推进工作位置，装上操作、合闸保险。对于低压电动机，应检查开关在分后，合上工作刀闸，装上操作合闸保险。

（2）将操作把手切至合闸位置或按下合闸按钮。绿灯熄灭，红灯燃亮。

（3）用频敏变阻器启动的电动机，当电源开关合上后，经过一定时间（5~9s），电动机接近全速，转子短路开关自动联锁合上，有举刷装置的电动机全速后，用举刷装置的手柄将滑环短路器扳到"运行"位置。

（4）凡有联锁或联动的电动机，应按要求先后投入有关切换开关。

### 832. 电动机的停止步骤是怎样的？

**答：**电动机的停止步骤如下：

（1）断开电动机联锁开关或自投开关。

（2）拉开电动机的电源开关。

（3）绕线式电动机将滑环短路器扳至"启动"位置。

### 833. 电动机运行过程中的检查内容包括哪些？

**答：**运行中电动机的检查工作应由所属岗位值班人员负责，其检查内容如下：

（1）电流表指示稳定，不超过允许值，否则应要求电气人员前来检查。

（2）电动机声响正常，振动、窜动不超过规定值，指示灯正常。

（3）电动机各部温度不超过规定值，无烟气、焦煳、过热等现象。

（4）电动机外壳、启动装置的外壳接地线应良好，底脚螺栓不松动，轴承油位正常，无喷油、漏油现象，油质透明无杂质，油环转动灵活，端盖及顶盖封闭良好。

（5）绕线式电动机和直流电动机滑环表面光滑，碳刷压力均匀接触良好，无冒火等现象。

（6）电动机通风道无阻塞，冷却水阀门及通风道挡板位置正确，电动机周围清洁无杂物。

## 834. 电动机运行时的维护内容包括什么？

**答：**（1）绕线式电动机滑环、碳刷的维护由专人负责，其维护内容如下：

1）定期吹扫清理滑环碳刷。

2）更换过短、损坏的碳刷。

3）保持碳刷在无火花下运行。

（2）用油环润滑轴承的电动机，根据油位指示适当加油，滚动轴承一般也应加油。必要时应用油枪增添油质相同的润滑剂。

（3）轴承润滑油的更换一般一年不少于一次，更换时应将轴承彻底清洗。

## 835. FGD 设备检修后在启动前的检查项目有哪些？

**答：**FGD 设备检修后在启动之前，运行人员检查确认所有检修工作均已结束，工作票终结；各项联锁和保护试验均已完成。

接到 FGD 启动命令后，相关岗位值班员对所属设备做前面详细检查，发现缺陷及时联系消除并验收合格。

FGD 启动前的检查项目有：

（1）脱硫现场杂物清理干净，各通道畅通，照明充足，栏杆楼梯安全牢固，各沟道畅通，盖板齐全。

（2）各设备润滑油油位正常，油质化验合格，油位计和油面镜清晰完好，无渗漏油现象。

（3）各烟道、管道保温完好，各种标示清晰完整。

（4）烟道、池、箱、塔、仓和GGH等内部已清扫干净，无余留物，人孔门检查后已经关闭。

（5）热工仪表、电动门电源投入，脱硫DCS系统投入且DCS组态参数正常，全部热工、电气测量装置完好、显示正确，各种就地执行机构正常。

（6）机械、电气设备地脚螺栓齐全且牢固、防护罩完整，连接件及紧固件安装正常。

（7）各种手动门、电动门开关灵活，电动阀阀位指示与CRT画面显示相符。

（8）各系统手动阀门初始位置符合FGD启动的工艺要求。

### 836. 简述检修后的吸收塔出、入口烟气挡板的调试步骤及方法。

**答：** 检修后的吸收塔出、入口烟气挡板的调试步骤及方法为：

（1）检查烟气挡板的叶片、密封垫、连杆及相应的执行机构，应安装完毕没有损坏。

（2）所有螺栓紧固完毕。

（3）烟道安装完毕，烟道严密性试验完毕，烟道内的杂物已清理干净。

（4）分别用远控、就地电动及就地手动的方式操作各烟气挡板。挡板应开关灵活，开关指示及反馈正确。

（5）就地检查挡板的开、关是否到位。当挡板全关时，检查若有间隙，调整相应的执行机构或密封。

（6）烟气挡板的联锁保护检查和试验。

### 837. FGD系统按照启停时间可以分为哪几种类型？

**答：** FGD系统按照停运时间将停运分为短时停运（几小时）、短期停运（几天）和长期停运（机组大修等）；与此相对应，FGD系统的启动可以分为短时停运后启动、短期停运后启动和长期停运后启动。

**838. FGD 运行调整的主要任务是什么？**

答：FGD 运行调整的主要任务是：

（1）在主机正常运行的工况下，满足机组脱硫的需要。

（2）保证脱硫装置安全运行。

（3）精心调整，保证各参数在最佳工况下运行，降低各种消耗。

（4）保证石膏品质符合要求。

（5）保证机组脱硫效率在规定范围内。

**839. 为防止进入 FGD 的粉尘含量过高，可采取哪些方法对电除尘器进行调整？**

答：为有效防止进入 FGD 的粉尘含量过高，可采取以下方法进行调整：

（1）运行人员应关注煤种的变化，调整好燃烧风量，特别是在锅炉吹灰时，应对各电场晃动进行手动控制。

（2）为避免除尘器连续振所引起的二次飞扬，正常运行时振打应在 PLC 控制下运行，如需检查振打运行情况时也应尽量缩短手动振打时间。

（3）在增压风机启动手动调整动叶开度时，需缓慢增大，防止负荷过高，带起烟道死角中的粉尘引起二次飞扬。

（4）加强对电除尘器各电场一次电压、一次电流、二次电压、二次电流的闪频情况的监控、使闪络频率控制在 10 次/min 以内。

（5）尽可能抬高后两级电场的运行参数，确保电除尘的高效运行，以达到有效控制烟气中粉尘含量的目的。

**840. 试述吸收塔循环泵启动前应检查的内容。**

答：吸收塔循环泵启动前应检查的内容有：

（1）循环浆液系统上各表计齐全、指示正确。

（2）循环泵入口门在关闭位置，轴瓦冷却水门在开位置。

（3）循环泵事故按钮完好。

（4）循环浆液系统上所有的测量表计、电动阀门、电动机接线紧固，外皮无破损、电动机外壳接地线连接完好。

（5）循环泵油位在油标的2/3处，油质良好。

（6）循环泵地脚螺栓、防护罩、齐全紧固，盘车灵活。

（7）吸收塔搅拌器盘车灵活。

（8）现场照明充足，无杂物。

（9）循环泵停运7天以上时，启动前必须通知电气运行人员对电动机绝缘电阻进行测量，合格后方可启动。

（10）拆开电源线的工作结束后，必须对电动机进行单电动机试转，确认电动机转向与泵要求转向一致。

（11）循环浆液管道用工业水冲洗完毕，相应的阀门开关灵活，位置反馈正确。

（12）吸收塔的液位达到规定值，满足循环泵的启动要求。

### 841. 概述工艺水系统启动步骤。

答：工艺水系统启动步骤如下：

（1）检查工艺水箱外形正常，滤网无堵塞，并有水位指示，溢流管畅通，放水门应严密关闭。

（2）检查工艺水至各系统供水管道应畅通，节流孔板无堵塞。

（3）检查工艺水来水管道完好，管道及法兰连接完好无泄漏，出口各管道阀门开关指示正确，向工艺水箱注水准备冲洗。

（4）开启工艺水箱底部排净门及工艺水泵、除雾器冲洗水泵入口管道排净门，对工艺水箱进行冲洗，冲洗3~5min，确认冲洗合格后，关闭工艺水箱底部放水门，及各泵入口排净门，向工艺水箱供水。

（5）开启待运行泵的入口手动门。

（6）当工艺水箱液位达到正常液位时，启动选定的一台工艺水泵运行，出口启动门自动打开。检查确认泵出口压力正常、流量正常，泵出口回流管道过压阀启闭正常。

（7）投入备用工艺水泵联锁，以便运行泵故障停运或泵出口压力过低时，备用泵自动启动。

（8）工艺水箱补水电动（气动）门根据水箱水位的高低自动

打开或关闭。

### 842. 概述石灰石浆液制备系统启动步骤。

**答：**（1）石灰石上料系统的启动：

1）启动石灰石仓顶、卸料间、斗提间布袋除尘器。

2）启动石灰石仓顶皮带输送机。

3）启动斗式提升机。

4）启动除铁器。

5）启动振动给料机。

（2）湿式球磨机系统的启动：

1）启动系统声光信号报警。

2）启动球磨机润滑油系统。

3）检查球磨机齿圈润滑油箱及齿轮润滑油箱油位正常，油质良好。

4）仪用气源投入正常。

5）启动球磨机齿圈润滑油泵及齿轮润滑油泵，确认各处供油量合适。

6）启动滤液水泵运行，开启至球磨机和浆液箱各电动门。

7）开启球磨机再循环箱泵进口气动门，启动一台浆液泵，开启其出口门。

8）调整滤液水至再循环箱调节阀，维持球磨机排浆罐液位正常。

9）启动球磨机运行。

10）启动对应的称重皮带给料机。

11）及时调整球磨机进口石灰石给料量在额定值，将球磨机入口工艺水进水调节阀和滤液水至再循环箱调节阀投入自动运行。

12）再循环箱液位由石灰石旋流器底流和溢流分配箱气动执行机构自动切换进行控制，旋流器来流石灰石浆液密度由滤液水至再循环箱调节阀的自动开关来控制。

### 843. 概述吸收塔系统启动步骤。

答：吸收塔系统启动步骤如下：

（1）吸收塔系统启动范围包括搅拌器、浆液循环泵、氧化风机、除雾器、吸收塔排水坑、吸收塔补水门和事故浆液池。

吸收塔和浆液循环泵连续运行，加入吸收塔的石灰石浆液量根据烟气流量、入口 $SO_2$ 含量、$SO_2$ 脱除率和吸收塔浆液的 pH 值进行控制；除雾器冲洗水及吸收塔滤液补水调节阀进行控制吸收塔的液位；吸收塔排出到石膏旋流器的石膏以间断方式运行，用以控制吸收塔的浆液密度。

（2）吸收塔系统顺启动步骤：

1）吸收塔搅拌器启动。

2）浆液循环泵启动。

3）除雾器冲洗启动。

4）石膏排出泵启动。

5）石灰石浆液供给泵启动。

6）氧化风机启动。

7）石灰石浆液调节阀投自动。

（3）吸收塔搅拌器启动：

1）检查确认吸收塔搅拌器检修工作结束，无事故跳闸记忆。

2）吸收塔液位满足搅拌器启动条件。

3）开启搅拌器下部冲洗水手动门，冲洗时间不少于 5min。

4）启动吸收塔搅拌器，检查搅拌器无明显振动，轴承无异音，机械密封无泄漏，投入自动控制。

（4）浆液循环泵启动：

在浆液循环泵启动条件满足后，先启动 2 台吸收塔浆液循环泵顺控启动程序，视锅炉负荷和吸收塔通烟气后脱硫效率的情况确定是否需要启动后 1 台吸收塔浆液循环泵顺控启动程序。对于未启动的浆液循环泵，将泵设为备用。浆液循环泵的启动间隔应大于 60s。

1）投入浆液循环泵的机械密封水和齿轮箱冷却水。

2）关闭浆液循环泵冲洗水电动门。

3）关闭浆液循环泵排净电动门。

4）开启浆液循环泵进口电动门。

5）启动吸收塔浆液循环泵。

（5）石膏排出泵启动：

1）投入石膏排出泵的机械密封水。将一台石膏排出泵设为运行泵，另一台设为备用泵。

2）关闭石膏排出泵冲洗水电动门。

3）关闭石膏排出泵出口门。

4）关闭石膏浆液去密度计、pH 管线阀。

5）关闭密度计、pH 管线冲洗水阀。

6）开启石膏排出泵进口电动门。

7）开启石膏排出泵冲洗门。

8）延时 30s 关闭甲石膏排出泵冲洗门。

9）启动吸收塔石膏排出泵。

10）开启石膏排出泵出口门。

11）开启石膏浆液去密度计、pH 计管线阀。

（6）氧化风机启动：

1）确认氧化空气系统检修工作结束，氧化风机入口风道畅通无堵塞，轴承油质良好，油位正常，皮带松紧适当，防护罩完整牢固。

2）投入氧化风机轴承冷却水，一级风机冷却器冷却水，隔音罩排气扇。

3）开启氧化风机出口电动门。

4）全面开启排空电动门。

5）启动一台氧化风机。

6）氧化风机启动正常 1min 后关闭排空的电动门，观察出口压力及流量至正常值。

7）氧化风机启动后视出口温度情况投入喷水减温器。

8）氧化风机启动后，未启动的氧化风机设为备用。

（7）石灰石浆液供给泵启动：

1）关闭石灰石浆液泵出口电动门。

2）关闭泵出口冲洗水电动门。

3）打开石灰石浆液泵入口电动门。

4）打开供给管道冲洗水电动门。

5）延时 30s 关闭浆液供给管道冲洗水电动门。

6）启动石灰石浆液泵。

7）打开石灰石浆液泵出口电动门。

8）投入石灰石浆液出口管道上的密度计，出口压力变送器。

9）设定 pH 值，石灰石给浆调节阀投自动，以满足吸收塔处理要求。

### 844. 概述烟气系统启动步骤。

**答：**烟气系统启动步骤如下：

（1）烟气系统的启动范围主要包括密封风系统、GGH 系统（如果有）、增压风机系统（如果有）。

（2）密封风系统的启动：

1）开启密封风机出口手动门。

2）确认烟道内无人检修，启动一台密封风机，缓慢开启其进口手动门，确认流量、压力满足需要。

3）密封风机启动 3~5min 后投入电加热器，将冷空气加热至 100℃左右。

（3）GGH 的启动：

GGH 启动前检查以下内容：

1）检查转子轴承、驱动装置减速箱及相关风机，注入合格的润滑油且液位正常。

2）通过旋转主电动机延伸轴上的手摇装置对 GGH 进行盘车且不少于 2 圈，确保烟气换热器能自由转动。

3）检查吹灰枪的压缩空气、低压和高压冲洗水投用条件已满足。

4）检查密封风机能正常运转。

5）检查低泄漏风机能正常运转，入口导叶关闭。

6）检查转子停车报警装置正常运转。

GGH 的启动流程：

1）确认原烟气及净烟气挡板门关闭。

2）确认空气压缩机出口及压缩空气罐出口手动阀门开启。

3）启动转子停车报警装置。

4）启动中心筒密封空气系统和吹灰器密封风机。

5）启动烟气换热器主驱动电动机。

6）60s 后转速报警系统设为自动。

7）关闭低泄漏风机进口电动挡板。

8）启动低泄漏风机，联开低泄漏风机进口电动挡板至一个合适的开度。

9）烟气负荷稳定后人工选择高压蒸汽吹扫或高压水冲洗。

10）吹灰器系统高压蒸汽吹扫为运行吹扫状态（一般为 1 次/8h），高压水冲洗建议为 1 次/月或者根据 GGH 实际工况进行冲洗。

（4）增压风机的启动：

1）检查润滑油脂已充满风机轴承或管路。

2）启动增压风机电动机轴承润滑油泵。

3）将风机入口静叶调至最小位置。

4）启动一台轴承冷却风机，另一台备用。

5）开启净烟气挡板。

6）关闭吸收塔排空门。

7）打开待启动增压风机出口挡板。

8）启动增压风机，延时静叶自动开启 10%（10s 内）。

9）风机入口静叶自动开启 10%。

10）延时 10s，开启原烟气挡板门。

11）按照步骤 7）～10），启动另外一台增压风机。

12）根据进烟量的需要，调整静叶开度，至增压风机失速信号消失，并逐步增大风机负荷，同时注意检查风机的振动、温度、声音等无异常。

13）根据锅炉运行情况，手动关闭旁路挡板门。

14）将 2 台增压风机静叶开度调至所需工况后投入自动控制。

### 845. 脱硫增压风机启动前应满足哪些条件？

答：脱硫增压风机启动前应满足条件为：

（1）确认增压风机无检修工作，工作票已终结，安全措施已全部恢复。

（2）确认增压风机启动前检查操作卡已正确执行。

（3）确认增压风机系统各热工联锁保护已投入。

（4）启动前确认设备无人工作。

（5）保持电动机接地线完好无损。

（6）启动前确认增压风机动叶开度在最小位置。

（7）合上开关电动机不转、倒转或转速明显缓慢时应立即停止运行。

（8）按 6000V 电动机启动规定进行操作。启动后应及时调整动叶开度，避免风机失速。

（9）注意检查润滑油和液压油冷却器、过滤器进出口切换阀切向位置正确。

（10）启动前应确认润滑油系统正常。

（11）检查润滑油、液压油冷却水压力、流量正常。

（12）增压风机轴承温度小于 70℃（轴承温度测点 2 取 2）。

（13）增压风机动叶角度小于 5％或增压风机动叶已关。

（14）增压风机电动机轴承温度小于 60℃（前轴承、后轴承）。

（15）增压风机电动机绕组温度小于 80℃。

（16）增压风机扩散器内筒与烟气压差不低于 250Pa。

（17）增压风机入口风箱密封空气压差不低于 250Pa。

（18）无增压风机执行机构故障，无增压风机保护联锁跳闸条件。

（19）FGD 入口烟气挡板已关。

（20）FGD 出口烟气挡板打开。

（21）烟气换热器 GGH 已投运（主电动机或辅电动机运行）。

（22）增压风机液压油箱油温小于 50℃。

（23）增压风机液压油压力正常大于 700kPa。

（24）增压风机出口扩散筒密封风机和入口风箱密封风机任一密封风机已运行。

（25）增压风机轴承润滑油流量正常（＞18L/h）。

（26）增压风机电动机轴承润滑油流量正常（＞5.4L/h）。

（27）至少一台吸收塔浆液循环泵已运行。

（28）增压风机伺服电动机无故障信号。

（29）吸收塔排空阀已关。

### 846. 造成脱硫系统增压风机跳闸的条件有哪些？

**答：** 造成脱硫系统增压风机跳闸的条件有：

（1）确增压风机轴承温度大于 100℃ 延时 5s。

（2）确增压风机失速报警与动叶角度大于 41％ 延时 120s。

（3）确增压风机主轴承振动大于 80μm，延时 5s。

（4）启增压风机电动机轴承温度大于 75℃ 且润滑油流量低（前/后轴承各二取高）延时 5s。

（5）保增压风机电动机轴承温度大于 80℃（前/后轴承各二取高）延时 5s。

（6）启增压风机电动机绕组温度大于 130℃（每相分别二取高）延时 5s。

（7）合 FGD 跳闸。

（8）增压风机液压油箱油温大于 55℃，延时 60min 或大于 60℃ 延时 5s。

（9）注增压风机液压油压低于 700kPa，延时 20min。

（10）增压风机启动 120s 后入口原烟气挡板未全开。

（11）增压风机扩散器内筒与烟气压差低报警，延时 240min。

（12）增压风机入口风箱密封空气与烟气压差低报警，延时 240min。

（13）增压风机运行，原烟气挡板或净烟气挡板未开。

（14）增压风机轴承润滑油流量低报警与轴承温度高（大于 85℃ 增压风机前/后每相二取高），延时 5s。

（15）电动机轴承润滑油流量低报警与电动机轴承温度高（大

于 85℃二取高），延时 5s。

（16）两台润滑油泵跳闸。

（17）GGH 跳闸。

（18）三台循环停运。

（19）FGD 进口压力大于 1kPa。

（20）FGD 进口压力小于−1kPa。

### 847. 对各种烟气系统的启动和停运操作，总体上有两点要求是什么？

**答：** 对各种烟气系统的启动和停运操作，总体上有两点要求：

（1）尽量减少对锅炉负压的影响，特别注意不要导致 MFT。

（2）减少增压风机启动失败，避免发生损坏设备事故。

### 848. 石膏脱水系统运行操作的注意事项有哪些？

**答：** 石膏脱水系统运行操作的注意事项有：

（1）真空建立起来前不要启动脱水机。

（2）真空不能超过设定的真空值。

（3）在停止时要释放滤布的张紧状态。

（4）必须连续进行喷吹清洗。

（5）检查脱水皮带的润滑系统正常。

### 849. 概述石膏脱水及储运系统启动步骤。

**答：**（1）启动前的检查：

1）检查主动轮、从动轮、真空槽表面水平度，确认在同一水平面上。

2）检查所有滤布和皮带支撑辊的平行度和水平度。

3）检查轴承润滑油量充足，齿轮油箱油位正常，油质合格，不漏油。

4）检查传动带与真空槽、皮带滑台或皮带托辊之间是否有杂物。

5）检查传动带张力，传动带应适度张紧，以主动轮不打滑为宜。

6）检查真空皮带脱水裙边是否损坏。

7）检查滤布、滤饼及石膏浆液来浆喷嘴是否有堵塞，必要时进行疏通。

8）检查滤布完整无划痕、无抽线、无空洞。

9）检查传动带上下无杂物，无残留杂质黏结。

10）检查摩擦带无断裂，确认与皮带能一同转动。

11）检查所有的托辊干净、光滑，无石膏块黏结，必要时用水清理干净。

12）确认滤布纠偏装置运转正常，压力调整器的滤网无堵塞，并把压力调整到 0.2MPa。

13）确认滤饼冲洗水系统及设备，滤布冲洗水系统及设备，真空系统设备正常，水箱水位正常，工业水泵已启动且出口压力正常，各相关系统及设备具备投运条件。

（2）真空皮带脱水机启动：

1）启动石膏皮带输送机。

2）打开滤布冲洗水喷水阀门，启动一台滤布冲洗水泵，检查喷嘴喷射角度正常；喷出的水遍布于滤布的整个宽度，喷射压力不超过 500kPa。

3）打开真空槽密封水，检查流量正常。

4）打开滑动润滑水和皮带润滑水手动门，确认有水流出。

5）启动真空皮带脱水机驱动电动机。

6）开启真空泵进水门，有水流出后启动真空泵，投入真空系统。

7）确认皮带和滤布都垂直运行，同时滤布纠偏系统在正常运行。

8）打开给浆阀门，引入浆液至皮带机，形成滤饼。

9）在整个皮带机均匀布满浆液后，真空逐步建立，当达到 −40kPa 左右的真空度并有干的滤饼形成后，将给浆控制到工艺要求值，逐步提高皮带转速和给浆速度，控制滤饼厚度在正常值（15～30mm）。

10）打开滤饼冲洗水阀，调整冲洗水量，投入滤饼冲洗系统。

## 850. 真空皮带脱水机的停运步骤是什么？

答：真空皮带脱水机的停运步骤是：

（1）切断给浆。

（2）给湿滤饼足够时间使其尽可能地被脱水干燥，并将滤饼排出卸料斗。

（3）关闭真空系统。

（4）运行滤布2～3个周期，以确保滤布与皮带的清洁，然后关掉冲洗水。

（5）停止冲洗水泵。

（6）停止真空皮带脱水机驱动装置。

（7）关闭皮带润滑和真空箱密封水阀。

## 851. 氧化风机首次启动前应检查确认的项目有哪些？

答：氧化风机在首次启动前应仔细检查，确认如下几项：

（1）如果有进气管道与风机相连接，建议在进气口法兰上安装金属丝滤网，运转24h后拆除下滤网，重新换上法兰连接。这样可以防止管道中的焊渣等异物吸入风机。

滤网必须可靠地固定，以免被吸入风机。滤网需用不锈钢丝编织而成（不能用焊接滤网），网眼$1mm^2$。

（2）检查管道安装，不使管道载荷直接加到风机法兰上；检查管道连接部位是否紧。

（3）检查油塞及油位观察窗是否已经紧固。

（4）在油箱中加入润滑油，使油面到油位观察窗中心圈红点的上端。

注意：润滑油不可加入过量，否则会使润滑油进入罗茨风机型腔。

（5）用手转动风机的皮带轮，应感觉转动灵活自如。

（6）检查电动机的旋转方向。

先卸下全部皮带，点动电动机以确认电动机的旋转方向和皮带罩壳上的旋转方向指示标记是否一致。如不一致，请调换电动机接线，然后将全部皮带装上。

注意：反转可能导致设备受损。

（7）检查皮带轮（或联轴器）对准与否，皮带的张紧程度如何。皮带张紧不可太紧或太松。

（8）检查进、排气管道上的阀门，应使阀门全部打开，以防止压力瞬间上升过高。

（9）对两串联使用的风机（双级风机），应检查中间冷却器的冷却水供水阀门是否打开。

（10）启动电动机。

（11）调节阀门以获得需要的压力或真空度。

注意：运转风机时，必须先安装好皮带罩壳；在皮带罩壳拆卸状态下运转风机，很可能引起事故。

### 852. 概述石灰石浆液制备系统停止步骤。

答：（1）停止对应运行球磨机的称重皮带给料机，关闭压缩空气来气门。

（2）比率调节门和密度调节门切换为手动。

（3）停止球磨机运行。

（4）停止球磨机大齿轮喷淋油脂系统。

（5）关闭球磨机冷却水门。

（6）停止球磨机润滑油泵系统。

（7）根据排浆罐液位停止磨机浆液泵。

### 853. 概述石膏脱水及储运系统停止步骤。

答：（1）停止石膏排出泵及石膏旋流站运行，脱水机来浆阀门关闭。

（2）给湿滤饼足够时间使其尽可能脱水干燥，并把所有浆料和滤饼排出到卸料槽。

（3）运行滤布 2～3 个周期，以确保滤布和皮带清洁，然后关闭滤饼和滤布冲洗喷嘴来水门。

（4）停止真空皮带脱水机运行。

（5）停止真空泵运行。

（6）关闭真空泵密封水门。

（7）停止滤布冲洗水泵。

**854. 概述烟气系统停止步骤。**

答：（1）开启旁路烟道挡板门。

（2）增压风机静叶调节切换为手动，逐步关闭静叶角度到最小。

（3）停止增压风机运行。

（4）关闭入口原烟气挡板门。

（5）关闭增压风机出口原烟气挡板门。

（6）开启吸收塔排空门。

（7）关闭净烟气挡板门。

（8）延时 2h，停止 GGH 系统。

**855. 概述吸收塔系统停止步骤。**

答：（1）停止石灰石浆液泵运行，并进行管道水冲洗。

（2）停止氧化风机运行。

（3）关闭吸收塔补水门并停止补水程序及除雾器冲洗系统。

（4）根据吸收塔集水坑液位，依次停止浆液循环泵运行。

**856. 概述工艺水系统停止步骤。**

答：（1）解除备用泵联锁。

（2）关闭运行的工艺水泵出口电动门。

（3）停止工艺水泵运行。

**857. 脱硫系统停运后检查维护及注意事项是什么？**

答：脱硫系统停运后检查维护及注意事项是：

（1）应及时对停运设备及浆液管道进行冲洗。

（2）定时检查系统中各箱、罐、地坑液位，检查各搅拌器运行情况，如果是长期停运，应将各箱、罐、坑排空。

（3）按要求进行设备的换油和维护工作。

（4）停运期间应消除设备缺陷。

（5）冬季停运应采取防冻措施。

**858. FGD 装置运行中的一般性检查和维护的项目有哪些？**

**答：** FGD 装置运行中的一般性检查和维护的项目有：

（1）FGD 装置的清洁。

（2）转动设备的润滑和冷却。

（3）泵的机械密封，运行工况，循环回路。

（4）罐体、管道法兰和人孔门等处的泄漏情况。

（5）搅拌器的运行情况。

（6）烟气系统的积灰、堵塞情况，氧化风机的油压、油位及滤网清洁情况。

（7）石膏脱水系统的积垢情况。

（8）测量装置的校验和检查。

（9）系统运行中的化学分析。

**859. 脱硫设备维护与保养需经常检查项目有哪些？**

**答：** 为保证机组和 FGD 装置的正常运行，脱硫设备要进行适当的维护和保养，需经常检查项目有：

（1）热工、电气、测量及保护装置，工业电视监控装置齐全并正常投入。

（2）设备外观完整、部件和保温齐全，设备及周围应清洁，无积油、积水、积浆及其他杂物，照明充足，栏杆平台完整。

（3）各箱、罐、池及吸收塔的人孔门、检查孔和排浆阀应严密关闭，各备用管座严密封闭，溢流管畅通。

（4）所有阀门、挡板开关灵活，无卡涩现象，位置指示正确。

（5）所有联轴器、三角皮带防护罩完好，安装牢固。

（6）转机各部地脚螺栓、联轴器螺栓、保护罩等应连接牢固。

（7）转机各部油质正常，油位指示清晰，并在正常油位；检查孔、盖完好，油杯内润滑油脂充足。

（8）转机各部应定期补充合适的润滑油，加油时应防止润滑油混入颗粒性机械杂质。

（9）转机运行时，无撞击、摩擦等异音，电流表指示不超过额定值，电动机旋转方向正确。

（10）转机轴承温度、振动不超过允许范围，油温不超过规定值。

（11）油箱油位正常，油质合格。

（12）电动机冷却风进出口畅通，入口温度不高于 40℃，进出口风温差不超过 25℃，外壳温度不超过 70℃，冷却风干燥。

（13）电动机电缆头及接线、接地线完好，连接牢固，轴承及电动机测温装置完好正确投入；一般情况下，电动机在热态下不准连续启动两次（电动机绕组温度超过 50℃为热态）。

（14）检查设备冷却水管、冷却风道畅通，冷却水来回水投入正常，水量适当。

（15）运行中皮带设备皮带不打滑、不跑偏且无破损现象，皮带轮位置对中。

（16）所有皮带都不允许超过出力运行，第一次启动不成功应减负荷再启动，仍不成功则不允许连续启动，必须卸去皮带上的全部负荷方可启动，并及时汇报值长、专工。

（17）所有传动机构完好、灵活，销子连接牢固。

（18）电动执行器完好，连接牢固，并指向自动位置。

（19）各箱罐外观完整，液位正常。

（20）事故按钮完好并加盖。

**860. 脱硫设备日常巡检部件及内容是什么？**

**答：** 脱硫设备日常巡检部件及内容见表 7-1。

表 7-1　　　　　脱硫设备日常巡检部件及内容

| 设备 | 类型 | 检查部件 | 检查内容 |
|---|---|---|---|
| 风机 | 轴流式 | (1) 电动机。<br>(2) 轴承。<br>(3) 润滑油泵单元。<br>(4) 液压油泵单元。<br>(5) 冷却水流量计。<br>(6) 电流表。<br>(7) 密封空气系统 | (1) 每个部件的振动，异常噪声，异常气味和异常温度。<br>(2) 润滑油的出口压力值和泄漏。<br>(3) 液压油的出口压力值和泄漏。<br>(4) 润滑油泵和液压油泵的冷却水流量。<br>(5) 电流值。<br>(6) 密封空气的出口压力。<br>(7) 每个部件中没有发生泄漏 |
| | 离心式 | (1) 电动机。<br>(2) 轴承。<br>(3) 挡板。<br>(4) 压力表。<br>(5) 入口过滤器（若有）。<br>(6) 阀门 | (1) 每个部件的振动，异常噪声，异常气味和异常温度。<br>(2) 挡板打开的状态。<br>(3) 出口压力值。<br>(4) 每个部件中没有发生泄漏。<br>(5) 电流值 |
| 鼓风机 | 罗茨 | (1) 旋转部件。<br>(2) 驱动部件。<br>(3) 相关的仪表。<br>(4) 入口过滤器。<br>(5) 管道。<br>(6) 电流表 | (1) 每个部件的振动，异常噪声，异常气味和异常温度。<br>(2) 润滑油的体积/液位。<br>(3) 润滑油的泄露。<br>(4) 出口压力。<br>(5) 入口压力。<br>(6) 止回阀的颤动。<br>(7) 轴承和转子冷却水通路。<br>(8) 电流值。<br>(9) 出口流体温度。<br>(10) 传动皮带的松弛和磨损情况 |

续表

| 设备 | 类型 | 检查部件 | 检查内容 |
|---|---|---|---|
| 泵 | 离心式柱塞泵 | (1) 轴封部件。<br>(2) 轴承部件。<br>(3) 泵壳。<br>(4) 电动机。<br>(5) 压力表。<br>(6) 管道。<br>(7) 阀门。<br>(8) 电流表 | (1) 每个部件的振动，异常噪声，异常气味和异常温度。<br>(2) 每个部件中无泄漏情况。<br>(3) 出口压力值。<br>(4) 润滑油的体积/液位。<br>(5) 电流值。<br>(6) 阀门的打开和关闭状态。<br>(7) 传动皮带的松弛和磨损情况（若有） |
| 搅拌器 | 桨状 | (1) 轴封部件。<br>(2) 轴。<br>(3) 齿轮部件。<br>(4) 电动机 | (1) 每个部件的振动，异常噪声，异常气味和异常温度。<br>(2) 每个部件中无泄漏情况。<br>(3) 润滑油的体积/液位。<br>(4) 电流值 |
| 真空泵 | 水封 | (1) 轴封部件。<br>(2) 轴承部件。<br>(3) 泵壳。<br>(4) 电动机。<br>(5) 压力表。<br>(6) 流量表。<br>(7) 管道。<br>(8) 阀门。<br>(9) 电流表 | (1) 每个部件的振动，异常噪声，异常气味和异常温度。<br>(2) 每个部件中无泄漏情况。<br>(3) 出口压力值。<br>(4) 密封水的流速和压力。<br>(5) 阀门的打开和关闭状态。<br>(6) 电流值。<br>(7) 皮带和滑轮的振动和磨损 |
| 旋流器 | 多旋流器 | (1) 旋流器本身。<br>(2) 阀门。<br>(3) 相关仪表。<br>(4) 管道。<br>(5) 总管和底部流面板 | (1) 每一个部件无泄漏。<br>(2) 每一个部件无堵塞。<br>(3) 阀门的打开和关闭状态。<br>(4) 入口压力 |

续表

| 设备 | 类型 | 检查部件 | 检查内容 |
|---|---|---|---|
| 给料机<br>输送机 | （1）振动给料机。<br>（2）称重给料机。<br>（3）皮带输送机。<br>（4）斗式提升机 | （1）给料机本身。<br>（2）传动部件。<br>（3）皮带、料斗。<br>（4）入口滑动闸阀。<br>（5）出口斜槽。<br>（6）密封空气管路和空气流速。<br>（7）扩展部分。<br>（8）电流表（二次电流和频率） | （1）每个部件的振动，异常噪声，异常气味和异常温度。<br>（2）润滑油的体积/液位。<br>（3）无油泄漏发生。<br>（4）皮带滑轮的振动和磨损。<br>（5）在出口处无堵塞和无沉积物。<br>（6）给料机本身无堵塞和无渗开。<br>（7）密封空气阀全部打开。<br>（8）入口滑动闸阀全部打开。<br>（9）扩展部分的断裂。<br>（10）粉末排放的状况。<br>（11）电流值 |
| 湿式球磨机 | 湿式球磨机 | （1）磨机本身。<br>（2）驱动部件。<br>（3）齿轮传动装置润滑。<br>（4）轴承（磨机和小齿轮）。<br>（5）冷却水。<br>（6）润滑单元和管道 | （1）每个部件的振动，异常噪声，异常气味和异常温度。<br>（2）润滑油的体积/液位。<br>（3）润滑油的排放流速值和泄露。<br>（4）无油泄漏发生。<br>（5）润滑油泵单元的冷却水流速。<br>（6）电流值。<br>（7）阀门打开和关闭的状态 |
| 石膏<br>分离器 | 水平皮带真空过滤器 | （1）滤布。<br>（2）滚筒。<br>（3）传动部件。<br>（4）进料筒。<br>（5）刮板。<br>（6）管道。<br>（7）卸料斜槽。<br>（8）相关仪表。<br>（9）清洗水供给喷嘴。<br>（10）阀门。<br>（11）电磁阀。<br>（12）操作盘 | （1）每个部件的振动和异常噪声。<br>（2）每个部件无泄漏。<br>（3）在斜槽处排放石膏。<br>（4）滤布的曲折/对准。<br>（5）滤布的堵塞和堵住。<br>（6）滤布和皮带的损坏及皮带有无孔和撕扯情况。<br>（7）用水清洗滤布的清洁度。<br>（8）石膏的飞溅。<br>（9）过滤器滤饼的黏附状态。<br>（10）阀门打开或关闭状态。<br>（11）在进给箱处液体进给和堵塞。<br>（12）真空状态。<br>（13）可用的滚筒旋转状态和衬里磨损。<br>（14）公用系统用水的压力。<br>（15）控制面板的指示 |

续表

| 设备 | 类型 | 检查部件 | 检查内容 |
|---|---|---|---|
| 储罐 | 圆柱形 | (1) 储罐本身。<br>(2) 相关仪器。<br>(3) 管道 | (1) 储罐的液位。<br>(2) 每个部件中无泄漏发生。<br>(3) 阀门打开/关闭的状态。<br>(4) 振动和异常噪声 |
| 挡板 | 双百叶窗板 | (1) 电动机。<br>(2) 轴承。<br>(3) 密封部件 | (1) 每个部件的振动，异常噪声，异常气味和异常温度。<br>(2) 挡板打开的状态。<br>(3) 每个部件中无泄漏发生 |
| | 百叶窗板 | (1) 电动机。<br>(2) 轴承 | 每个部件的振动，异常噪声，异常气味和异常温度 |
| GGH | 旋转式 | (1) GGH 本身。<br>(2) 传动部件。<br>(3) 吹灰部件。<br>(4) 污水部件。<br>(5) 电流表 | (1) 每个部件的振动，异常噪声，异常气味和异常温度。<br>(2) 管道和换热器无泄漏发生。<br>(3) 吹灰器的压力。<br>(4) 润滑油的体积/液位。<br>(5) 密封空气和清扫空气的压力。<br>(6) 电流值 |
| 吸收塔 | 圆柱形 | (1) 吸收塔本身。<br>(2) 相关仪器。<br>(3) 管道。<br>(4) 喷嘴集管。<br>(5) pH 计 | (1) 吸收塔的液位。<br>(2) 每个部件中无泄漏发生。<br>(3) 阀门打开/关闭的状态。<br>(4) pH 计的堵塞情况。<br>(5) 振动和异常噪声 |
| 储仓 | 圆柱形 | (1) 储仓本身。<br>(2) 相关仪器。<br>(3) 管道 | (1) 粉末料位计的运行。<br>(2) 每个仪器的指示值。<br>(3) 堵塞情况。<br>(4) 气动滑板的供气压力 |
| 坑 | 地下 | (1) 坑本身。<br>(2) 相关仪器。<br>(3) 管道。 | (1) 坑的液位。<br>(2) 每个部件中无泄漏发生。<br>(3) 浆液沉积物的情况。<br>(4) 振动、异常噪声和异常气味 |

**861. 泵类设备运行人员应检查和维护内容包括哪些？**

**答：**泵类设备检查和维护内容应包括：

（1）泵的轴封应严密，无漏浆及漏水现象，泵的出口压力正常，出口压力无剧烈波动现象，否则进口堵塞或汽化。

（2）泵的进口压力过大，应及时调整箱罐的液位正常，以免泵过负荷，如果泵的出口压力低，应切为备用泵运行，必要时通知检修处理。

（3）各部位油质、油位、油温正常，各部轴承温度、振动正常。

（4）电动机电流正常，电动机旋转方向正确。

**862. 氧化风机运行人员应检查和维护内容包括哪些？**

**答：**氧化风机运行人员应检查和维护内容包括：

（1）氧化风机进口滤网应清洁，无杂物。

（2）氧化风机管道连接牢固，无漏气现象。

（3）氧化风机出口电动门关闭严密。

（4）氧化空气出口压力、流量正常，若出口压力太低，应检查耗电量情况，必要时应切换至备用氧化风机运行。

（5）检查入口过滤器前后压差正常，若压差过大，应切换至备用氧化风机运行，并及时清洁过滤器。

（6）润滑油的油质必须符合规定，每运行6000h，应进行油质分析。

（7）当吸收塔液位变动时，应注意调整氧化风机的出力。

**863. 石灰石储运系统运行中的检查内容有哪些？**

**答：**石灰石储运系统运行中的检查内容有：

（1）布袋除尘器正确投入，反吹系统启停动作正常。

（2）旋转给料机下料均匀，给料无堆积、飞溅现象。

（3）所有进料、下料管道无磨损、堵塞和泄漏现象。

**864. 石灰石给料系统运行人员应检查和维护的内容包括哪些？**

**答：**石灰石给料系统运行人员应检查和维护的内容包括：

（1）卸料斗算子安装牢固并完好。

（2）除尘器投入正常，清灰系统启停操作正常。

（3）振动给料机下料均匀，给料无堆积、飞溅现象。

（4）应检查并防止吸铁件刺伤弃铁皮带。

（5）人员靠近金属分离器时，身上不要带铁制尖锐物件，如刀子等，同时防止自动卸下的铁件击伤人体。

（6）运行中应及时清理原料中的杂物，如果原料中的石块、铁件、木头等杂物过多。应及时汇报值长及专工，通知有关部门处理。

（7）运行中应及时清理弃铁箱中的杂物。

（8）螺旋输送机转动发现正确，输送机各部无积料现象。

（9）斗式提升机底部无积料，各料斗安装牢固并完好。

（10）石灰石仓无水源进入。

（11）所有进料、下料管道无磨损、堵塞及泄漏现象。

### 865. 石灰石制备系统运行人员应检查和维护的内容包括哪些？

**答：**石灰石制备系统运行人员应检查和维护的内容包括：

（1）称重皮带机给料均匀，无积料、漏料现象，称重装置测量准确。

（2）制浆系统管道及旋流器应连接牢固，无磨损及漏浆现象。若旋流器泄漏严重，应切为备用旋流器运行，并通知检修处理。

（3）保持球磨机最佳钢球装载量，若球磨机电流低于正常值，应及时补加钢球。

（4）球磨机进、出料管及滤液水管应畅通，运行中应密切监视球磨机进口料位，严防球磨机堵塞。

（5）大齿轮喷淋装置喷油正常，空气及油管连接牢固，不漏油、不漏气。

（6）若油箱油位不正常升高时，应及时通知检修检查冷却水管是否破裂；反之，可能油管破裂或管路堵塞。

（7）慢驱电动机爪形离合器应处于退出位置。

（8）若筒体附近有漏浆，应及时通知检修检查橡胶瓦螺栓是否松脱，是否严密或存在其他不严密处。

（9）若球磨机进、出口密封处泄漏，应检查球磨机内料位计密封磨损情况。

（10）经常检查球磨机出口算子的清洁情况，及时清除分离出来的杂物。

（11）禁止球磨机长时间空负荷运行。

（12）球磨机转速不能达到额定转速或太快达到额定转速时，应通知检修检查溢流联轴器内的油量。

（13）运行中和停机后应检查液力耦合器易熔塞是否完好，应无漏油现象。

## 866. 烟气系统检查和维护的内容应包括哪些？

答：烟气系统检查和维护的内容应包括：

（1）脱硫系统运行时，应定期进行旁路烟气挡板开、关试验。

（2）检查密封系统正常投入，其密封风压力应高于热烟气压力 500Pa 以上。

（3）密封风管道好烟道应无漏风、漏烟现象。

（4）烟道膨胀畅通，膨胀节无拉裂、破损现象。

（5）脱硫装置停运检查时须关闭原烟气及净烟气挡板，此时启动挡板密封风机，且密封气压应高于烟气压力，防止烟气进入工作区。

## 867. 增压风机油站的哪些参数参与跳闸条件，各设定值为多少？

答：（1）风机轴承润滑油温大于 85℃，延时 5min 跳增压风机。

（2）液压油温度大于 60℃ 跳增压风机。

（3）液压油压小于 700kPa 跳增压风机。

（4）液压油箱油温大于 55℃ 持续 60min。

（5）2 台润滑油泵全停持续 5s。

### 868. 增压风机运行中的检查内容有哪些？

答：增压风机运行中的检查内容如下：

（1）增压风机密封烟气系统及轮毂加热器正确投入。

（2）增压风机本体完整，人孔门严密关闭，无漏风或漏烟现象。

（3）增压风机主轴承温度、振动等应正常，无异声。

（4）增压风机主驱动电动机的线圈和轴承温度、振动应无异常。

（5）增压风机液压油站、润滑油站冷却水正常。

（6）增压风机动叶调节灵活，液压油压力适当。

（7）增压风机液压油站和润滑油站的液位应正常。

（8）增压风机滑轨及滑轮完好，滑动自如，无障碍。

（9）增压风机基础减震装置无严重变形。

（10）增压风机进出口法兰连接牢固。

（11）当油过滤器前后压差过高时，则应切换为备用油过滤器运行。

（12）如果油箱油温低于10℃，投入油箱加热器运行。

（13）如果油箱油位过低，应检查系统严密性并及时加油至正常油位。

（14）如果油箱油温高于55℃，应查明原因，若油的流量低，必须对油路及轴承进行检查。

### 869. 吸收塔运行人员应检查和维护的内容包括哪些？

答：吸收塔检查和维护的内容应包括：

（1）吸收塔本体无漏浆及漏烟、漏风现象，其液位和pH值应在规定范围内。

（2）除雾器压差正常，除雾器冲洗水畅通，压力在合格范围内，除雾器自动冲洗时，冲洗程序正常。

（3）吸收塔喷淋层喷雾良好。

（4）侧进式搅拌器轴封良好，检漏管无漏浆现象。

（5）氧化空气喷枪冲洗水应开启。

（6）应控制吸收塔出口烟气温度低于 60℃，以免损坏除雾器。

（7）运行中视情况投入上层除雾器冲洗水门。

### 870. 石膏脱水系统运行人员应检查和维护的内容包括哪些？

答：石膏脱水系统运行人员应检查和维护的内容包括：

（1）检查浆液分配管（盒）进行均匀，无偏斜，石膏滤饼厚度适当，出料含水量正常且无堵塞现象。

（2）脱水机走带速度适当，滤布张紧度适当，清洁，无划痕。

（3）脱水机所有托辊应能自由转动，应及时清理托辊及周围固体沉积物。

（4）滤布冲洗水流量为 $7m^3/h$，真空和密封水流量为 $2m^3/h$，滤饼冲洗水流量为 $7m^3/h$，滑道冲洗水流量为 $1.7m^3/h$，脱水机运转时声音正常，气水分离器真空度正常。

（5）皮带调偏装置正常投入，出口压力适当。

（6）真空泵冷却水流量正常，一般为 $10m^3/h$ 左右。

（7）检查工艺水至滤饼冲洗水箱管路畅通。

（8）脱水机不易频繁启停，应尽量减少启停次数。短时不脱水时，可维持脱水机空负荷低速运行。

### 871. 真空皮带机正常运行的检查和调整是什么？

答：在真空皮带机正常运行中，做以下的定期调整：

（1）调整给浆率和皮带速度，优化真空皮带脱水机的出力，降低滤饼含水率。

（2）调整冲洗水量，以最少的冲洗水量达到最佳的滤布、皮带冲洗效果。

（3）每日进行一次如下检查：湿度分析；滤饼厚度检查；真空度检查；检查滚筒的情况。

（4）检查仪用空气源是否正常，滤布纠偏是否正常运行。

### 872. pH 计运行人员应检查和维护的内容包括哪些？

答：pH 计运行人员应检查和维护的内容包括：

（1）pH计的冲洗：

1）pH计每隔1h自动冲洗一次，当发现pH值指示不准确时，应及时冲洗pH计。

2）关断进浆阀。

3）存储pH值。

4）开启冲洗水阀，冲洗pH计1min。

5）冲洗完毕，关闭冲洗水阀，开启进浆阀。

6）冲洗完毕，显示应准确，否则应重新冲洗。

（2）pH计的投入：

1）投运前，应检查pH计各门严密关闭，外观及连接部件正常。

2）关闭冲洗水阀。

3）缓慢开启进浆阀及回浆阀，向pH计充浆。

4）投入后，应通知化学化验石膏pH，若pH值不准确，应立即对pH计进行冲洗。若反复冲洗后pH计指示仍不准确，应立即通知热工进行处理。

（3）pH计的保养：

如果脱硫装置停运时间较长，石膏排出泵需要停止运行时，则pH计必须进行注水保养。

1）石膏排出泵已停运，关闭pH计入口手动门，开启pH计水冲洗电动门，对pH计及出口管道进行冲洗。

2）开启pH计入口手动门，关闭出口手动门，对入口管道进行水冲洗。关闭pH计入口手动门及冲洗水电动门、手动门，pH计注水完毕，此时，pH值为7.0左右。

3）pH计注水后应定期进行检查，及时向pH计注水保养，一般每24h即应注水一次，否则pH计电极结垢，会影响pH计的测量精度，甚至损坏pH计。

### 873. 运行中转动机械紧急停止条件是什么？

**答：** 运行中转动机械紧急停止条件是：

（1）启动后无电流显示或电流在规定时间不返回。

（2）启动后电极不转或转动声音不正常，在规定时间内达不到规定转速。

（3）润滑设备故障造成断油，不能立即恢复时。

（4）轴承温度及定子线圈温度超过规定值时，保护未动作时。

（5）设备发生火灾、水灾危及人身、设备安全时。

（6）电动机、转机振动或窜动超过规定值时。

（7）转机轴承冒烟时。

（8）转机发生严重摩擦或撞击时。

（9）皮带设备发生以下情况之一时，应紧急停运：

1）皮带严重跑偏时。

2）皮带打滑或速度明显减慢时。

3）进、出料口堵塞时。

4）设备发生明显异音时。

5）危及设备及人身安全时。

## 第二节　脱硫设备被冻管理

**874. 脱硫设备被冻的原因是什么？**

**答：**在自然界中，大部分物质是从液体凝结成固体时，体积都要缩小，但液态水凝固为冰时，体积却要膨胀 9% 左右，这种膨胀的力量巨大，会造成严重的破坏。

原因分析为：

（1）人的主观因素：冬季来临时未制定防冻预案；防冻系统和设施忘记投运；停运系统和设备时，系统和设备中的浆液和水没有放净。

（2）环境因素：工厂处于极寒地区；寒风直吹设备；寒流时间突然提前。

（3）工程设计原因：极寒地区的设备露天布置；设计过程中防冻和保温考虑不周全；防冻热源功率设计偏小。

（4）材料因素：保温材料质量差；电伴热材料质量差；其他设备、材料等本身质量较差。

（5）施工因素：保温层破损或保温厚度不够；伴热电缆施工方法不对。

（6）运行维护管理问题：防冻热源断开或跳闸；系统经常短期停运；冬天设备跑冒滴漏。

**875. 脱硫系统冬季运行期间应重点防范哪些风险？**

**答：**脱硫系统冬季运行期间应重点防范风险为：

（1）确保人员安全，对现场存在的风险要清楚，有预防措施。

（2）各类管道保温是否完好，确保管道不会被冻结。

（3）各类变送器、压力表、液位计、测量管等伴热电缆正常投运，确保上位机反馈数据正确。

（4）各设备间、开关室、控制室等房屋门窗完好并已关闭，防止设备损坏。

（5）各室外设备防雨棚是否完好，特别是备用设备应该加强切换，防止冻结。

（6）对各类阀门要定期进行试验，防止阀门被冻住，发现问题及时联系检修。

（7）各水、浆液、药品箱内搅拌器正常投运，部分可以打循环的泵也可投运，防止结冰。

（8）适当开启增压风机润滑油站、液压油站备用冷却器进、出水阀，保持水流畅通；适当开启备用石膏浆液循环泵减速机冷却水阀，保持水流畅通。

（9）吸收塔除雾器冲洗间隔时间缩短。

（10）增压风机油站加热器正常投运。

（11）及时联系石灰石送粉，保持粉仓正常料位。

（12）加强设备定期切换和定期试验，确保设备正常稳定运行。

**876. 脱硫装置运行维护过程中采取的防冻措施有哪些？**

**答：**脱硫装置运行维护过程中采取的防冻措施有：

（1）在运行过程中及时处理现场管道、设备等的跑冒滴漏缺陷。

（2）地下水池埋设深度不够防冻深度或开敞式水池应采取冬季防冻措施，防止冻坏。如果室外环境温度低于4℃，室外设备的各坑、池、罐的泵以及搅拌器均应运行。

（3）管道结冰后，光管可以用喷灯烤；对于内部有衬胶的管道在结冰后，不允许用喷灯烤，只能采取拆法兰疏通的办法，用热水或热蒸汽。

（4）浆液系统管道堵塞后必须及时疏通，防止浆液停止流动后增加管道和相关设备被冻坏的风险。

（5）运行中如果室外环境温度低于4℃，应尽量保持工业水、工艺水至各个设备及系统的补水有一定流量。

（6）设备或系统在停运中应及时冲洗并放干净管道及设备中的水和介质。

（7）增压风机等在室外的油站油温度要一直在启动运行条件之上。

（8）对于停运的室外压缩空气管道要及时开启低点放水。

（9）进行厂房的空洞封闭，防止漏风，加强暖气监视，确保室内暖气一直保持供给，并制定暖气停运的应急措施，防止暖气停运后厂房内的设备、管道冻坏。

（10）对于室外管道上的调节阀尤其要注意，因为运行中有时调节阀在关闭状态。再有就是各种调节阀、仪表等均有旁路，在正常运行时，旁路一般处于关闭状态，长期不流动浆液易堵易冻。

（11）$SO_2$分析仪取样管、旁路压差表取样管、pH计冲洗管等多处仪表取样管冻结，$SO_2$分析仪由于排水管的冻结造成排水不畅，运行中注意及时清理排水管附近的积冰。

（12）在工艺水主干管上接有许多检修用冲洗水管，这些管路设计中没有充分考虑冬季防冻问题；在接近主干管的部位没有加阀门，只是在远离主干管的端部有阀门，并且没有管线放水阀，易形成死水。要经常检查并注意放水。

### 877. 简述脱硫系统停运后的检查及注意事项。

**答：**脱硫系统停运后，须注意事项：

（1）有悬浮液的管线必须冲洗干净，残留的悬浮液可能会引起管路的堵塞。

（2）要定时检查系统中各箱罐的液位，如果是长期停运，应将各箱罐清空。

（3）应考虑设备的换油和维护工作。

（4）停运期间应进行必需的消缺工作。

**878. 脱硫装置检修过程中采取的防冻措施有哪些?**

**答:** 脱硫装置检修过程中采取的防冻措施有:

（1）保温层厚度必须满足设计要求，不能偷工减料。

（2）不能有漏保温的地方，该保温的地方必须全部填实。

（3）保温棉之间要有搭接。保温棉外的金属保护层接缝与保温棉接缝必须错开，不能存在有寒风从保温棉接缝处直接穿透的缝隙通道。

（4）及时更换被淋湿的保温棉材料，恢复设备保温防冻措施。

（5）特别关注设备以下部位保温的施工质量：阀门门盖门杆、管道进出其他设备或建筑物的接口处、膨胀节和法兰面、排空阀门和排空管道、直接在结构上生根处的管道、处于地面下冻土层内的管道等。

（6）在需要增加电伴热或需要保温的位置增加电伴热和保温。

（7）采用电伴热防冻时，伴热电缆的缠绕施工工艺很重要。缠绕施工工艺一定要求满足特殊设备的防冻要求，如阀门门盖门杆、泵壳底座、排空阀门、弯头和三通处等。具体缠绕方法在伴热电缆产品说明书中都有说明，可供借鉴。

（8）准备好防寒防冻物质并由专人管理（防寒用门帘、电伴热设备、保温材料、破碎冰用的电锤、喷灯、加热用的蒸汽、热水等）。

（9）施工、抢修时应采取不得使用冻硬的橡胶圈。

（10）对于管道中的陶瓷阀门和陶瓷短接容易冻裂，更要注意:

1）管线冻结后，由于水冰、陶瓷膨胀系数不同，内部陶瓷套管被冻裂。

2）化冻时，用热水浇致使陶瓷炸裂。

3）化冻后安装过程中，由于安装顺序错误，致使该阀损坏；正确的安装顺序为先将该阀安装好，再连接相连的法兰配管，即使该阀安装得不严，也不要强行紧固，尤其是不能在整个管线上最后安装该阀，其他段法兰管由于有橡胶内衬可以进行微调纵向位置，但由于该阀为陶瓷内管，安装中纵向调整的幅度小，易受损。

## 第三节　脱硫装置能耗管理

### 879. 烟气脱硫系统的能耗主要表现在哪些方面？

**答：**烟气脱硫系统的能耗主要表现在电耗、水耗和压缩空气的消耗上，其中以电能消耗为最大，脱硫系统的电耗一般占发电量的 1%～1.5%。

### 880. 烟气脱硫系统中电功率较大的主要设备有哪些？

**答：**烟气脱硫系统中电功率较大的主要设备有增压风机、浆液循环泵、氧化风机、球磨机、挡板密封加热器、真空泵和石膏排出泵等，其中增压风机的电功率约占比重为 50%。

### 881. 脱硫增压风机做功计算公式是什么？

**答：**脱硫增压风机做功计算公式是为：

$$p = \frac{\Delta p \eta}{\rho} \tag{7-1}$$

式中　$p$——比功，即增压风机对单位质量烟气量所做的功，kJ/kg；

　　$\Delta p$——压升，即增压风机对烟气提供的压升，Pa；

　　$\rho$——烟气密度，kg/m³；

　　$\eta$——烟气压缩性系数，无纲量。

在增压风机所需提供的压升 $\Delta p$ 一定的前提下（即脱硫系统阻力相同情况下），烟气密度 $\rho$ 越小，则增压风机所做的比功越大；在烟气密度相同的情况下，所需提供的压升越大（即脱硫系统的阻力越大），则增压风机所做的比功越大。另外，因为增压风机对烟气所做的总功等于比功与烟气总质量流量的乘积，因此在比功一定的情况下，烟气的质量流量越大，则增压风机所做的功越多。增压风机做功的多少直接影响到其电耗的大小，做功越多，电耗越大。

**882. 在满足脱硫性能的前提下，降低增压风机电耗应从哪几方面着手？**

答：在满足脱硫性能的前提下，降低增压风机电耗应从以下方面着手：

（1）调整好锅炉的燃烧，降低过量空气系数，减少生产的烟气量。

（2）减少系统漏风量。

（3）降低脱硫系统入口的烟气温度。

（4）优化脱硫系统设计，减少系统阻力。

（5）加装增压风机小旁路，在低负荷下停运增压风机。

（6）加强GGH吹扫和除雾器水冲洗，避免GGH和除雾器堵塞、阻力增加。

（7）满足脱硫性能的前提下，减少浆液循环泵运行台数，降低喷淋层阻力。

**883. 为降低烟气系统阻力，增压风机进出口烟道布置应遵循的原则是什么？**

答：为降低烟气系统阻力，增压风机进出口烟道布置应遵循的原则是：

（1）进口烟气布置应尽量保证气流均匀地进入风机叶轮，并充满叶轮进口界面。风机进口烟道以水平段为最佳，一般长度不小于入口烟道当量直径的 2.5 倍，烟道收敛变径角度不超过 15°，扩散变径角度不超过 7°。

（2）风机出口烟道直管段长度应尽可能保证 3～5 倍当量直径以上。

第八章

# 烟气湿法脱硫装置常见故障分析与处理

## 第一节　脱硫装置故障处理原则

**884. 脱硫系统故障处理的一般原则是什么？**

**答：** 脱硫系统故障处理的一般原则是：

（1）应保证人身、设备安全。

（2）正确判断和处理故障，防止故障扩大，限制故障范围或消除故障原因，恢复装置运行。在装置确已不具备运行条件或危害人身、设备安全时，应按临时停运处理。

（3）在故障处理过程中应防止浆液在管道内堵塞，在吸收塔、箱、罐、坑及泵体内沉积。

（4）在电源故障情况下，应查明原因及时恢复电源。若短时间内不能恢复供电，应将泵、管道内的浆液进行排空。待电源恢复后，启动工艺水泵对泵及管道进行冲洗。

（5）当发生没有列举的故障时，运行人员应根据自己的经验，采取对策，迅速处理。首先保证旁路挡板打开，具体操作内容及步骤应根据电厂的系统实际情况，在电厂的运行规程中规定。

**885. FGD 系统在出现什么情况时可申请锅炉紧急停炉？**

**答：** FGD 系统在出现下列情况时可申请锅炉紧急停炉：

（1）脱硫浆液循环泵全部停运，而 FGD 原烟气挡板和净烟气挡板均无法关闭。

（2）FGD 入口烟温过高（超过 FGD 设计允许的最高烟温），而 FGD 原烟气挡板和净烟气挡板均无法关闭。

（3）FGD 出入口烟气挡板在正常运行时发生关闭而旁路烟道挡板未能同时打开。

（4）FGD 旁路烟道处出现大面积烟气泄漏。

**886. 简述脱硫系统保护动作的原因及动作后的处理方法。**

**答：**造成脱硫系统保护动作的原因通常有以下几条：

（1）所有吸收塔浆液循环泵均无法投入运行。

（2）脱硫系统入口烟温超过了允许的最高值。

（3）在正常运行时，出现 FGD 入口和出口烟气挡板关闭的情况。

（4）增压风机因故障无法运行。

（5）烟气再热器因故障无法运行，或出口烟气温度过低。

（6）系统入口烟气含尘量超标。

（7）半数以上吸收塔搅拌器无法投入运行。

（8）锅炉 MFT 或大量投油燃烧。

脱硫系统保护动作后的处理方法如下：

（1）检查确定旁路烟气挡板已自动开启。

（2）通知运行班长及有关部门。

（3）注意调整和监视各浆液池内浆液密度和液位。

（4）保证各搅拌器正常运行。

（5）及时排空和冲洗可能因浆液沉淀而造成堵塞的泵、管道及箱罐。

（6）查明脱硫系统保护动作的原因，并根据脱硫系统运行规程采取相应措施，并准备随时恢复系统的运行。

## 第二节　石灰石浆液制备故障分析处理

**887. 两台石灰石浆液泵其中一台失去备用另外一台故障时，如何确保脱硫率？**

**答：**（1）通过吸收塔集水坑制浆然后注入吸收塔。

（2）如无石灰石粉可通过开启石灰石浆液罐底部排放阀或石灰石浆液泵进口排放阀把石灰石浆液排放到吸收塔集水坑，通过集水坑泵打入吸收塔。

（3）还可以将其他吸收塔的浆液导入吸收塔。

（4）联系检修人员立即对故障石灰石浆液泵进行检修。

**888. 石灰石粉已用完，粉车估计在 2h 后到达，运行侧通过哪些措施确保脱硫率？**

答：（1）在保证脱硫率的前提下将石灰石浆液流量开至最小。

（2）如浆液密度不是非常高应停运脱水系统。

（3）关闭吸收塔废水排放。

（4）如出现脱硫率较低时可开启除雾器进行冲洗。

（5）如无法维持脱硫率应增启一台浆液循环泵。

**889. 石灰石供浆系统的常见故障有哪些？如何处理？**

答：（1）石灰石供浆系统的常见故障有：①浆液浓度异常；②石灰石浆液泵故障。

（2）石灰石浆液浓度异常的原因有：①石灰石旋转给料机堵塞；②粉仓内石粉搭桥；③石灰右粉仓进料系统故障；④石灰石密度控制故障；⑤石灰石浆液箱进水失控；⑥测量仪器故障。

石灰石浆液浓度异常的处理方法有：①清理给料机；②增加粉仓进料量；③检查石灰石粉仓气化风机及相应的气化管道；④对石灰石密度控制块进行必要的检查；⑤检查相应的管线及阀门；⑥检查测量仪器。

（2）石灰石浆液泵发生故障的现象是 CRT 上报警，泵出口流量指示为零，其原因有：①石灰石浆液泵保护停运；②事故按钮动作。

石灰石浆液泵发生故障的处理方法有：①立即查明具体原因并做相应处理，不运行的泵和管道在停止后应立即冲洗；②启动备用泵，如两台泵都发生故障而吸收塔内 pH 值不断降低，则应停止 FGD 运行。

**890. 湿式球磨机运行过程中常出现的问题有哪些？**

答：湿式球磨机运行过程中常出现的问题有：

（1）大小齿轮啮合不正常，突然发生加大振动或发生异常声响。

（2）润滑系统发生故障，不能正常供油。

（3）衬板螺栓松动或折断脱落。

（4）主轴承、主电动机温升超过规定值或主电动机电流超过规定值。

（5）主轴承、传动装置和主电动机的地脚螺栓松动。

（6）减速机抱死。

**891. 石灰石抑制成闭塞的现象及原因分析及处理是什么？**

答：（1）石灰石抑制成闭塞的异常现象：

1）石灰石正常给浆或加大给浆，脱硫效率下降。

2）石灰石正常给浆或加大给浆，pH 值下降。

3）石膏浆液品质下降。

（2）石灰石抑制成闭塞的原因分析及处理：

1）浆液中含有高浓度的氯离子及镁离子。

2）浆液中含有高浓度的氟化铝络合物或溶解亚硫酸盐，氟化铝络合物一般由杂质、烟气粉尘、燃油产物引发，亚硫酸盐由不完全氧化引发。

3）石灰石抑制成闭塞的处理方法为：加大氧化风量，堵住杂质、烟气粉尘、燃油产物等污染源，极端情况下采取排浆、添加氢氧化钠、乙二酸、二元酸（乙二酸与谷氨酸、丁二酸混合物）、甲酸、镁等增强化学性能的添加剂。

## 第三节　工艺水故障分析与处理

**892. 厂区服务水故障停运，运行侧通过哪些措施确保脱硫系统安全运行？**

答：（1）减少对吸收塔除雾器冲洗（可短时不冲洗）。

（2）关闭备用浆液循环泵冷却水。

（3）在保证设备正常运行时将增压风机润滑油站、液压油站、循环泵、氧化风管冷却水开至最小。

（4）停运脱水系统。

（5）关闭加约系统补水。

（6）关闭现场地面冲洗用水。

（7）停运 GGH 高、低压冲洗水。

（8）减少对石灰石浆液罐补水。

（9）如果较长时间停运应汇报值长开启消防水对工艺水箱进行补水。

**893. 工艺水中断处理原则是什么？**

**答：**工艺水中断的处理原则是：

（1）当设备冷却水中断，应按照异常停运处理。

（2）查明工艺水中断原因，处理后恢复脱硫系统运行。

（3）密切监视吸收塔进出口温度、液位、浆液密度及转动设备的机械密封冷却水、石灰石浆液箱液位变化情况。

**894. 试述脱硫系统工艺水中断的现象、原因及处理方法。**

**答：**（1）脱硫系统工艺水中断的现象：①补给水流量计无流量；②补给水压力低报警。

（2）脱硫系统工艺水中断的原因：①工艺水水源中断，如供水系统断水、管道泄漏、来水总门阀板掉等；②工艺水泵跳闸，而备用泵没有及时投入运行。

（3）相应的处理方法是：①停运旋流器，浆液返回吸收塔，停运脱水机和真空泵；②联系值长或单元长，询问供水是否正常，现场检查水泵及管路情况，尽快恢复供水；③若工艺水系统短时无法恢复时，应锅炉停运。

**895. 在 FGD 系统运行过程中，出现正水平衡的危害是什么？**

**答：**在 FGD 系统运行过程中，有时会出现水平衡破坏的现象，主要表现为出正水平衡，即进入 FGD 系统的水多于 FGD 系统实际需要的水量。出现严重正水平衡时，吸收塔液位偏高且常出现溢流、浆液浓度偏低，使液位和浓度失控；使除雾器有冲洗兼补水的机会，严重时造成除雾器堵；FGD系统内的各个箱、罐、地坑等多水满为患，FGD耗水量大大增加。

**896. 在FGD系统运行过程中，出现正水平衡的原因是什么？**

**答：**在FGD系统运行过程中，出现正水平衡的原因有：

（1）FGD系统长时间低负荷运行（如锅炉低负荷、旁路开启、风机导叶开度较小），此时占工艺水消耗绝大部分（不考虑废水排放量可占90％以上）的烟气蒸发水量大大减少，副产品石膏带走的水分也相应减小，而除雾器冲洗水，密封水等未按比例减少。

（2）除雾器冲洗频率和冲洗时间设置不适当。

（3）除雾器冲洗水管或喷嘴破损、泄漏，造成水大量进入塔内。

（4）除雾器冲洗阀门不能关闭或关不严（即内漏），这是个常见的问题。

（5）填料和机械密封水、冷却水流量过大，超出原设计水平衡值。

（6）皮带脱水机真空泵密封水或滤饼冲洗系统水流量过大，而制浆系统用水量较小。

（7）设备启/停或切换频繁且冲洗水量大，特别是在调试初期。

（8）大量雨水等原未设计考虑的水进入FGD系统。

**897. 在FGD系统运行过程中，出现正水平衡时采取的措施是什么？**

**答：**在FGD系统运行过程中，出现正水平衡时，应及时查明原因，并采取相应措施。

（1）选用质量良好的阀门防止内漏发生，及时修理更换损坏的阀门。

（2）调整除雾器冲洗程序使之正常。

（3）降低密封、冷却水量，最大限度地利用石膏过滤水进行石灰石浆液制备。

（4）调整停运泵和管道冲洗时间。

（5）对输送稀浆的泵和管道在排空后减少冲洗或不冲洗，忌频繁启停设备。

（6）加大废水排放量、防止系统外水源如雨水、清洁用水的流入。

（7）将过剩水暂时存储起来（如可打往事故浆液罐）供负水平衡时使用等。

（8）可用泵将多余的水打到 FGD 系统外。

## 第四节　烟气系统设备故障分析与处理

**898. 烟气系统泄漏原因有哪些？如何处理？**

**答：**烟气系统泄漏原因有安装或检修工艺不符合规范和腐蚀泄漏。

（1）原烟气侧泄漏。膨胀节和各检查孔是易于出现泄漏的部位。安装时密封不好，会持续地少量烟气泄漏，泄露出的烟气会造成周围金属部件的腐蚀。如果泄漏部位在保温层内，则烟气温度降低后会更容易出现酸露，造成保温外护板和管道（设备外壳）的腐蚀。

原烟气侧泄漏的处理方法：对密封面清理干净（必要时进行校正和打磨），选择合适的密封材料，仔细进行密封。

（2）净烟气侧泄漏。由于湿度高和含有腐蚀性气体，净烟气侧（有 GGH 时，在 GGH 之前为饱和烟气）有防腐层，防腐层在热应力和冲刷的作用下会出现局部损坏；或在施工中遗留的局部问题，也会造成金属腐蚀。最终出现烟气泄露，同时伴有凝结水的排除。

净烟气侧泄漏的处理方法：根据腐蚀情况，除去一定范围的防腐层，对金属部分进行除锈和修补（必要时更换金属部分），打磨平整后恢复防腐层。

**899. 增压风机故障处理原则是什么？**

**答：** 增压风机故障的处理原则是：

（1）开启旁路挡板。

（2）关闭原、净烟气挡板，开启吸收塔顶部放空阀。

（3）查明增压风机跳闸原因，处理后恢复脱硫系统运行。

（4）若短时间内不能恢复运行，应按短时停机的有关规定处理。

**900. 增压风机的常见故障有哪些？**

**答：** 增压风机的常见故障主要有：①增压风机跳闸；②增压风机失速；③增压风机入口压力值与设定值偏差大；④电动机无法启动；⑤风机振动过大；⑥风机声音异常；⑦风机叶片控制故障；⑧液压油站和润滑油站油压/油量低，液压油泵和润滑油泵轴封处漏油；⑨液压油站和润滑油站安全阀运行有误；⑩液压油泵和润滑油泵声音异常；⑪液压油和润滑油油温过高。

**901. 脱硫增压风机故障现象、原因、处理是什么？**

**答：**（1）脱硫增压风机故障现象：

1）脱硫增压风机跳闸、声光报警发出。

2）脱硫系统旁路挡板自动开启，原、净烟气挡板自动关闭。

3）若制浆系统投入自动时，联锁自动停止制浆系统。

4）DCS 画面上增压风机电流到零，电动机画面由红色变为绿色。

（2）脱硫增压风机故障原因：

1）运行人员误操作。

2）脱硫增压风机失电。

3）脱硫塔再循环泵全停。

4）脱硫出、入口烟气挡板开启不到位。

5）增压风机轴承温度过高。

6）电动机轴承温度过高。

7）电动机线圈温度过高。

8）风机轴承振动过大。

9）电气故障（过负荷过流保护差动保护动作）。

10）增压风机发生喘振。

（3）脱硫增压风机故障处理：

1）确认脱硫旁路挡板自动开启，原、净烟气挡板自动关闭，若联锁不良应手动处理。

2）检查增压风机跳闸原因，若由联锁动作造成，应待系统恢复正常，方可重新启动。

3）若属风机设备故障造成，应及时汇报值长及车间，联系检修人员处理，在故障未查实处理完毕之前，严禁重新启动风机。

4）若短时间内不能恢复运行，按短时停机的有关规定处理。

**902. 增压风机不能正常投运的原因有哪些？**

**答：**造成增压风机不能正常投运的原因有：

（1）增压风机失电。

（2）吸收塔循环泵全停。

（3）原、净烟气挡板开启不到位。

（4）增压风机轴承温度过高。

（5）增压风机电动机轴承温度过高。

（6）增压风机电动机绕组温度过高。

（7）增压风机轴承振动过大。

（8）增压风机发生喘振。

（9）电气故障（过负荷、过流保护、差动保护动作）。

（10）运行人员误操作。

**903. 增压风机轴承箱振动剧烈的原因有哪些？**

**答：**增压风机轴承箱振动剧烈的原因有：

（1）机轴与电动机轴不同心。

（2）机壳或进风口与叶轮摩擦。

（3）基础的刚度不够不牢固。

（4）叶轮变形或黏灰。

(5) 叶轮与轴松动、联轴器螺栓松动。

(6) 机壳与支架、轴承箱与支架、轴承箱盖与座等连接螺栓松动。

(7) 风机叶轮不平衡。

**904. 增压风机轴承箱温升过高的原因有哪些？**

**答：**增压风机轴承箱温升过高的原因有：

(1) 轴承箱或电动机振动剧烈。

(2) 润滑脂质量不良，变质或填充过多，或含有杂质。

(3) 轴承箱盖和座连接螺栓的紧力过大或过小。

(4) 轴与滚动轴承安装歪斜，前后两轴承不同心。

(5) 轴承间隙太小。

(6) 滚动轴承损坏。

(7) 轴弯曲。

(8) 工作处温度过高。

**905. 增压风机电动机电流大或温升过高的原因有哪些？**

**答：**增压风机电动机电流大或温升过高的原因有：

(1) 启动时入口风道挡板门未关严。

(2) 流量超过规定值，管路阻力过小或风道漏气。

(3) 风机输送气体密度过大或温度过低，使压力过大。

(4) 电动机输入电压过低，电源单相断电或电动机转速增大。

(5) 联轴器连接不正，皮圈过紧或间隙不匀。

(6) 受轴承箱振动剧烈的影响。

(7) 机件发生故障，动叶轮与静止部分发生摩擦。

**906. 分析增压风机失速时的故障表现、原因和处理过程。**

**答：**(1) 增压风机失速时的故障现象表现在：①DCS画面失速报警发出；②风机入口压力大幅波动；③风机水平和垂直振动加剧；④风机电流大幅度晃动，就地检查风机声音异常。

(2) 增压风机失速的原因有：①烟气系统挡板误关；②操作

风机动叶时幅度过大，使风机进入失速区；③动叶调节特性变差；④机组在高负荷时，烟气量过大。

（3）故障处理方法有：①立即向值长汇报增压风机失速情况；②如自动调节不正常时，接值长令后应立即将风机动叶控制切至"手动"，并加强与主机协调操作；③汇报值长要求减小增压风机动叶开度，同时严密监视增压风机入口压力及其他各项技术参数变化；④经上述处理失速现象消失，则稳定增压风机运行工况，进一步查找原因并采取相应措施后，方可逐步增加风机的负荷，经上述处理后无效或已严重威胁设备的安全时，应汇报值长后立即停止该风机运行。

**907. 增压风机入口压力值与设定值偏差大有哪些现象？分析原因并处理故障。**

**答：**（1）增压风机入口压力值与设定值偏差大的现象表现在：①增压风机入口压力值与设定值偏差大于100Pa；②动叶开度位置反馈参数与调节愉出指令大于2%；③增压风机动叶控制由"自动"跳转为"手动"（指令与位置反馈偏差超过15%，或入口压力反馈值与设定值偏差大于500Pa）；④增压风机入口和出口压力波动幅度较大；⑤锅炉吸风机出口风压变化大。

（2）原因分析：①增压风机动叶调节机构卡涩；②增压风机动叶调节电动执行机构力矩调整不当；③动叶调节机构故障；④动叶开度调节回路异常。

（3）故障处理方法有：①将增压风机动叶控制由"自动"切为"手动"，及时汇报值长并随时将变化情况进行汇报；②调整动叶开度指令与开度位置反馈值适当后，根据入口压力手动调整动叶开度，并严密监视动叶位置反馈跟踪情况和入口压力的变化，确保入口压力稳定和增压风机运行工况稳定，将操作及运行情况汇报值长；③联系相关检修人员及时到达现场进行处理。

**908. 增压风机的电动机无法启动的原因是什么？如何处理？**

**答：**增压风机电动机无法启动的原因有电源故障断线和电缆

断开。

处理方法有：检查电源电压；检查电缆线及其连接。

**909. 增压风机振动过大的原因有哪些？应采取哪些措施？**

**答：**增压风机振动过大的原因有：①叶片和轮毂上积灰；②联轴器有缺陷；③轴承有缺陷；④部件松动；⑤叶片磨损；⑥失速操作；⑦导管堵塞或挡板未开启。

应采取如下处理措施：①清理积灰；②修理或更换联轴器；③更换轴承；④紧固松动部件螺栓；⑤更换叶片；⑥断开主电动机或控制风机使其脱开失速范围；⑦疏通堵塞导。

**910. 增压风机声音异常的原因主要有哪些？如何处理？**

**答：**增压风机声音异常的原因有：①基础螺栓松动；②电动机缺相运行；③转子和静态件间摩擦；④风机失速运行。

处理方法有：①紧固地脚螺栓；②检查故障原因，并进行相应的纠正；③检查叶片顶部间隙；④断开电动机或风机控制系统；⑤检查风道是否堵塞，挡板是否打开。

**911. 增压风机叶片控制故障的主要原因有哪些？如何处理？**

**答：**增压风机叶片控制故障的主要原因有：①伺服电动机故障；②液压油压力低；③调节驱动装置故障。

处理方法有：①检查控制系统和伺服电动机；②检查液压油站运行情况。③检查调节臂情况和调节驱动装置。

**912. 增压风机液压油站和润滑油站油压/油量低的原因有哪些？如何处理？**

**答：**增压风机液压油站和润滑油站油压/油量低的原因主要是：①泵入口侧漏油；②安全阀设定值过低；③油温过高；④隔离阀未全开；⑤过滤元件变脏；⑥入口过滤器部分堵塞。

处理方法有：①全面检查油站有无泄漏情况；②调整安全阀；③降低油温，清洁油冷却器；④检查隔离阀的开度；⑤更换过滤元件；⑥检查入口过滤器。

**913. 增压风机液压油泵和润滑油泵轴封处漏油的原因有哪些？如何处理？**

答：增压风机液压油泵和润滑油泵轴封处漏油的原因有：①轴套油孔堵塞；②入口压力过高；③油封故障。

处理方法有：①检查清理轴套油孔；②检查入口压力并调整；③更换油封。

**914. 增压风机液压油站和润滑油站安全阀运行有误的原因是什么？处理方法有哪些？**

答：增压风机液压油站和润滑油站安全阀运行有误的原因主要是：①安全阀被污染；②安全阀设定值过高。

处理方法有：①拆卸检查清洁安全阀；②调整安全阀设定值。

**915. 增压风机液压油泵和润滑油泵在什么情况下声音异常？如何处理？**

答：增压风机液压油泵和润滑油泵声音异常主要发生在：①油泵联轴器没对中；②泵入口进入空气；③隔离阀未完全打开。

处理方法有：①检查并对联轴器重新找正；②消除泵入口漏气现象；③全开隔离阀。

**916. 增压风机液压油和润滑油油温过高的原因有哪些？如何处理？**

答：增压风机液压油和润滑油油温过高的原因主要有：①泵压力过高；②安全阀设定值过低，油在泵中惰转；③低黏度的油被污染。

处理方法有：①联系检修检查油泵；②调节安全阀设定值；③检查油污染情况，必要时更换。

## 第五节　吸收塔故障分析与处理

**917. 吸收塔发生入口烟气超温事故工况主要有哪两种?**

答：当吸收塔入口未设置烟气降温换热装置或其冷却介质可旁路运行时，吸收塔直接面对脱硫装置和机组发生事故时的高温烟气，需要设置事故高温烟气降温措施。电厂运行时可能发生吸收塔入口烟气超温的事故工况主要有两种：

(1) 全部浆液循环泵跳闸，未经降温的热烟气直接进入吸收塔内，需要将吸收塔入口烟温降至塔内衬及内部件可承受的温度约 80℃。

(2) 锅炉尾部空气预热器着火燃烧时，高温烟气未经降温直接进入吸收塔内，需要将吸收塔入口烟温降至 160℃ 以下，塔内喷淋浆液继续进行烟气降温。

**918. 吸收塔出口净烟气正常运行烟温约多少摄氏度 (℃)，事故工况烟温为多少摄氏度 (℃)?**

答：吸收塔出口净烟气正常运行烟温约 50℃，事故工况烟温为 70～80℃。

**919. 简述吸收塔入口烟温高的原因及处理方法。**

答：吸收塔入口烟温高的原因：锅炉出口烟气自身温度较高；GGH 堵塞降温效果不佳。

处理方法：温度较高时开启事故喷淋，降低温度；加强 GGH 换热器冲洗。

**920. 吸收塔浆液循环泵全停处理原则是什么?**

答：吸收塔浆液循环泵全停处理原则是：

(1) 确认烟气系统联锁保护动作正常，启动故障喷淋水系统或者开启除雾器冲洗。

(2) 查明浆液循环泵跳闸原因，处理后恢复脱硫系统运行。

（3）若短时间内不能恢复运行，应按短时停机的有关规定处理。

### 921. 浆液循环泵运行中停运应如何处理，需要做哪些联系？

答：两台循环泵运行期间其中一台跳停处理：立即启动备用循环泵。若无备用泵应立即联系控制解除"两台循环泵停运60min跳停FGD"和"三台循环泵同时停运延时10s跳停FGD"保护并汇报值长，对跳停的循环泵进行冲洗并确认进口是否内漏（依据情况联系检修）；调查循环泵各运行参数中哪一点出现故障并联系对应检修班组和设备点检（夜间联系生技部值班）；汇报值长、安环部、专工；在检修查明故障原因处理期间应对运行的循环泵加强监视；在处理期间应对除雾器和GGH加强冲洗和吹扫避免堵塞（若处理时间不明确且负荷不高于75%负荷时可以考虑使用高压水对GGH冲洗）；若检修明确故障原因无法消除后应汇报值长、专工决定是否停运FGD；故障处理完成后及时报送脱硫异常报表。

### 922. 浆液循环泵压力低的原因是什么？处理方法有哪些？

答：浆液循环泵压力低的原因主要有：①浆液循环泵入口滤网堵塞；②喷嘴堵；③相关阀门开/关不到位；④浆液循环泵的出力下降。

浆液循环泵压力低的处理方法有：①浆液循环泵停运反冲洗滤网或清理滤网；②清理喷嘴；③检查并校正阀门状态；④循环泵解体检查叶轮磨损情况，视情况更换叶轮。

### 923. 简述循环泵浆液流量下降的原因及处理方法。

答：循环泵浆液流量下降会降低吸收塔液气比，使脱硫效率降低。造成这一现象的原因主要有：

（1）管道堵塞，尤其是入口滤网易被杂物堵塞。

（2）浆液中的杂物造成喷嘴堵塞。

（3）入口门开关不到位。

（4）泵的出力下降。

循环泵浆液流量下降的处理方法分别是：

（1）清理堵塞的管道和滤网。

（2）清理堵塞的喷嘴。

（3）检查入口门。

（4）对泵进行解体检修。

**924. 浆液循环泵跳闸原因和处理方法是什么？**

**答：**（1）浆液循环泵跳闸原因：

1）失电。

2）运行中阀门关位。

3）进口压力小于 30kPa。

4）吸收塔液位低于设定值。

5）线圈温度高于 130℃。

6）泵前轴温度高于 95℃。

7）电动机前轴温度高于 80℃。

8）减速机温度高于 110℃。

（2）浆液循环泵跳闸处理方法：

1）确认无异常后，联系送电重新启动。

2）就地确认阀门实际状态，若非关闭联系控制人员处理信号问题。

3）进口压力低，判断吸收塔液位真实情况，加强进口冲洗排放、回流冲洗。

4）就地实际判断温度是否属高，如非真实，联系控制处理。

5）吸收塔关注液位变化。

**925. 浆液循环泵参数变化与系统缺陷的关系是什么？**

**答：**浆液循环泵参数变化与系统缺陷的关系是：

（1）浆液循环泵运行中入口压力变小，是入口滤网有堵塞现象，浆液中的杂质是很多的，并且浆液如果控制不好，滤网会结垢严重等。

（2）浆液循环泵出口压力变大，浆液循环泵喷嘴有堵塞。

（3）浆液循环泵的进口滤网有不同程度的堵塞，导致泵气蚀的发生，流量忽大忽小，进口管道振动加剧，引起浆液循环泵振动。

### 926. 当除雾器冲洗水源失去后如何调整运行方式确保除雾器不堵塞？

答：（1）加强除灰电除尘器电场的投运率，减少进入吸收塔的烟尘颗粒。

（2）增启一台浆液循环泵保持吸收塔浆液低密度运行（确保脱硫率和 pH 值的前提下）。

（3）联系检修紧急处理，确保恢复除雾器冲洗水。

（4）加强对除雾器、GGH 压差和增压风机电流的监视，出现升高后及时汇报值长并联系生产管理人员。

### 927. 除雾器烟气流速增加的原因什么？

答：除雾器烟气流速增加的原因：

（1）除雾器结垢，使得通流面积减少。

（2）因煤种变化、燃烧工况变化使烟气量增加。

（3）漏风率增加。

### 928. 吸收塔发生起泡现象的主要原因是什么？处理方法是什么？

答：（1）吸收塔发生起泡现象的主要原因有：

1）烟尘含量过高。

2）过细的烟尘颗粒在吸收塔内长期聚集。

3）颗粒较细的化合物设备腐蚀产物（铁锈等）、各类反应生成物在吸收塔浆液表面聚集。

4）烟气中含未完全燃烧的助燃油、风机轴承箱泄露的润滑油等被带入至吸收塔内，油类物质在塔内发生皂化反应，并在吸收塔浆液表面形成泡沫。

（2）吸收塔发生起泡现象的处理方法为：

1）改善 FGD 入口烟气的含尘量。

2）当出现轻微泡沫时，可以将适当泡沫排除系统。

3）加强石膏脱水，及时投运废水处理系统。如吸收塔浆液品质实在太差，则应对浆液进行彻底的置换。

4）通过吸收塔排水地坑向吸收塔内加入适量的消泡剂。


**929. 运行中脱硫效率不高的原因有哪些？其解决措施有哪些？**

**答：**（1）运行中脱硫效率不高的原因有：

1）$SO_2$ 测量值不正确。

2）pH 测量值不正确。

3）烟气流量增加。

4）$SO_2$ 入口浓度加大。

5）pH 值过低（小于 5.5）而且氧化空气压缩机在运行。

6）再循环的液体流量降低。

（2）运行中解决脱硫效率低的措施主要有：

1）校准 $SO_2$ 的测量。

2）校准 pH 值的测量。

3）若可能，增加一层喷淋层。

4）检查石灰石粉的质量及投配情况，增加石灰石浆液的加入量。

5）检查吸收塔再循环泵的运行数量及泵的出力情况。


**930. 石膏浆液品质恶化的情况有哪些？处理方法是什么？**

**答：**石膏浆液品质恶化有两种情况：氧化过程受阻（$CaSO_3$ 含量高）；其他固体杂质浓度过高（$CaSO_3 + CaSO_4$ 总含量低），造成的后果是石膏脱水不佳。

（1）氧化过程受阻。

1）氧化过程受阻的原因，一是浆液中某种抑制氧化反应的物质浓度过大，如油脂或其他有机物等；二是氧化空气的分布装置故障（如氧化空气矛管堵塞或脱落）或设计不合理。

2）氧化过程受阻的处理方法为：

a. 浆液中某种抑制氧化反应的物质浓度过大，首先要避免该物质继续进入系统，其次对浆液进行置换，逐步降低该物质的浓度。

b. 对于其他固体的杂质，一般来自烟气中的灰分及石灰石中的杂质。为避免其在吸收塔内富集，在烟气含尘量超过允许值时应降低烟气量的运行，如在一定时间内不能恢复正常，则应退出FGD运行；石灰石进厂应进行检查和化验，应避免使用杂质含量过大（如 $CaCO_3 < 80\%$）的石灰石原料。

（2）其他固体杂质浓度过高。对于非溶解性杂质，浓度过高会使石膏脱水时滤布污染，造成脱水困难；对于一些可溶性的杂质，也对氧化或结晶过程有阻碍作用，如铁离子可能使浆液接近于胶体，难于结晶。

其他固体杂质浓度过高的处理方法为：重视和严格控制石灰石品质，同时可逐步对浆液进行置换，改善浆液品质，如输送至事故浆液箱，浆液品质正常后可缓慢输送回吸收塔。

### 931. 吸收塔浆液中 $Cl^-$ 含量高的主要原因是什么？处理方法是什么？

答：（1）吸收塔浆液中 $Cl^-$ 含量高的主要原因有：①烟气中氯的含量过高；②工艺水中氯的含量过高；③石灰石中有氯化物的成分带入。

（2）吸收塔浆液中 $Cl^-$ 含量高的处理方法为：①提高入炉煤的品质，改善 FGD 入口烟气中氯含量；②降低工艺水中氯的含量过高；③及时投运废水处理系统，加大废水排放量。

### 932. 吸收塔浆液中的盐酸不溶物来源是什么？其危害是什么？有何办法减少盐酸不溶物在吸收塔中的含量？

答：（1）吸收塔浆液中的盐酸不溶物主要来自石灰石和烟尘中的飞灰，其成分主要是 $SiO_2$ 和飞灰中未被完全燃烧的碳及其化合物。

（2）由于 FGD 系统是相对封闭的系统，盐酸不溶物在吸收塔内不断富集。盐酸不溶物会覆盖在石灰石颗粒的表面，减少颗粒与水相的接触面积，从而使石灰石的活性严重降低，另外细小的飞灰将使后续的石膏脱水困难，因此应尽量减少盐酸不溶物在吸收塔中的含量。

（3）减少盐酸不溶物在吸收塔中含量的办法有：保证石灰石的品质、提高锅炉除尘器的效率、调整废水旋流器的旋流效果及增大废水的排放量等。

**933. 搅拌器或泵体腐蚀磨损的现象是什么？原因是什么？应采取哪些措施？**

答：（1）搅拌器或泵体腐蚀磨损的现象是搅拌器叶片严重破损，搅拌效果降低，搅拌器振动加大；浆液泵叶轮以及泵体明显磨损，间隙加大，损耗增加，出力下降，严重影响相关系统的经济性能。

（2）搅拌器或泵体腐蚀磨损的原因是：浆液中颗粒物的磨损，酸性物质的腐蚀，泵的汽蚀现象；泵的选材不当。

（3）搅拌器或泵体腐蚀磨损应采取的措施为：

1）加强检查，定期做镀层或涂层。

2）加强废水排放，防止浆液起泡，防止汽蚀现象发生。

3）防止杂物或异物进入系统。

4）对石灰石浆液箱和吸收塔进行定期清理，清除沉积在底部的颗粒物。

5）定期化验石灰石品质，防止 $SiO_2$ 超标。

6）定期监视循环泵的电流变化来判断循环泵的磨损情况，优化氧化空气系统的设计，防止或减少泵的汽蚀。

**934. 侧进式搅拌器皮带磨损过快的原因什么？解决方法是什么？**

答：（1）侧进式搅拌器皮带磨损过快的原因是：

1）皮带轮没有调直。

2）电动机支撑松动。

3）皮带轮损坏、磨损。

4）温度过高。

5）机械干扰。

6）驱动超负荷。

7）灰尘/砂子进入传动。

8）皮带轮太小。

9）皮带或皮带轮上有油脂。

10）安装不正确导致拉紧组件损坏。

（2）侧进式搅拌器皮带磨损过快的解决方法是：

1）重新调整皮带轮，消除"弯曲"。

2）紧固电动机支撑固定螺栓。

3）换掉损坏的皮带轮。

4）给皮带防护通风。

5）消除干扰，移动皮带轮。

6）用酒精清洗皮带及皮带轮，清除油脂。

7）用新的配套组件替换，安装要正确。

**935. 吸收塔搅拌器有两台停运后应如何处理？目的是什么？**

**答**：在确保脱硫率的前提下保持吸收塔内部浆液低密度运行防止出现沉淀淤积；增启循环泵加快浆液流动；在不影响脱水效果的前提下提升石膏排出泵变频加大流量；每隔 2h 利用搅拌器冲洗水对已停运的搅拌器进行冲洗。吸收塔搅拌器有两台停运的目的是防止吸收塔底部浆液密度较高和沉淀，造成循环泵和石膏排出泵及管道的磨损。

# 第六节　氧化风机故障分析与处理

**936. 氧化风机的故障有哪些？**

**答**：氧化风机的故障有：①不正常运转噪声；②鼓风机太热；③吸入流量太低；④电动机需用功率超出；⑤边侧皮带振动；⑥鼓风机在切断电源后倒转。

**937. 氧化风机不能运转或卡死的原因和处理方法是什么？**

答：（1）氧化风机不能运转或卡死的原因分析：

1）电动机故障或者电源系统未上电。

2）风机内有异物卡住。

3）风机内部发生接触而抱死。

4）轴承损伤或发生偏斜，转子的前后面与侧箱体发生接触。

5）风机轴承断油，黏附上脏污或者产生锈斑。

（2）氧化风机不能运转或卡死的处理方法：

1）检查电动机绝缘情况，保证电气控制系统工作正常。

2）检查风机内部，去除杂物。

3）检查调整风机内部各组件的间隙情况。

4）更换轴承，修理接触部位。

5）清理风机轴承，检查加油。

**938. 氧化风机运行风量不足，出口风压升不上去的原因和处理方法是什么？**

答：（1）氧化风机运行风量不足，出口风压升不上去的原因分析：

1）进口侧的滤清器或者滤网被灰尘等杂物堵塞。

2）风机的连接法兰或出口侧管道有泄漏现象。

3）安全阀动作。

4）风机内部间隙过大。

（2）氧化风机运行风量不足，出口风压升不上去的处理方法：

1）清理滤清器或者滤网。

2）检查并更换连接方法的垫片，处理泄漏部位。

3）重新调整安全阀动作压力。

4）调整风机内部各组件的间隙。

**939. 氧化风机运行声音异常的原因和处理方法是什么？**

答：（1）氧化风机运行声音异常的原因分析：

1）内部有异物混入。

2）地脚螺栓或法兰螺栓有松动现象。

3）轴承有磨损现象。

4）消音器的紧固螺栓松动，有漏气现象。

5）齿轮啮合不良，齿轮间隙过大。

6）机械密封的接触不良，有磨损或破损现象。

（2）氧化风机运行声音异常的处理方法：

1）检查并清除异物。

2）拧紧各连接螺栓。

3）检查或更换轴承。

4）拧紧消音器的螺栓。

5）检查更换齿轮。

6）检查调整机械密封或更换新的密封件。

**940. 氧化风机运行温度过高的原因和处理方法是什么？**

答：（1）氧化风机运行温度过高的原因分析：

1）风机负荷过大。

2）环境温度过高。

3）润滑油油质恶化或加油量过多。

4）转子内部有接触现象。

5）冷却水中断或水量不足。

6）联轴器中心线对中不良。

7）氧化风管出口进入吸收塔部分堵塞。

8）进口侧的滤清器或者滤网被灰尘等杂物堵塞。

（2）氧化风机运行温度过高的处理方法：

1）保证风机在额定电流条件下运行。

2）保证周围最高温度不超过 40℃。

3）检查润滑油油质及油位高度。

4）检查并调整内部间隙。

5）检查冷却水流量正常。

6）检查调整联轴器中心线的对中程度。

7）在吸收塔浆液排空后清理塔内氧化风管内结垢物质；在清理后加强运行中吸收塔运行参数的控制，同时调整氧化风机冷却水水量，确保氧化风温控制在 50℃以下，预防氧化风管结垢堵塞。

8）清理滤清器或者滤网。

**941. 氧化风机运行振动过大的原因和处理方法是什么？**

**答：**氧化风机的振动值随着工况的变化而有所不同，过大的振动将导致轴承、转子等部件的损坏。

（1）氧化风机运行振动过大的原因分析：

1）风机的地脚螺栓或紧固螺栓有松动现象。

2）管道的支撑系统不合适或管道有共振现象。

3）风机过负荷运行。

4）联轴器的中心线对中不良。

5）轴承有损伤及磨损现象。

（2）氧化风机运行振动过大的处理方法：

1）拧紧风机的地脚螺栓或紧固螺栓。

2）加强管道的支撑系统。

3）保证风机的入、出口侧通气正常。

4）检查调整联轴器的中心度及联轴器间的间隙。

5）检查更换轴承。

## 第七节　石膏脱水系统故障分析与处理

**942. 旋流器给料压力发生波动的原因及处理方法是什么？**

**答：**（1）旋流器给料压力应稳定在 0.1～0.4MPa，不得产生较大的波动。给料压力发生波动有损于设备性能，影响旋流器的分级效果。压力波动通常是泵槽液位下降造成泵给料不足或者是泵内进入杂物堵塞造成的；运行很长时间后压力下降是由泵磨损造成的。

（2）旋流器给料压力发生波动的调整处理方法：若是泵槽液位下降引起的压力波动，可以通过增加液位或关闭一两个旋流器或减小泵速来调整；若是由泵堵塞或磨损引起的压力波动，则需检修泵。

### 943. 旋流器堵塞现象及处理方法是什么？

**答：**（1）检查所有运行中的旋流器溢流和底流排料是否通畅，如果旋流器溢流和底流的流量减少或底流断流，则表明旋流器发生堵塞。

（2）旋流器堵塞现象的调整处理方法：若是溢流、底流流量均减小，则可能是旋流器进料口堵塞，此时应关闭堵塞旋流器的进料阀门，将其拆下，清除堵塞物；若是底流流量减小或断流，则是底流口堵塞，此时可将螺母拧下，清除底流口中杂物。

### 944. 旋流器底流浓度波动的原因及处理方法是什么？

**答：**（1）经常观察旋流器底流排料状态，并定期检查底流浓度和细度。底流浓度波动或"底流夹细"均应及时调整。旋流器正常工作状态下，底流排料应呈"伞状"。如底流浓度过大，则底流呈"柱状"或呈断续"块状"排出。

（2）旋流器底流浓度波动的调整处理方法：底流浓度大可能是由给料浆液浓度大或底流过小造成的。可以先在进料处补加适量的水，若底流浓度仍大，则需更换较大的底流口；若底流呈"伞状"排出，但底流浓度小于生产要求浓度，则可能是进料浓度低造成的，此时应提高进料浓度。"底流夹细"的原因可能是底流口径过大、溢流管直径过小、压力过高或过低，可以先调整好压力，再更换一个较小规格的底流口，逐步调试达到正常生产状态。

### 945. 旋流器溢流浓度增大或"溢流跑粗"的原因及处理方法是什么？

**答：**（1）应定期检查溢流浓度和细度，旋流器溢流浓度增大或"溢流跑粗"可能与给料浓度增大和底流口堵塞有关。

（2）调整处理方法：发现"溢流跑粗"可以先检测底流口是否堵塞，再检测进料浓度，并根据具体情况调整。

**946. 石膏脱水系统故障时，石膏浆液如何处理？**

**答：**立即停止石膏脱水系统，若停机时间长，启动事故排放系统，通过吸收塔石膏浆液排出泵，将石膏浆液排入事故浆箱（池），待原因查明消除后重新启动脱水系统。若脱水系统短时间停运，则关闭吸收塔至水力旋流器的阀门，让石膏浆液在石膏浆液排出泵与石膏旋流器间循环。

**947. 真空皮带脱水机滤饼脱水效果差的原因和处理办法是什么？**

**答：**真空皮带脱水机滤饼脱水效果差，经检验石膏含水量大于 10％以上，其原因和处理办法是：

（1）真空度偏低，可与正常时真空度比较，一般真空度在 40kPa 以上。如确实偏低，检查真空度低的原因。

（2）滤布再生不好：

1）滤布冲洗不净：检查冲洗水流量、压力、喷嘴确保冲洗水量。

2）刮刀除去滤布剩余滤饼效果不好：调整刮刀或更换刮刀，刮刀应紧贴在滤布上。

3）滤布老化：滤布经过长时间运行引起滤布堵塞，更换滤布（设计约 6 个月更换一次滤布）。

（3）皮带跑偏：皮带跑偏会引起皮带中心出水孔偏移真空室中心，皮带孔被摩擦带遮住，此时真空度会升高，脱水率变差。调整张紧辊调节丝杆把皮带调正。

（4）浆液不合格：

1）浆液密度低于 40％以下，浆液含水率偏高，正常值在 40％～50％，此时调整检查一级脱水旋流器使其浓度达到要求。

2）由于脱硫工艺等问题造成浆液质量差，在脱水过程中滤饼表面始终有一层稀泥状，而且真空度会偏高，此时对浆液进行取样化验检验其成分，检查调整使其达到要求。

（5）除沫器堵塞：打开气液分离器上部检查口用水冲洗除

沫器。

（6）喂料器下料不均匀，引起滤饼厚度不均匀：检查喂料器内多孔板是否变形，更换多孔板。

（7）滤饼厚度太厚大于 30mm，石膏处理量大于设计值：调整浆液来量。

### 948. 真空皮带脱水机真空度低的原因和处理办法是什么？

**答：**真空皮带脱水机真空度低，低于正常值（40～60kPa），其原因和处理办法是：

（1）检查真空泵吸入口滤网：取出滤网把滤网面对光亮处看有无杂质吸附在滤网上，然后用水冲洗干净。

（2）检查真空盒是否漏真空：听其有无气流的尖叫声，用绸带或布条缠绕在长棍上，沿真空室下部依次检查，如有漏气，绸带会被吸住，放下真空室进行检查处理。

（3）检查真空室与真空总管连接软管接头处有无漏真空：用绸带沿连接处检查观其有无吸住绸带现象，再进行处理。

（4）检查真空总管法兰连接处有无漏真空：用绸带或布条缠绕在长棍上，沿真空总管法兰连接处依次检查，如有漏气，绸带会被吸住。

（5）检查气液分离器所有连接处有无漏真空：用绸带或布条缠绕在长棍上，沿真空总管法兰连接处依次检查，如有漏气，绸带会被吸住。

（6）检查气液分离器排水管道到滤液池的管口是否被滤液覆盖（正常滤液应覆盖管口）。

（7）检查滤布两边是否全部覆盖脱水槽：如有部分脱水槽未覆盖，调整滤布支撑架。

（8）检查滤饼厚度：

1）如低于 15mm 以下调整皮带速度，使其达到规定值。

2）检查浆液的来量并调整适当的浆液量，滤饼沿宽度方向厚度是否均匀。

（9）检查摩擦带厚度是否磨损：正常值为 5mm，如 4mm 以下更换摩擦带。

（10）检查皮带与真空室间是否漏真空：用脚踩皮带中心也就是真空室中心应为皮带中心略高于皮带两边，反之可调整真空室高度。

（11）真空室密封水量太小：调整真空室密封水量使其达到水密封作用。

（12）检查真空泵：

1）真空泵三角带是否打滑。

2）真空泵密封水流量是否满足要求。

3）做一次泵真空度试验，方法在真空泵吸入口加一盲板，启动真空泵系统，观察真空度。

### 949. 真空皮带脱水机真空度高的原因和处理办法是什么？

**答：** 真空皮带脱水机真空度高于平时运行正常值而且滤饼脱水明显差，其原因和处理办法是：

（1）皮带跑偏：皮带孔眼被摩擦带覆盖，调整张紧辊调节丝杆，调整好皮带。

（2）真空软管变形：由于运行时间长，软管老化变形管内流通部分缩小，更换软管。

（3）真空总管内衬胶脱落：将真空总管两侧堵板拆除检查。

（4）气液分离器除沫器堵塞：打开气液分离器顶上检查盖，用工艺水冲洗除沫器。

（5）气液分离器内衬胶脱落：打开检查孔检查脱胶是否堵住吸入口。

（6）浆液不合格：

1）浆液密度低于 40％以下，浆液含水率偏高，正常值在 40％～50％，此时调整检查一级脱水旋流器使其浓度达到要求。

2）由于脱硫工艺等问题造成浆液质量差，在脱水过程中滤饼表面始终有一层稀泥状，而且真空度会偏高，此时对浆液进行取样化验检验其成分，检查调整使其达到要求。

（7）滤布使用太久引起滤布再生不好：

1）滤布冲洗不净：检查冲洗水流量、压力、喷嘴确保冲洗水量。

2）刮刀除去滤布剩余滤饼效果不好：调整刮刀或更换刮刀，刮刀应紧贴在滤布上。

3）滤布老化：滤布经过长时间运行引起滤布堵塞，更换滤布（设计约6个月更换一次滤布）。

（8）由于脱硫工艺等原因，浆液石膏颗粒太小，杂质太多，引起滤布过滤条件恶化，解决改善浆液质量。

### 950. 真空皮带脱水机皮带跑偏的原因和处理办法是什么？

**答：** 真空皮带脱水机皮带跑偏的原因和处理办法是：

（1）突然失去真空，或真空表真空度异常，检查真空度异常原因。

（2）喂料器下浆液不均匀偏向一侧：检查喂料器内多孔板是否变形，更换多孔板，调整好皮带。

（3）皮带挡轮：检查皮带两侧的皮带挡轮固定螺栓是否松动，调整皮带重新固定好皮带挡轮。

（4）皮带托辊：

1）检查带有腰子形轴承座皮带托辊，轴承座是否松动松动移位，重新调整好托辊垂直度。

2）检查皮带托辊是否有卡死现象，处理卡死的托辊使其与皮带同步滚动。

（5）皮带支撑风量不均匀（气支撑型）：检查两侧支撑风机风门开关位置是否一致，风机有无异常。

（6）皮带水支撑水量不均匀（水支撑型）：检查进入两侧滑板工艺水的水量是否一致，管路有无堵塞、脱落、漏水现象，及时进行疏通和恢复和处理支撑水管；或检查皮带水支撑的水质是否混入石膏并沉积皮带和滑板之间影响皮带的正常运转，清理沉积在皮带和滑板之间的石膏。

### 951. 真空皮带脱水机滤布跑偏的原因和处理办法是什么？

**答：** 真空皮带脱水机滤布跑偏的原因和处理办法是：

（1）喂料器下浆液不均匀偏向一侧：检查喂料器内多孔板是否变形，更换多孔板，调整好皮带。

（2）滤布托辊：

1）检查带有腰子形轴承座滤布托辊，轴承座是否松动松动移位，重新调整好托辊垂直度。

2）检查滤布托辊是否有卡死现象，处理卡死的托辊使其与皮带同步滚动。

（3）检查供给纠偏器的压缩空气：

1）有无气源。

2）气源压力是否正常（正常值在 0.5MPa），气源管路是否脱落。

（4）检查滤布纠偏器：

1）手拉纠偏导杆左右摆动 45°角，观察纠偏气囊是否自然前后移动，如不动或单方向动，检查气囊进排气是否正常。

2）检查纠偏器气囊两根导轨是否被浆液埋掉。

3）检查纠偏控制杆与滤布的位置是否调整好。

**952. 真空皮带脱水机滤布冲洗不干净的原因和处理办法是什么？**

答：真空皮带脱水机滤布冲洗不干净的原因和处理办法是：

（1）检查滤布冲洗水系统是否正常。

1）工艺水泵出口压力是否正常。

2）供水管道是否畅通，有无堵塞、泄漏。

3）冲洗水喷嘴是否堵塞。

4）喷嘴出水是否成扇形交叉射向滤布表面，如没有调节阀门调整水压。

（2）滤布刮刀严重磨损、变形使之不能刮净滤饼，滤布残留滤饼较多，更换刮刀。

**953. 真空皮带脱水机皮带打滑的原因和处理办法是什么？**

答：真空皮带脱水机皮带打滑现象为驱动辊运转皮带不动，

其原因和处理办法是：

（1）检查驱动辊、张紧辊表面带水程度和表面有无增加润滑的附着物。

（2）检查皮带两托辊间的皮带垂度应在 40mm 以内，调整张紧辊。

（3）检查皮带托辊是否有卡死不转动现象，处理托辊卡死。

（4）检查皮带与滑板间支撑水量是否合适（水支撑型），水质是否干净，增加水量，保证水质。

（5）检查皮带与多孔板支撑风量是否合适（气支撑型），开大风门开关。

**954. 真空皮带脱水机正常运行突然停止的原因和处理办法是什么？**

**答**：真空皮带脱水机正常运行突然停止的原因和处理办法是：

（1）检查有无工作电源。

（2）检查是否保护动作，有以下内容可从 DCS 画面中查找：变频器故障、紧急拉线开关动作、皮带跑偏开关动作、滤布跑偏开关动作、真空泵密封水低动作、真空室密封水或润滑水流量低动作等。

（3）根据（2）中的内容以及 DCS 显示内容在现场检查是正确动作还是误动作，如是误动作用万用表检查该动作的开关、线路、DCS 系统的故障所在进行处理。

（4）紧急拉线开关动作后要对开关进行人为手动复位才能重启脱水机，该复位按钮装在开关的正面。

**955. 石膏中盐酸不溶物来源是什么？**

**答**：石膏中的盐酸不溶物主要来自石灰石，还有一部分来自烟尘中的飞灰。

**956. 减少石膏中盐酸不溶物应采取哪些措施？**

**答**：为减少盐酸不溶物以提高石膏纯度，应采取以下措施：

（1）保证石灰石的品质，减少其中的盐酸不溶物。

（2）提高锅炉除尘器效率，减少 FGD 烟气中的飞灰。

（3）增大废水的排放量等。

### 957. 石膏浆液中氯离子的主要来源是什么？

答：石膏浆液中氯离子的主要来源有三种：煤、脱硫剂以及工艺水。一般石灰石中含氯为 0.01% 左右，工艺水中含氯 10～150mg/L，FGD 系统中大部分的氯来源于煤。我国燃煤中的氯含量一般为 0.1% 左右，少数煤中氯含量为 0.2%～0.35%，某些高灰分煤的氯含量可达 0.4%。

### 958. 石膏中 Cl⁻ 含量一般要求是多少？如果运行中超标，采取的措施是什么？

答：石膏中的氯离子含量一般要求小于 100mg/kg，运行中如超标，则可适当增大真空皮带机的冲洗水量。

### 959. 石膏中亚硫酸钙含量过高的主要原因是什么？处理方法是什么？

答：（1）石膏中亚硫酸钙含量过高的主要原因有：

1）油类或其他有机物被带入系统。

2）氧化空气量不够。

3）氧化空气分布不均。

4）烟气含尘量超标。

5）石灰石品质较差或粒径不符合要求。

（2）石膏中亚硫酸钙含量过高的处理方法有：

1）防止对氧化反应起抑制作用的有机物带入系统。

2）检查氧化风的风量。

3）检查氧化风在吸收塔内的分布情况。

4）控制烟气的含尘量不得设计值，防止烟气中过细的烟尘颗粒对塔内起包裹作用，影响氧化反应的正常运行。

5）提高石灰石品质，调整颗粒粒径。

**960. 石膏中碳酸钙含量过高的主要原因是什么？处理方法是什么？**

答：（1）石膏中碳酸钙含量过高的主要原因有：

1）塔内反应不完全（如 pH 值控制过高、循环吸收塔浆液停留时间偏短等）。

2）石灰石活性不高，溶解性较差。

3）烟气含尘量过高，影响石灰石的反应活性。

4）石灰石颗粒粒径不符合要求，部分石灰石颗粒在浆液中未发生反应。

（2）石膏中碳酸钙含量过高的处理方法为：

1）严格控制吸收塔浆液 pH 值在合格范围内，保证浆液在塔内的停留时间。

2）更换石灰石，提高石灰石的消溶性。

3）降低 FGD 入口烟气的含尘量。

4）保证石灰石颗粒粒径在合格范围内（细度小于 $44 \sim 61 \mu m$ 的占 90%），不能过粗。

**961. 石膏脱水能力不足的原因有哪些？**

答：石膏脱水能力不足的原因有：①石膏浆液浓度太低；②烟气流量过高；③$SO_2$ 入口浓度太高；④石膏浆液泵出力不足；⑤石膏水力旋流器数目太少、入口压力太低；⑥到皮带机的石膏浆液浓度太低。

**962. 石膏含水量超标的现象是什么？原因有哪些？应采取哪些措施？**

答：（1）石膏含水量超标的现象是石膏含水量比较高，真空皮带机真空度高，石膏不能形成，呈稀泥状。

（2）石膏含水量超标原因有：

1）氧化不充分，亚硫酸盐含量高。

2）石膏密度过低，石膏晶粒小。

3）pH 值过高，石膏难易氧化结晶。

4）烟气中含有大量的粉尘、油分，堵塞滤布。

5）真空度低于正常值。

6）石膏旋流站故障、旋流子磨损或旋流站压力控制不稳定，使进入脱水机的石膏浆液含固量太低，造成石膏脱水困难。

（3）应采取如下处理措施：

1）加强废水排放，改善石膏浆液品质。

2）监视脱水系统的真空度，真空度下降时，立即查明原因，并及时处理。

3）滤布冲洗干净。

4）pH 值控制稳定，氧化充分。

5）锅炉投油或粉尘超标时及时退出脱硫系统。

6）定期化验石膏浆液成分和工艺水品质及旋流站底流含固量，发现问题及时处理。

## 第八节　脱硫系统结垢原因分析与处理

**963. 吸收塔内壁结垢形成机理是什么？**

答：吸收塔内壁结垢形成机理为：石膏浆液中的 $CaSO_4$ 过饱和度超过一定值时，石膏晶体就会在悬浮液内已经存在的石膏晶体上生长。相对过饱和度达到某一更高值时，就会形成晶核，同时石膏晶体会在其他物质表面生长，导致吸收塔内壁结垢，经长时间缓慢生长形成石膏垢层。

**964. 吸收塔内壁结垢主要成分是什么？**

答：吸收塔内壁结垢主要成分是 $CaSO_4 \cdot 2H_2O$、$CaSO_3 \cdot 1/2H_2O$、$CaCO_3$、酸不溶物质等，是石膏垢。

**965. 吸收塔内壁结垢的危害是什么？**

答：吸收塔内壁结垢的危害是：

（1）在吸收塔内壁及其构件上结垢，造成构件弯曲变形、脱落，降低使用寿命，增加检修维护工作量。

（2）在管道内壁结垢，造成管道堵塞。质地较硬的结垢体加速管道磨损及堵塞，降低设备使用寿命，增加检修维护工作量。

（3）质地坚硬的结垢层脱落时，损坏防腐涂层，加速设备腐蚀、造成设备塔体渗漏。脱落时砸向吸收塔内的氧化风管、支架，吸收塔内搅拌器叶片及轴，造成设备损坏，增加检修维护工作量。

（4）脱落的结垢层散落在吸收塔底部，造成吸收塔石膏排出泵入口滤网堵塞，造成脱水系统无法正常连续投运，导致吸收塔石膏浆液密度升高。未安装滤网的堵塞石膏旋流站、喷淋层喷嘴。

（5）脱落的结垢层在浆液循环泵入口滤网处堆积，堵塞浆液循环泵入口滤网。在浆液循环泵抽吸力的作用下，结垢体会卡死在滤网网上，循环泵停运后无法通过反冲洗去除。石膏晶体会在浆液循环泵入口滤网生长、沉积，导致滤网流通量下降，造成浆液循环泵气蚀无法运行，危及脱硫装置的安全运行。

（6）小的结垢体会通过浆液循环泵输送至浆液喷淋层，在此过程中会加速浆液循环泵叶轮的磨损，造成喷嘴堵塞、脱落，喷淋层堵塞等。

（7）结垢发生在格栅、管道、喷嘴、气流分布器上，造成压力损失陡增，气（液）流量下降，直到导致系统无法正常运行。

（8）结垢发生在仪器仪表的连接管及传感器的表面，如 pH 计取样管、差压变送器管道、液位计及气体采样管表面等，严重影响测量精度，甚至根本无法测量。

（9）结垢发生在除雾器叶片上，将会改变气体的分布和局部气体的流速，影响气流的均匀分布和最佳的气流速度，从而影响除雾效率。除雾器的结垢常常造成脱硫塔停运。

（10）结垢发生在不锈钢表面，由于结垢阻止了氧气的进入，导致不锈钢表面发生应力腐蚀和点蚀，当 $Cl^-$ 浓度高时更为明显。

### 966. 吸收塔内壁结垢原因是什么？

**答：** 吸收塔内壁结垢原因是：

（1）石膏浆液中的 $CaSO_4$ 过饱和度过大。较高的石膏浆液浓度，使溶液中石膏过饱和度过大，是形成石膏垢的主要原因。

（2）石膏浆液停留时间长。石膏浆液浓度超过控制标准、电厂燃烧高硫煤，加上脱水系统出力不足，石膏浆液浓度高、停留时间长。石膏浆液中的晶体有充足的时间在吸收塔内壁及构件上形成结晶，为晶体的生长、形成提供了有利条件。

（3）石膏浆液 pH 值波动大。由于 pH 值的变化会改变亚硫酸盐的氧化速率，pH 值在 4.5 时，$HSO_3^-$ 的氧化作用最强，这将直接影响浆液中石膏的相对过饱和度；在 pH 值为 7.2 时，溶液中存在 $SO_3^{2-}$ 和 $HSO_3^-$；pH 值为 5 以下时，溶液中只存在 $HSO_3^-$；当 pH 值降到足够低，溶液中存在的只是水化的 $SO_2$ 分子。同时 $CaSO_3$ 的溶解度随 pH 值降低而显著增大，而 $CaSO_4$ 的溶解度却随着 pH 值降低反而略有减少。pH 值越低，亚硫酸盐溶解度越大，$SO_3^{2-}$ 浓度越高，则系统中硫酸盐的生成量会大增。但随着 pH 值的降低，$CaSO_4$ 的溶解度越来越小，所以会有大量的 $CaSO_4$ 析出，形成硫酸盐硬垢；pH 值高时，$CaSO_3$ 的溶解度较小，$SO_3^{2-}$ 浓度较低，$CaSO_4$ 的生成速率小，不会生成 $CaSO_4$ 硬垢，但因 $CaSO_3$ 的溶解度较小，易形成亚硫酸盐软垢。

（4）吸收塔防腐内壁较粗糙。吸收塔内壁防腐层表面粗糙，光滑度较低，有利于吸收塔内浆液结晶、生长。

### 967. 预防吸收塔内壁结垢的解决措施有哪些？

**答：**预防吸收塔内壁结垢的解决措施有：

（1）控制石膏浆液密度及停留时间。浆液密度是一个综合性的参数，是反映系统是否决定脱水出石膏、使塔体内浆液保持一个较佳的反应环境的重要参数。

当石膏浆液密度大于 $1085kg/m^3$ 时，混合浆液中 $CaSO_4$ 的浓度已经趋于饱和，石膏浆液密度小于 $1075kg/m^3$ 时，混合浆液中 $CaSO_3$ 的含量较低，$CaCO_3$ 的含量相对较高。正常运行中应根据系统工况调整脱水系统，确保石膏浆液过饱和度控制在 $110\% \sim 130\%$，避免过饱和的石膏浆液长时间在吸收塔内停留，避免结垢。

（2）控制石膏浆液 pH 值在一定范围平稳运行。在石膏结晶过程中，pH 值高有利于硫酸钙的生成，有利于石膏结晶，但当过饱和度过高时，使石膏结晶向小颗粒方向发展，不利于生成高品质的石膏。当石膏浆液 pH 值控制在 6.2 以下，就足以避免形成 $CaSO_3$ 软垢，但 pH 值太低，又会产生 $CaSO_4$ 硬垢。结合亚硫酸氢根和硫酸根的氧化反应以及塔内结垢情况，pH 值一般控制在 5.2～5.6 范围，并避免 pH 值的剧烈波动，可以有效避免结垢。

（3）投加石膏晶种。由于溶解的盐类在同一盐的晶体上结晶比在异类粒子上结晶要快得多，故在石膏浆液中添加 $CaSO_4$ 晶种，使 $CaSO_4$ 过饱和度降至正常浓度，同时加大氧化力度确保将 $CaSO_3$ 充分氧化成 $CaSO_4$，不干扰 $CaSO_4$ 结晶，使结晶沉积在晶种表面，减少向吸收塔内设备结晶、生长。

（4）提高吸收塔内壁表面光滑度。提高吸收塔内部防腐层施工水平，使防腐层表面光滑度达到设计要求。吸收塔内壁结垢后应及时清理，提高吸收塔内壁表面光滑度。

（5）投加添加剂。向吸收塔石膏浆液中投加含有 $Mg^{2+}$、$CaCl_2$ 或己二酸等添加剂，可降低 $CaSO_3$ 和 $CaSO_4$ 的过饱和度。不仅可以防止结垢，而且可以提高石灰石活性，提高脱硫效率。

（6）加强在线表计检测与管理。加强在线检测表计维护与校准，定期开展化验检测，确保测量数据的准确性，加强运行人员技术培训，提高运行调整水平。

## 968. 典型湿法 FGD 系统中主要结垢类型有哪些？

**答：** 典型湿法 FGD 系统中主要有四种结垢类型。

（1）灰垢。这在吸收塔入口干湿交界处十分明显，粉尘和浆液易在此积累 $CaSO_3 \cdot 1/2H_2O$ 软垢会逐渐氧化成 $CaSO_4 \cdot 2H_2O$，再加上热烟气的蒸发作用，迅速形成硬垢。当烟气中粉尘较多时，干湿交界处的结垢极为严重。

（2）石膏垢。当吸收塔的石膏浆液中的 $CaSO_4$ 过饱和度大于或者等于 1.4 时，溶液中的 $CaSO_4$ 就会在吸收塔内各组件表面析出结晶形成石膏垢。石膏垢主要分布在吸收塔壁面及循环泵入口、石膏泵入口滤网的两侧，以及在水力旋流器溢流的盖子和底部分流器管子上。另外，在上层除雾器的叶片上，由于冲洗不彻底，也有明显的浆液黏积现象。$CaSO_4 \cdot 2H_2O$ 的结垢非常坚硬，这种硬垢不能用降低 pH 值的方法溶解掉，必须用机械方法清除。更为严重的是，$CaSO_4 \cdot 2H_2O$ 结垢一旦形成，将以此结垢处为"据点"，继续扩大，即使将相对饱和度降至正常工况也无法避免。要使过饱和度小于 1.4，运行人员要严格控制吸收塔内石膏浆液浓度、液气比，并提高氧化率。

（3）CSS 垢。它是 $CaSO_3 \cdot 1/2H_2O$ 和 $CaSO_4 \cdot 2H_2O$ 两种物质的混合结晶。CSS 垢在吸收塔内各组件表面逐渐长大形成片状的垢层，其生长速度低于石膏垢。CSS 垢主要分布在吸收塔底数台搅拌器的"死区"内。

$CaSO_3 \cdot 1/2H_2O$ 的结垢较软，相对易处理一些，降低运行的 pH 值是有效的方法之一。若 $CaSO_3 \cdot 1/2H_2O$ 未及时清理，也会逐渐氧化为 $CaSO_4 \cdot 2H_2O$，由软垢变成硬垢。

（4）碳酸钙垢层。碳酸钙也是一种难溶物质，其垢层为软垢，很容易去除。当采用 $Ca(OH)_2$ 作为脱硫剂时，若将 $Ca(OH)_2$ 浆液直接与烟气接触，由于浆液 pH 值很高，烟气中 $CO_2$ 的浓度又高（一般占体积比为 15％左右），$Ca(OH)_2$ 除了与烟气中的 $SO_2$ 反应以外，还将与烟气中的 $CO_2$ 发生再碳酸化反应，重新生成 $CaCO_3$。

实验表明，当 pH＞9 时，$Ca(OH)_2$ 的再碳酸化现象很明显。因此，使用 $Ca(OH)_2$ 作脱硫剂，先将 $Ca(OH)_2$ 浆液与脱硫反应后的浆液混合，配成 pH＝8～8.5 的浆液，然后再将其与烟气接触脱硫。

**969. 造成石灰石-石膏湿法脱硫系统中结垢与堵塞的原因是什么？**

**答：**造成石灰石-石膏湿法脱硫系统中结垢与堵塞的原因在于：溶液或浆液中的水分蒸发而使固体沉积；氢氧化钙或碳酸钙沉积或结晶析出；反应产物亚硫酸钙或硫酸钙的结晶析出。

### 970. 石灰石/石膏法中造成堵塞现象的原因有哪些？

**答**：在石灰石/石膏法脱硫系统中，管路堵塞是最常见的系统故障，造成这一现象的原因有以下几点：

（1）系统设计不合理，如设计流速过低、浆液浓度过大、管路及箱罐的冲洗和排空系统不完善等。

（2）浆液中有机械异物（包括衬橡胶管损坏后的胶片）或垢片造成管路堵塞。

（3）系统中泵的出力严重下降，使向高位输送的管道堵塞。

（4）系统中有阀门内漏，泄漏的浆液沉淀在管道中造成堵塞。

（5）系统停运后，未及时排空管道中剩余的浆液。

（6）系统停运后，未及时对浆液的管路及系统进行水冲洗。

（7）管内结垢造成通流截面变小。

（8）氧化风机故障后，循环浆液倒灌入氧化空气分配管并很快沉淀而造成的堵塞。

### 971. 石灰石-石膏法在运行当中可以从哪些方面来防止结垢现象的发生？

**答**：在石灰石-石膏法脱硫系统中，可以从以下几个方面来防止结垢现象的发生：

（1）提高锅炉电除尘器的效率和可靠性，使田 FGD 入口烟尘在设计范围内。

（2）运行控制吸收塔浆液中石膏过饱和度最大不超过 140%。

（3）选择合理的 pH 值运行，尤其避免 pH 值的急剧变化或频繁发生变化会导致腐蚀加速。

（4）保证吸收塔浆液的充分氧化，保护亚硫酸钙的氧化率大于 95%。

（5）向吸收剂中加入添加剂如镁离子、乙二醇等。镁离子加入后可以生成溶解度大的碳酸镁，增加了亚硫酸根离子的活度，降低了钙离子的浓度，使系统在未饱和状态下运行，可以达到防垢的目的；加入乙二醇，可以起到缓冲 pH 值的作用，抑制 $SO_2$

的溶解，加速液相传质，提高石灰石的利用率。

（6）对接触浆液的管道在停运后及时冲洗干净。

（7）保证除雾器、烟气再热器等的冲洗和吹扫系统运行可靠。

（8）烟气挡板系统定期清灰。

（9）定期检查、及时发现潜在的问题。

### 972. 常见的防止结垢和堵塞的方法有哪些？

**答：**一些常见的防止结垢和堵塞的方法有：

（1）在工艺操作上，控制吸收液中水分蒸发速度和蒸发量。

（2）控制溶液的 pH 值；控制溶液中易于结晶的物质不要过饱和。

（3）保持溶液有一定的晶种。

（4）严格除尘，控制烟气进入吸收系统所带入的烟尘量，设备结构要做特殊设计，或选用不易结垢和堵塞的吸收设备，例如流动床洗涤塔比固定填充洗涤塔不易结垢和堵塞。

（5）选择表面光滑、不易腐蚀的材料制作吸收设备。

### 973. 除雾器结垢机理是什么？

**答：**除雾器结垢机理是：经过脱硫后的净烟气中含有大量的固体物质，在经过除雾器时多数以浆液的形式被捕捉下来，黏结在除雾器表面上，如果得不到及时的冲洗，会迅速沉积下来，逐渐失去水分而成为石膏垢。由于除雾器材料多数为有机材料如聚丙烯等，强度一般较小，在黏结的石膏垢达到其承受极限的时候，就会造成除雾器坍塌事故。沉积在除雾器表面的浆液中所含的物质是引起结垢的原因。结垢主要分为两种类型：

（1）湿—干垢：多数除雾器结垢都是这种类型。因烟气携带浆液的雾滴被除雾器折板捕捉后，在环境温度、黏性力和重力的作用下，固体物质与水分逐渐分离，堆积形成结垢。这类垢较为松软，通过简单的机械清理以及水冲洗方式即可得到清除。

（2）结晶垢：少数情况下，由于雾滴中含有少量亚硫酸钙和未反应完全的石灰石，会继续进行与塔内类似的各种化学反应，反应物也会黏结在除雾器表面造成结垢，这些垢较为坚硬，形成后不易冲洗。

### 974. 防止除雾器堵塞结垢措施是什么？

**答：**由于除雾器的功能就是捕捉烟气携带的雾滴，因此形成湿—干类型的垢属于正常现象，脱硫系统都设计有冲洗装置将沉积的石膏垢定期及时冲洗掉，防止其堆积。正常运行期间，按照设备厂家要求的冲洗水流量和冲洗频率进行冲洗，即可防止结垢物堆积，防止发生堵塞和坍塌事故。

（1）密切注意除雾器的压差。除雾器堵塞严重结垢从压降升高得到明显反映。

（2）严格按照运行规程来进行与除雾器相关的操作，如系统启动前，如果循环浆液泵未启动，禁止向吸收塔引入热烟气等。

（3）严格控制烟气中飞灰的含量，以克服灰尘造成的高温和堵塞。

（4）严格除雾器清洗操作，避免除雾器清洗不充分引起结垢。

（5）控制吸收塔浆液密度在 $15\%\sim25\%$ 含固量。吸收塔浆液浓度过高造成烟气携带浆液量剧增从而引起除雾器结垢。

（6）脱硫的控制逻辑设计中充分考虑除雾器的安全。吸收塔循环泵全停、原烟气超温时应联锁停止增压风机、关闭进出口烟气挡板门，防止高温烟气损坏除雾器。

（7）当除雾器前烟气温度超过 80℃时，一方面停运烟气系统，另外联锁或手动启动除雾器冲洗水泵进行喷淋事故降温。

## 第九节　废水处理系统设备故障分析与处理

### 975. 废水处理系统加药装置加不进药的主要原因有哪些？处理方法是什么？

**答：**（1）废水处理系统加不进药的主要原因有：

1）溶液箱出药管被药剂中的残渣堵塞。

2）溶液箱出口的 Y 形过滤器长期未进行清理。

3）计量泵的冲程及速度未调整好。

4）计量泵内隔膜损坏。

（2）废水处理系统加不进药的处理方法为：

1）溶药时不要将药剂中的残渣带入溶液箱，并应进行充分的搅拌，保证固体药剂的完全溶解。

2）清理 Y 形过滤器。

3）将计量泵的冲程及速度调整到合适位置。

4）及时更换计量泵内的隔膜。

**976.** 废水处理系统浓缩澄清器出水水质不良的主要原因有哪些？处理方法是什么？

**答：**（1）废水处理系统浓缩澄清器出水水质不良的主要原因有：

1）混凝剂及助凝剂的加药量不足。

2）内部填装的斜管变形或被污泥堵塞。

3）澄清浓缩池的出力过大，表面负荷超过 $1m^3/(m^2 \cdot h)$（设置有斜管时）。

4）池内贮泥过多，发生污泥上翻现象。

（2）废水处理系统浓缩澄清器出水水质不良的处理方法为：

1）调整混凝剂及助凝剂的加药量。

2）清理及冲洗斜管。

3）降低澄清浓缩池的负荷运行。

4）启动污泥处理系统及时排泥。

**977.** 废水处理系统出水 COD 超标的主要原因有哪些？处理方法是什么？

**答：**（1）废水处理系统出水 COD 超标的主要原因有：

1）废水处理系统混凝处理效果不好，导致 COD 的去去除率较低。

2）工艺水中的 COD 含量超标。

3）油类物质漏入系统。

4）吸收塔氧化系统不完全，亚硫酸钙含量高。

（2）废水处理系统出水 COD 超标的处理方法为：

1）加强废水的混凝处理。

2）保证工艺水中 COD 含量正常。

3）防止油类物质漏入系统。

4）检查氧化风系统正常，确保浆液的正常氧化。

5）向清水箱内加入次氯酸钠等氧化剂以降低 COD 的含量。

**978.** **废水处理系统压滤机滤板间跑浆的主要原因有哪些？处理方法是什么？**

**答：**（1）废水处理系统压滤机滤板间跑浆的主要原因有：

1）滤板压紧力未到达规定要求。

2）滤板折皱，滤板表面有碰伤现象。

3）滤布孔与滤板孔不同心。

4）进泥压力（或空气吹洗压力）超过 0.6MPa。

5）滤布及滤板密封面间有杂质。

（2）废水处理系统压滤机滤板间跑浆的处理方法为：

1）调整液压油的压力，使压紧力达到规定的要求。

2）调整滤布，更换滤板。

3）对错位的滤布进行纠正。

4）调整进泥压力（或空气吹洗压力），压滤机进泥压力控制在 0.6MPa 以下。

5）及时清洗滤布。

**979.** **废水处理系统压滤机滤布挂泥的主要原因有哪些？处理方法是什么？**

**答：**（1）废水处理系统压滤机滤布挂泥的主要原因有：

1）滤布污脏，长时间未进行清洗。

2）废水澄清时混凝剂及助凝剂的加药量不足。

3）压滤机进泥量不够，没有进行充分的压滤。

4）进泥量未控制好，在污泥浓度较高时快速大量的进泥导致压滤机的中心管堵塞，使压滤机尾端的滤室不能进满污泥。

（2）废水处理系统压滤机滤布挂泥的处理方法为：

1）定期清洗滤布。

2）调整混凝剂及助凝剂的加药量。

3）调整压滤机进泥量，保证有充分的压滤过程。

4）调整控制压滤机进泥量，并检查各出水嘴应均匀排水。

**980. 废水处理系统离心脱水机扭矩过大的主要原因有哪些？处理方法是什么？**

答：（1）废水处理系统离心脱水机扭矩过大的主要原因有：

1）助凝剂的加药量不足。

2）进泥量未控制好。

3）进泥浓度过高。

4）离心机内被污泥堵塞。

（2）废水处理系统离心脱水机扭矩过大的处理方法为：

1）调整助凝剂的加药量。

2）离心机未达到正常转速前不能进泥，进泥量应逐渐增加调至额定值。

3）保证进泥量浓度在离心机设计要求的范围内，尤其是初始的进泥浓度应进行严格的控制。

4）对离心机的螺旋进行反转操作，将机内堵塞的污泥反转排出。

**981. 哪些情况下必须由操作员停止废水？**

答：以下情况必须由操作员停止废水：

（1）应槽中的一个或多个搅拌器发生故障。

（2）清/浓缩器中的刮除机构发生故障，这种故障必须尽快地排除，在发生故障 4～6h 后，应当确保把沉淀槽中的污泥床的厚度排出或降低到最小值。

（3）浆泵发生故障。

（4）发生故障是因为絮凝剂的混合。

**982. 废水处理系统 pH 值与标准值的偏差过大如何处理？**

答：废水处理系统 pH 值与标准值的偏差过大处理方法为：

（1）pH 测量电极（测量链）并在需要时清洗/重新调整。

（2）查石灰浆加药管线在需要时加以清洗。

（3）查 HCl 加药系统（加药头中的空气、加药泵的设定值、HCl 槽中的液位）。

（4）控制系统的参数化状况。

**983. 在沉降槽/沉淀槽溢流中的固体含量过大如何处理？**

答：在沉降槽/沉淀槽溢流中的固体含量过大处理方法为：

（1）检查絮凝剂的加药系统（加药头中的空气、加药泵的设定值、絮凝剂槽中的料位）。

（2）沉降槽/沉淀槽中污泥厚度过厚，应检查。

## 第十节　热控系统设备故障分析与处理

**984. 如何判断 DCS 发生故障了？如何处理？**

答：DCS 故障发生时的现象有操作员站出现故障，出现"黑屏"或者"死机"。

DCS 故障发生的处理方法有：

（1）若主要后备硬手操及监视仪表可用，且暂时能够维持脱硫系统的正常运行，则转用后备操作方式运转，同时联系热工排除故障并恢复操作员站运行方式。

（2）如短时间内无法恢复，则应利用后备硬手操，安全停运脱硫系统。

**985. 试述 FGD 系统中各测量仪表发生故障后的应对措施。**

答：FGD 系统中各测量仪表发生故障后的应对措施有：

（1）pH 故障。若系统中的 pH 计发生故障，则必须人工每小时化验一次，然后根据实际的 pH 计及烟气脱硫率来控制石灰石浆液的加入量。若 pH＜5.8，则必须将石灰石浆液量增加约 15％；若 pH＞6.2，则必须将石灰石浆液量减少约 10％。且 pH 计须立即恢复，校准后尽快投入使用。

（2）密度计故障。需人工在实验室测量各浆液密度，且密度计须尽决修好，校准后投入使用。

（3）液体流量测量故障。用工艺水清洗或重新校验。

（4）SO₂ 仪故障。关闭仪表后用压缩空气吹扫，运行人员应立即查明原因并好参数记录。

（5）烟道压力测量故障。用压缩空气吹扫或机械清理。

（6）液位测量故障。用工艺水清洗或人工清洗测量管子或重新校验液位计。

### 986. 吸收塔液位过高及过低的危害是什么？

**答：**吸收塔液位过高，吸收塔溢流加大，且吸收塔浆液容易倒入烟道损坏引风机叶片；吸收塔液位过低，则减少氧化反应空间，脱硫效率降低且影响石膏品质，严重时将造成损坏设备。

### 987. 吸收塔系统停运后，液位异常下降的原因是什么？

**答：**当吸收塔系统停运后，若发现液位异常下降，如当时吸收塔石膏排出泵在运行状态时则应立即检查石膏排出泵的排地沟门有没有关上；以及石膏浆液至事故浆池的门是不是在关闭位置；还要检查吸收塔排地沟门有没有被误打开；观察事故浆池的液位有没有上升的趋势。如果当时吸收塔石膏排出泵在停运状态，就要检查吸收塔的外壁有无漏浆现象，查看地沟里有没有浆液流动。还要检查液位计指示准确与否，需不需要校验。

### 988. 试述吸收塔液位异常的现象，产生的原因及处理方法。

**答：**（1）吸收塔液位异常的现象：吸收塔液位异常有液位过高、过低和波动过大。

（2）造成吸收塔液位异常的原因有：

1）吸收塔液位计不准。

2）浆液循环管道漏。

3）各种冲洗阀不严。

4）吸收塔泄露。

5）吸收塔液位控制模块故障。

（3）吸收塔液位异常的处理方法是：

1）检查校核吸收塔液位计。

2）停运泄露的浆液循环管道，进行更换或堵漏。

3）检查调整不严的泄露冲洗阀。

4）降低吸收塔液位，对泄露点进行封堵。

5）更换故障的吸收塔液位控制模块。

**989. 吸收塔液位测量不准的原因是什么？有何解决办法？**

答：（1）吸收塔液位测量不准的原因是：

1）密度测量误差。密度计本身测量误差：浆液本身密度不均匀、分层，上部（较小）和下部（较大）密度不一致，浆液节流可能使密度减低；浆液含气泡太多。

2）浆液堵塞、沉积造成阻力增大，使压力测量误差。

3）泡沫引起的虚假液位。

4）仪表测量误差。

（2）吸收塔液位测量不准解决办法为：

1）防止浆液起泡。

2）调整修正系数，定期冲洗和检查标定仪表。

3）尽量消除密度计引起的测量误差。

4）加强巡查，及时消除。

通过监视氧化空气压力来参考和发现液位是否测量准确。

**990. 浆液密度测量不准的原因是什么？有何解决办法？**

答：（1）浆液密度测量不准的原因分析：

1）浆液流速太小，有沉积和堵塞。

2）浆液含有杂质，卡在密度计中间。

3）浆液流速过高，密度计磨损。

4）浆液黏性太大，密度计内表面不光滑，已结垢。

5）浆液节流太严重，节流处慢慢堵塞。

（2）浆液密度测量不准解决办法为：

1）调整节流孔板，保证适当流速，防止堵塞和磨损。

2）监视相关参数变化，及时冲洗清理。

3）防止异物进入系统。

**991. 试述引起石灰石浆液密度异常的原因及处理方法。**

**答：**（1）石灰石浆液密度异常可能是由以下原因引起的：

1）密度计显示不准。

2）粉仓内的石灰石粉受潮板结或有搭桥现象。

3）石灰石粉给料机机械卡涩或跳闸。

4）密度自动控制系统失灵。

5）制浆池补水流量异常。

（2）石灰石浆液密度异常的处理方法是：

1）检查密度计电源是否正常、石灰石浆液流量是否过低，如无异常，应人工测量石灰石浆液密度，并联系热工人员校准密度计。

2）检查流化风机和流化风管，投运粉仓壁振打装置。

3）清理造成给料机故障的杂物。

4）联系热工检修人员检查石灰石浆液密度控制模块。

5）检查工艺水泵运行情况，核对补水门实际开度与 DCS 显示开度是否相符。

**992. 吸收塔浆液 pH 值测量不准的原因是什么？有何解决办法？**

**答：**（1）吸收塔浆液 pH 值测量不准的原因分析为：

1）浆液流速太高，并伴有较大颗粒物撞击，使 pH 计破碎。

2）浆液流速太小，有沉积和堵塞，使测量值不准。

3）pH 计电极表面结垢，且未及时清理。

4）维护不当或未及时保养、清洗和标定。

5) pH 计电极干涸、老化。

（2）吸收塔浆液 pH 值测量不准解决办法为：

1) 及时发现和查找原因，制定针对性检查和维护措施。

2) 每天定期检查清洗和标定。

3) 每天定期化验并比较。

4) 不用时需及时用饱和 KCl 溶液进行保养，防止 pH 计干涸。

**993. 试论述 pH 值显示异常的现象、原因及处理方法。**

答：（1）在石灰石石膏法中，pH 值一般要求控制在 $5.8 \sim 6.2$ 之间。pH 值高有利于 $SO_2$ 的吸收但不利于石灰石的溶解；反之，pH 值低有利于石灰石的溶解但不利于 $SO_2$ 的吸收。

（2）造成 pH 值异常的原因有：

1) pH 计电极污染、损坏老化。

2) pH 计供浆量不足。

3) pH 计供浆中混入工艺水。

4) pH 计变送器零点漂移。

5) pH 控制模块故障。

（3）pH 值异常的处理的方法是：

1) 情理、更换 pH 计电极。

2) 检查 pH 计连接管线是否堵塞。

3) 检查吸收塔排出泵的供浆状态。

4) 检查 pH 计的冲洗阀是否泄露。

5) 检查校正 pH 计。

6) 检查 pH 计模块情况。

**994. 脱硫两台杂用空气压缩机故障停运后将如何确保脱硫气源？**

答：联系值长，打开空气压缩机联络阀；联系检修处理，汇报发电部专工。

**995. 脱硫仪用气源失去后将如何处理？防范措施有哪些？**

答：（1）脱硫仪用气源失去后的处理：

1）检查脱硫仪用储气罐出口阀是否被关闭，储气罐压力是否正常。

2）如上述均正常，联系主机询问情况。

（2）脱硫仪用气源失去后的防范措施：

1）与主机保持联系确认其空气压缩机状态（备用及失备情况）。

2）加强上位机仪用储气罐的出口压力。

3）如实填写就地储气罐的压力，比较每一次巡检时压力的变化。

4）出现异常及时联系检修，并汇报相关领导。

第九章

# 烟气湿法脱硫设备性能测试

### 996. 脱硫设备性能测试的目的是什么？

答：脱硫设备性能测试的目的是：整体脱硫设备在设计工况运行期间，与脱硫设备运行有关的技术指标、经济与环境指标是否达到设计要求，污染物排放是否满足国家和地方环保法规的要求，来整体评价脱硫设备性能。

### 997. 脱硫工艺性能指标主要有哪些？

答：脱硫工艺性能指标主要有脱硫效率、二氧化硫排放质量浓度、水量消耗、电能消耗、吸收剂消耗、系统压力降、除雾器出口烟气中携带的液滴质量浓度、石膏品质、废水品质、蒸汽消耗和压缩空气消耗。

### 998. 脱硫设备性能指标主要有哪些？

答：脱硫设备性能指标主要有设备效率、设计裕度、结构材料、设备噪声、腐蚀裕度、防磨性能。

### 999. 脱硫装置运行应符合哪些要求？

答：脱硫装置运行应符合下列要求：

（1）脱硫装置的运行应适应机组的运行方式。

（2）脱硫装置的运行以及在紧急情况下的处理不应影响电厂的安全生产，尤其在脱硫装置启停、旁路挡板门动作时。

（3）脱硫装置的运行不应对周围环境和生态造成二次污染。

### 1000. FGD系统考核性能指标分为哪三类？

答：不同的FGD系统及合同要求考核的性能指标略有不同，

考核中指标大致可以分为三类：

（1）技术性能指标。如脱硫率、除雾器后液滴含量、再热器后烟温、石膏质量、废水质量、球磨机出力等。

（2）经济性能指标。如系统压损、粉耗、电耗、水/汽耗等，这直接影响 FGD 系统投运后的运行费用。

（3）环保性能指标。如 FGD 出口 $SO_2$ 浓度、噪声、粉尘等，需满足环保标准的要求。

除了上述指标外，压缩空气的消耗量、脱硫添加剂的消耗量等也得到测量；FGD 系统烟气中的其他成分如 $O_2$、含湿量等，烟气参数如烟气量、烟气温度、压力，石灰石（粉）品质，工艺水成分，吸收塔浆液成分、浓度、pH 值等，煤质成分等在试验中也同时得到测试和分析。需要指出的是，一些合同中规定的指标如 FGD 装置的可用率、装置和材料的使用寿命、烟气挡板的泄漏率等内容，不宜也没必要作为 FGD 性能试验的项目。

**1001. 性能保证值是指什么？**

**答：**性能保证值是指脱硫装置在设计条件运行的情况下，其性能参数应达到的保证值。

**1002. 脱硫装置性能验收试验是指什么？**

**答：**性能验收试验是指以考核验收脱硫设备为目的的性能试验。

**1003. 脱硫设备设计工况是指什么？**

**答：**设计工况是脱硫设备在设计入口烟气参数时的运行工况。

**1004. 脱硫设备负荷率是指什么？**

**答：**脱硫设备负荷率是指脱硫设备入口烟气流量（标准状态、湿烟气、过剩空气系数为 1.4 时）与设计工况下烟气流量（标准状态、湿烟气、过剩空气系数为 1.4 时）之比。

### 1005. SO₂ 排放质量浓度是指什么？

答：SO₂ 排放质量浓度是指烟气经脱硫装置脱除 SO₂ 后，将实际测量的 SO₂ 排放体积浓度折算为标准状态下干烟气（101300Pa，273K，湿度为零）和氧量为 6％状态下的 SO₂ 质量浓度。

### 1006. 烟尘排放质量浓度是指什么？

答：烟尘排放质量浓度是指烟气经除尘系统脱除烟尘后，将实际测量的烟尘排放质量浓度折算为标准状态下干烟气（101300Pa，273K，湿度为零）和氧量为 6％状态下的烟尘质量浓度。

### 1007. 吸收剂消耗是指什么？

答：吸收剂消耗是指脱硫装置在设计额定工况条件下消耗的吸收剂量。

### 1008. 电能消耗是指什么？

答：电能消耗是指脱硫装置在设计额定工况条件下消耗的各种电能之和。

### 1009. 水量消耗是指什么？

答：水量消耗是指脱硫装置在设计额定工况条件下消耗的所有水量之和。

### 1010. 系统压力降是指什么？

答：系统压力降是指脱硫装置在额定工况条件下进出口烟气流的平均全压之差。

### 1011. 除雾器出口烟气中携带的液滴量是指什么？

答：除雾器出口烟气中携带的液滴量是指离开除雾器单位体积烟气中所携带液滴的质量浓度。

### 1012. 湿法烟气脱硫设备性能测试应做的项目包括哪些？

**答：**湿法烟气脱硫设备性能测试应做的项目包括：

（1）烟气流量。

（2）$SO_2$ 排放浓度。

（3）脱硫效率。

（4）烟尘排放浓度。

（5）除尘效率。

（6）净烟气排放温度。

（7）吸收剂的主要成分和反应/消化速率。

（8）脱硫副产物的成分。

（9）烟气系统阻力。

（10）电能消耗量。

（11）水消耗量。

（12）吸收剂消耗量和钙硫摩尔比。

（13）负荷率变化范围。

（14）工作场所的粉尘浓度。

（15）设备噪声。

### 1013. 湿法烟气脱硫设备性能测试选做的项目包括哪些？

**答：**湿法烟气脱硫设备性能试验选做的项目包括：

（1）除雾器出口烟气中浆液滴的含量。

（2）$SO_3$ 的脱除率。

（3）HF 的脱除率。

（4）HCl 的脱除率。

（5）外供压缩空气消耗量。

（6）蒸汽消耗量。

（7）脱硫外排废水的主要成分和质量流量。

（8）应根据性能测试的目的、具体的工艺、现场的测试条件选择测试项目。

### 1014. $SO_2$ 浓度的分析有哪几种？

**答：**$SO_2$ 浓度的测试方法有很多。手工分析的方法有碘量法、分光光度法（如四氯汞钾-盐酸副玫瑰苯胺分光光度法、甲醛缓冲溶液吸收-盐酸副玫瑰苯胺分光光度法、钍试剂分光光度法）等；仪器分析方法有定电位电解法、紫外荧光法、溶液电导法、非分散红外线吸收法等；$SO_2$ 也可以使用火焰光度检测器、配以气相色谱仪进行测定。

**1015. 烟气中 $SO_2$ 碘量法分析的原理是什么？**

答：烟气中 $SO_2$ 被氨基磺酸铵和硫酸铵混合液吸收，用碘标准溶液滴定，按滴定量计算出 $SO_2$ 浓度。该法测定的 $SO_2$ 浓度范围为 $100\sim6000mg/m^3$。反应式为：

$$SO_2 + H_2O \longrightarrow H_2SO_3 \tag{9-1}$$

$$H_2SO_3 + H_2O + I_2 \longrightarrow H_2SO_4 + 2HI \tag{9-2}$$

在标准溶液中有淀粉指示剂，这种指示剂可以指示溶液中 $I_2$ 的存在。当有 $I_2$ 时，指示剂呈深蓝色；反应进行后，溶液中的 $I_2$ 转变成 $I^-$，指示剂就变成了无色。根据碘溶液的浓度和用量以及烟气的体积，就可计算出 $SO_2$ 的百分含最，计算式为

$$\varphi(SO_2) = \frac{100V_{SO_2}}{V_r \times \dfrac{p - p_{H_2O}}{101325} \times \dfrac{273}{273 + t} + V_{S_2O}} \tag{9-3}$$

$$V_{SO_2} = 10.945NV_r \tag{9-4}$$

式中　$\varphi(SO_2)$——烟气中 $SO_2$ 的体积分数，%；

　　　　$V_r$——反应后的余气体积，mL；

　　　　$p$——当地大气压，Pa；

　　　　$p_{H_2O}$——在 $t$℃时烟气中水蒸气飞分压，Pa；

　　　　$t$——余气的温度，℃；

　　　　$V_{SO_2}$——与碘溶液反应的 $SO_2$ 体积（标准状态下），mL；

　　　　$N$——与反应的碘溶液的当量浓度；

　　　　$V_r$——加入反应瓶中的碘溶液量，mL。

**1016. 烟气中 $SO_2$ 碘量法分析方法分为哪两种？**

答：碘量法又分为间接碘量法和直接碘量法。

（1）间接碘量法是指先用溶液吸收 $SO_2$，然后加淀粉指示剂，最后由碘标准溶液滴定至蓝色终点。

（2）直接碘量法是采样前把淀粉指示剂加入碘标准溶液中，采样过程中生成的 $SO_3^{2-}$ 与碘发生氧化还原反应，使溶液由蓝色变成无色，达到反应终点，这种方法被用于碘量法 $SO_2$ 测定仪。测试过程中，通过控制吸收液的温度和控制烟气中 $SO_2$ 与吸收液中碘的反应时间（3～6min）以及采样流量，防止碘的挥发损失，保证准确的测定结果。直接碘量法与间接碘量法、定电位电解法、电导率法等同时测定烟气中 $SO_2$ 进行对比，测定结果表明，以上方法之间不存在系统误差。

### 1017. 间接碘量法检测烟气中的 $SO_2$ 浓度时，注意事项是什么？

答：间接碘量法检测烟气中的 $SO_2$ 浓度时，需注意以下几个问题：

当有硫化氢等还原性物质存在时，测定结果产生正误差，可在吸收瓶前串联一个装有乙酸铅棉的玻璃管，以消除硫化氢的干扰。锅炉在正常工况下，烟气中硫化氢等还原性物质极少，可忽略不计；垃圾焚烧炉排气中含有硫化氢，测定 $SO_2$ 前，应先除去硫化氢。

吸收液中的氨基磺酸铵可用来消除二氧化氮的干扰。吸收液的 pH 最佳值为 $5.4\pm0.3$，pH 值小，$SO_2$ 易挥发；pH 值大，$SO_2$ 易氧化。

采样过程中应确保采样系统不泄漏，采样管应加热到120℃以上，以防 $SO_2$ 溶于冷凝水中，造成测试结果偏低。

如果 $SO_2$ 浓度很低，例如 FGD 系统出口净烟气，在滴定样品溶液时，可用微量滴定管，以减少误差；如果 $SO_2$ 浓度很高，可将样品溶液定容后，取出适量样品溶液滴定。

第十章

# 燃煤烟气脱硫装置可靠性评定

**1018. 脱硫装置可靠性是指什么？**

**答：**脱硫装置可靠性是指脱硫装置在规定的负荷下和规定的时间内正常运行的能力。

**1019. 脱硫装置投运率是指什么？**

**答：**脱硫装置投运率是指脱硫装置在规定的负荷下，运行时间与主体工程正常运行时间之比。

**1020. 运行小时数是指什么？**

**答：**运行小时数是指装置处于运行状态的小时数。

**1021. 备用小时数是指什么？**

**答：**备用小时数是指装置处于备用状态的小时数。

**1022. 计划停运小时数（$POH$）是指什么？**

**答：**计划停运小时数（$POH$）是指装置处于计划停运状态的小时数。计划停运小时按状态可分为以下两类。

（1）大修停运小时（$POH_1$）—装置处于计划大修停运状态的小时数。

（2）小修停运小时（$POH_2$）—装置处于计划小修停运状态的小时数。

**1023. 强迫停运小时数（$FOH$）是指什么？**

**答：**强迫停运小时数（$FOH$）是指装置处于非计划停运的小时数之和。

**1024. 装置可用率是指什么？**

**答**：装置可用率是指脱硫装置每年正常运行时间与主体工程每年总运行时间的百分比，应按式（10-1）计算：

$$\eta = \frac{A-B}{A} \times 100\% \qquad (10\text{-}1)$$

式中　$\eta$——设备可用率，%；

　　　$A$——主体工程每年可运行的总时间，h；

　　　$B$——脱硫装置每年因脱硫系统故障导致的停运时间，h。

**1025. 计划停运系数（POF）是指什么？**

**答**：计划停运系数（POF）是指计划停运小时数与统计期间小时数的百分比，应按式（10-2）计算：

$$POF = \frac{计划停运时间}{统计期间小时} \times 100\% = \frac{POH}{PH} \times 100\% \qquad (10\text{-}2)$$

**1026. 非计划停运系数（UOF）是指什么？**

**答**：非计划停运系数（UOF）是指非计划停运小时数与统计期间小时数的百分比，应按式（10-3）计算：

$$UOF = \frac{非计划停运时间}{统计期间小时} \times 100\% = \frac{UOH}{PH} \times 100\% \qquad (10\text{-}3)$$

**1027. 强迫停运系数（FOF）是指什么？**

**答**：强迫停运系数（FOF）是指强迫停运小时数与统计期间小时数的百分比，应按式（10-4）计算：

$$FOF = \frac{强迫停运时间}{统计期间小时} \times 100\% = \frac{FOH}{PH} \times 100\% \qquad (10\text{-}4)$$

**1028. 强迫停运率（FOF）是指什么？**

**答**：强迫停运系数（FOF）是指强迫停运小时数与强迫停运小时数、运行小时数之和的百分比，应按式（10-5）计算：

$$FOR = \frac{强迫停运时间}{强迫停运小时 + 运行小时} \times 100\%$$

$$= \frac{FOH}{FOH + SH} \times 100\% \qquad (10\text{-}5)$$

**1029. 非计划停运率（*UOR*）是指什么？**

答：非计划停运率（*UOR*）是指非计划停运小时数与非计划停运小时数、运行小时数之和的百分比，应按式（10-6）计算：

$$UOR = \frac{非计划停运小时}{非计划停运小时 + 运行小时} \times 100\%$$

$$= \frac{UOH}{UOH + SH} \times 100\% \qquad (10\text{-}6)$$

**1030. 停运发生强迫率（*FOOR*）（次/年）是指什么？**

答：停运发生强迫率（*FOOR*）（次/年）是指强迫停运次数与可用小时数之比，乘以 8760h，应按式（10-7）计算：

$$FOOR = \frac{强迫停运次数}{可以小时} \times 8760 = \frac{FOT}{AH} \times 8760 \qquad (10\text{-}7)$$

**1031. 脱硫装置状态如何进行划分？**

答：脱硫装置状态划分为：

（1）在使用 active（ACT）——脱硫装置处于要进行统计评价的状态：

1）可用 available（A）——脱硫装置处于能够执行预定功能的状态，而不论其是否在运行，也不论其提供多少处理量。

2）不可用 unavailable（U）——脱硫装置不论其由于什么原因处于不能运行或备用的状态。不可用状态分为计划停运或非计划停运：①计划停运 planned outage（PO）——装置处于计划检修期内的状态。计划停运应事先安排好进度，并有既定期限〔大修停运 planned outage No.1（PO₁）、小修停运 planned outage No.2（PO₂）、公用系计划检修陪停 planned outage No.3（PO₃）、定期维护 simple maintenance（SM）]；②非计划停运 unplanned outage（UO）——装置处于不可用而又不是计划停运的状态。

（2）备用 reserve（R）——脱硫装置由主体工程需要安排停运但能随时启动时的状态。

（3）停用 inactive（IACT）——封存停用或进行长时间改造而停止使用的状态。脱硫装置处于停用状态的时间不参加统计评价。

### 1032. 脱硫装置可靠性评价指标主要包括哪些？

**答：**脱硫装置可靠性评价指标主要包括：装置可用率、计划停运系数、非计划停运系数。各地区可根据当地生态环境部门给出的要求自主删减。

### 1033. 脱硫装置可靠性状态填报要求是什么？

**答：**脱硫装置可靠性状态填报要求是：

（1）运行。脱硫装置每星期至少应有一条事件记录。记录应符合下列规定：脱硫装置全星期运行，只需填写一条运行事件记录（S）；当星期若发生停运，则只需填写停运事件，运行事件可不填写。

（2）计划停运。

1）装置计划停运分为计划大修（$PO_1$）、计划小修（$PO_2$）和定期维护（SM）。

2）装置计划检修工期包含试运行及试验时间。装置在检修后的启动次数应如实填写；当在试运行或试验中发生新的装置损坏或发现新的应立即消除的缺陷，且在原批准的计划检修工期内不能修复时，自计划检修工期终止日期起应转为非计划停运。计划检修工期是指开工前主管公司批准的工期。

3）当公用系统检修涉及两台及以上装置停运时，陪停装置记为 $PO_3$。

4）有重大特殊项目的计划检修，应按规定填写编码，其中装置码（编码前六位）填写与重大特殊项目关联的装置或零部件。

（3）停用。

1）经地方生态环境部门批准备案，停用脱硫装置，填写停用事件（记为 IACT）；停用时间不计入统计期间小时。若结合装置大修进行的装置重大技术改造，其停用小时为装置停运总时间扣除装置计划大修标准工期。

2）装置停用期间进行重大改造，凡造成塔型、容量、使用吸收剂、取消/增加 GGH 脱硫方式、脱硫方式等重大变更之一者，要按新装置重新注册和统计上报。

（4）启动。

1）启动是将一台装置从停止转为运行状态的过程。启动程序重复几次而未进行任何消除缺陷的检修时，按一次启动计。

2）装置启动结果分为：①启动成功—在给定期间内，按有关规程，将一台装置从停运状态转为运行状态为一次成功的启动；②启动失败—在给定期间内，未能将一台装置从停运状态转为运行状态为一次不成功的启动，并记启动失败一次。启动延误的时间对于装置、辅助装置按非计划停运计。

## 1034. 脱硫装置状态转变时间界线是什么、如何进行时间记录？

答：（1）脱硫装置状态转变时间界线：

1）运行转为停运应以脱硫装置停止通入烟气时间为界。

2）停运转为运行应以通烟气时间为界。

3）应以烟气在线连续监测系统的监测结果作为判断装置状态变化起止时间的依据。

（2）脱硫装置状态转变时间记录：

1）装置状态的时间记录应采用 24h 制。00：00 为一天开始，24：00 为一天之末。

2）装置状态变化的起止时间应以当地生态环境主管部门的记录为准。

3）装置非计划停运转为计划停运应只限于该装置临近计划检修且距原计划开工时间大修在 60 天以内，小修在 30 天以内，应提前报请省级生态环境部门批准并报告省级电网企业。

4）新建脱硫装置可靠性统计评价应从投入商业运行后开始。

**1035. 脱硫装置事件编码填写注意事项是什么？**

答：脱硫装置事件编码填写注意事项是：

（1）事件编码是描述装置故障及其原因的特殊标识符，是基础数据的重要组成部分，所有编码应按照"中心"对脱硫装置可靠性统计编码要求认真填写。代码图如图10-1所示。

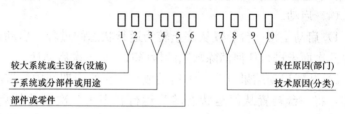

图 10-1　事件编码

（2）脱硫装置的非计划停运事件，装置停运事件，有重大特殊项目的计划停运事件，都应填写相应的事件编码。填写编码时应找准装置部位，查清技术原因，明确责任单位，十位数码要填全，使之成为一个完整、符合逻辑的语句。

（3）事件编码的前六位系分三个层次，反映引起事件的装置部件，说明事件是由于该部位部件的故障或缺陷而引起的。不要按表面现象填写：如装置保护动作跳闸停运，若系保护误动，则填写该误动保护装置的编码；若保护正确动作，则应填写被保护装置的编码。注意把装置和与其连接的，但不属于装置本体上的附属装置，如管道阀门、热控系统等严格区分开来，不要把后者引起的事件加在前者上。

事件编码的7、8位码表示事件状态发生的技术原因（物理的、化学的、电气的、机械的或人为的），并成为技术原因（分类）编码。

事件编码的9、10位码表示事件发生的责任原因，并称为责任原因（部门）编码。

（4）装置统计范围以外的系统引起装置停运和降低出力事件，

第 1、2 位填写"98"编码，第 3～8 位填写"999999"，第 9、10 位码填写相应的责任原因编码。

（5）装置非计划停运事件，若因某装置（部件）检修造成延期，应填写该装置（部件）编码；若检修延期是由于众多项装置检修未完成，可只填写影响检修进度的主要装置编码。

（6）第 9、10 位责任原因编码填写注意事项：

1）对于发、供电装置第 9、10 位各有专用码，切勿滥用。

2）工程规划、设计不周（01）与产品设计、制造不良（02）等均有严格区分，切勿混淆。

3）对于存在装置设计问题或制造质量的严重缺陷，限于检修能力而不能根治，再次引发故障时，其责任原因仍属产品设计、制造不良（02）。

### 1036. 脱硫装置可靠性统计报告的要求是什么？

**答**：脱硫装置可靠性统计报告的要求是：

（1）装置可靠性基础数据由脱硫装置运营部门记录和统计，并上报给相关主管部门。

（2）报告若需修改，应以文件形式逐级上报，说明更改内容和变更原因；各级主管部门对上报的报告应认真核实后进行转报；修改已报出"基础数据"须在报告后一个季度内完成，事件于下次报告时一并完成。

（3）可靠性基础数据报告，按脱硫装置主要设备编制。包括脱硫装置注册内容报表（见表 10-1、表 10-2），脱硫装置月度计划检修报表（见表 10-3），脱硫装置月度时间数据报表（见表 10-4）。

（4）跨月事件应拆成两条记录，迄于上月末记录和始于下月初记录。两条记录应保持时间连续、状态、编码等一致。

（5）记录和报告采用专业术语。

（6）装置计划检修以及非计划检修事件，均应填写检修工日和费用。

表 10-1　　　　　脱硫装置注册内容报表（一）

| 序号 | 脱硫装置编号 | 更新号 | 投产日期 年 月 日 | 统计日期 年 月 日 | 降低处理量统计日期 年 月 日 | 停统日期 年 月 日 | 机组容量 | 烟气量 | 钙硫物质的量比 (mol/mol) | 液气比 (L/m³) | 进口二氧化硫浓度 (mg/m³) | 出口二氧化硫浓度 (mg/m³) | 进口烟气温度 (℃) | 出口烟气温度 (℃) |
|---|---|---|---|---|---|---|---|---|---|---|---|---|---|---|
|  |  |  |  |  |  |  |  |  |  |  |  |  |  |  |
|  |  |  |  |  |  |  |  |  |  |  |  |  |  |  |
|  |  |  |  |  |  |  |  |  |  |  |  |  |  |  |
|  |  |  |  |  |  |  |  |  |  |  |  |  |  |  |

表 10-2　　　　脱硫装置注册内容报表（二）（设备）

| 序号 | 设备名称 | 电动机功率 (kW) | 出口压力/扬程 (MPa) | 流量 | 制造厂家 | 出厂年月 | 铭牌容量 | 出厂编号 | KKS 编码 |
|---|---|---|---|---|---|---|---|---|---|
| 1 |  |  |  |  |  |  |  |  |  |
| 2 |  |  |  |  |  |  |  |  |  |
| 3 |  |  |  |  |  |  |  |  |  |
| 4 |  |  |  |  |  |  |  |  |  |
| 5 |  |  |  |  |  |  |  |  |  |
| 6 |  |  |  |  |  |  |  |  |  |
| … |  |  |  |  |  |  |  |  |  |

表 10-3

**脱硫装置月度计划检修报表**

| 序号 | 事件状态起止时间 | | | | | | | | 事件状态 | 状态持续 小时 | 检修设备名称 | 检修工日 | 检修费用（万元） | 备注 |
|---|---|---|---|---|---|---|---|---|---|---|---|---|---|---|
| | 开始时间 月 日 时 分 | | | | 终止时间 月 日 时 分 | | | | | | | | | |
| 1 | | | | | | | | | | | | | | |
| 2 | | | | | | | | | | | | | | |
| 3 | | | | | | | | | | | | | | |
| … | | | | | | | | | | | | | | |
| 合计 | | | | | | | | | | | | | | |

单位：　　　　　填表：　　　　　主管：　　　　　填表日期：　年　月　日

表 10-4

**脱硫装置月度时间数据报表**

| 序号 | 事件状态起止时间 | | | | | | | | 事件状态 | 状态持续 小时 | 脱硫效率（%） | 检修情况 | | 事件编码 | 事件原因补充说明 |
|---|---|---|---|---|---|---|---|---|---|---|---|---|---|---|---|
| | 开始时间 月 日 时 分 | | | | 终止时间 月 日 时 分 | | | | | | | 检修工日 | 检修费用（万元） | | |
| 1 | | | | | | | | | | | | | | | |
| 2 | | | | | | | | | | | | | | | |
| 3 | | | | | | | | | | | | | | | |
| … | | | | | | | | | | | | | | | |

单位：　　　　　填表：　　　　　主管：　　　　　填表日期：　年　月　日

第十一章

# 燃煤烟气脱硫装备运行效果评价技术要求

**1037. 脱硫装置评价指标是什么？**

**答：**脱硫装置评价指标是影响脱硫装置运行效果的各具体评价目标对象，包括一级评价指标和二级评价指标。

**1038. 脱硫装置环保性能是什么？**

**答：**脱硫装置环保性能是脱硫装置运行过程中反映二氧化硫（$SO_2$）脱除效果及环境影响（包括废气、废水、固废、噪声等）的评价指标。

**1039. 脱硫装置资源能源消耗是什么？**

**答：**脱硫装置资源能源消耗是脱硫装备装置运行过程中反映吸收剂、电、水、蒸汽、压缩空气等消耗水平的评价指标。

**1040. 脱硫装置经济性能指标是什么？**

**答：**脱硫装置经济性能指标是反映燃煤烟气脱硫装备运行的主要技术、经济等的评价指标。

**1041. 脱硫装置可用率是指什么？**

**答：**脱硫装置可用率是指在一定时间（不小于 6 个月）内，脱硫装置正常运行时间（h）与锅炉正常运行时间和因脱硫装备故障导致锅炉非计划停运时间的比值。

**1042. 脱硫装置负荷适应性是指什么？**

**答：**脱硫装置适应性是指脱硫装置适应燃煤电站锅炉或机组处于不同负荷条件的能力。

**1043. 脱硫固废是指什么?**

答:脱硫固废是指不能(或没有)作为副产品加以利用的脱硫副产物或其他固体废物。

**1044. 脱硫装置其他气态污染物是指什么?**

答:脱硫装置其他气态污染物是指脱硫装置排放的氯化氢(HCl)、氟化氢(HF)及氨法脱硫逃逸的氨($NH_3$)等污染物。

**1045. 单位脱硫吸收剂消耗是指什么?**

答:单位脱硫吸收剂消耗是指脱硫装置每脱除 1t 二氧化硫($SO_2$)所消耗的吸收剂的量。

**1046. 单位脱硫水耗是指什么?**

答:单位脱硫水耗是指脱硫装置每脱除 1t 二氧化硫($SO_2$)所消耗的水量。

**1047. 单位脱硫综合能耗是指什么?**

答:单位脱硫综合能耗是指脱硫在脱除 1t 二氧化硫($SO_2$)所消耗的主要能源实物量(包括电耗、蒸汽消耗以及脱硫系统外引入的压缩空气消耗等)按规定的计算方法和单位分别折算后的总和。

**1048. 单位二氧化硫脱除成本是指什么?**

答:单位二氧化硫脱除成本是指脱硫装置每脱除 1t 二氧化硫($SO_2$)所需的运行成本。

**1049. 单位占地面积是指什么?**

答:单位占地面积是指脱硫装置系统总占地面积除以对应机组的装机容量。

**1050. 单位投资是指什么？**

**答：**单位投资是指脱硫装置系统总投资除以对应机组的装机容量。

**1051. 燃煤烟气脱硫装置运行效果评价总则是什么？**

**答：**燃煤烟气脱硫装备运行效果的评价应以环境保护法律、法规、标准为依据，以达到国家、地方以及行业（专业）标准要求为前提，科学、客观、公正、公平地评价脱硫装置的运行效果。

燃煤烟气脱硫装置运行效果的评价总分为 100 分，其中环保性能指标计 50 分、资源能源消耗指标计 10 分、技术经济性能指标计 20 分、运行管理指标计 10 分、设备状况指标计 10 分。

**1052. 燃煤烟气脱硫装置运行效果评价一般要求是什么？**

**答：**燃煤烟气脱硫装置运行效果评价一般要求是：

（1）燃煤烟气脱硫装置运行效果的评价应在其 168h 运行移交生产至少 6 个月后进行，且评价期间，燃煤锅炉应燃用设计煤种或尽量接近设计煤种。

（2）应进行不少于 7 天负荷适应性试验，宜分两次进行。两次间隔时间不少于 30 天。负荷适应性至少包括机组满负荷、75% 机组负荷的试验。

（3）燃煤烟气脱硫装置运行效果评价的现场检测应符合《固定污染源排气中颗粒物和气态污染物采样方法》（GB/T 16157）、《燃煤烟气脱硫设备性能测试方法》（GB/T 21508—2008）、《火电厂环境监测技术规范》（DL/T 414—2012）等的要求。

（4）检测项目包括：燃煤烟气脱硫装备系统进出口的烟气流速、$SO_2$ 浓度、氧量、烟气流量、烟（粉）尘浓度、烟气密度、水分含量、烟气温度，出口烟气中的雾滴浓度（湿法）、三氧化硫浓度（$SO_3$）、汞（Hg）浓度、其他气态污染物浓度，以及系统阻力和大气压力。

（5）脱硫装备系统风机噪声检测应符合《风机和罗茨风机噪声测量方法》（GB/T 2888—2016）、《通风机噪声限值》（JB/T

8690—2014）的规定要求，其他设备噪声应在距噪声源 1.0m 处测量。

（6）应收集装备系统评价之前至少 6 个月的各类资料和统计数据，运行考核时间不低于 6 个月。

**1053. 燃煤烟气脱硫装置运行效果评价技术要求是什么？**

答：燃煤烟气脱硫装置运行效果评价技术要求是：

（1）环保性能评价应包括 $SO_2$ 排放浓度、脱硫效率、汞（Hg）排放浓度、烟（粉）尘放浓度、$SO_3$ 排放浓度、雾滴浓度以从脱硫废水、脱硫固废、噪声和其他气态污染物等指标。

（2）以 $SO_2$、烟（粉）尘放浓度分级见表 11-1。

表 11-1　　　$SO_2$、烟（粉）尘排放浓度评价分级表　　　（$mg/m^3$）

| 排放浓度分级 | | 重点地区 | 非重点地区 | |
|---|---|---|---|---|
| | | | 一般地区 | 特殊地区 |
| $SO_2$ | A 级 | ≤35 | ≤35 | ≤100 |
| | B 级 | >35，且≤50 | >35，且≤100 | >100，≤200 |
| | C 级 | >50 | >100 | >200 |
| 烟（粉）尘 | A 级 | ≤10 | ≤20 | |
| | B 级 | >10，且≤20 | >20，且≤30 | |
| | C 级 | >20 | >30 | |

注　"重点地区"为《火电厂大气污染物排放标准》（GB 13223—2011）中所定义的地区，其他为非重点地区（包括一般地区和特殊地区）。"特殊地区"为《火电厂大气污染物排放标准》（GB 13223—2011）表 1 中所规定的广西、重庆、四川和贵州地区。"一般地区"就是非重点地区中除"特殊地区"之外的地区。

（3）资源能源消耗评价应包括单位脱硫吸收剂消耗、单位脱硫水耗、单位脱硫综合能耗等指标。

（4）单位脱硫综合能耗为每脱除单位 $SO_2$ 的电耗、蒸汽消耗以及脱硫系统外引入压缩空气消耗等按《综合能耗计算通则》（GB/T 2589—2008）的要求折算为标准煤消耗之和。

（5）单位脱硫综合能耗应按式（11-1）计算：

$$E = (0.1229E_1 + 0.1286E_2 + 0.04E_3)/M \qquad (11-1)$$

式中　　　$E$——单位脱硫综合能耗，kgce/t $SO_2$；

　　　　　$E_1$——脱硫装备运行考核时间总电耗，kW·h；

　　　　　$E_2$——脱硫装备运行考核时间总蒸汽消耗，kg；

　　　　　$E_3$——脱硫装备运行考核时间系统外引入的总压缩空气消耗，$m^3$；

　　　　　$M$——脱硫装备运行考核时间总脱硫量，t $SO_2$；

0.1229、0.1286、0.04——分别为电耗、蒸汽消耗和压缩空气消耗的折算系数。

（6）燃煤锅炉烟气引风机与脱硫增压风机合一的系统，脱硫装备的电耗应按脱硫系统设计阻力占整个燃煤锅炉烟气设计阻力之比进行分割计算。

（7）引风机与脱硫增压风机合一脱硫系统电耗分割计算应按式（11-2）计算。

$$E_1 = E_0(\Delta P_1/\Delta P_0) \qquad (11-2)$$

式中　$E_1$——脱硫装备运行考核时间总电耗，kWh；

　　　$E_0$——脱硫装备运行考核时间引风机与脱硫增压风机合一总电耗，kWh；

　　　$\Delta P_1$——脱硫装备烟道系统设计阻力，（Pa、kPa）；

　　　$\Delta P_0$——包括脱硫装备的燃煤锅炉烟气总设计阻力，Pa、kPa。

（8）技术经济性能评价应包括装备可用率、系统阻力、负荷适应性、副产品综合利用率，单位二氧化硫脱除成本、单位占地面积、单位投资等指标。

（9）装备可用率应按式（11-3）计算。

$$\eta = \frac{T_2}{T_1 + T_3} \times 100\% \qquad (11-3)$$

式中　$\eta$——装备可用率，%；

　　　$T_1$——燃煤锅炉运行的总时间，h；

　　　$T_2$——脱硫装备运行时间，h；

$T_3$——因脱硫装备故障导致燃煤锅炉非计划停运时间，h。

（10）运行管理评价包括运行管理、检修及维护管理等指标。

（11）设备状况评价包括烟气系统、吸收系统、吸收剂制备系统、副产品处理系统、废水处理系统和烟气在线监测系统等指标。

### 1054. 单项考核统计方法是什么？

答：单项考核为一级单项指标的评价考核，按式（11-4）计算。

$$P_i = \frac{X_i}{X_{i0}} \times 100\% \qquad (11\text{-}4)$$

式中　$P_i$——单项相对得分率，%；

$\quad\ X_i$——单项实际得分；

$\quad X_{i0}$——单项标准分。

### 1055. 综合考核统计方法是什么？

答：综合考核按式（11-5）计算。

$$P = \frac{\lambda \sum X_i}{X_0} \times 100\% \qquad (11\text{-}5)$$

式中　$P$——综合相对得分率，%；

$\quad\ X_i$——单项实际得分；

$\quad\ \lambda$——时间折算因子，详见表 11-2；

$\quad\ X_0$——总标准分（100 分）。

表 11-2　　　　　　　运行考核时间折算因子

| 序号 | 日常统计数据连续考核时间 | 时间折算因子 |
|:---:|:---|:---:|
| 1 | 装置运行考核时间大于或等于 6 个月，小于 8 个月 | 1 |
| 2 | 装置运行考核时间大于或等于 8 个月，小于 10 个月 | 1.01 |
| 3 | 装置运行考核时间大于或等于 10 个月，小于 12 个月 | 1.02 |
| 4 | 装置运行考核时间大于或等于 12 个月，小于 18 个月 | 1.03 |
| 5 | 装置运行考核时间大于或等于 18 个月，小于 24 个月 | 1.04 |
| 6 | 装置运行考核时间大于或等于 24 个月 | 1.05 |

**1056. 综合评价结果分为哪几挡?**

答: 运行效果综合评价结果分为"优秀""良好"和"一般",共计三挡。综合评价结果见表11-3。

当单项相对得分率不能满足表11-3的等级设定要求时,综合考核评价应做降一级处理。

表 11-3　　　　　　　　　综合评价结果

| 评价结果 | 综合相对得分率 $P$ | 单项相对得分率 |
|---|---|---|
| 优秀 | $P \geqslant 90\%$ | $\geqslant 70\%$ |
| 良好 | $75\% \leqslant P < 90\%$ | $\geqslant 60\%$ |
| 一般 | $60\% \leqslant P < 75\%$ | — |

**1057. 燃煤烟气脱硝装置评价报告至少应包括哪些内容?**

答: 燃煤烟气脱硝装置评价报告至少应包括:

(1) 燃煤系统环境保护工作概况。

(2) 燃煤烟气脱硫装置的系统流程和主要性能参数。

(3) 污染物排放指标所执行的标准。

(4) 运行效果评价试验。

(5) 环保性能指标。

(6) 资源能源消耗指标。

(7) 技术经济性能指标。

(8) 运行管理指标。

(9) 设备状况指标。

(10) 存在问题及整改建议。

(11) 综合评价结论。

(12) 附录(含重要运行数据、检测数据、批复文件、评分表等)。

第十二章

# 燃煤烟气脱硫装置技术监督

**1058. 脱硫装置技术监督是指什么?**

**答:** 依据国家法律、法规,按照国家和行业标准,利用可靠的技术手段及管理方法,在脱硫装置全过程质量管理中,对脱硫装置重要参数、性能指标进行监督、检查、评价,保证其安全、稳定、经济运行;并对其运行过程中的污染物排放进行监督及检查,确保达标排放。

**1059. 在线仪表完好率是指什么?**

**答:** 在线仪表完好率是指脱硫装置各工艺系统和设备所安装的在线仪表(含烟气排放连续监测系统)中,能正常使用且系统综合误差在允许范围内的在线仪表数量与安装的在线仪表总数之比。通常用百分数表示。

**1060. 火力发电厂脱硫装置技术监督总则是什么?**

**答:** 火力发电厂脱硫装置技术监督总则是:

(1)火电厂脱硫装置技术监督分为建设期、运行期两个阶段。

(2)火电厂脱硫装置技术监督应以脱硫吸收剂、脱硫设施、污染物排放、脱硫副产物、燃料等为对象,以环保标准为依据,以监测为手段,监督脱硫装置的正常投运,使污染物达标排放。

(3)火电厂脱硫装置技术监督应贯穿于脱硫装置的工程可行性研究、环境影响评价、设计、选型、监造、安装、调试、验收、运行、检修和技术改造等全过程。

**1061. 脱硫装置建设期技术监督范围包括哪些?**

**答:** 脱硫装置建设期技术监督范围包括:

（1）建设期脱硫装置技术监督包括对火电厂新建、改建、扩建脱硫工程项目建设期间各个环节全过程的监督。

（2）监督范围：对工程可行性研究、环境影响评价、设计的监督，对设备选型、监造、安装、调试、性能验收试验和环境保护设施竣工验收的监督。

### 1062. 脱硫装置建设期可研阶段技术监督的内容是什么？

**答：**脱硫装置建设期可研阶段技术监督的内容是：

（1）在可行性研究报告中应有环境保护的论证内容，应对入炉煤煤质、烟气参数、吸收剂来源、副产品综合利用、污染物排放和工艺技术等进行审核，应分析建设项目的环境可行性，满足国家和地方环境保护标准的要求。

（2）应优先选择脱硫效率高、工艺成熟、有良好业绩、吸收剂来源方便、副产品便于综合利用的脱硫工艺，吸收剂来源和副产品处置方案应合理，不应产生二次污染。

（3）脱硫装置的参数选择应重点考虑环保标准变化、实际烟气量、燃煤硫分、烟尘浓度等指标，并留有一定的裕量。

（4）脱硫副产品宜综合利用，不应采用抛弃法处置。

（5）脱硫废水应按环保要求进行处理并合理回用。

### 1063. 脱硫装置建设期环境影响评价阶段技术监督的内容是什么？

**答：**脱硫装置建设期环境影响评价阶段技术监督的内容是：

（1）环境影响评价阶段应监督程序的合规性，污染物达标排放和总量控制工艺方案的可行性和有效性，应通过环境保护行政主管部门的审查和批准等。

（2）火电厂新建、改建、扩建脱硫工程项目应进行环境影响评价，预测本项目对环境产生的影响，应含有效的二氧化硫达标排放、防治污染的措施或方案，并通过环境保护行政主管部门的审查和批准。脱硫装置建设项目的环境影响评价工作，应由取得相应资质证书的环评单位承担。未经环境保护行政主管部门审批的项目，不得开工建设。

（3）脱硫工艺方案和防治设施应在满足国家和地方环境保护标准的基础上留有一定的裕量。采用湿法脱硫工艺的，脱硫烟气不应对环境产生二次污染。

（4）脱硫建设项目的环境影响评价文件经批准后，建设项目的性质、规模、地点，采用的生产工艺或者防治污染、防止生态破坏的措施发生重大变动的，建设单位应当重新向原环境影响评价审批单位办理相关建设项目的环境影响评价变更手续。

### 1064. 脱硫装置建设期设计阶段技术监督的内容是什么？

**答：** 脱硫装置建设期设计阶段技术监督的内容是：

（1）烟气脱硫的设计应符合《火力发电厂石灰石-石膏湿法烟气脱硫系统设计规程》（DL/T 5196—2016）的规定，其技术性能应符合环保要求。采用石灰石/石灰-石膏法脱硫工艺的，设计、制造、安装及调试参照《石灰石/石灰-石膏湿法烟气脱硫工程通用技术规范》（HJ 179—2018）等相关标准执行；采用其他脱硫工艺的，按照《烟气循环流化床法烟气脱硫工程通用技术规范》（HJ 178—2018）等相应标准执行。

（2）初步设计中，脱硫工艺方案和防治设施设计应以批准的环境影响评价文件和可研报告为依据，并进行优化，如有重大变更，应补充环境影响评价。

（3）设计脱硫 DCS 系统时，参数选择应满足工艺控制和环保要求，相关参数记录和存储应满足《燃煤发电机组环保电价及环保设施运行监管办法》等环保管理规定的要求。烟气排放连续监测系统应符合《固定污染源烟气（$SO_2$、$NO_x$、颗粒物）排放连续监测技术规范》（HJ 75—2017），《固定污染源烟气（$SO_2$、$NO_x$、颗粒物）排放连续监测系统技术要求及检测方法》（HJ 76—2017）等相关规定。

（4）脱硫废水应设计独立的处理系统，处理后的水质指标应符合《污水综合排放标准》（GB 8978—1996），《火电厂石灰石-石膏湿法脱硫废水水质控制指标》（DL/T 997—2006）及地方废水排放标准并合理回用。

### 1065. 脱硫装置建设期设备选型阶段技术监督的内容是什么？

**答**：脱硫装置建设期设备选型阶段技术监督的内容是：

（1）选用有良好应用业绩、质量可靠的脱硫工艺设备，使$SO_2$排放符合《火电厂大气污染物排放标准》（GB 13223—2011）及地方排放标准和总量控制的要求。

（2）设备选型时应控制其噪声水平，高噪声设备如氧化风机、曝气风机、浆液循环泵、空气压缩机、石灰石破碎及磨制设备、脱硫增压风机等宜采取降噪措施。

（3）脱硫吸收剂的制备和储运系统应有防止粉尘污染的措施。

（4）脱硫副产品处置系统不应产生二次污染。

（5）石膏浆液 pH 值计、石膏浆液密度计、石灰石浆液密度计及其他在线表计等应质量可靠，测量精度满足工艺控制要求。

（6）CEMS（烟气排放连续监控系统）设备选型应满足环保要求。

### 1066. 脱硫装置建设期设备建造安装阶段技术监督的内容是什么？

**答**：脱硫装置建设期设备建造安装阶段技术监督的内容是：

（1）对设备制造商提供的设备，应依据设备出厂标准、技术协议的要求进行监督和验收。

（2）现场制作的脱硫设施应符合设计和技术协议的要求。

（3）脱硫设施及相关仪表的安装质量应符合《电力建设施工技术规范　第 2 部分：锅炉机组》（DL 5190.2—2012）和相关规定。

### 1067. 脱硫装置建设期设备调试阶段技术监督的内容是什么？

**答**：脱硫装置建设期设备调试阶段技术监督的内容是：

（1）按照《火电厂烟气脱硫工程调整试运及质量验收评定规程》（DL/T 5403—2007）和工程施工质量检验及评定的相关规定，监督检查脱硫设施及烟气排放连续监测系统的调试记录和调试报告。

（2）脱硫装置168h试运时，应监督168h试运的启动条件和通过168h试运的必备条件是否达到规定的要求。

（3）调试过程排放的浆液、废水、废渣应有相应的处理措施。

（4）调试结束，调试技术资料完整并归档。

**1068. 脱硫装置建设期性能验收试验阶段技术监督的内容是什么？**

**答：**脱硫装置建设期性能验收试验阶段技术监督的内容是：

（1）脱硫装置应按照国家及行业有关规范要求，在设施建成投运2个月后，6个月内组织完成性能试验，其结果应符合设计要求。

（2）对未达到设计要求或不符合国家和地方排放标准的，应督促相关单位整改。

**1069. 脱硫装置建设期竣工验收阶段技术监督的内容是什么？**

**答：**脱硫装置建设期竣工验收阶段技术监督的内容是：

（1）建设项目建成后，应向审批建设项目环境影响评价文件的生态环境保护行政主管部门提出申请，得到同意后方可进行生产。

（2）设施建成投运后，应及时组织开展自主环境保护设施竣工验收，验收结果报生态环境部门备案。

（3）在项目建设过程中出现不符合经审批的环境影响评价文件情形的，建设单位应当组织环境影响的后评价，采取改进措施，并报原环境影响评价文件审批部门和建设项目审批部门备案。

**1070. 脱硫装置运行期技术监督范围包括哪些？**

**答：**脱硫装置运行期技术监督范围包括：

（1）运行期脱硫装置的技术监督包括自脱硫装置竣工验收合格后对运行检修阶段的设备、原材料、污染物排放及综合利用等的监督。

（2）监督范围主要有：设备、吸收剂、脱硫副产品、烟气参数、工艺参数、在线仪表（含烟气排放连续监测系统）、燃煤品质、脱硫副产品处置及综合利用等。

### 1071. 脱硫装置运行期技术监督项目及要求是什么？

**答：**脱硫装置运行期技术监督项目及要求是：

（1）脱硫工艺运行期应监督下列项目：

1）脱硫设施投运率。

2）脱硫效率。

3）入口烟气 $SO_2$ 浓度。

4）出口烟气 $SO_2$ 浓度、$SO_2$ 排放总量、$SO_2$ 小时均值超标时间。

5）出口烟气烟尘浓度。

6）出口烟气温度。

7）脱硫剂用量。

8）在线仪表完好率。

9）CEMS 数据传输有效率。

10）燃煤含硫量等。

（2）采用石灰石—石膏法烟气脱硫工艺的脱硫装置除（1）规定的项目外，还应监督石灰石品质（包括有效氧化钙含量、细度、活性等）、脱硫塔入口烟尘浓度、吸收塔浆液指标、Ca/S、脱硫石膏品质、脱硫废水排水水质等指标。

（3）采用海水烟气脱硫工艺的脱硫装置除（1）规定的项目外，还应监督脱硫后外排海水水质等指标。

（4）采用干法、半干法烟气脱硫工艺系统除（1）规定的项目外，还应监督生石灰品质（包括有效氧化钙含量、细度、活性等）、脱硫塔出口烟气温度、Ca/S 等指标。

（5）采用循环流化床锅炉的除（1）规定的项目（不包括入口烟气 $SO_2$ 浓度），还应监督石灰石品质（包括有效氧化钙含量、细度、活性等）、Ca/S 等指标。

（6）脱硫装置的烟气污染物排放、脱硫废水及海水脱硫装置脱硫后外排海水的监督项目和周期，应结合自行监测和信息公开的要求开展。

### 1072. 脱硫装置运行期工艺设备技术监督项目有哪些？

**答**：脱硫装置运行期工艺设备技术监督项目有：

（1）主要监督指标有脱硫装置投运率、脱硫效率、在线仪表完好率、电耗等。

（2）脱硫装置年投运率不应低于 98%，脱硫效率在设计条件下不应低于设计保证值，在线仪表完好率不应低于 98%。

（3）所有脱硫装置应有设备管理制度、事故应急制度、设备台账、运行检修规程及记录。脱硫检修台账、运行记录以及各种试验记录应完整。

（4）工艺设备的巡检、点检、维护及消缺应满足运行检修规程。工艺设备应包括增压风机、浆液循环泵、氧化风机、搅拌器、吸收塔、GGH 等。

（5）工艺设备应定期检查及维护，定期轮换应满足运行检修规程的要求，设备消耗应均匀。

（6）工艺设备改造后应及时进行性能考核验收试验。

### 1073. 脱硫吸收剂监督要求是什么？

**答**：脱硫吸收剂监督要求是：

（1）用石灰石做吸收剂的，应监督石灰石中的 $CaCO_3$ 或 $CaO$ 含量、$MgO$ 含量、活性、$SiO_2$ 含量及石灰石粉细度等；用生石灰做吸收剂的，应监督生石灰中的有效氧化钙含量、细度等指标。监督控制指标值应不低于设计值。

（2）监督周期：石灰石中 $CaCO_3$（或 $CaO$）含量每周测量不应少于一次，$MgO$ 含量每月一次，必要时应测量活性、$SiO_2$ 含量等指标。石灰石粉细度每周测量不应少于一次。生石灰中有效氧化钙含量、细度测量每周测量不应少于一次。如来源及品质不稳定时，可增加测量频次。

（3）吸收剂的采样应有代表性，采样应符合下列规定：

1）石灰石（粉）的固相样品应在石灰石粉运输车或运输车输入粉仓的管道上或粉仓的上料管道上定期采集；

2）石灰石的液相样品应在其新鲜浆液槽或新鲜浆液的输送管道上定期采集；

3）石灰石块采制样可参照《化工用石灰石采样与样品制备方法》（GB/T 15057.1—1994）及煤粉采制样方法进行，在石灰石块卸料时可采用多点法取样，取样点不应少于5点，每点子样质量不应少于0.5kg；

4）必要时可在供浆泵出口管道采集石灰石浆液进行对比监督。

（4）吸收剂应采用下列分析方法：

1）$CaCO_3$ 或 $CaO$ 含量、$MgO$ 含量的测试方法参照《建材用石灰石、生石灰和熟石灰化学分析方法》（GB/T 5762—2012）。

2）活性测试方法参照《烟气湿法脱硫用石灰石粉反应速率的测定》（DL/T 943—2015）。

3）细度可采用筛分质量法。

**1074. 燃煤中硫分和原烟气监督项目及要求是什么？**

**答：**燃煤中硫分和原烟气监督项目及要求是：

（1）燃煤硫分和进口 $SO_2$ 浓度应尽量控制在设计范围内；如超出设计范围，应密切关注出口 $SO_2$ 浓度的变化趋势，必要时采取配煤、负荷调整等有效措施，确保出口 $SO_2$ 污染物浓度达标排放。

（2）监督指标：入炉煤硫分、燃煤量，脱硫装置入口烟气量、$SO_2$ 浓度、$O_2$ 含量、烟尘浓度。

（3）监测周期：入炉煤硫分每天至少测量一次，采用机组入炉煤分析数据；原烟气指标采用烟气 CEMS 数据，按小时均值统计。

（4）原烟气指标人工监测至少每半年一次。出现烟气 CEMS 数据异常，应及时进行人工比对校准。

（5）原烟气取样应有代表性，取样点一般在脱硫装置进口烟道采样孔处，采样孔的位置及布置、测试平台应符合《固定污染源排气中颗粒物和气态污染物采样方法》（GB/T 16157）的规定。

（6）原烟气采样分析方法按《火电厂 环境监测技术规范》（DL/T 414—2012）、《固定污染源排气中颗粒物和气态污染物采样方法》（GB/T 16157）执行。

### 1075. 脱硫石膏品质监督项目及要求是什么？

**答：** 脱硫石膏品质监督项目及要求是：

（1）主要监督项目有含水率、$CaSO_4 \cdot 2H_2O$ 含量、$CaSO_3 \cdot 1/2H_2O$ 含量、$CaCO_3$ 含量、$Cl^-$ 含量、Ca/S 等。

（2）监测周期：石膏中含水率、$CaSO_4 \cdot 2H_2O$ 含量、$CaSO_3 \cdot 1/2H_2O$ 含量、$CaCO_3$ 含量等指标每周测量至少一次，并由此计算 Ca/S，$Cl^-$ 含量等其他指标每月不少于一次。

（3）采样要求：一般在真空脱水皮带机末端落料口处取样，每次取样不宜少于 100g，样品用自封袋密封保存，宜当天进行分析。

（4）样品处理方法依照《石膏化学分析方法》（GB/T 5484—2012）进行。

（5）样品分析方法参照表 12-1，也可参照自动电位滴定仪滴定方法进行分析。

表 12-1 样品分析方法

| 序号 | 分析项目 | 参考分析测试方法或标准 |
|---|---|---|
| 1 | $CaCO_3$ | 酸碱滴定法《燃煤烟气脱硫设备性能测试方法》（GB/T 21508—2008） |
| 2 | $CaSO_3 \cdot 1/2H_2O$ | 碘量法《燃煤烟气脱硫设备性能测试方法》（GB/T 21508—2008） |
| 3 | $CaSO_4 \cdot 2H_2O$ | 质量法 [《石膏化学分析方法》（GB/T 5484—2012）]、快速滴定法 |
| 4 | 含湿量 | 质量法 [《石膏化学分析方法》（GB/T 5484—2012）] |
| 5 | pH | 玻璃电极法《水质 pH 值的测定玻璃电极法》（GB/T 6920—1986） |

续表

| 序号 | 分析项目 | 参考分析测试方法或标准 |
|---|---|---|
| 6 | $Cl^-$ | 摩尔法、电位滴定法［《工业循环冷却水和锅炉用水中氯离子的测定》（GB/T 15453—2018）］ |
| 7 | MgO | EDTA 滴定法［《石膏化学分析方法》（GB/T 5484—2012）］ |

（6）Ca/S 及脱硫石膏中含水率、$CaSO_4 \cdot 2H_2O$ 含量、$CaSO_3 \cdot 1/2H_2O$ 含量、$CaCO_3$ 含量、$Cl^-$ 含量监督指标值应达到设计值，推荐监督控制值为：石膏中含水率不高于 10%（质量比），无游离水分的石膏基中 $CaSO_4 \cdot 2H_2O$ 含量不低于 90%（质量比）、$CaSO_3 \cdot 1/2H_2O$ 含量不高于 3%（质量比）、$CaCO_3$ 含量不高于 1%（质量比）。$Cl^-$ 含量根据副产品的综合利用要求进行控制。

## 1076. 脱硫工艺过程监督项目及要求是什么？

**答：**脱硫工艺过程监督项目及要求是：

（1）石膏浆液 pH 值宜控制在 5.0～6.0 之间，石膏浆液 $Cl^-$ 含量宜控制在 $1.0 \times 10^4$ mg/L 以内，石膏浆液密度、石灰石浆液密度宜按脱硫运行手册规定的控制范围控制，可根据具体情况调整。

（2）石膏浆液 pH 值、石膏浆液密度、石灰石浆液密度的在线仪表应正常运行，并定期进行检测校对。

（3）监测周期应符合下列要求：

1）石膏浆液 pH 值、石膏浆液密度、石灰石浆液密度指标在线仪表正常情况下，应每周至少一次人工比对校准。

2）在线仪表不正常的情况下宜适当增加检测频次。

3）石膏浆液 pH 值、密度在线表计故障时每天应至少一次比对校准。

4）石膏浆液 $Cl^-$ 含量应每月至少检测一次。

5）必要时应测量石灰石浆液粒径分布。

（4）石膏浆液的采样点宜在石膏排出泵的出口或循环管道的有效位置，石灰石浆液采样应在供浆泵出口。浆液密度宜用密度瓶直接取样。浆液的采样位置和方法应保证样品的代表性。

（5）石膏浆液 pH 值参照玻璃电极法《水质 pH 值的测定　玻璃电极法》（GB 6920—1986）、石膏浆液密度和石灰石浆液密度的分析方法参照密度瓶质量法。

### 1077. 烟气 CEMS 监督项目及要求是什么？

答：烟气 CEMS 监督项目及要求是：

（1）每套脱硫装置进出口应至少各安装一套烟气 CEMS。烟气 CEMS 安装应符合《固定污染源烟气排放连续监测技术规范》（HJ 75—2017）、《固定污染源烟气（$SO_2$、$NO_x$、颗粒物）排放连续监测系统技术要求及检测方法》（HJ 76—2017）及环保部门的规定。脱硫装置出口烟气 CEMS 安装位置应在固定污染源的总排气管道或者烟囱上。

（2）烟气 GEMS 应 100％投运，数据传输有效率不应低于 75％，并按规定要求进行定期检定或校验。烟气 CEMS 的安装和管理应符合《固定污染源烟气排放连续监测技术规范》（HJ 75—2017）的规定。

（3）烟气 CEMS 应定期进行校准，按下列要求监督烟气 CEMS 的校准：

1）具有自动校准功能的 $SO_2$，$O_2$ 等气态 CEMS 应每 24h 至少自动校准一次仪器零点和跨度。

2）无自动校准功能的烟尘 CEMS 应每 3 个月至少校准一次仪器零点和跨度。

3）采用直接测量法的气态 CEMS，具有自动校准功能的应每 30 天至少人工用校准装置通入零气和接近烟气中污染物浓度的标准气体校准一次仪器零点和工作点，无自动校准功能的应每 15 天至少人工用零气和接近烟气中污染物浓度的标准气体校准一次仪器零点和工作点。

4）抽气式气态污染物 CEMS 应每 3 个月至少进行一次全系统的校准。

（4）烟气 CEMS 应按下列要求定期进行监督校验：

1）每6个月应至少做一次校验，校验用参比方法和烟气CEMS同时段数据进行比对。

2）当校验结果不符合《固定污染源烟气排放连续监测技术规范》（HJ 75—2017）要求时，应扩展为对颗粒物CEMS方法的相关系数的校正、流速CMS的速度场系数的校正，评估气态污染物CEMS的相对准确度，直到烟气CEMS达到《固定污染源烟气排放连续监测技术规范》（HJ 75—2017）的要求。

（5）应做好对自动监测仪器的比对监测工作和自动监测数据的有效性审核监督工作。有效性审核工作应按照《国家重点监督企业污染源自动监测数据有效性审核办法》进行，应审核污染源自动监测数据准确性、数据缺失和异常情况等。

### 1078. 烟气污染物监督项目及要求是什么？

**答：**烟气污染物监督项目及要求是：

（1）脱硫设施排放的$SO_2$浓度、烟尘浓度应满足《火电厂大气污染物排放标准》（GB 13223—2011）及地方污染物排放标准，$SO_2$排放总量应满足环保部门总量控制的要求。

（2）烟气监督项目应包括出口烟气中$SO_2$浓度、$O_2$含量、烟尘浓度及出口烟气温度、烟气流量、$SO_2$排放总量等。

（3）监督周期应符合下列要求：

1）净烟气指标人工监测应至少每半年一次。

2）日常净烟气指标应采用烟气CEMS数据，应按小时均值统计。

3）出现烟气CEMS数据异常，应及时进行人工比对校准。

（4）人工烟气取样应有代表性，取样点宜在脱硫装置出口烟道采样孔处，采样孔的位置及布置、测试平台应符合《固定污染源排气中颗粒物和气态污染物采样方法》（GB/T 16157）的规定。采样分析方法按《固定污染源排气中颗粒物和气态污染物采样方法》（GB/T 16157）、《火电厂环境监测技术规范》（DL/T 414—2012）执行。

**1079. 外排海水监督项目及要求是什么？**

答：外排海水监督项目及要求是：

（1）采用海水脱硫工艺的脱硫装置应在曝气池出口安装 pH、COD、溶解氧的在线监测表计。外排海水 pH 值应满足设计要求并符合排放海域海水水质标准，不应小于 6.8；外排海水 COD 增加值和溶解氧含量应达到设计要求，符合排放海域海水水质标准。

（2）外排海水监督项目应包括 pH 值、COD、溶解氧、悬浮物、重金属等。

（3）监测周期应符合下列要求：

1）外排海水 pH 值应每周测量一次，并同时校对在线 pH 值计；

2）外排海水中 COD 增加值、溶解氧含量、悬浮物等，应每月测量一次；

3）外排海水重金属等其余指标应按《火电厂环境监测技术规范》（DL/T 414—2012）规定进行测定，《火电厂环境监测技术规范》（DL/T 414—2012）未做规定的每年应至少测量一次。

（4）外排海水的采样点应在曝气池出口采样泵取样口处，如没有相应取样设施，则应在脱硫外排海水排海口取有代表性的样品。

（5）分析方法参照《海洋监测规范 第 4 部分海水分析》（GB 17378.4—2007）执行。

**1080. 脱硫废水监督项目及要求是什么？**

答：脱硫废水监督项目及要求是：

（1）脱硫废水应处理后回用，脱硫废水的排放应满足《污水综合排放标准》（GB 8978—1996）及地方排放标准的要求，处理后的水质应达到《火电厂石灰石-石膏湿法脱硫废水水质控制指标》（DLT 997—2006）的标准，废水处理系统产生的污泥应按照国家有关规定进行无害化处理。

（2）应监督脱硫废水处理设施排水的悬浮物、COD，pH值、氟化物、硫化物、重金属。

（3）监测周期应按照《火电厂环境监测技术规范》（DL/T 414—2012）执行，排水的悬浮物、COD，pH项目每月不少于三次，氟化物、硫化物宜每月一次，重金属污染物宜每年一次。

（4）脱硫废水在脱硫废水排放处取样，采样应符合《火电厂石灰石-石膏湿法脱硫废水水质控制指标》（DL/T 997—2006）的规定，分析方法参照表12-2。

表 12-2　　　　　　　　　　分析方法

| 序号 | 分析项目 | 参考分析测试方法或标准 |
| --- | --- | --- |
| 1 | pH 值 | 玻璃电极法［《水质 pH 值的测定玻璃电极法》（GB/T 6920—1986）］ |
| 2 | 悬浮物固体 | 质量法［《水质悬浮物的测定重量法》（GB/T 11901—1989）］ |
| 3 | COD | 重铬酸盐法［《水质　化学需氧量的测定　重铬酸盐法》（HJ 828—2017）］、氯气校正法［《高氯废水　化学需氧量的测定　氯气校正法》（HJ/T 70—2001）］ |
| 4 | 硫化物 | 亚甲基蓝分光光度法［《水质　硫化物的测定　亚甲基蓝分光光度法》（GB/T 16489—1996）］、碘量法［《水质　硫化物的测定　碘量法》（HJ/T 60—2000）］ |
| 5 | F⁻ | 离子选择电极法［《水质　氟化物的测定　离子选择电极法》（GB/T 7484—1987）］ |
| 6 | 总铜 | 原子吸收分光光普法［《水质　铜、锌、铅、镉的测定　原子吸收分光光度法》（GB/T 7475—1987）］ |
| 7 | 总铅 | 原子吸收分光光普法［《水质　铜、锌、铅、镉的测定　原子吸收分光光度法》（GB/T 7475—1987）］ |
| 8 | 总汞 | 冷原子吸收分光光度法［《水质　总汞的测定　冷原子吸收分光光度法》（HJ 597—2011）］、原子荧光法［《水质　汞、砷、硒、铋和锑的测定　原子荧光法》（HJ 694—2014）］ |

**1081. 脱硫装置检修阶段监督项目及要求是什么？**

答：脱硫装置检修阶段监督项目及要求是：

（1）石灰石/石灰-石膏湿法烟气脱硫装置检修宜参照《火电厂石灰石/石灰-石膏湿法烟气脱硫装置检修导则》（DL/T 341—

2010）及相应的脱硫装置检修规程执行。使用其他方法的脱硫装置检修可参照《火力发电厂锅炉机组检修导则》（DL/T 748.10—2018）中第10部分"脱硫装置检修"、《燃煤火力发电企业设备检修导则》（DL/T 838—2017）及相应的脱硫装置检修规程执行。

（2）脱硫工艺设备应有检修阶段的管理制度、设备台账、检修规程及运行记录等资料文件。

（3）脱硫工艺设备的检修内容、工艺要点和质量要求应符合《火力发电厂锅炉机组检修导则》（DL/T 748.10—2016），《燃煤火力发电企业设备检修导则》（DL/T 838—2017）及相应的脱硫装置检修规程要求。

（4）石灰石/石灰-石膏湿法烟气脱硫装置至少应监督下列内容：

1）吸收塔及内部支撑梁防腐、烟道防腐、吸收塔内喷嘴堵塞情况。

2）所有浆液箱罐防腐、除雾器堵塞情况。

3）增压风机磨损及腐蚀情况、烟气挡板密封及腐蚀情况。

4）烟道积灰情况、所有浆液泵及搅拌器磨损及腐蚀情况、浆液泵入口滤网堵塞情况、浆液管道腐蚀及磨损情况。

5）GGH堵塞及腐蚀情况、旋流器磨损情况、膨胀节磨损腐蚀情况。

6）烟囱腐蚀情况检查（如条件具备）。

7）重要表计如烟气在线监测仪表、pH值计、密度计、液位计等。

（5）检修中发现的问题和缺陷应全过程进行跟踪监督。

（6）脱硫装置大修后45天内应进行性能试验，脱硫装置至少应达到下列要求：

1）二氧化硫排放达标率应100%。

2）脱硫设施投运率不应低于98%。

3）脱硫废水排放达标率应100%。

4）脱硫废水处理设施投运率应100%。

（7）脱硫装置检修结束时，检修归档技术资料应齐全。

**1082. 脱硫装置发生哪些情况应发出"脱硫装置技术监督预警通知单"?**

答：脱硫装置发生下列情况时应发出"脱硫装置技术监督预警通知单"：

（1）技术监督范围内的脱硫工艺设备处于严重异常状态，但仍在运行。

（2）脱硫装置排放污染物浓度超标或重要参数达不到设计值。

（3）技术监督范围内的脱硫工艺设备存在安全隐患，经技术监督指导后，仍没有改进。

（4）脱硫工艺设备（包括 CEMS）的运行数据、技术数据、试验数据异常或弄虚作假。

（5）脱硫检修维护单位违反技术监督工作制度要求。

（6）在脱硫系统检修及技改中安排的技术监督项目有漏项，并且隐瞒不报。

（7）脱硫技术监督体系不能正常运转。

（8）脱硫工艺设备发生异常情况，不按技术监督制度规定按时上报。

**1083. 脱硫装置在设备改造和基建工程中，出现哪些情况时应预警?**

答：脱硫装置在设备改造和基建工程中，出现下列情况时应预警：

（1）脱硫工程设计或设备制造存在重大问题，违反设计规程和设备监造大纲。

（2）在安装施工中，未按照《火电厂烟气脱硫工程调整试运及质量验收评定规程》（DL/T 5403—2007）进行检查验收、评定及签证。

（3）在机组分部试运、整套启动试运、试生产期间，由于设备或系统调整原因，脱硫装置各项指标未达设计要求或发生环保事件，未及时进行整改。

（4）在机组整套启动试运期间，不按规定擅自退出脱硫装置运行。

（5）未按"三同时"要求与机组同步投运脱硫装置的。

### 1084. 脱硫装置技术监督预警要求是什么？

**答：** 脱硫装置技术监督预警要求是：

（1）脱硫装置技术监督预警宜分为三级，三级、二级、一级预警项目。

（2）技术监督预警通知单应由技术监督管理部门或技术监督单位签发。一级和二级监督预警通知单应报送上级监督管理单位。

（3）根据预警级别，接到脱硫装置技术监督预警通知单的企业或部门应组织相关人员制定整改措施，并在规定的时间内处理解决。整改完成后应由技术监督管理部门或单位负责验收，填写脱硫装置技术监督预警回执单。一级和二级脱硫装置技术监督预警回执单应报送上级监督管理单位。

### 1085. 脱硫装置技术监督三级预警项目有哪些？

**答：** 脱硫装置技术监督三级预警项目有：

（1）脱硫装置及其烟气排放连续监测系统非计划停运或开旁路运行，月累计或连续时间为24h以内，或每台机组出现1次非计划停运或旁路开启时未按要求报环保部门备案。

（2）脱硫装置、CEMS系统的月投运率低于规定值相差5％以内。

（3）脱硫装置脱硫效率低于设计值相差5％以内。

（4）$SO_2$排放浓度小时均值超标一倍以内的时间在1～4h以内。

（5）燃煤月平均硫分超出现有脱硫系统设计值的50％以内。

（6）入口烟尘浓度超过设计要求值的50％以内。

（7）脱硫废水处理设施短时间无故停运（按环保要求或月累计不超过3天），未导致污染物重要指标超标排放。

（8）脱硫废水经处理后，某一项重要指标短时间超标排放（按环保要求、月累计或连续时间不超过3天）。

（9）脱硫装置在线仪表不能正常工作，且不超过 3 天未按规定定期分析吸收剂、副产品、系统浆液、废水品质。

（10）脱硫装置用标准计量装置、重要计量仪表漏检，或超期、带故障运行一个月以上。

（11）脱硫热工主要联锁保护随意投入或切除。

（12）吸收剂、石膏及其他原材料、废弃物等装卸、运输、使用、堆放、加工、贮存的工器具、场地、管路发生对外界环境造成影响的泄漏、溢流、扬尘等情况，未发生职业病危害，且无职工或居民投诉。

（13）发生被县级及以下环保部门通报或处罚事件。

### 1086. 脱硫装置技术监督二级预警项目有哪些？

答：脱硫装置技术监督二级预警项目有：

（1）脱硫装置及其烟气排放连续监测系统非计划停运或开旁路运行、月累计或连续超过 24h 以上、72h 以内，或每年非计划停运次数为（1～2）次/台机组，或每台机组出现 2 次非计划停运或开旁路运行时未按要求报环保部门备案。

（2）脱硫装置、CEMS 系统月投运率低于规定值相差 5%～10%。

（3）脱硫装置脱硫效率低于设计值相差 5%～10%。

（4）$SO_2$ 排放浓度小时均值超标一倍以内的时间在 4～24h，或超标一倍的时间在 1～4h 以内。

（5）燃煤月平均硫分超出现有脱硫系统设计值的 50%～100%。

（6）入口烟尘浓度超过设计要求值的 50%～100%。

（7）硫装置在线仪表不能正常工作，且 3～7 天内未按规定定期分析吸收剂、副产品、系统浆液、废水品质。

（8）脱硫装置用标准计量装置、重要计量仪表漏检，或超期、带故障运行一季度以上。

（9）脱硫废水处理设施较长时间（按环保要求或月累计超过 3 天以上至 7 天以内）无故停运，导致污染物重要指标短时间（按环保部门规定、连续 3 天以上或月累计 7 天以内）超标排放。

（10）脱硫废水经处理后，某一项重要指标连续两次超标，每次连续超标时间超过 3 天以上、7 天以内（或按环保要求）。

（11）吸收剂、石膏及其他原材料、废弃物等装卸、运输、使用、堆放、加工、贮存的场地、管路发生对外界环境造成影响的泄漏、溢流、扬尘等情况，尚未发生职业病危害，但已引起个别职工或居民投诉。

（12）发生被市级环保部门通报或处罚事件。

（13）连续两次未消除三级预警的项目。

**1087. 脱硫装置技术监督一级预警项目有哪些？**

**答：**脱硫装置技术监督一级预警项目有：

（1）脱硫装置及其烟气排放连续监测系统及其他重要环保设施的投入率、效率或准确度不能稳定达到环保要求，非计划停运或开旁路运行月累计时间超过 72h，或每年非计划停运次数超过 2 次/台机组以上，或每台机组出现 2 次以上非计划停运或开旁路运行时未按要求报环保部门备案。

（2）脱硫装置、CEMS 系统月投运率低于规定值相差 10% 以上。

（3）脱硫装置脱硫效率低于设计值相差 10% 以上。

（4）$SO_2$ 排放浓度小时均值超标一倍以内的时间在 24h 以上，或超标一倍的时间在 4h 以上。

（5）燃煤月平均硫分超出现有脱硫系统设计值的 100% 以上。

（6）入口烟尘浓度超过要求值的 100% 以上。

（7）脱硫装置在线仪表不能正常工作，且超过 7 天未按规定定期分析吸收剂、副产品、系统浆液、废水品质。

（8）脱硫装置用标准计量装置、重要计量仪表漏检，或超期、带故障运行一年以上。

（9）脱硫废水直接排放，或重要指标已连续超标 7 天以上，造成一定程度的环境污染，存在环保处罚巨大风险。

（10）吸收剂、石膏及其他原材料、废弃物等装卸、运输、使用、堆放、加工、贮存的场地、管路发生对外界环境造成影响的泄漏、溢流、扬尘等情况，已出现职业病危害迹象，引起较多职工或居民投诉，存在环保处罚隐患。

（11）不能按期完成节能减排目标责任书、重点污染防治或者限期治理任务中有关脱硫装置的部分内容。

（12）其他违反环境保护相关法律、法规进行建设、生产和经营，存在被当地环保督查中心或环境保护部处以通报、罚款等处罚的严重隐患。

（13）发生被省级及以上环保部门通报或处罚事件。

（14）连续两次未消除二级预警的项目。

### 1088. 脱硫装置技术监督制度与资料要求是什么？

**答：** 脱硫装置技术监督制度与资料要求是：

（1）根据本企业具体情况，应建立相应的脱硫装置技术监督管理规章制度。

（2）应有完整的脱硫装置设备台账。

（3）应有脱硫装置运行、维护和检修操作规程。

（4）应建立脱硫装置考核和管理制度。

（5）应有脱硫装置安全操作规程。

（6）应建立健全脱硫装置监测质量保证制度、实验室实验操作规程。

（7）应建立实验室精密仪器使用维护保养及检验制度。仪器使用记录和各类原始记录应规范齐全，实验室仪器应有计量检定周期计划。

（8）应建立脱硫装置设备台账、原始记录、试验报告、技术资料和档案管理制度。

第十三章

# 烟气湿法脱硫装置化学监督

## 第一节 脱硫装置化学监督管理

### 1089. 脱硫运行化学监督的主要任务是什么？

**答：** 化学监督是保证脱硫系统设备安全、经济、稳定运行的重要环节之一。对于脱硫系统应采用能够适应脱硫介质特点的检测手段和科学的管理方法，及时发现和消除与化学监督有关的脱硫设备隐患，防止事故发生。

化学监督的主要任务：检查脱硫系统的运行参数，调整、优化运行方式，降低材料消耗；定期分析测定系统的主要参数，配合做好与化学监督有关的在线测量仪表（如密度计、液位计、pH计等设备）的维护及校验工作；检查脱硫系统的环境指标，监测脱硫系统排放的固相、液相、气相物质的化学成分。脱硫系统运行异常时，化学分析配合参与运行中发生的与化学有关的重大设备、系统事故原因分析，为分析解决问题提供依据。

### 1090. 脱硫运行化学分析内容及检测周期是什么？

**答：** 化学监督采取原料把关、过程监督、结果控制的原则，按照工艺流程对脱硫的各个环节进行监督。脱硫化学监控点主要包括输入条件监测、化学反应分析、产品质量控制；化学分析的主要内容有粉尘成分分析、水质成分分析、脱硫剂化学成分分析、脱硫氧化系统分析、外排物品质分析、废水排放指标分析等。

原则上，脱硫化学分析按定期取样分析的形式进行分析。浆液循环氧化系统每天分析一次，脱硫剂、副产品石膏以及脱硫废水等每周取样分析一次；脱硫系统水质包括工艺水及工业水水质每月分析一次，粉尘成分按需或每年分析一次。

**1091. 建立 FGD 化学分析目的是什么？**

**答：** 在 FGD 系统热态调试和正常运行过程中，建立 FGD 化学分析监测程序和进行 FGD 工艺物质中的化学分析十分重要，目的如下：

（1）校验在线运行仪表。

（2）进行日常的工艺控制和运行。

（3）确定和分析 FGD 工艺的干扰和问题。

（4）对 FGD 系统的性能进行评价和优化。

（5）建立最初的 FGD 系统特性和性能测试数据以利今后的运行分析比较。

（6）监测废水和副产品是否符合环保要求或合同要求。

**1092. FGD 化学分析可以分为哪四类？**

**答：** 要实行 FGD 化学分析监测程序，首先要决定分析的项目和分析的频率。总的来说。FGD 化学分析可分为四类：

（1）运行和控制工艺系统的常规分析。这类分析的主要目的是校验在线运行仪表，为工艺校制和运行提供快速的反馈，例如吸收塔 pH 计、密度计等。如果使用了增强性能的添加剂，那么要分析添加剂的浓度。这类分析取决于工艺和参数的变动情况。一天或一周分析数次。

（2）监测 FGD 系统性能的日常分析。这类分析监测吸收塔和其他辅助系统如吸收剂制备、副产品处理系统等，目的是确定它们是否符合设计性能以及当 FGD 系统性能发生变化或恶化时能较早得到提示。例如：①固相分析可以确定吸收剂的利用率和 $SO_3^{2-}$ 的氧化程度；②液相分析可以确定相对饱和度和几种重要可溶物潜在的结垢情况；③可溶性离子如 $SO_4^{2-}$、$Cl^-$ 的液相分析可以评价液相 $SO_2$ 的吸收能力和潜在的腐蚀情况等。

监测 FGD 工艺辅助系统的分析例子包括吸收剂粒径分布、脱水机给浆含固量、滤饼含固量等。准确的分析和分析频率取决于 FGD 系统、工艺变量和监测的目的。该类分析的最大特点是在整个 FGD 系统运行寿命里是例行的分析（每天、2 次每周、1 次每周等）。

（3）评价 FGD 工艺性能、说明 FGD 工艺特性及进行 FGD 工艺性能优化的分析。这类分析是为更进一步地评价和说明 FGD 工艺特性，通常在 FGD 系统启动时和最初的性能测试阶段进行。它提供了基本的性能和工艺特征信息。这类分析可帮助确定和解决工艺问题、对 FGD 工艺进行优化，包括吸收塔浆液、工艺水、吸收剂、固体副产品，废水等各种成分的分析。

（4）监测废水和副产品是否符合环保要求或合同要求的分析。该类分析取决于环保要求或合同要求，分析频率可能是每天、每季度或一年一次，通常该类分析主要针对排放的 FGD 工艺废水和固体，以及用作销售的固体副产品。这类分析的例子有 FGD 废水中 pH 值、悬浮物、可溶性固体和一些特定的主要离子（如 $Ca^{2+}$、$Mg^{2+}$、$Na^+$、$Cl^-$、$SO_4^{2-}$ 等）。如副产品固体作为商用产品，则副产品的成分是必须分析的，如 $Cl^-$、总的可溶性离子、水分等，甚至一些用作废物抛弃处理的副产品固体也要进行一些特性分析。

### 1093. 湿法石灰石/石膏 FGD 系统运行中需要分析的项目有哪些？常用分析方法是什么？

**答：**湿法石灰石/石膏 FGD 系统运行中需要分析的项目和常用分析方法见表 13-1。

表 13-1　　湿法石灰石/石膏 FGD 系统运行中
需要分析的项目和常用分析方法

| 样品 | 分析项目 | 常用分析方法 |
|---|---|---|
| 石灰石（粉） | 粒径 | 光度法 |
| | 水分 | 重量法 |
| | 氧化钙（CaO） | EDTA 滴定法 |
| | 氧化镁（MgO） | EDTA 滴定法 |
| | 盐酸不溶物 | 重量法 |
| | 化学活性 | 滴定法 |

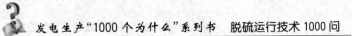

续表

| 样品 | 分析项目 | 常用分析方法 |
|---|---|---|
| 石灰石浆液 | 密度（含固率） | 重量法 |
| 吸收塔浆液 | pH 值 | 玻璃电极法 |
| | 密度（含固量） | 重量法 |
| | 碳酸钙（$CaCO_3$） | 容量法 |
| | 亚硫酸根（$SO_3^{2-}$） | 碘量法 |
| | 氯离子（$Cl^-$） | 硫氰酸汞分光光度法 |
| | 氟离子（$F^-$） | 氟试剂分光光度法 |
| | 盐酸不溶物 | 重量法 |
| 产品石膏 | 水分 | 重量法 |
| | 纯度（$CaSO_4 \cdot 2H_2O$） | 重量法 |
| | 碳酸钙 $CaCO_3$ | 容量法 |
| | 亚硫酸钙 $CaSO_3$ | 碘量法 |
| | 盐酸不溶物 | 重量法 |
| | 氯离子（$Cl^-$） | 硫氰酸汞分光光度法 |
| 工艺水 | pH 值、硬度、氯离子（$Cl^-$）、悬浮物等 | FGD 系统正常时不做要求，有异常时才分析 |
| FGD 废水 | pH 值 | 玻璃电极法 |
| | 悬浮物 | 重量法 |
| | 氟离子（$F^-$） | 氟试剂分光光度法 |
| | COD | 重铬酸钾法 |
| | 汞（Hg） | 冷原子吸收法 |
| | 镉（Cd） | 直接吸入火焰原子吸收分光光度法 |
| | 其他如重金属等需达标的成分 | 一般电厂实验室不具备分析废水中的一些重金属。只需定期分析 |

**1094. FGD 需要化学分析样品的采样位置在哪？分析频次是多少？**

答：FGD 需要分析样品的采样位置与分析频次如下：

（1）石灰石。石灰石的采样应按《脱硫用石灰石/石灰采样与制样方法》（DL/T 1827—2018）进行，采集的石灰石充分混合，再进行制样；石灰石粉可在运输罐车内采集。一般每车/罐分析一次。来料稳定时也可减少分析频率。

（2）浆液（石灰石浆液、吸收塔内浆液等）。在各设备设计安装的采样点处采样。为使采集的样品具有代表性，所有样品采样前，都必须把采样点内的残留物冲洗干净，然后将热浆液灌入保温瓶中尽快送到实验室，到达后立即开始过滤样品，进行分析。调试时，根据需要随时进行浆液成分分析，分析项目根据调试需要确定，分析频率高的时候每班一次或数次。

（3）石膏副产品。在皮带脱水机卸料口或设备设计安装的采样点处采样，应使采集的样品具有代表性，并尽快送到实验室进行分析。调试时，根据需要随时进行石膏成分分析。

（4）废水。在 FGD 废水处理设备入口及废水排放出口处取样，调试时 pH 值随时可分析，其他的项目至少分析一次。

（5）烟气监测。调试时，根据需要随时进行烟气的采样和分析，如流量、温度 $SO_2$ 浓度等，测得数据与 FGD 在线监测仪表进行对比并校正。烟气的采样和分析，均按有关标准进行。

## 1095. 一个完整的 FGD 实验室应由哪几部分组成？

答：一个完整的 FGD 实验室应由以下几部分组成：

（1）永久性的设施和设备。包括电源、自来水系统、水槽、排水管、去离子水系统、空调系统、储物柜、实验台、排气设施、安全的淋浴间、压缩空气系统、真空系统、储物区域等。

（2）分析设备和仪器。可分为以下几类：

1）辅助设备、非一次性消耗品，包括电冰箱、最小刻度为 0.1mg 和 0.01g 的电子天平、台式 pH 计和便携式 pH 计、加药装置、数显式烘箱、马弗炉、磁力搅拌器、搅拌台、热板、采样设备等，一台台式计算机。

2）玻璃器皿，包括各种大小的量筒、烧杯、曲颈瓶、锥形瓶，吸液管等。

3）一次性消耗品，包括各种化学药品、反应剂、过滤纸、干燥剂、pH 电极、取样瓶等。

4）分析仪器。如粒径分布仪、分光光度计等。

另外应备有消防器材、急救箱、酸、碱伤害时急救所需的中和溶液及毛巾肥皂等物品。

**1096. 在选择购买 FGD 分析设备和仪器时要考虑哪几个因素？**

答：在选择购买 FGD 分析设备和仪器时要考虑下而几个因素：

（1）对于大量样品的分析，仪器分析更高效率，现代的仪器都带有计算机控制和自动制样、分析处理数据，无须人看管。但若只有少量样品时，调整和校验仪器使它的效率不如湿化学手工分析。

（2）仪器分析可以同时测多种成分。例如原子吸收光谱仪（AAS）、感应耦合氩等离子光谱仪（ICAP）可以分析多种 FGD 工艺中重要的阳离子；离子色谱仪可以分析多种阴离子。

（3）湿化学手工分析费用低，在分析少量样品时更高效，在实验室经费受限时可选择采用手工分析的方法。

**1097. FGD 实验室分析人员应有哪些方面的专业知识？**

答：FGD 实验室分析人员应有以下方面的专业知识：

（1）基本的实验室分析经验和分析基础知识。

（2）在 FGD 系统中使用的分析方法、仪器的原理和操作步骤。

（3）分析结果和 FGD 性能指标的计算、制表和总结方法。

（4）基本的 FGD 工艺化学概念，以便将实验数据与系统的运行和性能联系起来进行分析。

**1098. FGD 实验室分析人员应负责哪些方面的工作？**

答：FGD 实验室分析人员应负责以下全部或部分工作：

（1）FGD 工艺中样品的采集与工艺数据的收集。

（2）校验仪器。

（3）进行化学分析。

（4）分析方法的调整。

（5）计算、汇总分析结果并将分析结果及 FGD 系统的性能指标写成报告，给相关的电厂和 FGD 系统运行人员。

（6）对 FGD 系统的运行和性能情况进行评估。

（7）培训其他实验室人员。

（8）如需要，与相关的电厂和 FGD 系统运行人员一起对分析结果进行讨论，并分析吸收塔的运行和系统性能情况。

（9）对实验室的质量保证与控制及安全程序进行评估。

### 1099. FGD 实验室应具备哪些安全保障措施？

**答：** FGD 实验室的安全程序应包括以下重要措施：

（1）总的实验室安全措施和操作规程。

（2）安全处理化学和有害物质的措施。

（3）安全处理压缩空气的措施。

（4）总的急救措施。

（5）保护眼睛、听力及防护衣使用的措施。

（6）呼吸设备的使用措施。

（7）防止电力伤害的措施。

（8）火灾预防和保护措施。

（9）其他应急措施。

## 第二节　石灰石粉分析方法

### 1100. 石灰石采样工具有哪两种？

**答：** 石灰石采样工具有：

（1）块状物料取样器：宜采用不锈钢，并配有手柄，开口至少为石灰石标称最大粒度的 3 倍。典型的石灰石块状物料取样器规格如图 13-1 所示。

（2）粉状物料取样器：粉状物料的采样工具应满足《火力发

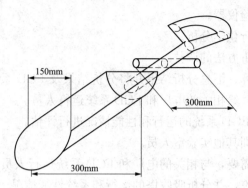

图 13-1　典型的石灰石块状物料取样器

电厂燃料试验方法 第 3 部分：飞灰和炉渣样品的采集和制备》（DL/T 567.3）的要求。

### 1101. 石灰石制样设备有哪些?

**答：** 石灰石制样设备有：

（1）块状物料制样设备主要包括破碎机、制粉机、二分器、标准筛、恒温鼓风干燥箱等。具体如下：

1）破碎机：锤式破碎机、钢制棒（球）磨机以及其他密封式研磨机，能将取来的石灰石块样破碎到粒径 13、6、3mm 以下。

2）制粉机：能将粒径 3mm 以下的石灰石样磨制到粒径 0.125mm 以下。

3）不同规格的二分器：13、6、3mm。

4）标准筛：筛孔孔径为 13、6、0.125mm 及其他孔径的方孔筛，3mm 的圆孔筛。

5）恒温鼓风干燥箱。

6）样品密封容器。

7）破碎锤、平板铁锹、铲子、磅秤、台秤、毛刷、清扫设备等。

（2）粉状物料制样设备主要包括制粉机、标准筛、恒温鼓风干燥箱等。

**1102. 石灰石制样与存储场所要求是什么？**

答：石灰石制样与存储场所要求是：

（1）制样场所宜不小于 $40\text{m}^2$，水泥地面，堆掺缩分区应在地面上铺设厚度不低于 6mm 的钢板，应设置通风、除尘设备。

（2）石灰石/石灰样品应单独存放，存储场所不应有热源，不受强光照射，无任何化学药品。

**1103. 石灰石块状物料采样方法是什么？**

答：石灰石块状物料采样方法是：

（1）按《商品煤样人工采取方法》（GB 475—2008）规定的系统采样法或随机采样法决定采样区和每区采样点（小块）的位置，采样时应先除去 0.2m 的表面层，应全深度采取。

（2）当来样少于 1000t 时，采集样品不少于 10 个子样；当来样大于或等于 1000t 时，采集样品不少于 20 个子样。汽车或火车上采样时，每个车厢至少采集一个样品。

（3）在块状物料堆上采样时，应当在堆堆或卸堆过程中的各层新工作表面上以及刚卸下、未与主堆合并的小堆上进行。

（4）船舶运输块状物料应在装卸或转运过程中采样，采样方法按照（2）或（3）进行。

（5）子样质量不应少于表 13-2 值。

表 13-2　　　　子样质量

| 序号 | 标称最大粒度（mm） | 子样质量（kg） |
| --- | --- | --- |
| 1 | ＞50 | 5.0 |
| 2 | 25～50 | 3.0 |
| 3 | 13～25 | 1.5 |
| 4 | 6～13 | 0.8 |
| 5 | ≤6 | 0.5 |

**1104. 石灰石粉状物料采样方法是什么？**

答：石灰石粉状物料采样方法是：

（1）动态采样。

1) 在粉料给料或卸料过程中采集样品，按照《散装矿产品取样、制样通则　手工取样方法》（GB 2007.1）的等时间间隔采样法采样。

2) 采取子的时间间隔可按式（13-1）计算：

$$T = \frac{60Q}{(n+2)G} \qquad (13\text{-}1)$$

式中　$T$——采样时间间隔；

　　　$Q$——单车总质量，t；

　　　$n$——标准规定子样数；

　　　$G$——每小时装卸量，t/h。

3) 样数目不少于 5 个，单个子样不少于 0.5kg。

（2）静态采样。

1) 在罐车顶部每个进料口处采用垂直布置法采集样品，采样点应离车壁、底部不小于 0.3m，离表面不小于 0.2m。

2) 以每车为一个采样单元，采样总样质量按式（13-2）计算，单个总样不少于 2.5kg。

$$m = \frac{M}{2000} \qquad (13\text{-}2)$$

式中　$m$——应采总样质量，kg；

　　　$M$——被采样石灰石批次质量，kg；

　　　2000——采样比例。

3) 子样数目不少于 5 个。在罐车顶部每个进料口处，按装料深度垂直均匀布置采样点。

4) 子样质量按式（13-3）计算：

$$m' = \frac{m}{x} \qquad (13\text{-}3)$$

式中　$m'$——应采子样质量，kg；

　　　$x$——子样数目，个；

　　　$m$——应采总样质量，kg。

**1105. 石灰石制样要求及流程是什么？**

**答**：石灰石制样要求及流程是：

（1）采取的所有子样一般混合成一个总样进行制样。特殊情况下子样可单独制样。

（2）制备通常由干燥、破碎、混合和缩分构成。样品粒度对应的缩分后样品质量要求见表 13-3。

表 13-3 　　　　　　　缩分后样品的最小质量

| 序号 | 样品标称最大粒度（mm） | 缩分后样品最小质量（kg） |
| --- | --- | --- |
| 1 | ＞50 | 100 |
| 2 | 25～50 | 60 |
| 3 | 13～25 | 30 |
| 4 | 6～13 | 15 |
| 5 | 3～6 | 3.75 |
| 6 | ≤3 | 0.7 |

（3）典型的块状样品制样程序如下：样品→筛分→13mm 破碎→混合→缩分→筛分→6mm 破碎→混合→缩分→筛分→3mm 破碎→混合→缩分→干燥→制粉。

（4）对于粉状样品，如粒度能满足全部通过 0.125mm 方孔筛的要求，可直接缩分成试验样品。

### 1106. 石灰石样品干燥方法是什么？

答：石灰石样品干燥方法是：

（1）当样品水分含量影响破碎和缩分时，制样前应对样品进行干燥，温度为 105℃、时间不少于 30min。

（2）制粉前应将 3mm 试验样品在 105℃ 下烘干，时间不少于 20min。

### 1107. 石灰石样品破碎方法是什么？

答：石灰石样品破碎方法是：

（1）制样时应采用逐级破碎缩分的方法来逐渐减小粒度和样品量。

（2）破碎用的机械设备应定期或出料粒度不均匀时用筛分法

来检验其出料标称最大粒度。

（3）对不易清扫的密封式破碎机，应用同批样品冲洗设备。

### 1108. 石灰石样品破碎后混合要求是什么？

**答：**石灰石样品应使用二分器进行混合，混合次数不少于 3 次。

### 1109. 石灰石样品缩分要求是什么？

**答：**石灰石样品缩分要求是：

（1）缩分后样品的最小质量应满足表 13-3 的规定。

（2）二分器的结构及要求应符合《煤样的制备方法》（GB 474—2008）规定，粒度小于 3mm 的样品应采用封闭式二分器进行缩分。

（3）通过 3mm 圆孔筛缩分的样品，试验样品不少于 150g，存查样品不少于 700g。

### 1110. 石灰石制粉要求是什么？

**答：**石灰石制粉要求是：

（1）制粉前用磁铁去除 3mm 试验样品中的铁屑并将试验样品在 105℃下烘干，时间不少于 20min。

（2）制粉前应清理干净制粉机，制粉后的试验样品应全部通过 0.125mm 的方孔筛。

（3）制备好的试验样品应装入密封容器中。

### 1111. 石灰石样品管理要求是什么？

**答：**石灰石样品管理要求是：

（1）样品包装和标识。

1）试验样品及存查样品应装在密封容器中，并有唯一性标识。

2）样品标签或附带文件中应至少包含以下信息：①样品编号；②采样、制样人员；③采样地点、日期和时间；④制样地点、日期和时间；⑤采样记录；⑥其他有关信息。

（2）采样记录。

1）采样记求包应含以下内容：①石灰石/石灰产地、级别和标称最大粒度以及批的名称；②采样方法；③采样人员；④批石灰石/石灰的重量；⑤总样质量及标称最大粒度；⑥采样地点、日期和时间；⑦天气条件；⑧任何偏离规定方法的采样操作及其理由，以及采样中观察到的异常情况。

2）采样记录应附在样品上。

（3）存查样品。

1）存查样品在制备的同时留取，如无特殊要求，留取 3mm 粒度的存查样品。

2）存查样品保存时间，从报出结果之日起保存 60 天，以备复查。

**1112.《烟气脱硫（湿法）用石灰石粉》（DB13/T 2032—2014）产品分为哪三个等级？**

答：石灰石粉分为 I 级、II 级、III 级三个等级。技术指标见表 13-4。

表 13-4　　　　　　　　　技术指标

| 项目 | 指标 | | |
|---|---|---|---|
| | I 级 | II 级 | III 级 |
| 外观 | 呈灰白色粉状，色泽基本一致，无杂质 | | |
| $CaCO_3$ 含量（%） | ≥94.0 | ≥92.0 | ≥90.0 |
| $MgCO_3$ 含量（%） | ≤5.0 | | |
| 含水量（%） | ≤1.0 | | |
| 酸不溶物（%） | ≤6.0 | | |
| 45μm 筛余（%） | ≤10.0 | | |
| 反应速率（转化分数达到 0.8 时所用时间） | 报告测定值 | | |

## 1113. 石灰石粉中含水量测定方法是什么？

**答：**含水量分析步骤为：称取样品 100g，精确至 0.01g，置于托盘中，放在电热恒温干燥箱中烘 1h，控制温度在 105～110℃，烘毕，取出托盘，置于干燥器中，冷却至室温后称量。重复上述操作，直至恒重（两次称量之差不超过 0.1g）。计算与表示：

含水量按式（13-4）计算：

$$w_{含水量} = \frac{m_1 - m_2}{m_1} \times 100\%  \tag{13-4}$$

式中　$w_{含水量}$——含水量，%；

　　　$m_1$——试料质量，g；

　　　$m_2$——烘后试料质量，g。

## 1114. 石灰石粉中 $CaCO_3$ 含量测定方法是什么？

**答：**按《建材用石灰石、生石灰和熟石灰化学分析方法》（GB/T 5762—2012）或《石灰石及白云石化学分析方法　第 1 部分：氧化钙和氧化镁含量的测定　络合滴定法和火焰原子吸收光谱法》（GB/T 3286.1—2012）进行 CaO 含量的测定。有异议时，按《建材用石灰石、生石灰和熟石灰化学分析方法》（GB/T 5762—2012）进行。结果的计算与表示：

$CaCO_3$ 含量按式（13-5）计算：

$$CaCO_3 = CaO \times \frac{100}{56}  \tag{13-5}$$

式中　CaO——CaO 含量，%；

　　　$\frac{100}{56}$——1.785，常数，氧化钙对碳酸钙的换算系数。

## 1115. 石灰石粉中 $MgCO_3$ 含量测定方法是什么？

**答：**按《建材用石灰石、生石灰和熟石灰化学分析方法》（GB/T 5762—2012）或《建材用石灰石、生石灰和熟石灰化学分析方法》（GB/T 5762—2012）或《石灰石及白云石化学分析方法第 1 部分：氧化钙和氧化镁含量的测定　络合滴定法和火焰原子吸收光谱法》(GB/T 3286.1—2012)进行 MgO 含量的测定。有异议时，按《建材用石灰石、生石灰和熟石灰化学分析方法》(GB/T 5762—2012)进行。结果的计算与表示：

$MgCO_3$ 含量按式（13-6）计算：

$$MgCO_3 = MgO \times \frac{84.3}{40.3} \tag{13-6}$$

式中 MgO——MgO 含量，%；

$\frac{84.3}{40.3}$——2.092 常数，氧化镁对碳酸镁的换算系数。

### 1116. 石灰石（粉）CaO 和 MgO 含量试方法是什么？

**答：** 石灰石（粉）CaO 和 MgO 含量试方法为：EDTA（乙二胺四乙酸二钠）滴定法，测定范围为 CaO 含量大于 49%，MgO 含量在 1%~4%。

试样经盐酸、氢氟酸和高氯酸分解，以三乙醇胺掩蔽铁、铝等干扰元素，在 pH 值大于 12.5 的溶液中，以钙羧酸作指示计，用 EDAT 标准滴定溶液滴定钙，在 pH=10 时，以酸性铬蓝 K-萘酚绿 B 作混合指示剂。用 EDAT 标准滴定溶液滴定钙镁总量，由差值法求得 MgO 的含量。

CaO、MgO 与 $CaCO_3$、$MgCO_3$ 的换算关系式为

$$x_{CaCO_3} = 1.786 x_{CaO} \tag{13-7}$$

$$x_{MgCO_3} = 2.1 x_{MgO} \tag{13-8}$$

式中 $x_{CaCO_3}$、$x_{CaO}$、$x_{MgCO_3}$、$x_{MgO}$——分别是石灰石中各成分的质量分数，%。

另外，MgO 的含量还可用火馅原子吸收光谱法（仲裁法）来测定。试样经盐酸、氢氟酸和高氯酸分解，加入氯化锶消除共存离子的干扰，在含有钙基体溶液的稀盐酸介质中，用火焰原子吸收光谱仪，以乙炔-空气火焰测量 MgO 的吸光度。

### 1117. 石灰石粉细度采用负压筛析法的测定方法是什么？

**答：** （1）仪器：水泥细度负压筛析仪；分析大平（最大称量

200g，分度值 1mg）。

（2）测定方法：称取烘干后的样品 25g，搅拌均匀后倒入 0.063mm 方孔筛中，轻轻摇动，使试样均匀铺洒在筛布上，将洒上试样的筛子放在筛盘上，扣紧，盖上筛盖。把筛分时间预置于 8min 后接通电源，用木锤不停地敲打筛盖。自动停机后，将试验筛内的全部筛余物仔细移入称量瓶中称量。筛余百分含量 $A$ 按 （13-9）式计算。

$$A = \frac{G_1}{G} \times 100\%　　　　（13-9）$$

式中　$G_1$——筛余物质量，g；

　　　$G$——试样质量，g。

### 1118. 石灰石（粉）中盐酸不溶物含量测试方法是什么？

**答：**盐酸不溶物测试方法为：重量法，测定范围为 0.5% ～ 10%。

约 1g 试样经盐酸分解后过滤，残余物置于 950℃±25℃ 的高温炉中灼烧 60min，冷却后称重，重复灼烧 20min，直至恒量，计算得盐酸不溶物。

### 1119. 石灰石（粉）中氧化铁（Fe₂O₃）含量测试方法是什么？

**答：**氧化铁（$Fe_2O_3$）含量测试方法为：邻菲啰啉分光光度法，测定范围为 0.05%～1%。

试样经碳酸钠-硼酸混台熔剂熔融，水浸取，酸化，以抗坏血酸作还原剂，用乙酸铵调节 pH≈4 时，亚铁与邻菲啰啉生成橘红色配合物，于分光光度计波长 510nm 处测量吸光度。

### 1120. 石灰石（粉）中氧化硅 SiO₂ 含量测试方法是什么？

**答：**氧化硅 $SiO_2$ 含量测试方法为：钼蓝分光光度法，测定范围为 0.05%～5%。

试样经碳酸钠-硼酸混合熔剂熔融，稀盐酸浸取。在 pH≈1.1 的酸度下，钼酸铵与硅酸形成硅钼杂多酸，以乙醇作稳定剂，在草酸-硫酸介质中用硫酸亚铁铵将其还原成硅钼蓝，于分光光度计波长 680mm 处测量吸光度。

### 1121. 石灰石（粉）中氧化铝（$Al_2O_3$）含量测试方法是什么？

答：氧化铝（$Al_2O_3$）含量测试方法为：铬青天 S 分光光度法，测定范围为 $0.1\%\sim1\%$。

试样经碳酸钠-硼酸混合熔剂熔融，盐酸浸取，以抗坏血酸掩蔽铁，苯羟乙酸掩蔽钛，在乙酸-乙酸钠缓冲体系中，铝与铬青天 S 及表面活性剂聚乙烯醇生成紫红色三元配合物，干分光光度计波长 560mm 处测量吸光度。

### 1122. 石灰石粉反应速率是指什么？

答：石灰石粉反应速率是指石灰石粉中碳酸盐与酸反应的速率。

### 1123. 石灰石粉反应速率（$t_{pH}=5.5$）是指什么？

答：石灰石粉反应速率（$t_{pH}=5.5$）是指在 pH 为 5.5 时 80% 的石灰石粉中碳酸盐与酸反应的反应时间。

### 1124. 石灰石粉反应速率实验目的是什么？

答：石灰石粉反应速率实验目的是对石灰石粉与酸的反应速率进行测定，测出石灰石粉的反应速率，为烟气湿法脱硫装置使用单位选择石灰石粉原料提供依据。

### 1125.《烟气湿法脱硫用石灰石粉反应速率的测定》（DL/T 943—2015）的方法是什么？

答：石灰石粉反应速率的测定方法是：

（1）实验试剂和原料。

1）所用试剂除另有说明外，均为分析纯试剂。所用的水指蒸馏水或具有同等纯度的去离子水。

2）滴定所采用的试剂为 0.1mol/L 盐酸（HCl）溶液或

0.05mol/L 硫酸（$H_2SO_4$）溶液，0.1mol/L 氯化钙（$CaCl_2$）溶液。

3）所用原料石灰石粉应通过质量检测部门的检测，确定石灰石粉中碳酸钙（$CaCO_3$）和碳酸镁（$MgCO_3$）的质量百分率。

（2）实验仪器。

1）自动滴定仪：应有恒定 pH 滴定模式，分辨率应为 0.01（pH 值），滴定控制灵敏度应为 ±0.1（pH 值）。

2）玻璃仪器：500mL 烧杯，500mL 量筒。

3）水浴锅：温度误差应为 ±1℃。

4）计时表：误差应为 ±1s。

5）电子天平：感量应在 0.001g 以上。

（3）实验方法与步骤。

1）试样的制备：①试验选用过筛 250 目（筛余 5%）的石灰石粉；②用量筒量取 250mL 0.1mol/L $CaCl_2$ 的溶液，注入烧杯中，把其放置在水浴中，控制温度 50℃并使其恒温后，用电子天平称取约 0.150g（精确到 0.001g）的石灰石粉，加入恒温的烧杯中，并插入搅拌器的搅拌桨，速度宜为 800r/min，连续搅拌 5min。

2）pH 值测量系统校准：每次实验前宜采用接近控制点的标准 pH 值缓冲溶液校准电位滴定仪的 pH 值测量系统。

3）数据的测定：将 pH 计电极插入到石灰石悬浮液中，注意电极不要碰到搅拌桨。设定自动滴定仪 pH 值为 5.5，用 0.1mol/L 盐酸溶液开始滴定，同时计时表开始计时，记录不同时刻 $t$ 的盐酸溶液消耗量。本实验应重复三次。

4）其他测定工况选作：根据实验情况，可选作今 $t_{pH}=5.0$ 和 $t_{pH}=6.0$ 两个实验工况，分别设定自动滴定仪 pH 值为 5.0 和 6.0，重复 3）数据的测定步骤。

（4）结果表示与数据处理。

1）石灰石粉转化分数的计算：样品中石灰石粉转化分数应用式（13-10）、式（13-11）计算：

$$\frac{mw_{CaCO_3}}{M_{CaCO_3}} + \frac{mw_{MgCO_3}}{M_{MgCO_3}} = \frac{cV_{100\%}}{1000} \tag{13-10}$$

$$X(t) = \frac{V_t}{V_{100\%}} \times 100\% \tag{13-11}$$

式中　$w_{CaCO_3}$——石灰石粉中碳酸钙的质量百分率，为实测值；

　　$w_{MgCO_3}$——石灰石粉中碳酸镁的质量百分率，为实测值；

　　$M_{CaCO_3}$——碳酸钙的摩尔质量，为100g/mol；

　　$M_{MgCO_3}$——碳酸镁的摩尔质量，为84.3g/mol；

　　$c$——酸的浓度，mol/L；

　　$V_{100\%}$——石灰石粉全部转化滴定所消耗的酸体积，mL；

　　$X(t)$——$t$时刻，石灰石粉的转化分数，取0.8；

　　$V_t$——$t$时刻，滴定所消耗的酸体积，mL。

2）石灰石粉反应速率的计算：根据式（13-10）计算当石灰石粉转化分数为0.8时所需滴定盐酸的体积。测定石灰石粉转化分数达到0.8所需的时间$t_{pH}=5.5$，以此时间作为表征石灰石粉反应速率的指标。

3）精密度：在置信概率为95％条件下，置信界限相对值在5％以内，置信界限相对值按式（13-12）计算：

$$\Delta = \pm(1.96 \times CV)/\sqrt{n} \tag{13-12}$$

式中　$CV$——测试变异系数；

　　$n$——试样个数，$n \geqslant 3$。

## 1126. 测试石灰石活性的试验方法分为哪两大类？

**答：**石灰石活性是衡量所取石灰石吸收$SO_2$能力的一个综合指标，该测试也可用于给石灰石反应性能评级并选取符合条件的石灰石。测试石灰石活性的试验方法分为两大类：

（1）在pH值恒定的条件下进行。通过向石灰石浆液中滴定酸来维持pH值不变，考察石灰石溶解速率（消溶速率）的大小。单位时间内溶解的石灰石越多，石灰石的消溶率越大，石灰石的活性也越高。

（2）向石灰石浆液中加入酸，得到pH-$t$曲线，并通过与标准石灰石样的pH-$t$曲线的比较来判定石灰石活性的好坏。

## 1127. 石灰石活性测试程序是什么？

**答：**在一定的温度、搅拌速率下，硫酸以固定速率持续添加到石灰石溶液中，约50min后，所加硫酸量理论上应能使石灰石中和。对溶液 pH 值持续测试 1h 并绘制 pH 值相对于时间的曲线图。在添加硫酸的过程中，溶液的 pH 位越高石灰石的活性就越强。最后，将 pH 值相对于时间的曲线与标准曲线进行对比。

具体测试程序如下：

（1）根据所附程序，测定石灰石样品的总浓度，以等价的 $CaCO_3$ 表示。

（2）对石灰石溶液取样。分析样品的粒径分布，所取样品应能使 90% 的颗粒通过 325 目（44μm）。

（3）称出与 $CaCO_3$ 碱度相等的量的石灰石样品。

（4）将所称石灰石放入 800～1000mL 的烧杯中，再加入 400mL 的去离子水。

（5）将烧杯置于热钢板搅拌器上（或适当的恒温浴液中），用大小适度的磁搅拌棒搅拌，搅拌的速度为 600r/min，加热至 60℃。进行测定的余下事项时保持该条件不变。将温度计及 pH 计电极插入烧杯溶液中。

（6）所使用的硫酸浓度为 1.000mol/L±0.001mol/L，将 1L 硫酸放于设有定容泵的容器中。

（7）将定容泵的抽送率设为 2.00mL/min，泵的抽送率与所设值的偏差不能超出 ±2%。如果定容泵的抽送率不符合规定标准，则有必要对其进行校准。

（8）清洗泵并将导管中的酸性溶液排入废水中。将导管插入石灰石样品溶液下，使其完全通过 pH 计电极但不与之接触。

（9）启动泵，使硫酸抽吸到石灰石浆液中。连续记录浆液相对于时间的 pH 值，精确到 0.01 个单位。前 10min 每 1min 记录一次，第二个 10min 每 2min 记录一次，40min 每 5min 记录一次，精确到 0.01 个单位。也可使用计算计自动化设备进行自动记录。

（10）将该程序持续 60min。往石灰石溶液添加过量硫酸以在 50min 内中 5.00g 的等量 $CaCO_3$。

（11）程序完成后（通过重新检验 pH 仪及电极的标度，并确认其标度变化不超过 ±0.05 个 pH 值单位）确认直连式泵的抽送率为 2.00mL±0.04mL；对于非直连式泵，使用的校准程序测定其抽送率。

当偏差超过上述规定时，测定的结果无效。

（12）使用 3 份独立样品 ［由步骤（2）分别制备］重复上述程序 ［第（1）步到（11）步］，计算不同次数石灰石浆液的 pH 值平均值。

（13）绘制石灰石浆液 pH 值相对于时间的曲线图，即为石灰石反应性的滴定特性。

（14）将样品石灰石的滴定特性曲线与标准曲线进行比较。

（15）分析样品的 $CaCO_3$、$Ca^{2+}$、$Mg^{2+}$ 及惰性物质，以确认其成分与散装石灰石样品相同。

石灰石活性曲线中平台的维持时间越长，表明石灰石中的有效反应成分就越多，越有利于对烟气 $SO_2$ 的吸收；同时要求 pH 值不应下降太快，一般要求 30min 时曲线的 pH 值不得小于 5.0。需注意的是，测试时应保证石灰石样品的粒径分布，否则得出的结果不具有可比性。

一般而言，$MgCO_3$ 的反应活性及溶解度均比 $CaCO_3$ 低，从而使石灰石总体反应能力下降。FGD 系统使用的石灰石中 $MgCO_3$ 的含量应尽可能低，要消除 $MgCO_3$ 对石灰石反应活性的影响即便可能也十分困难，这种校正技术在工业中既无法获取也未被常规使用。使用标准测试程序及反应曲线对石灰石进行鉴定、评级及决定是否用于 FGD 系统时未对 $MgCO_3$ 的存在进行校正。

## 第三节　石灰石/石膏浆液分析方法

**1128. 工艺水一般分析项目有哪些？**

**答**：工艺水一般分析项目有 pH 值、悬浮物、总硬度（钙、镁）、氯化物（$Cl^-$）、硫酸盐（$SO_4^{2-}$）等。

**1129. 如何测定石灰石浆液密度（含固率），其计算公式是什么？**

**答**：石灰石浆液密度（含固率）测定方法为：

取一定体积的石灰石浆液 $V$（mL），称重后得浆液质量 $m$

（mg），则石灰石浆液密度计算式为：

$$\rho = \frac{m}{V}(\text{kg}/\text{m}^3) \tag{13-13}$$

取一快速定性滤纸，称取其质量 $A$（精确至 10mg），用该滤纸对 $V(\text{mL})$ 浆液进行真空过滤，用乙醇对滤块进行冲洗。然后在 $105 \sim 110\,^\circ\!\text{C}$ 下将滤块干燥至恒重，称其质量 $B$（精确至 10mg）。

石灰石浆液的含固率 $x_{石}(\%)$，即浆液中固体浓度（质量百分数）的计算式为：

$$x_{石} = \frac{B-A}{m} \times 100\% \tag{13-14}$$

石灰石浆液密度 $\rho$ 与含固率的换算式为：

$$x_{石} = \frac{\rho_{石}(\rho - 1000)}{\rho(\rho_{石} - 1000)} \times 100\% \tag{13-15}$$

$$\rho = \frac{1000\rho_{石}}{\rho_{石} - \dfrac{x_{石}}{100}(\rho_{石} - 1000)} \tag{13-16}$$

式中　$\rho_{石}$——石灰石固体的真实密度，一般在 $2800\text{kg}/\text{m}^3$。

这样如测得石灰石浆液的密度 $\rho = 1250\text{kg}/\text{m}^3$，则石灰石浆液的含固率 $x_{石} \approx 31\%$；如 $x_{石} \approx 25\%$，则 $\rho = 1191\text{kg}/\text{m}^3$。

### 1130. FGD 吸收塔石膏浆液主要分析项目有哪些？

**答：** FGD 吸收塔石膏浆液主要分析项目有：

石膏浆液 pH、密度、含固量（含固率）、钙离子（$Ca^{2+}$）、镁离子（$Mg^{2+}$）、亚硫酸根（$SO_3^{2-}$）、氯离子（$Cl^-$）、氟离子（$F^-$）、碳酸钙（$CaCO_3$）、盐酸不溶物质等。

### 1131. FGD 吸收塔石膏浆液 pH 分析方法是什么？

**答：** FGD 吸收塔石膏浆液 pH 分析方法是：使用校正过的便携式 pH 计分析，取样后就地立即测量。

### 1132. 湿法脱硫石灰石、石膏浆液固体含量与密度的关系是什么？

**答：** 湿法石灰石-石膏脱硫工艺，在日常运行参数调整过程中，大多数一般按照行业经验将石灰石浆液固体含量（质量浓度百分比）控制20%～30%，吸收塔石膏浆液固体含量（质量浓度百分比）度控制10%～15%。实际现场通过仪表测量密度，通过查询含固量与密度对照表，掌握实际溶液浓度（含固量）。石灰石、石膏浆液含固量与密度对照计算公式参考表13-5。石灰石、石膏密度和固体含量（质量浓度百分比）关系参见表13-6、表13-7。

表 13-5　　　　石灰石、石膏浆液含固量与密度

对照计算公式参考　　（密度单位为 g/cm³）

| 方法 | 公式 | 备注 | 参考 |
|---|---|---|---|
| 1 | （介质密度－1）×（测量密度－1）/测量密度 | 石灰石密度 2.6g/cm³<br>石膏密度 2.76g/cm³ | 华电书籍 |
| 2 | （1－1/测量密度）/（1－1/介质密度） | 石灰石密度 2.7g/cm³<br>石膏密度 2.3g/cm³ | 博奇书籍 |

表 13-6　　　　　　石灰石浆液密度与固体

含量关系　　（质量密度百分比）

| 密度（g/cm³） | 固体含量（wt%） | 密度（g/cm³） | 固体含量（wt%） |
|---|---|---|---|
| 1.010 | 0 | 1.190 | 24.73442 |
| 1.020 | 1.603157 | 1.200 | 25.89099 |
| 1.030 | 3.175185 | 1.210 | 27.02843 |
| 1.040 | 4.715981 | 1.220 | 28.14723 |
| 1.050 | 5.22941 | 1.230 | 29.24784 |
| 1.060 | 7.713302 | 1.240 | 30.3307 |
| 1.070 | 9.169459 | 1.250 | 31.39623 |
| 1.080 | 10.59866 | 1.260 | 32.44484 |
| 1.090 | 12.00162 | 1.270 | 33.47695 |
| 1.100 | 13.37907 | 1.280 | 34.49292 |
| 1.110 | 14.73171 | 1.290 | 35.49315 |
| 1.120 | 16.0502 | 1.300 | 36.47799 |
| 1.130 | 17.36517 | 1.310 | 37.44779 |
| 1.140 | 18.64725 | 1.320 | 38.4029 |
| 1.150 | 19.90703 | 1.330 | 39.34364 |
| 1.160 | 21.14509 | 1.340 | 40.27035 |
| 1.170 | 22.36198 | 1.350 | 41.18332 |
| 1.180 | 23.55826 | | |

表 13-7　　　　石膏浆液密度与固体含量关系　　（质量密度百分比）

| 密度（g/cm³） | 固体含量（wt%） | 密度（g/cm³） | 固体含量（wt%） |
|---|---|---|---|
| 1.010 | 0 | 1.240 | 33.07077 |
| 1.020 | 1.747988 | 1.250 | 34.23258 |
| 1.030 | 3.482031 | 1.260 | 35.50125 |
| 1.040 | 5.143113 | 1.270 | 36.50125 |
| 1.050 | 6.792174 | 1.280 | 37.60901 |
| 1.060 | 8.410121 | 1.290 | 38.6996 |
| 1.070 | 9.997827 | 1.300 | 39.7734 |
| 1.080 | 11.55613 | 1.310 | 40.83082 |
| 1.090 | 13.08584 | 1.320 | 41.87221 |
| 1.100 | 14.58774 | 1.330 | 42.89794 |
| 1.110 | 16.08257 | 1.340 | 43.90837 |
| 1.120 | 17.51107 | 1.350 | 44.90382 |
| 1.130 | 18.93394 | 1.360 | 45.88463 |
| 1.140 | 20.33184 | 1.370 | 46.85113 |
| 1.150 | 21.70543 | 1.380 | 47.80362 |
| 1.160 | 23.05533 | 1.390 | 48.74240 |
| 1.170 | 24.38216 | 1.400 | 49.66777 |
| 1.180 | 25.58651 | 1.410 | 50.58002 |
| 1.190 | 26.96893 | 1.420 | 51.47942 |
| 1.200 | 28.22997 | 1.430 | 52.36624 |
| 1.210 | 29.47018 | 1.440 | 53.24074 |
| 1.220 | 30.59005 | 1.450 | 54.10318 |
| 1.230 | 31.89009 | 1.460 | 54.95381 |

### 1133. FGD 吸收塔石膏浆液密度分析方法是什么？

**答：**FGD 吸收塔石膏浆液密度分析方法是：取一定体积的石膏浆液 $V$（mL），称重后得浆液质量 $m$（mg），则浆液密度的计算式为

$$\rho = \frac{m}{V} \qquad (13\text{-}17)$$

式中 $\rho$ ——石膏浆液密度，$kg/m^3$；

$V$ ——石膏浆液体积，mL；

$m$ ——石膏浆液质量，mg。

### 1134. FGD 吸收塔石膏浆液含固量（含固率）的测定方法是什么？

答：FGD 吸收塔石膏浆液含固量（含固率）的测定方法是：

取一快速定性滤纸，称取其质量 $A$（精确至 10mg），用该滤纸对 $V$(mL) 浆液进行真空过滤，用乙醇对滤块进行冲洗。然后在 $45\sim50$℃下将滤渣干燥至恒重，称其质量 $B$（精确至 10mg）。石膏浆液的含固量 $x_{石膏}$ 计算公式为：

$$x_{石膏} = \frac{B-A}{V} \qquad (13\text{-}18)$$

石膏浆液的含固率 $x_{石膏}$（%），即浆液中固体浓度（质量百分数）的计算式为：

$$x_{石膏} = \frac{B-A}{m} \times 100\% \qquad (13\text{-}19)$$

即

$$x_{石膏} = \frac{100 x_{石膏}}{\rho} \qquad (13\text{-}20)$$

式中 $\rho$ ——吸收塔石膏浆液密度。

同样，吸收塔石膏浆液密度 $\rho$ 与含固率 $x_{石膏}$ 的换算式为

$$x_{石膏} = \frac{\rho_{石膏}(\rho - 1000)}{\rho(\rho_{石膏} - 1000)} \times 100\% \qquad (13\text{-}21)$$

式中 $\rho_{石膏}$ ——吸收塔中固体物质的真实密度。

忽略其他各种杂质（在常运行工况下吸收塔中固体物质 90% 以上应是石膏），即是浆液中的石膏密度在 $2300kg/m^3$ 左右。这样如测得吸收塔浆液的 $\rho \approx 1060kg/m^3$，则吸收塔浆液的含固率 $x_{石膏}$ $\approx 10\%$，如 $x_{石膏} \approx 20\%$，则吸收塔石膏浆液的 $\rho \approx 1127kg/m^3$。大部分吸收塔正常运行时，其浆液的含固率在 $10\% \sim 20\%$ 之间，运

行人员可以计算并列出吸收塔浆液密度值和石灰石浆液密度值与含固率的对应关系表格，在运行控制参数时做到心中有数。

**1135. FGD 吸收塔石膏浆液中 $Ca^{2+}$、$Mg^{2+}$ 的测定方法是什么？**

**答：**FGD 吸收塔石膏浆液中 $Ca^{2+}$、$Mg^{2+}$ 的测定方法是：

（1）试剂。①0.02mol/L 的 EDTA 标准溶液；②1＋1 的三乙醇胺溶液；③200g/L 的 KOH 溶液；④pH＝10 的氯化铵-氨水缓冲溶液；⑤50g/L 的盐酸羟胺溶液；⑥钙羧酸指示剂；⑦5g/L 的酸性铬 K 指示剂；⑧5g/L 的萘酚绿指示剂。

（2）测定方法。取 10mL（V）吸收塔石膏浆液置于 250mL 烧杯中，加入 100mL 去离子水、50mL 三乙醇胺溶液和 15mL KOH 溶液，搅拌均匀。再加少量钙羧酸指示剂，通过自动滴定仪，用 0.02mol/L 的 EDTA 标准溶液滴定至终点，记下 EDTA 的消耗体积 $V_1$。

另取 10mL（同样为 V）收塔浆液置于 250mL 烧杯中，加入 100mL 去离子水、5mL 盐酸羟胺溶液、5mL 三乙醇胺溶液和 10mL 氯化铵-氨水缓冲溶液，搅拌均匀。再加入 2～3 滴酸性铬蓝 K 和 6～7 滴萘酚绿指示剂，通过自动滴定仪，以光度电极为指示电极用，用 0.02mol/L 的 EDTA 标准溶液滴至终点，记下 EDTA 的消耗体积 $V_2$。

则 $Ca^{2+}$、$Mg^{2+}$ 浓度计算式为

$$\rho_{Ca^{2+}} = \frac{c_{KOTA} V_1 \times 40.08 \times 1000}{V} \quad (13\text{-}22)$$

$$\rho_{Mg^{2+}} = \frac{c_{EDTA}(V_2 - V_1) \times 24.31 \times 1000}{V} \quad (13\text{-}23)$$

式中　$\rho_{Ca^{2+}}$——吸收塔石膏浆液中 $Ca^{2+}$ 浓度，$mg/m^3$；

$\rho_{Mg^{2+}}$——吸收塔石膏浆液中 $Mg^{2+}$ 浓度离子，$mg/m^3$；

$c_{KOTA}$——EDTA 标准溶液，0.02mol/L；

$V$——吸收塔石膏浆液体积，10mL；

$V_1$——滴定 $Ca^{2+}$ 消耗的 EDTA 体积，mL；

$V_2$——滴定 $Mg^{2+}$ 消耗的 EDTA 体积，mL；

40.08——Ca 分子量；

24.31——Mg 分子量。

## 1136. FGD 吸收塔石膏浆液中 $SO_3^{2-}$ 的测定方法是什么？

**答**：FGD 吸收塔石膏浆液中 $SO_3^{2-}$ 的测定方法是：

（1）试剂。① 0.1N 的 $H_2SO_4$；② 0.1N 的 $I_2$ 标准溶液；③ 0.1N 的 $Na_2S_2O_3$ 标准溶液。其中，N 为克当量浓度，溶液的浓度用 1L 溶液中所含溶质的克当量数来表示的叫当量浓度，用符号 N 表示。

当量浓度 ＝溶质的克当量数 / 溶液体积(L)

（2）测试方法。将 10mL～0.1N $I_2$ 溶液和 10mL 去离子水加入 250mL 碘量瓶中。用 0.1N 的 $H_2SO_4$ 将 pH 值调至 1～2，另将 20mL 吸收塔浆液滤液加入碘液中，盖上塞子，磁力搅拌 5min，然后加入 100mL 去离子水，通过自动滴定仪，用 0.1N 的 $Na_2S_2O_3$ 滴定剩余的 $I_2$，记下 $Na_2S_2O_3$ 的消耗体积 $V$。计算式为：

$$\rho_{SO_3^{2-}} = \frac{(10-V) \times 0.1 \times 80}{0.02} \qquad (13\text{-}24)$$

式中　$\rho_{SO_3^{2-}}$——吸收塔石膏浆液中 $SO_3^{2-}$ 浓度，$mg/m^3$；

　　　　$V$——$Na_2S_2O_3$ 的消耗体积，mL；

　　　　80——$SO_3^{2-}$ 分子量；

　　　　10——10mL 0.1N $I_2$ 溶液；

　　　　0.1——100mL 去离子水体积；

　　　　0.02——20mL 吸收塔浆液体积。

## 1137. FGD 吸收塔石膏浆液中氯离子（$Cl^-$）的测定方法是什么？

**答**：FGD 吸收塔石膏浆液中氯离子（$Cl^-$）的测定方法是：

氯含量测定方法有许多，硝酸银滴定法、硝酸汞滴定法所需仪器设备简单，适合于清洁水测定，但硝酸汞滴定法使用的汞盐剧毒不宜采用；离子色谱法是目前国内外最为通用的方法，简便快速；电位滴定法、电极流动法适合于带色或污染的水样，在污染源监测中使用较多。

（1）硝酸银滴定法。在中性或弱碱性溶液中，以铬酸钾为指示剂，用硝酸银标准液滴定氯离子，生成氯化银沉淀，微过量的银离子与铬酸钾指示剂反应生成浅砖红色铬酸银沉淀，指示滴定终点。反应式为：

$$Cl^- + AgNO_2 \longrightarrow NO_3^- + AgCl\downarrow \tag{13-25}$$

$$2Ag^+ + CrO_4^{2-} \longrightarrow Ag_2CrO_4\downarrow \tag{13-26}$$

该法适用的浓度范 $10\sim500mg/L$，高于此范围的样品，经稀释后可以扩大其适用范围；低于 $10mL$ 的样品，滴定终点不易掌握，需采用离子色谱法。

（2）离子色谱法。利用离子交换的原理，连续对多种阴离子进行定性和定量分析。水样注入碳酸盐-碳酸氢盐溶液并流经系列的离子交换树脂，基于待测阴离子对低容量强碱性阴离子树脂（分离柱）的相对亲和力不同而彼此分。被分开的阴离子，在流经强酸性阳离子树脂（抑制柱）室，被转换为高电导的酸型，碳酸盐-碳酸氢盐则转变成弱电导的碳酸（消除背景电导），电导检测器测量被转变为相应酸型的阴离子，与标准进行比较，根据保留时间定性，峰高或峰而积定量。检出下限为 $0.02mg/L$。该法一次进样可连续测定 6 种无机阴离子（ $F^-$ 、 $Cl^-$ 、 $NO_2^-$ 、 $NO_3^-$ 、 $HPO_4^{2-}$ 和 $SO_4^{2-}$ ）。

（3）电位滴定法。以氯电极为指示电极，以玻璃电极或双液接参比电极为参比，用硝酸银标准液滴定。用毫伏计测定两电极之间的电位变化。在恒定地加入少量硝酸银的过程中，电位变化最大时仪器的读数即为滴定终点。该法的检测下限可达 $10^{-4}$ mol/L。

（4）电极流动法。试液与离子强度调节剂分别由蠕动泵引入测量系统，经过一个三通管混合后进入流通池，由流通池喷嘴口喷出，与固定在流通池内的离子选择性电极接触，该电极与固定在流通池内的参比电极即产生电动势，该电动势随试液中氯离子浓度的变化而变化。由浓度的对数（ $\lg c_{Cl^-}$ ）与电位值 $E$ 的校准曲线计算出 $Cl^-$ 的含量。检出下限为 $0.9mg/L$，线性范围是 $9.0\sim$

1000mg/L。

### 1138. FGD 吸收塔石膏浆液中氟离子（F⁻）的测定方法是什么？

**答**：FGD 吸收塔石膏浆液中氟离子（F⁻）的测定方法是：氟离了主要的测定方法见表 13-8，FGD 系统中，前三种方法用得较多对于污染严重的样品以及含氟硼酸盐的水样，均要进行预蒸馏。

**表 13-8** 氟离子主要的测定方法

| 序号 | 方法 | 特点 | 测定范围（mg/L） |
|---|---|---|---|
| 1 | 离子色谱法 | 较通用，简洁快速 | 0.06～10 |
| 2 | 氟离子选择电极法 | 选择性好，适用范围宽，水样浑浊，有颜色均可测定 | 0.05～1900 |
| 3 | 氟试剂分光光度法 | 适用于含氟较低的样品 | 0.05～1.8 |
| 4 | 茜素磺酸锆目视比色法 | 适用于含氟较低的样品，由于是目视，误差较大 | 0.1～2.5 |
| 5 | 硝酸钍滴定法 | 氟化物含量大于 5mg/L 可以用 | ≥5.0 |

（1）氟离子选择电极法。当氟电极与含氟的试液接触时，电池的电动势 $E$ 随溶液中氟离子浓度的变化而改变（遵守能斯特方程）。当溶液的总离子强度为定值且足够时，计算式为

$$E = E_0 - \frac{2.303RT}{F} \log c_{F^-} \tag{13-27}$$

可见，电动势 $F$ 与 $\log c_{F^-}$ 成直线关系，$\frac{2.303RT}{F}$ 该直线的斜率，也为电极的斜率。

（2）氟试剂分光光度法。氟离子在 pH ＝4.1 的乙酸盐缓冲介质中，与氟试剂和硝酸镧反应，生成蓝色三元络合物，颜色的强度与氟离子浓度成正比在 620nm 波长处定量测定氟化物。

（3）茜素磺酸锆目视比色法。在酸性溶液中，茜素磺酸钠与

钴盐生成红色络合物，但样品中有氟离子存在时，能夺取该络合物中的锆离子，生成无色的氟化锆离子 $[(ZrF_6)^{2-}]$，释放出黄色的茜素磺酸钠。根据溶液由红褪至黄色的色度不同，与标准色列比色定量测定氟。

**1139. 吸收塔中浆液的 $CaCO_3$ 与盐酸不溶物含量的测定方法是什么？**

**答：**实际上是测定固相即石膏中 $CaCO_3$ 与盐酸不溶物的含量。

# 第四节　脱硫石膏化学分析方法

**1140. 烟气脱硫石膏（GB/T 37785—2019）是如何进行石膏分级的？**

**答：**产品主要按二水硫酸钙含量。分为一级、二级、三级三个级别。

烟气脱硫石膏的技术要求应符合表 13-9 的规定。

表 13-9　　　　技术要求

| 序号 | 项目 | 指标 | | |
| --- | --- | --- | --- | --- |
| | | 一级 | 二级 | 三级 |
| 1 | 附着水含量（%） | ≤10.00 | 10.00~12.00 | 12.00~15.00 |
| 2 | 二水硫酸钙（$CaSO_4 \cdot 2H_2O$）（%） | 90.00~95.00 | 85.00~90.00 | ≤85.00 |
| 3 | 氯离子（$Cl^-$）（mg/kg） | ≤100 | 100~300 | 300~600[a] |
| 4 | 半水亚硫酸钙（$CaSO_4 \cdot 1/2H_2O$）（%） | ≤0.50 | | |
| 5 | 水溶性氧化镁（MgO）（%） | ≤0.10 | | |
| 6 | 水溶性氧化钠（$Na_2O$）（%） | ≤0.06 | | |
| 7 | pH 值 | 5.0~9.0 | | |

[a]　需要时可由供需双方商定。

## 1141. FGD副产品石膏成分分析是什么？

答：FGD副产品石膏成分分析见表13-10。

表13-10 FGD石膏分析项目和方法

| 序号 | 项目 | 测定方法 |
|------|------|----------|
| 1 | 附着水（游离水） | 重量法 |
| 2 | 结晶水 | 重量法 |
| 3 | 二水硫酸钙（$CaSO_4 \cdot 2H_2O$） | 重量法 |
| 4 | 半水亚硫酸钙（$CaSO_3 \cdot 1/2H_2O$） | 碘溶液滴定法 |
| 5 | 碳酸钙（$CaCO_3$） | NaOH滴定法 |
| 6 | 酸不溶物 | 重量法 |
| 7 | 三氧化硫（$SO_3$） | 氯化钡沉淀法 |
| 8 | 氧化钙（CaO） | EDTA滴定法 |
| 9 | 氧化镁（MgO） | EDTA滴定法 |
| 10 | 氯（$Cl^-$） | 硝酸银滴定法等 |
| 11 | 氟（$F^-$） | 氟离子选择电极法 |
| 12 | 三氧化铁（$Fe_2O_3$） | 邻菲啰啉分光光度法 |
| 13 | 三氧化铝（$Al_2O_3$） | EDTA滴定法 |
| 14 | 二氧化钛（$TiO_2$） | 二安替比林甲烷分光光度法 |
| 15 | 氧化钾（$K_2O$） | 火焰光度法 |
| 16 | 氧化钠（$Na_2O$） | 火焰光度法 |
| 17 | 二氧化硅（$SiO_2$） | 氢氧化钠滴定法 |
| 18 | 五氧化二磷（$P_2O_5$） | 钼酸铵分光光度法 |
| 19 | 烧失量 | 重量法 |
| 20 | 颗粒物（粒径） | 颗粒度分析仪 |
| 21 | 白度 | — |
| 22 | pH值 | 玻璃电极法、便携式pH计 |

## 1142. FGD副产品石膏中附着水的测定（标准法）分析步骤是什么？

答：FGD副产品石膏中附着水的测定（标准法）分析步骤是：

称取约1g试样（$m_3$），精确至0.0001g，放入已烘干至恒量的带有磨口塞的称量瓶中，于45℃±3℃的烘箱内烘1h（烘干过程中称量瓶应敞开盖），取出，盖上磨口塞（但不应盖得太紧），放入干燥器中冷至室温。将磨口塞紧密盖好，称量。再将称量瓶敞开盖放入烘箱中，在同样温度下烘干30min，如此反复烘干、冷却、称量，直至恒量（$m_4$）。

附着水的质量百分数$x_1$，按式计算：

$$x_1 = \frac{m_3 - m_4}{m_3} \times 100\% \tag{13-28}$$

式中　$x_1$——附着水的质量百分数，%；

　　　$m_3$——烘干前试料质量，g；

　　　$m_4$——烘干后试料质量，g。

允许差为：同一实验室允许差为0.02%。

### 1143. FGD副产品石膏中结晶水的测定（标准法）分析步骤是什么？

**答**：FGD副产品石膏中结晶水的测定（标准法）分析步骤是：

称取约1g试样（$m_5$），精确至0.0001g，放入已烘干、恒量的带有磨口塞的称量瓶中，在230℃±5℃的烘箱内烘1h，取出，用坩埚钳将称量瓶取出，盖上磨口塞，放入干燥器中冷至室温，称量。再放入烘箱中于同样温度下烘干30min，如此反复加热、冷却、称量，直至恒量（$m_6$）。

结晶水的质量百分数$x_2$，按式计算：

$$x_2 = \frac{m_5 - m_6}{m_5} \times 100\% - x_1 \tag{13-29}$$

式中　$x_2$——结晶水的质量百分数，%；

　　　$m_5$——烘干前试料质量，g；

　　　$m_6$——烘干后试料质量，g；

　　　$x_1$——附着水的质量百分数，%。

允许差为：同一实验室允许差为0.15%，不同实验室允许差为0.20%。

**1144. 二水硫酸钙（CaSO₄·2H₂O）测定计算方法是什么？**

答：按照《石膏化学分析方法》（GB/T 5484—2012）规定方法测定结晶水含量（质量分数）$w_c$，二水硫酸钙（质量分数）按式（13-30）计算：

$$w(CaSO_4 \cdot 2H_2O) = \frac{w_c}{20.9275} \times 100\% \qquad (13\text{-}30)$$

式中　$w(CaSO_4 \cdot 2H_2O)$——二水硫酸钙含量（质量分数），%；

$\qquad\qquad w_c$——结晶水含量（质量分数），%；

$\qquad\qquad$ 20.9275——结晶水含量对二水硫酸钙含量的折算系数。

计算结果精确到 0.01%。

**1145. 半水亚硫酸钙（CaSO₃·1/2H₂O）测定计算方法是什么？**

答：按照《石膏化学分析方法》（GB/T 5484—2012）规定方法测定二氧化硫含量（质量分数）$w(SO_2)$，半水亚硫酸钙（质量分数）按式（13-31）计算：

$$w(CaSO_3 \cdot 1/2H_2O) = w(SO_2) \times 2.016 \qquad (13\text{-}31)$$

式中　$w(CaSO_3 \cdot 1/2H_2O)$——半水亚硫酸钙含量（质量分数），%；

$\qquad\qquad w(SO_2)$——二氧化硫含量（质量分数），%；

$\qquad\qquad$ 2.016——二氧化硫含量对半水亚硫酸钙含量的折算系数。

计算结果精确到 0.01%。

**1146. FGD 副产品石膏中二水硫酸钙（CaSO₄·2H₂O）含量的测定方法是什么？**

答：FGD 副产品石膏中二水硫酸钙（CaSO₄·2H₂O）含量的测定方法是：

将 2g 干石膏样品（$A$）以 0.1mg 的精确度进行称重，并将其放入一 250mL 的烧杯，与此同时加入大约 100mL 的去离子水和

10mL 的 30%的 HCl 溶液，该溶液通过一张分析性慢速过滤纸进行过滤；使用去离子水冲洗滤纸和可能存在的任何残留物，直到过滤液没有酸性为止；在完全冷却后，将所有的过滤液（包括水）装入到一个 250mL 的量瓶中，并灌注到标记处。

在 250mL 的烧杯中利用滴管加入 $V$（mL）的上述酸性蒸煮溶液（约 50mL），同时加入 100mL 的去离子水和 5mL 的浓缩 HCl；将该溶液加热到沸点；然后，逐滴加入 10mL 的 10%的 $BaCl_2$ 溶液。该溶液静置至少 4h（彻夜更好）。

以 800℃温度烧热一个孔隙率为 1（孔隙宽度约 6μm）的瓷钵，直到获得恒定的质量，在干燥器中进行冷却；确定空钵的质量（$G$）；然后经过该瓷制过滤钵对沉淀的 $BaSO_4$ 进行过滤，且用热的去离子水对沉淀物进行冲洗；直至过滤液中没有任何氧化物的迹象。钵和冲洗过的沉积物以 800℃的温度进行煅烧，直至获得恒定的质量，在干燥器中进行冷却，并确定质量（$H$）。则样品中 $CaSO_4 \cdot 2H_2O$ 的质量含量 $x_{CaSO_4 \cdot 2H_2O}$ 的计算式为：

$$x_{CaSO_4 \cdot 2H_2O} = \frac{(H-G) \times 172.17 \times 250}{233.4VA} \times 100\% \quad (13-32)$$

### 1147. FGD 副产品石膏中二水硫酸钙（$CaSO_3 \cdot 1/2H_2O$）含量的测定方法是什么？

答：FGD 副产品石膏中半水亚硫酸钙（$CaSO_3 \cdot 1/2H_2O$）含量的测定方法是：

在 250mL 三角烧瓶中加入 10mL 0.1mol/L 的 $I_2$ 溶液（$V$）和约 10mL 去离子水，以 0.1mg 的精确度称 1g 左右的干石膏 $m$，加入三角烧瓶的溶液中，滴加 0.1mL 的硫酸进行酸化；然后用磁力搅拌器搅拌大约 5min，此时应保证溶液不能改变颜色；若碘量不够，再加入 VmL 的 $I_2$ 溶液，使混合物 pH 值在 1 和 2 之间。再加入 100mL 去离子水，通过自动滴定仪，用 0.1mol/L 的 $Na_2S_2O_3$ 滴定，加入 2mL 0.5%的淀粉溶液作指示剂，滴定直至溶液的蓝色刚好消失。记录各溶液用量。$CaSO_3 \cdot 1/2H_2O$ 含量的计算式为：

$$x_{CaSO_3 \cdot \frac{1}{2}H_2O} = \frac{V_{I_2} + V - V_{Na_2S_3O_3}}{2m} \times 0.1 \times 129.14 \times 100\%$$

$$(13\text{-}33)$$

式中 $x_{CaSO_3 \cdot \frac{1}{2}H_2O}$——$CaSO_3 \cdot 1/2H_2O$ 含量，%；

$\quad V_{I_2} + V$——消耗的 $I_2$ 溶液总体积，mL；

$\quad V_{Na_2S_2O_3}$——消耗的 $Na_2S_2O_3$ 体积，mL；

$\quad m$——分析的固体石膏量，mg。

## 1148. FGD 副产品石膏中碳酸钙（CaCO₃）含量的测定方法是什么？

**答**：FGD 副产品石膏中碳酸钙（CaCO₃）含量的测定方法是：

称取 $m$（mg）（约 $1g$，精确至 $0.1mg$）的干石膏，放入 $250mL$ 烧杯中，加入 $100mL$ 去离子水和 $1mL30\%$ 的双氧水 $H_2O_2$，约 $2min$ 后，加入 $20mL0.1mol/L$ 的 HCl 和 $20mL$ 去离子水，将该溶液在 $50 \sim 70℃$ 的温度下静置约 $15min$；冷却之后加入约 $200mL$ 去离子水，搅拌 $5min$ 左右；过量的 HCl 使用自动滴定仪用 $0.1mol/L$ 的 NaOH 溶液滴定至 pH 值为 $4.3$ 为止；在碳酸盐含量较高的情况下，应增加 HCl 的量；对残留碳酸盐含量不大于 $2.0\%$ 的石膏，确定采用 $20mL$ $0.1mol/L$ 的 HCl。CaCO₃ 含量的计算式为：

$$x_{CaCO_3} = \frac{V_{HCl} - V_{NaOH}}{2m} \times 0.1 \times 100.09 \times 100\% \quad (13\text{-}34)$$

式中 $x_{CaCO_3}$——CaCO₃ 的质量含量，%；

$\quad V_{HCl}$——消耗的 HCl 溶液的体积，mL；

$\quad V_{NaOH}$——消耗的 NaOH 的体积，mL；

$\quad m$——分析的固体石膏量，mg。

## 1149. FGD 副产品石膏中酸不溶物的测定（标准法）分析步骤是什么？

**答**：FGD 副产品石膏中酸不溶物的测定（标准法）分析步骤是：

称取约 $0.5g$ 试样（$m_7$），精确至 $0.0001g$，置于 $250mL$ 烧杯

中，用水润湿后盖上表面皿；从杯口慢慢加入40mL盐酸（1+5），待反应停止后，用水冲洗表面皿及杯壁并稀释至约75mL。加热煮沸3～4min，用慢速滤纸过滤，以热水洗涤，直至检验无氯离子为止；将残渣和滤纸一并移入已灼烧、恒量的瓷坩埚中，灰化，在950～1000℃的温度下灼烧20min，取出，放入干燥器中，冷却至室温，称量。如此反复灼烧、冷却、称量，直至恒量（$m_8$）。

酸不溶物的质量百分数$x_3$，按式（13-35）计算：

$$x_3 = \frac{m_8}{m_7} \times 100\%  \qquad (13\text{-}35)$$

式中  $x_3$——酸不溶物的质量百分数，%；

$m_8$——灼烧后残渣的质量，g；

$m_7$——试料质量，g。

允许差为：同一实验室允许差为0.15%；不同实验室允许差为0.20%。

**1150. FGD副产品石膏中三氧化硫的测定（标准法）分析步骤是什么？**

答：FGD副产品石膏中三氧化硫的测定（标准法）分析步骤是：

（1）方法提要。在酸性溶液中，用氯化钡溶液沉淀硫酸盐，经过滤灼烧后，以硫酸钡形式称量。测定结果以三氧化硫计。

（2）分析步骤。称取约0.2g试样（$m_9$），精确至0.0001g，置于300mL烧杯中，加入30～40mL水使其分散。加10mL盐酸（1+1），用平头玻璃棒压碎块状物，慢慢地加热溶液，直至试样分解完全；将溶液加热微沸5min；用中速滤纸过滤，用热水洗涤10～12次；调整滤液体积至200mL，煮沸，在搅拌下滴加15mL氯化钡溶液；继续煮沸数分钟，然后移至温热处静置4h或过夜（此时溶液的体积应保持在200mL）；用慢速滤纸过滤，用温水洗涤，直至检验无氯离子为止；将沉淀及滤纸一并移入已灼烧恒量的瓷坩埚中，灰化后在800℃的马弗炉内灼烧30min，取出坩埚置于干燥器中冷却至室温，称量。反复灼烧，直至恒量。

（3）结果表示。

三氧化硫的质量百分数 $x_{SO_2}$ 按式（13-36）计算：

$$x_{SO_2} = \frac{m_{10} \times 0.343}{m_9} \times 100\%$$ (13-36)

式中 $x_{SO_2}$——三氧化硫的质量百分数，%；

$m_{10}$——灼烧后沉淀的质量，g；

$m_9$——试料的质量，g；

0.343——硫酸钡对三氧化硫的换算系数。

（4）允许差为：同一实验室的允许差为 0.25%；不同实验室的允许差为 0.40%。

### 1151. FGD 副产品石膏中氧化钙的测定（标准法）分析步骤是什么？

**答**：FGD 副产品石膏中氧化钙的测定（标准法）分析步骤是：

（1）方法提要。在 pH=13 以上强碱性溶液中，以三乙醇胺为掩蔽剂，用钙黄绿素—甲基百里香酚蓝—酚酞混合指示剂，以 EDTA 标准滴定溶液滴定。

（2）分析步骤。称取约 0.5g 试样（$m_{11}$），精确至 0.0001g，置于银坩埚中，加入 6～7g 氢氧化钠，在 650～700℃ 的高温下熔融 20min；取出冷却，将坩埚放入已盛有 100mL 近沸腾水的烧杯中，盖上表面皿，于电炉上加热，待熔块完全浸出后，取出坩埚，用水冲洗坩埚和盖，在搅拌下一次加入 25mL 盐酸，再加入 1mL 硝酸；用热盐酸（1+5）洗净坩埚和盖，将溶液加热至沸，冷却，然后移入 250mL 容量瓶中，用水稀释至标线，摇匀。此溶液为 $A$。

吸取 25.00mL 溶液 $A$，放入 300mL 烧杯中，加水稀释至约 200mL，加 5mL 三乙醇胺（1+2）及少许的钙黄绿素-甲基百里香酚蓝—酚酞混合指示剂，在搅拌下加入氢氧化钾溶液至出现绿色荧光后再过量 5～8mL，此时溶液在 pH 在 13 以上，用 [$c$(EDTA)=0.015mol/L] EDTA 标准滴定溶液滴定至绿色荧光消失并呈现红色。

（3）结果表示。氧化钙的质量百分数 $x_{CaO}$ 按式（13-37）计算：

$$x_{CaO} = \frac{T_{CaO} \times V_5 \times 10}{m_{11} \times 1000} \times 100 = \frac{T_{CaO} \times V_5}{m_{11}} \quad (13\text{-}37)$$

式中　$x_{CaO}$——氧化钙的质量百分数，%；

　　　$T_{CaO}$——每毫升 EDTA 标准滴定溶液相当于氧化钙的质量，mg/mL；

　　　$V_5$——滴定时消耗 EDTA 标准滴定溶液的体积，mL；

　　　10——全部试样溶液与所分取试样溶液的体积比；

　　　$m_{11}$——试料的质量，g。

（4）允许差：同一实验室的允许差为 0.25%；不同实验室的允许差为 0.40%。

**1152. FGD 副产品石膏中氧化镁的测定（标准法）分析步骤是什么？**

答：FGD 副产品石膏中氧化镁的测定（标准法）分析步骤是：

（1）方法提要。在 pH=10 的溶液中，以三乙醇胺、酒石酸钾钠为掩蔽剂，用酸性铬蓝 K-萘酚绿 B 混合指示剂，以 EDTA 标准滴定溶液滴定。

（2）分析步骤。吸取 25.00mL 溶液 A，放入 400mL 烧杯中，加水稀释至约 200mL，加 1mL 酒石酸钾钠溶液，5mL 三乙醇胺（1+2），搅拌，然后加入 pH=10 缓冲溶液 25mL 及少许酸性铬蓝 K-萘酚绿 B 混合指示剂，用 $c(EDTA)=0.015mol/L$ EDTA 标准滴定溶液滴定，近终点时应缓慢滴定至纯蓝色。

（3）结果表示。氧化镁的质量百分数 $x_{MgO}$ 按式（13-38）计算：

$$x_{MgO} = \frac{T_{MgO} \times (V_6 - V_5) \times 10}{m_{11} \times 1000} \times 100 = \frac{T_{MgO} \times (V_6 - V_5)}{m_{11}}$$

$$(13\text{-}38)$$

式中　$x_{MgO}$——氧化镁的质量百分数，%；

　　　$T_{MgO}$——每毫升 EDTA 标准滴定溶液相当于氧化镁的质量，mg/mL；

$V_6$——滴定钙、镁总量时消耗 EDTA 标准滴定溶液的体积，mL；

$V_5$——测定氧化钙时消耗 EDTA 标准滴定溶液的体积，mL；

10——全部试样溶液与所分取试样溶液的体积比；

$m_{11}$——试料的质量，g。

（4）允许差为：同一实验室的允许差为 0.15%；不同实验室的允许差为 0.25%。

**1153. FGD 副产品石膏中三氧化二铁的测定（标准法）分析步骤是什么？**

**答：**FGD 副产品石膏中三氧化二铁的测定（标准法）分析步骤是：

（1）方法提要。用抗坏血酸将 $Fe^{3+}$ 还原为 $Fe^{2+}$，pH 值 1.5～9.5 条件下，$Fe^{2+}$ 与邻菲罗啉生成稳定的橘红色配合物，在 510nm 处，测定吸光度，并计算三氧化二铁的含量。

（2）分析步骤。吸取 25.00mL 溶液 A，放入 100mL 容量瓶中，用水稀释至约 50mL；加入 5mL 抗坏血酸溶液，放置 5min，再加入 5mL 邻菲罗啉溶液，10mL 乙酸铵溶液；用水稀释至标线，摇匀；放置 30min 后，用分光光度计，10mm 比色皿，以水作参比，在 510nm 处测定溶液的吸光度；在工作曲线上查得三氧化二铁的含量（$m_{12}$）。

（3）结果表示。三氧化二铁的质量百分数（$x_{Fe_2O_3}$）按式（13-39）计算。

$$x_{Fe_2O_3} = \frac{m_{12} \times 10}{m_{11} \times 1000} \times 100 = \frac{m_{12}}{m_1} \tag{13-39}$$

式中　$x_{Fe_2O_3}$——三氧化二铁的质量百分数，%；

$m_{12}$——100mL 测定溶液中三氧化二铁的含量，mg；

$m_{11}$——试料的质量，g；

10——全部试样溶液与所分取试样溶液的体积比。

（4）允许差为：同一实验室的允许差为 0.05%；不同实验室

的允许差为 0.10%。

### 1154. FGD 副产品石膏中三氧化二铝的测定（标准法）分析步骤是什么？

**答**：FGD 副产品石膏中三氧化二铝铁的测定（标准法）分析步骤是：

（1）方法提要。调整溶液 pH 值至 3.0，在煮沸下用 EDTA-Cu 和 PAN 为指示剂，用 EDTA 标准滴定溶液滴定铁、铝含量，并扣除三氧化二铁的含量。

（2）分析步骤。吸取 25.00mL 溶液 $A$，放入 300mL 烧杯中，用水稀释至约 200mL，加 1～2 滴溴酚蓝指示剂溶液，滴加氨水（1+2）至溶液出现蓝紫色，再滴加盐酸（1+2）至溶液出现黄色，加入 pH 值为 3.0 的缓冲溶液 15mL，加热煮沸并保持 1min，加入 10 滴 EDTA-Cu 溶液及 2～3 滴 PAN 指示剂溶液，用 $c(\text{EDTA})=0.015\text{mol/L}$ EDTA 标准滴定溶液滴定至红色消失，继续煮沸，滴定，直至溶液经煮沸后红色不再出现，呈稳定的亮黄色为止。

（3）结果表示。三氧化二铝的质量百分数 $x_{\text{Al}_2\text{O}_3}$ 按式计算：

$$x_{\text{Al}_2\text{O}_3}=\frac{T_{\text{Al}_2\text{O}_3}\times V_7\times 10}{m_{11}\times 1000}\times 100-0.64\times x_{\text{Fe}_2\text{O}_3}$$

$$=\frac{T_{\text{Al}_2\text{O}_3}\times V_7}{m_{11}}-0.64\times x_{\text{Fe}_2\text{O}_3} \tag{13-40}$$

式中　$x_{\text{Al}_2\text{O}_3}$——三氧化二铝的质量百分数，%；

　　　$T_{\text{Al}_2\text{O}_3}$——每毫升 EDTA 标准滴定溶液相当于三氧化二铝的质量，mg/mL；

　　　$V_7$——滴定时消耗 EDTA 标准滴定溶液的体积，mL；

　　　$x_{\text{Fe}_2\text{O}_3}$——按 13.2 测得三氧化二铁的质量百分数，%；

　　　0.64——三氧化二铁对三氧化二铝的换算系数；

　　　10——全部试样溶液与所分取试样溶液的体积比；

　　　$m_{11}$——试料的质量，g。

（4）允许差为：同一实验室的允许差为 0.15%；不同实验室

的允许差为 0.20%。

**1155. FGD 副产品石膏中二氧化钛的测定（标准法）分析步骤是什么？**

答：FGD 副产品石膏中二氧化钛的测定（标准法）分析步骤是：

（1）方法提要。在酸性溶液中 $TiO_2$ 与二安替比林甲烷生成黄色配合物，于波长 420nm 处测定其吸光度。用抗坏血酸消除三价铁离子的干扰。

（2）分析步骤。从氧化钙测定步骤（2）配制的溶液 A 中，吸取 25.00mL 溶液放入 100mL 容量瓶中，加入 10mL 盐酸（1+2）及 10mL 抗坏血酸溶液，放置 5min。加 95%（V/V）乙醇 5mL、20mL 二安替比林甲烷溶液，用水稀释至标线，摇匀；放置 40min 后，使用分光光度计，10mm 比色皿，以水作参比，于 420nm 处测定溶液的吸光度；在工作曲线上查出二氧化钛的含量（$m_{13}$）。

（3）结果表示

二氧化钛的质量百分数 $x_{TiO_2}$，按式计算：

$$x_{TiO_2} = \frac{m_{13} \times 10}{m \times 1000} \times 100 = \frac{m_{13}}{m} \quad (13\text{-}41)$$

式中　$x_{TiO_2}$——二氧化钛的质量百分数，%；

　　　$m_{13}$——100mL 测定溶液中二氧化钛的含量，mg；

　　　$m$——试料的质量，g；

　　　10——全部试样溶液与所分取试样溶液的体积比。

（4）允许差：同一实验室的允许差为 0.05%；不同实验室的允许差为 0.10%。

**1156. FGD 副产品石膏中氧化钾和氧化钠的测定（标准法）分析步骤是什么？**

答：FGD 副产品石膏中氧化钾和氧化钠的测定（标准法）分析步骤是：

（1）方法提要。试样经氢氟酸—硫酸蒸发处理除去硅，用热水浸取残渣。以氨水和碳酸铵分离铁、铝、钙、镁。滤液中的钾、钠用火焰光度计进行测定。

（2）分析步骤。称取约 0.2g 试样（$m_{14}$），精确至 0.0001g，置于铂皿中，用少量水润湿，加 5mL 氢氟酸及 15 滴硫酸（1+1）置于低温电热板上蒸发；近干时摇动铂皿，以防溅失，待氢氟酸驱尽后逐渐升高温度，继续将三氧化硫白烟赶尽。取下放冷，加入 50mL 热水，压碎残渣使其溶解，加 1 滴甲基红指示剂溶液，用氨水（1+1）中和至黄色，加入 10mL 碳酸铵溶液，搅拌，置于电热板上加热 20～30min。用快速滤纸过滤，以热水洗涤，滤液及洗液盛于 100mL 容量瓶中，冷却至室温；用盐酸（1+1）中和至溶液呈微红色，用水稀释至标线，摇匀。在火焰光度计上，按仪器使用规程进行测定。在工作曲线上分别查出氧化钾和氧化钠的含量（$m_{15}$）和（$m_{16}$）。

（3）结果表示

氧化钾和氧化钠的质量百分数 $x_{K_2O}$ 和 $x_{Na_2O}$ 按式计算：

$$x_{K_2O} = \frac{m_{15} \times 10}{m_{14} \times 1000} \times 100 = \frac{m_{15} \times 0.1}{m_{14}} \tag{13-42}$$

$$x_{Na_2O} = \frac{m_{16} \times 10}{m_{14} \times 1000} \times 100 = \frac{m_{16} \times 0.1}{m_{14}} \tag{13-43}$$

式中　$x_{K_2O}$——氧化钾的质量百分数，%；

$x_{Na_2O}$——氧化钠的质量百分数，%；

$m_{15}$——100mL 测定溶液中氧化钾的含量，mg；

$m_{16}$——100mL 测定溶液中氧化钠的含量，mg；

$m_{14}$——试料的质量，g。

允许差为：同一实验室的允许差：$K_2O$ 与 $Na_2O$ 均为 0.05%；不同实验室的允许差：$K_2O$ 与 $Na_2O$ 均为 0.10%。

### 1157. FGD 副产品石膏中氧化硅的测定（标准法）分析步骤是什么？

答：FGD 副产品石膏中氧化硅的测定（标准法）分析步骤是：

（1）方法提要。在有过量的氟、钾离子存在的强酸性溶液中，使硅酸形成氟硅酸钾（$K_2SiF_6$）沉淀，经过滤、洗涤及中和残余酸后，加沸水使氟硅酸钾沉淀水解生成等物质量的氢氟酸，然后以酚酞为指示剂，用氢氧化钠标准滴定溶液进行滴定。

（2）分析步骤。称取约 0.3g 试样（$m_{17}$），精确至 0.0001g，置于镍或银坩埚中，加入 4g 氢氧化钾，盖上坩埚盖（留有一定缝隙），放在电炉上（600～650℃）熔融至试样完全分解（约 20min）；取下坩埚，放冷，用热水将熔块提取到 300mL 的塑料杯中，坩埚及盖以少量硝酸（1+20）及热水洗净（此时溶液的体积应为 40mL 左右）；加入 15mL 硝酸，冷却后，加入 10mL 氟化钾溶液，再加入氯化钾，仔细搅拌至氯化钾充分饱和，再过量 1～2g，冷却放置 15min，以中速滤纸过滤，塑料杯与沉淀用氯化钾溶液洗涤 2～3 次；将沉淀连同滤纸一起放入原塑料杯中，沿杯壁加入 10mL 氯化钾—乙醇溶液及 1mL 酚酞指示剂溶液，用 $[c(NaOH)=0.15mol/L]$ 氢氧化钠标准滴定溶液中和未洗尽的酸，仔细搅动滤纸并随之擦洗杯壁，直至溶液呈红色。然后加入 200mL 沸水（用氢氧化钠溶液中和至酚酞呈微红色），用 $[c(NaOH)=0.15mol/L]$ 氢氧化钠标准滴定溶液滴定至微红色。

（3）结果表示。二氧化硅的质量百分数 $x_{SiO_2}$ 按式计算：

$$x_{SiO_2} = \frac{T_{SiO_2} \times V_8}{m_{17} \times 1000} \times 100 = \frac{T_{SiO_2} \times V_8 \times 0.1}{m_{17}} \quad (13\text{-}44)$$

式中　　$x_{SiO_2}$——二氧化硅的质量百分数，%；

　　　　$T_{SiO_2}$——每毫升氢氧化钠标准溶液相当于二氧化硅的质量，mg/mL；

　　　　$V_8$——滴定时消耗氢氧化钠标准滴定溶液的体积，mL；

　　　　$m_{17}$——试料的质量，g。

（4）允许差为：同一实验室的允许差为 0.15%；不同实验室的允许差为 0.20%。

### 1158. 烧失量是指什么？

答：试样中所含水分、碳酸盐经高温灼烧即分解逸出，灼烧所失去的质量即为烧失量。

### 1159. 烧失量测定分析步骤是什么?

**答:**烧失量测定分析步骤是:称取约 1g 试样($m_{22}$),精确至 0.0001g,置于已灼烧恒量的瓷坩埚中,将盖斜置于坩埚上,放在马弗炉内;从低温开始逐渐升高温度,在 800~850℃下灼烧 1h,取出坩埚置于干燥器中,冷却至室温,称量。反复灼烧,直至恒量($m_{23}$)。

烧失量的质量百分数 $X_{L01}$,按式(13-45)计算:

$$X_{L01} = \frac{m_{22} - m_{23}}{m_{22}} \times 100\% \tag{13-45}$$

式中　$X_{L01}$——烧失量的质量百分数,%;

$m_{22}$——试料的质量,g;

$m_{23}$——灼烧后试料的质量,g。

允许差为:同一实验室的允许差为 0.20%;不同实验室的允许差为 0.25%。

第十四章

# 烟气湿法脱硫装置运行管理

**1160.** 脱硫运行主要有哪些管理制度？

**答：** 脱硫运行主要管理制度有。

（1）脱硫系统管理、运行人员岗位职责。

（2）脱硫系统运行规程、故障处理规程、检修规程。

（3）脱硫系统工作票管理实施细则。

（4）脱硫系统操作票管理实施细则。

（5）脱硫系统动火票管理实施细则。

（6）脱硫系统运行交接班管理实施细则。

（7）脱硫系统运行巡回检查管理实施细则。

（8）脱硫系统设备定期轮换管理实施细则。

（9）脱硫系统设备缺陷管理实施细则。

（10）脱硫系统故障应急预案。

（11）脱硫系统设备防寒防冻措施。

**1161.** 电厂应建立脱硫系统运行状况、设施维护和安全活动等的记录制度，其主要记录内容应包括哪些？

**答：** 主要记录内容包括：

（1）系统启动、停止的时间的记录。

（2）吸收剂进厂质量分析数据的记录，包括进厂数量，进厂时间等。

（3）系统运行工艺控制参数的记录，至少应包括：脱硫装置出、入口烟气温度，烟气流量，烟气压力，吸收塔差压，用水量等。

（4）主要设备的运行和维修情况的记录，包括对批准设置旁路烟道和旁路挡板门的开启与关闭时间的记录。

（5）烟气连续监测数据、污水排放、脱硫副产物处置情况的记录。

（6）生产事故及处置情况的记录等。

（7）定期检测、评价及评估情况的记录等。

### 1162. 运行中的 FGD，运行人员必须记录的参数有哪些？

**答：** 运行人员必须根据表格做好运行参数的记录（至少 2h 一次），并分析其趋势，及时发现问题，如测量仪表是否准确、设备是否正常等，需要记录的主要参数有：

（1）锅炉的主要参数，如负荷、烟温等。

（2）吸收塔、GGH、除雾器压降。

（3）FGD 进口 $SO_2$、$O_2$ 的浓度。

（4）FGD 出口 $SO_2$、$O_2$ 的浓度。

（5）氧化空气流量、风机电流等。

（6）增压风机出口压力、入口压力和电流。

（7）循环泵电流。

（8）吸收塔浆液 pH 值。

（9）吸收塔浆液密度。

（10）工艺水流量。

（11）石灰石浆液密度等。

### 1163. 脱硫系统哪些操作属于重大操作项目，高岗位应做哪些工作？

**答：** 操作可能影响脱硫增压风机跳闸和旁路挡板开启等相关的操作，如 GGH 主、辅电机切换、增压风机油站油泵切换、吸收塔循环泵启停等相关操作，及增压风机动叶手动调整和旁路开启关闭等相关可能影响主机系统的操作都属于重大操作项目。

高岗位人员在进行操作前应做好相关风险预控，相关重要操作应该汇报值长和专工，熟悉设备联锁情况，一些重要的设备进行试验前汇报相关领导同意后切除保护才可进行试验。操作时严格执行操作卡操作步骤执行，在操作时高岗位人员必须在旁监护，发现异常及时处理防止事故扩大化。

**1164. 试述 FGD 系统在日常的运行维护中，应做哪些工作？**

答：FGD 系统在日常的运行维护中，应做的工作如下：

（1）按时对有关数据进行记录，字迹清晰、准确。注意各运行参数并与设计值比较，发现偏差及时查明原因，发现异常情况及时采取相应措施并做好记录，汇报班长。

（2）严密监视所有运行设备的电流、压力、温度、振动值、声音等是否正常。

（3）运行人员必须注意运行中的设备，做好事故预想。FGD 系统内的备用设备必须保证处于良好备用状态，运行设备故障后，能正常启动，发现缺陷及时通知相关人员。

（4）浆液管道、箱罐、泵体停用后必须进行冲洗。

（5）没有必需的润滑剂，严禁启动转动机械。运行后应经常检查润滑剂的油位，注意运行设备的压力、振动、噪声、温度及严密性等。

（6）FGD 的入口烟道和旁路烟道可能积灰，这取决于电除尘系统的运行情况。一般的积灰不影响 FGD 的正常运行。但挡板的运动部件上发生严重的积灰时，对挡板的正常开关有影响，因此应当定期（1～2 个星期）开关这些挡板以除灰。当 FGD 和锅炉停运时，要检查这些挡板并清理积灰。

（7）FGD 系统停运后，应检查各个箱、罐的液位，巡视检查 FGD 岛。如有必要，进行设备的换油和维护修理的一些工作。

（8）在运行过程中，如有报警，应根据弹出的报警画面，了解报警信息，并采取相应措施。

**1165. 脱硫运行值班人员应进行哪几个方面的知识培训？**

答：要培养合格的脱硫运行值班人员，应进行以下几个方面的知识培训：

（1）FGD 系统基础知识培训。

（2）到类似的 FGD 系统上实习。

(3) 跟踪 FGD 系统设备的安装过程。

(4) 在 FGD 系统调试过程中操作练习。

(5) 在 FGD 系统运行过程中学习交流。

(6) FGD 运行规程的学习和编写。

**1166. 脱硫运行值班人员专业基础知识培训包括哪些方面的内容？**

**答：** 基础知识培训包括：

(1) 基础理论知识：①基础化学知识；②识图知识（各种设备符号、KKS 编码等）；③计算机基础知识；④化工基础知识；⑤环境保护知识。

(2) FGD 基础知识：①FGD 基本原理；②FGD 系统的流程；③FGD 设备作用及设备构成；④FGD 系统内化学分析基础；⑤FGD系统的控制理念等。

(3) 电厂热能动力基础知识：①电力生产过程基本概念；②发电设备基础知识（作用、基本结构及性能）；③燃料基础知识（煤的分类、元素分析、工业分析等）；④电厂烟气特性及危害。

(4) 机械设备基础知识：①物料粉碎和分级；②流体输送和气流输送；③非均相物料的分离；④热量传递；⑤气体的吸收；⑥湿物料的干燥。

(5) 电气基础知识：①配用电基础知识；②通用设备常用电器的种类及用途；③配电和用电设备保护基础知识；④安全用电和触电急救基本知识。

(6) 热工基础知识：①热工自动化仪表知识；②热工自动控制、联锁保护知识。

(7) 其他基本知识：①职业道德基本知识；②职业守则；③电厂安全文明生产知识，如电厂安全生产规程和制度、安全操作和劳动保护知识；④质量管理知识，如企业的质量方针、岗位的质量要求、企业的质量保证措施与责任等；⑤相关的法律、法规知识，如电力生产法规知识、劳动法的相关知识、环境保护法规的相关知识及合同法相关知识等。

对于 FGD 系统检修人员，除了上面的学习外，还应掌握设备检修基础知识、钳工基础知识、起重基础知识、材料基础知识等。化学分析人员应进行专门培训。

**1167. "安健环"是什么的简称？其管理目标和管理信念是什么？**

**答：**"安健环"是"安全、健康、环保"的简称，其管理目标是实现"零违章、零意外"，其管理信念是所有意外均可以避免，所有存在的危险皆可得到控制，对环境的影响可以尽量降低。每项工作均顾及安全、健康、环保。安健环管理体系的基础是"风险管理"。

**1168. 风险的定义是什么？**

**答：**"风险"定义为某一特定危险源造成伤害的可能性、概率或概率，它是可能造成人员伤亡、疾病、财产损失、工作环境破坏的根源或状态。

**1169. 风险管理是什么？**

**答：**风险管理是研究风险发生规律和风险控制技术的一门新兴管理学科，其实质是以最经济合理的方式消除风险导致的各种灾害后果，它包括危险辨识、风险评价、风险控制等一整套系统而科学的管理方法，即运用系统论的观点和方法去研究风险与环境之间的关系，运用安全系统工程的理论和分析方法去辨识危害、评价风险，然后根据成本效益分析，针对企业所存在的风险做出客观而科学的决策，以确定处理风险的最佳方案。它体现了超前控制和过程管理的思想。

**1170. 安健环健康管理体系运行的主线和基础是什么？**

**答：**安健环健康管理体系运行的主线是风险控制过程，而基础是危险辨识、风险评价和风险控制的策划。

**1171. 危险源辨识、危险源是什么？**

**答**：危险源辨识是识别危害的存在并确定其性质的过程。

危险源是指能使人造成伤亡，对物造成突发性损坏，或影响人的身体健康导致疾病，对物造成慢性损坏，对环境造成污染的潜在因素。

**1172. 有助于识别危险源的 5 个问题是什么？**

**答**：有助于识别危险源的 5 个问题是：①在什么地方（where）？②存在什么危险源（what）？③在什么时间（when）？④谁（什么）会受到伤害（who）？⑤伤害怎样发生（why）？

**1173. 生产过程危险和有害因素分为哪四大类？**

**答**：《生产过程危险和有害因素分类与代码》（GB/T 13861—2009）标准中按可能导致生产过程中危险和有害因素的性质进行分类。生产过程危险和有害因素共分为四大类，分别是"人的因素""物的因素""环境因素"和"管理因素"。

**1174. 生产过程危险和有害因素中"人的因素"包括哪些？**

**答**：生产过程危险和有害因素中"人的因素"包括：

（1）心理生理性危险和有害因素：

1）负荷超限（体力负荷超限、听力负荷超限、视力负荷超限、其他负荷超限）。

2）健康状况异常。

3）从事禁忌作业。

4）心理异常（情绪异常、冒险心理、过度紧张、其他心理异常）。

5）辨识功能缺陷（感知延迟、辨识错误、其他辨识功能缺陷）。

6）其他心理、生理性危险和有害因素。

（2）行为性危险和有害因素：

1）指挥错误（指挥失误、违章指挥、其他指挥错误）。

2）操作错误（误操作、违章作业、其他操作错误）。

3）监护失误。

4）其他行为性危险和有害因素。

### 1175. 生产过程危险和有害因素中"物的因素"包括哪些？

**答：** 生产过程危险和有害因素中"物的因素"包括：

（1）物理性危险和有害因素。

1）设备、设施、工龄、附件缺陷（强度不够、刚度不够、稳定性差、密封不良、耐腐蚀性差、应力集中、外形缺陷、外露运动件、操纵器缺陷、制动器缺陷、控制器缺陷和其他缺陷）。

2）防护缺陷（无防护、防护装置、设施缺陷、防护不当、支撑不当、防护距离不够和其他防护缺陷）。

3）电伤害（带电部位裸露、漏电、静电和杂散电流、电火花、其他电伤害）。

4）噪声（机械性噪声、电磁性噪声、流体动力性噪声、其他噪声）。

5）振动危害（机械性振动、电磁性振动、流体动力性振动、其他振动危害）。

6）电离辐射（包括 $X$ 射线、$\gamma$ 射线、$\alpha$ 粒子、$\beta$ 粒子、中子、质子、高能电子束等）。

7）非电离辐射（紫外辐射、激光辐射、微波辐射、超高频辐射、高频电磁场、工频电场）。

8）运动物伤害〔抛射物、飞溅物、坠落物、反弹物、土、岩滑动、料堆（垛）滑动、气流卷动、其他运动物伤害〕。

9）明火。

10）高温物质（高温气体、高温液体、高温固体、其他高温物质）。

11）低温物质（低温气体、低温液体、低温固体、其他低温物质）。

12）信号缺陷（无信号设施、信号选用不当、信号位置不当、信号不清、信号显示不准、其他信号缺陷）。

13) 标志缺陷（无标志、标志不清晰、标志不规范、标志选用不当、标志位置缺陷、其他标志缺陷）。

14) 有害光照（包括直射光、反射光、眩光、频闪效应等）。

15) 其他。

（2）化学性危险和有害因素：①爆炸品；②压缩气体和液化气体；③易燃液体；④易燃固体、自燃物品和遇湿易燃物品；⑤氧化剂和有机过氧化物；⑥有毒品；⑦放射性物品；⑧腐蚀品；⑨粉尘与气溶胶；⑩其他。

（3）生物性危险和有害因素：①致病微生物（细菌、病毒、真菌、其他致病微生物）；②传染病媒介物；③致害动物；④致害植物；⑤其他。

**1176. 生产过程危险和有害因素中"环境因素"包括哪些？**

**答：** 生产过程危险和有害因素中"环境因素"包括室内、室外、地上、地下（如隧道、矿井）、水上、水下等作业（施工）环境。

（1）室内作业场所环境不良。

1) 室内地面滑（指室内地面、通道、楼梯被任何液体、熔融物质润湿，结冰或在其他易滑物等）。

2) 室内作业场所狭窄。

3) 室内作业场所杂乱。

4) 室内地面不平。

5) 室内梯架缺陷（包括楼梯、阶梯、电动梯和活动梯架，以及这些设施的扶手、扶栏和护栏、护网等）。

6) 地面、墙和天花板上的开口缺陷（包括电梯井、修车坑、门窗开口、检修孔、孔洞、排水沟等）。

7) 房屋基础下沉。

8) 室内安全通道缺陷（包括无安全通道、安全通道狭窄、不畅等）。

9) 房屋安全出口缺陷（包括无安全出口、设置不合理等）。

10) 采光照明不良（指照度不足或过强、烟尘弥漫影响照明等)。

11）作业场所空气不良（指自然通风差、无强制通风、风量不足或气流过大、缺氧、有害气体超限等)。

12）室内温度、湿度、气压不适。

13）室内给、排水不良。

14）室内涌水。

15）其他。

（2）室外作业场地环境不良。

1）恶劣气候与环境（包括风、极端的温度、雷电、大雾、冰雹、暴雨雪、洪水、浪涌、泥石流、地震、海啸等)。

2）作业场地和交通设施湿滑（包括铺设好的地面区域、阶梯、通道、道路、小路等被任何液体、熔融物质润湿，冰雪覆盖或有其他易滑物等)。

3）作业场地狭窄。

4）作业场地杂乱。

5）作业场地不平（包括不平坦的场面和路面，有铺设的、未铺设的、草地、小鹅卵石或碎石地面和路面)。

6）航道狭窄、有暗礁或险滩。

7）脚手架、阶梯和活动梯架缺陷（包括这些设施的扶手、扶栏和护栏、护网等)。

8）地面开口缺陷（包括升降梯井、修车坑、水沟、水渠等)。

9）建筑物和其他结构缺陷（包括建筑中或拆毁中的墙壁、桥梁、建筑物；筒仓、固定式粮仓、固定的槽罐和容器；屋顶、塔楼等)。

10）门和围栏缺陷（包括大门、栅栏、畜栏和铁丝网等)。

11）作业场地基础下沉。

12）作业场地安全通道缺陷（包括无安全通道、安全通道狭窄、不畅等)。

13）作业场地安全出口缺陷（包括无安全出口、设置不合理等)。

14）作业场地光照不良（指光照不足或过强、烟尘弥漫影响光照等）。

15）作业场地空气不良（指自然通风差或气流过大、作业场地缺氧、有害气体超限等）。

16）作业场地湿度、湿度、气压不适。

17）作业场地涌水。

18）其他。

（3）地下（含水下）作业环境不良（不包括以上室内室外作业环境已列出的有害因素）。

1）隧道/矿井顶面缺陷。

2）隧道/矿井正面或侧壁缺陷。

3）隧道/矿井地面缺陷。

4）地下作业面空气不良（包括通风差或气流过大、缺氧、有害气体超限等）。

5）地下火。

6）冲击地压［指井巷（采场）周围的岩体（如煤体）等物质在外载作用下产生的变形能，当力学平衡状态受到破坏时，瞬间释放，将岩体、气体、液体急剧、猛烈抛（喷）出造成严重破坏的一种井下动力现象］。

7）地下水。

8）水下作业供氧不当。

9）其他。

（4）其他作业环境不良。

1）强迫体位（指生产设备、设施的设计或作业位置不符合人类工效学要求而易引起作业人员疲劳、劳损或事故的一种作业姿势）。

2）综合性作业环境不良（显示有两种以上作业环境致害因素且不能分清主次的情况）。

3）以上未包括其他作业环境不良。

## 1177. 生产过程危险和有害因素中"管理因素"包括哪些？

**答：**生产过程危险和有害因素中"管理因素"包括：

（1）职业安全卫生组织机构不健全（包括组织机构的设置和人员的配置）。

（2）职业安全卫生责任制未落实。

（3）职业安全卫生管理规章制度不完善：①建设项目"三同时"制度未落实；②操作规程不规范；③事故应急预案及响应缺陷；④培训制度不完善；⑤其他职业安全卫生管理规章制度不健全（包括隐患管理、事故调查处理等制度不健全）。

（4）职业安全卫生投入不足。

（5）职业健康管理不完善（包括职业健康体检及其档案管理等不完善）。

（6）其他管理因素缺陷。

## 1178. 安健环体系中降低风险的方法和措施有哪些？

**答**：安健环体系中降低风险的方法和措施有：

（1）排除。设计出新的程序或设备排除危险成分以避免接触危险。排除危险是风险控制的最佳选择。因为这样员工可以不接触到危险工作程序或物质，比其他控制措施能为员工提供更好的保护。

（2）代替。用其他程序或物质代替，这包括用其他相当的低危险或没有危险物质代替，或选择在空气中与之接触较少的工作程序。

（3）隔绝。无论潜在危险存在与否，可考虑隔绝这个工作程序以减少员工与危险物质接触程度。例如：把嘈杂的机器放在隔音室里面。

（4）控制。如果危险已经经历了潜在阶段并且不能被排除、被取代和被隔绝，那么下一步就是控制危险的发生，这可以通过控制减少员工接触的程度，控制包括自动操作生产过程中的危险部分，改进工具和设备或安装通风设备等措施。

（5）管理。这些措施是指一些管理方法，包括整理、训练、调换工作、监督、采购、说明书、上岗执照和工作程序等。

（6）个人防护用品。它是把保护设备的负担放到员工身上，采用的是安全人的方式，给员工造成行动和习惯上的不便，是最后的危险控制方式。

　　另外有些风险可以通过风险转移的方式解决，如室外高空作业，可以通过有资质的队伍来完成。在评估后的风险较高，且暂时不能很好控制的可以通过保险方式投保。

第十五章

# 烟气湿法脱硫系统运行安全

**1179. 试述湿法石灰石‑石膏 FGD 系统对机组安全运行的影响。**

**答：** 随着环保标准日趋严格，要求脱硫系统和主机同步运行已成必然趋势。脱硫系统逐渐成为与锅炉、汽轮机相提并论的主要系统。脱硫系统能否长期、稳定、高效地运行，是保证发电厂安全稳定运行的重要条件之一。除 FGD 系统稳定性直接影响主机稳定外，脱硫系统还对发电机组安全性有以下两个方面的影响：

（1）对锅炉安全运行的影响。当到 FGD 系统启停时，烟气进行旁路和主烟道之间的切换，由于两路烟道的阻力不一样，此时会对锅炉的炉膛负压产生明显的影响，特别是当 FGD（如增压风机）必须紧急停止的异常情况。

（2）对锅炉尾部烟道及烟囱的腐蚀。脱硫前烟气温度和烟囱内壁温度基本上大于酸露点温度，故烟气不会在尾部烟道和烟囱内壁结露，且在负压区不会出现酸腐蚀问题。而脱硫后烟气温度已低于酸露点温度，净烟气中尽管 $SO_2$ 含量降低，但 $SO_3$ 脱去的不多，且烟气内腐蚀性成分发生了很大的变化，有 $Cl^-$、$SO_4^{2-}$、$SO_3^{2-}$、$F^-$ 等。净烟气中的水分也大大增加，$SO_3$ 将会溶于水中，烟气会在尾部烟道和烟囱内壁结露，加上脱硫后烟囱正压区的增大，会使烟囱的腐蚀加重。

**1180. 脱硫装置对机组正常运行的影响通常需考虑的因素主要有哪些？**

**答：** 脱硫装置的启停以及在紧急情况下的处理都不应影响电厂安全生产和文明发电。对机组正常运行的影响通常需考虑的因素主要有：①脱硫装置启停、旁路挡板门动作时对锅炉炉膛负压和燃烧稳定性的影响；②脱硫装置启停对其下游的烟道、膨胀节、引风机和烟囱等防腐耐磨性能的影响。

**1181.** 脱硫装置对机组运行方式的适应性指的什么？通常需考虑的因素主要有哪些？

**答：**脱硫装置对机组运行方式的适应性是指脱硫装置的运行应适应机组的各种运行方式，确保脱硫装置与机组负荷调整的协调性和安全性。

脱硫装置对机组运行方式的适应性通常需考虑的因素主要有：①脱硫装置中的所有设备必须能够承受各种可能的热冲击；②脱硫装置应具有良好的负荷跟踪特性，确保脱硫装置的安全性和与机组的协调性；③脱硫装置停用后的维护工作量小。

**1182.** 脱硫装置对周围环境和生态的影响通常需考虑的因素主要有哪些？

**答：**安装脱硫装置的目的是为了保护环境、改善大气环境质量，因此不应该、也不允许电厂因使用了脱硫装置而对周围环境和生态造成二次污染。通常需考虑的因素主要有：①脱硫后 $SO_2$ 和烟尘的排放应达到国家标准的要求；②脱硫装置额外造成的噪声应达到国家标准的要求；③脱硫装置产生的脱硫废水和副产物的处理不应产生二次污染。

**1183.** FGD 装置运行对锅炉运行的影响是什么？

**答：**FGD 装置运行对锅炉运行的影响为：

FGD 装置的阻力由脱硫增压风机克服，与锅炉的联系通过 FGD 进、出口烟气挡板及旁路烟气挡板进行烟气切换；当 FGD 装置启、停时，烟气挡板与 FGD 装置烟道切换，由于两路烟道的阻力不同，会对锅炉的炉膛负压产生明显的影响；在 FGD 装置启动时锅炉炉膛负压变小，停运时则变大，其变化范围可达数百帕，而锅炉正常运行时负压仅为数十帕。

**1184. 机组投油助燃稳燃对脱硫系统带来的问题是什么？**

答：部分老机组因掺烧、低负荷燃烧等诸多原因，存在短时投油助燃、稳燃时脱硫不退出运行的情况。其主要会出现以下问题：

（1）吸收塔起泡，产生虚假液位。

（2）脱水滤布沾污油渍而影响脱水。

（3）油烟对防腐材料有降解破坏作用。

（4）油烟容易导致烟气换热器（GGH）沾污、积灰、堵塞。

（5）影响吸收剂的利用和脱硫效率。

**1185. 现场安装紧急事故按钮的设备有哪些？在发生什么情况下可以使用事故按钮？**

答：现场安装有紧急事故按钮的设备有：增压风机、杂用空气压缩机、氧化风机、挡板密封风机、烟气换热器（GGH）、低泄漏风机、浆液循环泵、石膏排出泵、吸收塔搅拌器、集水坑泵、集水坑搅拌器、石灰石浆液泵、工艺水泵、除雾器冲洗水泵、石灰石粉仓布袋除尘器、空气压缩机、石灰石浆液罐搅拌器、滤液水泵、石膏脱水区集水坑泵、石膏脱水区集水坑搅拌器、污水提升泵、石灰乳计量泵、石灰乳循环泵、石灰乳贮存箱搅拌器、石灰乳计量箱搅拌器、出水箱搅拌器、出水输送泵、污泥输送泵、氧化箱搅拌器、反应箱搅拌器、中和箱搅拌器、絮凝箱搅拌器、压滤机、滤布滤饼冲洗水泵、真空泵、皮带脱水机、废水给料泵等。

当设备发生故障但未及时跳闸，或危及人身、设备安全时，任何人员都可使用事故按钮。

**1186. 脱硫系统运行中可能造成人身危害的因素有哪些？**

答：脱硫系统运行中可能造成人身危害的因素有：

（1）粉尘。脱硫系统以石灰石粉为吸收剂，在输粉和制浆的过程中均可能造成粉尘飞扬，对工人的健康有一定的危害。

（2）噪声。脱硫系统的设备在生产过程中产生噪声，如氧化风机、浆液循环泵等产生噪声较大，如不采取措施，将对人体的健康造成一定的不良影响。

（3）电。脱硫系统设备由于雷电或接地不良所造成的损坏并给工作人员带来伤害；电气设备由于工作人员的误操作及保护不当可能会给工作人员带来伤害。

（4）机械。脱硫系统中有风机、水泵、输送机等机械设备，在运行和检修过程中如果操作不当或设备布置不合理，都有可能给工作人员造成伤害。

（5）有害气体。含有二氧化硫的热烟气泄漏以及脱硫系统检修时烟道中残留的二氧化硫都会危害工作人员健康。

（6）酸。三氧化硫溶于水后生成硫酸，它会严重腐蚀金属并危害人体。

**1187.《电业安全工作规程　第1部分：热力和机械》（GB 26164.1—2010）中锅炉脱硫设备运行与检修基本规定是什么？**

答：《电业安全工作规程　第1部分：热力和机械》（GB 26164.1—2010）中锅炉脱硫设备运行与检修基本规定是：

（1）在脱硫塔内部进行检修工作前，应将与该脱硫塔相连的石灰石浆液进料管、石膏浆液排除管、事故浆液排出管、事故浆液进入管、出入口烟道的阀门或挡板门关严并上锁，挂上警告牌；电动阀门还应将电动机电源切断，并挂上警告牌。停止该脱硫塔的增压风机、浆液循环泵、氧化风机、烟气换热器（GGH）、脱硫塔搅拌器等设备的运行，并将各设备电源切断，并挂上警告牌。

（2）在脱硫吸收塔内动火作业前，工作负责人应检查相应区域内的消防水系统、除雾器冲洗水系统在备用状态。除雾器冲洗水系统不备用时，严禁在吸收塔内进行动火作业。动火期间，作业区域、吸收塔底部各设置一名专职监护人。

（3）工作人员进入脱硫设施检修工作前，必须将对应锅炉的吸风机、给粉机、排粉机、送风机、回转式空气预热器等的电源切断，并挂上禁止启动的警告牌。

（4）工作人员进入脱硫系统增压风机、烟气换热器（GGH）、脱硫塔、烟道以前，应充分通风，不准进入空气不流通的烟道内部进行工作。

**1188.《电业安全工作规程 第 1 部分：热力和机械》（GB 26164.1—2010）中锅炉脱硫设备运行与检修的要求是什么？**

答：《电业安全工作规程 第 1 部分：热力和机械》（GB 26164.1—2010）中锅炉脱硫设备运行与检修的要求是：

（1）脱硫系统运行时，严禁关闭与该套脱硫系统相连的出、入口烟道挡板门；严禁停止脱硫吸收塔系统上全部浆液循环泵的运行；严禁停止烟气换热器的运行。

（2）石灰石制浆系统斗提机运行时，严禁打开手孔进行检查。

（3）石灰石卸料机在运行时，严禁打开手孔，伸手检查卸料机内部叶轮。

（4）所有检修人员进入烟气系统（包括原烟气烟道、净烟气烟道、脱硫塔、烟气换热器、增压风机等）作业时，必须经过充分的通风换气、排水后，方可进入。进入该系统作业的人员必须登记，外部必须留有人员进行联系、监护。

（5）在脱硫烟道内部作业必须使用 12V 的防爆照明灯具。

（6）在进入原烟气烟道，净烟气烟道、脱硫塔、烟气换热器（GGH）、增压风机内作业时，检修负责人应对带入的工具进行登记，检修结束后将工具及杂物全部带出容器。

（7）所有衬胶、涂玻璃磷片的防腐设备上（如脱硫塔、球磨机、衬胶泵、烟道、箱罐、管道等），不应做任何焊接工作，如因设备系统必须进行焊接作业，应严格执行动火工作程序。焊接作业结束后，应对焊接及其影响部位重新进行防腐处理。

（8）进行脱硫塔检修时，必须先将脱硫塔内浆液全部排除，否则严禁进入脱硫塔内作业。

（9）进行脱硫塔除雾器和喷淋系统检修时，严禁动火。

（10）严禁在除雾器上站人或堆放物料。

（11）进行斗提机检修前，应停止进料，斗提空转 2 周后，检修人员方可打开入孔门进行检修。斗提机检修时应做好防止上部落物的措施。

（12）进行石灰石破碎机检修时，严禁向破碎机入口卸石灰石。

（13）进行具有放射性的密度计检修、维护时必须由取得相关资证人员进行，严禁非专业人员擅自检查。

（14）在脱硫烟气系统检修结束后，检修负责人必须清点检修人员，确认全部从容器内出来后，方可关闭人孔门。

（15）石灰石浆液和石膏排出系统停止运行时，必须严格执行顺控程序操作，每次必须对系统内部进行充分的水冲洗，以免积浆造成设备、管道系统的堵塞。

（16）冬季在寒冷地区，停止脱硫系统运行后，必须将管道内冲洗水及时排放干净，以免将管道冻坏、塌落。

**1189. FGD系统着火源有哪些？火灾的危害是什么？**

**答：**FGD系统着火源有：①焊接、气割、磨削；②加热设备；③照明设备；④电气设备；⑤吸烟等。

火灾可能造成的损失包括吸收塔等箱罐的各种内部件，如除雾器、喷淋层、氧化空气分配管甚至是塔本体、防腐鳞片或内部衬胶、流动性物资（脚手架、衬胶材料）等，最为严重的将危及机组烟道，影响机组的安全运行。在我国的许多FGD系统安装、检修施工时。也发生过各种导致严重损失的火灾事故。

**1190. FGD系统设备检修时原则性防火措施是什么？**

**答：**为防止火灾的发生，需建立切实可行的防火措施，原则性的防火措施包括：

（1）建立防火规程，防止火灾的发生，规范火灾时的行为、火灾后的行为。

（2）设有防火专工。

（3）编制进度计划（将维修时间尽量缩短）。

（4）对FGD装置运行维修队伍进行专门的安全教育和防火措施教育。

（5）书面签发有可能引起火灾危险的工作。

（6）时刻进行防火监护，加强巡检。

另外，应时刻准备好消防设备，提供消防设备；备好流动式火灾报警器；将易燃，助燃物品存放在远离 FGD 装置的地方；禁止吸烟；脚手架、盖板采用非可燃性材料；注意照明设备的温度不能过高（如小于 140℃）。

在系统内部衬胶和防腐涂层施工时，要有特殊防火措施：①遵守专门的规程；②通风一定要可靠；③电气运行器具必须特别保护，必要时采取接地措施；④设立安全区和保护区；⑤隔断烟气通道；⑥其他做法，如制订防火计划，包括零星维修工作时的措施（如短期停运进行内部衬胶的维修）、大修时的措施（如大修期间大面积更换衬胶）等。

### 1191. 吸收塔内部防腐作业防火重点要求是什么？

**答：**吸收塔内部防腐作业防火重点要求是：

（1）防腐作业，公司领导和安监部、检修部门的安全监督人员必须按规定到位。

（2）防腐作业区域禁止任何火种进入，吸收塔外 10m 范围内禁止动火作业。

（3）吸收塔内必须采取防爆型的工具、装置、控制开关。照明应使用 12V 防爆灯具（如使用冷光源防爆灯，应配置漏电保护器），灯具距离内部防腐涂层 1m 以上。检修电源应安装漏电保护器。电源线必须使用软橡胶电缆，不能有接头。

（4）关闭原、净烟气挡板门，避免吸收塔内向上抽风形成较大负压。

（5）现场配备充足的灭火器。将消防水带引至防腐作业点，确保消防水随时可用。现场放置一定量的应急水源或干沙。

（6）防腐作业及保养期间，禁止在吸收塔及与其相通的烟道（吸收塔出、入口烟道，增压风机烟道，挡板门、膨胀节等）、管道（浆液循环泵进口管、喷淋层进口管、除雾器冲洗水管、供浆管、氧化空气管、排污管、溢流管、膨胀节等），以及开启的人孔、通风孔附近进行动火作业。同时应做好防止火种从这些部位进入吸收塔的隔离措施。

（7）防腐作业期间，应进行强力通风，保证作业区域通风顺畅，防止易燃易爆气体积聚。

（8）作业全程应设专职监护人，发现火情，立即灭火并停止工作。

**1192. 吸收塔动火作业防火重点要求是什么？**

**答：**吸收塔动火作业防火重点要求是：

（1）按规定办理一级动火工作票。

（2）动火作业，公司领导和安监部、检修部门的安全监督人员以及消防负责人员必须按规定到位。

（3）塔内脚手架宜使用钢制架管和跳板搭设。

（4）吸收塔内必须采取防爆型的工具、装置、控制开关；照明应使用 12V 防爆灯具（如使用冷光源防爆灯，应配置漏电保护器），灯具距离内部防腐涂层 1 米以上；检修电源应安装漏电保护器，电源线必须使用软橡胶电缆，不能有接头；焊机接地线应设置在防腐区域外并禁止接在防腐设备及管道上。

（5）关闭原、净烟气挡板门，避免吸收塔内向上抽风形成较大负压。

（6）将消防水带引至塔内动火作业点，确保消防水随时可用。现场配备充足的灭火器与一定量的应急水源或干沙。有条件的可调配消防车至现场。

（7）检查确认除雾器冲洗水系统及水源可靠备用。

（8）动火作业期间，禁止相通烟道内进行防腐作业。

（9）动火作业只能单点作业，禁止多个动火点同时开工。

（10）焊割作业应采取间歇性工作方式，防止持续高温传热损害周边防腐材料和引发火灾。

（11）大范围动火作业，吸收塔底部须做好全面防护措施或在底部注入一定高度的水。小范围动火作业可在动火影响区域下部、底部做好防护措施。

（12）在动火点周围须做好防火隔离措施，防止火种引燃吸收塔防腐层、除雾器以及落入相通的防腐烟（管）道内，引起火灾。

（13）作业过程中，动火作业区域、吸收塔底部各设 1 人监护，发现火情，立即灭火并停止工作。

（14）内部动火作业前，应将焊割区域边界以外不小于 400mm 范围内的防腐层剥除。除雾器附近动火作业还需将作业点周围局部除雾器片拆除；禁止在除雾器上直接铺设防火布作为隔离措施。

（15）外壁动火作业前，塔内监护人员应正确判断外壁动火点对应的内壁位置。作业过程中，监护人员应随时监护。

**1193. 吸收塔相通的外部管道系统电、气焊割动火作业防火重点要求是什么？**

答：吸收塔相通的外部管道系统电、气焊割动火作业防火重点要求是：

（1）与吸收塔相通的可拆卸管道动火作业，必须拆下进行；管道螺栓拆卸禁止采用电焊、气割方式进行；管道堵漏尽可能采取非动火方式。

（2）不具备拆除条件的相通管道（含防腐与未防腐管道）动火作业必须办理一级动火工作票。

（3）动火作业前，公司领导和安全监督部门、检修部门的安全监督人员以及消防负责人员必须按规定到位。

（4）关闭原、净烟气挡板门，避免吸收塔内形成较大负压。

（5）将消防水带引至吸收塔内，保证随时可用；配备充足的灭火器和一定量的应急水源。

（6）检查确认除雾器冲洗水系统及水源可靠备用。相通的除雾器冲洗水管道进行动火作业时，应进行局部系统隔离，保留其余除雾器冲洗水系统备用。

（7）与吸收塔相通的管道动火作业，必须采取防止火种进入或被负压吸入吸收塔和焊渣积聚烧损防腐管道的防范措施。尤其关注管道内部开口位置在除雾器附近或内部监护存在难度的管道，如除雾器冲洗水管道、浆液喷淋管道。

（8）焊割作业应采取间歇性工作方式，防止持续高温传热损害防腐层或引发火灾。

（9）动火作业点对应的吸收塔内部管道口处，应设专人监护。

（10）动火作业前，监护人员应正确判断外部动火点对应的内壁管口位置。作业过程中，监护人员应随时监测塔内对应部位状况，发现异常，立即采取冷却等应对措施并停止作业。

（11）吸收塔内照明应使用12V防爆灯具（如使用冷光源防爆灯，应配置漏电保护器），灯具距离内部防腐涂层及除雾器1m以上。

**1194. 除雾器检修作业防火重点要求是什么？**

**答：** 除雾器检修作业防火重点要求是：

（1）检修部门安全监督人员必须到位。

（2）除雾器检修，禁止任何动火作业，凡进入作业区域的人员严禁携带火种。

（3）吸收塔内必须采取防爆型的工具、装置、控制开关。照明应使用12V防爆灯具（如使用冷光源防爆灯，应配置漏电保护器），灯具距离内部防腐涂层1m以上。检修电源应安装漏电保护器，电源线必须使用软橡胶电缆，不能有接头。

（4）除雾器热熔等高温作业应严格控制工作温度，做好冷却和防火措施。

（5）现场配备充足的灭火器。

**1195. 湿法脱硫烟道内部防腐作业防火重点要求是什么？**

**答：** 湿法脱硫烟道内部防腐作业防火重点要求是：

（1）防腐作业，公司领导和安监部、检修部门的安全监督人员必须按规定到位。

（2）防腐作业区域禁止任何火种进入，作业烟道段周围10m范围内禁止动火作业。

（3）吸收塔内必须采取防爆型的工具、装置、控制开关。照明应使用12V防爆灯具（如使用冷光源防爆灯，应配置漏电保护器），灯具距离内部防腐涂层 1m 以上。检修电源应安装漏电保护器，电源线必须使用软橡胶电缆，不能有接头。

（4）关闭原、净烟气挡板门，旁路烟道作业时关闭旁路烟气挡板门，避免气流过大或形成较大负压。

（5）现场配备充足的灭火器和一定量的应急水源或干沙；将消防水带引至防腐作业点，确保消防水随时可用。

（6）防腐作业及保养期间，禁止在作业点烟道及与其相通的风、烟、管道上（含增压风机烟道、密封风机风道、挡板密封风机风道、膨胀节、挡板门、烟道疏水管等），以及通风口、人孔及临时开孔附近进行动火作业；并做好防止火种从这些部位进入作业烟道的隔离措施。

（7）防腐内衬期间，必须保证作业区域通风顺畅，防止易燃易爆气体积聚。

（8）作业全程应设专职监护人，发现火情，立即灭火并停止工作。

### 1196. 湿法脱硫防腐烟道动火作业防火重点要求是什么？

答：湿法脱硫防腐烟道动火作业防火重点要求是：

（1）按规定办理一级动火工作票。

（2）动火作业，公司领导和安监部、检修部门的安全监督人员及消防负责人员必须按规定到位。

（3）烟道内脚手架宜使用钢制架管和跳板搭设。

（4）烟道内必须采取防爆型的工具、装置、控制开关。照明应使用 12V 防爆灯具（如使用冷光源防爆灯，应配置漏电保护器），灯具距离内部防腐涂层 1m 以上；检修电源应安装漏电保护器，电源线必须使用软橡胶电缆，不能有接头；焊机接地线应设置在烟道外并禁止接在防腐设备及管道上。

（5）关闭原、净烟气挡板门，旁路烟道动火作业时关闭旁路烟气挡板门，避免烟道内气流过大或形成较大负压。

（6）现场配备充足的灭火器和一定量的应急水源或干沙。将消防水带引至烟道内动火作业影响点，确保消防水随时可用。

（7）检查确认除雾器冲洗水系统及水源可靠备用，以便烟道着火后及时启动，保护吸收塔安全。

（8）动火作业只能单点作业，禁止多个动火点同时开工。

（9）焊割作业应采取间歇性工作，防止持续高温传热损害周边防腐材料和引发火灾。

（10）在作业点周围须做好的防火隔离措施，防止火种进入吸收塔及相邻防腐烟道内，引起火灾。

（11）作业过程中，烟道内须设专人监护，发现火情，立即灭火并停止工作。

（12）内部动火作业前，应将焊割区域边界以外400mm范围内的防腐层剥除。同时应采取在下方铺设石棉布等可靠隔离措施，防止火花溅落到引起下方防腐材料着火。

（13）外壁动火作业前，内部监护人员应正确判断外壁动火点对应的内壁位置。作业过程中，监护人员应随时监测烟道内对应部位状况，发现异常，立即采取应对措施并停止作业。

### 1197. 湿法脱硫箱罐内部防腐作业防火重点要求是什么？

**答：**湿法脱硫箱罐内部防腐作业防火重点要求是：

（1）防腐作业，安监部、检修部门的安全监督人员必须按规定到位。

（2）防腐作业区域禁止任何火种进入，防腐箱罐周围10m范围内禁止动火作业。

（3）箱罐内必须采取防爆型的工具、装置、控制开关。照明应使用12V防爆灯具（如使用冷光源防爆灯，应配置漏电保护器），灯具距离内部防腐涂层1m以上。检修电源应安装漏电保护器，电源线必须使用软橡胶电缆，不能有接头。

（4）现场配备充足的灭火器和一定量的应急水源或干沙。将消防水带引至防腐作业点，确保消防水随时可用。

（5）防腐作业及保养期间，禁止在箱罐及与其相通的管道、通风口及人孔附近进行动火作业，防止火种进入箱罐。同时应做好防止火种从这些部位进入箱罐的隔离措施。

（6）防腐作业期间，必须保证作业区域通风顺畅，防止易燃易爆气体积聚。

（7）作业过程中，必须设专人监护，发现火情，立即灭火并停止工作。

**1198. 吸收塔和防腐烟道相邻电气设备防火重点要求是什么？**

**答**：吸收塔和防腐烟道相邻电气设备防火重点要求是：

（1）与吸收塔相通防腐管道、烟道的膨胀节、软连接等部位附近的电缆，应涂刷足够长度的防火涂料，其电缆桥架盖板齐全，封堵严密。

（2）电缆桥架、电动头附近的膨胀节、软连接、PP 管等可燃部件，应采取加装防护罩等防火隔离措施，防止电缆、电动机接线短路着火引发吸收塔火灾。

（3）脱硫系统管道需伴热防冻时，应采用铠装式伴热带。

**1199. 湿法脱硫防腐箱罐动火作业防火重点要求是什么？**

**答**：湿法脱硫防腐箱罐动火作业防火重点要求是：

（1）办理一级（事故浆液箱、石灰石浆液箱）或二级（其他防腐箱罐）动火工作票。

（2）动火作业中，公司领导（一级动火）、安监部、检修部门的安全监督人员以及消防负责人员必须按规定到位。

（3）箱罐内脚手架宜使用钢制架管和跳板搭设。

（4）箱罐内必须采取防爆型的工具、装置、控制开关。照明应使用 12V 防爆灯具（如使用冷光源防爆灯，应配置漏电保护器），灯具距离内部防腐涂层 1m 以上。检修电源应安装漏电保护器，电源线必须使用软橡胶电缆，不能有接头。焊机接地线应设置在防腐区域外并禁止接在防腐设备及管道上。

（5）现场配备充足的灭火器和一定量的应急水源或干沙；将消防水带引至内部动火作业影响点，确保消防水随时可用。

（6）箱罐动火作业只能单点作业，禁止多个动火点同时开工。

（7）焊割作业应采取间歇性工作方式，防止持续高温传热损害周边防腐材料和引发火灾。

（8）动火作业过程中应在作业点周围做好防火隔离措施，防止火种引燃周边防腐材料和与箱罐相通防腐管道。

（9）作业过程中，内部应设专人监护，发现火情，立即灭火并停止工作。

（10）内部动火作业前，将焊割区域边界以外不小于 400mm 范围内的防腐层剥除。

（11）外壁动火作业前，内部监护人员应正确判断外壁动火点对应的内壁位置。作业过程中，监护人员应随时监测塔内对应部位状况，发现异常，立即采取应对措施并停止作业。

**1200. FGD 系统火灾发生的现象是什么？处理方法是什么？**

**答：**（1）发生火灾时的现象：

1）火警系统发出声、光报警信号。

2）运行现场发现有设备冒烟、着火或有焦臭味。

3）若动力电缆或控制信号电缆着火时，相关设备可能跳闸，参数发生急剧变化。

4）控制室出现火灾时，若灭火系统处于"自动"状态，火警发生几秒钟后灭火系统将动作。

（2）火灾处理：

1）运行人员在生产现场检查发现有设备或其他物品着火时，应立即手动按下就近的火警手动报警按钮，同时利用就近的电话向 119 报火警并尽快向班长报告火灾情况。

2）班长在接到有关火灾的报告或发现火灾报警时。应立即向 119 报警台报警并迅速调配人员查实火情，尽快将情况向值长和部门领导汇报。

3）正确判断灭火工作是否具有危险性，根据火灾的地点及性质选用正确的灭火器材迅速灭火，必要时应停止设备或母线的工作电源和控制电源。

4）引控制室内发生火灾时应立即紧急停止 FGD 系统运行，然后根据情况使用灭火器或启动灭火系统灭火。

5）在整个灭火过程中。运行班长（或主值班员）应积极主动配合消防人员和检修人员，进行灭火工作并按其要求执行有关必要的操作，必要时停止 FGD 系统运行；运行人员有责任向消防人员说明哪些部位有人孔、检查孔、通风孔以及哪些地方可以取水、取电等。

6）灭火工作结束后，运行人员应对有关设备进行详细检查确认，以免死灰复燃。同时对设备的受损情况进行确认并向有关领导汇报。

7）及时总结火灾原因和教训，并制订相应防范措施。

在密闭的室内以及通风不良的地方灭火时，应注意有毒气体及缺氧，严防发生人身事故。在火灾有可能引起上空落物的地方应特别注意安全。

**1201. 脱硫系统发生火警时的处理原则是什么？**

答：脱硫系统发生火警时的处理原则是：

（1）发现设备或其他物品着火时，应立即报警。

（2）按照安全规程、消防规程的规定，根据火灾的地点及性质，正确使用灭火器材，迅速灭火，必要时停止设备电源或母线的工作电源和控制电源。

（3）灭火结束后，应对设备进行检查，确认受损情况。

第十六章

# 烟气脱硫设备检修管理

## 第一节　等级检修管理

**1202. 发电设备检修方式分为哪四种？**

**答：** 发电设备检修方式可分为四种：定期检修、状态检修、改进性检修和故障检修。

（1）定期检修是一种以时间为基础的预防性检修，也称计划检修。定期检修是根据设备的磨损和老化的统计规律或经验，事先确定检修类别、检修间隔、检修项目、需用备件及材料等的检修方式。

（2）状态检修或称预知维修，指在设备状态评价的基础上，根据设备状态和分析诊断结果安排检修时间和项目，并主动实施的检修方式。状态检修是从预防性检修发展而来的更高层次的检修方式，是一种以设备状态为基础，以预测设备状态发展趋势为依据的检修方式。它根据对设备的日常检查、定期重点检查、在线状态监测和故障诊断所提供的信息，经过分析处理。判断设备的健康和性能劣化状况及其发展趋势，并在设备故障发生前及性能降低到不允许的极限前有计划地安排检修。这种检修方式能及时地、有针对性地对设备进行检修，不仅可以提高设备的可用率，还能有效地降低检修费用。

（3）改进性检修是为了消除设备先天性缺陷或频发故障，按照当前设备技术水平和发展趋势，对设备的局部结构或零件加以改造，从根本上消除设备缺陷，以提高设备的技术性能和可用率，并结合检修过程实施的检修方式。

（4）故障检修或称事后维修，是指设备发生故障或其他失效时进行的非计划检修，通常也称为临修。

**1203. 按照电力行业传统的划分方式，发电设备定期检修可分为哪四类？**

答：按照电力行业传统的划分方式，发电设备定期检修可分为大修、小修、维修、节日检修。

（1）大修是发电设备在长期使用后，为了恢复原有的精度、设计性能、生产效率和出力而进行的全面修理。

（2）小修是为了维持设备在一个大修周期内的健康水平，保证设备安全可靠运行而进行的计划性检修。通过小修，使设备能正常使用至下次计划检修。大修前的一次小修，还要做好检修测试，核实确定大修项目。

（3）设备维修是对设备维护保养和修理，恢复设备性能所进行的一切活动，包括：为防止设备性能劣化，维持设备性能而进行的清扫、检查、润滑、紧固以及调整等日常维护保养工作；为测定劣化程度或性能降低而进行的必要检查；为修复劣化、恢复设备性能而进行的修理行动等。

（4）节日检修是指在国家法定节假日期间，利用用电负荷低的有利时机而安排的消除设备缺陷的检修。

**1204. 脱硫装置检修分为哪几个等级？**

答：脱硫装置检修等级是以脱硫装置的检修规模和停用时间为原则，将脱硫装置的检修分为 A、B、C、D 四个等级，分别对应于大修、中修、小修和日常维护工作。

（1）A 级检修是指对脱硫装置进行全面的解体检查和修理，以保持、恢复或提高设备性能。

（2）B 级检修是指对脱硫装置某些设备存在的问题，对部分设备进行解体检查和修理。B 级检修可根据设备状态评估结果，有针对性地实施部分 A 级检修项目或定期滚动检修项目。

（3）C 级检修是指根据设备的磨损、老化规律，有重点地对脱硫装置进行检查、评估、修理、清扫。C 级检修可进行少量零部件的更换、设备的消缺、调整预防性试验等作业，以及实施部分 B

级检修项目或定期滚动检修项目。

（4）D 级检修是指当脱硫装置总体运行状况良好，而对不影响脱硫装置正常运行的附属系统和设备进行消缺。D 级检修除进行附属系统和设备的消缺外，还可根据设备状态的评估结果，安排部分 C 级检修项目。

### 1205. 质检点（H 点、W 点）是指什么？

**答：**质检点（H 点、W 点）是指在检修工序管理过程中，根据某道工序的重要性和难易程度设置的关键工序控制点。这些控制点不经质量检查签证不得转入下道工序。其中，H 点为不可逾越的停工待检点；W 点为见证点；R 点是文件见证点；E 点是试验点。

（1）H 点：供方在进行至该点时必须停工等待需方监造代表参加的检验或试验的项目，即停工待检。

（2）W 点：需方监造代表参加的检验或试验的项目，即现场见证。

（3）R 点：供方只需提供检查或试验记录或报告的项目，即文件见证。

（4）E 点：试验点。

需方接到见证通知后，应及时派代表到供方检验或试验的现场参加现场见证或停工待检。如果需方代表不能按时参加，W 点可自动转为 R 点，但 H 点如果没有需方书面通知同意转为 R 点，供方不得自行转入下道工序，应与需方商定更改见证时间，如果更改后，需方仍不能按时参加，则 H 点自动转为 R 点。

### 1206. 不符合项是指什么？

**答：**不符合项是指由于特性、文件或程序方面不足，使其质量变得不可接收或无法判断的项目。

### 1207. 脱硫装置检修总则是什么？

**答：**脱硫装置检修总则是：

（1）脱硫装置的检修工作，应纳入电厂统一管理中，并制定严格的检修维护管理制度。

（2）应自始至终贯彻《质量管理体系要求》（GB/T 19001）、《环境管理体系要求及使用指南》（GB/T 24001）和《职业健康安全管理体系》（GB/T 28001）管理标准，推行全过程管理和标准化作业。

（3）各级检修人员应熟悉脱硫系统和设备的原理、结构和性能，熟悉相关检修工艺和质量要求，并掌握与之相关的理论知识和基本技能。

（4）为了确保检修维护质量，保证脱硫装置的可靠性和脱硫效率，检修维护工作应由经验丰富的专业人员完成。

（5）提倡设备的状态检修，提高脱硫装置检修的综合管理水平。

（6）所要求的检修内容，应根据检修进度按计划安排，保质保量地完成。

（7）冬季停运检修时应做好防冻措施，确保设备安全。

## 1208. 脱硫装置检修管理的基本要求是什么？

**答**：脱硫装置检修管理的基本要求是：

（1）发电企业应在规定的期限内，完成既定的全部检修作业，达到质量目标和标准，保证 FGD 系统安全、稳定、经济运行以及建筑物和构筑物的完整牢固。

（2）FGD 系统设备检修应采用 PDCA（plan—计划、do—实施、check—检查、action—总结）循环的方法，从检修准备开始，制订各项计划和具体措施。做好施工、验收和修后评估工作。

（3）发电企业应按《质量管理体系》（GB/T 19001），建立质量管理体系和组织机构，编制质量管理手册，完善程序文件，推行工序管理。

（4）发电企业。应制定检修过程中的环境保护和劳动保护措施，合理处置各类废弃物，改善作业环境和劳动条件，文明施工，清洁生产。

（5）FGD设备检修人员应熟悉系统和设备的构造、性能和原理。熟悉设备的检修工艺、工序、调试方法和质量标准，熟悉安全工作规程；能掌握钳工、电工技能，能掌握与本专业密切相关的其他技能，能看懂图纸并绘制简单的零部件图和电气原理图。

（6）检修工艺宜采用先进工艺和新技术、新方法。推广应用新材料、新工具，提高工作效率，缩短检修工期。

（7）发电企业宜建立设备状态监测和诊断组织机构。对FGD系统可靠性、安全性影响大的关键设备［增压风机、烟气换热器（GGH）、循环泵、湿式球磨机、真空皮带脱水机等］实施状态检修。

（8）发电企业宜应用先进的计算机检修管理系统，实现检修管理现代化。

**1209. 检修主要工作流程是什么？**

**答：**检修主要工作流程是：

（1）根据设备运行状况和前次检修的技术记录，研究各部件磨损、损坏规律，通过深入分析各项资料，确定重点检修技术计划、技术措施安排、劳动力组织计划及各种配合情况。

（2）为保证检修时部件及时更换，必须事先准备好备件、检修工具、起吊设备、量器具和所需材料。

（3）施工现场布置施工电源、灯具、照明电源。

（4）清理现场，规划场地布置，安排所需部件、拆卸件及主要部件的专修场所。

（5）准备齐全整套的检修记录表、卡等。

（6）准备足够的储油桶、枕木、板木及其他的物件。

（7）严格按照有关安全工作规程的要求办理工作票，完成各项安全措施。

（8）严格执行工作票的内容，按照电厂检修办公管理流程填写，完成检修工作。

（9）设备的修理和复装，需严格安装工艺、质量要求，按照事先制定好的技术措施执行。

（10）认真做好检修后的质量验收工作，全面恢复系统和设备的使用性能。

（11）清理现场，工作票进行结票。

**1210. 脱硫等级检修项目的主要内容是什么？**

**答：**检修人员除应按工作岗位制对所辖的设备进行全面的检查、发现问题后应及时消缺。对故障设备检修工艺及其质量要求如下；各级检修周期和进度应与主机同步。

（1）A/B级检修项目的主要内容：

1）对设备全面解体，定期检查、清扫、测量、调整和修理。

2）按规定和设备说明书定期检查、更换零部件，及时消除缺陷和隐患。

3）对电气元件，定期校验、鉴定。

（2）C级检修项目的主要内容：

1）根据设备运行规律，消除运行中出现的磨损、老化等缺陷。

2）重点检查设备的主要易损易磨部件，必要时进行修理、更换。

3）按各项技术监督规定检查。

（3）D级检修项目的主要内容。

脱硫等级检修项目主要是消除系统及设备运行过程中出现的缺陷。脱硫等级检修项目主要包括：堵塞喷嘴、管道的清理；腐蚀磨损部位的处理更换；电伴热的维护；电动阀门的调校；泵轴承、机封的修理更换；润滑油的添加更换；电子器件的校验；滤网、折流板等的清洗及设备的试验等。

**1211. 点检制与巡检制的主要区别是什么？**

**答：**巡检制是根据预先设定的检查部位和主要内容，按照一定的路线和规定的时间进行粗略的巡视检查，以消除运转中的缺陷和隐患为目的，适用于分散布置的设备。

巡检制与点检制相比较，主要有如下区别（见表16-1）。

总之，点检制为实行预防维修解决了设备应在什么时候维修，需要什么样的维修这样一个难题，但要确保对象设备及时正确地得到维修，还需要通过建立定修制来解决这个问题。

表 16-1　　　　　　　　巡检制与点检制的区别

| 序号 | 巡 检 制 | 点 检 制 |
|------|---------|---------|
| 1 | 只是规定值班维修工人的一种检查方法。其检查结果，仅供编制维修计划时参考 | 是一项有关设备工作的基本责任制度。通过点检和诊断掌握设备损坏的周期规律，其点检结果，作为制订维修计划的主要依据 |
| 2 | 只有值班维修工人参加巡检 | 除值班维修工人外，还必须有生产操作工人参加日常点检，专职点检人员进行定期点检，实行全员维修管理 |
| 3 | 参加巡检的人员不固定，且不具有管理职能 | 设有专职点检人员，不仅进行定期点检，并按设备分区段进行管理，即具有管理职能（如制顶维修计划、掌握设备动态、分析事故、提出维修资材计划等），并按其责任给予相应的权力。同时，做到定区段、定人、定设备 |
| 4 | 按巡检路线进行粗略的检查，缺乏检查内容，也无一套完整的检查用标准、账卡和明确的检查业务流程，仅填写一般的检查记录 | 建有一套科学的标准、账卡和制度，以及点检业务流程，点检路线和点检部位、项目内容、周期、方法等规定明确，点检记录完整，所有工作程序均已标准化 |
| 5 | 无明确的判定标准，其实质是一种不定量的运转管理 | 在点检的同时，把设备劣化倾向管理和诊断技术结合起来，对有磨损、变形、腐蚀等减损量的点，根据维修技术标准的要求，进行劣化倾向的定量化管理，以测定其劣化程度，达到预知维修的目的 |
| 6 | 只是实行一级的当班检查 | 实行三级点检：①日常点检；②定期点检；③精密点检 |
| 7 | 检修合一（值班维修工人隶属检修部门） | 必须建立一个合理的维修组织机构，原则上必须把点检方和检修方分开 |

## 第二节　烟气湿法脱硫设备检修

**1212. 管式换热器检修工艺要点及质量标准是什么？**

**答：**（1）管式换热器检修工艺要点是：

1）检查管箱法兰、丝堵的泄漏及垫片的磨损、腐蚀。

2）检查管束的腐蚀及翅片损坏。

3）检查吹灰器蒸汽的冲刷磨损。

4）检查框架及构件的腐蚀及紧固件的稳固。

5）试运行。

6）试验在试运行一周，达到运行要求后进行。

（2）管式换热器检修质量标准是：

1）管箱、丝堵、垫片符合技术要求，表面不得有贯穿纵向的沟纹或影响密封性能的缺陷。

2）管束无腐蚀，翅片无变形及泄漏。

3）吹灰设施的蒸汽疏水管畅通、坡度符合厂家设计要求。

4）框架不得有缺陷，无松动，焊接牢固。

5）检修记录齐全，试运行报告齐全。

6）液压试验推荐值：

$$P_r = 1.25 P(\delta)/(\delta)' \tag{16-1}$$

或

$$P_r = P + 0.1 \tag{16-2}$$

气压试验推荐值：

$$P_r = 1.15 P(\delta)/(\delta)' \tag{16-3}$$

或

$$P_r = P + 0.1 \tag{16-4}$$

式中　$P_r$、$P$——耐压试验试压值和最高操作压力，MPa；

$(\delta)$、$(\delta)'$——试验温度下和操作温度下材料的许用应力，MPa。

**1213. 烟气挡板门检修工艺要点及质量标准是什么？**

**答：**（1）烟气挡板门检修工艺要点是：

1）检查叶片表面是否有积垢、腐蚀、裂纹、变形，铲刮清除灰垢。

2）检查轴封及密封空气管道的腐蚀及接头的连接，疏通管道。

3）检查轴承有无机械损伤，轴承座有无位移或裂纹。

4）检查涡轮、蜗杆及箱体有无机械损伤，更换润滑油。

5）检查挡板连接杆有无变形、弯曲；检查挡板轴。

（2）烟气挡板门检修质量标准是：

1）叶片无腐蚀、变形、裂纹，叶片表面洁净。

2）轴封完好，无杂物、腐蚀及泄漏，管道畅通。

3）轴承无锈蚀和裂纹，轴承座无裂纹，固定良好。

4）检查蜗轮、蜗杆完好，无锈蚀，润滑油无变质，油位正常。

5）挡板连接杆无弯曲、变形，连接牢固，能灵活开关，挡板能在 0°～90°之间全关、全开且指示牌与实际开度保持一致；挡板轴无变形、无明显磨损，挡板轴与轴套配合间隙不大于 0.3mm。

### 1214. 烟道检修工艺要点及质量标准是什么？

**答：**（1）烟道检修工艺要点是：

1）检查清理烟道积灰。

2）检查烟道钢板，钢板腐蚀或破损的应更换。

3）检查、更换烟道支撑。

4）检查烟道内壁防腐层情况并测厚，发现防腐层脱落或起包的应做防腐处理。

（2）烟道检修质量标准是：

1）烟道无积灰和杂物。

2）烟道焊接必须满焊。

3）烟道支撑无明显腐蚀或磨损。

4）防腐层厚度减薄到 1/3 须更换，烟道防腐按照《火力发电厂烟囱（烟道）防腐蚀材料》（DL/T 901—2017）执行。

**1215. 非金属膨胀节检修工艺要点及质量标准是什么？**

**答：**（1）非金属膨胀节检修工艺要点是：

1）检查非金属圈带（蒙皮）。

2）检查非金属膨胀节钢结构件。

3）检查螺栓。

4）检查内衬筒（导流板）变形、腐蚀、磨损情况。

5）检查膨胀节限位杆。

（2）非金属膨胀节检修质量标准是：

1）非金属圈带无破损。

2）钢结构件腐蚀或开裂，应挖补焊接并防腐处理。

3）螺栓腐蚀严重应更换，螺栓宜采用不锈钢螺栓。

4）内衬筒（导流板）无明显变形、腐蚀、磨损。

5）检查膨胀节限位杆（轴向、横向、角向）无拉裂、脱开。

**1216. 湿式球磨机轴瓦检修工艺要点及质量标准是什么？**

**答：**（1）湿式球磨机轴瓦检修工艺要点是：

1）检查钨金有无裂纹、砂眼、烧损现象；用锤击法或浸油法检查大瓦脱胎情况；损坏严重的进行重新浇铸钨命；局部损坏严重的进行局部熔补。

2）检查大瓦和空心轴的接触角内的接触情况。

3）检查大球瓦和球座的接触。

（2）湿式球磨机轴瓦检修质量标准是：

1）接触角 $60° \sim 90°$ 内脱胎大于 $25\%$ 时需熔补或重新浇铸乌金。

2）大瓦与空心轴颈接触点应达到每 $25mm \times 25mm$ 至少三点。

3）楔形间隙符合要求。

4）大瓦球面与大瓦座接触要均匀，每 $25mm \times 25mm$ 面积不少于 2 点接触。

**1217. 二氧化硫吸收塔防腐内衬检修工艺要点及质量标准是什么？**

**答：**（1）二氧化硫吸收塔防腐内衬检修工艺要点是：

1）清除塔内及干湿界面的灰渣及垢物，并检查干湿界面、遮雨帘、焊道。

2）用电火花仪检查防腐内衬有无损坏，用测厚仪检查内衬的磨损情况。衬胶塔检查衬胶有无脱落、开裂、碳化。

3）检查塔壁变形及开焊情况。采用内顶外压校直、补焊。

（2）二氧化硫吸收塔防腐内衬检修质量标准是：

1）各部位清洁无异物，焊缝无裂纹。

2）内衬无针孔、裂纹、鼓泡和剥离。磨损厚度小于原厚度的 2/3 时更换。衬胶塔衬胶无磨损、脱落、开裂、碳化，衬胶标准参照《衬胶钢管和管件》（HG 21501—1993）。

3）塔壁平整，焊缝无裂纹。

### 1218. 喷淋层检修工艺要点及质量标准是什么？

答：（1）喷淋层检修工艺要点是：

1）检查支撑梁的防腐层及护板有无脱落、开裂。

2）检查托架、支撑、防腐层有无脱落、开裂、磨损情况，视情况修补或更换。

3）检查喷淋母管及支管是否有开裂、磨破、堵塞，管道固定抱箍是否牢固，视情况修补或更换。

4）检查喷嘴是否有掉落、损坏、磨损、堵塞和连接不牢固，视情况疏通或更换。检查连接螺栓和垫片是否有腐蚀、缺失、磨损，视情况进行更换。

（2）喷淋层检修质量标准是：

1）支撑梁防腐层完好。

2）托架防腐层完好。

3）喷淋母管及支管符合安装标准。

4）嘴连接牢固，无脱落、堵塞、损坏。

### 1219. 氧化风管（管网、喷枪及其支撑梁）检修工艺要点及质量标准是什么？

答：（1）氧化风管检修工艺要点是：

1）用人工疏通或高压水冲洗氧化风管。

2）金属氧化风管检查焊缝及有无断裂，视情况进行补焊。非金属氧化风管检查有无脱落、开裂、磨损，视情况修补或更换。

3）检查支撑梁及氧化风管定位抱箍有无松动脱落，并紧固、补齐。

4）塔（罐）内注水淹没喷嘴，通入压缩空气做鼓泡试验。

（2）化风管检修质量标准是：

1）无堵塞。

2）焊缝及管道无断裂、变形、裂纹、脱焊。

3）支撑梁无磨损、断裂、腐蚀，氧化风管无松动脱落，抱箍齐全、牢固。

4）有氧化风管网的气孔鼓泡均匀，管道无振动。

## 1220. 侧进式搅拌器大轴及叶片检修工艺要点及质量标准是什么？

**答**：（1）侧进式搅拌器大轴及叶片检修工艺要点：

1）测查大轴（转动轴）直线度。

2）检查叶片是否腐蚀、磨损，视情况进行修复。

3）检查叶片变形及连接情况。

4）检查机械密封是否渗漏。

（2）侧进式搅拌器大轴及叶片质量标准是：

1）大轴无弯曲，直线度偏差不大于1‰。

2）叶轮防腐层（橡胶）无裂纹、脱胶，保持叶片完整。

3）叶片无弯曲变形，连接牢固。

4）机械密封无渗漏，盘簧无卡涩，动静环表面光洁，无裂纹、划伤、锈斑或沟槽。轴套无磨痕，粗糙度不大于1.6μm。

## 1221. 浆液泵检修轴承检修工艺要点及质量标准是什么？

**答**：（1）浆液泵检修轴承检修工艺要点：

1）检查轴承表面及测量间隙。更换轴承时采用热装温度不超过100℃，严禁直接用火焰加热；安装时轴承平行套入，不得直接敲击弹夹和外圈。

2）检查测量主轴颈圆柱度，以两轴颈为基准测量中段径向跳动量。

3）各部轴承间隙要求。

4）转子回装时总窜量要求。

（2）浆液泵检修轴承检修质量标准是：

1）轴承体表面应无锈斑、坑疤（麻点不超过3点，深度小于0.05mm，直径小于2mm），转动灵活无噪声。

2）公差配合：轴径向轴承与轴H7/js6；径向轴承与轴H7/k6；外圈与箱内壁JS7/h6。

3）止推轴承外圈轴向间隙为0.02～0.06mm；轴承轴向间隙不大于0.30mm；轴承径向间隙不大于0.15mm。

4）转子定中心时应取总窜量的1/2。

**1222. 浆液泵泵体及过流部件检修工艺要点及质量标准是什么？**

**答：**（1）浆液泵泵体及过流部件检修工艺要点：

1）检查泵体及橡胶衬里、叶轮等过流部件的磨损、腐蚀、汽蚀情况。

2）测定轮与吸入衬板间隙。

3）水压试验。

（2）浆液泵泵体及过流部件检修质量标准是：

1）泵壳无磨损及裂纹；衬板无腐蚀、磨蚀（橡胶衬里无撕裂、穿孔、脱胶），与泵壳定位牢固；叶轮无腐蚀、磨蚀、穿孔、脱胶，无可能引起振动的失衡缺陷。

2）轮与吸入衬板间隙：卧式泵为1～1.5mm，立式液下泵为2～3mm。

3）无泄漏，且水压高于泵压0.5bar（0.05MPa）以上。

**1223. 罗茨风机检修工艺要点及质量标准是什么？**

**答：**检查罗茨风机转子、外壳、齿轮、轴承、密封件、联轴器、消声过滤器、冷却及润滑系统。

（1）罗茨风机检修工艺要点：

1）检查转子、外壳应无裂纹、摩擦。清除内部异物，测量转子间隙。

2）检查齿轮的磨损量，应无断齿。

3）检查密封件的磨损情况。

4）检查更换联轴器橡胶垫。

5）检查过滤器有无堵塞、锈蚀。

6）检查冷却水系统有无堵塞、锈蚀、渗漏。

7）检查润滑油质，并定期补充及更换。检查油位计、油窗是否清晰、有无渗漏，视情况消洗或更换。

（2）罗茨风机检修质量标准是：

1）转子、外壳完好。转子间隙按制造厂要求执行。

2）齿面磨损小于10%，无断齿及过热痕迹。

3）密封件完好，无磨损。

4）胶垫无老化或损坏。

5）过滤器金属网罩无锈蚀，过滤垫无堵塞或损坏。

6）冷却系统完好，无泄漏点。

7）润滑油符合设备生产厂家标准，无杂质。油位计、油窗清晰，无渗漏。

**1224. 真空皮带脱水机功能检修工艺要点及质量标准是什么？**

**答：**（1）真空皮带脱水机功能检修工艺要点是：

1）检查胶带轮、胶带托辊和滤布托辊磨损情况，检查转动情况。

2）检查轴承是否在运行中产生过热现象。

3）检查胶带支撑系统滑行板的磨损情况。

4）检查密封水系统、缓流系统、滤饼清洗系统和滤布冲洗系统的功能和流动，并检查是否有泄漏。

5）检查安全装置（如拉线开关、限位开关）和监控装置的功能。

（2）真空皮带脱水机功能检修质量标准是：

1）无磨损，转动灵活。

2）轴承温度正常，轴承周围清洁无杂物。

3）检查、修理磨损情况，必要时更换。

4）无泄漏，水系统运转正常。

5）安全和监控装置满足设备要求。

**1225. 真空泵检修工艺要点及质量标准是什么?**

**答：**（1）真空泵检修工艺要点是：

1）检查真空泵进出口水管道及阀门。

2）检查更换真空泵填料盘根。

3）检查真空泵主轴、叶轮有无裂纹等损伤。

4）检查轴承、轴套有无损伤。

5）检查分配器、叶轮端面与分配器间隙。

6）检查筒体。

（2）真空泵检修质量标准是：

1）管道、阀门无堵塞、内漏。

2）更换真空填料盘报。

3）主轴表面光洁、无磨损，轴与叶轮的配合无松动。叶轮无冲刷、汽蚀和裂纹等缺陷，两侧端面光滑、平整、无磨损，叶轮的端面跳动不大于0.05mm。

4）轴承转动灵活，无杂声，轴承各部配合间隙符合设备厂家要求。

5）分配器表面光滑、平整、无磨损，两面的不平行度小于0.05mm。叶轮端面与分配器间隙为0.50~0.75mm。

6）筒体两端接触面无磨损现象，其不平行度小于0.10mm。

**1226. 旋流器检修工艺要点及质量标准是什么？**

**答：**（1）旋流器检修工艺要点是：

1）检查旋流器内部各部件磨损情况。

2）检查进料口、溢流嘴、沉沙嘴的堵塞及磨损情况。

3）检查筒体、椎体及椎体延长体。

（2）旋流器检修质量标准是：

1）无磨损。

2）沉沙嘴磨损超过 10％需更换，其他部件磨损严重时需进行更换。

3）检查筒体、椎体及椎体延长体磨损情况、结构是否固定牢固，更换磨损严重的部件。

**1227. 顶进式搅拌器检修工艺要点及质量标准是什么？**

**答：**（1）顶进式搅拌器检修工艺要点是：

1）检查减速器齿轮，测量齿侧间隙。

2）检查轴承。

3）检查叶轮防腐层。

4）检查叶片变形及连接情况。

5）检查搅拌器桨叶及传动轴。

（2）顶进式搅拌器检修质量标准是：

1）齿面无锈蚀斑点，齿侧间隙超过设备厂家要求时，应更换齿轮。

2）轴承的滚柱、滚珠及滚道无磨损，轴承无过热、裂纹。

3）叶轮防腐层（橡胶）无裂纹、脱胶。

4）叶片无弯曲变形，连接牢固。

5）桨叶及传动轴无弯曲、磨损、腐蚀，螺纹接头拧紧扭矩正确。

## 第三节　氨法烟气脱硫设备检修

**1228. 氨法脱硫工艺主要设备的检修工艺及质量要求是什么？**

**答：**氨法脱硫工艺主要设备的检修工艺及质量要求见表 16-2。

**表16-2 氨法脱硫主要设备的检修工艺及质量要求表**

| 设备名称 | 项目 | 维护或检查内容 | 质量要求 |
|---|---|---|---|
| 吸收塔本体 | 检查塔（罐）（树脂）防腐内衬及的磨损及变形 | (1) 清除塔内及干湿界面的灰渣及污垢物。<br>(2) 用电火花仪检查防腐内衬有无损坏，用测厚仪检查内衬的磨损情况。<br>(3) 检查塔壁变形及开焊情况，采用内顶外压法校直，补焊 | (1) 各部位清洁无异物。<br>(2) 内衬无针孔、裂纹、鼓泡和剥离。磨损量不大于原厚度的1/3。<br>(3) 塔壁平直、焊缝无裂纹。 |
|  | 检查格栅梁及托架 | (1) 检查格栅梁及托架的腐蚀磨损情况，视情况修补或更换。<br>(2) 检查托架安装是否平稳、测量水平度 | (1) 梁、架防腐层良好。<br>(2) 水平度不大于2‰，且不大于4mm |
|  | 检查氧化配气管 | (1) 用水冲洗、疏通配气管。<br>(2) 检查焊缝及断裂情况，进行补焊。<br>(3) 检查配气管子定位抱箍有无松动脱落，并打紧、补齐。<br>(4) 塔（罐）内注水淹没喷嘴、通入压缩空气做鼓泡试验 | (1) 无堵塞。<br>(2) 焊缝及管道无裂纹、脱焊。<br>(3) 抱箍齐全、牢固。<br>(4) 有氧化配气管的喷嘴鼓泡均匀、管道无振动 |
|  | 检查各部冲洗喷嘴及管道、阀门 | (1) 检查喷嘴。<br>(2) 检查管道应无腐蚀，除去污块、检查芯体。<br>(2) 检查紧固件 | (1) 喷嘴完整、无堵塞、磨损、阀门开关灵活。<br>(2) 管道无泄漏、法兰及阀门无损坏。 |
|  | 检查除雾器 | (1) 冲洗芯体，除去污垢块、检查芯体。<br>(2) 检查紧固件。<br>(3) 检查漏斗排水管 | (1) 芯体无杂物堵塞、表面光洁、无变形、损坏。<br>(2) 连接紧固件完好、牢固。<br>(3) 漏斗及排水管畅通 |

续表

| 设备名称 | 项目 | 维护或检查内容 | 质量要求 |
|---|---|---|---|
| 吸收液循环泵 | 检查机械密封 | 安装时将轴表面清洗干净、抹上黄油，装好各部O形环，压盖应对角均匀拧紧 | (1) 盘簧无卡涩，动静环表面光洁无裂纹、划伤、锈斑或沟槽。<br>(2) 轴套无磨痕，粗糙度为 1.6 |
| | 检查轴承 | (1) 检查轴承表面及测量间隙。更换轴承时采用热装法温度不超过 100℃，严禁用火焰加热；安装时轴承平行套人，不得直接敲击弹夹的外圈。<br>(2) 检查测量主轴轴颈圆柱度，以两轴颈为基准测量中段径向跳动量 | (1) 轴承体表面应无锈斑、坑疤（麻点不超过 3 点、深度小于 0.50mm，直径小于 2mm）转动灵活无噪声。<br>(2) 公差配合：轴向轴承与轴 H7/JS6，径向轴与轴 H7/K6，外圈与箱内壁 JS7/h6。<br>(3) 止推轴外圈轴向间隙为 0.02~0.06mm。<br>(4) 轴向轴承间隙不大于 0.3mm。<br>(5) 径向间隙不大于 0.15mm。<br>(6) 转子定中心时应取总窜量的 1/2 |
| | 检查泵体及过流部件 | (1) 检查泵体、叶轮等过流部件的磨损、腐蚀、汽蚀情况。<br>(2) 测定与吸入衬板间隙 | (1) 泵壳无磨损及裂纹；叶轮无穿孔，无可能引起振动的失衡缺陷。<br>(2) 轮与吸入衬板间隙：卧式泵为 1~1.5mm，立式液下泵为 2~3mm。<br>(3) 无泄漏，且水压高于泵压 0.5bar 以上 |
| 浓缩液循环泵 | 检查机械密封 | 安装时将轴表面清洗干净，抹上黄油，装好各部O形环，压盖应对角均匀拧紧 | (1) 盘簧无卡涩，动静环表面光洁无裂纹、划伤、锈斑或沟槽。<br>(2) 轴套无磨痕，粗糙度为 1.6 |

续表

| 设备名称 | 项目 | 维护或检查内容 | 质量要求 |
|---|---|---|---|
| 浓缩液循环泵 | 检查轴承 | (1) 检查轴承表面及测量间隙。<br>(2) 更换轴承时采用热装温度不超过100℃，严禁用火焰加热；安装时轴承平行套入，不得直接敲击弹夹的外圈。<br>(3) 检查测量主轴轴颈圆柱度，以两轴颈为基准测量中段径向跳动量。 | (1) 轴承体表面应无锈斑、坑疤（麻点不超过3点，深度小于0.50mm，直径小于2mm）转动灵活无噪声。<br>(2) 公差配合：轴径向轴承与轴 H7/JS6、径向轴与轴 H7/K6、外圈与箱内壁 JS7/h6。<br>(3) 止推轴外圈轴向间隙为0.02～0.06mm。<br>(4) 轴承轴向间隙不大于0.3mm，径向间隙不大于0.15mm。<br>(5) 转子定中心时应取总窜量的1/2。 |
|  | 检查泵体及过流部件 | (1) 检查泵体、叶轮等过流部件的磨损、腐蚀、汽蚀情况。<br>(2) 测定与吸入衬板间隙。 | (1) 泵壳无磨损及裂纹；叶轮无穿孔，无可能引起振动的失衡缺陷。<br>(2) 轮与吸入衬板间隙：卧式泵为1～1.5mm，立式液下泵为2～3mm。<br>(3) 无泄漏，且水压高于泵压0.5bar以上。 |
|  | 检查密封水系统 | (1) 检查、修理密封水管道法兰阀门。<br>(2) 检查密封是否损坏，轴承箱是否漏油 | (1) 无泄漏、密封无破损。<br>(2) 轴封完好，无泄漏点。 |
|  | 检查润滑油系统 | 检查润滑油质，并定期补充及更换 | 润滑油符合标准，无杂质 |
|  | 检查出入口蝶阀 | 检查蝶阀 | 开关灵活、关闭严密；橡胶衬里无损坏 |

续表

| 设备名称 | 项目 | 维护或检查内容 | 质量要求 |
|---|---|---|---|
| 离心机 | 检查筛网 | (1) 筛网间隙过大。<br>(2) 表面磨蚀严重 | (1) 一级筛网间隙小于或等于 0.35mm，二级筛网间隙小于或等于 0.5mm。<br>(2) 筛网表面光滑，有金属光泽，材质无误，无明显磨蚀凹坑，间隙对称 |
| | 检查离心加速盘及分配盘 | (1) 外形检查。<br>(2) 紧固螺栓 | (1) 外形尺寸正确，表面无腐蚀。<br>(2) 紧固螺栓无磨蚀，螺栓衬套无腐蚀变形 |
| | 检查转鼓及耐磨环 | (1) 转鼓外形检查。<br>(2) 耐磨环检查。<br>(3) 耐磨环螺栓。<br>(4) 刮刀 | (1) 转鼓无明显腐蚀，转鼓内筛网卡槽凸台大于或等于 3mm。<br>(2) 耐磨环内弧无磨蚀，材质无误。<br>(3) 螺栓完整，无腐蚀。<br>(4) 刮刀无磨蚀变形，材质无误 |
| | 检查集料槽 | (1) 集料弧板磨蚀。<br>(2) 集料槽螺栓及衬套腐蚀 | (1) 弧板表面光滑，无明显冲击凹坑。<br>(2) 螺栓无腐蚀变形，衬套完好无变形 |
| | 检查液压油及油冷却器 | (1) 液压油孔化。<br>(2) 油冷却器 | (1) 液压油保持油标冷 1/2~2/3，油质无乳化变质。<br>(2) 油冷器传热良好，进出口冷却水温差>5℃ |
| | 检查气液分离装置 | 泄漏检查 | 无泄漏，气液分离正常 |
| | 检查电动机及皮带 | (1) 电动机检查。<br>(2) 皮带检查 | (1) 电动机工作正常。<br>(2) 皮带松紧正常，或更换 |

## 第四节　半干式烟气脱硫系统的设备检修

**1229. 螺旋输送机主轴及螺旋形叶片检修工艺要点及质量标准是什么？**

答：（1）螺旋输送机主轴及螺旋形叶片检修工艺要点是：

1）检查主轴、轴颈及叶片的表面。

2）检查轴弯曲度。

3）检查叶片的磨损及腐蚀。

（2）螺旋输送机主轴及螺旋形叶片检修质量标准是：

1）表面不应有裂纹、磨损等缺陷，轴颈无沟槽，表面光洁。

2）轴弯曲度符合设备厂家要求。

3）叶片无磨损、腐蚀、凹坑、变形，叶片与主轴焊缝无裂纹、变形等缺陷。

**1230. 流化槽槽体检修工艺要点及质量标准是什么？**

答：（1）流化槽槽体检修工艺要点：

1）拆除气化槽的紧固螺栓，清理密封、填料。

2）拆卸透气层，清理槽内的积灰、疏通管道。

3）清理透气层，检查有无破损、裂纹等缺陷。

4）透气层复装应按透气层材料的不同，采取措施，确保牢固。

5）安装压条螺栓及密封填料。

（2）流化槽槽体检修质量标准是：

1）密封填料无老化，清理干净。

2）透气层清理干净，无灰垢。

3）透气层完整，无裂纹、破损等缺陷。

4）密封填料完整，确保空气斜槽严密不漏，避免受潮。

5）压条螺栓紧力均匀，密封填料均匀完好。

**1231. 流化槽流化布检修工艺要点及质量标准是什么？**

答：（1）流化槽流化布检修工艺要点是：

1）检查流化布表面。

2）检查栅格板。

3）流化风进气室清理。

（2）流化槽流化布检修质量标准是：

1）流化布表面应平整，无破损，透气性好。

2）栅格板应表面平整，无凹凸。

3）流化风进气室应干净，无粉尘、杂物，进气管道畅通。

**1232. 吸收塔喷嘴及管道阀门检修工艺要点及质量标准是什么？**

答：（1）吸收塔喷嘴及管道阀门检修工艺要点是：

1）检查喷嘴。

2）检查管道有无腐蚀，法兰及阀门有无损坏。

（2）吸收塔喷嘴及管道阀门检修质量标准是：

1）喷嘴完整，无堵塞、磨损，管路畅通。

2）管道无泄漏，阀门开关灵活，无内漏。

**1233. 反应器及沉降室检修项目有哪些？工艺要点及质量标准是什么？**

答：（1）反应器及沉降室检修项目有：

1）弯头及直烟道检修。

2）导流板检修。

3）金属补偿器检修。

4）吹堵装置检修。

5）人孔门检修。

6）沉降室检修。

（2）反应器及沉降室检修工艺要点是：

1）检查弯头及直烟道磨损及泄漏，清理积灰。

2）检查导流板有无磨损、腐蚀、脱落。

3）检查金属补偿器金属框架、导流板、伸缩体和解热防尘套等。

4）检查吹堵装置吹堵孔、管道、阀门。

5）检查人孔门动作是否灵活，密封是否严密。

6）检查沉降室磨损及泄漏情况。

（3）反应器及沉降室检修质量标准是：

1）弯头及直烟道磨损和泄漏部分应及时补焊处理，磨损超过原厚度的 1/3 时，应更换；反应器底部弯头应无积灰或堵塞。

2）导流板应无明显的腐蚀、磨损及脱落。

3）金属补偿器金属框架、导流板、伸缩体和绝热防尘套等配件应完好无损；膨胀体无开裂、破损机泄漏等。

4）吹堵装置应完好，吹堵管应严密无泄漏，吹堵阀动作应可靠，反应器吹堵孔应畅通无阻。

5）人孔门固定良好、无松动；门盖与门框密封良好，无泄漏；门盖开关灵活，无卡涩；锁门的紧固螺栓应完好无损。

6）沉降室磨损和泄漏部分应及时补焊处理，磨损超过原厚度的 1/3 时，应更换。

### 1234. 输送风机转子及驱动装置检修工艺要点及质量标准是什么？

**答：**（1）输送风机转子及驱动装置检修工艺要点是：

1）检查转子主轴和轴颈的表面。

2）检查转子叶轮与轴的热套结合体。

3）检查驱动装置齿轮工作面有无磨损。

4）检查驱动装置齿轮箱主、副齿轮磨损及啮合情况。

（2）输送风机转子及驱动装置检修质量标准是：

1）转子表面不应有裂纹、磨损等缺陷，轴颈无沟槽，表面光洁。

2）转子主动转子部和从动转转子部叶片应无裂纹、磨损、结垢等，主动转子部和从动转子叶片、左右墙板之间的间隙应符合设备厂家要求。

3）驱动装置磨损及断齿应给予更换。

4）驱动装置齿轮要确保两转了的同步和间隙的分配，必要时进行间隙调整。齿轮损伤应更换齿轮。

第十七章

# 烟气循环流化床烟气脱硫工程技术

## 第一节　烟气循环流化床烟气脱硫工程技术

**1235. 烟气循环流化床脱硫技术原理是什么？**

**答**：利用循环流化床反应器，通过吸收塔内与塔外的吸收剂的多次循环，增加吸收剂与烟气接触时间，提高脱硫效率和吸收剂的利用率。

**1236. 烟气循环流化床脱硫技术特点及适用性是什么？**

**答**：（1）技术特点。烟气循环流化床脱硫技术具有工艺流程简洁、占地面积小、节能节水、排烟无须再热、烟囱无须特殊防腐、无废水产生等特点。副产物为干态，便于处理处置。

（2）技术适用性。该技术适用于燃用中低硫煤或有炉内脱硫的循环流化床机组，特别适合缺水地区。

**1237. 烟气循环流化床脱硫影响性能的主要因素是什么？**

**答**：烟气循环流化床脱硫效率受吸收剂品质、钙硫比、反应温度、喷水量、停留时间等多种因素影响。其中，吸收剂品质对脱硫效率影响较大，一般要求生石灰粉细度小于 2mm，氧化钙含量不小于 80%，加适量水后 4min 内温度可升高到 60℃。

**1238. 烟气循环流化床脱硫污染物排放与能耗是什么？**

**答**：烟气循环流化床脱硫技术脱硫效率为 93%～98%。烟气循环流化床吸收塔入口 $SO_2$ 浓度低于 3000mg/$m^3$ 时可实现达标排放，低于 1500mg/$m^3$ 时可实现超低排放。

能耗主要为风机、吸收剂输送及再循环系统等消耗的电能，可占对应机组发电量的 0.5％～1.0％。

### 1239. 烟气循环流化床脱硫存在的主要问题是什么?

**答:** 脱硫剂生石灰需由石灰石煅烧而成,对脱硫剂品质要求较高,且煅烧过程会增加能耗及污染物排放。脱硫副产物中 CaO、$SO_3$ 含量较高,综合利用受到一定限制。

### 1240. 烟气循环流化床脱硫技术发展与应用有哪些?

**答:** 循环氧化吸收协同脱硝技术(circulating qxidation and absorption,COA)是在烟气循环流化床脱硫技术的基础上,利用循环流化床激烈湍动的、巨大表面积的颗粒作为反应载体,通过烟气自身或外加氧化剂的氧化作用,将烟气中 NO 转化为 $NO_2$,再与碱性吸收剂发生中和反应实现脱硝,协同脱硝效率一般控制在 40％～60％。

COA 技术在实现烟气脱硫的同时可单独用作电厂炉后的烟气脱硝,也可与 SCR 或选择性非催化还原(SNCR)脱硝技术组合应用,作为烟气 $NO_x$ 超低排放的工艺选配。

### 1241. 烟气循环流化床脱硫主要工艺参数及效果是什么?

**答:** 烟气循环流化床脱硫技术的主要工艺参数及效果见表 17-1。

表 17-1　　烟气循环流化床脱硫技术主要工艺参数及效果

| 序号 | 项目 | 单位 | 工艺参数及效果 | | |
|---|---|---|---|---|---|
| 1 | 入口烟气温度 | ℃ | ≥100 | | |
| 2 | 运行烟气温度 | ℃ | 高于烟气露点 15～25 之间 | | |
| 3 | 钙硫摩尔比 | — | 1.2～1.8(循环流化床锅炉炉外部分) | | |
| 4 | 吸收塔流速 | m/s | 4～6 | | |
| 5 | 入口 $SO_2$ 浓度 | mg/m³ | ≤3000 | ≤2000 | ≤1500 |
| 6 | 袋式除尘器过滤风速 | m/min | 0.8～0.9 | 0.7～0.8 | ≤0.7 |
| 7 | 出口 $SO_2$ 浓度 | mg/m³ | ≤100 | ≤50 | ≤35 |
| 8 | 出口烟尘浓度 | mg/m³ | ≤30 | ≤20 | ≤10 或≤5 |

### 1242. 烟气循环流化床脱硫工艺是什么？

**答**：烟气循环流化床脱硫工艺指利用循环流化床工作原理，使含有吸收剂的物料在吸收塔内多次循环形成流化床体，完成吸收剂与烟气中 $SO_2$ 及其他酸性气体（包括 $SO_3$、$HCl$、$HF$、$NO_2$ 等）反应，实现净化烟气的脱硫工艺。

### 1243. 烟气循环流化床脱硫工艺吸收剂是什么？

**答**：烟气循环流化床脱硫工艺吸收剂是指通过化学反应脱除烟气中的 $SO_2$ 及其他酸性气体等的物质，通常为钙基吸收剂。

### 1244. 烟气循环流化床脱硫工艺吸收塔是指什么？

**答**：烟气循环流化床脱硫工艺吸收塔是指脱硫工程中形成循环流化床体脱除 $SO_2$ 及其他酸性气体等有害物质的反应装置。

### 1245. 烟气循环流化床脱硫工艺副产物是指什么？

**答**：烟气循环流化床脱硫工艺副产物是指吸收剂与烟气中 $SO_2$ 及其他酸性气体反应后生成的物质。

### 1246. 烟气循环流化床脱硫工艺当量摩尔比是指什么？

**答**：烟气循环流化床脱硫工艺当量摩尔比是指消耗的吸收剂当量摩尔数与去除的二氧化硫中硫（S）、三氧化硫中硫（S）、氯化氢中氯（Cl）、氟化氢中氟（F）及二氧化氮中氮（N）的当量摩尔总数之比。钙基吸收剂当量摩尔比按式（17-1）计算：

$$M = \frac{M_{Ca(OH)_2}}{M_{SO_2} + M_{SO_3} + 0.5\,M_{HCl} + 0.5 M_{HF} + 0.5 M_{NO_2}} \quad (17\text{-}1)$$

式中    $M$——当量摩尔比；

$M_{Ca(OH)_2}$——消耗的吸收剂中 $Ca(OH)_2$ 当量摩尔数，mol；

$M_{SO_2}$——脱除的 $SO_2$ 当量摩尔数，mol；

$M_{SO_3}$——脱除的 $SO_3$ 当量摩尔数，mol；

$M_{HCl}$——脱除的 $HCl$ 当量摩尔数，mol；

$M_{HF}$——脱除的 $HF$ 当量摩尔数，mol。

$M_{NO_2}$——脱除的 $NO_2$ 当量摩尔数，mol。

### 1247. 烟气循环流化床脱硫工艺颗粒物是指什么？

**答：**烟气循环流化床脱硫工艺颗粒物是指烟气中悬浮的固体颗粒状物质总和。

### 1248. 烟气循环流化床脱硫工艺预除尘器是指什么？

**答：**烟气循环流化床脱硫工艺预除尘器是指布置在吸收塔上游，用于捕集烟气中颗粒物的设备。

### 1249. 烟气循环流化床脱硫工艺脱硫除尘器是指什么？

**答：**烟气循环流化床脱硫工艺脱硫除尘器是指脱硫工程中用于脱除烟气循环流化床脱硫后烟气中颗粒物的设备。

### 1250. 烟气循环流化床脱硫工艺石灰消化器是指什么？

**答：**烟气循环流化床脱硫工艺石灰消化器是指将生石灰粉（CaO）与适量的水反应，生成消石灰粉 $[Ca(OH)_2]$ 的设备。

### 1251. 烟气循环流化床脱硫工艺空塔压降是指什么？

**答：**烟气循环流化床脱硫工艺空塔压降是指吸收塔不投物料，仅烟气通过吸收塔时，吸收塔进口和出口烟气的静压差。

### 1252. 烟气循环流化床脱硫工艺床层压降是指什么？

**答：**烟气循环流化床脱硫工艺床层压降是指物料在吸收塔内形成流化床体产生的压降。

### 1253. 烟气循环流化床脱硫工艺吸收塔压降是指什么？

**答：**烟气循环流化床脱硫工艺吸收塔压降是指吸收塔内物料形成流化床体时，通过吸收塔进口和出口烟气的静压差，即空塔压降与床层压降之和。

**1254. 烟气循环流化床脱硫工艺吸收塔入口烟气适用条件是什么？**

答：烟气循环流化床脱硫工艺吸收塔入口烟气适用条件是：

（1）一般行业单级塔处理烟气中 $SO_2$ 浓度（干基折算）不宜高于 $3000mg/m^3$，烧结行业单级塔处理烟气中 $SO_2$ 浓度（干基折算）不宜高于 $4500mg/m^3$。

（2）单塔处理烟气量不宜高于 150 万 $m^3/h$（干基）。

（3）入口烟气温度宜为 $90\sim260℃$。

**1255. 烟气循环流化床法脱硫主要应用领域包括哪些？**

答：烟气循环流化床法脱硫主要应用领域包括：发电锅炉，工业锅炉，垃圾焚烧炉以及烧结/球团、催化裂化、焦化、碳素、炭黑、玻璃等窑炉。

**1256. 烟气循环流化床脱硫工艺一般规定是什么？**

答：烟气循环流化床脱硫工艺一般规定是：

（1）新建项目的烟气脱硫工程应与主体工程同时设计、同时施工、同时投产使用。

（2）脱硫工程的布置应符合工厂总体规划。设计文件应按规定的内容和深度完成报批、批准和备案。脱硫工程建设应按国家工程项目建设规定的程序进行。

（3）脱硫工程的 $SO_2$ 排放浓度应符合国家和地方排放标准的要求。

（4）脱硫工程的设计应充分考虑燃料、原料及主体工程负荷的变化，提高脱硫工艺系统的适应性和可调节性。

（5）脱硫工程所需的水、电、气、汽等辅助介质应尽量由主体工程提供。吸收剂和副产物宜设有计量装置，也可与主体工程共用。

（6）脱硫工程的设计、建设和运行，应采取有效的隔声、消声、绿化等降噪措施，噪声和振动控制的设计应符合《工业企业噪声控制设计规范》（GB 50087—2013）和《动力机器基础设计规范》（GB 50040—1996）的规定，厂界噪声应达到《工业企业厂界环境噪声排放标准》（GB 12348 —2008）的要求。

（7）脱硫副产物应考虑综合利用。暂无综合利用条件时，其贮存场、贮存间等的建设和使用应符合《一般工业固体废物贮存、处置场污染控制标准》（GB 18599—2001）的规定。

（8）脱硫工程烟气排放自动连续监测系统（CEMS）的设置和运行应符合《固定污染源烟气（$SO_2$、$NO_x$、颗粒物）排放连续监测技术规范》（HJ 75—2017）、《固定污染源烟气（$SO_2$、$NO_x$、颗粒物）排放连续监测系统技术要求及检测方法》（HJ 76—2017）的规定和地方环保部门的要求。

（9）脱硫工程的设计、建设和运行维护应符合国家及行业有关质量、安全、卫生、消防等方面法规和标准。

（10）吸收剂卸料及贮存场所、副产物贮存场所宜布置在常年主导风向的下风侧。生石灰仓、消石灰仓（或电石渣仓）、副产物库宜在吸收塔附近集中布置。

### 1257. 烟气循环流化床脱硫工程构成是什么？

**答：**烟气循环流化床脱硫工程构成是：

（1）烟气循环流化床法烟气脱硫工程包括工艺系统、辅助系统等。

（2）工艺系统包括烟气系统、吸收剂制备及供应系统、预除尘系统（可选）、吸收系统、脱硫除尘系统、灰循环系统、工艺水系统、副产物系统、压缩空气系统、加热系统等。

（3）辅助系统包括电气系统、建筑与结构、给排水、火灾报警及消防系统、采暖通风与空气调节、道路与绿化等。

### 1258. 烟气循环流化床脱硫工艺流程图是什么？

**答：**烟气循环流化床脱硫工艺流程如图 17-1 所示。

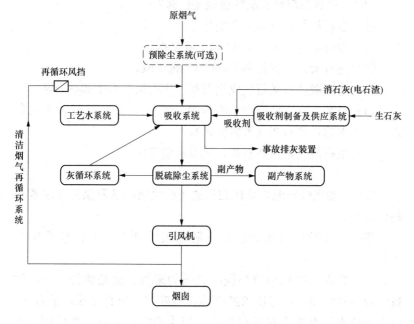

图 17-1　烟气循环流化床脱硫工艺流程

## 1259. 烟气循环流化床法烟气脱硫烟气系统组成是什么？

**答：**烟气循环流化床法烟气脱硫烟气系统一般由预除尘器（可选）、吸收塔、脱硫除尘器、引风机、烟道、清洁烟气再循环系统、挡板门等组成。

（1）脱硫工程宜设置清洁烟气再循环系统，用于补充主体工程低负荷时吸收塔内流化所需的烟气量。

（2）挡板门应防止泄漏，清洁烟气再循环系统调节挡板门应有良好的操作性及调节性。

（3）烟气系统的漏风率宜控制在 5% 以下。

（4）烟气系统应按相关规范设置测试孔、人孔及相应的检修平台。

（5）烟道设计可参照《火力发电厂烟风煤粉管道设计技术规程》（DL/T 5121—2000）的要求，并考虑保温、伴热措施。

**1260. 生石灰与熟石灰的区别是什么？**

答：生石灰与熟石灰的区别是：

（1）生石灰：氧化钙 CaO 属于氧化物。

（2）熟石灰：氢氧化钙 $Ca(OH)_2$ 属于碱。

（3）高温煅烧石灰石生成生石灰，生石灰＋水生成熟石灰。

（4）加水，剧烈反应使水沸腾的是生石灰（氧化钙），无现象或不溶于水的是熟石灰（氢氧化钙）。

（5）生石灰用来做熟石灰，熟石灰建筑用。

**1261. 烟气循环流化床法烟气脱硫吸收剂制备及供应系统要求是什么？**

答：烟气循环流化床法烟气脱硫吸收剂制备及供应系统要求是：

（1）吸收剂的选用应根据吸收剂的来源、运输条件、一次性投资及运行费用等进行技术经济比较后确定，可直接采用消石灰、电石渣或现场对生石灰进行消化。当采用电石渣时，宜采用干粉电石渣；对活性不足的电石渣应采取恢复活性的措施。吸收剂品质要求详见表 17-2。

表 17-2　　　　　　　　　　吸收剂品质

| 序号 | 指标名称 | 参数 | 测试方法 |
|---|---|---|---|
| 1 | CaO 含量 | ≥85％ | 《建筑石灰试验方法　第 2 部分：化学分析方法》（JC/T 478.2—2013） |
| 2 | 粒径 | ≤1mm | 《建筑石灰试验方法　第 1 部分：物理试验方法》（JC/T 478.1—2013） |
| 3 | 活性 | T60≤4min（T60 表示石灰加水后升温至 60℃所需时间） | 《干法烟气脱硫用生石灰的活性测定方法》（DL/T 323—2010） |

消石灰粉、电石渣粉品质要求见表 17-3。

表 17-3 消石灰、电石渣粉品质

| 序号 | 指标名称 | 参数 | 测试方法 |
|------|----------|------|----------|
| 1 | $Ca(OH)_2$ 含量 | ≥88% | 《建筑石灰试验方法 第 2 部分：化学分析方法》(JC/T 478.2—2013) |
| 2 | 比表面积 | ≥18m²/g | 《气体吸附 BET 法 测定固态物质比表面积》(GB/T 19587—2017) |
| 3 | 粒径 | ≤50μm | 《建筑石灰试验方法 第 1 部分：物理试验方法》(JC/T 478.1—2013） |
| 4 | 含水率 | ≤1.5% | 《建筑石灰试验方法 第 1 部分：物理试验方法》(JC/T 478.1—2013） |

（2）吸收剂仓应符合以下要求：

1）吸收剂仓的有效容积应根据吸收剂供应和运输情况确定。现场将生石灰消化为消石灰作为吸收剂时，生石灰仓的有效贮粉量宜满足设计工况下 2～4 天的生石灰消耗量，消石灰仓的有效贮粉量宜满足设计工况下 1～2 天的消石灰消耗量；直接采用消石灰、电石渣作为吸收剂时，吸收剂仓的有效贮粉量宜满足设计工况下 2～5 天的消石灰（电石渣）消耗量。

2）吸收剂仓应密封，内表面应平整光滑；仓内壁锥斗部宜设气化板，以避免下料系统的堵塞。

3）吸收剂仓流化风机可共用，也可单独设置；流化风量应根据布置的气化板面积确定；流化风宜设置备用。

4）吸收剂仓顶部应设置除尘装置，并设置有放气管。气管通大气时应设置除尘装置；除尘装置应配置排气风机，保持仓内微负压。吸收剂仓顶部应有真空释放阀，保持仓内压力平衡。

5）吸收剂仓应防止受潮，对金属仓外壁宜采取保温措施。

（3）生石灰消化器的出力宜不小于设计工况下生石灰消耗量的 150%。

（4）吸收剂的输送宜采用空气斜槽或气力输送方式，应设置两路计量调节加入装置；加入装置的出力宜按设计工况下石灰消耗量的 150％ 设计。

### 1262. 烟气循环流化床法烟气脱硫预除尘系统的要求是什么?

**答:** 烟气循环流化床法烟气脱硫预除尘系统的要求是:

(1) 进入脱硫工程的原烟气未携带有效吸收剂且配套的烟气脱硫工程入口颗粒物浓度高于 $10g/m^3$ 时,宜设置预除尘器;进入脱硫工程的原烟气携带有效吸收剂时,脱硫工程可不设预除尘器。

(2) 预除尘器宜采用电除尘器。

### 1263. 烟气循环流化床法烟气脱硫吸收系统主要由哪些组成?

**答:** 烟气循环流化床法烟气脱硫吸收系统主要由吸收塔进口及气流均布装置、气流加速扰流装置、反应段、出口段组成,并设置塔底吹扫装置和事故排灰装置。

(1) 吸收塔的容量宜按设计工况烟气量设计;每套脱硫工程设置的吸收塔数量应根据烟气量确定。

(2) 吸收塔进口烟气温度应按设计工况下烟温加 10℃ 的裕量设计;吸收塔出口烟温宜高于露点温度 10℃ 以上。

(3) 吸收塔压降设计值宜为 1600～2200Pa,床层压降设计值宜为 600～1400Pa。

(4) 吸收塔内的烟气停留时间宜大于 4s。

(5) 吸收塔直管段设计流速宜为 3～6.5m/s。

(6) 吸收塔内部不宜设内撑杆件。

### 1264. 常用烟气循环流化床脱硫技术吸收塔形式有哪几种?

**答:** 常用烟气循环流化床脱硫技术吸收塔形式有:

(1) 吸收塔的入口与出口方向的夹角为 0° 布置示意图如图 17-2 所示。

(2) 吸收塔的入口与出口方向的夹角为 90° 布置示意图如图 17-3 所示。

(3) 吸收塔的入口与出口方向的夹角为 180° 布置示意图如图

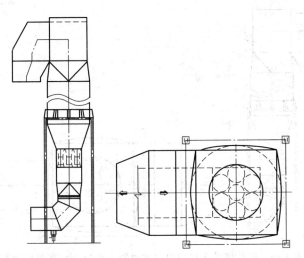

图 17-2　吸收塔的入口与出口方向的夹角为 0°布置示意

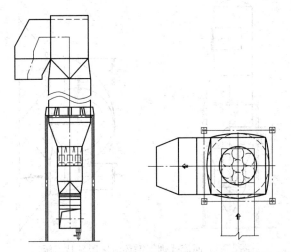

图 17-3　吸收塔的入口与出口方向的夹角为 90°布置示意图

17-4 所示。

（4）回流式烟气循环流化床脱硫技术吸收塔形式水平出风布置示意图如图 17-5 所示。

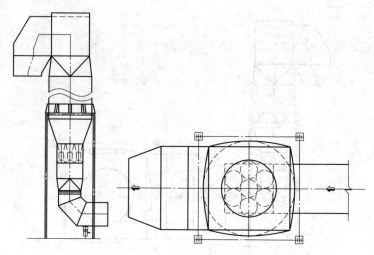

图 17-4 吸收塔的入口与出口方向的夹角为 180°布置示意图

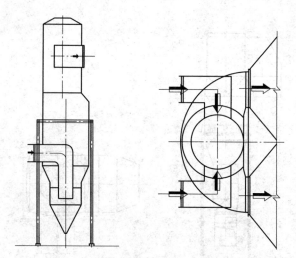

图 17-5 回流式烟气循环流床脱硫技术吸
收塔形式水平出风布置示意图

**1265.** 烟气循环流化床法烟气脱硫脱硫除尘系统设计选型要求是什么？

**答：** 烟气循环流化床法烟气脱硫脱硫除尘系统设计选型要

求是：

（1）脱硫除尘器的设计应符合《燃煤烟气脱硫设备 第 2 部分：燃煤烟气干法半干法脱硫》（GB/T 19229.2—2011）的规定，可采用袋式除尘器、电袋复合除尘器。若要求脱硫除尘器出口颗粒物浓度低于 $30mg/m^3$，袋式除尘器过滤风速宜不大于 0.8m/min；若要求脱硫除尘器出口颗粒物浓度低于 $10mg/m^3$，袋式除尘器过滤风速宜不大于 0.7m/min。

（2）脱硫除尘器入口颗粒物浓度宜为 $650\sim1200g/m^3$，除尘效率应按出口颗粒物浓度要求确定。

（3）脱硫除尘器灰斗宜采用大灰斗形式。脱硫除尘器灰斗应设有蒸汽或电加热系统和灰斗振打装置；蒸汽系统的设计应符合《化工厂蒸汽系统设计规范》（GB/T 50655—2011）的规定。

### 1266. 灰循环系统主要组成是什么？

**答**：灰循环系统主要由灰斗流化槽、空气斜槽、插板阀、气动流量控制阀门等组成。

（1）灰循环系统中的循环灰宜采用空气斜槽输送，并根据床层压降自动调节气动流量控制阀开度，空气斜槽宜留有 50% 以上的输送裕量。

（2）除尘器灰斗流化槽及空气斜槽宜分别设置流化风机。流化风量宜按选用的流化布单位面积通气率要求的风量选取，流化风机宜设置备用风机；流化风宜加热至 $80\sim120℃$，加热器后的流化风管道应保温。流化风管应设有手动调节装置调节流化风量。

### 1267. 循环流化床脱硫工艺用水包括哪些？水质要求是什么？工艺水系统包括哪些？设计要求是什么？

**答**：（1）脱硫工程用水包括吸收剂消化水、吸收塔工艺水、辅助设备的冷却用水。

（2）脱硫工程用水的水质应符合表 17-4、表 17-5 的要求。

表 17-4　　　　　　　　　工艺水品质

| 序号 | 项目 | 单位 | 数值 | 测试方法 |
|---|---|---|---|---|
| 1 | 可允许的悬浮物最大粒径 | μm | ≤30 | 《生活饮用水标准检验方法生活饮用水标准检验方法》（GB/T 5750—2006） |
| 2 | 可允许的磨损物含量（铁、二氧化硅等磨蚀性较高的物质） | mg/L | ≤10 | 《生活饮用水标准检验方法生活饮用水标准检验方法》（GB/T 5750—2006） |
| 3 | 可允许的最高固体浓度 | mg/L | ≤30 | 《生活饮用水标准检验方法生活饮用水标准检验方法》（GB/T 5750—2006） |
| 4 | $Cl^-$ 含量 | mg/L | <400 | 《水质氯化物的测定硝酸银滴定》（GB/T 11896） |
| 5 | pH 值 | | 6～10 | 《水质 pH 值的测定玻璃电极法》（GB/T 6920—1986） |

表 17-5　　　　　　　　　消化水品质

| 序号 | 项目 | 单位 | 数值 | 测试方法 |
|---|---|---|---|---|
| 1 | 水硬度 | dH | ≤120 | 《水质钙和镁总量的测定 EDTA 滴定法》（GB/T 7477—1987） |
| 2 | pH 值 | | 7±1 | 《水质 pH 值的测定玻璃电极法》（GB/T 6920—1986） |
| 3 | $SO_4^{2-}$ 含量 | mg/L | <100 | 《水质氯化物的测定硝酸银滴定法》（GB/T 11899—1989） |
| 4 | $Cl^-$ 含量 | mg/L | <60 | 《水质氯化物的测定硝酸银滴定》（GB/T 11896） |
| 5 | $NH_3$ 含量 | mg/L | <7 | 《水质铵的测定蒸馏和滴定法》（GB/T 7478—1987） |
| 6 | 可允许的最高固体浓度 | mg/L | ≤400 | 《生活饮用水标准检验方法》（GB/T 5750—2006） |

（3）吸收塔工艺水系统包括水箱、高压水泵、连接管道阀门、喷枪、调节装置。

（4）水箱容量宜按设计工况下吸收塔 0.5～1h 的耗水量设计，

水箱入口、水泵入口设置滤网。

（5）根据喷枪的形式、布置位置和喷枪出力，每座吸收塔可设置1~4根喷枪。喷枪的额定出力宜按设计工况吸收塔耗水量的1.3~1.8倍选取，喷枪位置宜布置在吸收塔锥形段的密相区处。

（6）每座吸收塔设置2台全容量供水泵，1用1备。水泵容量宜按喷枪额定出力的1.3~1.8倍选取。水泵压力按喷枪要求的最大压力与所选泵容量相应管道系统阻力之和的1.1倍选取。

（7）生石灰的消化水泵宜采用2台全容量水泵，1用1备。

## 1268. 烟气循环流化床烟气脱硫工程过程检测参数主要包括哪些？

**答**：脱硫工程过程检测参数主要包括：脱硫工艺系统主要运行参数，仪表和控制用电源、气源、水源及其他必要条件的供给状态和运行参数，脱硫变压器、脱硫电源系统及电气系统和设备的参数与状态检测。

（1）脱硫工程应设置检测仪表反映主要设备及工艺系统在正常运行、启停、异常及事故工况下安全、经济运行的参数。运行中需要进行监视和控制的参数应设置远传仪表，供运行人员现场检查和就地操作所必需的参数应设置就地仪表。

（2）吸收塔入口压力、出口压力、出口温度等重要参数测量仪表应双重或三重冗余设置。

（3）脱硫除尘器灰斗应根据控制需要设置料位信号。吸收塔入口设置烟气温度测量。

（4）生石灰仓应设有料满就地指示信号。

## 1269. 烟气循环流化床烟气脱硫运行维护的一般规定是什么？

**答**：（1）脱硫工程的运行、维护及安全管理除应符合本规范外，还应符合相应行业设施运行的有关规定。

（2）脱硫工程的运行应根据燃料、原料及主体工程负荷的变化及时调整，保证$SO_2$连续稳定达标排放。

（3）脱硫工程运行应在满足设计工况的条件下进行，并根据工艺要求定期对各类设备、电气、自控仪表及建（构）筑物进行检查维护，确保装置稳定可靠运行。

（4）主体工程启停机时应安排脱硫工程先开后停。

（5）工厂应建立健全与脱硫工程运行维护相关的各项管理制度以及运行、操作和维护规程。

### 1270. 烟气循环流化床烟气脱硫人员与运行管理要求是什么？

**答：**烟气循环流化床烟气脱硫人员与运行管理要求是：

（1）脱硫工程的运行人员宜单独配置。当厂里需要整体管理时，也可以与主体工程合并配置运行人员。

（2）应对脱硫工程的管理和运行人员进行定期培训，使管理和运行人员系统掌握脱硫设备及其他附属设施正常运行的具体操作和应急情况的处理措施。

（3）运行人员应按照运行管理制度和技术规程要求做好交接班和巡视，并做好相关记录。主要记录内容包括：

1）系统启动、停止时间。

2）吸收剂进厂质量分析数据、进厂数量、进厂时间、吸收剂制备及消耗量。

3）系统运行工艺控制参数记录，至少应包括：脱硫工程出、入口烟气温度、烟气流量、床层压降、清洁烟气再循环风挡开度、脱硫袋式除尘器压差等。

4）主要设备的运行和维修情况。

5）烟气连续监测数据、脱硫副产物处置情况。

6）生产事故及处置情况。

7）定期检测、评价及评估情况等。

### 1271. 烟气循环流化床烟气脱硫维护保养要求是什么？

**答：**烟气循环流化床烟气脱硫维护保养要求是：

（1）脱硫工程的维护保养应纳入全厂的维护保养计划中。

（2）应根据脱硫工程技术负责方提供的系统、设备等资料制定详细的维护保养规定。

（3）维修人员应根据维护保养规定定期检查、更换或维修必要的部件。

（4）维修人员应做好维护保养记录。

## 1272. 烟气循环流化床烟气脱硫事故应急预案要求是什么？

**答：** 烟气循环流化床烟气脱硫事故应急预案要求是：

（1）应制定脱硫工程事故应急预案，储备应急物资，并定期组织相关演习。

（2）脱硫工程事故应急内容至少应包括排放超标应急处理、事故停机应急处理、重要设备/系统故障应急处理、火灾事故应急处理、触电事故应急处理、突发停水/停电应急处理、人员伤亡应急救援。

（3）事故处理时应做好记录、分析原因，防止同类事故重复发生。

## 1273. 烟气循环流化床烟气脱硫工程启动前的试验及验收项目有哪些？

**答：**（1）首次投运脱硫工程或脱硫工程大修后重新投运，应完成有关的试验项目，包括：烟道、吸收塔、除尘器的漏风率测试，气流均布试验，吸收塔的空塔压降试验，水喷嘴喷雾试验，除尘器试验（如采用电除尘器应做冷态伏安特性试验、阻力特性试验、振打性能试验等），生石灰消化系统试验，压缩空气、加热流化风系统试验，传动试验，设备转动试验。

（2）辅助系统、设施的验收包括：检修工作全部结束，场地干净，道路畅通，各平台走道扶手完整、照明充足，各沟道有盖板，转动机构有护罩，各人孔封堵，设备标识清晰、完整，安全联锁完好。

## 1274. 循环流化床烟气脱硫启动前的工作有哪些？

**答：**（1）脱硫工程开机前 24h 所要做的工作：

1）脱硫工程需要伴热的部分，宜在装置开机前 24h 有效投入（如灰斗伴热，循环灰、外排灰管路等处的伴热）。

2）脱硫除尘器为袋式除尘器或电袋复合除尘器的，应对滤袋进行预涂灰。

3）脱硫除尘器为电袋除尘器的，电区应启动放电极绝缘子室，放电极振打瓷轴的加热装置。

（2）脱硫工程开机前 8h 所要做的工作：

1）各系统供电。

2）各阀门、风挡好用，且在正确位置。

3）压缩空气系统正常运行，储气罐内有足够的压缩用气满足脱硫要求，气压满足使用要求。

4）流化风系统设备及其加热器手动投入（灰斗流化风系统、斜槽流化风系统、吸收剂仓流化风系统等），调节好加热温度。

5）确认灰斗内是否有灰，如灰斗内没有足够的灰，需要向灰斗内注入粉煤灰。

6）工艺水箱上水正常，并保证液位在 2/3 以上。

7）现场配消化器的，购进生石灰，贮存在生石灰仓内，待制备；若现场未配消化器，则购进消石灰（或电石渣），贮存在消石灰仓内。

8）吸收塔水喷嘴插入塔内。

9）准备好足够的吸收塔底排灰用的装灰车。

10）校对各设定值。

11）接到指令主机点火或因燃烧不稳而投油时：脱硫除尘器为袋式除尘器或电袋除尘器时，将滤袋喷吹切为手动控制；脱硫除尘器为电袋除尘器的，除尘器电区停运，振打装置切为手动模式并连续振打。

### 1275. 循环流化床烟气脱硫正常开机顺序是什么？

**答：**（1）完成启动前的所有准备工作。

（2）开启脱硫除尘器出入口风挡（若有），锅炉引风机运行，脱硫工程烟气系统启动。

（3）根据锅炉投油情况，确定脱硫除尘器的投入。

（4）启动吸收剂制备系统。

（5）脱硫工程最低烟风量满足建床要求；如果烟气量无法满足要求，开启再循环风挡，根据主机工程运行情况调整循环风挡开度。

（6）当灰斗料位高于最低料位时，脱硫循环灰系统投入，但应保证灰斗料位不低于料封料位。

（7）逐渐建立稳定床层，升至 $0.6\sim1.4$ kPa 后才能投脱硫。

（8）启动脱硫吸收塔喷水系统，逐步降低吸收塔出口温度至露点温度以上 $10℃$（系统运行正常后，可根据情况调低此温度）。

（9）视 $SO_2$ 排放情况，投入吸收剂供应系统。

（10）脱硫工程稳定后，将各联锁保护投入。

（11）当脱硫工程有预除尘器时，预除尘器宜投入。

（12）辅助系统投入，如塔底吹扫及排灰系统，脱硫灰外排系统等。

### 1276. 循环流化床烟气脱硫热态启动顺序是什么？

**答：** 热态启动是指脱硫除尘系统中的除尘部分已启动但还没有投运脱硫灰、消石灰、高压水，即脱硫工程原烟气通过但未建立床层情况下，投运脱硫灰循环系统、消石灰给料系统、高压水喷水系统的一种启动方式。热态启动顺序为：

（1）原烟气通过脱硫除尘烟气系统正常稳定。

（2）确认吸收塔水喷嘴伸入吸收塔中，并已安装好。

（3）开启工艺水箱进水阀将水位补在高液位。

（4）吸收剂制备系统正常或消石灰仓料位可满足脱硫需要。

（5）除尘器的灰斗料位满足脱硫投运时建立流化床的需要。

（6）脱硫工程最低烟风量满足建床要求；根据吸收塔入口烟气量调整烟气再循环风挡开度。

（7）脱硫循环灰系统投入。

（8）在脱硫吸收塔床层压降在 $0.6\sim1.4$ kPa 时，宜启动脱硫吸收塔喷水系统，喷嘴投入，逐步降低吸收塔出口温度至烟气露点温度 10℃以上。

(9) 视 $SO_2$ 排放情况，投入吸收剂供应系统。

(10) 脱硫工程稳定后，将各联锁保护投入。

(11) 辅助系统投入，如塔底吹扫及排灰系统、脱硫灰外排系统等。

**1277. 循环流化床烟气脱硫运行中调整及监视的内容有哪些？**

**答：**(1) 吸收塔床层压降宜控制在 0.6～1.4kPa，当脱硫效果较差且锅炉引风机出力有裕度时，床层压降可适当增大；床层压降低于 600Pa 时，脱硫吸收塔喷水系统停运；床层压降低于 500Pa 时，吸收塔系统退出，并查找原因。当脱硫效果较好时，宜适当降低床层压降，以降低系统耗能。

(2) 吸收塔出口烟温应控制在烟气露点温度 10℃以上。

(3) 脱硫除尘器入口温度控制：脱硫除尘器为袋式除尘器时（采用 PPS 作为滤料），出口温度宜控制在 160℃以下，短时间内最高不超过 180℃（持续时间不得超过 15min，仅允许 6 次/年）；如果烟气温度超过滤袋适用温度时，需要进行降温。当有糊袋现象时，提高脱硫反应烟温，消除糊袋现象，并提高设定的脱硫反应温度值。其他滤料的滤袋根据滤袋适用条件确定。

(4) 烟气量控制：当烟气负荷降低，烟气量低于吸收塔形成流化床体所需最低烟气量时，吸收塔床层有塌床可能，应适当开启清洁烟气再循环风挡，并根据吸收塔入口烟气量调整再循环风挡开度调整循环风量。

(5) 吸收塔出口 $SO_2$ 浓度可通过调整吸收剂的投入量、吸收塔反应温度、床层压降、烟气量等控制。

(6) 脱硫除尘器灰斗料位宜控制在高料位和低料位之间。不得低于低低料位，不得高于高高料位。

(7) 脱硫除尘器出口颗粒物浓度的控制：当脱硫工程出口的颗粒物排放浓度超过规定值，电袋除尘器可调整电流、电压、火花率等措施，袋式除尘器可适当调整滤袋压差。同时对除尘器进行检查。

（8）装置出口氧量监测：当脱硫工程出口与入口氧量差值较大时，应联系检修对装置漏风情况进行检查。

（9）脱硫效率应在保证值以上。当脱硫效率低于保证值，应加大吸收剂的投入量、降低吸收塔出口温度（即加大吸收塔喷水量）、提高床层压降等措施降低出口 $SO_2$ 浓度。

### 1278. 循环流化床烟气脱硫正常停机顺序是什么？

**答：**循环流化床烟气脱硫正常停机顺序为：

（1）观察消石灰仓料位，提前将消石灰仓内消石灰用完。

（2）关闭高压水系统。

（3）停运吸收剂制备系统及供应系统。

（4）停运脱硫循环灰系统。

（5）脱硫除尘器为袋式除尘器时，除尘器电区停运后振打头手动连续振打，宜运行 1～2h；袋式除尘器若停运超过 7 天，启动袋式除尘器快速清灰程序，将滤袋上黏灰清除干净。判断是否清除干净的方法是观察滤袋压差，启动快速清灰时，压差会持续下降，当降到某一个值，基本不发生变化时，说明滤袋黏灰已基本清除干净。

（6）启动仓泵外排灰程序，将灰斗内存灰全部排往脱硫副产物库。

（7）关停脉冲清灰系统。

（8）关停滤袋清灰用气管阀门。

（9）关停引风机。

（10）灰斗流化风系统、空气斜槽流化风系统和灰斗加热继续持续运行 2h。

（11）关停灰斗加热。

（12）关停灰斗流化风系统、空气斜槽流化风系统及其蒸汽加热器。

（13）关停主机（由主机控制室负责）。

（14）关停脱硫除尘器。

（15）关停预除尘器（若有）。

（16）关停脱硫灰排放气力输送系统。

（17）关停清洁烟气循环风挡。

## 1279. 循环流化床烟气脱硫紧急停机（FGD停机）步骤是什么？

**答：** 紧急停机（FGD停机）为：

（1）关闭高压水系统。

（2）停运吸收剂制备系统及供应系统。

（3）停运脱硫循环灰系统。

（4）关闭清洁烟气再循环风挡。

（5）停运斜槽流化风系统。

（6）除尘器灰斗外排灰按除尘器运行情况确定。

（7）吸收塔塔底喷吹及排灰装置启动，直至排空。

## 1280. 循环流化床烟气脱硫运行巡检发现问题首选对策措施是什么？

**答：** 循环流化床烟气脱硫运行巡检发现问题首选对策措施见表 17-6。

表 17-6　　　　循环流化床烟气脱硫运行巡检要求

| 可能出现问题的地方 | 首选对策措施 |
| --- | --- |
| 异常噪声 | 寻找音源，如果有可能，建议控制室关停该设备，并转为启用备用设备，然后进行维修 |
| 高压水泵的漏水 | 建议控制室关停该设备，并转为启用备用设备，然后进行维修 |
| 出现漏灰现象 | 建议控制室关停该设备，并转为启用备用设备，然后进行维修 |
| 转动设备的异常振动 | 建议控制室关停该设备，并转为启用备用设备，然后进行维修 |
| 塔底积灰 | 建议启动塔底排灰输送机，若排灰一次发现粗颗粒大于 0.05m，请立即检查高压水系统 |
| 塔底排灰输送机下的灰车容量不足 | 根据灰量多准备几部灰车 |
| 出现漏油现象 | 寻找原因，检查设备的放油孔是否锁紧或者是设备损坏 |

### 1281. 烟气循环流化床脱硫运行巡检要求是什么？

答：烟气循环流化床脱硫运行巡检要求如下：

在运行期间，应建立每班一次对脱硫工程现场进行巡检的制度，巡检必须到达每个有设备的平台。

（1）每隔 2h 巡检一次的巡检线路为：控制室→水箱→高压水泵→回水调节阀→空气斜槽流化风机、加热器及出口手动阀位置→灰斗流化风机、加热器及出口手动阀位置→脱硫灰再循环系统→脱硫灰外排系统→控制室。

（2）每隔 4h 巡检一次的巡检线路为：控制室→脱硫袋式除尘器灰斗蒸汽加热→FF 灰斗料位→灰斗流化→斜槽流化→吸收塔水喷嘴→生、消石灰仓料位→消石灰调频旋转给料器→进料空气斜槽→控制室；消化器及消石灰气力输送系统→生石灰仓仓顶袋式除尘器及排气风机→生石灰仓料位。

（3）每班巡检皆要运行吸收塔塔底排灰输送机，并在运行后将塔底储灰车清空。

（4）巡检发现设备运行异常，应及时通知控制室切换备用设备，并做好设备异常记录。

（5）在检查灰斗料位、生消石灰仓料位时，应佩戴防护面具，以免脱硫灰、生消石灰伤害人眼，若发生应及时用水清洗。

（6）应建立巡检记录台账，巡检人应对记录负责并签名。

（7）在运行值班巡检的基础上，各系统设备宜分解落实到每个运行人员，使每个人能有重点地连续跟踪各自所负责的设备。

### 1282. 烟气循环流化床脱硫定期加油要求是什么？

答：烟气循环流化床脱硫定期加油要求如下：

（1）按设备润滑油要求进行定期加油。

（2）在巡检中，发现设备油位不足，应及时补充至正常油位。对严重漏油的应及时切换备用设备并通知检修人员处理。

（3）设备检修后应更换新油。

### 1283. 烟气循环流化床脱硫机械设备定期检查要求是什么？

答：烟气循环流化床脱硫机械设备定期检查要求见表 17-7。

表 17-7 　　烟气循环流化床脱硫机械设备定期检查要求

| 系统名称 | 设备名称 | 内容 | 周期 |
|---|---|---|---|
| 烟气系统 | 清洁烟气再循环风挡 | 风挡密封性、执行机构检查 | 每年 |
| | 脱硫袋式除尘器 | 详见袋式除尘器说明书 | |
| | 吸收塔 | 壁结垢、底部积渣检查 | 每班 |
| 工艺水系统 | 工艺水箱 | 清洗 | 每年 |
| | 高压水泵 | 轴承润滑油油脂更换 | 每年 |
| | 水喷嘴 | 喷头及喷枪有无磨损 | 每月 |
| | | 喷嘴止回阀、滤网检查 | 每1~3月 |
| | | 连接软管破漏严重应更换 | |
| 流化/输送空气系统 | 气力输送风机 | 窄"V"带的张力偏正 | 每月 |
| | | 更换"V"皮带 | 每年 |
| | | 清洗空气滤清器 | 每3个月 |
| | | 更换滤清器滤芯 | 每年 |
| | | 更换齿轮箱的润滑油、轴承箱的润滑脂 | 每半年 |
| | | 垫片、油封检查，磨损的应更换 | 每年 |
| | | 清洗风机的齿轮、轴承、油密封、气密封、校正各工作间隙 | 大修时 |
| | 斜槽流化风机 | 润滑油及润滑脂清洗并更换 | 每3个月 |
| | | 垫片、油封检查，磨损的应更换 | 每年 |
| | | 清洗风机并校正各空间间隙 | 大修时 |
| | 蒸汽加热器 | 清洗加热器的换热管 | 每半年 |
| | 灰斗流化风机 | 窄"V"带的张力偏正 | 每月 |
| | | 更换"V"皮带 | 每年 |
| | | 清洗空气滤清器 | 每3个月 |
| | | 更换滤清器滤芯 | 每年 |
| | | 更换齿轮箱的润滑油、轴承箱的润滑脂 | 每半年 |
| | | 垫片、油封检查，磨损的应更换 | 每年 |
| | | 清洗风机的齿轮、轴承、油密封、气密封、校正各工作间隙 | 大修时 |
| | 蒸汽加热器 | 清洗加热器的换热管 | 每半年 |

续表

| 系统名称 | 设备名称 | 内容 | 周期 |
|---|---|---|---|
| 吸收剂制备系统 | 生石灰仓 | 检查流化板 | 每年 |
| | | 检查内部集灰、结块 | 每年 |
| | 生石灰仓顶袋式除尘器 | 检查排气风机、电磁阀是否运行正常 | 每天 |
| | | 人孔门密封性检查 | 每天 |
| | | 清理过滤减压阀的滤芯 | 每年 |
| | | 更换破损滤袋 | 2年 |
| | 螺旋给料机 | 润滑脂、润滑油更换 | 每半年 |
| | 旋转给料器皮带秤 | 传动装置更换 | 每年 |
| | | 检查十字簧片是否变形，紧固螺栓是否松动 | 每3个月 |
| | 消化器 | 排空消化器内杂灰、结块 | 每天，消化器停运后或开启前 |
| | | 填料箱密封性检查，填料函的温度超过40~50℃时重新调整，无法调整时应更换 | 每天 |
| | | 检查轴承温度及噪声，若超标应更换 | 每周 |
| | | 检查填料函是否松动、减速器油位 | 每半个月 |
| | | 一级消化器传动装置同轴性调整，并检查其弹性传动接头橡胶零件的磨损情况 | 每半年 |
| | | 检查二、三级传动链磨损度，必要时更换 | 每半年 |
| | | 检查观察孔密封件磨损度，严重时更换 | 每半年 |
| | | 检查壳体的紧密性，更换橡胶圈 | 每半年 |
| | | 消化器搅拌桨片、传动带磨损时，应更换 | 每年 |
| | | 润滑油、润滑脂清洗更换 | 每8000h |
| | 消化器出口旋转给料器 | 润滑脂、润滑油更换 | 每半年 |
| | | 传动装置链条更换 | 每年 |

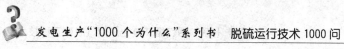

续表

| 系统名称 | 设备名称 | 内容 | 周期 |
|---|---|---|---|
| 吸收剂制备系统 | 消石灰喷射器 | 检查内部积灰、结块，磨损程度 | 每年 |
| | 消化器排气袋式除尘器 | 检查排气风机、电磁阀是否运行正常 | 每天 |
| | | 人孔门密封性检查 | 每天 |
| | | 清理过滤减压阀的滤芯 | 每年 |
| | | 更换破损滤袋 | 2年 |
| 吸收剂供应系统 | 消石灰仓 | 检查流化板 | 每年 |
| | | 检查内部集灰、结块 | 每年 |
| | 消石灰调频旋转给料器 | 传动装置链条更换 | 每年 |
| | 进料空气斜槽 | 检查帆布的破损程度，必要时应更换 | 每年 |
| 脱硫灰循环系统 | 灰斗流化槽 | 检查底部流化帆布有无磨损，必要时更换 | 每年 |
| | | 清扫设备内结灰、结块、异物 | 每半年 |
| | | 流量控制阀转筒检查，磨损严重时应更换 | 每半年 |
| | | 垫片检查 | 每年 |
| | | 流量控制阀气缸活塞杆磨损程度检查 | 每3个月 |
| | | 开关箱漏气检查，保险联接器检查 | 每3个月 |
| | 空气斜槽 | 检查帆布的破损程度，必要时应更换 | 每年 |
| 吸收塔底排渣系统 | 塔底排灰输送机 | 检查减速机、输送机的运行状态 | 每天 |
| | | 润滑油、润滑脂清洗更换 | 每运行5000h |
| | | 去除叶片上的结灰、结块、异物等 | 每年 |
| | 气动插板阀 | 清扫设备内结灰、结块、异物 | 每半年 |
| | | 阀气缸活塞杆磨损程度检查 | 每3个月 |
| | 重锤式双层翻板阀 | 清除阀内异物，避免阀体堵塞 | 每天 |
| | | 检查阀板与重锤阀之间的紧密性，必要时可更换阀板 | 每半年 |
| | | 润滑脂添加 | 每半月 |
| 蒸汽加热系统 | | 检查蒸汽截止阀、疏水阀是否完好，检查蒸汽加热管有无泄漏、堵塞情况，更换腐蚀与堵塞严重的蒸汽管路 | 大修时 |

## 1284. 热工测量设备定期检查要求是什么？

**答：** 热工测量设备定期检查要求见表17-8。

表 17-8　　　　　　　热工测量设备定期检查要求

| 序号 | 工作项目 | 达到的要求 | 周期 |
|------|----------|-----------|------|
| 1 | 现场热工设备巡检 | 外观良好，标识清楚 | 一周 |
|  |  | 保温装置良好 |  |
|  |  | 伴热、吹扫气投入 |  |
|  |  | 仪表柜、端子柜完好，柜内无积尘 |  |
| 2 | DCS 柜清扫 | 柜内设备整洁，无杂物 | 三个月 |
| 3 | $SO_2$ 分析仪校验 | 测量准确 | 一个月 |
| 4 | $O_2$ 分析仪校验 | 测量准确 | 两个月 |
| 5 | 颗粒物测量仪 | 外送校验 | 一年 |
| 6 | 温度元件校验 | 测量准确 | 一年 |
| 7 | 压力（差压）变送器 | 测量准确 | 两年 |
| 8 | 热电子湿度仪 | 外送校验 | 一年 |
| 9 | 压力表 | 测量准确 | 一年 |
| 10 | 料位探头和电子线路清灰及校准 | 正确指示料位情况，灵敏度及延迟时间合适 | 一年 |

# 第二节　循环流化床锅炉脱硫技术

## 1285. 循环流化床燃烧的原理是什么？流化床燃烧有哪些优点？

**答：** 循环流化床燃烧（CFBC）技术系指小颗粒的煤与空气在炉膛内处于沸腾状态下，即高速气流与所携带的稠密悬浮煤颗粒充分接触燃烧的技术。

循环流化床锅炉脱硫是一种炉内燃烧脱硫工艺，以石灰石为脱硫吸收剂，燃煤和石灰石自锅炉燃烧室下部送入，一次风从布风板下部送入，二次风从燃烧室中部送入，石灰石受热分解为氧化钙和二氧化碳；气流使燃煤、石灰颗粒在燃烧室内强烈扰动形成流化床，燃煤烟气中的 $SO_2$ 与氧化钙接触发生化学反应被脱除。为了提高吸收剂的利用率，将未反应的氧化钙、脱硫产物及飞灰送回燃烧室参与循环利用，钙硫比达到 2～2.5 时，脱硫率可达 90％以上。

流化床燃烧方式的特点是：①清洁燃烧，脱硫率可达 80％～95％，$NO_x$ 排放可减少 50％；②燃料适应性强，特别适合中、低硫煤；③燃烧效率高，可达 95％～99％；④负荷适应性好，负荷调节范围 30％～100％。

### 1286. 循环流化床锅炉脱硫原理是什么？

**答：**循环流化床锅炉炉内脱硫是采用石灰石干法脱硫来实现的，即将炉膛内的 $CaCO_3$ 分解煅烧成 CaO 与烟气中的 $SO_2$ 发生反应生成 $CaSO_4$ 随炉渣排出，从而达到脱硫目的石灰石脱硫过程。主要分为以下三步：

（1）石灰石煅烧。在常压流化床锅炉中石灰石中的 $CaCO_3$ 遇热煅烧分解为 CaO 煅烧析出 $CO_2$ 时会生成并扩大 CaO 中的孔隙增加其表面积为下步的固硫反应奠定基础。

反应方程：

$$CaCO_3 = CaO + CO_2 \qquad (17\text{-}2)$$

（2）硫的析出与氧化。煤中的硫主要以黄铁矿、有机盐和硫酸盐三种形式存在，有关试验表明煤在加热并燃烧时 $SO_2$ 的析出呈现明显的阶段性。黄铁矿燃烧氧化后生成 $SO_2$。有机硫在 200℃分解并释放出 $H_2S$、硫醚、硫醇等这些物质氧化后都生成 $SO_2$。

反应方程：

$$S + O_2 = SO_2 \qquad (17\text{-}3)$$

（3）硫的固化。反应 CaO 与析出的 $SO_2$ 反应生成硫酸盐。

反应方程：

$$CaO + SO_2 + 1/2 O_2 = CaSO_4 \qquad (17\text{-}4)$$

### 1287. 循环流化床锅炉脱硫影响因素有哪些？

**答：** 循环流化床锅炉脱硫影响因素有：

（1）锅炉运行床温的影响。对脱硫效率影响较大的因素之一就是锅炉的运行床温，这是因为无论是在石灰石的脱硫活性和反应速度上，还是在分布固体产物和堵塞孔隙时都会受到床温变化的直接影响，因此在进行石灰石的脱硫反应时，以及在使用脱硫剂时都会受到床温的直接影响。而脱硫是没有一个常数来作为其最佳温度的，通常其控制在 $800 \sim 900℃$ 之间。过低的温度就会降低石灰石煅烧反应速度，甚者煅烧反应都不能完成，从而就减慢脱硫反应速度，降低脱硫效率；过高的温度，则会加快脱硫反应，造成大量的 $CaSO_4$ 分解成 $SO_2$，这也会下降脱硫效率。

（2）燃料煤含硫量的影响。煤的含硫量越高，其在相同钙硫比的情况下的脱硫率也就会越高。这是由于含硫量高的煤会在炉膛内有较高浓度的 $SO_2$ 产生，这样 $CaO$ 与 $SO_2$ 的正反应速度就会得以加快。

（3）钙硫比的影响。通过大量的试验结果显示，当钙硫比在 2.5 以下时，脱硫效率就会随着钙硫比的增大而增加得很快。这主要是因为固硫反应速度是随着钙浓度的增加而不断加快，$SO_2$ 被反应的数量成比例也是随着钙量的增加也在不断地增加；当钙硫比超过 2.5 时，不断投入钙量也无法起到提高脱硫效率的效果，这样既造成脱硫剂的浪费，也使得灰渣的物理热损失大为增加。

（4）床料粒度。脱硫效率还会受到脱硫剂和燃料的粒度，以及二者之间粒径的分布的影响。为了使 $SO_2$ 扩散到脱硫剂的核心处，并增大参与反应面积，利于脱硫，可以采用较小粒径的石灰石；然而，也不能用粒度过小的石灰石，或是所使用的石灰石太易磨损，这就会加大其以飞灰形式的逃逸量，从而降低脱硫效率。石灰石粉的颗粒越小，就会增大其反应的比表面积，从而就提高脱硫率。如果炉内气流速度逐渐减慢，在炉内石灰石粉的停留时间就会逐渐加长，其反应就会更加趋向完全，脱硫率就会提高。这两种虽然都能提高脱硫率，但两者又存在着一定的矛盾。颗粒越细，就会缩短其在炉内停留的时间，颗粒过细，其脱硫剂被扬析出床的就会越多，这样就大大降低其利用率，通常石灰石粉的粒度保持在0.1～0.3mm是最好的。但在实际中，循环流化床加入过粗的炉内石灰石粉现象还是较为普遍的，有些锅炉甚至只是简单将石灰石破碎就加入其中，这样所获得的脱硫效果较差。

（5）石灰石特性。石灰石特性主要包括两大类：

一类是物理特性，其主要包括石灰石煅烧后所生成空隙的大小、分布及表面积等。对于脱硫反应而言，孔隙直径在0.03μm以上是最好的。这是因为，空隙过细其产生的阻力就会加大，不利于进行脱硫反应，且$CaSO_4$易将这些给堵塞，从而就降低其表面利用率。为此，煅烧产物的孔隙分布要合理，且其要大于表面积，说明石灰石物理特性是非常重要的。

另一类是化学特性，其主要是指石灰石所含杂质的影响。石灰石的转化率会受到许多杂质的影响。有杂质的存在，就会在固硫过程中，推迟CaO颗粒孔隙被堵塞的时间，CaO颗粒的利用率也就会因此而提高。因此，石灰石的种类不同，孔隙直径分布不同，脱硫率也不相同。

## 1288. 循环流化床锅炉添加石灰石后所产生的影响有哪些？

**答：**循环流化床锅炉添加石灰石后所产生的影响有：

（1）对入炉热量造成的影响　$CaCO_3$煅烧反应与硫酸盐化反应是添加石灰石进行脱硫的两个部分。一开始在给煤机处加入石灰石并进入炉膛后，会明显降低床温，这主要是由于石灰石进入炉膛后，在高温的情况下先是进行煅烧分解反应，而这个过程是一个吸热过程。此外，因石灰石同燃煤一起混合后进入炉膛，在没有改变螺旋给煤机转速时，此时也就降低入炉煤量，放热量同时也在减少，在这两种因素的影响下，就必然会降低床温，如果加入更多的石灰石，床温降低的速度也就会越快。

（2）对灰渣物理热损失的影响　从锅炉所产出的炉渣，以及从分离器下所排出的灰分，这些都还具有非常高的温度，但这些热量却不能被加以利用，这所造成的热损失就是所谓的灰渣物理热损失。

（3）对排烟热损失的影响从以上脱硫公式叫看出，锅炉的热效率会因为循环流化床锅炉加钙脱硫而降低。

第十八章

# 炉内喷钙脱硫工程技术

**1289. 什么是炉内喷入石灰石和氧化钙活化技术？**

**答：**炉内喷入石灰石和氧化钙活化技术（LIFCA）：是将石灰石于锅炉的1150℃部位喷入，$CaCO_3$能迅速分解成CaO；同时起到部分固硫作用，在尾部烟道系统的适当部位设置增湿活化器，使未反应的CaO水合成$Ca(OH)_2$，起到进一步脱硫效果。

**1290. LIFAC脱硫工艺是什么？**

**答：**LIFAC是linestone injection into fwnace and activation of calcium ode的英文缩写，是一种炉内喷钙和炉后活化增湿联合的脱硫工艺，由芬兰IVO电力公司与Tampellla公司联合开发。LIFAC工艺也简称干法烟气脱硫，脱硫效率一般在60%～85%。

**1291. 炉内喷钙尾部增湿活化（LIFCA）脱硫方法的工艺流程是什么？**

**答：**炉内喷钙尾部增温活化技术（LIFCA）脱硫方法的工艺流程是：

磨细到325目左右的石灰石粉（$CaCO_3$）用气力喷射到锅炉炉膛的上部，炉膛温度为900～1250℃的区域。$CaCO_3$能迅速分解成氧化钙（CaO）和二氧化碳（$CO_2$），锅炉烟气中的一部分$SO_2$和几乎全部$SO_3$与CaO反应生成硫酸钙，在尾部烟道系统的适当部位设置增湿活化器，使未反应的CaO水合成$Ca(OH)_2$，起到进一步脱硫效果。

**1292. LIFAC脱硫工艺主要包括哪三步？**

**答：**LIFAC脱硫工艺主要包括三步：①向高温炉膛喷射石灰石

粉；②炉后活化器中用水或灰浆增湿活化；③灰浆或干灰再循环。

**1293. 叙述 LIFAC 脱硫工艺基本原理。**

**答：**喷钙脱硫成套技术主要由炉内喷钙脱硫和活化器两部分组成，石灰石粉借助气力喷入炉膛内 $850 \sim 1150\,^{\circ}\text{C}$ 烟温区，石灰石煅烧分解成 $CaO$ 和 $CO_2$，部分 $CaO$ 与烟气中的 $SO_2$ 反应生成 $CaSO_4$，脱除烟气中一部分 $SO_2$。炉内尚未反应的 $CaO$ 随烟气流至尾部增湿活化器中，与喷入的水雾接触，生成 $Ca(OH)_2$，并进一步与烟气中剩余的 $SO_2$ 反应生成 $CaSO_4$，活化器内的脱硫效率高低取决于雾化水量、液滴粒径、水雾分布和烟气流速、出口烟温，最主要的控制因素是脱硫剂颗粒与水滴碰撞的概率。活化器出口烟气中还有一部分可利用的钙化物，为了提高钙的利用率，将电除尘器收集下来的粉尘通过灰再循环输送机返回一部分到活化器中再利用。活化器出口烟温因雾化水的蒸发而降低，为避免出现烟温低于露点温度的情况发生，采用烟气再加热的方法，将烟气温度提高至露点以上 $10 \sim 15\,^{\circ}\text{C}$。

具体化学反应为：

(1) 炉内喷钙：

$$CaCO_3 \longrightarrow CaO + CO_2$$
$$CaO + SO_2 + 1/2O_2 \longrightarrow CaSO_4 \tag{18-1}$$

(2) 活化器：

$$CaO + H_2O \longrightarrow Ca(OH)_2$$
$$Ca(OH)_2 + SO_2 + 1/2O_2 \longrightarrow CaSO_4 + H_2O \tag{18-2}$$

整个 LIFAC 工艺系统的脱硫效率 $\eta$ 为炉膛脱硫效率 $\eta_1$ 和活化器脱硫效率 $\eta_2$ 之和，即 $\eta = \eta_1 + (1 - \eta_1)\eta_2$，一般为 $60\% \sim 85\%$。LIFAC 脱硫方法适用于燃用含硫量为 $0.6\% \sim 2.5\%$ 的煤种、容量为 $50 \sim 300\text{MW}$ 燃煤锅炉。与湿式烟气脱硫技术相比，投资少，占地面积小。

**1294. 简述 LIFAC 脱硫法的优缺点。**

**答：**该工艺与其他工艺比，投资与运行费用最低，系统安装迅速，占地少，无废水排放；缺点是钙硫比较高，仅适用于低硫煤；且易在锅炉尾部积灰，引起锅炉效率降低。

### 1295. 叙述喷钙对结渣倾向的影响。

**答：** 灰结渣特性是通过评价水冷壁沉积物的特性，化学和热力学性能来确定的。

水冷壁沉积物的可清理性以及水冷壁沉积物对传热的影响是用来评定结渣潜在可能性的主要数据。

沉积物的可清理性是根据沉积物的物理状态（熔融、烧结等）来估评，以及通过确定吹灰器除灰效益来评价。

炉膛内喷钙可导致实际灰成分发生变化，炉内灰的结渣倾向也会相应发生变化。

对于不同的煤，添加石灰石后煤灰的熔融性变化有以下几种情况：

(1) 灰熔点有所降低，结渣量增加。

(2) 灰熔点变化不显著，结渣量基本保持不变。

(3) 灰熔点有所提高，结渣量减少。

从实际运行情况来看，根据石灰石粉量适当调整炉膛吹灰的次数，采用炉内喷钙脱硫技术不会因结渣问题影响运行。

### 1296. 喷钙后对炉内灰分和静电除尘器的运行有何影响？

**答：** 喷钙脱硫造成炉内灰分增加，其主要来源是：吸着剂带入的杂质、碳酸钙分配生成的氧化钙以及固硫反应后生成的硫酸钙等。影响电除尘器（ESP）的因素主要有：烟气量、粉尘比电阻、粉尘粒径、气流分布均匀性和烟气含尘浓度等。喷钙脱硫后影响 ESP 除尘效率的几项因素是：

(1) 烟气通过活化器反应后，烟温可降低约 100℃，烟气体积减小，有利于提高除尘器效率；烟气经过增湿比电阻有所下降，有利于提高除尘器效率。

(2) 喷钙后飞灰与石灰石粉混合物的中位径比飞灰略大一些，容易收集。

（3）活化器中烟气速度较低，在该流动空间中有 20%～30% 的除尘效率，降低了 ESP 的除尘负荷。

### 1297. 干法喷钙类脱硫技术主要特点是什么？

**答：** 干法喷钙类脱硫技术主要特点是：

（1）能以合理的钙硫比得到中等甚至较高的脱硫率。

（2）与其他方法相比，工艺流程简单，占地面积小，费用最低。

（3）既适用于新建大型电站锅炉及中小型工业锅炉，又适用于现役锅炉脱硫技术改造。

（4）既适用于燃中低硫煤（油），也可用于燃高硫煤（油）烟气脱硫。

（5）吸着剂为石灰石等钙基物料，资源分布广泛，储量丰富且价格低廉，脱硫产物为中性固态渣，无二次污染。

（6）石灰石粉料的制备、输送、喷水雾化增湿等技术环节都是火电厂经常使用的成熟技术，易于掌握，无须增加运行人员。

（7）整个脱硫系统可单独操作，解列后不影响锅炉的正常运行。

# 喷雾干燥烟气脱硫工程技术

**1298. 喷雾干燥烟气脱硫技术的工作原理是什么？**

**答：** 喷雾干燥法脱硫工艺以石灰为脱硫吸收剂，石灰经消化并加水制成消石灰乳，消石灰乳由泵打入位于吸收塔内的雾化装置，在吸收塔内，被雾化成细小液滴的吸收剂与烟气混合接触，与烟气中的 $SO_2$ 发生化学反应生成 $CaSO_3$，烟气中的 $SO_2$ 被脱除。与此同时，吸收剂带入的水分迅速被蒸发而干燥，烟气温度随之降低。脱硫反应产物及未被利用的吸收剂以干燥的颗粒物形式随烟气带出吸收塔，进入除尘器被收集下来。脱硫后的烟气经除尘器除尘后排放。为了提高脱硫吸收剂的利用率，一般将部分除尘器收集物加入制浆系统进行循环利用。

**1299. 喷雾干燥法脱硫的优缺点是什么？**

**答：** 主要优点：脱硫产物为干燥的固体，便于处理，工艺能耗低，无废水、无腐蚀，投资与运行费用较湿法低。

缺点：单机容量小，钙硫比较高，废渣回收困难，喷雾较易磨损，石灰系统结构易结垢。

**1300. 喷雾干燥法脱硫的工艺流程是什么？**

**答：** 喷雾干燥烟气脱硫技术的工艺流程：①吸收剂制备；②吸收剂浆液雾化；③雾粒与烟气的接触混合；④液滴蒸发与 $SO_2$ 吸收；⑤废渣排出。

**1301. 喷雾干燥法 FGD 系统主要由哪几部分组成？**

**答：** 喷雾干燥法 FGD 系统主要由四部分组成：吸收塔系统、除尘设备、除雾器及料浆制备系统和干燥处理及输送。喷雾干燥装置由吸收塔筒体、烟气分配器和雾化器组成。

**1302. 影响喷雾干燥法 FGD 系统脱硫效率的因素有哪些？**

**答：**影响喷雾干燥法 FGD 系统脱硫效率的因素：钙硫比、吸收塔出口烟温、灰渣再循环。

第二十章

# 二氧化硫超低排放技术及应用

## 第一节　二氧化硫超低排放技术

### 1303.　超低排放是指什么？

**答：**超低排放是指燃煤电厂在发电运行、末端治理等过程中，采用多种污染物高效协同脱除集成系统技术，使其大气污染物排放浓度达到天然气燃气轮机组标准的排放限值，即在基准氧含量6％条件下，烟尘、二氧化硫、氮氧化物排放浓度分别不高于 10、35、50mg/m³。比《火电厂大气污染物排放标准》（GB 13223—2011）中规定的燃煤锅炉重点地区特别排放限值分别下降 75％、30％和 50％，是燃煤发电机组清洁生产水平的新标杆。

### 1304.　为达到 SO₂ 超低排放应采取哪些措施？

**答：**为达到 $SO_2$ 超低排放采取各种方法来尽可能地提高传质单元数（NTU），从而提高脱硫率。在设计上除了选择合适的塔内流速、喷淋覆盖率、选择合适的喷嘴减小浆液雾化液滴的直径、延长烟气在塔内的停留时间等外，采取的主要设计措施有：

（1）提高液气比（L/G）。对于大多数已建吸收塔的增容改造，增大 L/G 即要增加喷淋层及相应循环泵，这需要抬高吸收塔本体来满足安装空间，同时还要核算浆液循环停留时间 $\tau_C$ 能否满足工艺要求。石灰石基工艺的 $\tau_C$ 一般为 3.5～7min，典型的 $\tau_C$ 为 5min 左右。提高 $\tau_C$ 值有利于在一个循环周期内，在反应罐中完成氧化、中和和沉淀析出反应，有利于 $CaCO_3$ 的溶解和提高石灰石的利用率。

（2）均布脱硫塔内流场，提高烟气与浆液之间混合均匀度。例如采用文丘里棒、合金托盘、旋汇耦合装置等来均布和扰动气流，提高气-液的接触效果，进而提高脱硫效率；在吸收塔壁加装液体分布环、性能增强板、聚气环等来减少烟气沿塔壁的逃逸现象等。

（3）提高吸收液 pH 值。例如将吸收塔浆池分高 pH 值区和低 pH 值区以分别提高吸收效果和氧化效果；采用单塔双循环技术；加入有机和无机脱硫添加剂如甲酸、DBA 等技术；采用更高活性的吸收剂如 CaO、MgO 等。

### 1305. 高液气比（$L/G$）的作用有哪些？

答：高 $L/G$ 的作用有：

（1）增大吸收表面积。在大多数吸收塔设计中，循环浆液量决定了吸收 $SO_2$ 可利用表面积的大小，逆流喷淋塔喷出液滴的总表面积基本上与喷淋浆液流量成正比，当烟气流量一定时则与 $L/G$ 成正比。某电厂石灰石湿法 FGD 逆流合金托盘（1 层）塔 $L/G$ 与脱硫效率的关系如图 20-1 所示，在其他条件不变的情况下，增加吸收塔循环浆液流量即增大 $L/G$，脱硫效率则随之提高。因此，对于一个特定的吸收塔，在烟气流量和最佳烟气流速确定以后，

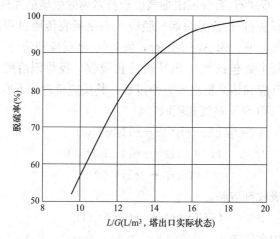

图 20-1 某电厂石灰石湿法 FGD 逆流合金托盘
（1 层）塔 $L/G$ 与脱硫效率的关系

$L/G$ 是达到规定脱硫效率的重要设计参数。由于喷淋液滴的大小、液滴的密度、停留时间以及吸收塔高度等因素也会影响效率，因此 $L/G$ 的确定还应考虑上述因素。

（2）降低 $SO_2$ 洗涤负荷，利于吸收。$L/G$ 提高，则降低了单位浆液洗涤 $SO_2$ 的量，不仅增大了传质表面积，而且中和已吸收 $SO_2$ 的可利用的总碱量也增加了，因此也提高了总体传质系数，提高了脱硫率。

（3）控制浆液过饱和度、防止结垢。当浆液中 $CaSO_4 \cdot 2H_2O$ 的过饱和度高于 1.3 时将产生石膏硬垢。在循环浆液固体物浓度相同时，单位体积循环浆液吸收的 $SO_2$ 量越低，石膏的过饱和度就越低，有助于防止石膏硬垢的形成。另外，吸收塔吸收区中的 $SO_3^{2-}$ 和 $HSO_4^-$ 的自然氧化率与浆液中溶解氧量密切有关，大 $L/G$ 将有利于循环浆液吸收烟气中的氧气。再者，来自反应罐的循环浆液本身也含有一定的溶解氧，循环浆液流量大，含氧量也就多。因此，提高 $L/G$ 将有助于提高吸收区的自然氧化率，减少强制氧化负荷。

### 1306. 石灰石-石膏湿法烟气脱硫技术高效脱硫的原理是什么？

**答：**石灰石-石膏湿法烟气脱硫核心是吸收传质过程，脱硫反应过程在气、液、固三相中进行，发生气-液反应和液-固反应，脱硫反应过程主要包括气相 $SO_2$ 被液相吸收、吸收剂溶解、中和反应、氧化反应和结晶析出等五个过程，其反应机理如下所示：

（1）气相 $SO_2$ 被液相吸收：

$$SO_2(g) + H_2O \longleftrightarrow H_2SO_3(l) \qquad (20\text{-}1)$$

$$H_2SO_3(l) \longleftrightarrow H^+ + HSO_3^- \qquad (20\text{-}2)$$

$$HSO_3^- \longleftrightarrow H^+ + SO_3^{2-} \qquad (20\text{-}3)$$

（2）吸收剂溶解：

$$CaCO_3(s) \longleftrightarrow CaCO_3(l) \qquad (20\text{-}4)$$

（3）中和反应：

$$CaCO_3(l) + H^+ + HSO_3^- \longrightarrow Ca^{2+} + SO_3^{2-} + H_2O + CO_2(g)$$

$$(20\text{-}5)$$

$$SO_3^{2-} + H^+ \longrightarrow HSO_3^- \qquad (20\text{-}6)$$

（4）氧化反应：

$$SO_3^{2-} + 1/2O_2 \longrightarrow SO_4^{2-} \qquad (20\text{-}7)$$

$$HSO_3^- + 1/2O_2 \longrightarrow SO_4^{2-} \qquad (20\text{-}8)$$

（5）结晶析出：

$$Ca^{2+} + SO_3^{2-} + 1/2H_2O \longrightarrow CaSO_3 \cdot 1/2H_2O \qquad (20\text{-}9)$$

$$Ca^{2+} + SO_4^{2-} + 2H_2O \longrightarrow CaSO_4 \cdot 2H_2O(s) \qquad (20\text{-}10)$$

其中 $SO_2$ 的吸收传质过程又主要取决于前三个步骤，高效脱硫的关键也在于如何加速前三个步骤的反应过程。

$SO_2$ 的吸收传质过程可以通过双膜理论来解释，$SO_2$ 的吸收传质主要有三种阻力：①气相阻力；②液相阻力；③气液分界面阻力。双膜理论示意图如图 20-2 所示。

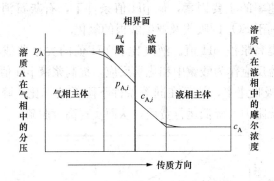

图 20-2 双膜理论示意图

由于 $SO_2$ 极易溶于水，在气体中的扩散速度比在液体中要快，因此气相阻力很小；$CaCO_3$ 极难溶于水，下步中和反应所需的 $Ca^{2+}$ 的形成速率也慢，液相阻力较大，$CaCO_3$ 溶解速度控制了吸收过程的总速度；$CaCO_3(1)$ 和 $HSO_3^-$ 在气液相界面发生反应，其反应速率也受气液分界面阻力影响，因此上述反应式（20-4）和反应式（20-5）是 $SO_2$ 吸收传质过程的"速度控制"步骤。

增加液气比可以提高参与反应的石灰石量，从而显著提高脱硫效率，理论上足够高的液气比可以实现较高脱硫效率，但单纯增加液气比无法从根本上改善 $SO_2$ 吸收传质效果，同时浆液循环量的增加必然造成循环泵电耗和系统阻力增加，经济性较差。因此，实现高效脱硫的技术关键在于如何降低 $SO_2$ 吸收阻力，即如何降低液相阻力和气液分界面阻力，从而实现用较少的液气比实现较高脱硫效率。

### 1307. 降低液相阻力的措施主要有哪些？

**答：**降低液相阻力的措施主要有提高石灰石消溶速率、提高浆液 pH 值等，而降低气液界面阻力则可以通过提高流场均匀性、增强气液紊流效果等来实现。

（1）提高石灰石消溶速率。石灰石活性用石灰石消溶速率来表示，其定义为单位时间内被消溶的石灰石的量。pH 值是控制石灰石溶解速率的主要因素，低 pH 值条件下，石灰石消溶速率较快，但不利于 $SO_2$ 的吸收及亚硫酸根的氧化。

（2）提高浆液 pH 值。液气比和 pH 值的关系曲线如图 20-3 所示。脱硫反应作为酸碱中和化学反应，提高浆液 pH 值可以显著提升 $SO_2$ 吸收速率，从而在同等条件下降低液气比，降低循环泵电耗和系统阻力，降低运行费用，从而实现高效脱硫。

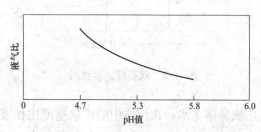

图 20-3　液气比和 pH 值的关系曲线

提高浆液 pH 值可通过添加新鲜石灰石浆液来实现，但脱硫反应中 $SO_2$ 吸收和石膏氧化反应受 pH 值影响效应相互制约，高 pH 值可以强化吸收过程，但势必影响石膏氧化过程，因此在常规吸收塔中通常控制浆液 pH 值范围在 $5.0 \sim 6.0$ 之间，确保吸收和氧化反应都能实现较为理想的效果，一味提高浆液 pH 值会导致石膏

中 $CaCO_3$ 含量较高，石灰石利用率不高，同时石膏品质受影响进而影响整个脱硫装置运行，提高 pH 值的同时必须要解决好石膏品质和石灰石利用率的问题。

目前，单塔双区技术、单塔双循环技术、双塔双循环技术等高效脱硫技术的核心均在于设置吸收和氧化不同的 pH 分区或者循环来解决此问题。

（3）提高流场均匀性。提高流场均匀性，可以增加 $SO_2$ 和石灰石浆液的碰撞概率，增加气液接触时间，减少浆液喷淋无法覆盖的"死区"，从而避免 $SO_2$ 未经反应而离开脱硫塔导致脱硫效率下降的现象发生。

提高流场均匀性可以通过流场优化、设置均流装置等方式来实现，在吸收塔设计前期需开展物模与数模工作，合理调整吸收塔内流场设计确保气流均布效果，同时为除雾器选型设计提供依据。合金托盘等均流装置的设置也可以有效提高流场均匀性。

（4）增强气液紊流效果。增强气液紊流效果可以使吸收塔内气液固三相充分接触，增强气液膜传质效果，提高传质速率，进而提高脱硫接触反应效率，有效降低液气比，减少循环泵能耗，它主要通过塔内设置高效均流装置、高效雾化喷嘴等措施实现。托盘/双托盘塔技术、旋汇耦合塔技术、旋流雾化塔技术、薄膜持液层托盘塔技术等技术的开发均基于此理念。

### 1308. 实现高效脱硫的技术措施有哪些？

**答：**实现高效脱硫的技术措施有：

（1）实现高效脱硫的技术关键在于如何降低 $SO_2$ 吸收阻力，从而实现用较少的液气比实现较高脱硫效率。实现高效脱硫的技术的主要实施措施包括提高石灰石消溶速率、提高浆液 pH 值、提高流场均匀性、增强气液紊流效果等。脱硫添加剂提效技术可以显著提高石灰石消溶速率，缓冲浆液 pH 值，从而提高 $SO_2$ 脱除效率。

（2）高 pH 值可以利于吸收，低 pH 值利于氧化，单塔双区技术、单塔双循环技术、双塔双循环技术等高效脱硫技术通过设置吸收和氧化不同的 pH 分区或者循环，确保吸收和氧化反应都能实现较为理想的效果，从而有效降低液气比，提高脱硫效率。

（3）托盘/双托盘塔技术、旋汇耦合塔技术、旋流雾化塔技术、薄膜持液层托盘塔技术等技术通过塔内设置高效均流装置、高效雾化喷嘴等措施，可以提高流场均匀性，增强气液紊流效果，提高传质速率，进而提高脱硫接触反应效率，有效降低液气比。

### 1309. 不同高效脱硫技术的技术特点是什么？

**答：**不同高效脱硫技术的技术特点是：

（1）$SO_2$ 排放浓度和脱硫效率。通过提高流场均匀性、优化配置设备型号参数等手段，不同高效脱硫技术均能实现 99％以上的脱硫效率，且都具有一定业绩。但相对而言，双循环工艺（单塔双循环、双塔双循环等）由于实现较为彻底的 pH 分级，总体而言其设备裕量较大，在运行较长时间后，脱硫系统性能有所下降，仍可以通过调整一、二级塔循环泵组合、pH 值分配等手段，确保脱硫装置长期稳定实现高脱硫效率，其可靠性较高。

考虑长期满足设计效率运行条件，随着脱硫系统性能的衰减（如循环泵效率下降、喷嘴堵塞），单循环工艺（托盘/双托盘塔、旋汇耦合塔、单塔双区、旋流雾化塔等）往往缺乏有效手段进行调节。对于脱硫效率要求长期稳定维持在 99％以上的脱硫机组，其可靠性往往不如双循环工艺。

（2）协同除尘情况。实现脱硫高效协同除尘效果的几个前提条件是：吸收塔内结构合理、吸收塔流速适合（一般在 3.5m/s 左右）、流场均匀、喷淋层覆盖好（覆盖率在 300％以上）、高品质除雾器。

双塔双循环工艺可以考虑在新建串联二级塔设计中充分考虑协同除尘作用，二级塔型式可以选择空塔、托盘塔、旋汇耦合塔等多种形式，同时粉尘经过两次洗涤，因此，其脱硫协同除尘能力要远远高于其他工艺。

托盘/双托盘塔、薄膜持液层托盘塔技术可以显著改善吸收塔内气流分布，其持液层可以提高粉尘与浆液的接触面积，提高洗尘效率。因此，其协同除尘能力要高于喷淋空塔等工艺。

旋汇耦合塔技术通过旋汇耦合器和管束式除尘装置的协同作用，实现对微米级粉尘和细小雾滴的脱除，可以实现 $SO_2$ 和粉尘的协同超低排放。

（3）能耗水平。在实现同等排放指标条件下，双循环工艺（单塔双循环、双塔双循环、薄膜持液层托盘塔技术等）能耗水平较单循环工艺并未有显著提升，虽然双循环脱硫系统阻力较高造成风机电耗偏大，但循环泵电耗有所下降（往往可以减少一台泵的投运，同时可以运行低出力循环泵，总运行液气比显著下降）；同时，其通过一、二级塔（或者循环）运行方式调整，适应机组负荷和硫分波动时节能空间更大。

（4）运行控制和经济运行方式。脱硫系统运行控制可以通过探索脱硫机组节能运行方式，总结出不同工况下最佳运行卡片，指导脱硫系统经济运行。

较单循环工艺，双循环工艺（单塔双循环、双塔双循环、薄膜持液层托盘塔技术）运行控制更为复杂，但其调整空间更大，实现高脱硫效率低能耗可以通过调整一、二级塔（或者循环）的循环泵配置、pH 值分配、氧化风分配等手段实现。

（5）脱硫副产物问题。单塔双循环、双塔双循环、薄膜持液层托盘塔技术可以实现石膏氧化的最佳 pH 值条件，从而得到较高品质的石膏，单塔双区工艺由于在下部创造石膏氧化所需的低 pH 值条件，也有利于石膏品质的提升。

（6）场地布置和改造空间条件。双塔双循环工艺占地面积较单循环工艺增加一倍，单塔双循环工艺占地面积仍较大，仅比双塔双循环工艺节省联络烟道的空间。对于场地条件紧张的改造项目，这两种工艺实施难度均较高。

托盘/双托盘塔、旋汇耦合塔、单塔双区、旋流雾化塔技术改造主要通过增加喷淋层、塔内增效装置、塔内结构配置优化调整等手段实现，改造对场地要求不高。

## 第二节　脱硫系统协同除尘技术

**1310. 超低排放前湿法脱硫协同除尘效果不佳的原因有哪些?**

**答:** 由于早期烟尘排放限制标准不高,《火电厂大气污染物排放标准》(GB 13223—2011) 要求的最为严格的烟尘排放限值仅为 $20mg/m^3$,现有脱硫装置在设计时对于协同除尘考虑不足,导致脱硫协同除尘效果不佳,分析其原因主要包括以下几点。

(1) 塔内设计烟气流速偏高。脱硫装置设计推荐的烟气流速在 $3\sim4m/s$,一般来说,国外脱硫装置设计流速都在 $3.5m/s$ 左右,而国内脱硫装置设计流速普遍偏高,基本在 $3.8m/s$ 以上,甚至有的脱硫装置为了减少占地面积,减少投资,将脱硫装置的流速设计在 $4m/s$ 以上。

(2) 塔内流场分布不均匀。由于吸收塔设计前期缺少物模、数模等基础工作,导致吸收塔结构、烟道设计不够合理,部分区域形成烟气死区;而部分区域烟气流速过大,使局部的除雾器超负荷运行,浆液量超过除雾器处理能力时,大量堆积于除雾器的内部,造成除雾器堵塞现象,并随之蔓延至整个除雾器界面,令除雾器失效。

(3) 除雾器配置低。脱硫装置设计时对于除雾器不够重视,对于除雾器出口雾滴含量的考核指标不严,导致实际工程应用中往往选择较为便宜的除雾器品牌进行安装,除雾器大部分以两级屋脊式除雾器为主,部分电厂甚至选择效果更差的两级平板式除雾器,导致除雾器性能远远达不到设计值。

(4) 除雾器安装高度不足。为节约脱硫工程投资,脱硫工程公司往往将脱硫装置的除雾区设计为正好安装进一个除雾器的高度,上下预留空间不足。一般认为除雾器下部应与最顶层喷淋层保证一定的距离,以发挥重力沉降的作用,降低烟气带至除雾器的浆液量;并且保证除雾器上部与吸收塔顶部的距离,保证除雾器后的流场均匀,不会因为距离顶部烟道过近,导致流场紊乱,影响除雾器效果。

**1311. 脱硫协同除尘的提效措施主要有哪两种？**

**答**：脱硫协同除尘提效措施主要分为两种：低低温电除尘器联合湿法脱硫协同除尘和高效除尘除雾装置协同除尘两种技术。

(1) 低低温电除尘器联合湿法脱硫协同除尘。前部除尘改造，降低吸收塔入口烟尘，配合高效除尘除雾装置，实现协同除尘效果。

(2) 高效除尘除雾装置协同除尘。通过手段增大除尘器出口烟尘粒径，配合高性能除雾器（三级屋脊式除雾器、一级管式＋两级屋脊式除雾器等），实现协同除尘效果。

两种技术的核心均在于脱硫装置整体发挥它应有的协同除尘效果。

**1312. 脱硫协同除尘两种技术优缺点是什么？**

**答**：脱硫协同除尘两种技术均有不同的优缺点：

(1) 低低温除尘器受限于安装空间位置和后续电除尘器的形式，并不一定适用于每一台机组，但低低温电除尘器有节能降耗、提高除尘效率的优点。

(2) 高效除尘除雾装置只需要对脱硫吸收塔塔顶部进行改造，即可安装使用，泛用性较强，但同时也有应用时间较短、稳定性可靠性尚有待检验的问题。

**1313. 脱硫装置整体协同除尘提效方案主要采取哪些措施？**

**答**：脱硫装置整体协同除尘提效方案主要采取除雾器优化配置、降低吸收塔流速、浆液喷淋系统优化、增加合金托盘、增加除雾区空间距离、采用新型高效除尘除雾装置等措施。

(1) 除雾器优化配置。除雾器优化配置可以从除雾器结构形式优化、增加除雾器级数、除雾器组合配置、除雾器冲洗水系统改造等角度着手。

(2) 降低吸收塔空塔烟气流速。要达到较高的烟尘洗涤效果，尘粒与水滴必须具备足够的相对速度，但同时，在逆流喷淋塔中，如果烟气上升速度超过液滴的末端沉降速度，液滴将被烟气带走。

试验结果表明，在烟气流速低于 3.5m/s 时，吸收塔除尘效率随着烟气流速增加而显著增加；而烟气流速在高于 3.5m/s 时，烟气流速增加后除尘效率增加并不明显，甚至可能因为夹带的雾滴量增大，超出除雾器的处理能力导致除尘效率的下降。

因此，对于新建吸收塔和双塔双循环脱硫系统增设的二级吸收塔设计时，塔内烟气流速均按照不超过 3.5m/s 设计，这样可以尽可能避免高流速烟气夹带烟尘。

（3）吸收塔内浆液喷淋系统优化。吸收塔除尘效率随着喷淋密度的增加不断增大，喷淋密度越大，塔截面有液滴通过部分越多，烟尘由于截留而被捕集的机会也越多。

现有脱硫塔应尽量考虑提高喷淋层喷淋覆盖度（喷淋覆盖度按照不小于 300% 设计），增加喷嘴布置数量，选择高性能喷嘴来提高烟尘与浆液的接触机会，提高除尘效率。

（4）吸收塔内部设置合金托盘及流场优化。在吸收塔设计前期需开展物模与数模工作，合理调整吸收塔内流场设计确保均布效果，并为除雾器选型设计提供依据。

为提高吸收塔内流场均匀度，可在喷淋层下部设置合金托盘，在提高脱硫效率的同时，增加液固接触机会，防止烟气的贴壁逃逸，提高除尘效率；具备条件的机组还可设置双层托盘，增大持液层高度，提高微细烟尘（PM2.5）的捕集效率；同时，应根据设计前期物模与数模结果，对合金托盘塔的托盘开孔率精细化控制。

（5）更换为新型高效除尘除雾装置。除了以上措施可以提高整个脱硫装置的协同除尘效果，还可以采用新型高效除尘除雾装置，来增加除雾区的除尘除雾效果，一般高效除尘除雾装置能够保证脱硫吸收塔出口雾滴小于 $20mg/m^3$。现有的高效除尘除雾装置主要包括：管束式除尘除雾装置、冷凝式除尘除雾装置、声波式除尘除雾装置等。采用高效除雾器可以保证除雾器出口雾滴含量不大于 $20mg/m^3$，使除雾器出口因雾滴携带的烟尘量大大降低。

（6）采用低低温电除尘器。通过在电除尘器前部安装低低温省煤器，提高电除尘器的除尘效率，并增大除尘器出口烟尘的粒径，使烟尘在脱硫装置内部更容易去除。

低低温除尘器在设计工况条件下，出口烟尘浓度限值宜按照 $20\sim30mg/m^3$ 进行控制。

由于飞灰磨损属性、流场设计、流速选取、材质的选择等不合理，低低温换热器在运行过程中容易出现磨损泄露现象。为防止低低温换热器的快速磨损，在设计时应关注流场优化、选择合适的流速，设置合适的防磨措施，并注意低温段材质的选择。

### 1314. 低低温电除尘器主要有哪两个作用？

**答：** 通过设置低低温电除尘器，将烟气温度控制在 90℃ ± 1℃，低于烟气酸露点温度，具有以下两个作用：

（1）降低烟气烟尘比电阻，提高除尘效率。使击穿电压上升，同时减少烟气处理量，从而大幅提高除尘效率；同时 $SO_3$ 冷凝黏附在烟尘上并被碱性物质吸收、中和，可以脱除烟气中大部分 $SO_3$。

（2）提高除尘器出口烟尘平均粒径。吸收塔对于粒径较大的烟尘洗涤能力更强，据研究表明，常规除尘器和低低温除尘器烟尘粒径在 $2.5\mu m$ 以上占比分别约为 20% 和 80% 以上，吸收塔对粒径在 $2.5\mu m$ 以上烟尘的脱除效率在 90% 以上，因此采用低低温除尘器可以提升吸收塔对于烟尘的捕集能力。

### 1315. 除雾器优化配置主要采取哪些措施？

**答：** 除雾器优化配置主要采取的措施有：除雾器结构形式优化、增加除雾器级数、除雾器组合配置、除雾器冲洗水系统改造等。

（1）除雾器结构形式优化。除雾器叶片间距的选取对保证除雾效率，维持除雾系统稳定运行至关重要。目前脱硫系统中最常用的除雾器叶片间距大多在 $30\sim50mm$，基本采用不带钩叶片。为了提高除雾效果，可以调整除雾器叶片间距，采用改为带钩叶片。

除雾器设计选型时需进行吸收塔流场模拟工作，根据吸收塔内存在的不同流场对除雾器进行细化布置。除雾器布置时应考虑无死角设计，确保吸收塔全断面布置。

（2）增加除雾器级数。通过增加除雾器级数，形成"一级管式＋二级屋脊式""三级屋脊式"除雾器配置，可以提高除雾效果。一般来说通过增加吸收塔内除雾器级数，可以将雾滴含量控制在$30mg/m^3$以下。

（3）塔内＋塔外除雾器组合配置。在原吸收塔出口烟道空间条件允许时，可以通过塔内（管式、屋脊式）＋塔外（水平烟道式）除雾器组合配置进一步提高除雾效果，从烟道式除雾器投运业绩来看，其对于雾滴深度脱除效果较佳，布置级数可以为一级或二级。为确保气流均布，必要时需在吸收塔出口布置导流板。通过塔内＋塔外组合配置，雾滴含量可控制在$30mg/m^3$甚至更低。

（4）除雾器冲洗水系统改造。除雾器冲洗效果较差，极易造成堵塞，使局部烟气流速超出允许值，雾滴夹带量增大。对于脱硫改造，需对原除雾器冲洗水管道、阀门仔细检查，对损坏破裂的管道阀门考虑更换，阀门尽可能选用优质产品，确保冲洗水量和水压。同时，对冲洗水系统出力进行核算，必要时进行除雾器冲洗水泵增容或者换型。对于最上层除雾器，可以考虑增加一层顶部冲洗水，必要时开启。

（5）增加除雾区空间距离。一般认为除雾器下部应距离最顶层喷淋层应保证最低3m的距离，才能发挥重力沉降作用，降低烟气带至除雾器的浆液量。并且保证除雾器上部与吸收塔顶部烟道的距离3.5m以上，保证除雾器后的流场均匀，不会因为距离顶部烟道过近，导致流场紊乱，影响除雾器效果。

### 1316. 脱硫协同除尘技术路线有哪些？

**答：** 脱硫协同除尘技术路线主要有：

（1）采取低低温除尘器技术。空间允许的前提下，在静电式除尘器前部设置低低温换热器，使电除尘前部微细烟尘颗粒凝并、团聚，增大平均粒径，从而增加静电式除尘器整体除尘效率，并同步提高脱硫吸收塔入口的烟尘粒径。经过脱硫吸收塔，通过高性能除雾器将烟尘去除，达到脱硫协同的目的。

（2）采取高效除尘除雾装置技术。若无法在前部除尘设置低低温除尘器，可通过手段将脱硫吸收塔入口烟尘降至 $30mg/m^3$ 以下，经过脱硫吸收塔，配合高效除尘除雾装置（管束式除尘除雾装置、冷凝式除尘除雾装置、声波式除尘除雾装置等），实现协同除尘效果。

### 1317. 配置低低温除尘器的脱硫协同除尘技术路线主要性能指标要求有哪些？

答：配置低低温除尘器的脱硫系统协同除尘技术路线主要性能指标要求：

（1）脱硫吸收塔 $SO_2$ 脱除效率不低于 $98\%$。

（2）脱硫吸收塔烟尘脱除效率不低于 $70\%$。

（3）脱硫吸收塔除雾器出口烟气携带液滴浓度达到 $20\sim40mg/m^3$。

### 1318. 配置低低温除尘器的脱硫协同除尘技术路线采取的措施主要包括哪些？

答：配置低低温除尘器的脱硫系统协同除尘技术路线采取的措施主要包括：

（1）应采用合适的烟气均布措施保证吸收塔塔内烟气分布均匀度，可采用托盘等烟气分布装置；并辅以 CFD 数值模拟，必要时采用物理模型予以验证，同时应采取措施减小吸收塔周边烟气高速偏流效应，可采用性能增效环或加密喷淋密度等措施。

（2）吸收塔喷淋层单层浆液覆盖面应达到 $100\%$（以喷嘴出口面下 1m 计）；喷淋层喷嘴浆液覆盖率不低于 $200\%$（以喷嘴出口面下 1m 计）；喷淋层管路设计应保证每个喷嘴入口压力均匀；喷淋层喷嘴宜采用高效雾化喷嘴。

（3）应采用高性能除雾器（三级屋脊式除雾器、一级管式＋

两级屋脊式除雾器等)、平板式烟道除雾器或其他形式的被工业应用证明的高性能除雾器。采用 CFD 数值模拟，以保证除雾器入口烟气分布均匀度偏差低于±15%。

（4）采用低低温除尘器的高效脱硫协同除尘技术需确保脱硫吸收塔入口烟尘浓度低于 $20mg/m^3$；若前部除尘器无法设置低低温除尘器，仅通过高性能除雾器（三级屋脊式除雾器、一级管式＋两级屋脊式除雾器等）实现高效脱硫协同除尘时，脱硫吸收塔入口烟尘浓度限值宜控制在 $15mg/m^3$ 以下。

### 1319. 高效除尘除雾装置的脱硫协同技术路线工作原理是什么？

答：若无法在前部除尘设置低低温除尘器，可通过手段将脱硫吸收塔入口烟尘降至 $30mg/m^3$ 以下，经过脱硫吸收塔，配合高效除尘除雾装置（管束式除尘除雾装置、冷凝式除尘除雾装置、声波式除尘除雾装置等），实现协同除尘效果。高效除尘除雾装置的具体工作原理如下：

（1）管束式除尘除雾装置：其除尘除雾原理是通过内置的增速器，增加烟气的流速，高速旋转向上运动，气流中细小雾滴、烟尘颗粒在离心力作用下与气体分离，向筒体表面运动实现液滴脱除。

（2）冷凝式除尘除雾装置：通过喷淋层后的饱和湿烟气进入冷凝式除尘除雾装置的冷凝层，烟气被冷却降温，析出冷凝水汽，水汽以细微烟尘和残余雾滴为凝结核，不断撞击周围的烟尘颗粒，凝聚后增大粒径，撞击在波纹板上被水膜湮灭从而被拦截。

（3）声波式除尘除雾装置：增加声波发生装置后，对气溶胶施加声场，气溶胶介质在声波的作用下发生震荡运动。粒径很小的雾滴、颗粒物几乎能够完全跟随气体运动，而粒径很大的雾滴、颗粒物在声波作用下振动幅度很小；不同粒径的雾滴、颗粒物形成相对运动，发生碰撞而团聚成核，发生团聚的雾滴、颗粒物粒径逐渐变大，在冲洗水和重力的作用下，实现雾滴和颗粒物的协同脱除。

该技术路线对前部除尘器的形式不作任何要求，除尘器出口仅需满足 30mg/m³ 以下的排放标准，即可通过高效除尘除雾装置实现烟尘达标排放。高效除尘除雾装置出口烟气携带雾滴浓度小于 20mg/m³。

**1320. 高效除尘除雾装置能够满足排放要求，可同步采取的措施有哪些？**

答：高效除尘除雾装置能够满足排放要求，可同步采取以下措施有：

（1）应采用合适的烟气均布措施保证吸收塔塔内烟气分布的均匀度，可采用托盘等烟气分布装置；并辅以 CFD 数值模拟，必要时采用物理模型予以验证，同时应采取措施减小吸收塔周边烟气高速偏流效应，可采用性能增效环或加密喷淋密度等措施。

（2）吸收塔喷淋层单层浆液覆盖面应达到 100%（以喷嘴出口面下 1m 计）；喷淋层喷嘴浆液覆盖率不低于 300%（以喷嘴出口面下 1m 计）；喷淋层管路设计应保证每个喷嘴入口压力均匀；喷淋层喷嘴宜采用高效雾化喷嘴。

（3）控制吸收塔内烟气流速，宜按照 3.5m/s 进行控制。

（4）增加除雾区空间距离，宜按照顶层喷淋层中心线至高效除尘除雾装置底部距离不小于 3m，高效除尘除雾装置顶部至吸收塔出口烟道底部之间距离不小于 3.5m 考虑。

# 第三节　三氧化硫控制技术

**1321. 三氧化硫生成量受哪些因素的影响？**

答：三氧化硫生成量受以下三个因素的影响：

（1）燃烧中含硫量越多，二氧化硫和三氧化硫生成量越多。

（2）过量空气系数越大，三氧化硫生成量越多。

（3）火焰中心温度越高，烟气中高温区范围越大，三氧化硫生成量越多。

**1322. SO₂ 转化为 SO₃ 的有哪两个途径？**

**答：**SO₂ 转化为 SO₃ 的两个途径：

（1）高温火焰中氧原子分离形成活性很强的氧原子，氧原子再与 SO₂ 反应生成 SO₃。

（2）受热面表面氧化膜的催化作用所致。

（3）脱硝钒基催化剂催化作用所致。

**1323. 燃煤火电厂 SO₃ 的来源是什么？**

**答：**煤燃烧过程中 SO₃ 的主要来源有两方面：

（1）煤燃烧过程中生成的 SO₂ 少量会被氧化成为 SO₃，其反应式为：

$$SO_2 + \frac{1}{2}O_2 \longrightarrow SO_3 \tag{20-11}$$

该反应受到以下几方面影响：

1）高温燃烧区氧原子的作用。在第三体 $M$（起吸收能量的作用）存在时，氧原子会与 SO₂ 发生反应：

$$SO_2 + O + M \longrightarrow SO_3 + M \tag{20-12}$$

炉膛火焰温度越高，火焰中氧原子浓度越高，且烟气在高温区的停留时间越长，SO₃ 的生成量就越多。

2）过量空气系数的影响。过量空气系数降低可使烟气中与 SO₂ 反应的氧原子质量浓度降低，从而降低 SO₃ 的生成量。

3）催化物质的影响。煤燃烧过程产生的飞灰中，含有氧化铁、氧化硅、氧化铝等物质，受热面的金属氧化膜中含有 V₂O₅ 等物质，这些氧化物对 SO₂ 的氧化起催化作用，会促使 SO₃ 的生成量增加。

因此，大型锅炉 SO₂ 转化为 SO₃ 的转化率变化范围很大，为 0.4%～4.0%。

（2）对装有 SCR 系统的锅炉，此时的烟气未经脱硫，含有大量的 SO₂ 气体，SCR 的钒基催化剂 V₂O₅ 对 SO₂ 的氧化过程具有强烈的催化作用，反应催化机理如下：

$$SO_2 + V_2O_5 \longrightarrow SO_3 + 2VO_2 \tag{20-13}$$

$$2VO_2 + \frac{1}{2}O_2 \longrightarrow V_2O_5 \tag{20-14}$$

$V_2O_5$ 的催化作用使得在 SCR 装置中 $SO_3$ 有着较高的转化率，其他氧化物如 $SiO_2$、$Al_2O_3$、$Na_2O$ 等对 $SO_2$ 的氧化也有一定的催化作用。因此，在脱硝过程中，在催化剂的作用下，$SO_2$ 不可避免地会被氧化成 $SO_3$，特别是在低负荷下，$SO_2$ 的氧化率会快速增加。一般情况下，烟气每经过一层催化剂，$SO_2$ 的氧化率在 $0.2\%\sim0.8\%$ 之间，因此当使用两层催化剂时，总的氧化率在 $0.4\%\sim1.6\%$ 之间。研究表明催化剂中 $V_2O_5$ 含量的增加，导致 $SO_2$ 的氧化率增高，同时随着催化剂中 $V_2O_5$ 含量和烟气温度的升高，$SO_2$ 氧化率也逐渐增加。

### 1324. $SO_3$ 在进入烟囱排放前部分被脱除的装置包括哪些？

**答**：部分 $SO_3$ 在进入烟囱排放前也会被脱除的装置包括：

（1）空气预热器的积灰会减少 $10\%\sim15\%$ $SO_3$ 的排放 $10\%\sim15\%$，$SO_3$ 的减少量取决于烟气的温度和空气预热器的类型（回转式还是管式）。烟气的冷却速度越快，空气预热器出口的烟温越低，$SO_3$ 的减少量越大。但在烟温降低的同时，生成 $H_2SO_4$ 风险就会增大。

（2）常规静电除尘器也会减少 $SO_3$ 的含量，减少的程度取决于烟气温度和飞灰的成分，如果飞灰对 $SO_3$ 的脱除率太高，会影响 ESP 的除尘效率，通常对 $SO_3$ 的脱除率为 $10\%\sim15\%$。低低温电除尘器 $SO_3$ 除去率更高，可达 $90\%$ 以上；布袋除尘器脱除 $H_2SO_4/SO_3$ 效率也较高，若灰中的碱性成分多的话，碱性促进了 $H_2SO_4$ 和灰形成灰饼在滤袋中收集，效率能达到 $90\%$。

（3）湿法脱硫单塔对 $SO_3$ 的脱除效率为 $30\%\sim40\%$，双塔为 $50\%\sim65\%$，这取决于洗涤塔的设计。FGD 塔提供了气溶胶理想的形成场所，因为当烟气进入塔后，温度降至露点以下，烟气湿度很大，$SO_3/H_2SO_4$ 快速冷凝产生了超细气溶胶（$0.4\sim0.7\mu m$），微粒尺寸取决于冷凝的速度；在塔内脱除气溶胶也取决于粒径，粒径小的难以除去，因此通过吸收塔烟气中的 $SO_3$ 都是以硫酸气溶胶的形式排放的，在烟囱的测量中很难将 $SO_3$ 和硫酸分开，因此一般这两个组分的量是不分开计算的。随着煤中硫分与灰分的增加，$SO_3$ 酸雾脱除效率有所提高。

**1325. $SO_3$ 给燃煤火电厂带来的危害主要有哪些？**

答：$SO_3$ 给燃煤火电厂带来的危害主要有：

（1）烟气酸露点温度升高，设备腐蚀加剧。烟气的酸露点主要取决于烟气中 $SO_3$ 和水蒸气的含量，可用下列公式计算：

$$T_{1d} = 186 + 20\lg V_{H_2O} + 26\lg V_{SO_3} \tag{20-15}$$

式中　$V_{H_2O}$ ——烟气中 $H_2O$ 的体积份额，%；

　　　$V_{SO_3}$ ——烟气中 $SO_3$ 的体积份额，%；

　　　$T_{1d}$ ——酸露点温度，℃。

由式（20-15）可知，随着烟气中 $SO_3$ 含量的增加，烟气的酸露点会明显升高；酸露点的升高，必然要求提高锅炉的排烟温度，否则会使烟气中的酸性气体凝结在烟道壁面上，造成严重的腐蚀；但是在提高排烟温度的同时，必然增加锅炉的排烟损失，从整体上降低锅炉的热效率，造成了能源的浪费。

（2）SCR 催化剂和空气预热器的不利影响。当 SCR 装置中 $NH_3$ 过量时，便会与烟气中产生的 $SO_3$ 反应生成铵盐，进一步堵塞催化剂表面的空隙，使其活性降低甚至失效，从而影响 $NO_x$ 脱除效率。燃烧高硫煤时，烟气中 $SO_3$ 经空气预热器的换热作用会使酸雾凝结，进一步与烟气中的 $NH_3$ 发生反应：

$$2NH_3 + H_2SO_4 \longrightarrow (NH_4)_2SO_4 \tag{20-16}$$

$$NH_3 + H_2SO_4 \longrightarrow NH_4HSO_4 \tag{20-17}$$

生成的硫酸铵和硫酸氢铵呈黏稠状且不易清理，会造成空气预热器的腐蚀和堵塞。另外，若烟温低于酸露点，也会有硫酸冷凝附着在飞灰上，形成沉淀物，使空气预热器积灰和结垢，甚至影响到电除尘器。这种堵塞会增加烟道的阻力，增加引风机的功率消耗，甚至迫使停炉清理预热器堵灰。为预防这种现象的发生，就必须增加空气预热器定时清洗系统，这必然会增加设备投资。

（3）降低 SCR 催化剂对汞的氧化能力，增加烟气脱汞的难度；影响灰和活性炭（如有）吸附汞的效果，因为 $SO_3$ 也会和汞争夺活性炭。

（4）由于灰饼变黏，如有布袋除尘器，则清灰困难，造成堵塞，系统阻力增大。

（5）$SO_3$ 对环境的影响是硫酸气溶胶会造成烟囱的排烟出现蓝色或黄色（蓝色烟羽/黄色烟羽），并加长可见烟羽轨迹，降低当地大气的能见度。

**1326. 火电厂的蓝烟/黄烟问题主要是由哪两个因素造成的？**

**答**：（1）火电厂的蓝烟/黄烟问题主要是由两个因素造成的：

1）烟气中 $SO_3$ 的浓度过高。

2）采用湿法 FGD 工艺，使得烟气中的水分处于饱和状态。

（2）蓝烟/黄烟不是 $NO_x$ 引起的，原因为：

1）烟气中 95％以上的 $NO_x$ 是 $NO$，$NO$ 是无色透明的气体。

2）$NO$ 在空气中会被氧化生成棕黄色的 $NO_2$，在空气中氧化速度很慢，但是在有臭氧存在的条件下，可以很快被氧化。

**1327. 出现蓝烟/黄烟的具体原因是什么？**

**答**：出现蓝烟/黄烟的具体原因是：

（1）湿烟气中含有 $SO_3$ 生成的硫酸气溶胶。

（2）湿烟气中亚微米粉尘颗粒，作为 $H_2SO_4$ 的凝结中心，加强了凝结过程。

（3）硫酸气溶胶的直径很小，对光线产生散射；散射强度与波长的 4 次方成反比。

（4）颗粒直径越小，对于短波长的散射越强，因此使得烟羽呈现蓝色；而在烟羽的另一侧会呈现黄褐色，蓝烟/黄烟实际上是一个问题。

**1328. 烟羽的颜色和不透明度（浊度）取决于什么？**

**答**：烟羽的颜色和不透明度（浊度）取决于：

（1）气溶胶的浓度、大小。

（2）太阳光的角度。

（3）烟气的温度及大气环境条件。

**1329. 蓝烟/黄烟对人体影响有哪些什么?**

答: 蓝烟/黄烟对人体影响有:

(1) 由于硫酸的出口浓度只有 $10^{-6}$ 数量级, 经过大气的稀释之后, 没有证据发现低浓度的硫酸气溶胶对人体有害; 但是硫酸气溶胶与烟气和大气中的金属微粒相结合, 形成 PM2.5 对人体有毒害作用。

(2) 硫酸气溶胶对环境有一定的影响, 进入大气后烟气中的硫酸气溶胶会成为凝结中心并生成霾, 降低大气的能见度。即使很低浓度的硫酸气溶胶对于局地的大气能见度的影响也是非常显著的。

**1330. $SO_3$ 控制可选工艺包括哪些?**

答: $SO_3$ 控制可选工艺包括:

(1) 燃烧低硫煤。电厂使用低硫煤、混煤是降低烟气中 $SO_2$ 和 $SO_3$ 最直接的方法, 燃烧低硫煤可降低烟气中 $SO_2$ 的浓度, 从而减少在炉膛内或 SCR 反应器中生成的 $SO_3$ 的量。当全部更换为低硫煤比较困难时, 可进行不同比例的低硫煤掺烧。掺烧低硫煤的可行性取决于电厂的具体情况, 如长期的低硫煤的供应、磨煤机出力、炉内结渣倾向、SCR 催化剂中毒、静电除尘器的适应能力等。同时, 还需要解决如混煤场、输煤皮带、设备的磨损等问题。

(2) 选用低转换率的 SCR 催化剂。在选择 SCR 催化剂时, 尽量选用对 $SO_2$ 氧化率低的催化剂材料, 但是价格会高许多。

(3) 喷碱性吸收剂。喷射碱性吸收剂的位置有多种选择, 可以采取炉内喷射和炉后喷射两种方式。

1) 炉内喷射碱性吸收剂。通过向炉内喷射碱性吸收剂, 如 $Mg(OH)_2$, 可有效脱除燃烧过程中产生的 $SO_3$。在炉膛上部喷入 $Mg(OH)_2$ 浆液, 浆液迅速蒸发变成 MgO 颗粒, 然后与 $SO_3$ 反应生成 $MgSO_4$。运行数据表明, 当 $Mg/SO_3$ 摩尔比为 7 时, $SO_3$ 的脱除效率可达 90%。

炉内喷镁技术可有效地脱除燃烧过程中产生的 $SO_3$, 降低

SCR 反应器入口烟气中 $SO_3$ 的浓度，避免在低负荷运行时产生硫铵盐，可拓宽 SCR 运行温度窗口，使 SCR 在低负荷下运行。同时，可降低酸露点，降低空气预热器出口烟气温度，提高锅炉热效率；降低尾部受热面的腐蚀，减少设备的维护。但该技术对 SCR 中产生的 $SO_3$ 的脱除效率相对较低。

2）炉后喷碱性吸收剂。如安装烟道喷射系统（dry sorbent injection，DSI），可用的喷射吸收剂有：天然碱、消石灰、氢氧化镁浆液、亚硫酸氢钠、倍半碳酸钠等。

（4）采用干法/半干法 FGD 工艺，如旋转喷雾法、CFB-FGD 法，它们以 CaO 为吸收剂，类似 DSI 系统，脱除烟气中 $SO_3$ 的效果会更佳。

（5）采用比常规电除尘器脱 $SO_3$ 效果更好的低低温电除尘器系统或布袋除尘器。

（6）增加湿式电除尘器 WESP。WESP 的工作原理和干式的类似，都是高压电晕放电使得粉尘荷电，荷电的粉尘在电场力的作用下到达集尘板。一般是在入口气体含尘浓度很低、要求的排放标准又相当严格时（$5mg/m^3$）才采用。

### 1331. 湿法与干法静电除尘器（ESP）关键不同点是什么？

**答**：湿法与干法静电除尘器（ESP）有两处关键的不同点：

（1）经过脱硫洗涤后的湿烟气在湿式电除尘器（WESP）中，细粉尘表面被饱和水蒸气润湿活化使其比电阻降低，容易荷电，改善了 ESP 的伏安特性，提高运行电压和电流；烟气中 $SO_3$ 以 $H_2SO_4$ 气溶胶形式也容易被荷电并收在集尘板上，效果比干式 ESP 效果要显著得多。

（2）WESP 集尘极表面可采用连续水喷洗，不像干式 ESP 那样采用振达方式，湿式最大优点是减少捕集到的灰粒被再次携带。WESP 能有效地收集细灰粒和像 $H_2SO_4$ 样的酸雾，对 $SO_3$ 酸雾脱除率在 $50\% \sim 65\%$，低于固体细颗粒；不过燃用高硫煤时，即使安装 WESP，也可能出现明显蓝烟现象，并会影响 WESP 系统的运行电压。

**1332.《京津冀及周边地区 2019—2020 年秋冬季大气污染综合治理攻坚行动方案》中对重污染天气应对方面有哪些要求？**

**答：**积极应对重污染天气是大气污染防治法的明确要求，是改善空气质量的必要手段，是打赢蓝天保卫战的重中之重。按照《打赢蓝天保卫战三年行动计划》，为更好地保障人民群众身体健康，积极应对重污染天气，完善重污染天气应急预案，生态环境部印发了《关于加强重污染天气应对夯实应急减排措施的指导意见》（简称《指导意见》）。2019—2020 秋冬季重污染天气应对工作将以《指导意见》为基础开展，从以下四个方面督促重点区域城市依法治污、精准治污、科学治污，做好重污染天气应对工作，为打赢蓝天保卫战提供有力抓手。

一是应急减排措施要全覆盖。重污染天气应对要按照《大气污染防治法》的具体要求，按照地方重污染天气应急预案规定，在重污染预警期间，针对涉气工业源、扬尘源、移动源等依法采取相应的管控措施，要做到减排措施无死角、应急期间共担责。

二是实施绩效分级、差异化管控。《指导意见》明确，对钢铁、焦化等 15 个重点行业进行绩效分级，采取差异化应急减排措施，一方面鼓励"先进"，让治理水平高的企业受益，另一方面鞭策"后进"，促进重点行业加快升级改造进程，全面减少区域污染物排放强度。

三是坚持减排措施可行可查。要求各地在制定应急减排措施时，要坚持"可操作，可监测，可核查"。按照《指导意见》中各行业的减排要求，制定科学可行的措施，落实到具体减排的生产线和生产设施，切实实现"削峰降速"效果。

四是继续深化区域应急联动。各城市应将区域应急联动措施纳入本地应急预案，健全应急联动机制，建立快速有效的运行模式。当启动区域应急联动时，应按照预警提示信息，及时组织所辖地市积极开展区域应急联动，发布预警，启动重污染天气应急响应，果断采取各项应急减排措施。

**1333.** 为什么说电力行业已经不是京津冀区域内大气污染物的主要来源？

**答：** 燃煤电厂烟气中可凝结颗粒物、三氧化硫排放浓度与氨逃逸总体处于较低水平，对区域大气污染影响小。

（1）燃煤电厂烟气排放的可凝结颗粒物浓度低。燃煤电厂烟气中的可凝结颗粒物（CPM）是指在烟气条件下以气态形式存在，当温度降低后随烟气中的水蒸气发生冷凝或自身冷凝形成的颗粒物，是烟气中颗粒物的重要组成部分。燃煤电厂烟气中的颗粒物包括可过滤颗粒物（FPM）和可凝结颗粒物，但目前，大多数国家燃煤电厂烟气排放的可凝结颗粒物不在监测范围之内。

对京津冀及周边地区典型燃煤超低排放电厂的测试结果（烟气中颗粒物浓度分布情况见图 20-4）表明，燃煤电厂烟气中可凝结颗粒物平均排放浓度约 $5.62\text{mg/m}^3$，可凝结颗粒物浓度总体略大于可过滤颗粒物；二者之和为 $8.48\text{mg/m}^3$，仍低于我国燃煤电厂烟尘（即可过滤颗粒物）超低排放标准限值（$10\text{mg/m}^3$），并低

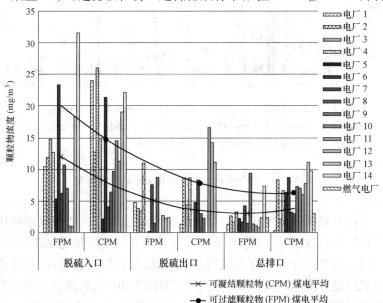

图 20-4 烟气中颗粒物浓度分布情况

于美国、欧盟、日本燃煤电厂关于烟尘的排放标准限值（10～20mg/m³）。以一台300MW燃煤机组为例，每小时排放可凝结颗粒物与可过滤颗粒物的总量约9.3kg。

（2）燃煤电厂烟气排放的三氧化硫浓度低。对京津冀及周边地区典型燃煤超低排放电厂的测试结果（烟气中排放的三氧化硫平均浓度情况见图20-5）表明，超低排放工艺烟气净化设备对三氧化硫的协同脱除作用明显，去除效率高达80％以上，烟气中三氧化硫平均排放浓度7.42mg/m³；其中71.43％的机组烟气中三氧化硫排放浓度低于平均排放浓度。目前，绝大多数国家法规对三氧化硫排放无要求。总体上，以上燃煤超低排放电厂三氧化硫平均排放浓度低于新加坡固定源三氧化硫排放限值（10mg/m³），也低于美国部分州三氧化硫排放限值（部分州接近20mg/m³）。

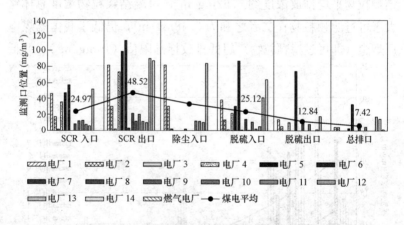

图20-5　烟气中排放的三氧化硫平均浓度情况

（3）氨排放浓度很低。对京津冀及周边地区典型燃煤超低排放电厂的测试结果（烟气中排放的氨排放平均浓度情况见图20-6）表明，虽然部分电厂存在脱硝过量喷氨的情况，脱硝出口氨逃逸值超过设计值2.3mg/m³，但经过下游除尘和湿法脱硫装置协同脱除后，烟囱排口烟气中氨（NH₃）的最终平均排放浓度仅为0.75mg/m³。

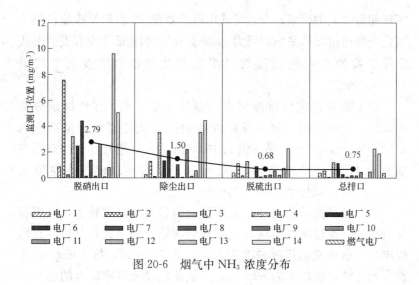

图 20-6　烟气中 $NH_3$ 浓度分布

　　总体上看，京津冀及周边地区典型燃煤电厂实施超低排放改造后，烟气中的可凝结颗粒物、三氧化硫与氨的排放浓度总体处于比较低的水平。主要污染物的行业贡献分析结果表明，电力供热行业已经不是区域内大气污染物的主要来源，对区域内大气污染的影响较小。

## 1334. 为什么说电力行业三氧化硫排放控制水平处于国际领先水平？

　　**答：** 2018 年，我国单位火电发电量的污染物排放水平处于世界领先地位。

　　（1）超低排放改造使燃煤机组三氧化硫排放水平明显降低。国电环境保护研究院、清华大学、生态环境部环境工程评估中心等多家单位对燃煤电厂排放状况进行了现场测试与理论分析。对国内 26 台超低排放机组的监测结果表明，烟气中的三氧化硫排放浓度介于 $1.1 \sim 36mg/m^3$，平均值为 $8.9mg/m^3$；7 台未实现超低排放机组烟气中排放的三氧化硫浓度介于 $8.5 \sim 34.7mg/m^3$，平均值为 $23.0mg/m^3$，超低排放机组三氧化硫的排放浓度明显低于未实现超低排放的机组；安装湿式电除尘器的 20 台超低排放机组三氧化硫排放浓度的平均值仅为 6.6mg/m³，明显低于没有安装湿式电除尘器的 6 台超低排放机组三氧化硫排放浓度的平均值 16.4mg/m³。

对上海 6 台超低排放机组的测试结果表明，在燃煤硫分为 0.35％～0.95％时，超低排放改造前三氧化硫排放质量浓度为 4.58～31.30mg/m³，平均值为 13.40mg/m³；超低排放改造后三氧化硫排放质量浓度降低至 0.80～3.68mg/m³，平均值为 2.29mg/m³，减排率为 53.6％～95.1％。

（2）新型技术的三氧化硫脱除能力远高于常规技术，且仍有提升空间。通过现场实测和文献调研相结合的方式，分析得到燃煤电厂三氧化硫的排放浓度为 0.3～22.7mg/m³，按 10mg/m³ 排放限值考核，达标率为 89.8％，三氧化硫排放浓度较高的电厂主要是燃用高硫煤的电厂。对现有除尘、脱硫设备及新技术的三氧化硫脱除能力进行定量分析，常规电除尘器对三氧化硫脱除率仅为 10％～20％，石灰石石膏湿法脱硫技术多在 30％～60％；而采用低温电除尘、电袋复合除尘、旋汇耦合、双托盘、碱基干粉或溶液喷射等技术后，三氧化硫脱除率可达 80％以上。根据不同三氧化硫脱除技术对比结果，碱基喷射技术不仅可以实现较高三氧化硫脱除效果，还可有效解决空气预热器的腐蚀、堵塞等问题，将是未来解决高浓度三氧化硫问题的主流技术方向。

（3）协调脱除作用更大程度降低三氧化硫排放浓度，湿法脱硫后未排放大量颗粒物和盐类。

国内多家权威单位对京津冀及周边地区"2+26"个城市中 14 个超低排放燃煤电厂的联合测试结果表明，14 家测试电厂烟气中三氧化硫平均排放浓度 7.42mg/m³；71.43％的机组烟气中三氧化硫排放浓度低于平均排放浓度，烟气净化设备对三氧化硫的协调脱除作用能够更大程度地降低三氧化硫排放浓度，燃煤电厂湿法脱硫后未排放大量的颗粒物和盐类。

总而言之，国内燃煤电厂烟气排放的主要污染物水平远优于国家法规要求，对于大家关注的三氧化硫等污染物的排放总体处于比较低的水平。我国燃煤发电厂的排放水平经过几年努力，已经处于国际领先地位，燃煤电厂湿法脱硫后并未排放大量的颗粒物和盐类，对大气污染的影响已不显著。

# 第四节 MGGH技术

**1335. 吸收塔上游加装烟气余热回收装置停运时会带来哪些问题？**

答：当吸收塔上游加装烟气余热回收装置且停运时，吸收塔入口烟气温度升高，造成吸收塔内蒸发水量增加，一方面，脱硫系统补水量随之增加；另一方面，净烟气量随之增加，吸收塔内烟气流速升高。

当未考虑该工况时，易发生脱硫系统供水能力不足、吸收塔除雾器出口液滴浓度无法达标、吸收塔入口烟道防腐材料选择不当等问题。

**1336. 回转式换热器适用于哪些机组？**

答：目前，国内电厂烟气脱硫装置多采用回转式换热器，普遍反映实际运行效果不佳，存在泄漏量高（实际泄漏量约3%）和易堵塞结垢等问题。一方面，易堵塞结垢使得机组可靠性降低；另一方面，泄漏量高使得需提高吸收塔的脱硫效率以满足系统脱硫效率要求，对于脱硫装置脱硫效率要求高的项目，可能导致吸收塔的脱硫能力无法满足排放要求。因此，回转式换热器适用于脱硫装置脱硫效率要求不高或日常维护管理水平较高的机组或设置了脱硫旁路烟道的机组。

**1337. 排烟升温换热装置的选型应符合哪些规定？**

答：排烟升温换热装置的选型应根据燃煤含硫量、烟气参数、脱硫效率、场地布置条件、设备运行可靠性等，经综合技术经济比较确定，并应符合下列规定：

（1）锅炉在额定负荷BMCR工况下烟囱入口处烟气温度不宜

低于 80℃。

(2) 回转式烟气换热器应采取措施控制原烟气向净烟气侧泄漏及防止换热元件腐蚀、堵塞，泄漏率不应超过 1%。

(3) 管式烟气换热器应根据换热管材料耐腐蚀性能、换热端差及脱硫系统运行水平衡等因素，确定降温段换热器的烟气降温幅度。降温段换热器回收的原烟气余热不足时，应采用机组辅助蒸汽作为辅助热源。换热器换热介质宜采用热媒水。

### 1338. MGGH 是什么？

**答：** MGGH 是无泄漏型烟气热交换器（mitsubishi recirculated nonleak type gas-gas heater）简称，也有称热媒循环水烟气加热器（water gas-gas heater，WGGH），热媒体管式气换热器叫 MGGH（media gas-gas heater）。

### 1339. 管式换热器工艺基本原理是什么？

**答：** 管式换热器工艺系统的基本原理是：原烟气通过设置在除尘器前的烟冷器加热热媒水，热媒水经热媒水泵输送至布置在脱硫塔出口、烟囱进口之间的烟道上的管式烟气换热器 GGH，加热脱硫后的净烟气，提高烟囱进口烟气温度。管式换热器工艺流程图如图 20-7 所示。

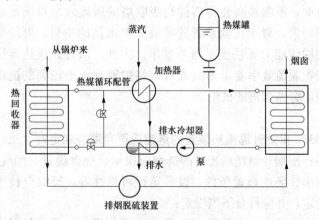

图 20-7　管式换热器工艺流程图

管式换热器加热段，提高脱硫后净烟气温度，消除白烟现象，提升感观形象。

与回转式烟气换热器 GGH 相比，管式换热器无烟气泄漏，进一步保障高效脱硫。

### 1340. MGGH 典型系统工艺流程图是什么？

**答：**一个典型的 MGGH 系统工艺流程如图 20-8 所示，换热形式为两级烟气-水换热器，第一级换热器（烟气冷却器）利用锅炉空气预热器出口高温烟气加热热媒介质；第二级换热器（烟气加热器）利用热媒介质加热脱硫吸收塔出口低温净烟气，通过热媒介质将高温烟气热量传递给吸收塔出口低温烟气。热媒介质一般采用除盐水，闭式循环，增压泵驱动，热媒辅助加热系统一般采用辅助蒸汽加热。另外，MGGH 系统还包含必要的支撑悬吊结构、热媒介补充系统、吹灰系统、水冲洗系统以及系统所需的所

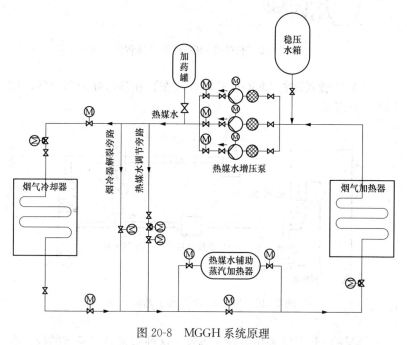

图 20-8　MGGH 系统原理

有阀门、控制系统所需的测温、测压装置及其他控制装置。

**1341. MGGH 按热回收段布置位置的不同分为哪两种?**

**答:** MGGH 布置方式灵活,MGGH 按热回收段布置位置的不同分为前置式和后置式两种。

(1) 前置式即将 MGGH 热回收段布置在静电除尘器之前,如图 20-9 所示。

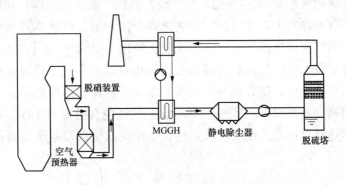

图 20-9　前置式 MGGH 工艺流程图

(2) 后置式即将 MGGH 热回收段布置在静电除尘器之后,如图 20-10 所示。

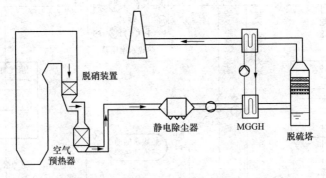

图 20-10　后置式 MGGH 工艺流程图

最早的 MGGH 采用后置式布置,这种布置形式显著的缺点在于热回收段腐蚀问题较为严重，不但加大了系统的运行成本和维护费用，同时也降低了系统的可用率。

### 1342. 前置式 MGGH 的优点是什么？

**答：** 前置式 MGGH 的优点为：

（1）降低电耗和运行费用。MGGH 热回收段布置在电除尘器之前，使烟气温度由 130℃左右降低到 90℃左右后，实际烟气体积流量大大减少，有利于引风机和增压风机电耗的降低。

（2）可以除去绝大部分 $SO_3$，减轻了烟气对后续设备的腐蚀。在该系统的除尘装置中，烟温已降到酸露点以下，而烟气含尘质量浓度很高，一般为 $15\sim25g/m^3$，平均粒度仅有 $20\sim30\,\mu m$，因而总表面积很大，为硫酸雾的凝结附着提供良好的条件。通常情况下，灰硫比（$D/S$）大于 100 时，烟气中的 $SO_3$ 去除率可达到 95％以上，使下游烟气酸露点大幅度下降，基本不用专门考虑 $SO_3$ 的腐蚀问题。

（3）提高电除尘器除尘效率。由于进入电除尘器的烟气温度降低，烟气体积流量变小，烟速降低，同时烟尘比电阻也有所下降，因而提高了除尘效率，该技术称为低低温电除尘器高效除尘技术。同时，由于进入脱硫塔的烟尘粒度变粗，使脱硫塔的除尘效率也有所提高，有利于脱硫率和石膏质量的提高。

（4）可以实现最优化的系统布置。目前，几乎所有的 FGD 系统设计都是将脱硫增压风机放在吸收塔之前，主要考虑了风机的工作条件，即磨损、腐蚀和污染的问题。采用防腐的 MGGH 工艺系统，就具备把脱硫风机放在吸收塔之后的条件；它不受场地布置的限制，不再承受高温、磨损和腐蚀等恶劣工作条件，可提高系统的可用率，并且吸收塔和升温换热器等均在负压状态下运行，因此可降低其结构和密封的要求，同时其能耗下降约 5％，成为 FGD 系统最优化的系统布置。

### 1343. MGGH 系统的设备及作用有哪些？

**答：** MGGH 系统的设备及作用见表 20-1。

**表 20-1**　　　　　　　　MGGH 系统的设备及作用

| 序号 | 构成设备 | 设备作用说明 |
|---|---|---|
| 1 | 烟气冷却器 | 从空气预热器出口的原烟气回收净烟气加热所需的热量。<br>循环水使用除盐水 |
| 2 | 烟气加热器 | 用在烟气冷却器回收的热加热净烟气 |
| 3 | 循环泵<br>循环水配管 | 连接烟气冷却器和烟气加热器间的配管，内部充满循环水，用泵使之强制循环。<br>循环水在烟气冷却器升温，在烟气加热器降温，重复该过程，在循环水配管内不断循环 |
| 4 | 循环水补水罐 | 循环水升温时，体积膨胀，膨胀量用循环水补水罐做缓冲。<br>启动时，通过循环水补水罐对整个系统进行注水。<br>系统管道泄漏被排除后，通过循环水补水罐补水至水罐正常运行液位 |
| 5 | 循环水加热器 | 在烟气冷却器回收热量不足时，用辅助蒸汽补不足部分。<br>循环水冷端温度降到一定值以下时，烟气冷却器/烟气加热器的低温部分的粉尘等易附着及设备易腐蚀，为了防止上述现象，需加热循环水。<br>机组启动前/停止后，配合循环水在暖机模式运行 |
| 6 | 加药罐 | 循环水加药（$N_2H_4$）时使用 |
| 7 | 烟气冷却器吹灰器 | 向传热面喷射蒸汽，去除附着的粉尘 |
| 8 | 烟气加热器裸管 | 设置在烟气加热器的最上游侧，预热低温、水分饱和的净烟气，缓和翅片管子的腐蚀环境。另外使烟气中含有的石膏等固体成分附着在裸管上，防止翅片管固体成分的附着和堵塞 |

### 1344. 前置式 MGGH 防止磨损的技术措施包括哪些?

**答**：布置在电除尘器前的 MGGH 烟气冷却器由于处于高灰浓度下运行，加上烟气流场有时很不均匀，造成磨损严重，特别是弯头等，致使管子穿孔泄漏，影响换热效果。防止磨损采取的技术措施包括：采用合理的钢材、大管径、厚壁管子；设计上控制烟气流速，避免出现烟气走廊、烟气偏流、局部漩涡；在所有弯头、烟气走廊部分，设计安装防磨设施；选用防磨损性能优异的H 翅片管；电除尘前烟气换热器进风侧安装假管和防磨护瓦。

### 1345. MGGH 积灰的原因和采取的技术措施有哪些？

**答：**高灰浓度下运行的 MGGH 烟气冷却器可能会结灰，特别 MGGH 烟气换热器工作区域的烟气温度较低，在换热管表面产生的酸性冷凝液不仅会腐蚀换热器，还会黏附飞灰形成灰垢。灰垢在金属管壁上不断积累，会形成坚硬的水泥状包覆层，牢牢附着在管壁上，很难进行彻底的清理。

防止积灰采取的技术措施包括：

（1）设计合适的烟速，保证将烟气中灰分带出。

（2）设置蒸汽吹灰器系统，运行中定时吹灰，减少积灰发生。

（3）机组小修、事故停运或大修时检查积灰状况，并利用压缩空气或高压水进行人工清灰。

（4）选用防积灰性能优良的 H 翅片管。

### 1346. MGGH 存在的主要问题有哪些？

**答：**MGGH 存在的主要问题有：

（1）积灰结垢。对 MGGH 的换热效率造成显著影响，金属换热管积垢严重造成换热效率下降，需要频繁投用蒸汽补热才能使排烟温度达到设计值（$\geqslant 80℃$）。

（2）系统阻力增加。引起引风机负荷增加，甚至引起引风机跳闸。

（3）烟冷器泄漏。运行时 MGGH 稳压水箱水位下降，隔离烟冷器模块后，稳压水箱水位稳定；引起电除尘器和灰斗内进水后电场短路、灰斗堵塞。

（4）烟尘浓度瞬时超标。正常运行中，在进行烟气加热器吹灰时，发现烟尘浓度会瞬时超标，分析原因是烟气加热器有积灰，吹灰时脱落引起烟尘浓度瞬时超标；防范措施是严格控制 MGGH

烟气温度，保证低低温除尘器的除尘性能，优化吹灰方式等。

（5）MGGH水质化验显示铁和电导率均高。溶解氧是水汽系统腐蚀的主要原因，为了防止MGGH设备发生氧腐蚀，需要通过清除循环水中的溶解氧，维持循环水系统的pH值；对水质进行控制和管理，需要添加缓蚀剂，去除水中的溶解氧，使金属表面形成保护膜；水质变差时要通过换水改善水质，平时要监测热媒水水质，维持好循环水系统的pH值，控制氧腐蚀。

### 1347. MGGH防冻措施有哪些？

**答：**由于MGGH本体及其管道为室外布置，必须考虑冬季寒冷天气情况下，机组停运时MGGH内会因存有大量积水而造成换热管冻坏。因此，机组冬季停运时，采取以下措施：

（1）系统投运前供水管道及排气、排污阀均设置好保温层。

（2）设备本体各管组的集箱和母集箱、供水管道均设置排污阀，停运后及时开阀排污。

（3）在设备本体各管组集箱的排气阀处引入厂用压缩空气，利用压缩空气加快管束内的积水排出。

### 1348. MGGH系统运行故障原因及应对措施有哪些？

**答：**MGGH系统运行故障原因及应对措施见表20-2。

表20-2　　　　MGGH系统运行故障原因及应对措施

| 序号 | 故障现象 | 可能原因 | 对策 |
|---|---|---|---|
| 1 | 烟气冷却器出口烟气温度低 | （1）温度计异常。<br>（2）循环水旁路量控制异常。<br>（3）冷却器入口烟温低。<br>（4）循环水泄漏。<br>（5）循环水循环量异常 | （1）检查温度计。<br>（2）检查循环水流量调节阀、旁路流量。<br>（3）调节阀及控制回路。<br>（4）冷却器入口烟气温度确认。<br>（5）补水箱液位检查及泄漏修补。<br>（6）循环水循环量确认 |

| 序号 | 故障现象 | 可能原因 | 对策 |
|---|---|---|---|
| 2 | 烟气冷却器差压高 | (1) 差压计异常。<br>(2) 烟气量过大。<br>(3) 传热管积灰 | (1) 检查差压计、确认导压管是否堵塞。<br>(2) 烟气冷却器烟气量确认。<br>(3) 提高吹灰器蒸汽吹扫压力 |
| 3 | 烟气加热器差压高 | (1) 差压计异常。<br>(2) 烟气加热器烟气量过大。<br>(3) 传热管积灰 | (1) 检查差压计、确认导压管是否堵塞。<br>(2) 烟气加热器供给烟气量确认。<br>(3) 传热面水洗 |
| 4 | 烟气加热器出口循环水温度低 | (1) 温度计异常。<br>(2) 蒸汽流量调节阀控制系统异常。<br>(3) 供给蒸汽异常。<br>(4) 蒸汽加热器传热性能低 | (1) 检查温度计。<br>(2) 检查蒸汽调节阀及控制回路。<br>(3) 确认供给蒸汽压力、温度。<br>(4) 检查循环水蒸气加热器 |
| 5 | 循环水补水箱压力高 | (1) 压力计异常。<br>(2) 初期 $N_2$ 压力过剩。<br>(3) 液位高。<br>(4) 烟温、循环水温度异常 | (1) 检查压力计。<br>(2) $N_2$ 压力调整。<br>(3) 液位调整。<br>(4) 检查烟气温度、循环水温度 |
| 6 | 循环水补水箱液位高 | (1) 液位计异常。<br>(2) 初期循环水投入量过剩。<br>(3) 烟温、循环水温度异常 | (1) 检查液位计。<br>(2) 热媒保有量调整。<br>(3) 确认烟气温度、循环水温度 |
| 7 | 循环水补水箱液位低 | (1) 液位计异常。<br>(2) 初期循环水投入量不足。<br>(3) 循环水泄漏。<br>(4) 循环水温度异常 | (1) 检查液位计。<br>(2) 检查循环水量补充。<br>(3) 泄漏处修复。<br>(4) 循环水温度确认 |
| 8 | 吹灰器蒸汽压力/流量低 | 蒸汽供给系统异常 | 检查蒸汽供给源 |

## 第五节　脱硫添加剂、消泡剂

**1349. 脱硫添加剂具有哪些特性？**

**答：**脱硫添加剂具有表面活性，催化氧化，可以促进 $SO_2$ 的直接反应，加速 $CaCO_3$ 的溶解，促进 $CaSO_3$ 迅速氧化成 $CaSO_4$，强化 $CaSO_4$ 的沉淀，降低液气比，减少钙硫比，减少水分的蒸发；当烟气入口 $SO_2$ 浓度增加，高于设计值时，吸收塔反应池内 pH 值降低，需要更大的 Ca/S 比时，在吸收塔反应池容积不需扩大的情况下，$CaCO_3$ 能够快速溶解，增加钙离子浓度，保持浆液 pH 值在正常范围，对 pH 值有一定的缓冲作用；延长工作段浆液的运行时间，减少配浆次数，可使设备结垢明显减少，垢层变薄，停机后用水冲洗，垢层容易脱落。

**1350. 脱硫添加剂提高脱硫效率的作用原理是什么？**

**答：**脱硫添加剂可以提高脱硫效率和吸收剂的利用率，同时降低脱硫系统能耗水平，防止系统结垢，提高系统运行的操作弹性与可靠性，从而降低系统的投资和运行费用。

在湿法脱硫系统中，加入一定量适当的有机酸等脱硫添加剂，可以显著提高石灰石消溶速率，缓冲浆液 pH 值，其作用原理为有机酸提供部分游离氢离子，加速碳酸钙的溶解；同时游离的酸根离子，能够结合吸收 $SO_2$ 产生的氢离子，促进 $SO_2$ 吸收，从而提高 $SO_2$ 脱除效率。

**1351. 脱硫添加剂的反应原理是什么？**

**答：**脱硫添加剂由高分子化合物在高温溶出时形成，为低温低压产物，具有一定的反应活性。烟气脱硫添加剂脱硫的有效成分高于 CaO 含量 50% 左右的石灰石。烟气脱硫添加剂在脱硫过程中，除有少量 $CaCO_3$ 和 CaO 完成与 $SO_2$ 反应外，脱硫添加剂物相组成中的高分子材料等都可与硫进行反应，其反应式如下：

$$2CaO \cdot SiO_2 + SO_2 \longrightarrow CaSO_4 + SiO_2 \qquad (20\text{-}18)$$

$$Al(OH)_3 + SO_2 \longrightarrow Al_2(SO_4)_3 \qquad (20\text{-}19)$$
$$2CaO \cdot SiO_2 + SO_2 \longrightarrow CaSO_4 + SiO_2 \qquad (20\text{-}20)$$

除此之外，烟气脱硫添加剂中的 α 或 j 型含水氧化铁还可与烟气中有机硫分解释放出的 $H_2S$ 气体反应，反应式为：

$$Fe(OH)_3 + H_2S \longrightarrow Fe_2S + H_2O \qquad (20\text{-}21)$$

以上的烟气脱硫添加剂脱硫反应式（20-20）为主要反应，也是脱硫有效成分的最大部分。

从烟气脱硫添加剂的物化分析可以看出，烟气脱硫添加剂完全有条件对烟气脱硫，进行脱硫增效，提高脱硫效率，使用中可以不改变原有的工艺流程，由于烟气脱硫添加剂中含有部分溶解在水中的催化物，其烟气净化效果将大大提高。

### 1352. 脱硫添加剂主要可以分为哪几种？

**答：** 目前脱硫添加剂主要可以分为有机添加剂、无机添加剂和复合添加剂三种。

（1）有机物添加剂又被称为缓冲添加剂，多为有机酸，如 DBA、苯甲酸、乙酸等，在工业上应用最成功的有机酸为 DBA。

（2）无机盐添加剂主要包括镁化合物、钠盐、铵盐等，如 $MgSO_4$、$Mg(OH)_2$、$Na_2SO_4$、$NaNO_3$、$(NH_4)_2SO_4$ 等，其中以镁类添加剂应用最多。此类添加剂可强化吸收过程，提高脱硫效率。

（3）复合添加剂则是在对无机和有机添加剂的研究的基础上开发出来的两种或更多添加剂的组合。研究发现，复合添加剂的不同组合方式（包括添加剂的种类和含量）对脱硫效率的影响是不同的，多数情况下它对脱硫效率的提高并非单一添加剂效果的叠加，尤其在中低 pH 段更是效果显著。

### 1353. 脱硫添加剂具有哪些特点？

**答：** 脱硫添加剂具有以下特点：

（1）提高石灰石反应活性及利用率，减少 $CaCO_3$ 的浪费，缓冲石灰石浆液 pH 值，提高 $SO_2$ 的溶解度。

（2）增效剂不造成脱硫系统管路的额外腐蚀，对脱硫产石膏品质无影响。

（3）提高脱硫效率，并且能在合理范围内提高脱硫系统对燃煤硫份的适应性。

（4）降低脱硫系统厂用电率，在燃煤硫份较低的情况下，能够停运1～2台浆液循环泵。

**1354. 脱硫添加剂的作用是什么？**

**答：**在烟气系统在，采用脱硫添加剂对烟气脱硫装置有以下几方面的作用：

（1）减少脱硫系统浆液pH值的波动，可以起到缓冲剂作用。

（2）增强洗涤能力，提高脱硫效率。

（3）增强$CaCO_3$的反应活性，提高吸收剂的利用率。

（4）防止浆液结垢和堵塞，提高系统可靠性和稳定性。

（5）相同条件下，可降低液气比，实现系统节能降耗。

**1355. 如何保证脱硫吸收塔添加剂的有效浓度？**

**答：**脱硫系统的脱硫添加剂是否可以高脱硫效率，决定在吸收塔添加剂浓度方面，添加剂的吸收塔浓度通常保持在0.6g/L。

（1）通过吸收塔水量损失添加剂的理论损失计算。

（2）回收添加剂液体从吸收塔排出量。添加剂液体从吸收塔排出可分为石膏携带水，石膏滤液和旋流器溢流液水平。

（3）根据脱硫吸收塔脱硫效率变化不确定性，不时地在吸收添加剂，弥补因为计算原因导致添加剂不足。

（4）根据吸收塔入口$SO_2$浓度和锅炉负荷调整脱硫添加剂的浓度。

（5）脱硫添加剂添加量及时补充。

（6）对于共用一套制浆系统的吸收塔脱水系统，建议使用相同品牌的脱硫添加剂，避免添加剂不同的组件减少添加剂的有效性。

### 1356. 脱硫吸收塔起泡沫的危害有哪些?

**答:** 脱硫吸收塔起泡沫的危害有:

(1) 烟气脱硫中泡沫在烟气湿法脱硫系统的吸收塔内被石灰石浆液洗涤过程中出现泡沫,导致吸收塔入口积灰。

(2) 烟气脱硫中泡沫增加了表面张力,导致塔内液位虚高,浆液溢流。

(3) 烟气脱硫中泡沫影响脱硫中的脱硫效果。

(4) 烟气脱硫中泡沫的产生导致热交换器结垢堵塞。

### 1357. 吸收塔浆液起泡沫因素有哪些?

**答:** 在脱硫装置运行过程中,可能由于某些因素引起吸收塔浆液起泡沫从而导致吸收塔溢流。这些因素可能是:

(1) 进口烟气粉尘超标,如果含有大量惰性物质的。

(2) 煤质不好,锅炉燃烧不充分或者锅炉投油使进口烟气含油。

(3) 石灰石含 MgO 过量,MgO 过量不仅影响脱硫效率而且会与硫酸根离子发生反应。

(4) 吸收塔浆液里重金属离子增多引起浆液表面张力增加。

(5) 另外也要重视脱硫系统工艺水质的参数指标要在设计的范围之内,否则也会导致吸收塔浆液气泡。

### 1358. 消泡机理是什么?

**答:** 一般而言,纯水和纯表面活性剂不起泡,这是因为它们的表面和内部是均匀的,很难形成弹性薄膜,即使形成亦不稳定,会瞬间消失。但在溶液中有表面活性剂的存在,气泡形成后,由于分子间的作用,其分子中的亲水基和疏水基被气泡壁吸附,形成规则排列,其亲水基朝向水相,疏水基朝向气泡内,从而在气泡界面上形成弹性膜,其稳定性很强,常态下不易破裂。泡沫的稳定性与表面黏性和弹性、电斥性、表面膜的移动、温度、蒸发等因素有关。再者,气泡与液体的表面张力反变相关,其张力越小,则越易气泡。在生活和生产中,有时泡沫的出现,给人们带来诸多不便，故必须消泡。

凡能破坏泡沫稳定性的因素，均可用于消泡。消泡涵盖"抑泡"和"破泡"两重因素。消泡剂即赋此功能，它能降低水、溶液、悬浮液等的表面张力，防止形成泡沫，或使原有泡沫减少，通常具有选择性作用。一般物理消泡法难于瞬间消泡，而化学和界面消泡，则十分快捷、便当、高效。

概而言之，消泡剂是指具有化学和界面消泡作用的药剂，作为消泡剂，有低碳醇、矿物油、有机性化合物及硅树脂等。消泡剂的形态有油型、溶液型、乳液型、泡沫型。作为消泡剂均具消泡强力、化性稳定、生理惰性、耐热、耐氧、抗蚀、溶气、透气、易扩散、易渗透、难溶于消泡体系且无理化影响、消泡剂用量少、高效等特点。

消泡剂品种繁多，用途广泛。消泡剂"抑泡"和"破泡"过程是：当气体加入消泡剂后，其分子杂乱无章地广布于液体表面，抑制形成弹性薄膜，即终止泡沫的产生。当体系大量产生泡沫后，加入消泡剂，其分子立即散布于泡沫表面，快速铺展，形成很薄的双膜层，进一步扩散、渗透，层状入侵，从而取代原泡沫薄壁。由于其表面张力低，便流向产生泡沫的高表面张力的溶液，这样低表面张力的消泡分子在气液界面间不断扩散、渗透，使其膜壁迅速变薄，泡沫同时又受到周围表面张力大的膜层牵引，这样，致使泡沫周围应力失衡，从而导致其"破沫"。不溶于体系的消泡剂分子，再重新进入另一个泡沫膜的表面，如此重复，所有泡沫，全部覆灭。

### 1359. 脱硫消泡剂主要作用是什么？

**答：**烟气脱硫消泡剂主要作用是防止塔内液位虚高，浆液溢流。

石灰石-石膏湿法烟气脱硫运行中，常会出现吸收塔浆液起泡溢流现象，吸收塔内循环浆液起泡后，液位计显示液位远远超过真实液位，再加上其他因素影响，塔内循环浆液液位波动明显变大，从而导致吸收塔间歇性溢流。随着起泡现象的加重，吸收塔循环浆液溢流量过大，浆液不能通过溢流管及时排出，泡沫就会涌进原烟气烟道、增压风机，将带来脱硫效率降低、石膏品质下降、增压风机的运行安全受到威胁等问题，影响了脱硫系统的稳定和安全运行。吸收塔浆液起泡溢流现象不仅会降低脱硫效率，污染周围环境，而且还会造成周围设备的腐蚀，严重时整个脱硫系统将停运并置换吸收塔内的浆液。

第二十一章

# 全厂脱硫废水零排放技术

## 第一节　脱硫废水处理技术政策

**1360.** 脱硫废水排放相关政策有哪些?

**答：**脱硫废水排放相关政策见表 21-1。

表 21-1　　　　　　　脱硫废水排放相关政策

| 时间 | 政策法规名称 | 主要内容 |
|---|---|---|
| 2006 年 | 《火力发电厂废水治理设计技术规程》(DL/T 5046—2006) | 火电厂的脱硫废水处理设施要单独设置，按连续运行方式设计 |
| | 《火电厂石灰石-石膏湿法脱硫废水水质控制指标》(DL/T 997—2006) | 在有脱硫废水产生的火电厂，应单独设置脱硫废水处理系统。未经处理的脱硫废水不应排入厂区公用排水系统，也不应采用稀释的方法降低污染物浓度后排放，更不应直接外排。规定脱硫废水处理系统排放口的重金属限值；规定全厂排放口的硫酸盐排放限值，其最高允许排放浓度为 2000mg/L |
| 2011 年 | 《国家环境保护十二五规划》 | 研究鼓励企业废水零排放的政策措施 |
| 2015 年 | 环保部《关于规范火电等七个行业建设项目环境影响评价文件审批的通知》 | 要求"火电行业着力节约保护水资源、提高用水效率""加快研发重点行业废水深度处理"等，将我国废水治理要求整体提升。指出"新建燃煤电厂脱硫废水单独处理后回用" |
| | 国务院《水污染防治行动计划》 | 狠抓工业污染防治，专项整治十大重点行业，集中治理工业集聚区水污染 |

| 时间 | 政策法规名称 | 主要内容 |
|---|---|---|
| 2016 年 | 国务院《控制污染物排放许可制实施方案》 | 率先对火电、造纸行业企业核发排污许可证 |
| 2017 年 | 环保部《火电厂污染防治技术政策》 | 脱硫废水宜经石灰处理、混凝、澄清、中和等工艺处理后回用。鼓励采用蒸发干燥或蒸发结晶等处理工艺，实现脱硫废水不外排 |
| | 环保部《火电厂污染防治可行技术指南》（HJ 2301—2017） | 提出火电厂实现废水近零排放的关键是实现脱硫废水零排放；脱硫废水零排放技术主要包括烟气余热喷雾蒸发干燥、高盐废水蒸发结晶等，且蒸发干燥或蒸发结晶前，宜采用反渗透、电渗析等膜浓缩预处理工艺减少废水量 |
| 2018 年 | 电力行业《发电厂废水治理设计规范》（DL/T 5046—2018） | 增补了脱硫废水零排放工艺：烟气余热蒸发结晶技术膜浓缩及蒸发结晶技术。<br>含煤废水处理量中露天场初期雨收：集半小时增加至集初期 1h |

## 1361. 电厂废水排放主要分为哪三种类型？

**答：** 电厂废水排放主要分为 3 种类型：

（1）第 1 种是设计并建设废水"零排放"的电厂，此类电厂未设置废水排放口，仅设 1 个雨水排放口；该类电厂占比约 60%。

（2）第 2 类是建设时期较早，允许设置废水排放口的电厂，该类电厂占比约 25%。

（3）第 3 类是将废水排入城市污水处理厂或其他废水处理站的电厂，该类电厂占比约 15%。

## 1362. 火电厂废水特点有哪些？

**答：** 火电厂废水特点有：

（1）水质水量差异大，划分废水的种类较多。

（2）废水中污染成分以无机物为主，有机污染物主要是油。

(3) 间断性排水较多。

**1363.** 电厂末端废水现状是什么？

答：电厂末端废水现状见表 21-2。

表 21-2　　　　　　　　　　电厂末端废水现状

| 序号 | 类型 | 水质特点及规律 | 目前处理方式 |
|---|---|---|---|
| 1 | 循环水排污水 | 其水质具有含盐量（含盐量主要指溶解性固体）、悬浮物、碱度、钙离子含量高的特点 | 现阶段较为常见的循环水排污水处理系统为：混凝澄清、超滤—反渗透、电絮凝—沉淀—超滤—反渗透等 |
| 2 | 酸碱再生废水 | 含盐量高，呈强酸碱性；精处理再生废水中氨含量高，致垢因子含量低 | 目前再生废水的常规处置方式为酸性废水补灰渣系统、碱性废水用作脱硫剂，或酸碱废水混合、中和后达标排放 |
| 3 | 高盐废水 | 这种废水含有多种物质（包括盐、油、有机重金属和放射性物质）其成分复杂、水质波动大 | 目前火电厂采用传统重力沉淀法、混凝澄清、超滤等 |
| 4 | 脱硫废水 | 呈弱酸性、悬浮物高、含盐量高、硬度中镁离子比例大、硫酸根及氯离子高、全硅高且胶体硅比例低，各厂间水质差别很大 | 化学反应沉淀，按达标排放考虑，或用于灰场喷淋、干灰拌湿等 |

**1364.** 废水排放规律包括哪些？

答：废水排放规律包括连续排放，流量稳定，连续排放，流量不稳定，但有周期性规律等。

**1365.** 火电厂废水通常有哪两种处理方式？

答：火电厂废水通常有两种处理方式：一种是集中处理，另一种是分类处理。

**1366.** 火电厂废水分类处理技术有哪些？

答：火电厂废水分类处理技术有：

(1) 锅炉停炉保护和化学清洗废水（含有机清洗剂）处理。停炉保护废水联胺含量较高；锅炉化学清洗方式较多，用柠檬酸或 EDTA 进行锅炉酸洗产生的废液中残余清洗剂量很高。上述锅炉酸洗废水水质特点是 COD、SS 含量较高。为降低过高的 COD，在常规 pH 调整、混凝澄清处理工艺之前应增加氧化处理环节。通过加入氧化剂（通常是双氧水、过硫酸铵或次氯酸钠等）氧化，分解废水中的有机物，降低 COD 值。

(2) 空气预热器、省煤器和锅炉烟气侧等设备冲洗排水处理。该类废水为锅炉非经常性排水，其水质特点是悬浮物和铁的含量很高，不能直接进入经常性排水处理系统。处理方法常采用化学沉淀法，即首先进行石灰处理，在高 pH 值下沉淀出过量的铁离子并去除大部分悬浮物，然后再进入中和、混凝澄清等处理系统；也可采用氧化、化学沉淀法，即首先进行曝气氧化，再进行中和、混凝澄清等处理。

(3) 化学水处理工艺废水处理。

1) 化学水处理因工艺不同，可产生酸碱废水或浓盐水。

2) 酸碱废水多采用中和处理，即采用加酸或碱调节 pH 值至 6～9 之间，出水直接排放或回用。该工艺系统一般由中和池、酸储槽、碱储槽、在线 pH 计、中和水泵和空气搅拌系统等组成，运行方式大多为批量中和，即当中和池中的废水达到一定容量后，再启动中和系统。

3) 为尽量减少新鲜酸、碱的消耗，离子交换设备再生时应合理安排阳床和阴床的再生时间及再生酸碱用量，尽量使阳床排出的废酸与阴床排出的废碱相匹配，减少直接加入中和池的新鲜酸和碱量。

4) 采用反渗透预脱盐系统的水处理车间，受反渗透回收率的限制，排水量较大。如果反渗透系统回收率按 75% 设计，反渗透装置进水流量的 1/4 以废水形式排出，废水量远大于离子交换系统。但其水质基本无超标项目，主要是含盐量较高，可直接利用或排放，必要时可进行脱盐处理。

(4) 煤泥废水处理。

1）煤泥废水一般采用混凝沉淀、澄清和过滤处理工艺，去除废水中悬浮物（主要是煤粉）后循环使用。

2）煤泥废水处理系统由废水收集、废水输送、废水处理系统等组成。

3）煤场的废水经集水池预沉淀，先将废水中携带的大尺寸的煤粒沉淀下来，然后再将上面的清液送经混凝、澄清和过滤处理后回用。

4）微滤或超滤处理工艺广泛应用于煤泥废水处理。其优点是出水水质好，尤其是出水浊度很低，可小于 1 度（NTU）；缺点是要进行频繁的反洗（自动进行）和定期进行化学清洗。

（5）冲灰废水处理。

1）采用水力除灰方式会产生冲灰废水。冲灰废水水质特点是 pH 值和含盐量较高；通过灰浆浓缩池进行闭路循环的灰水悬浮物较高；灰场的水经过长时间沉淀，悬浮物浓度一般很低。只要保证水在灰场有足够的停留时间，并采取措施拦截"漂珠"，悬浮物大多可满足排放要求。pH 值则需要通过加酸，使 pH 值降至 6～9 范围内。

2）冲灰废水一般采用物理沉淀法处理后循环使用。处理过程中需添加阻垢剂，防止回水系统结垢。

（6）含油废水处理。含油废水主要包括油罐脱水、冲洗含油废水、含油雨水等。含油废水处理通常采用气浮法进行油水分离，出水经过滤或吸附后回用或排放；也可采用活性炭吸附法、电磁吸附法、膜过滤法、生物氧化法等除油方法。

（7）脱硫废水处理。脱硫废水水质特点是悬浮物浓度高、高含盐、高氯离子、高硬、含重金属、COD 高、pH 值呈酸性。脱硫废水处理处理工艺是通过加石灰浆对脱硫废水进行中和、沉淀处理，然后经絮凝、澄清、浓缩等步骤处理后，清水回收利用，沉降物脱硫废水污泥经脱水后运出处置。

（8）氨区废水处理。氨区废水包括液氨贮存或氨水贮存区卸氨后设备及管道中氨气、事故或长期停机状态下氨罐及管道中氨气排至吸收槽用水稀释产生的废水、氨泄漏时稀释废水、夏季气温较高时对液氨储罐进行冷却产生的废水等。氨区废水水质特点是氨氮较高、pH值稍高，且不连续产生。一般将氨区废水送入厂区酸碱废水处理系统进行中和处理后回用。

（9）生活污水处理。生活污水可生化性好，宜采用二级生化处理，消毒后回用或排放。也可采用膜生物反应器工艺处理后再利用，该工艺具有出水水质优良、性能稳定、占地面积小等优势。

（10）其他废水及排水处理。除上述废水外，电厂还会产生冲渣水、主厂房冲洗水、初期雨水等废水，以及锅炉排污水、循环冷却系统排水、直流冷却系统排水等水质较好的水，废水处理与回用可行技术路线见表21-3。

表 21-3　　　　　　　　废水处理与回用可行技术路线

| 序号 | 废水种类 | 主要污染因子 | 可行技术 | 去向或回用途径 |
|---|---|---|---|---|
| 1 | 锅炉酸洗废水 | COD、SS、pH 等 | 氧化、混凝、澄清 | 集中处理站 |
| 2 | 锅炉非经常性废水 | pH、SS 等 | 沉淀、中和 | 集中处理站 |
| 3 | 酸碱废水 | pH | 中和 | 烟气脱硫系统 |
| 4 | 煤泥废水 | SS | 混凝、澄清、过滤 | 重复利用 |
| 5 | 冲灰废水 | SS、pH 等 | 加阻垢剂 | 闭路循环 |
| 6 | 含油废水 | 油、SS | 油水分离 | 煤场喷洒 |
| 7 | 脱硫废水 | pH、SS、COD、重金属等 | 石灰处理、混凝、澄清、中和 | 干灰调湿、灰场喷洒、冲渣水、冲灰水或达标排放 |
| | | | 石灰处理（双碱法处理）、混凝、澄清、中和、膜软化、膜浓缩、蒸发干燥或蒸发结晶 | 喷雾蒸发干燥时脱硫废水进入烟气。蒸发结晶时脱硫废水蒸发的水汽冷凝后可在厂内利用，结晶盐外运综合利用 |
| 8 | 氨区废水 | 氨氮、pH | 中和 | 回用 |
| 9 | 生活污水 | COD、BOD、SS | 二级生化处理膜生物反应器工艺 | 绿化、集中处理站 |
| 10 | 冲渣水 | SS、pH | 沉淀、中和 | 重复利用 |
| 11 | 主厂房冲洗水 | SS | 混凝、澄清 | 集中处理站 |

| 序号 | 废水种类 | 主要污染因子 | 可行技术 | 去向或回用途径 |
|---|---|---|---|---|
| 12 | 初期雨水 | SS、油等 | 不处理或混凝、澄清 | 集中处理站 |
| 13 | 锅炉排污水 | 温度 | — | 冷却水系统或化水系统 |
| 14 | 循环冷却系统排水 | 盐类 | 反渗透等除盐工艺 | 除灰、脱硫、喷洒等利用或除盐后回冷却系统 |
| 15 | 直流冷却系统排水 | 温度 | — | 直接排入水环境 |
| 16 | 高含盐废水（反渗透浓水、循环水排污等） | 盐类 | 石灰处理、絮凝、沉淀、超滤、反渗透 | 回冷却系统、脱硫系统等 |

### 1367. 废水集中处理技术是什么？

**答：**（1）燃煤电厂废水集中处理站（系统）规模大、处理废水种类多，处理后的废水根据水质情况达标排放或回收利用。废水集中处理站（系统）可用于处理各种经常性排水和非经常性排水。

（2）典型的废水集中处理站设有多个废水收集池，根据水质差异进行分类收集，如高含盐量的化学再生废水、锅炉酸洗废液、空气预热器冲洗废水等。各池之间根据实际用途可互相切换，主要设施包括废水收集池、曝气风机、废水泵和酸、碱贮存罐，以及清水池、pH 调整槽、反应槽、絮凝槽、澄清器、加药系统等。

### 1368. 火电厂废水近零排放技术有哪些？

**答：** 火电厂废水近零排放技术有：

（1）火电厂除脱硫废水外，各类废水经处理后基本能实现"一水多用，梯级利用"、废水不外排，因此实现废水近零排放的关键是实现脱硫废水（包括流入脱硫系统的循环冷却排污水和反渗透产生的高盐废水）零排放。

（2）脱硫废水经初步处理后，含盐量过高。目前脱硫废水零排放技术主要包括烟气余热喷雾蒸发干燥、高盐废水蒸发结晶等。

（3）烟气余热喷雾蒸发干燥是通过雾化喷嘴将浓缩后的高盐废水喷入烟道或旁路烟道内，雾化后的高盐废水经过烟气加热迅速蒸发，溶解性盐结晶析出，随烟气中的烟尘一起被除尘器捕集。

（4）高盐废水蒸发结晶是利用烟气、蒸汽或热水等热源蒸发废水，蒸发产生的水汽可冷凝成水用于冷却塔补水、锅炉补给水等，废水中的溶解盐被蒸发结晶，干燥后装袋外运，进行综合利用或处置，避免产生二次污染。

（5）蒸发干燥或蒸发结晶前，宜采用反渗透、电渗析等膜浓缩预处理工艺减少废水量。

### 1369. 废水处理与回用可行技术路线有哪些？

**答：** 电厂应从全局出发，加强全厂水务管理。对电厂的水源、用水和排水做全面规划管理，选择最优的全厂用水分配方案，经济合理地处理各种废水，最大限度地提高废水回用率。

废水处理与回用可行技术路线见表21-3。

### 1370. 脱硫装置设置配套脱硫废水处理系统目的是什么？

**答：** 燃煤中含有的 $0.01\%\sim0.2\%$ 的氯元素在燃烧后随烟气进入脱硫装置，由于脱硫装置水的循环使用，氯离子在吸收塔浆液中逐渐富集，会导致吸收塔浆液氯离子浓度严重超标，不仅影响石膏的品质，还会引起脱硫效率的下降，增大石膏结垢的可能，加速对脱硫设备破坏和腐蚀，直接威胁脱硫装置的安全稳定经济运行。因此脱硫装置都设置有配套的脱硫废水处理系统，目的就是通过排放一定量的废水，降低吸收塔浆液中氯离子浓度和重金属离子浓度，改善吸收塔浆液品质。脱硫废水中的氯离子含量不宜大于 $20000mg/L$。

## 第二节 脱硫废水前处理技术

### 1371. 废水"零排放"处理工艺主要分为哪三个环节？

**答：** 燃煤电厂废水种类较多，水量较大，经过梯级利用后剩余的废水需要进行处理后回用。根据燃煤电厂废水的水质水量特点，"零排放"处理工艺主要分为预处理、浓缩减量处理和蒸发脱盐处理三个环节，处理对象主要为循环水排污水、酸碱再生废水以及脱硫废水等。由于脱硫废水的含盐量较高，通常将预处理后的脱硫废水与一级浓缩处理后的循环水排污水浓水、酸碱再生废水混合后进行下一级浓缩处理。各路废水经过逐级浓缩后产生的浓盐水进入蒸发脱盐系统进行脱盐处理后回用。

### 1372. 预处理主要作用是什么？

**答：**预处理的重点：软化和除硅。预处理主要用于去除废水中的硬度离子、部分硅酸盐、总碱度、胶体和固体悬浮物等，降低水的硬度，防止后续浓缩处理系统结垢，保障其稳定运行。

### 1373. 预处理软化工艺如何进行选择？

**答：**通常采用"石灰-碳酸钠"双碱法对废水进行软化处理。在废水中加入石灰与水中的碳酸氢根、碳酸根反应，生成碳酸钙沉淀，将水中的暂时硬度以及部分硫酸盐去除。加入石灰乳反应后残留的硬度主要为钙硬，可通过加入碳酸钠以碳酸钙形式沉淀去除钙硬。在加碱软化处理过程中，废水中的硅也可以被部分去除。在对废水进行软化处理时，可以通过模拟试验来确定最佳药剂量，尽量降低水的硬度，并对出水水质进行评价。

### 1374. 预处理除浊工艺如何进行选择？

**答：**目前，水处理工程广泛应用的除浊工艺包括机械过滤、超滤和管式微滤等。

机械过滤包括活性炭过滤、砂滤、多介质过滤等。机械过滤存在运行维护工作烦琐、滤料容易污染和破碎以及出水浊度相对较高等问题，其应用受到限制。

超滤膜可有效去除水中的细小的悬浮物、胶体微粒、细菌等。超滤系统处理出水浊度小于 0.2NTU，SDI<3〔污染指数（silting density index，SDI）值，也称之为 FI（fouling index）值，是水质

指标的重要参数之一。它代表了水中颗粒、胶体和其他能阻塞各种水净化设备的物体含量。通过测定 SDI 值，可以选定相应的水净化技术或设备。在反渗透水处理过程中，SDI 值是测定反渗透系统进水的重要标志之一；是检验预处理系统出水是否达到反渗透进水要求的主要手段。它的大小对反渗透系统运行寿命至关重要]，可以达到反渗透系统进水水质要求。为了保证超滤系统的稳定运行，通常废水在进入超滤系统前需要先进行澄清及砂滤处理。

管式微滤系统主要由循环泵、管式微滤膜及膜架、清洗装置、相关控制阀门及匹配管道组成。废水经过加药沉淀后通过泵提升进入管式微滤系统，在压力和速度的驱使下，废水通过管式微滤膜以错流过滤的方式，使悬浮固体物质与液体分离。管式微滤工艺系统相对简单，正常运行工况下处理出水能够满足反渗透系统的进水要求。

超滤和管式微滤工艺的对比分析见表 21-4。采用传统的沉淀—过滤—超滤处理系统工艺流程较长，涉及的处理设施较多，系统较为复杂；而采用管式微滤系统，经过化学软化处理后的污水无须经沉淀池、多介质过滤、砂滤等处理设施就可以直接进入管式微滤系统。采用管式微滤工艺不需要投加 PAM 等助凝剂，减少了化学药剂的费用，并且占地面积明显减少，特别适合于用地紧张的企业。

表 21-4　　　管式微滤和超滤工艺的技术经济比较

| 项目 | 管式微滤系统 | 沉淀—过滤—超滤系统 |
|---|---|---|
| 过滤孔径 | 0.05～1.2μm | 0.002～0.1μm |
| 预处理 | pH 调节、化学处理 | pH 调节、混凝沉淀 |
| 前道过滤工序 | 无须 | 砂滤、盘式过滤、多介质过滤、碳滤等 |
| 抗污染能力 | 抗腐蚀、抗污垢、耐酸碱、抗氧化、能承受漂白剂和氧化剂的浸泡 | 抗污染、抗氧化、耐酸碱 |
| 清洗 | 正向清洗 | 反向清洗 |
| 清洗后通量恢复 | 药剂清洗或浸泡后，通量几乎可以恢复到100% | 药剂清洗后，通量很难恢复到100% |

| 项目 | 管式微滤系统 | 沉淀—过滤—超滤系统 |
|------|------------|------------------|
| 占地面积 | 小 | 较大 |
| 使用寿命 | 5～7 年以上 | 2～3 年 |
| 投资成本 | 较高 | 较低 |
| 应用情况 | 较少 | 较多 |

由于管式微滤系统的投资费用相对于超滤系统较高，目前应用相对较少，不过对于改造项目，由于具有占地面积小的优点，逐渐得到了关注和应用。

### 1375. 浓缩减量处理工艺的功能是什么？

答：浓缩减量处理的功能是尽可能减少需要蒸发处理的末端废水量，处理后产生的淡水回用于化学制水车间或循环水补水等，产生的浓水进入蒸发处理系统。

浓缩减量处理关键：尽量提高系统的回收率，使得进入蒸发工艺段的废水足够少。

### 1376. 浓缩减量处理工艺主要有哪些？

答：目前，浓缩减量处理工艺主要有纳滤、常规反渗透、海水反渗透、碟管式/ST 反渗透、正渗透、电渗析以及蒸发浓缩 MVC 等。

### 1377. 微滤（MF）技术是什么？

答：微滤又称微孔过滤，是以多孔膜（微孔滤膜）为过滤介质，在 0.1～0.3MPa 的压力推动下，截留溶液中的砂砾、淤泥、黏土等颗粒和贾第虫、藻类和一些细菌等，而大量溶剂、小分子及少量大分子溶质都能透过膜的分离过程。

### 1378. 超滤（UF）技术是什么？

答：超滤是一种加压膜分离技术，即在一定的压力下，使小分子溶质和溶剂穿过一定孔径的特制的薄膜，而使大分子溶质不能透过，留在膜的一边，从而使大分子物质得到了部分的纯化。

### 1379. 纳滤处理工艺技术是什么？

**答**：纳滤（nano-filtration，NF）是介于反渗透和超滤之间的截留水中纳米级颗粒物的一种膜分离技术，能够去除直径为 1nm 左右的溶质粒子，能够截留有机物的分子量为 100～1000。NF 系统对单价阴离子盐溶液的脱除率低于高价阴离子盐溶液，如对氯化钠及氯化钙的脱除率为 20%～80%，而硫酸镁及硫酸钠的脱除率为 90%～98%。由于 NF 膜对单价离子和高价离子的截留能力不同，在全厂废水"零排放"中实现一价盐与二价盐的分离，提高结晶盐的纯度和经济性。

纳滤（NF）：纳滤用于将相对分子质量较小的物质，如无机盐或葡萄糖、蔗糖等小分子有机物从溶剂中分离出来。纳滤又称为低压反渗透，是膜分离技术的一种新兴领域，其分离性能介于反渗透和超滤之间，允许一些无机盐和某些溶剂透过膜，从而达到分离的效果。

纳滤能分离一价离子（$Na^+$、$Cl^-$）与二价离子（$Ca^{2+}$、$SO_4^{2-}$），运行压力低，耗电量低，装置简易，占地面积小。

一级纳滤分离率约为 70%，想得到较高的分离率需要多级串联（二级串联约为 90%）。

### 1380. 常规反渗透处理工艺技术是什么？

**答**：常规反渗透运行压力较低（<1.5MPa），适用于处理含盐量较低（2000～5000mg/L）的废水，系统脱盐率在 98% 左右，回收率在 75% 左右。经过常规反渗透处理后，产生的浓水的含盐量达到 20000mg/L 左右，产生的淡水含盐量在 100mg/L 左右，直接回用作为化学制水车间补水。常规反渗透处理系统的浓水进入下一级膜浓缩处理系统。

反渗透（RO）：又称逆渗透，一种以压力差为推动力，从溶液中分离出溶剂的膜分离操作。反渗透可以将来水分离为两股水，一股水叫淡水，几乎不含有任何离子；另一股水叫浓水，浓水几乎包含了来水里的所有离子。反渗透原理示意图如图 21-1 所示。

（1）回收淡水，将废水浓缩减量。

（2）分离效果好需要加大串联级数，一般运行压力大，耗电量大，对进水要求非常严格（需软化）。

（3）一般在酸性环境下运行（防止生成碱性不溶物、碳酸钙、碳酸镁、硫酸钙），运行过程中需要投加阻垢剂，定期需要酸洗保养。

图 21-1　反渗透原理示意图

### 1381. 海水反渗透处理工艺技术是什么？

答：海水反渗透（sea water reverse osmosis，SWRO）是反渗透的一种，采用的反渗透膜为海水反渗透膜。海水反渗透系统的运行压力更高（＜8MPa），处理得到浓水含盐量更高（50000mg/L 左右），因此适宜处理含盐量较高的废水（20000mg/L 左右）。海水反渗透系统的回收率由产水水质和操作压力决定，通常回收率设计为 50% 左右，在全厂废水"零排放"处理工艺中，通常用于对常规反渗透浓水和经过除硬除浊预处理后的脱硫废水进行浓缩减量处理。

### 1382. 碟管式反渗透处理工艺技术是什么？

答：碟管式反渗透（disc-tube reverse osmosis，DTRO）是一种高压反渗透，具有更高的浓缩效果。DTRO 膜组件主要由 RO 膜片、导流盘、中心拉杆、外壳、两端法兰各种密封件及连接螺栓等部件组成。把过滤膜片和导流盘叠放在一起，用中心拉杆和端盖法兰进行固定，然后置入耐压外壳中，就形成一个碟管式膜组件。碟管式反渗透膜组件结构示意图如图 21-2 所示。

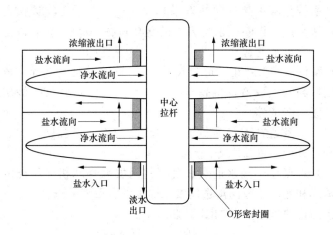

图 21-2 碟管式反渗透膜组件结构示意图

STRO 为在 DTRO 基础上开发的一种高压反渗透膜系统。与DTRO 不同的是，STRO 为卷式膜，而 DTRO 为膜片。相比于DTRO 膜系统，STRO 膜系统具有类似的废水盐分浓缩效果，但是抗污染性能更好，目前在国内垃圾渗滤液的处理中已有应用，在电厂高盐废水的处理中应用较少。DT/STRO 系统的运行压力可以达到 90～120kg，可以将废水含盐量浓缩到 100000～120000mg/L，因此可以用于处理 SWRO 系统产生的浓水，回收率通常设计为 50％左右。废水经过 DT/STRO 系统进行浓缩处理后，产生的浓水为末端废水，进入蒸发系统进行脱盐处理。

### 1383. 正渗透处理工艺技术是什么？

**答**：正渗透（forward osmosis，FO）处理系统，包括中央控制系统、FO 膜系统、汲取液再生系统、汲取液储罐、净水储罐、低温加热系统、汲取液控制系统等。正渗透膜两侧产生的渗透压差是正渗透过程得以持续进行的驱动力，而汲取液的渗透压是决定这种驱动力大小的关键因素。

　　由于汲取液的浓度通常在 200000mg/L 以上，因此采用正渗透系统可以将废水含盐量浓缩到 200000mg/L 左右，相比于 DT/STRO 系统具有更高的脱盐效果和回收率。由于正渗透投资成本较高，通常进入正渗透系统废水的含盐量在 50000mg/L 以上较为经济，产生浓水的含盐量达到 150000mg/L 以上。

　　正渗透（FO）：正渗透膜技术（FO）通过设置选择性渗透膜和浓度极高的汲取液，将高盐废水中的水分渗透转移到汲取液中并实现废水的浓缩。

　　（1）正渗透技术具有低能耗、较高的水通量和回收率、不易结垢和可处理高浓盐水等优点。

　　（2）难点在于高水通量、良好的耐酸碱性和机械性能的选择性渗透膜和能产生较高渗透压及水通量的汲取液的选择。

　　正渗透原理示意图如图 21-3 所示。

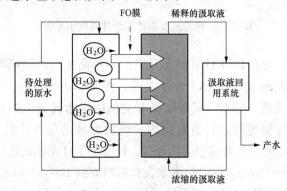

图 21-3　正渗透原理示意图

### 1384. 电渗析处理工艺技术是什么？

　　答：电渗析技术（electrodialysis，ED）是在直流电场作用下，水中溶解性盐在离子交换膜的选择透过作用下，阴阳离子分别通过阴离子膜和阳离子膜而分开。在实际运行中，废水中含有的钙、镁、碳酸盐和硫酸盐等结垢离子由于电极反应、极化，会以氢氧化钙、氢氧化镁、碳酸钙、碳酸镁和硫酸钙等的形式沉积于电极和极室，常常引起阳离子交换膜的污染。此外，在阴、阳膜浓水一侧，由于膜面处离子浓度大大超过溶液中离子浓度，容易造成阴、阳膜浓水侧因过饱和而形成沉淀。采用频繁倒极操作，能够有效减轻电渗析的离子交换膜和电极表面形成的污垢，因此维护工作量相对较大。

为了提高电渗析装置的抗腐蚀性能，延长电极使用寿命，电渗析装置可以采用贵金属电极并涂敷复合材料，同时采用耐污染型离子交换复合膜（大孔径中性半透膜），使电渗析的膜系具有较强的抗氧化、耐酸碱、耐腐蚀、抗水解的能力和抗污染性能力，保证电渗析系统具有较长的使用寿命。

电渗析系统的设备自动化程度高，电渗析系统对进水有机物要求宽泛，离子交换膜抗污染性强，不需要额外设置有机物预处理工艺。电渗析系统运行时，不用酸、碱频繁再生，也不需要加入其他药剂，仅在定时清洗时用少量的酸或碱，对环境基本无污染。此外，电渗析系统没有高压设备，运行过程中没有高压泵的强烈噪声，作业环境相对较好。

电渗析（ED）：电渗析浓缩技术的核心为离子交换膜，其在直流电场的作用下对溶液中的阴阳离子具有选择透过性，即阴膜仅允许阴离子透过，阳膜只允许阳离子透过。通过阴阳离子膜交替排布形成浓淡室，从而实现物料的浓缩与脱盐。电渗透原理示意图如图 21-4 所示。

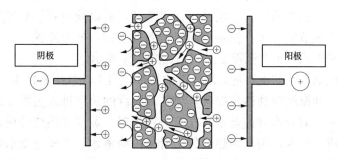

图 21-4　电渗透原理示意图

在电渗析技术的基础发展产生的自动控制频繁倒极电渗析（EDR）技术可以通过正负电极极性相互倒换自动清洗离子交换膜

和电极表面形成的污垢，以确保离子交换膜效率的长期稳定性及淡水的水质和水量。EDR 技术运行管理更加方便。原水利用率可达 80%，一般原水回收率在 45%～70%。

### 1385. 蒸发塘工艺原理是什么？

**答：**蒸发塘是利用自然蒸发的原理将高盐废水中的水分蒸发，使盐分浓度达到饱和而结晶析出的一种技术。蒸发塘池底设置防渗系统，以防止对地下水的影响。

（1）自然蒸发具有处置成本低、运营维护简单、使用寿命长、抗冲击负荷好、运营稳定等优点。

（2）但蒸发塘需要较大的占地面积且场地需要平整，风速、日照时间均需要有一定要求，在北方寒冷地区还需考虑防冻措施。

（3）地下水的防渗防污染也是必须考虑的条件。

### 1386. MVC 蒸发浓缩处理工艺技术是什么？

**答：**机械蒸汽压缩（mechanical vapor compression，MVC）卧管降膜蒸发系统是目前现有蒸发工艺中能耗效率最高的蒸发工艺。

机械蒸汽再压缩技术是利用蒸发系统自身产生的二次蒸汽及其能量，将低品位的蒸汽经压缩机的机械做功提升为高品位的蒸汽热源。如此循环向蒸发系统提供热能，从而减少对外界能源需求的一项节能技术。根据压缩机位置的不同，分为外置式和内置式两种形式，工艺流程如图 21-5、图 21-6 所示。

该蒸发工艺主要是运用蒸汽的特性，当蒸汽被压缩机压缩时，其压力和温度得到逐步提升。当较高温度的蒸汽进入蒸发器的换热管里，而冷水（高盐水）在管外喷淋时，蒸汽在换热管里面冷凝形成冷凝水，蒸汽的热焓传给管外的喷淋水，这样使盐水连续进行蒸发浓缩。在整个系统中能量的输入只有压缩机的电动机和很小的保持系统稳定操作的加热器（或者蒸汽）。

由于废水软化处理后经过膜浓缩处理，废水中的硬度离子得到浓缩，在 MVC 系统长期运行中，硬度离子将会在 MVC 换热器

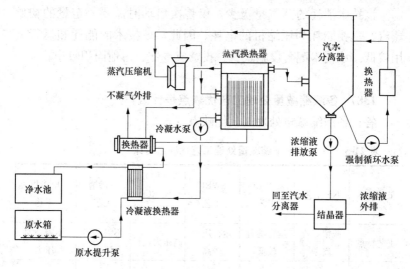

图 21-5 外置式 MVR 工艺流程

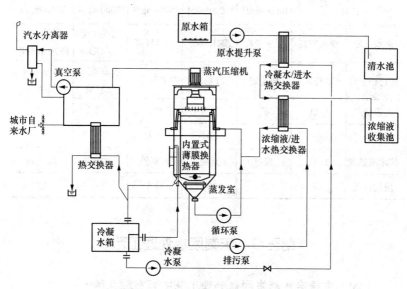

图 21-6 内置式 MVR 工艺流程

表面结垢，需要定期进行化学清洗，一定程度上影响了系统运行的稳定性。

该技术消耗的蒸汽量极少，仅首次启动时需要一定量的初始蒸汽，主要能耗为压缩机的电耗。因此，该技术的能耗和运行费用较低。该技术配套设施较少、投资成本低、占地面积较小。

### 1387. 各浓缩减量处理工艺优缺点是什么？

**答：** 各浓缩减量处理工艺优缺点见表 21-5。

表 21-5 浓缩减量处理工艺优缺点对比

| 工艺技术 | NF 工艺 | 常规 RO 工艺 | SWRO 工艺 | DTRO/STRO 工艺 | 正渗透工艺 | 电渗析工艺 |
|---|---|---|---|---|---|---|
| 工艺特点 | 截留二价离子 | 运行压力较低 | 运行压力较高 | 高压力运行 | 不需外加压力 | 不需外加压力 |
| 适用范围 | 用于分盐处理 | 废水含盐量小于 10000mg/L | 废水含盐量小于 40000mg/L | 废水含盐量小于 60000mg/L | 废水含盐量大于 50000mg/L | 废水含盐量大于 20000mg/L |
| 进水水质 | 要求较高 | 要求较高 | 要求较高 | 要求较高 | 耐受一定 COD | 耐受一定 COD 和硬度 |
| 运行稳定性 | 较稳定 | 较稳定 | 较稳定 | 需定期清洗 | 汲取液回收较难 | 需避免极板结垢 |
| 投资 | 较低 | 低 | 较低 | 高 | 高 | 较高 |
| 维护强度 | 小 | 小 | 较小 | 较大 | 较大 | 较大 |
| 技术成熟度 | 成熟 | 成熟 | 成熟 | 较成熟 | 不太成熟 | 较成熟 |
| 应用情况 | 多 | 多 | 多 | 较多 | 少 | 较少 |

## 第三节 末端废水处理工艺

### 1388. 末端废水蒸发脱盐处理工艺主要有哪几种？

**答：** 全厂废水经过预处理和浓缩减量处理后产生的浓盐水为末端废水，将这部分末端废水进行蒸发脱盐处理、实现"零排放"是实现全厂废水"零排放"的最后一步，也是关键一步。目前，末端废水蒸发脱盐技术主要有多效强制循环蒸发结晶工艺、蒸汽机械再压缩蒸发结晶工艺、烟道雾化蒸发工艺以及旁路烟道蒸发工艺等。

### 1389. 多效强制循环蒸发结晶工艺技术是什么？

**答：** 多效强制循环蒸发（MED）是在单效蒸发的基础上发展起来的蒸发技术，是将前效的二次蒸汽作为下一效加热蒸汽的串联蒸发装置。在多效蒸发工艺中，为了保证加热蒸气在每一效的传热推动力，各效的操作压力必须依次降低，由此使得各效的蒸汽沸点和二次蒸汽压强依次降低。其特征是将一系列的水平管或垂直管与膜蒸发器串联起来，并被分为若干效组，用一定量的蒸汽通过多次的蒸发和冷凝从而得到多倍于加热蒸汽量的淡化过程。多效蒸发中效数的排序是以生蒸汽进入的那一效作为第一效，第一效出来的二次蒸汽作为加热蒸汽进入第二效……，依次类推。多效蒸发技术是将蒸汽热能进行循环并多次重复利用，以减少热能消耗，降低运行成本。由于加热蒸汽温度随着效数逐渐降低，多效蒸发器一般只做到四效，四效后蒸发效果就很差。四效蒸发器工艺流程如图 21-7 所示。

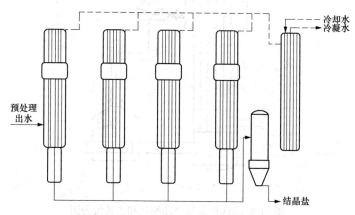

图 21-7 四效蒸发器工艺流程图

虽然多效蒸发把前效产生的二次蒸汽作为后效的加热蒸汽，

但第一效仍然需要不断补充大量新鲜蒸汽。多效蒸发过程需要消耗大量的蒸汽,蒸发处理 1t 水需要消耗 0.5~1.5t 蒸汽。由于末效产生的二次蒸汽需要冷凝水冷凝,整个多效蒸发系统比较复杂。通过多效蒸发后达到结晶程度的盐水进入结晶器产生晶体盐,通过分离器实现固液分离,淡水回收利用,固体盐外售或填埋。

### 1390. 机械蒸汽再压缩蒸发结晶工艺（MVR）技术原理是什么?

**答:**蒸汽机械再压缩蒸发结晶工艺（MVR）的原理和工艺流程如图 21-8 所示。常用的降膜式蒸汽机械再压缩蒸发结晶系统,由蒸发器和结晶器两单元组成。预处理后的脱硫废水首先送到机械蒸汽再压缩蒸发器（BC）中进行浓缩。经蒸发器浓缩之后,浓盐水再送到 MVR 强制循环结晶器系统进一步浓缩结晶,将水中高含量的盐分结晶成固体,出水回用,固体盐分经离心分离、干燥后外运回用。

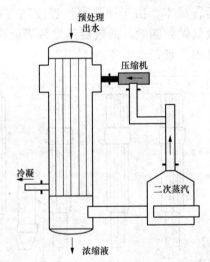

图 21-8　MVR 蒸发结晶原理和工艺流程图

对于 MVR 工艺,除了初次启动时需要外源蒸汽外,正常运行时蒸发废水所需的热能主要由蒸汽冷凝和冷凝水冷却时释放或交换的热能提供，在运行过程中没有潜热损失。运行过程中所消耗的仅是驱动蒸发器内废水、蒸汽、冷凝水循环和流动的水泵、蒸汽压缩机和控制系统所消耗的电能。对于利用蒸汽作为热能的多效蒸发技术，蒸发每千克水需消耗热能 554kcal，而采用机械压缩蒸发技术时，典型的能耗为蒸发每千克水仅需 28kcal 或更少的热能。即单一的机械压缩蒸发器的效率，理论上相当于 20 效的多效蒸发系统。

### 1391. 蒸汽机械再压缩技术工艺流程是什么？

**答：**蒸汽机械再压缩技术工艺流程的具体步骤如下：

（1）脱硫废水经过预处理后进入给水箱，调整 pH 值至 5.5～6.0 后，经给料泵送入热交换器，使水温上升至沸点。

（2）加热后的高盐废水经过除氧器，脱除水里的氧气、二氧化碳、不凝气体等，以减少对蒸发器系统的腐蚀结垢等危害。

（3）废水进入浓缩器底槽，和浓缩器内部循环的浓盐水混合，由循环泵送至换热器管束顶部的配水箱。

（4）废水通过换热管顶部的卤水分布器流入管内，均匀地分布在管子的内壁上，呈薄膜状向下流至底槽。部分浓盐水沿管壁流下时，吸收管外蒸汽释放的潜热而蒸发，蒸汽和未蒸发的浓盐水一起下降至底槽。

（5）底槽内的蒸汽经过除雾器进入蒸汽压缩机，提高蒸汽温度和压力形成过热压缩蒸汽，然后压缩蒸汽进入浓缩器换热管外侧。

（6）压缩蒸汽的潜热通过换热管壁对沿着管内壁下降的温度较低的盐水膜加热，并使部分盐水蒸发，盐水蒸发的蒸汽在换热管外壁上冷凝成蒸馏水。

（7）蒸馏水沿管壁下降，在浓缩器底部积聚后，被泵输送至板式换热器，蒸馏水流经换热器时，对新流入的盐水加热，最后进贮存罐待用。

（8）排放少量浓盐水，以适当控制蒸发浓缩器内盐水的浓度。

### 1392. 烟道雾化蒸发处理工艺技术是什么？

**答：** 烟道雾化蒸发工艺是将末端废水雾化后喷入除尘器入口前烟道内，利用烟气余热将雾化后的废水蒸发。在烟道雾化蒸发处理工艺中，雾化后的废水蒸发后以水蒸气的形式进入脱硫吸收塔内，冷凝后形成纯净的蒸馏水，进入脱硫系统循环利用。同时，废水中的溶解性盐在废水蒸发过程中结晶析出，并随烟气中的灰一起在除尘器中被捕集。脱硫废水烟道雾化蒸发工艺流程图如图21-9所示。

废水烟道雾化蒸发处理工艺系统较为简单，没有结晶盐需要处理处置，并且利用空气预热器出口烟气余热作为热源将废水蒸发，系统投资和运行成本显著低于 MED 和 MVR 工艺。不过，废水烟道雾化蒸发处理工艺需要根据烟气参数和除尘器与空气预热器之间烟道布置情况进行详细论证其可行性。

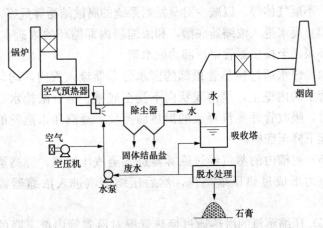

图 21-9　脱硫废水烟道雾化蒸发工艺流程图

### 1393. 旁路烟道蒸发处理工艺技术是什么？

**答：** 设置独立喷雾蒸发装置（旁路烟道），引部分空气预热器入口前高温烟气（温度 340℃ 左右）作为热源进入旁路烟道。末端废水通过输送泵进入旁路烟道，在雾化喷嘴作用下雾化成细小液滴，并在高温烟气的加热作用下快速蒸发。为了避免烟气温度过低导致结露腐蚀，通常将废水蒸发后烟气温度控制在 140℃左右。高温烟气将废水蒸发后温度降低并进入除尘器。废水蒸发后盐分结晶析出并和飞灰一起在除尘器中被捕集去除，废水蒸发形成的水蒸气随烟气进入脱硫系统冷凝成新鲜水，补充进入脱硫系统。末端废水旁路烟道蒸发工艺流程如图 21-10 所示。

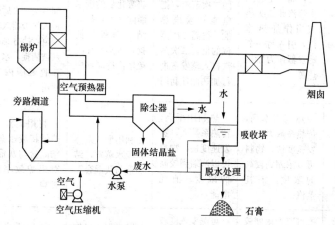

图 21-10　末端废水旁路烟道蒸发工艺流程图

末端废水旁路烟道蒸发系统将废水蒸发过程置于旁路烟道内，系统运行不会对主烟道系统造成影响，并且系统运行过程中没有污泥及结晶盐处理处置问题。脱硫废水旁路烟道蒸发系统需要新建旁路烟道，工程投资和运行成本高于烟道雾化蒸发工艺，但是低于 MED 和 MVR 工艺。由于采用空气预热器入口高温烟气作为热源，会减少进入空气预热器的高温烟气量，对锅炉效率略有影响。以一台 300MW 机组蒸发 $4m^3/h$ 废水计算，采用旁路烟道蒸发工艺将使锅炉效率降低 0.3%左右，折合煤耗 1g/kWh。

对于旁路烟道蒸发处理工艺，末端废水蒸发量与外引烟气量直接相关，由于外引烟气量的限制，导致废水蒸发量有限。

### 1394. 末端废水蒸发脱盐处理工艺不同点是什么？

**答：** 末端废水蒸发脱盐处理工艺不同点见表 21-6。

表 21-6　　　　　　末端废水蒸发脱盐处理工艺对比

| 蒸发方式 | MED 工艺 | MVR 工艺 | 烟道蒸发工艺 | 旁路烟道蒸发工艺 |
|---|---|---|---|---|
| 工作原理 | 将加热蒸汽通入一蒸发器蒸发，而产生的二次蒸汽此二次蒸汽当作加热蒸汽，引入另一个蒸发器作为加热热源 | 其原理是利用高能效蒸汽压缩机压缩蒸发产生的二次蒸汽，把电能转换成热能，提高二次蒸汽的焓，二次蒸汽打入蒸发室进行加热循环利用 | 利用除尘器入口前烟气的热量将雾化后的废水瞬间蒸发，盐分结晶随灰被捕捉，水蒸气在脱硫塔内冷凝回用 | 从空气预热器入口前外引一部分高温烟气作为热源，将雾化后的废水瞬间蒸发。之后烟气进入除尘器入口前烟道，盐分结晶随灰被捕捉，水蒸气在脱硫塔内冷凝回用 |
| 工艺特点 | 热利用率高，传热系数大，蒸发速度快，物料可以浓缩到较高的浓度。消耗蒸汽 | 热利用率高，传热系数大，蒸发速度快，物料可以浓缩到较高的浓度。消耗电能 | 利用烟气余热将废水蒸发，结晶盐与灰混合 | 利用高温烟气热量将废水蒸发，结晶盐与灰混合。对锅炉效率略有影响 |
| 适用范围 | 可蒸发浓度较高的溶液，对于黏度较大的物料也能适用，但不适合易结垢物料 | 可蒸发浓度较高的溶液，对于黏度较大的物料也能适用，但不适合易结垢物料 | 除尘器入口烟道较长、烟温较高、水量相对较小的情况 | 适用于水量较小的情况，否则对炉效影响较为明显 |
| 进水水质要求 | 较高。不易处理含有较高硬度、重油等高结垢倾向的污水 | 高。对于含有挥发性物质和腐蚀性物质的污水有苛刻的进水要求 | 较低 | 较低 |
| 结晶器的使用 | 需要。可以前效蒸发器进行浓缩，后效蒸发器内结晶 | 需要。MVR 只能产生浓缩液，需要另配结晶器 | 不需要 | 不需要 |
| 结垢和堵塞 | 较严重。发生一定程度的结垢后设备可继续使用，但能耗增加。预处理软化要求高 | 严重。若结垢设备不能继续使用，需停机清洗。预处理软化要求高 | 较严重，可通过加装吹灰装置定期吹灰，优化喷射角度减轻或避免堵塞 | 一般。烟气温度较高，废水蒸发相对完全，可加装灰斗定期清灰 |

| 蒸发方式 | MED工艺 | MVR工艺 | 烟道蒸发工艺 | 旁路烟道蒸发工艺 |
|---|---|---|---|---|
| 挥发气体影响 | 很大，影响出水水质和蒸发器运行 | 很大，影响出水水质，主要影响蒸汽压缩机的使用稳定性和寿命 | 较小 | 较小 |
| 运行可靠性 | 较稳定，管束有结垢，平均5～15天需清洗一次 | 较稳定，管束有结垢，平均7～20天需清洗一次，压缩机需定期维护 | 较稳定，根据积灰、结垢状况进行清理 | 较稳定，根据积灰、结垢状况进行清理 |
| 清洗难易程度 | 较难，列管蒸发器需要停机清洗 | 较难。对于列管蒸发器需要停机清洗 | 较容易，主要为积灰和结垢的清理 | 较容易，主要为积灰和结垢的清理 |
| 冷却水 | 需要，消耗量较大 | 大多数不需要 | 不需要 | 不需要 |
| 投资 | 较高 | 较高 | 最低 | 较低 |
| 控制方式 | 半自动 | 自动 | 自动 | 自动 |
| 安全保障 | 一般。高温热源和真空设备 | 一般。高温热源与带有压力的蒸汽 | 一般。没有高温设备 | 一般。引接烟气温度较高 |
| 维护强度 | 较高 | 较高 | 较高 | 较高 |
| 设备稳定性 | 较高 | 较高 | 较高 | 较高 |
| 技术成熟度 | 高 | 高 | 较高 | 一般 |
| 设备国产化率 | 高，达到100% | 较高，关键设备进口 | 较高 | 较高 |
| 占地面积 | 较大 | 较大 | 小 | 较小 |
| 应用情况 | 电厂应用较少 | 电厂应用较少 | 较多 | 较少 |

## 第四节　脱硫废水飞灰对综合利用的影响

**1395. 脱硫废水飞灰处置对飞灰综合利用的影响有哪些？**

**答：**脱硫废水飞灰处置对飞灰综合利用的影响有：

（1）三氧化硫的影响。粉煤灰内的 $SO_3$ 主要集中在粉煤灰颗粒的表层。$SO_3$ 含量表示各种硫酸盐的含量，$SO_3$ 含量高即意味着硫酸盐含量高。含过高 $SO_3$ 的粉煤灰掺入混凝土后，$Na_2SO_4$、$K_2SO_4$ 等硫酸盐与水泥水化产物 $Ca(OH)_2$ 作用生成 $CaSO_4$，之后与水泥中铝酸三钙的水化产物-水化铝酸钙反应，生成三硫型水化硫铝酸钙（钙矾石），最终使固相体积约增加 2.5 倍左右，造成硬化混凝土体积安定性不良，混凝土膨胀开裂，强度和耐久性下降。所以，粉煤灰用于建材行业中，其在粉煤灰的含量要求必须限制其小于或等于 3.5。

（2）氯离子的影响。氯离子在水泥生产中的积极作用是可以作为熟料煅烧的矿化剂，能够降低烧成温度，有利于节能高产，也是有效的水泥早强剂，不仅使水泥 3 天强度提高 50％以上，而且可以降低混凝土中水的冰点温度，防止混凝土早期受冻。氯离子的来源主要是原料、燃料、混合材料和外加剂，但由于熟料煅烧过程中，氯离子大部分在高温下挥发而排出窑外，残留在熟料中的氯离子含量极少。因此，粉煤灰作为水泥生产的原料，虽然其质量指标中没有氯离子的要求，但必须考虑其对后续水泥或混凝土产品中的氯离子贡献值，使之能满足标准的要求。

由于钢筋锈蚀是混凝土破坏的重要形式，因此各国对水泥中的氯离子含量都做出了相应的规定。日本标准规定氯离子含量小于或等于 0.035％，欧洲标准规定氯离子含量小于或等于 0.1％，在《通用硅酸盐水泥》（GB 175—2007），要求成品水泥中氯离子质量分数低于 0.06％，值得注意的是：在粉煤灰硅酸盐水泥中，无论是 F 类粉煤灰还是 C 类粉煤灰在的掺混比为 20％～40％，其余是由水泥熟料和石膏所构成。实际操作中，很多设计院往往忽略了这个掺混比的概念。应该来讲，大部分脱硫废水飞灰处置是不影响飞灰综合利用的。

（3）游离氧化钙的影响。水泥水化理论认为在水泥石硬化后未水化的游离氧化钙继续水化时，由于具有较大的表面能，毛细孔中的水被吸附出来与之进行反应形成 $Ca(OH)_2$。由于形成的晶体形状和尺寸等因素，使得一些 CH 相无法进入原来水分子所占据的微小空间，游离氧化钙水化时产生的体积变化实际上大于理论计算值，从而导致表观体积膨胀。大量文献研究表明粉煤灰中的较高游离氧化钙是造成或混凝土体积不安定的主要原因。所以，粉煤灰用于建材行业中，其 C 类粉煤灰的含量要求必须限制其小于或等于 4.0，F 类粉煤灰的含量要求必须限制其小于或等于 1.0。

（4）氧化镁的影响。粉煤灰中的氧化镁，其水化滞后于水泥的凝结硬化，在水泥浆体或混凝土失去塑性后，氧化镁开始水化，导致自身体积膨胀，产生结晶应力，破坏水泥石或混凝土结构，进而导致水泥石或混凝土破坏。在混凝土中使用粉煤灰，氧化镁含量直接影响到混凝土的质量，因此氧化镁的含量是粉煤灰质量控制中的又一项重要指标。其粉煤灰中的氧化镁限制小于或等于 6.0。

喷入脱硫废水后，废水中的溶解性盐类随着废水的蒸发而结晶，混合在粉煤灰中，会造成粉煤灰中三氧化硫、氯离子等指标的变化，甚至会影响粉煤灰的用途。

（5）金属的影响。根据《水泥工厂设计规范》（GB 5095）、《水泥窑协同处置工业废物设计规范》（GB 50634）、《水泥窑协同处置污泥工程设计规范》（GB 50757）、《水泥窑协同处置固体废物技术规范》（GB 30760）、《水泥窑协同处置固体废物污染控制标准》（GB 30485）、《水泥窑协同处置固体废物环境保护技术规范》（HJ 662）来判断。水泥重金属含量限值见表 21-7。

表 21-7　　　　　　　　　水泥重金属含量限值

| 项目 | 镉 | 铬 | 砷 | 铅 | 镍 | 铜 | 锌 | 锰 |
|------|-----|-----|-----|-----|-----|-----|-----|-----|
| 限值(mg/kg) | 1.5 | 150 | 40 | 100 | 100 | 100 | 500 | 600 |

（6）脱硫废水渣处置对渣综合利用或堆存的影响。

因为渣量较少，应首先根据《危险废物鉴别标准浸出毒性鉴别》（GB 5085.3—2007）判断是否属于危险废物；然后再考虑综合利用或堆存，如果氯离子无法满足《通用硅酸盐水泥》（GB

175—2007)，还可考虑制砖，《蒸压粉煤灰砖》（JC/T 239—2014)中无氯离子相关要求。

### 1396. 粉煤灰的主要用途及指标要求是什么？

**答：** 粉煤灰的主要用途是建材，其指标要求见表21-8，从表中可见，粉煤灰作为建材添加剂的主要化学成分指标要求有两项：三氧化硫和游离氧化钙，分别为3.0%和4.0%。主要化学成分指标中未对氯离子含量做要求，但作为混凝土凝胶材料的水泥有氯离子的要求（相关指标要求见表21-8～表21-10)，粉煤灰是水泥的原材料之一，因此必须考虑喷入脱硫废水后氯离子的影响。

表 21-8　预拌混凝土和混凝土质量控制标准中氯离子含量比较表

| 环境条件 | | 氯离子最大含量（%） |
|---|---|---|
| 《混凝土质量控制标准》（GB 50164—2011)《普通混凝土配合比设计规程》（GJ 55—2011）J | 《预拌混凝土》（GB 14902—2003) | |
| — | 素混凝土 | 2.0 |
| 素混凝土 | 室内正常环境下的钢筋混凝土 | 1.00 |
| 干燥环境 | 室内潮湿环境；非严寒和非寒冷地区的露天环境、与无侵蚀性的水或土壤直接接触的环境下的钢筋混凝土 | 0.30 |
| 潮湿但不含氯离子的环境 | 严寒和寒冷地区的在环境、与无侵蚀的水或土壤直接接触的环境下的钢筋混凝土 | 0.20 |
| 潮湿但不含氯离子的环境、盐绩土环境 | 使用除冰盐的环境；严寒和寒冷地区冬季水位变动的环境；滨海室内环境下的钢筋混凝土 | 0.10 |
| 除冰盐等侵蚀性物质的腐蚀环境、预应力混凝土 | 预应力混凝土构件及设计使用年限为100年的室内正常环境下的钢筋混凝土 | 0.06 |

**注**　表中氯离子含量指的是占混凝土中胶凝材料总量的百分比。

**表 21-9** 凝土结构设计规范和结构耐久性设计规范对氯离子
含量控制指标汇总表

| 《混凝土结构设计规范》（GB 50010—2010） | | 《混凝土结构耐久性设计规范》（GB/T 50476—2008） | | 最大氯离子含量（％） |
|---|---|---|---|---|
| 环境类别 | 条件 | 环境作用等级 | 环境类别 | |
| 一 | 室内干燥环境；无侵蚀性静水浸没环境 | I-A | 一般环境（轻微） | 0.30 |
| 二a | 室内潮湿环境；非严寒和非寒冷地区的露天环境；非严寒和非寒冷地区与无侵蚀性的水火土壤直接接触的环境；严寒和寒冷地区的冰冻线以下与无侵蚀性的水或土壤直接接触的环境 | I-B | 一般环境（轻度） | 0.20 |
| 二b | 干湿交替环境；水位频繁变动环境；严寒和寒冷地区的露天环境；严寒和寒冷地区冰冻线以上与无侵蚀性的水或土壤直接接触的环境 | I-C | 一般环境（中度） | 0.15 |
| 三a | 严寒和寒冷地区冬季水位变动区环境；受除冰盐影响环境；海风环境 | — | — | 0.15 |
| | | III-C，III-D，III-E，III-F | 海洋氯化物环境（中度、严重、非常严重、极端严重） | 0.10 |
| 三b | 盐渍土环境；受除冰盐作用环境；海岸环境 | IV-C，IV-D，IV-E | 除冰盐等其他氯化物环境（中度、严重、非常严重） | 0.10 |
| — | — | V-C，V-D，V-E | 化学腐蚀环境（中度、严重、非常严重） | 0.15 |
| 预应力混凝土 | | | | 0.06 |

**注** 表中氯离子含量指的是占混凝土中胶凝材料总量的百分比。

685

表 21-10　　　　　硅酸盐水泥用粉煤灰技术要求

| 品种 | 不溶物（%） | 烧失量（%） | 三氧化硫（%） | 氧化镁（%） | 氯离子（%） |
|---|---|---|---|---|---|
| 粉煤灰硅酸盐水泥 | — | — | ≤3.5 | ≤6.0 | ≤0.06 |

摘自：《通用硅酸盐水泥》（GB/T 175—2007）。

第二十二章

# 烟气"消白"技术

## 第一节　烟气"消白"技术原理

### 1397. 白色烟羽生成及防治原理是什么？

**答：**燃煤电厂采用湿法烟气脱硫工艺后，吸收塔出口温度一般为 45～55℃，出口烟气通常为饱和湿烟气，并且烟气中含有大量水蒸气。如果烟气由烟囱直接排出，进入温度较低的环境空气，由于环境空气的饱和比湿较低，在烟气温度降低过程中，烟气中的水蒸气会凝结形成白色烟羽。

烟气生成及消白机理图如图 22-1 所示。图中的曲线为湿空气饱和曲线（湿空气饱和度 $\phi=100\%$），当烟气的状态点位于该曲线的左侧时，烟气中的水分将会结露析出，形成可视的"白烟"，反之位于曲线右侧则不会形成白烟。

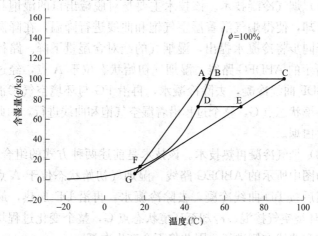

图 22-1　烟气生成及消白机理图

通常湿烟气在烟囱出口处的状态位于 A 点，而环境空气的状态位于 G 点，烟气在离开烟囱时处于过饱和状态。湿烟气与环境空气混合过程在 ABDF 区域内进行，达到 F 点后为饱和状态临界值，此后湿空气与环境空气的混合沿着 FG 变化，整个过程均在曲线的左侧进行，因此在混合的过程中多余的水蒸气将凝结成液态小水滴，形成白色烟羽。

　　若要达到消除白烟的目的主要是围绕着湿空气饱和曲线来开展，只要保证烟囱出口排放的烟气与环境空气混合的过程，不在该曲线的左侧进行，则可达到消除白烟的目的。

　　现有的白烟消除技术主要可以归纳为三大类：烟气加热技术、烟气冷凝技术、烟气冷凝再热技术。三种技术分别对应了图 22-1 所示的三种路径：

　　（1）烟气加热技术。该技术主要是对脱硫出口的湿饱和烟气进行加热，使得烟气相对湿度远离饱和湿度曲线。路径为图中所示的 ABCEG 路线。湿烟气初始状态位于 A 点，经过加热后达到状态点 C，再沿 CEG 路线进行掺混、冷却，最终到达环境状态点 G，整个变化过程均与湿空气饱和曲线右侧进行，因此将不会产生白烟。

　　（2）烟气冷凝技术。该技术主要是对脱硫出口的湿饱和烟气进行冷却，使得烟气沿着湿空气饱和曲线进行降温，在降温过程中由于同步将冷凝水提出，湿烟气的绝对含湿量下降。路径为图 22-1 所示的 ABDFG 路线，湿烟气初始状态位于 A 点，经过降温后按 BDF 曲线冷凝，去除冷凝水，再沿 FG 与环境空气掺混、冷却至环境状态点 G，整个过程沿着湿空气饱和曲线进行，因此将不会产生白烟。

　　（3）烟气冷凝再热技术。该技术是前述两种方式的组合使用。路径为图中所示的 ABDEG 路线，湿烟气初始状态位于 A 点，经过降温后按 BD 曲线冷凝，去除冷凝水，再沿 DE 加热，最终沿 EG 和环境空气掺混、冷却至环境状态点 G，整个变化过程均与湿空气饱和曲线右侧进行，因此将不会产生白烟。

**1398. 烟气冷却与除雾技术是什么？**

**答：**（1）烟气冷却技术。在未采用低低温电除尘器的情况下，可在脱硫塔前加装低温省煤器（烟气换热器），将进入脱硫塔的烟气温度降低到 80℃左右，提高脱硫效率的同时，可实现节能节水。通常采用氟塑料或高级合金钢等耐腐蚀材料作为烟气换热器换热元件材质。

（2）烟气除雾技术。在脱硫塔顶部或塔外应安装除雾器或除尘除雾器，在除雾器后还可采用声波团聚技术进一步减少烟气雾滴排放。在控制逃逸雾滴浓度低于 $25mg/m^3$，雾滴中可过滤颗粒物含量小于 10％时，可协同实现颗粒物超低排放。

**1399. 烟气除水与再热技术是什么？**

**答：**（1）烟气除水技术。在湿烟气排放前加装烟气冷却凝结装置，使净烟气中饱和水汽冷凝成水回收利用，回收水量与烟气冷却温降及当地环境条件有关。该技术同时可减少外排烟气带水，并减少烟气中可溶解盐类和可凝结颗粒物的排放，必要时可对除水后的烟气进行再热，以进一步减少白烟。

（2）烟气再热技术。在湿烟气排放前通过管式热媒水烟气换热器（MGGH）将净烟气加热至 75℃左右后排放。

**1400. 烟气"消白"技术分类和特点有哪些？**

**答：**烟气"消白"技术分类和特点有：

（1）烟气加热技术。烟气加热技术按换热方式分为两大类：间接换热与直接换热。

直接换热的主要代表技术有：热二次风混合加热、燃气直接加热、热空气混合加热等。直接加热技术的初投资较低，但其利用的热源并非烟气余热，需要额外提供热源进行加热，后期运维费用高，仅作为白色烟羽治理的手段代价过大，不宜在燃煤电厂作为消白手段。

间接换热的主要代表技术有：回转式换热器、管式换热器、热媒式换热器、蒸汽加热器等。间接加热技术中，回转式换热器与管式换热器由于漏风问题，已不适用于超低排放的现况；蒸汽加热方式也需要额外消耗热源，不宜采用。因此，结合时下烟气超低排放及节能的要求，热媒式换热器成为烟气加热技术消白烟的首选措施。

（2）烟气冷凝技术。烟气冷凝技术对脱硫后的饱和湿烟气进行冷却，使得烟气中大量的气态水冷凝为液滴，在此过程中能够捕捉微细颗粒物、$SO_3$ 等多种污染物，并随着冷凝水排出系统去除。因此，烟气冷凝技术作为消白烟手段，能在消白烟的同时，实现烟气多污染物联合脱除，排出的冷凝水可作为脱硫补水使用。

烟气冷凝技术按换热方式也分为两大类：间接换热和直接换热。

直接换热主要采用新建喷淋塔作为换热设备，占地面积大，冷媒与净烟气直接接触，换热效率高，但需要对冷媒水系统进行补充加药控制 pH 值，系统较复杂。

间接换热多采用管式换热器作为换热设备，冷媒与净烟气不直接接触，系统较简单。

烟气冷凝技术现在主要作为节能、减排、收水、节水的目的进行使用，若要作为消白烟技术，需将烟气温度降低至环境温度附近才能很好地起到消白烟效果，而在实际情况下，由于换热器的面积和额外能源消耗的问题，无法实现。

（3）烟气冷凝再热技术。该技术综合了烟气加热技术和烟气冷凝技术，是上述两种技术的延伸。烟气冷凝再热技术不仅可以达到节水，同步消除多种污染物，还可以利用原有的烟气余热，不造成额外的能源消耗。

烟气冷凝再热技术中的再热技术主要使用热媒式换热器，热媒式换热器可以利用烟气余热，不再额外消耗热源；冷凝技术主要采用烟气水回收技术，主要包括膜法提水技术、喷淋冷却法提水技术、声波收水技术、凝结换热提水技术。

综上所述，现阶段可行的消白烟措施为热媒式换热器和烟气冷凝再热技术（烟气水回收）。

### 1401. 石膏雨是指什么？

**答：** 湿法烟气脱硫系统吸收塔出口净烟气由于处于湿饱和状态，在流经烟道、烟囱排入大气的过程中因温度降低，烟气中部分汽态水和污染物会发生凝结，液体状态的浆液量会增加，并在一定区域内有液滴飘落，沉积至地面干燥后呈白色石膏斑点，称为石膏雨。

### 1402. 有色烟羽是指什么？

**答：** 烟气在烟囱口排入大气的过程中因温度降低，烟气中部分汽态水和污染物会发生凝结，在烟囱口形成雾状水汽，雾状水汽会因天空背景色和天空光照、观察角度等原因发生颜色的细微变化，形成"有色烟羽"，通常为白色、灰白色或蓝色等颜色。

### 1403. 火电厂烟囱冒出的"白烟"究竟是什么？

**答：** 发电过程中产生的烟气经除尘、脱硝、脱硫后所含污染物已非常少，尤其是近零排放电厂污染物就更少。烟囱冒"白烟"是由于湿法脱硫造成，在脱硫吸收塔内，混有石灰石粉末的浆液洗涤烟气，与烟气中的二氧化硫进行反应，生成石膏和水，同时高温的烟气也会将一部分水加热汽化成水蒸气带出，经过吸收塔除雾器后的烟气为饱和湿烟气，即烟气中含有饱和水蒸气，从烟囱排出时，由于烟气温度有所下降，部分水蒸气会冷凝成细小的水滴，大家所看到的"白烟"其实就是水蒸气形成的水雾。烟囱冒出的"白烟"离开烟囱很短的距离就消失了，这是水蒸气的典型特征，就像人冬天哈气一样，而烟尘是不会这么容易消散的。

### 1404. 为什么有的电厂烟囱始终冒"白烟"，有的电厂烟囱气温低时冒"白烟"，气温高则不冒"白烟"呢？

**答：** 机组运行时烟囱始终冒"白烟"的电厂采用湿法脱硫工

艺，且未安装烟气换热器GGH装置，排烟温度一般只有50℃左右，为饱和湿烟气，遇冷就会有水蒸气冷凝成小雾滴，形成水雾，所以电厂烟囱看上去始终冒"白烟"，其实是水蒸气形成的水雾。

气温低时冒"白烟"，气温高不冒"白烟"的机组采用湿法脱硫并加装了烟气换热器GGH装置，进入烟囱的烟气温度在80℃左右，为不饱和烟气，所含水蒸气要少得多，只有在气温足够低，烟气内的水蒸气冷凝成较多的雾滴时才会冒"白烟"，即水蒸气形成的水雾。

### 1405. 为什么有时候感觉电厂烟囱排放的是"黑烟"？

**答：** 人眼之所以能看到东西，是因为光线在照射到物体表面，发生反射，反射后的光源进入人眼被视网膜识别成像。而在环境光线较暗的情况下，所能反射的光源较少，人眼接收到的光源亦较少，人眼看物体会感觉发黑、发暗。而电厂排放的"白烟"实则为水蒸气，之所以人为视觉上感觉"发暗、发黑"，实际为光线较暗的情况下，烟囱烟气所能折射出来进入人眼的光源较少，特别是在阴雨天气和傍晚时分。

### 1406. 有色烟羽（白色、蓝色、黄色、灰色）和石膏雨如何产生？

**答：** 燃煤电厂烟气经烟囱排入大气，因天空背景色和天空光照、观察角度等原因，视觉上通常为白色、灰色、蓝色等。

### 1407. 白色烟羽的成因是什么？

**答：** 我国大部分烟气脱硫采用湿法脱硫工艺，尤其是石灰石-石膏法工艺。这种工艺可以使烟温降低到45～55℃，这些低温饱和湿烟气，直接经烟囱进入大气环境，遇冷凝结成微小液滴，产生"白色烟羽"，俗称"大白烟""白龙"。

虽然单纯的白色烟羽对环境质量没有直接的影响，但会对周围居民生活造成困扰。环保局也经常会受到类似的投诉。因此许多配备湿法烟气脱硫装置的企业、把消除"白色烟羽"作为超低排放改造的重要内容之一。

### 1408. 白色烟羽的影响因素是什么？

**答：**湿法脱硫过程中，脱硫浆液与高温烟气接触，一方面水分蒸发、增加烟气含湿量；另一方面，烟气温度降低，烟气携带水蒸气的能力降低。烟气达到饱和状态后，会携带部分小液滴。携带小液滴的饱和湿烟气经过除雾器除去部分液滴后排入大气，由于环境温度比烟气温度低，饱和湿烟气中的水分凝结小液滴、形成白色烟羽。环境温度越低、环境湿度越大、白色烟羽越长。

### 1409. 白色烟羽治理措施有哪些？

**答：**将脱硫后的 45～55℃烟气加温到 70～80℃，可以消除白色烟羽。加热温度，与环境温度、环境湿度、脱硫出口湿烟气温度有关。

（1）50℃的湿烟气，在 10℃的环境下，加热到 71.4℃。

（2）50℃的湿烟气，在 5℃的环境下，加热到 86.2℃。

（3）45℃的湿烟气，在 10℃的环境下，加热到 57.9℃。

（4）55℃的湿烟气，在 10℃的环境下，加热到 87.9℃。

可见，在环境温度相同情况下，低温湿烟气只需要加热到较低的温度，就能消除白色烟羽。按照这个规律，可以采用"先冷凝再加热"的方法：即用凝结水先对脱硫后的湿烟气降温、再用管式换热器加热，回收了大量凝结水，由于冷凝后的湿烟气需要加热的温度降低，减少了能耗（水析出后湿烟气的定压比热降低）。

采用湿法脱硫工艺的燃煤机组烟囱出口容易形成"白色烟羽"，直接加热法虽然能够消除"白色烟羽"，但会增加机组的运营能耗。采用"先冷凝再加热的工艺"，是治理白色烟羽的有效节能措施。典型的治理白色烟羽的技术路线和案例见表 22-1。

**表 22-1    典型的治理白色烟羽的技术路线和案例**

| 技术路线 | 技术类别及名称 | | 业绩 | 湿烟羽消除效果 |
|---|---|---|---|---|
| 烟气加热 | 间接换热加热方式 | 回转式烟气换热器 GGH | 早年案例较多，现在已经基本拆除，仅部分低硫分煤电厂保留 | 冬季或气温低是不能消除湿烟羽，环境温度 15℃ 以上基本消除湿烟羽 |
| | | 管式烟气换热器 GGH | 案例较少：大唐渭河电厂 | |
| | | MGGH | 在浙能等集团大规模推广，目前是主要的消除大白烟技术 | |
| | | 热管换热器 | 无 300MW 机组及以上应用案例 | |
| | | 蒸汽换热加热 | 案例较少，重庆九龙电厂安装，后拆除更换为 GGH | |
| | 烟气混合加热路线 | 热二次风混合加热 | 对于厂区热源充足，一次风或二次风系统有余量的电厂可以考虑该技术 | 冬季或气温低时不能消除大白烟 |
| | | 燃气直接加热 | 在大机组上，目前暂无应用业绩。在日本燃油机组常用方法 | |
| | | 热空气混热加热 | 在日本燃油机组有应用，在大机组上，目前暂无应用业绩 | |
| 烟气降温 | 直接换热降温 | 喷淋降温 | 济南热电、燃气锅炉 | 本技术目前应用于烟气热量回收，采用热泵冷却技术，需要将回收热量用于热网水供热。目前应用时，降温幅度有限，因此不能完全消除湿烟羽 |
| | 间接换热降温 | 冷凝换热器 | 常州电厂 | 本技术目前应用于收水、节水，由于降温幅度不大，因此从目前实际使用效果来看不能完全消除湿烟羽 |

续表

| 技术路线 | 技术类别及名称 | | 业绩 | 湿烟羽消除效果 |
|---|---|---|---|---|
| 降温加热 | 冷凝换热器＋烟气再热 | | 上海外三电厂 | 根据理论分析，非极端气候条件下，能消除湿烟羽 |
| | 喷淋降温＋加热 | | 无应用业绩 | |
| 烟气中液体水消除 | 烟囱收水环 | | | 可减轻湿烟羽，但是不能完全消除湿烟羽 |
| | 除雾器 | | | |
| | 声波收水 | | | |
| | 湿式电除尘器 | | | |
| 冷却塔排放 | 水冷塔排放 | FGD 设置在冷却塔外 | | 不存在湿烟羽问题，但仅适合新建机组 |
| | 空冷塔排放 | FGD 设置在冷却塔外和塔内 | | |

### 1410. 蓝色烟羽的形成原因是什么？

**答：**烟气经过湿法脱硫处理后，烟囱排出的白色水雾消散后，有时会拖一条长长的蓝色烟羽。这种情况不仅发生在燃煤电厂、钢铁企业的烧结机烟气脱硫装置后，在焦炉煤气尾气治理、砖瓦企业烟气脱硫除尘后，都有这种现象的发生。

一些用高硫煤矸石作原料或是使用高硫煤作燃料的砖瓦企业，会排出一种混浊程度很高的蓝烟、黄烟，或者是与干燥室内的潮气混合而成的蓝白色或灰白色的混浊烟雾。

这个混浊的烟雾，视觉污染严重。虽然经过了脱硫除尘器，各项排放指标都达到了新标准的要求，但这个视觉污染给人的感觉实在是太差。加上现在环保形势的压力，不仅环保部门不认可，附近的老百姓也不认可。

"蓝烟"的形成原因，主要因为烟羽中 $SO_3$ 气溶胶、$NH_3$ 气溶胶在光照条件下反射引起。$SO_3$、$NH_3$ 的排放成为影响烟羽颜色和不透明度最主要的因素。在大多数情况下，当烟气中硫酸气溶胶、$NH_3$ 气溶胶的浓度超过 $7.6 \sim 15.2 \text{mg/m}^3$ 时，会出现可见的蓝烟烟羽，而且硫酸气溶胶、$NH_3$ 气溶胶的浓度越高，烟羽的颜色越浓、烟羽的长度也越长，严重时甚至可以落地。同时尾迹的问题还与当时的气相条件相关，在阴天和在晴天所看到的"蓝烟"程度是不一样的。消除"蓝烟"，关键是减少 $SO_3$、$NH_3$ 在排放烟气中的浓度。

**1411. 为什么会出现灰色烟羽？**

**答：**人眼之所以能看到东西，是因为光线在照射到物体表面，发生反射，反射后的光源进入人眼被视网膜识别成像。而在环境光线较暗的情况下，所能反射的光源较少，人眼接收到的光源亦较少，人眼看物体会感觉发黑、发暗。而电厂排放的"白烟"实则为水蒸气，之所以人为视觉上感觉"发暗、发黑"，实际为光线较暗的情况下，烟囱烟气所能折射出来进入人眼的光源较少，特别是在阴雨天气和傍晚时分。

## 第二节　烟气"消白"主要技术措施

**1412. 净烟气加热器是指什么？**

**答：**利用原烟气、蒸汽或其他热介质直接或间接提高进烟囱净烟气温度的换热装置。

**1413. 热媒式换热器系统布置是什么？**

**答：**热媒式换热器的组成主要包括烟气降温段和烟气升温段，根据现场的布置条件，可将热媒式换热器布置于除尘器前或湿法脱硫系统前。

WGGH（湿式 GGH）用于取代常规回转式 GGH 的技术，是热媒式换热器的一种。WGGH 本体采用无泄漏管式热媒体加热器，使用原烟气加热水后，用加热后的水加热脱硫后的净烟气。

WGGH 的换热器系统包括原烟气降温段和净烟气升温段两组热交换器，该系统功能为通过水和烟气的换热，利用 FGD 前高温原烟气的热量加热 FGD 后的净烟气，具体流程如图 22-2 所示。

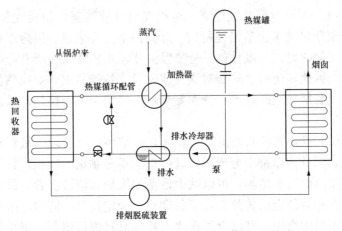

图 22-2　WGGH 流程示意图

### 1414. WGGH 系统组成是什么？

**答：** WGGH 系统组成是：

（1）循环水系统。该系统功能是保证循环水从烟气降温段中吸收烟气余热，然后将热量通过烟气再热器传递给净烟气。循环水水质为除盐水，系统主要由循环水泵、补水泵、稳压系统、电加热器，以及相关管道、阀门组成。

（2）稳压系统由稳压罐、膨胀水箱，以及相关的泵、阀门管道、仪表组成，稳压系统的作用是保证闭式系统的压力，防止循环泵汽蚀，防止烟气换热器中的水汽化。

（3）考虑到启动前时系统需要充水，正常运行时循环水有损耗，所以系统设有补水泵。

（4）化学取样加药系统。为了防止循环水管道腐蚀，循环水 pH 值应控制为弱碱性。因此设置一套化学取样加药系统，控制系统的 pH 值和电导率。

（5）烟气换热器清洗系统。该系统功能是通过水淋洗的方式来清洗换热器的管子外表面烟尘。

### 1415. 氟塑料换热器具有哪些特点？

**答：** 氟塑料换热器具有以下特点：

（1）优异的耐腐蚀性能，对烟气成分及酸露点温度无要求。由于氟塑料属于化学惰性材料，除高温下的元素氟、熔融态碱金属、三氟化氯、六氟化铀、全氟煤油外，几乎可以在所有介质中工作，因此氟塑料换热器对烟气成分没有特殊要求，对换热器管壁温度和烟气酸露点没有特殊要求，能够完全避免换热器低温腐蚀现象。

（2）换热管表面光滑，不积灰，不结垢，易清理。氟塑料换热管表面及内壁都十分光滑，管外烟尘不易黏结、堆积，管内热媒在换热面很难结垢，可以减少设备的维护和清洗次数，保证了其能在相对稳定的传热系数下长期安全稳定运行。同时，由于氟塑料不怕酸腐蚀，可以设置在线水冲洗对其进行清灰，清灰方便彻底。

（3）耐温性能良好。聚四氟乙烯的使用温度为$-180\sim260℃$，其加工的氟塑料软管可在200℃以下的各种强腐蚀性介质中良好运行。

（4）耐压性能较差。氟塑料换热管本身的耐压性能较差，经测算管壁厚小于1mm的小直径氟塑料软管工作压力需控制在小于或等于1.0MPa，氟塑料换热器的耐压能力不足以承受凝结水泵后凝结水的压力，因此采用热量回收时需考虑设置中间二次换热器。

（5）导热系数低。氟塑料换热管本身的导热系数低，传热性能较差，因此氟塑料换热管应采用薄管壁，壁厚约1mm，以克服材料导热系数低的缺点。

（6）耐磨特性差。氟塑料换热管本身不具备较高的耐磨特性，且氟塑料换热管为薄管壁，因此氟塑料换热器均布置在除尘器后以减少其磨损。

### 1416. 热媒式换热器技术特点有哪些？

**答：** 热媒式换热器技术特点有：

（1）无泄漏：热媒式换热器的降温段和升温段完全分开，在热烟气和冷烟气之间无烟气与飞灰的泄漏，而这在回转式换热器（GGH）中是不可避免的，因此热媒式换热器从不影响FGD系统的$SO_2$和烟尘的去除效率。

（2）布置灵活：热媒式换热器的降温段与升温段与回转式换热器（GGH）不同，不必将两者临近布置，相比之下更容易布置及减少烟道布置费用。

（3）控制烟温：通过控制循环热媒水的流量来调节热量，进而使出口烟道温度高于酸露点温度以防止烟道的酸腐蚀。

（4）可靠性高：回转式换热器（GGH）因为烟气温度和水分的波动，容易引起灰尘的沉积与结垢，而热媒式换热器不会有此问题，可以通过控制热媒水的循环流量和温度来减少烟气温度和水分的波动。

### 1417. 烟气水回收技术是什么？

**答：** 湿法脱硫系统出口烟气为饱和或过饱和状态，烟气温度为 $50\sim55℃$，其中水蒸气占 $12\%\sim18\%$，净烟气中水蒸气含量较大，主要来自煤中的水分和脱硫浆液中的水分。湿法脱硫出口烟气中的水蒸气处于湿饱和状态，若能够在脱硫塔后安装烟气换热器、收水装置，使烟温进一步降低，则烟气的饱和水蒸气将释放大量的凝结潜热，同时从烟气中分离出来。$50℃$ 的 $1m^3$ 饱和湿烟气，每降低 $1℃$，能回收大约 $5g$ 的冷凝水。经冷凝器提水后，烟气中水分含量下降，相应的烟气露点温度也将下降。如需提升烟气温度以达到完全消白烟的目的，经冷凝提水后的烟气所需提升的温度远小于未经过冷凝提水的烟气。经过试验测量可知，现在一般脱硫出口烟气温度为 $50℃$，按要求，需要加热到 $82℃$。若稍微降低脱硫出口烟气温度，选择将烟气温度降低至 $48℃$，回收析出的凝结水后，此时的烟气不再是 $50℃$ 的饱和烟气，而是 $48℃$ 的饱和烟气，只需要将烟气加热到 $72℃$ 即可达到消白烟的目的。也就是说，凝结收水技术除了水回收外，本身也有很好地降低"白烟"产生温度等作用。特别是降低烟气"消白"对烟气排放温度的需求方面，可以有效降低加热烟气所需的能耗和减小所增设换热器的初投资。并且分离出的水具有一定的酸性，且氯离子含量较少，可再用于脱硫塔补水，全部或部分替代脱硫补水，实现水的回收利用。

**1418. 主流烟气提水技术路线有哪四种?**

**答:** 主流烟气提水技术路线有四种:膜法提水技术、喷淋冷却法提水技术、声波收水技术和凝结换热提水技术。

(1)膜法提水技术。膜法提水技术通过膜技术对水蒸气分子进行过滤,渗透压来自空冷凝汽器的真空,水分回收系统主要由膜法过滤装置以及空冷凝汽器组成,捕集的水经过简单处理即可回用。目前,膜法提水技术受膜工业限制,投资运行费用很高,目前仍不适合工业化应用。

(2)喷淋冷却法提水技术。喷淋冷却法提水技术通过在脱硫塔后建一座烟气喷淋降温收水冷凝塔和闭式通风冷却塔,喷淋冷却法提水回收流程如图22-3所示。在喷淋塔中,从烟气中收集到的水与喷淋水混合在一起,呈酸性;通过板式换热器与闭式通风冷却塔热媒水相连接进行热交换,喷淋水在板式换热器内得到降温;闭式通风冷却塔热媒水在换热器内被加热升温后返回通风冷却塔与空气进行换热冷却,即采用气液间壁式换热器进行换热把循环水从提水塔吸收的热量散失掉,最终间接实现烟气与空气换热降温水回收的目的。

由于喷淋冷却法提水技术需要新建大量新设备,对于空间狭小的电厂不宜采用,并且系统复杂,不宜运行。

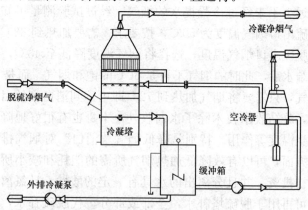

图 22-3　喷淋冷却法提水回收流程示意图

（3）声波收水技术。声波收水技术主要是通过在吸收塔或者烟道内安装布置声波发生装置，使烟道内部的烟气中的水分，通过声波发生装置产生的声波，进行凝聚碰撞形成大液滴，最终被物理分离，该项技术在饱和烟气中的脱水量约为 20%。

声波收水技术的优点在于通过物理的方法将烟气中的水凝聚回收，使系统出口原本应为饱和的湿烟气变为不饱和蒸汽。后部无须再布置新的升温装置。

此项技术作为水回收技术应用简单，装置占地面积小，安装简便，作为消白烟技术无须增加升温段。但由于该技术仍处于试验研发阶段，目前尚无实际运行案例。

（4）凝结换热提水技术。凝结换热提水技术主要是通过将脱硫后的净烟气进行降温，由于烟气不同温度的饱和湿度不同，烟气温度降低后其饱和湿度也会减小，其过饱和部分水分就会凝结析出。随着烟气温度降温幅度的增大，烟气析出水量也增大。此方法是目前主流的水回收技术。

### 1419. 凝结换热提水技术主要有哪些优点？

**答：** 凝结换热提水技术主要有以下几个优点：

（1）经过烟气冷凝器期间，在过饱和水汽环境中，水汽在细颗粒物表面凝结，并产生热泳和扩散泳作用，促使细颗粒相互碰撞接触，使细颗粒凝聚；同时，烟气中的水蒸气凝结为大量的细小雾滴，细小雾滴作为凝聚核，可以吸附粉尘、石膏、气溶胶（$SO_3$）等凝并长大，并在相变凝聚模块的强化扰动下发生碰撞凝并；通过相变凝聚和碰撞凝并，可大幅提高灰尘等微粒的脱除效率。

（2）在烟气总压力一定时，由于烟气中的水分减少，$SO_3$ 的分压力将升高，露点升高，冷凝凝结水以硫酸雾滴为晶核凝结，促使硫酸雾滴长大，易于硫酸雾滴的捕集。

（3）经过冷凝器后，烟气湿度降低；同时，在相变凝聚的捕集脱除作用下，烟气中的雾滴和烟尘得到高效脱除。烟气进入烟囱后，尽管仍为饱和状态，但温度和湿度、雾滴含量等都较常规系统降低。当此状态的烟气从烟囱冒出后，由于其与环境温度的温差降低，冷却速度相对降低（扩散速度相对增加），凝结水量相应减少，"白烟现象"减弱。

**1420.**《京津冀及周边地区 **2019—2020** 年秋冬季大气污染综合治理攻坚行动方案》中提出，对稳定达到超低排放要求的电厂，不得强制要求治理"白色烟羽"，是出于什么考虑？

答：近年来，我国大力推进实施燃煤电厂超低排放改造，截至 2018 年年底，全国 80％以上燃煤机组完成改造，重点区域基本全部完成，初步建成了世界上最大的清洁高效煤电体系。燃煤电厂颗粒物、二氧化硫、氮氧化物等污染物排放量进一步大幅削减，为改善环境空气质量做出了重要贡献。

超低排放采用的低低温电除尘、复合塔湿法脱硫、湿式电除尘等技术，在有效控制常规污染物的同时，对三氧化硫等非常规污染物也有很好协同去除效果。测试结果显示，超低排放改造后，平均排放浓度低于 $10 mg/m^3$。烟气排放到大气后，由于环境空气温度低，烟气冷凝及凝结后，形成大量凝结水滴对光线产生折射、散射，视觉上形成"白色烟羽"。对于治理设施质量合格的超低排放机组来说，排放的"白色烟羽"成分以水雾为主，污染物浓度很低。目前，各地烟羽治理主要采用冷凝、加热等技术，通过改变烟气温度、湿度，从视觉上消除烟气颜色，属于"美容"，实际上对控制污染物排放作用不大，反而增加能耗，间接增加污染物排放。为此，在《京津冀及周边地区 2019—2020 年秋冬季大气污染综合治理攻坚行动方案》中明确，对稳定达到超低排放要求的电厂，不得强制要求治理"白色烟羽"。

第二十三章

# 烟气湿法脱硫装置防腐

**1421. 吸收塔浆池运行氯离子（Cl⁻）浓度不应高于多少？**

**答：** 吸收塔浆池运行 $Cl^-$ 浓度不应高于 20000mg/L，接触吸收塔浆液的部件材料防腐能力应按 $Cl^-$ 浓度不小于 40000mg/L 进行设计。

**1422. 脱硫装置浆液介质特点是什么？**

**答：** 脱硫装置浆液介质特点是：

（1）强腐蚀性。烟气系统中烟气含有大量的 $SO_2$ 以及其他化学物质，在烟气温度降到 80℃ 以下时，$SO_2$ 结露形成很强的腐蚀物质附着在设备及检测仪器上，危害极大。

石灰石浆液采用滤液水制浆时由滤液水带入的 $SO_4^{2-}$、$SO_3^{2-}$、$Cl^-$、$F^-$ 化合物有很强的腐蚀性。

石膏浆液中化学介质非常多，烟气中有害化学成分在脱硫反应后溶解在石膏浆液中，主要成分是 $SO_4^{2-}$、$SO_3^{2-}$、$Cl^-$、$F^-$ 化合物有很强的腐蚀性。

（2）磨损性。原烟气中有大量灰尘固体颗粒，尤其是除尘器效率较低情况下，粉尘含量超过 $200mg/m^3$ 烟气通过喷淋层和除雾器后净烟气中粉尘被冲刷掉，但夹带着石膏。烟气流速越大，对设备冲刷越为严重。

（3）堵塞性。烟尘中灰尘附着性非常强，容易造成烟气作为取样设备堵塞。而石灰石浆液和石膏浆液中悬浮物易在节流的位置沉积和附着，使管道堵塞、检测设备堵塞和附着在检测仪表上造成检测仪表测量误差。

**1423. 论述湿法 FGD 系统的设备腐蚀原因主要有哪些。**

**答：**（1）$SO_2（SO_3）$ 的腐蚀。$SO_2（SO_3）$ 溶于水后，生产相应的酸液，使金属表面吸附的水膜 pH 值很低，加之 $SO_2$ 本身又是强氧化剂，在阴极上可以进行还原反应，其反应的标准电位比大多数工业用金属的稳定电位要高得多，从而使金属构成腐蚀电池的阳极而加快腐蚀。

（2）$SO_4^{2-}$、$SO_3^{2-}$ 的腐蚀。在吸收塔里，烟气中的绝大部分转变成了硫酸盐、亚硫酸盐，这些离子具有很强的化学活性，它们对钢铁的腐蚀主要表现为氧去极化腐蚀，总反应式可用以下式子表示：

$$4Fe+ SO_4^{2-} +H_2O \longrightarrow FeS +3Fe(OH)_2 +2OH^- \qquad (23-1)$$

（3）$Cl^-（F^-）$ 的腐蚀。氯离子的含量虽然很少，但对 FGD 系统有着重大的影响，它是引起金属腐蚀和应力腐蚀的重要原因。氯离子具有很强的可被金属吸附的能力，从化学吸附具有选择性这一特点出发，对于过渡金属的 Fe、Ni 等，氯离子比氧更容易吸附在金属表面，把氧排挤掉，甚至可以取代已被吸附的 $O^{2-}$ 或 $OH^-$，从而使金属的钝化状态遭到局部破坏而发生孔蚀。

（4）高速流体及其携带颗粒物的腐蚀。在快速流动的流体的作用下，金属以水化离子的形式进入溶液，尤其当存在湍流时，腐蚀表现更为明显。一方面湍流使金属表面流动的扰动比层流剧烈，加速了阴极去极化剂的供应量，从而加剧了金属的腐蚀；另一方面，湍流又附加了一个流体对金属表面的切应力，这种力能够把已形成的腐蚀产物剥离并让流体带走。如果流体中含有固体颗粒物，还会使切应力的力矩增强，从而使金属腐蚀更为严重。

**1424. 氯离子对 FGD 系统主要有以下影响是什么？**

**答：**氯离子对 FGD 系统主要有以下影响：

（1）能引起金属的孔蚀、缝隙腐蚀、应力腐蚀及选择性腐浊。特别当其浓度富集到一定程度后，会严重影响系统的运行经济性、可靠性和使用寿命。

（2）抑制吸收塔内物理和化学反应，改变吸收浆液的 pH 值

（水解作用），影响 $SO_2$ 吸收的传质过程、降低 $SO_2$ 的去除率。

（3）脱硫剂的消耗量随氯化物浓度的增高而增大，同时氯化物抑制吸收剂的溶解。

（4）氯化物会引起后续石膏脱水困难，导致成品石膏中含水量增大（一般要求石膏含水小于 10%）。

（5）吸收浆液中氯化物浓度增高，引起石膏中剩余的脱硫剂（$CaCO_3$）量增大（一般要求石膏中过剩 $CaCO_3$ 含量不大于 3%）。

（6）影响石膏的综合利用。石膏用作水泥缓凝剂时，对石膏中的氯含量有严格要求，一般要求小于 0.1%。因此氯化物含量高时需附加除氯措施，使后续处理工艺复杂，费用增加。

（7）氯化物含量较高时，吸收浆液中不参加反应的惰性物增加，吸收浆液的密度增大，浆液循环系统耗电增加。

因此，应尽量控制吸收塔浆液中的氯离子含量，可适当增大废水的排放量，使吸收塔中的氯离子浓度达到平衡。

## 1425. 脱硫设备中防氯腐蚀比防氟腐蚀更重要的原因是什么？

**答：**浆液中的 $F^-$ 通过反应生成溶度积很小的 $CaF_2$ 沉淀物而被除去，不会在浆液中富集，所以 $F^-$ 在浆液中的浓度很低。但是，$Cl^-$ 则不同，由于 $Cl^-$ 与 $Ca^{2+}$ 反应生成的 $CaCl_2$ 在浆液中仍然是以离子状态存在的，随着烟气中的 HCl 不断被浆液吸收，浆液中 $Cl^-$ 浓度就会越来越高。这正是脱硫设备中防氯腐蚀比防氟腐蚀更重要的原因。

## 1426. 磨损腐蚀是指什么？影响因素是什么？

**答：**由磨损和腐蚀联合作用而产生的材料破坏过程成为磨损腐蚀。磨损腐蚀是腐蚀性流体与金属构件以较高速度相对运行而引起的金属损伤，是流体冲刷与腐蚀协同作用的结果。磨损腐蚀一般发生在高速流动的流体管道及载有悬浮摩擦颗粒流体的泵、搅拌器、管道等处。有的过流部件，如高压减压阀的阀瓣（头）和阀座、离心泵的叶轮、风机中的叶片等，在这些部位腐蚀介质的相对流动速度很高，使钝化型耐腐蚀金属材料表面的钝化膜因受到过分的机械冲刷作用而不易恢复，腐蚀率会明显加剧。由于脱硫系统石灰石浆液及石膏浆液中存在固相颗粒，因此会大大加剧设备磨损腐蚀的程度。

磨损腐蚀的影响因素十分复杂，材料本身的化学成分、组织结构、机械性能、表面粗糙度、耐蚀性等，介质的温度、pH 值、溶解氧量、各种活性离子的浓度、黏度、密度、固相和气相在液相中的含量、固相的颗粒度和硬度等，过流部件的形状、流体的速度和流态等都对磨损腐蚀有很大影响。就 FGD 浆液泵而言，合金过流部件的耐腐蚀性（钝化膜的特性）、硬度对抵御流体运动的冲刷腐蚀是十分重要的。此外，浆液含固量较高或含有磨损性强的飞灰和由石灰石带入的石英颗粒会加剧冲刷的力学作用，使钝化膜减薄、破碎，从而加速腐蚀。腐蚀使过流表面粗糙，容易形成局部微湍流，这又促进了冲刷过程。

### 1427. 如何防止脱硫装置（FGD）设备的腐蚀？

**答：**防止脱硫装置（FGD）设备的腐蚀方法有：

（1）由于电厂 FGD 装置体积大，制作安装和防腐施工均在现场作业，且流过的物质温度较局，流量和固体含量大，腐蚀性强，设备运行周期长，衬里维修难，所以在选择衬里材料时较通常情况要高一个等级。

（2）由于 $Cl^-$ 和 $F^-$ 的存在，不锈钢在使用过程中短期即出现点蚀、缝隙腐蚀和冲刷腐蚀等现象，因此选用时应慎重。碳钢与高合金钢复合钢板，与不锈钢类似，除局部使用外，主体设备不宜采用；整体镍基合金，使用效果较好，但价格昂贵；碳钢加树脂砂浆衬里，因砂浆结构松散，微裂纹及气孔量大，抗渗性差，使用寿命短，应慎重选用；碳钢橡胶衬里耐磨性能好，施工技术完善，在 FGD 防腐中使用较广泛。但是其缺点是造价高，物理失效多，施工难度大，难修补；玻璃钢在使用温度低于 80℃时，可以长期运转，使用寿命较长，若能采取安全措施防止烟气温度超温，可选用玻璃钢作为内衬，其造价与碳钢橡胶衬里差不多；目前玻璃鳞片衬里已成为 FGD 首选防腐技术，具有抗渗性好，施工难度小，容易修补，物理失效少等优点，造价适中，但耐磨性差一些。

（3）设计与施工时，可根据设备不同的部位，不同的工作环境，不同的温度，不同的冲刷与腐蚀环境，选用不同性能的防腐材料或复合结构，并在尖角、阴阳角或冲刷特别严重的部位，采用特殊防磨措施，以达到经济、适用、安全、可靠、维修工作量小、维修容易的使用效果。

（4）在 FGD 设备防磨蚀设计与维修中，还要充分考虑由于设备承受冲击、振动而产生的交变应力，受热不均而产生的热应力，均有可能使防腐层开裂，在结构上应采取增强措施，避免开裂而引起防腐层的失效。

## 1428. 温度对衬里的影响主要有哪几个方面？

**答：** 温度对衬里的影响主要有 4 个方面：

（1）温度不同，材料选择不同，通常 $140\sim110℃$ 是为一挡，$110\sim90℃$ 为一挡，$90℃$ 以下为一挡。

（2）衬里材料与设备基体在温度作用下产生不同线步膨胀，温度越高，设备越大，其副作用越大，会导致二者黏结界面产生热应力影响衬里寿命。

（3）温度使材料的物理化学性能下降，从而降低衬里材料的耐磨性及抗应力破坏能力，也加速有机材料的恶化过程。

（4）在温度作用下，衬里内施工形成的缺陷如气泡、微裂纹，界面孔隙等受热力作用为介质渗透提供条件。

## 1429. 脱硫设备对防腐材料的要求是什么？

**答：** 脱硫设备对防腐材料的要求：所用防腐材质应当耐温，在烟道气温下长期工作不老化、不龟裂，具有一定的强度和韧性；采用的材料必须易于传热，不因温度长期波动而起壳或脱落。

## 1430. 引起非金属材料发生物理腐蚀破坏的因素主要有哪些？

**答：** 起非金属材料发生物理腐蚀破坏的因素主要有：① 腐蚀介质的渗透作用；②应力腐蚀；③施工质量。残余应力、介质渗透、施工质量是衬里腐蚀破坏的三个方面，三者相互促进。

### 1431. 发生缝隙腐蚀有几个阶段?

**答:** 发生缝隙腐蚀有以下几个阶段:①氧化贫化,产生带正电的金属离子;②带负电的卤化物阴极进入缝隙与带正电的金属离子化合;③水解后使局部呈强酸性。

### 1432. 电化腐蚀是指什么?

**答:** 电化腐蚀是由于不同的金属间电化学势差的不同而产生的腐蚀。防止电化腐蚀的方法可采用加塑料垫将它们隔离开来,并防止电解液的进入。

### 1433. 在火电烟气脱硫领域比较通用的防腐工艺有哪些?

**答:** 在火电烟气脱硫领域比较通用的防腐工艺有耐蚀合金薄板衬里、橡胶衬里、有机树脂(玻璃鳞片胶泥)衬里、聚脲衬里及玻璃钢衬里等。

### 1434. 丁基橡胶基本特性是什么?

**答:** 丁基橡胶是异丁烯单体与少量异戊二烯共聚合而成,代号为 SIR。这种橡胶的基本特性是:

(1) 最突出的特性是气体透过性小,气密性好。

(2) 耐水性好,对水的吸收量最少,水渗透率极低。

(3) 回弹性小,在较宽温度范围内($-30\sim+50℃$)均不大于20%,因而具有吸收振动和冲击能量的特性。

(4) 耐热老化性优良,具有良好的耐臭氧老化、耐高温性(可用于100℃以下)和化学稳定性。

(5) 缺点是硫化速度慢,黏合性和自黏性差,与金属黏合性不好,工艺性能差,与不饱和橡胶兼容性差。

由于丁基橡胶不容易硫化,需要较高的硫化温度,因此丁基橡胶不适合制作预硫化和自硫化橡胶板,适合制作为车间硫化的橡胶衬里,如小型罐体和管道等。

### 1435. 橡胶的优缺点是什么？

答：橡胶的优缺点是：

（1）优点：

1）对基体结构的适应性强，可进行较复杂异形构件的衬覆。

2）具有良好的缓和冲击、吸收振动能力。

3）衬里破坏较易修复。

4）衬胶方式灵活，对于小型部件，可采用车间衬胶，对于大型设备，可采用现场衬胶。

5）衬胶层的整体性能好，致密性高，具有良好的抗渗性能。

6）橡胶衬里的价格较低，其价格性能比非常具有竞争力。

（2）缺点：

1）耐用热性能较差，一般硬质橡胶的使用温度为 90℃ 以下，软质橡胶为 $-25\sim150℃$。

2）对强氧化性介质的化学稳定性较差。

3）橡胶衬里容易被硬特等造成机械性损伤。

4）橡胶的导热性能差，一般其导热系数为 $0.576\sim1kJ/(m\cdot h\cdot℃)$。

5）硬质橡胶的膨胀系数要比金属大 $3\sim5$ 倍，在温度剧变、温差较大时，容易使衬胶开裂及胶层和基体之间出现剥离脱层现象。

6）设备衬胶后，不能在基体进行焊接施工，否则会引起胶层遇高温分解，甚至发生火灾事故。

### 1436. 在 FGD 装置中使用橡胶衬里的位置有哪些？

答：FGD 装置中使用橡胶衬里的位置有吸收塔、浆液箱罐及管道、水力旋流器内衬、真空脱水机输送皮带、滤液水管道、净烟道、石灰石浆液箱及滤液水箱。

### 1437. 玻璃鳞片是指什么？

答：玻璃鳞片是指外观形状似鱼鳞片的薄片状玻璃填料。

**1438. 玻璃鳞片衬里是指什么?**

**答**：玻璃鳞片衬里是指以耐蚀树脂为基料，玻璃鳞片为骨干填料，添加各种功能性添加剂混配而成的胶泥状防腐蚀材料，再经规定的施工规程涂覆在设备表面而形成的防腐蚀保护层，简称鳞片衬里。

**1439. 玻璃鳞片树脂涂料的主要优缺点是什么?**

**答**：（1）玻璃鳞片树脂涂料的主要优点是：

1）具有较高的耐酸性、碱腐蚀性、耐水解性。

2）具有较高的耐热性和耐寒性。

3）对基体表面黏着力强，耐温度骤变性好。

4）由于增强材料的应用增加了衬层的表面硬度、抗压、抗拉强度等机械性能，使之具有优良的抗渗透性和耐磨损性。

5）可以设计出具有各种特性的衬层结构。

6）投资费用低于橡胶衬里和合金。

（2）玻璃鳞片树脂涂料的主要缺点是：

1）耐温性仍受到应用温度的限制。

2）遭受机构撞击时易损坏，抵抗机械冲击力不如橡胶内衬，烟道壁过分振动可能使衬层开裂。

3）施工环境恶劣，施工步骤严格。

4）维修工作量大，对吸收塔 5～10 年需大修或更换。

5）不能在衬层背面的基材进行焊接施工，树脂是易燃物，检修过程中的电焊易引发火灾。

**1440. 玻璃钢是什么?**

**答**：玻璃钢是使用不饱和聚酯树脂、环氧树脂、酚醛树脂等树脂为基体，以玻璃纤维或其制品作增强材料，经固化反应而得到的复合材料，称为玻璃纤维增强塑料（fiber-reinforced plastic，FRP），简称玻璃钢。因其强度高，可与钢铁相比，故又称为玻璃钢。

**1441. 纤维缠绕固化剂是什么？**

**答：**在玻璃钢制品的缠绕制作工艺中，能够与树脂发生固化反应生成网状立体聚合物，使玻璃钢制品得以成型所使用的添加剂。

**1442. 玻璃钢的主要优缺点是什么？**

**答：**（1）FRP 的主要优点是：①轻质高强；②优良的耐化学腐蚀性；③良好的耐热性和隔热性；④良好的表面性能，表面少有腐蚀产物，也很少结垢，FRP 管道内阻力小，摩擦系数较低；⑤可设计性好，可以改变原材料种类，数量比例，纤维布排列方式，以适应各种不同要求；⑥良好的施工工艺性，可以加工成所需要的任何形状，最适合大型、整体和结构复杂防腐设备的施工要求，适合现场施工和组装。

（2）FRP 的缺点是：同金属相比，FRP 的弹性模量较低，长期耐温性一般 100℃以下，个别可达 150℃左右，仍远低于金属和无机材料的耐温性。对溶剂和强氧化性介质的耐腐蚀性也较差。

**1443. 在脱硫中应用的耐腐金属材料有哪些？**

**答：**在 FGD 系统中得到广泛应用的耐腐金属材料有：奥氏体不锈钢、双相不锈钢、镍基 Cr-Mo 合金、钛合金、高铬铸铁以及低合金钢。特别在一些高温、严重腐蚀区域和动态设备防腐蚀区域，耐蚀金属材料成为橡胶和增强树脂衬层的主要替代物。

**1444. 采用耐腐合金的优点是什么？**

**答：**采用合金结构明显而独特的优点是：

（1）合金没有橡胶和树脂衬层对温度敏感，合金在不正常工况下不易损坏。

（2）全合金装置一般无须事故急冷装置。

（3）合金构件的清洗、除垢要比涂层容易得多，不用担心会损坏涂层。

（4）对合金表面的检查和维修也容易得多，维修时只需合格的焊工就可以进行修复工作。

（5）对合金构件的施工方法和施工环境虽有一定要求，但远不如橡胶和树脂衬里施工要求那么严格。

（6）合金产品性能的变化一般比橡胶和树脂要小，后两者有保存期。另外，合金材料的检验也较为简单。

### 1445. 脱硫防腐烟道为什么不宜设置内撑杆？

**答：**脱硫防腐烟道采用鳞片树脂防腐时，要求烟道内壁光滑平整，使得鳞片树脂便于涂刷和不易破损。设置内撑杆时，内撑杆与烟道壁衬板之间以及内撑杆之间连接处的鳞片树脂易脱落，造成腐蚀，因此不宜设置内撑杆，减少烟道腐蚀的机会。

### 1446. 吸收塔入口烟道在水平投影长度是指什么？

**答：**吸收塔入口烟道在水平投影长度是指由距离吸收塔最近的第一个烟道弯头出口与吸收塔塔壁烟道插入点之间的烟道水平投影长度。该投影长度可降低事故情况下吸收塔浆池内浆液溢入烟道的可能性或降低塔内喷淋浆液飘移至烟道的量，避免影响吸收塔上游烟气系统设备的安全运行。

### 1447. 吸收塔入口烟道为什么要进行防腐？

**答：**由于吸收塔内喷淋浆液易漂移至吸收塔入口烟道内（尤其是锅炉低负荷工况），会对烟道造成腐蚀，因此该段原烟道需采取防腐措施，应根据原烟气正常运行温度选用耐高温型鳞片树脂。

### 1448. 吸收塔入口烟道宜用哪种防腐工艺？

**答：**吸收塔入口烟道宜采用碳钢贴衬 C276（DIN 2.4605）合金钢，合金钢厚度不宜小于 2mm，可采用爆破贴衬工艺和焊接贴衬工艺；贴衬烟道长度距吸收塔壁最短距离不宜小于 2m。当采用其他防腐材料时，应有不少于 5 年的可靠运行业绩。

**1449. 脱硫系统工艺设备及部件的防腐材料选取应符合哪些规定？**

**答：**脱硫系统工艺设备及部件的防腐材料选取应符合下列规定：

(1) 净烟气挡板门和旁路挡板门叶片及轴宜选用 DIN 1.4529 合金材料或碳钢贴衬不小于 2mm 厚的 DIN 1.4529 合金材料，其挡板门的密封片和连接件宜选用 C276 合金钢，密封片厚度不宜小于 0.25mm。

(2) 回转式烟气换热器的换热元件宜选用耐腐蚀的碳钢冷镀搪瓷材质，搪瓷层厚度不宜小于 0.13mm。

(3) 管式换热器的换热管应根据换热管最低壁温、烟气酸露点温度等确定适宜的耐腐蚀材料。

(4) 烟道非金属补偿器的蒙皮宜选用氟橡胶、聚四氟乙烯、玻璃纤维布等复合组成的材料。

(5) 浆液泵的泵壳可选用耐磨耐腐蚀的合金钢、碳钢衬胶，叶轮可采用耐磨耐腐蚀的合金钢、冷铸陶瓷。

(6) 旋流器的旋流子可选用聚氨酯材料。

(7) 事故浆液箱搅拌器的轴及叶轮可采用 DIN 1.4529 合金钢、双相合金钢或碳钢衬胶，其他浆液箱/罐及排水坑搅拌器可采用双相合金钢或碳钢衬胶。

(8) 浆液箱/罐可采用碳钢衬鳞片树脂或衬橡胶。

(9) 烟道内的冲洗及喷淋管道、喷嘴应采用耐酸腐蚀的合金钢或双相不锈钢材料。

**1450. 脱硫烟道、浆液管道、地坑沟道和钢制石膏库宜采用哪些防腐工艺？**

**答：**(1) 防腐原烟道、净烟道可采用钢衬鳞片树脂或钢衬橡胶，防腐材料应满足烟道运行温度的要求。采用冷却塔排烟时，净烟道宜采用 FRP 材料。

(2) 浆液管道可选用碳钢衬胶管道、FRP 管道。

(3) 脱硫吸收塔、吸收剂制备及石膏脱水系统排水坑及沟道可采用玻璃鳞片树脂或 FRP 涂层。

（4）钢制石膏仓内表面可涂刷酚醛树脂涂料。

**1451. 吸收塔及其内部件的防腐设计材料选用应符合哪些规定？**

**答：**吸收塔及其内部件的防腐设计材料选用应符合下列规定：

（1）吸收塔内壁及内部支撑梁可衬橡胶或鳞片树脂防腐，吸收塔底板及底板以上 2m 高度的内壁、喷淋区域等严重磨蚀区域应设计提高耐磨性能的措施，通常采取增加橡胶层厚度（总厚度宜为 5～6mm）或鳞片树脂加入耐磨配方等提高耐磨性能的措施。

（2）喷淋层宜采用 FRP 材料；喷淋层喷嘴宜选用成分等同于 DIN 9.4460 的碳化硅材料。喷嘴与喷淋层支管采用法兰及螺栓方式连接时，连接件应采用高镍合金材料。

（3）吸收塔内浆液泵入口滤网宜选用 DIN 1.4529 合金材料，或耐磨耐腐蚀合金材料。

（4）除雾器组件及其塔内冲洗管路等附件、喷嘴宜选用加强 PP 材料。

（5）吸收塔内氧化空气喷枪或管网系统及其固定支撑件宜选用 DIN 1.4529 合金材料。

（6）吸收塔内搅拌器的轴及叶轮宜采用 DIN 1.4529 合金材料或耐磨耐腐蚀性能等同的其他合金材料。

（7）吸收塔内氧化空气管道宜采用 DIN 1.4529 合金材料或耐磨耐腐蚀性能等同的其他合金材料。

（8）合金材料允许腐蚀量不应超过 0.1mm/年。

**1452. 防腐材料的保证使用寿命应符合哪些规定？**

**答：**防腐材料的保证使用寿命应符合下列规定：

（1）由高镍合金制造或高镍合金包裹和衬里的部件，保证使用寿命不应少于 42000h。由合金钢、不锈钢制造或合金钢、不锈钢包裹和衬里的部件，保证使用寿命不应少于 30000h。

（2）钢衬橡胶件或钢衬鳞片树脂件保证使用寿命不应少

于 30000h。

（3）PRP、PVC、PP 材料保证使用寿命不应少于 30000h。

（4）碳化硅部件保证使用寿命不应少于 60000h。

（5）非金属膨胀节保证使用寿命不应少于 30000h。

### 1453. FGD 装置中哪些设备要有防腐措施？

**答：** 在 FGD 装置中防腐设备主要有衬胶管道（所有的浆液管）、净烟气烟道、烟气换热器、吸收塔、各类浆液泵、浆液箱（池）搅拌器装置等。

### 1454. 在 FGD 装置运行中应采取哪些措施来防止或减少腐蚀？

**答：**（1）监视浆液 $Cl^-$ 浓度，及时排放浆液，防止 $Cl^-$ 浓缩导致其浓度过高。

（2）监视浆液 pH 值。控制 pH 值范围以防止 pH 值过低而加速腐蚀。

（3）保持表面无沉积物或氧化皮的聚积会增大点蚀和缝隙腐蚀的危险，因此在有条件时应及时冲洗。

（4）定期检查，发现问题及时处理。

## 第二十四章

# 烟囱防腐技术

**1455. 烟囱是指什么？**

**答：**烟囱是指用于排放烟气的高耸构筑物。

**1456. 烟囱的作用是什么？**

**答：**烟囱的第一个作用是将烟气从高空排入大气。由于烟囱有一定的高度，烟气排出后被大气稀释，减轻了烟气中有害成分对环境的影响；第二个作用是产生一定的引力，帮助引风机将烟气排入大。对于没有引风机的小型炉子，则是利用烟囱的引力克服烟气流动的阻力，将烟气排入大气的。

**1457. 烟囱为什么大多是下面粗、上面细？**

**答：**除小型锅炉的铁烟囱为制作方便，上下一样粗外，钢筋混凝土烟囱和砖烟囱大都是下面粗、上面细。一个原因是下粗上细的烟囱重心较低，支承面积较大，烟囱的稳定性好；另一个原因是烟气在烟囱内流动时，因为散热，烟气体积减小，如果烟囱直径上下相同，烟囱出口烟速下降，容易引起倒风。

采用下粗上细的烟囱，由于烟气流通截面逐渐减小，烟气流速可保持不变或略为增加。维持烟囱出口较高的烟气流速，不但可以防止冷空气倒流入烟囱，而且可以增加烟囱的有效高度，使烟气散布在更大的范围内，有利于减轻排烟中有害气体对大气的污染，改善电厂周围的环境。

**1458. 烟囱的引力是怎样形成的？**

**答：**烟囱的引力是由于烟气的温度高，重度小，空气的温度低，重度大，两者重度的不同而造成的。烟囱的抽力：

$$F = h(\gamma_k - \overline{\gamma}_y) \qquad (24\text{-}1)$$

式中 $h$——烟囱高度，m；

$\gamma_k$——空气的重度，$N/m^3$；

$\overline{\gamma}_y$——烟气的平均重度，$N/m^3$。

由上式可见，烟囱越高，空气温度越低，烟气温度越高，则烟囱的引力越大。

### 1459. 湿烟气是怎么产生的？

答：在湿法烟气脱硫过程中，烟气经过喷淋降温后，烟气的温度降到水露点温度，成为湿烟气。

### 1460. 湿烟气的特点是什么？

答：湿烟气的特点是：

（1）由于烟气含湿量增加，烟气的比重增加。

（2）处于饱和状态的湿烟气，有可能不含有水滴，但是很不稳定，在受到压缩、膨胀、降温，甚至碰撞时会出现凝结水滴。

（3）湿烟气中的水分对于烟气中的酸性气体，例如 $SO_2$、$SO_3$、$HCl$ 和 $HF$ 有更高的吸收作用，因而提高了烟气的酸露点，增强了烟气的腐蚀性。

### 1461. 湿烟气对电厂运行的影响是什么？

答：湿烟气对电厂运行的影响为：

（1）洗涤塔以及下游的烟道、挡板门、膨胀节、烟囱产生腐蚀。

（2）由于烟气密度增大，烟囱的抽拔力降低，烟囱部分区段出现正压。

（3）烟囱内部的正压会加快对烟囱的腐蚀，造成烟囱泄漏。

（4）烟囱的降温和减压作用，烟气凝结水量增加。

### 1462. 湿烟气排放对周围环境的影响是什么？

答：湿烟气排放对周围环境的影响为：

（1）烟气抬升高度降低。

（2）烟囱排水量增加。

（3）烟气中粉尘浓度（包括 PM2.5）有可能增加。

（4）烟囱排出白色烟羽。

（5）在一定条件下烟羽呈现蓝烟或黄烟。

（6）在一定条件下烟囱的周围出现烟囱雨。

（7）烟羽下洗。

（8）烟囱出口结冰。

### 1463. 湿烟囱是指什么？

**答：**湿烟囱是指机组采用湿法脱硫装置，并未采用 GGH 等再热装置的火电厂烟囱。

### 1464. 湿烟囱为什么要对内衬进行防腐处理？

**答：**在役火电厂机组采用石灰石-石膏湿法脱硫装置，为了提高脱硫装置的可用率和降低厂用电率，部分脱硫装置并且未安装 GGH 等再热装置。因湿法脱硫未完全去除酸类气体，脱硫后烟气在流通过程中遇冷凝结，在烟囱内壁结露成腐蚀性的凝结酸液进而对烟囱造成腐蚀危害。为解决烟囱防腐问题，必须对湿烟囱内衬进行防腐处理。

### 1465. 湿烟囱有哪几种运行工况？

**答：**湿烟囱有以下五种运行工况：

（1）干烟气工况：排放未经脱硫的烟气。进入烟囱的烟气温度一般在 $120 \sim 160 \, \text{℃}$。在此条件下，烟囱内壁处于干燥状态，烟气中酸性气体对烟囱内壁材料仅产生气态腐蚀，腐蚀进程缓慢。

（2）湿烟气工况：排放经湿法脱硫后无烟气再热系统的烟气。湿烟气在流通过程中凝结成冷凝液。冷凝液沿筒壁流淌，其酸性较强，普遍为 pH 值 $1.5 \sim 2.5$ 的混合酸液，对烟囱内壁材料腐蚀严重；对于湿法脱硫后含有烟气再热系统的烟囱，考虑到烟气再热系统再热效果及今后烟气再热系统改造的不确定性，其烟气工况仍应归类为湿烟气工况。

（3）混合工况：干、湿烟气混合排放，进入烟囱的混合烟气温度分布不均匀，会产生局部冷凝结露状况。冷凝液浓度高、腐蚀性更强。

（4）过渡工况：脱硫系统启、停及运行中旁路挡板开启或关闭时，排放烟气温度发生突变。

（5）事故工况：烟囱在锅炉空气预热器事故等短时异常状态，烟气温度在 250℃左右。

### 1466. 湿烟囱防腐设计原则是什么？

**答：**湿烟囱防腐设计应符合下列原则：

（1）防腐材料应有抗酸性、抗渗性、耐磨性和强的黏结性。

（2）设置旁路烟道的湿烟囱，应耐 200℃以上高温和应抗冷热交变性能。

（3）自重应轻、吸水性应差。

### 1467. 对现役烟囱防腐改造原则是什么？

**答：**对现役烟囱防腐改造原则是：

（1）进行烟囱防腐改造的项目，应先进行烟囱结构安全评估和防腐方案论证。

（2）对于 600MW 及以上等级发电机组的烟囱，机组使用年限不足 5 年，在场地许可的条件下可采用新建湿烟囱或者吸收塔塔顶烟囱方案。对于不宜进行防腐改造的烟囱，也可采用新建湿烟囱方案或者吸收塔塔顶烟囱方案。

（3）对于 300MW 及以上等级发电机组的单筒及砖套筒常规烟囱，机组预期使用年限大于 15 年，可采用内设金属材料结构的排烟筒方案。

（4）对于 300MW 及以下等级发电机组的烟囱，机组预期使用年限小于 15 年，可采用烟囱内壁防腐方案。防腐类别可采用发泡砖体系。

**1468. 影响选择湿烟囱的因素是什么？**

**答**：影响选择湿烟囱的因素有：

（1）烟雾扩散。离开烟囱的烟气会形成一种逐渐消失在大气中的不连续烟雾，这种烟雾扩散既可能影响烟囱附近地区，也可能对下游很长一段距离造成影响。如果烟雾在烟囱出口处立即下落，就会形成一种称为烟雾下坠的现象，这种现象与风向及风速有较大的关系，风流过烟囱后会在烟囱背面形成低气压区，当风速增加时，低气压区域就会增大，气压就会进一步降低。如果烟气在离开烟囱时的浮力或垂直速度不够大，就会产生烟气下坠现象。刮风使从烟囱出来的垂直烟雾水平弯曲，因此烟雾进入低气压区。烟雾下坠造成烟囱材料损坏并降低了烟雾的扩散速度。此外，在结冰天气时，烟雾下坠还会造成烟囱结冰。与采用独立烟囱结构的机组相比，多个机组共用一个烟囱时，出现烟雾下坠的可能性更大。因为大直径的烟囱外壳会产生较大的低压区。

由于减少了烟雾浮力和垂直扩散速率，与采用烟气再热系统相比，湿烟囱在烟囱附近产生的地面 $SO_2$（以及其他污染物）浓度最大。这种地面污染浓度对烟囱出口温度极为敏感，烟温越低，烟囱附近地面的污染物就越大，所以升高烟气温度就增大了烟雾的浮力，浮力增大，烟雾的上升力就增大，这会给予排放物更多的时间去扩散，并在排放物底部到达地面之前通过低压区。

为了遵守相关环境质量标准，无论是否采用烟气再热系统，都需要确定最小的烟囱高度。具体的烟囱高度可以根据烟囱所在区域的地形和其他污染源的存在情况来确定。同时考虑现场的气象数据、现有的地面污染物浓度以及当地建筑物的距离、入口和其他排放源的情况。

烟囱的液滴排放（也称烟囱下雨）也是任何采用湿烟囱的发电机组要考虑的问题。下雨来自那些跟随烟气一起排出并在到达地面之前由于尺寸较大而未能蒸发的液滴，并经常出现在距烟囱下游 100m 左右的地方。烟囱下雨很容易出现在采用湿烟囱运行的 FGD 系统中，但即使采用烟气再热，也可能出现。通过对 FGD 系统设计的优化，可以减少液滴排放问题。

（2）烟气的浊度。混浊度是光线通过从烟囱排出的烟雾时所受阻碍程度的一个测量值。烟雾的浊度是由于光与烟气中的固体颗粒、某些液体以及气体相互作用产生的，包括飞灰、硫酸雾和氮氧化物。

当热饱和气体离开烟囱时，烟气温度降低并形成水汽雾滴，这些水汽雾滴降低了烟雾的透光性，当测量烟气的混浊度仅用于调试目的时，可以不考虑水汽雾滴对烟雾混浊度的影响。但是，一个电厂必须考虑到烟雾中水汽的存在，因为它加剧了由烟气其他成分产生的混浊度，并影响就地浊度监测仪器的测量值。

一般，人很难区分由烟气中水汽凝结引起的浊度与由烟气中颗粒物质引起的混浊度的差别。居住在采用湿烟囱的电厂附近的居民可能认为从烟囱中排出的烟雾具有较高的浊度的原因是烟雾中存在固体颗粒物质，其实它是由水雾形成的。当试图采用湿烟囱时，应该考虑这一问题。应当注意，当采用烟气再热时，可以延迟或减少水雾的形成。但大多数此类系统并没有设计成在任何大气条件下烟雾中都不会有水汽凝结的效果。因为天气寒冷，即使采用烟气再热，也会形成可见的水汽雾滴。

（3）经济性。如果电厂对烟雾扩散和混浊度的评估表明，基于技术、环境要求和公众可接受的条件下采用湿烟囱是可行的，则应该进行一个经济性评估来选择烟囱最经济的运行方式。这个评估应包括非再热系统和再热系统之间的差异。大多数情况下，与采用烟气再热的 FGD 系统相比，带有一个设计良好的湿烟囱的 FGD 系统在总投资和运行费用方面要低得多。

非再热系统和再热系统的总投资必须包括出口烟道、烟囱和烟气再热系统的总投资和年运行费用。在这个评估中，再热系统的运行费用特别重要。采用汽轮机排气作为烟气再热热源会使机组的热耗率（每单位兆瓦电力输出所需的输入热量）增大 $5\%$ 以上（一般情况下）。采用气-气热交换器将 FGD 入口烟气热量输入到 FGD 出口烟气的方案对机组热耗影响很小但带来较大的投资，并增大了 FGD 烟气侧的压降。

### 1469. 烟气中水气冷凝的形成原因是什么？

**答：**尽量减少烟囱下雨是湿烟囱的主要设计目的，这是因为除雾器带水、烟气绝热膨胀以及烟道和烟囱内衬的散热，都可能使烟气中存在水雾。除雾器的带水情况变化较大，取决于除雾器的清洁情况和其他因素。在某些地方，来自除雾器的带水可能是烟囱水雾的主要来源，这些水雾的直径通常在 $100\sim1000\,\mu m$，其中有少数超过 $2000\,\mu m$。

当饱和烟气在烟囱中向上流动时，烟气压力降低，绝热膨胀使烟气受到冷却，从而形成非常小的水雾（通常其直径小于 $1\,\mu m$），通常认为绝热膨胀在烟囱中产生的雾滴数量最多，但是，由于这些雾滴非常小，它们对烟囱的带水量的贡献不大。虽然某些凝结水会聚集在烟囱上部的内壁上，但大多数会排出烟囱，这些雾滴小得足以在到达地面之前，大多数会被烟雾带走并蒸发掉。

暖湿烟气与烟道和烟囱内衬的冷壁面接触而形成冷凝可能是另一个主要的水汽来源，根据这种机理形成的冷凝量与出口烟道的长度、烟道的保温情况、烟道内衬材料以及环境温度有关。

烟气中的部分水雾被惯性力带到烟道和烟囱内壁上，在那里水滴与壁面上形成的水滴相混合。大多数来自设计并运行良好的除雾器的带水水滴直径较大，足以通过这种撞击方式被壁面收集下来，非常细小、不会发生撞击的水雾在排出烟囱时也很少带来问题。当壁面上冷凝量增加时，细小的水滴结合成能被烟气从壁面上撕下的大水滴。这种重新进入烟气中的水滴量取决于壁面特性和烟气速度，粗糙的壁面和较高的烟气速度导致较高的烟气带水率。这种重新进入烟气中的水滴直径通常比烟气冷凝或除雾器带水形成的水滴直径大得多，其尺寸范围在 $100\sim500\,\mu m$。

### 1470. 烟囱雨的液体四大来源是什么？

**答：**烟囱雨的液体四大来源是：

（1）除雾器出口烟气携带的浆液液滴：大部分液滴均已沉积

在烟道和烟囱中，只有很小一部分细小液滴（液滴粒径＜50μm）可到达烟囱出口。

（2）沉积和冷凝在烟道壁上的液滴被气流二次带出的大直径液滴，这是烟囱雨的主要来源之一。

（3）烟气冷凝形成的液滴，虽然流量很大，但是液滴很细，对降落到地面上的烟囱雨的贡献不大。

（4）在烟囱防腐层上的沉积的冷凝液体流，由于烟气流速过高，液流向上流动，从烟囱出口排出，这也是烟囱雨的主要来源之一；液滴直径很大（300～2000μm）。

### 1471. 湿法脱硫烟气造成烟囱腐蚀的条件有哪些？

答：湿法脱硫烟气造成烟囱腐蚀的条件有：

（1）烟囱内壁温度低于酸露温度。

（2）烟囱内部存在正压区。

（3）烟囱出口的烟气流速过大或过小。

### 1472. 湿法脱硫后由于烟气温度降低对烟囱的影响主要有哪些？

答：脱硫后的烟气温度比未脱硫的烟气温度低，烟气温度的变化对烟囱带来的影响主要有：

（1）由于烟气温度的降低出现酸结露现象，造成烟囱内部腐蚀。

（2）由于烟气温度的变化使烟囱的热应力发生改变。

（3）由于烟温降低影响烟气抬升高度，从而影响烟气的排放。

（4）由于烟温的降低造成正压区范围扩大。

### 1473. 造成烟囱雨的原因是什么？

答：造成烟囱雨的原因是：

（1）除雾器运行不正常：

流速：通过除雾器的烟气流速如果超过设计临界值，除雾器的携液量会以指数速率急剧增加。

泄漏：除雾器局部坍塌或穿孔，造成烟气漏流。

（2）烟道保温或冷凝水收集不当。

（3）烟囱未按湿烟囱要求设计：通烟筒保温不够，通烟筒烟气流速太高，通烟筒内壁粗糙，烟囱形状不佳。

**1474.** 何为石膏雨现象？石膏雨现象产生的原因是什么？有何处理措施？

答：石膏雨现象是由于经脱硫处理后的净烟气中携带大量的冷凝液经烟囱排放至大气后，因重力作用形成"下雨"的现象。

石膏雨现象产生的原因是：

（1）烟囱流速过高。当烟囱烟气流速低于 15m/s 时，净烟气中冷凝水由于重力作用而沿着烟囱壁向下，并通过收集并排到排水坑。当烟囱烟气流速大于 20m/s，甚至超过 25m/s 时，净烟气中冷凝水夹带少量的灰尘、微颗粒石膏等固体，在高流速烟气带动下直接通过烟囱排放进入大气，在其重力作用下形成石膏雨现象。

（2）净烟气温度低。在配置 GGH 脱硫装置中，由于净烟气通过 GGH 将净烟气从 48℃升温至 80℃以上，净烟气中水分以气态形式通过烟气排放，因此不存在石膏雨现象。而在无 GGH 脱硫装置中，由于净烟气从吸收塔排放的温度均在 55℃以下，通过净烟道及烟囱温度将降低3~5℃，因此净烟气中大量的水分被析出形成冷凝液，并在高流速的作用下撞击烟气将黏附在烟道上的灰尘及微颗粒石膏浆液带入净烟气，通过烟囱排放到大气中。

（3）除雾器堵塞。由于冲洗不及时、冲洗水管道断裂、冲洗水压力不足、冲洗水管道喷嘴堵塞以及除尘器烟尘排放浓度超过 150mg/m³（标准状态）等原因，造成除雾器局部结垢堵塞，除雾器堵塞严重时会引起塌陷。除雾器堵塞后使烟气可流通面积减少，通过除雾器的烟气流速增加，使得除雾器失效，造成净烟气水滴夹带量超标，大量石膏浆液被携带到净烟气中。

除雾器堵塞处理措施：

1）可以通过向净烟气送热风，将净烟气温度提升到 60℃

以上。

2）采用高效除雾器，或者由两级除雾器改为三级除雾器，或者由平板式除雾器改为屋脊式除雾器。

3）加强除雾器压差和冲洗水流量及压力监视，发现异常及时通知检修处理。

4）对除雾器冲洗水压力进行优化调整，使其工作压力在150～300kPa。

5）对除雾器进行离线人工水冲洗，清除除雾器结垢，恢复塌陷的除雾器模块。

6）利用停机检修机会，恢复断裂的除雾器冲洗水管道、疏通堵塞的冲洗喷嘴。

### 1475. 湿法脱硫烟囱腐蚀环境主要有哪几个方面的特点？

**答：**采用湿法脱硫技术之后，进入到烟囱内部的烟气以及烟囱的腐蚀环境主要具有以下几个方面的特点：

（1）烟气中的水分含量相对较高，烟气相对湿度大，不设烟气热交换器时，烟气温度通常在45～50℃之间，远远低于硫酸以及亚硫酸的露点温度，从吸收塔出来的烟气接近于饱和状态并且很快在烟囱中形成酸性液滴，同时在烟囱壁上凝结形成以硫酸以及亚硫酸为主的稀酸液，pH值在2.0左右。当低浓度酸液的温度在40～80℃之间时，烟气具有较高的化学腐蚀性，即强腐蚀性烟气，对结构材料的腐蚀速度能够达到常温条件下的数倍。当加设烟气热交换器时，烟气温度能够达到80℃，此时仅仅在烟囱内产生少量的冷凝稀酸液，同时烟囱处于负压状态下运行，烟气对烟囱的腐蚀大大减轻。

（2）烟气在净化之后，其中仍然会包含一定浓度的氯化物和氟化物，当温度低于60℃时，会形成冷凝液，并与其他酸液发生混合，导致烟气的腐蚀性大幅度提高。

（3）烟气在经过脱硫处理之后，温度较低、上抽力小、流速慢，容易导致烟气在烟囱内部聚集，使烟囱内部出现正压区，这样会对烟囱筒壁形成一定的渗透压力，近而导致烟囱内部密度较低的区域被酸性液体渗透，对烟囱内部的承重结构产生腐蚀，影响到结构的耐久性。

（4）在烟囱内部存在着不均匀的烟气流场，尤其是在烟囱的下部区域，烟气的高速流动会夹带石灰石浆液对烟囱的内表面形成直接冲击，对烟囱局部表面形成很强的冲刷腐蚀。

### 1476. 新建扩建湿烟囱方案如何选择？

**答：**新建扩建项目在设计方面，需要对烟囱方案进行合理的选择，合理控制烟囱出口的流速，避免由于烟囱内部烟气流速过快产生酸液二次携带问题，缓解石膏雨的发生。在防腐工艺方面，需要严格按照《烟囱设计规范》（GB 50051—2013）对工艺进行严格控制，推荐使用钛-钢复合板内筒方案，备选钢内筒贴衬宾高德方案。玻璃钢湿烟囱也是具有较好效果的湿烟囱防腐解决方案，但是从当前国内的现状来看，需要暂缓该技术的推广，需要对玻璃钢烟囱的制作工艺、施工质量以及机组的运行效果进行进一步的观察。

### 1477. 在役湿烟囱改造方案如何选择？

**答：**以在役湿烟囱为基础，对其进行防腐改造，方案的选择相对复杂度较高，需要结合各电厂机组、燃料、原有烟囱设计的实际情况以及机组剩余服役年限等进行综合考虑烟囱防腐改造方案，以实现寿命期内的最大化经济效益为目标，进行必要的综合经济效益对比，同时需要充分考虑采取防止烟囱雨的有效措施。

目前主要湿烟囱方法工艺主要有：纤维增强塑料结构自防腐、钛钢复合板防腐、涂装防腐、泡沫砖-胶粘贴式防腐、耐酸浇注料防腐、耐酸砖结构自防腐、玻璃钢烟囱等，钛钢复合板防腐应用最为广泛。

纤维增强塑料结构自防腐。结构自身具有防烟气腐蚀能力，不需另做防腐处理。

钛钢复合板防腐。用钛钢复合板制成的烟囱烟道，其中钛板抵抗烟气腐蚀，钢板作为结构。钛/钢复合板是采用爆炸-轧制、爆炸或轧制等方法使钛（复材）与钢（基材）达到金属原子间结合的金属复合板。

涂装防腐。在结构与烟气接触的表面涂刷耐腐蚀涂料，使其具备防腐蚀能力。

泡沫砖-胶粘贴式防腐。在结构与烟气接触的表面刷胶并粘贴泡沫砖防腐块材保护胶面，使其具备耐腐蚀能力。泡沫砖由硅酸盐类材料及发泡剂经高温烧制成以均匀分布的细密封闭气孔结构为主的玻璃化泡沫状硬质绝热材料。

耐酸浇注料防腐。在结构与烟气接触的表面做防腐密封处理并用浇注料进行保护，使其具备耐腐蚀能力。

### 1478. 防腐基层处理是指什么？

**答**：防腐基层处理是指去除结构表面的氧化物、松散物及其他附着物，并使表面达到一定的光洁程度。

### 1479. 黏结剂是指什么？

**答**：黏结剂是指具有一定弹性，能防水、防腐、耐热，具有密封性能的胶结材料，简称"胶"。

### 1480. 底涂是指什么？

**答**：底涂是指强化基层表面黏结性，具有密封、防腐和耐热性能的首层涂层。

### 1481. 基体处理后为什么应及时涂刷底漆？

**答**：喷射处理表面后，应及时涂刷底漆。处理后的钢材表面处于活性状态，很容易与大气中的氧气和水分等发生反应而返锈。一般情况下宜在喷射后 4h 内完成底漆的涂刷，车间作业或相对湿度较低的晴天情况下，不得超过 12h。

**1482. 临时烟囱是指什么？**

**答：**临时烟囱是为了在主烟囱防腐施工期间不影响主机运行而设置的过渡使用的烟囱。烟囱防腐施工工期为 2～6 个月不等，在此期间，通过设置临时烟囱排放烟气，以保证电厂主烟囱防腐改造期间机组的正常运行。

对于不设置 GGH 的湿法脱硫工艺，FGD 出口烟温低于烟气酸露点，烟气中含有的饱和水蒸气，$SO_2$ 和 $SO_3$ 等易冷凝产生腐蚀性的硫酸和亚硫酸液，对吸收塔后的烟道和烟囱有较强的腐蚀性，因此必须对电厂烟囱进行防腐改造。

**1483. 临时烟囱的设计原则是什么？**

**答：**临时烟囱的设计原则是：

（1）临时烟囱设置和拆除时应不影响脱硫吸收塔的塔体结构安全。

（2）临时烟囱应满足电厂场地的实际情况和脱硫工艺系统布置及功能需要。

（3）作为临时过渡措施要考虑临时烟囱排放烟气对厂区周围环境的影响。

（4）需考虑寿命到期后的拆除方便及出口的封堵措施尽可能减少对主机运行的影响。

（5）应尽可能省地、简单、经济、合理。

**1484. 临时烟囱的形式有几种？**

**答：**临时烟囱的形式主要有两种：

第一种形式：设置于吸收塔顶。

为了拆解方便，与吸收塔法兰连接，主烟囱施工时，关闭出口挡板门，烟气经临时烟囱直接排放。特点是：气体流场顺畅，阻力较小。缺点是：塔顶大开孔对塔体抗弯矩能力削弱，在临时烟囱拆除后，局部加强筋不能拆除他用，造成永久性的材料浪费。

第二种形式：设置在出口烟道上。

安装在出口膨胀节之后的水平烟道上，荷载传到净烟道支撑结构上，主烟囱防腐后，临时烟囱及支撑结构拆除移作他用。优点：荷载不会对塔及烟道造成影响，不会造成材料浪费，安装及拆除也比较方便。

第二十五章

# 排污许可证管理

**1485.** 我国环境管理八项制度包括哪些?

**答:** 1973 年召开第一次全国环境保护会议到现在,我国在积极探索环境管理办法中,找到了具有中国特色的环境管理八项制度,所谓八项制度,简单说就是老三项制度和新五项制度的总称:

(1) 环境影响评价制度。

(2) "三同时"制度。

(3) 排污收费制度。

(4) 环境保护目标责任制。

(5) 综合整治与定量考核。

(6) 污染集中控制。

(7) 限期治理。

(8) 排污许可证制度。

**1486.** 环境管理"老三项"制度是什么?

**答:** 环境管理"老三项"制度是环境影响评价制度、"三同时"制度和排污收费制度。

(1) 环境影响评价制度:环境影响评价制度,是贯彻预防为主的原则,防止新污染,保护生态环境的一项重要的法律制度。环境影响评价又称环境质量预断评价,是指对可能影响环境的重大工程建设、规划或其他开发建设活动,事先进行调查,预测和评估,为防止和养活环境损害而制定的最佳方案。

(2) "三同时"制度:"三同时"制度是新建、改建、扩建项目技术改造项目以及区域性开发建设项目的污染防治设施必须与主体工程同时设计、同时施工、同时投产的制度。

(3) 排污收费制度:排污收费制度,是指一切向环境排放污染物的单位和个体生产经营者，按照国家的规定和标准，缴纳一定费用的制度。我国从 1982 年开始全面推行排污收费制度到现在，全国各地普遍开展了征收排污费工作。目前，我国征收排污的项目有污水、废气、固废、噪声、放射性废物等五大类113 项。

### 1487. 环境管理"新五项"制度是什么？

**答：**环境管理"新五项"制度是环境保护目标责任制、综合整治与定量考核、污染集中控制、限期治理和排污许可证制度。

（1）环境保护目标责任制。环境保护目标责任制，是通过签订责任书的形式，具体落实地方各级人民政府和有污染的单位对环境质量负责的行政管理制度。这一制度明确了一个区域、一个部门及至一个单位环境保护的主要责任者和责任范围，理顺了各级政府和各个部门在环境保护方面的关系，从而使改善环境质量的任务能够得到层层落实。这是我国环境环保体制的一项重大改革。

（2）城市环境综合整治定量考核。城市环境综合定量考核，是我国在总结近年来开展城市环境综合整治实践经验的基础上形成的一项重要制度，它是通过定量考核对城市政府在推行城市环境综合整治中的活动予以管理和调整的一项环境监督管理制度。

（3）污染集中控制。污染集中控制是在一个特定的范围内，为保护环境所建立的集中治理设施和所采用的管理措施，是强化环境管理的一项重要手段。污染集中控制，应以改善区域环境质量为目的，依据污染防治规划，打基础按照污染物的性质、种类和所处的地理位置，以集中治理为主，用最小的代价取得最佳效果。

（4）限期治理制度。限制治理制度，是指对污染危害严重，群众反映强烈的污染区域采取的限定治理时间、治理内容及治理效果的强制性行政措施。

（5）排污申报登记与排污许可证制度。排污申报登记制度，是指凡是向环境排放污染物的单位，必须按规定程序向环境保护行政主管部门申报登记所拥有的排污设施、污染物处理设施及正常作业情况下排污的种类、数量和浓度的一项特殊的行政管理制度。排污申报登记是实行排污许可证制度的基础。

排污许可证制度，是以改善环境质量为目标，以污染总量控制为基础，规定排污单位许可排放污染物的种类，数量、浓度、方式等的一项新的环境管理制度。

### 1488. 排污许可标准制定的必要性是什么？

**答：**（1）火电行业落实排污许可制意义重大：①排污许可制是生态文明体制改革的重要环节之一；②排污许可制强化了企业环保主体责任。

（2）火电行业落实排污许可制过程中不断改进：①环境管理形势的变化对标准提出新的要求；②环境管理思路的创新对标准提出新的要求；③先行先试经验对标准提出修订需求。

### 1489. 重点排污单位是指什么？

**答：**指由设区的市级及以上地方人民政府生态环境保护主管部门商有关部门确定的本行政区域内的重点排污单位。

### 1490. 排污许可制度是指什么？

**答：**排污许可，是指环境保护主管部门依排污单位的申请和承诺，通过发放排污许可证法律文书形式，依法依规规范和限制排污单位排污行为并明确环境管理要求，依据排污许可证对排污单位实施监管执法的环境管理制度。

### 1491. 哪些排污单位应当实行排污许可管理？

**答：**下列排污单位应当实行排污许可管理：

（1）排放工业废气或者排放国家规定的有毒有害大气污染物的企业事业单位。

（2）集中供热设施的燃煤热源生产运营单位。

（3）直接或间接向水体排放工业废水和医疗污水的企业事业

单位。

（4）城镇或工业污水集中处理设施的运营单位。

（5）依法应当实行排污许可管理的其他排污单位。

生态环境部按行业制订并公布排污许可分类管理名录，分批分步骤推进排污许可证管理。排污单位应当在名录规定的时限内持证排污，禁止无证排污或不按证排污。

现有排污单位应当在规定的期限内向具有排污许可证核发权限的核发机关申请领取排污许可证。

新建项目的排污单位应当在投入生产或使用并产生实际排污行为之前申请领取排污许可证。

### 1492. 哪些许可事项应当在排污许可证副本中载明？

**答：**下列许可事项应当在排污许可证副本中载明：

（1）排污口位置和数量、排放方式、排放去向等。

（2）排放污染物种类、许可排放浓度、许可排放量。

（3）法律法规规定的其他许可事项。对实行排污许可简化管理的排污单位，许可事项可只包括（1）以及（2）中的排放污染物种类、许可排放浓度。

核发机关根据污染物排放标准、总量控制指标、环境影响评价文件及批复要求等，依法合理确定排放污染物种类、浓度及排放量。

对新改扩建项目的排污单位，环境保护主管部门对上述内容进行许可时应当将环境影响评价文件及批复的相关要求作为重要依据。

排污单位承诺执行更加严格的排放浓度和排放量并为此享受国家或地方优惠政策的，应当将更加严格的排放浓度和排放量在副本中载明。

地方人民政府制定的环境质量限期达标规划、重污染天气应对措施中，对排污单位污染物排放有特别要求的，应当在排污许可证副本中载明。

**1493. 哪些环境管理要求应当在排污许可证副本中载明？**

**答：** 下列环境管理要求应当在排污许可证副本中载明：

（1）污染防治设施运行、维护，无组织排放控制等环境保护措施要求。

（2）自行监测方案、台账记录、执行报告等要求。

（3）排污单位自行监测、执行报告等信息公开要求。

（4）法律法规规定的其他事项。

对实行排污许可简化管理的可作适当简化。

**1494. 排污许可证正本和副本应载明哪些信息？**

**答：** 排污许可证正本和副本应载明排污单位名称、注册地址、法定代表人或者实际负责人、生产经营场所地址、行业类别、组织机构代码、统一社会信用代码等排污单位基本信息，以及排污许可证有效期限、发证机关、发证日期、证书编号和二维码等信息。

排污许可证副本还应载明主要生产装置、主要产品及产能、主要原辅材料、产排污环节、污染防治设施、排污权有偿使用和交易等信息。对实行排污许可简化管理的可作适当简化。

各地可根据管理需求在排污许可证副本载明其他信息。

**1495. 在排污许可证有效期内，发生事项变化需提出申请变更？**

**答：** 在排污许可证有效期内，下列事项发生变化的，排污单位应当在规定时间内向原核发机关提出变更排污许可证的申请。

（1）排污单位名称、注册地址、法定代表人或者实际负责人等正本中载明的基本信息发生变更之日起 20 日内。

（2）在排污许可证中载明许可事项发生变更之日前 20 日内。

（3）排污单位在原场址内实施新改扩建项目应当开展环境影响评价的，在通过环境影响评价审批或者备案后，产生实际排污行为之前 20 日内。

（4）国家或地方实施新污染物排放标准的，核发机关应主动通知排污单位进行变更，排污单位在接到通知后 20 日内申请变更。

（5）政府相关文件或与其他企业达成协议，进行区域替代实现减量排放的，应在文件或协议规定时限内提出变更申请。

（6）需要进行变更的其他情形。

### 1496. 排污许可证申请延续应当提交哪些材料？

**答**：排污许可证有效期届满后需要继续排放污染物的，排污单位应当在有效期届满前 30 日向原核发机关提出延续申请。

申请延续排污许可证的，应当提交下列材料：

（1）排污许可证申请表。

（2）排污许可证正本、副本复印件。

（3）与延续排污许可事项有关的其他材料。

### 1497. 排污许可证有效期为多少年？

**答**：首次发放的排污许可证有效期为三年，延续换发排污许可证有效期为五年。

### 1498. 排污单位应当遵守哪些要求？

**答**：排污单位应当严格执行排污许可证的规定，遵守下列要求：

（1）排污口位置和数量、排放方式、排放去向、排放污染物种类、排放浓度和排放量、执行的排放标准等符合排污许可证的规定，不得私设暗管或以其他方式逃避监管。

（2）落实重污染天气应急管控措施、遵守法律规定的最新环境保护要求等。

（3）按排污许可证规定的监测点位、监测因子、监测频次和相关监测技术规范开展自行监测并公开。

（4）按规范进行台账记录，主要内容包括生产信息、燃料、原辅材料使用情况、污染防治设施运行记录、监测数据等。

（5）按排污许可证规定，定期在国家排污许可证管理信息平台填报信息，编制排污许可证执行报告，及时报送有核发权的环境保护主管部门并公开，执行报告主要内容包括生产信息、污染防治设施运行情况、污染物按证排放情况等。

（6）法律法规规定的其他义务。

### 1499. 环境管理台账是什么？

**答：** 指排污单位根据排污许可证的规定，对自行监测、落实各项环境管理要求等行为的具体记录，包括电子台账和纸质台账两种。

### 1500. 执行报告是什么？

**答：** 执行报告指排污单位根据排污许可证和相关规范的规定，对自行监测、污染物排放及落实各项环境管理要求等行为的定期报告，包括电子报告和书面报告两种。

### 1501. 电子化存储是什么？

**答：** 电子化存储指将环境管理台账以文字和数据的形式记录并保存在磁盘、硬盘、光盘等电子存储介质内的形式。

### 1502. 记录形式分为哪两种？

**答：** 记录形式分为电子台账和纸质台账两种形式。

### 1503. 环境管理台账记录内容包括哪些信息？

**答：** 环境管理台账记录包括基本信息、生产设施运行管理信息、污染防治设施运行管理信息、监测记录信息及其他环境管理信息等。生产设施、污染防治设施、排放口编码应与排污许可证副本中载明的编码一致。

### 1504. 环境管理台账基本信息包括哪些？

**答：** 环境管理台账基本信息包括排污单位生产设施基本信息、污染防治设施基本信息。

（1）生产设施基本信息：主要技术参数及设计值等。

（2）污染防治设施基本信息：主要技术参数及设计值；对于防渗漏、防泄漏等污染防治措施，还应记录落实情况及问题整改情况等。

### 1505. 环境管理台账生产设施运行管理信息包括哪些？

**答：** 环境管理台账生产设施运行管理信息包括主体工程、公用工程、辅助工程、储运工程等单元的生产设施运行管理信息。

（1）正常工况：运行状态、生产负荷、主要产品产量、原辅料及燃料等。

1）运行状态：是否正常运行，主要参数名称及数值。

2）生产负荷：主要产品产量与设计生产能力之比。

3）主要产品产量：名称、产量。

4）原辅料：名称、用量、硫元素占比、有毒有害物质及成分占比（如有）。

5）燃料：名称、用量、硫元素占比、热值等。

6）其他：用电量等。

（2）非正常工况：起止时间、产品产量、原辅料及燃料消耗量、事件原因、应对措施、是否报告等。

对于无实际产品、燃料消耗、非正常工况的辅助工程及储运工程的相关生产设施，仅记录正常工况下的运行状态和生产负荷信息。

### 1506. 环境管理台账污染防治设施运行管理信息包括哪些？

**答：** 环境管理台账污染防治设施运行管理信息包括：

（1）正常情况：运行情况、主要药剂添加情况等。

1）运行情况：是否正常运行；治理效率、副产物产生量等。

2）主要药剂（吸附剂）添加情况：添加（更换）时间、添加量等。

3）涉及 DCS 系统的，还应记录 DCS 曲线图。DCS 曲线图应按不同污染物分别记录，至少包括烟气量、污染物进出口浓度等。

（2）异常情况：起止时间、污染物排放浓度、异常原因、应对措施、是否报告等。

### 1507. 环境管理台账基本信息记录频次是如何要求的？

**答：**对于未发生变化的基本信息，按年记录，1 次/年；对于发生变化的基本信息，在发生变化时记录 1 次。

### 1508. 环境管理台账生产设施运行管理信息记录频次是如何要求的？

**答：**环境管理台账生产设施运行管理信息记录频次要求是：

（1）正常工况：

1）运行状态：一般按日或批次记录，1 次/日或批次。

2）生产负荷：一般按日或批次记录，1 次/日或批次。

3）产品产量：连续生产的，按日记录，1 次/日；非连续生产的，按照生产周期记录，1 次/周期；周期小于 1 天的，按日记录，1 次/日。

4）原辅料：按照采购批次记录，1 次/批。

5）燃料：按照采购批次记录，1 次/批。

（2）非正常工况：按照工况期记录，1 次/工况期。

### 1509. 环境管理台账污染防治设施运行管理信息记录频次是如何要求的？

**答：**环境管理台账污染防治设施运行管理信息记录频次要求是：

（1）正常情况：

1）运行情况：按日记录，1 次/日。

2）主要药剂添加情况：按日或批次记录，1 次/日或批次。

3）DCS 曲线图：按月记录，1 次/月。

（2）异常情况：按照异常情况期记录，1 次/异常情况期。

### 1510. 记录存储及保存要求是什么？

**答：**记录存储及保存要求是：

（1）纸质存储：应将纸质台账存放于保护袋、卷夹或保护盒等保存介质中；由专人签字、定点保存；应采取防光、防热、防潮、防细菌及防污染等措施；如有破损应及时修补，并留存备查；保存时间原则上不低于3年。

（2）电子化存储：应存放于电子存储介质中，并进行数据备份；可在排污许可管理信息平台填报并保存；由专人定期维护管理；保存时间原则上不低于3年。

### 1511. 自行监测是指什么？

**答**：自行监测指排污单位为掌握本单位的污染物排放状况及其对周边环境质量的影响等情况，按照相关法律法规和技术规范，组织开展的环境监测活动。

### 1512. 外排口监测点位是指什么？

**答**：指用于监测排污单位通过排放口向环境排放废气、废水（包括向公共污水处理系统排放废水）污染物状况的监测点位。

### 1513. 内部监测点位是指什么？

**答**：内部监测点位指用于监测污染治理设施进口、污水处理厂进水等污染物状况的监测点位，或监测工艺过程中影响特定污染物产生排放的特征工艺参数的监测点位。

### 1514. 火力发电及锅炉自行监测的一般要求是什么？

**答**：火力发电及锅炉自行监测的一般要求是：排污单位应查清本单位的污染源、污染物指标及潜在的环境影响，制定监测方案，设置和维护监测设施，按照监测方案开展自行监测，做好质量保证和质量控制，记录和保存监测数据，依法向社会公开监测结果。

### 1515. 火力发电及锅炉有组织废气排放监测点位、指标和频次是什么？

**答**：（1）监测点位。净烟气与原烟气混合排放的，应在锅炉或燃气轮机（内燃机）排气筒，或烟气汇合后的混合烟道上设置监测点位；净烟气直接排放的，应在净烟气烟道上设置监测点位，有旁路的旁路烟道也应设置监测点位。

（2）锅炉或燃气轮机排气筒等监测点位的监测指标及最低监测频次执行要求见表 25-1。

**表 25-1　火力发电及锅炉有组织废气监测指标最低监测频次**

| 燃料类型 | 锅炉或燃气轮机规模 | 监测指标 | 监测频次 |
|---|---|---|---|
| 燃煤 | 14MW 或 20t/h 及以上 | 颗粒物、二氧化硫、氮氧化物 | 自动监测 |
| | | 汞及其化合物①、氨②、林格曼黑度 | 季度 |
| | 14MW 或 20t/h 以下 | 颗粒物、二氧化硫、氮氧化物、林格曼黑度、汞及其化合物 | 月 |
| 燃油 | 14MW 或 20t/h 及以上 | 颗粒物、二氧化硫、氮氧化物 | 自动监测 |
| | | 氨②、林格曼黑度 | 季度 |
| | 14MW 或 20t/h 以下 | 颗粒物、二氧化硫、氮氧化物、林格曼黑度 | 月 |
| 燃气③ | 14MW 或 20t/h 及以上 | 氮氧化物 | 自动监测 |
| | | 颗粒物、二氧化硫、氨②、林格曼黑度 | 季度 |
| | 14MW 或 20t/h 以下 | 氮氧化物 | 月 |
| | | 颗粒物、二氧化硫、林格曼黑度 | 年 |

**注**　1. 型煤、水煤浆、煤矸石锅炉参照燃煤锅炉；油页岩、石油焦、生物质锅炉或燃气轮机组参照以油为燃料的锅炉或燃气轮机组。

　　2. 多种燃料掺烧的锅炉或燃气轮机应执行最严格的监测频次。

　　3. 排气筒废气监测应同步监测烟气参数。

①煤种改变时，需对汞及其化合物增加监测频次。

②使用液氨等含氨物质作为还原剂，去除烟气中氮氧化物的，可以选测。

③仅限于以净化天然气为燃料的锅炉或燃气轮机组，其他气体燃料的锅炉或燃气轮机组参照以油为燃料的锅炉或燃气轮机组。

**1516. 火力发电及锅炉无组织废气排放监测点位、指标和频次是什么?**

答: 火力发电及锅炉无组织排放监测点位设置、监测指标及监测频次执行要求见表 25-2。

表 25-2 火力发电及锅炉无组织排放废气监测指标最低监测频次

| 燃料类型 | 监测点位 | 监测指标 | 监测频次 |
|---|---|---|---|
| 煤、煤矸石、石油焦、油页岩、生物质 | 厂界 | 颗粒物① | 季度 |
| 油 | 储油罐周边及厂界 | 非甲烷总烃 | 季度 |
| 所有燃料 | 氨罐区周边 | 氨② | 季度 |

注 ①未封闭堆场需增加监测频次。周边无敏感点的,可适当降低监测频次。
②适用于使用液氨或氨水作为还原剂的企业。

**1517. 火力发电及锅炉废水排放监测要求是什么?**

答: 火力发电及锅炉废水排放监测的监测点位、监测指标、监测频次执行要求见表 25-3。

表 25-3 火力发电及锅炉废水排放废水监测指标最低监测频次

| 锅炉或燃气轮机规模 | 燃料类型 | 监测点位 | 监测指标 | 监测频次 |
|---|---|---|---|---|
| 涉单台 14MW 或 20t/h 及以上锅炉或燃气轮机的排污单位 | 燃煤 | 企业废水总排放口 | pH 值、化学需氧量、氨氮、悬浮物、总磷①、石油类、氟化物、硫化物、挥发酚、溶解性总固体(全盐量)、流量 | 月 |
| | | 脱硫废水排放口 | pH 值、总砷、总铅、总汞、总镉、流量 | 月 |
| | 燃气 | 企业废水总排放口 | pH 值、化学需氧量、氨氮、悬浮物、总磷①、溶解性总固体(全盐量)、流量 | 季度 |

续表

| 锅炉或燃气轮机规模 | 燃料类型 | 监测点位 | 监测指标 | 监测频次 |
|---|---|---|---|---|
| 涉单台 14MW 或 20t/h 及以上锅炉或燃气轮机的排污单位 | 燃油 | 企业废水总排放口 | pH 值、化学需氧量、氨氮、悬浮物、总磷①、石油类、硫化物、溶解性总固体（全盐量）、流量 | 月 |
| | | 脱硫废水排放口 | pH 值、总砷、总铅、总汞、总镉、流量 | 月 |
| | 所有 | 循环冷却水排放口 | pH 值、化学需氧量、总磷、流量 | 季度 |
| | 所有 | 直流冷却水排放口 | 水温、流量 | 日 |
| | | | 总余氯 | 冬、夏各监测一次 |
| 仅涉单台 14MW 或 20t/h 以下锅炉的排污单位 | 所有 | 企业废水总排放口 | pH 值、化学需氧量、氨氮、悬浮物、流量 | 年 |

**注**　除脱硫废水外，废水与其他工业废水混合排放的，参照相关工业行业监测要求执行；脱硫废水不外排的，监测频次可按季度执行。

①生活污水若不排入总排口，可不测总磷。

### 1518. 火力发电及锅炉厂界环境噪声监测要求是什么？

**答：** 火力发电及锅炉厂界环境噪声监测点位设置应遵循原则：

（1）根据厂内主要噪声源距厂界位置布点。

（2）根据厂界周围敏感目标布点。

（3）"厂中厂"是否需要监测根据内部和外围排污单位协商确定。

（4）面临海洋、大江、大河的厂界原则上不布点。

（5）厂界紧邻交通干线不布点。

（6）厂界紧邻另一排污单位的，在临近另一排污单位侧是否布点由排污单位协商确定。

主要考虑表 25-4 噪声源在厂区内的分布情况。

表 25-4　　　　厂界环境噪声布点应关注的噪声排放源

| 序号 | 燃料和热能转化设施类型 | 噪声排放源 | |
| --- | --- | --- | --- |
| | | 主设备 | 辅助设备 |
| 1 | 燃煤锅炉 | 发电机、蒸汽轮机 | 引风机、冷却塔、脱硫塔、给水泵、灰渣泵房、碎煤机房、循环泵房等 |
| 2 | 以气体为燃料的锅炉或燃气轮机组 | 燃气轮机（内燃机） | 冷却塔、压气机等 |
| 3 | 以油为燃料的锅炉或燃气轮机组 | 汽轮机、发电机 | 空气压缩机、风机、水泵等 |

厂界环境噪声每季度至少开展一次昼夜监测，监测指标为等效 A 声级。周边有敏感点的，应提高监测频次。

### 1519. 火力发电及锅炉周边环境质量影响监测要求是什么？

**答：** 火力发电及锅炉周边环境质量影响监测要求是：

（1）环境影响评价文件及其批复及其他环境管理政策有明确要求的，按要求执行。

（2）无明确要求的，燃煤火电厂的灰（渣）场的排污单位，若企业认为有必要的，应按照《地下水环境监测技术规范》（HJ/T 164—2015）规定设置地下水监测点位。监测指标为 pH 值、化学需氧量、硫化物、氟化物、石油类、总硬度、总汞、总砷、总铅、总镉等，监测频次为每年至少一次。

### 1520. 企业自行监测方案有哪些要求？

**答：** 企业应当按照国家或地方污染物排放（控制）标准、环境影响评价报告书（表）及其批复、环境监测技术规范的要求，制定自行监测方案。

自行监测方案内容应包括企业基本情况、监测点位、监测频次、监测指标、执行排放标准及其限值、监测方法和仪器、监测质量控制、监测点位示意图、监测结果公开时限等。

自行监测方案及其调整、变化情况应及时向社会公开，并报地市级环境保护主管部门备案，其中装机总容量 300MW 以上火电厂向省级环境保护主管部门备案。

**1521. 企业自行监测内容应当包括哪些?**

**答:** 企业自行监测内容应当包括:

(1) 水污染物排放监测。

(2) 大气污染物排放监测。

(3) 厂界噪声监测。

(4) 环境影响评价报告书（表）及其批复有要求的，开展周边环境质量监测。

**1522. 企业自行监测应遵循哪些要求?**

**答:** 企业自行监测应遵循以下要求:

(1) 应当按照环境保护主管部门的要求，加强对其排放的特征污染物的监测。

(2) 应当按照环境监测管理规定和技术规范的要求，设计、建设、维护污染物排放口和监测点位，并安装统一的标识牌。

(3) 自行监测应当遵守国家环境监测技术规范和方法。国家环境监测技术规范和方法中未做规定的，可以采用国际标准和国外先进标准。

(4) 应当定期参加环境监测管理和相关技术业务培训。

(5) 自行监测应当遵守国务院环境保护主管部门颁布的环境监测质量管理规定，确保监测数据科学、准确。

(6) 应当使用自行监测数据，按照国务院环境保护主管部门有关规定计算污染物排放量，在每月初的 7 个工作日内向环境保护主管部门报告上月主要污染物排放量，并提供有关资料。

(7) 自行监测发现污染物排放超标的，应当及时采取防止或减轻污染的措施，分析原因，并向负责备案的环境保护主管部门报告。

(8) 应于每年 1 月底前编制完成上年度自行监测开展情况年度报告，并向负责备案的生态环境保护主管部门报送。

**1523. 自行监测活动可以采用哪些技术手段?**

**答**:自行监测活动可以采用手工监测、自动监测或者手工监测与自动监测相结合的技术手段。生态环境保护主管部门对监测指标有自动监测要求的,企业应当安装相应的自动监测设备。

**1524. 自行监测频次是如何要求的?**

**答**:采用自动监测的,全天连续监测;

采用手工监测的,应当按以下要求频次开展监测,其中国家或地方发布的规范性文件、规划、标准中对监测指标的监测频次有明确规定的,按规定执行:

(1)化学需氧量、氨氮每日开展监测,废水中其他污染物每月至少开展一次监测。

(2)二氧化硫、氮氧化物每周至少开展一次监测,颗粒物每月至少开展一次监测,废气中其他污染物每季度至少开展一次监测。

(3)纳入年度减排计划且向水体集中直接排放污水的规模化畜禽养殖场(小区),每月至少开展一次监测。

(4)厂界噪声每季度至少开展一次监测。

(5)企业周边环境质量监测,按照环境影响评价报告书(表)及其批复要求执行。

**1525. 以手工监测方式开展自行监测的,应当具备哪些条件?**

**答**:以手工监测方式开展自行监测的,应当具备以下条件:

(1)具有固定的工作场所和必要的工作条件。

(2)具有与监测本单位排放污染物相适应的采样、分析等专业设备、设施。

(3)具有两名以上持有省级生态环境保护主管部门组织培训的、与监测事项相符的培训证书的人员。

(4)具有健全的生态环境监测工作和质量管理制度。

(5)符合生态环境保护主管部门规定的其他条件。

**1526. 以自动监测方式开展自行监测的，应当具备哪些条件？**

**答：** 以自动监测方式开展自行监测的，应当具备以下条件：

（1）按照生态环境监测技术规范和自动监控技术规范的要求安装自动监测设备，与生态环境保护主管部门联网，并通过生态环境保护主管部门验收。

（2）具有两名以上持有省级生态环境保护主管部门颁发的污染源自动监测数据有效性审核培训证书的人员，对自动监测设备进行日常运行维护。

（3）具有健全的自动监测设备运行管理工作和质量管理制度。

（4）符合生态环境保护主管部门规定的其他条件。

**1527. 企业自行监测采用委托监测的，应当委托哪些机构？**

**答：** 企业自行监测采用委托监测的，应当委托经省级生态环境保护主管部门认定的社会检测机构或生态环境保护主管部门所属环境监测机构进行监测。

承担监督性监测任务的生态环境保护主管部门所属生态环境监测机构不得承担所监督企业的自行监测委托业务。

**1528. 自行监测记录包括哪些内容？**

**答：** 自行监测记录包含监测各环节的原始记录、委托监测相关记录、自动监测设备运维记录，各类原始记录内容应完整并有相关人员签字，保存三年。

**1529. 企业自行监测年报应包括哪些内容？**

**答：** 企业应于每年1月底前编制完成上年度自行监测开展情况年度报告，并向负责备案的环境保护主管部门报送。年度报告应包含以下内容：

（1）监测方案的调整变化情况。

（2）全年生产天数、监测天数，各监测点、各监测指标全年监测次数、达标次数、超标情况。

（3）全年废水、废气污染物排放量。

（4）固体废弃物的类型、产生数量，处置方式、数量以及去向。

（5）按要求开展的周边环境质量影响状况监测结果。

**1530. 企业自行监测信息公开有哪些要求？**

**答**：企业自行监测信息公开要求如下：

（1）企业应将自行监测工作开展情况及监测结果向社会公众公开，公开内容应包括：

1）基础信息：企业名称、法人代表、所属行业、地理位置、生产周期、联系方式、委托监测机构名称等。

2）自行监测方案。

3）自行监测结果：全部监测点位、监测时间、污染物种类及浓度、标准限值、达标情况、超标倍数、污染物排放方式及排放去向。

4）未开展自行监测的原因。

5）污染源监测年度报告。

（2）企业可通过对外网站、报纸、广播、电视等便于公众知晓的方式公开自行监测信息。同时，应当在省级或地市级生态环境保护主管部门统一组织建立的公布平台上公开自行监测信息，并至少保存一年。

（3）企业自行监测信息按以下要求的时限公开：

1）企业基础信息应随监测数据一并公布，基础信息、自行监测方案如有调整变化时，应于变更后的五日内公布最新内容。

2）手工监测数据应于每次监测完成后的次日公布。

3）自动监测数据应实时公布监测结果，其中废水自动监测设备为每2h均值，废气自动监测设备为每1均值。

4）每年一月底前公布上年度自行监测年度报告。

**1531. 企业拒不开展自行监测、不发布自行监测信息、自行监测报告和信息公开过程中有弄虚作假行为，或者开展相关工作存**

在问题且整改不到位的，生态环境保护主管部门可视情况采取以下环境管理措施，并按照相关法律规定进行哪些处罚？

**答：** 企业拒不开展自行监测、不发布自行监测信息、自行监测报告和信息公开过程中有弄虚作假行为，或者开展相关工作存在问题且整改不到位的，生态环境保护主管部门可视情况采取以下环境管理措施，并按照相关法律规定进行处罚：

（1）向社会公布。

（2）不予环保上市核查。

（3）暂停各类环保专项资金补助。

（4）建议金融、保险不予信贷支持或者提高环境污染责任保险费率。

（5）建议取消其政府采购资格。

（6）暂停其建设项目环境影响评价文件审批。

（7）暂停发放排污许可证。

# 参 考 文 献

［1］朱国宇．脱硫运行技术问答 1100 题．北京：中国电力出版社，2015.

［2］曾庭华，廖永进，袁永权，等．火电厂二氧化硫超低排放技术及应用．北京：中国电力出版社，2017.

［3］华电电力科学研究院有限公司．火电厂环保设备运行维护与升级改造关键技术．北京：中国电力出版社，2018.